普通高等教育临床医学专业 5+3 "十四五" 规划教材

供临床医学、预防医学、口腔医学
医学影像学、医学检验学等专业用

生物化学

（第3版）　*Biochemistry*

主　编　焦　飞　王海生

副主编　李有杰　扈瑞平　黄延红　关秋华

编　委　（按姓氏笔画排序）

王小引（新乡医学院）

王海生（内蒙古医科大学）

王清路（山东体育学院）

尹晓慧（徐州医科大学）

卡思木江·阿西木江（新疆医科大学）

邓秀玲（内蒙古医科大学）

关秋华（徐州医科大学）

李有杰（滨州医学院）

李香灵（济宁医学院）

邹立林（温州医科大学）

张　盈（江苏大学）

陈淑华（中南大学）

苑　红（内蒙古医科大学）

岳　真（滨州医学院）

周晓晶（长春中医药大学）

郭桂丽（山东第一医科大学）

黄　刚（陆军军医大学）

黄延红（济宁医学院）

扈瑞平（内蒙古医科大学）

焦　飞（滨州医学院）

江苏凤凰科学技术出版社 · 南京　凤凰医学 Phoenix MedPub

图书在版编目(CIP)数据

生物化学/焦飞,王海生主编. —3 版. —南京:
江苏凤凰科学技术出版社,2023.7(2025.2 重印)
普通高等教育临床医学专业 5+3"十四五"规划教材
ISBN 978 - 7 - 5713 - 3536 - 6

Ⅰ.①生…　Ⅱ.①焦…　②王…　Ⅲ.①生物化学-高
等学校-教材　Ⅳ.①Q5

中国国家版本馆 CIP 数据核字(2023)第 080170 号

普通高等教育临床医学专业 5+3"十四五"规划教材

生物化学

主　　　编	焦　飞　王海生
责 任 编 辑	钱新艳
责 任 校 对	仲　敏
责 任 监 制	刘文洋

出 版 发 行	江苏凤凰科学技术出版社
出版社地址	南京市湖南路 1 号 A 楼,邮编:210009
出版社网址	http://www.pspress.cn
照　　　排	南京前锦排版服务有限公司
印　　　刷	徐州绪权印刷有限公司

开　　　本	880mm×1230mm　1/16
印　　　张	25.75
字　　　数	680 000
版　　　次	2013 年 8 月第 1 版　2023 年 7 月第 3 版
印　　　次	2025 年 2 月第 11 次印刷

| 标 准 书 号 | ISBN 978 - 7 - 5713 - 3536 - 6 |
| 定　　　价 | 69.90 元 |

图书如有印装质量问题,可随时向我社印务部调换。

修订说明

　　"普通高等教育临床医学专业5+3系列教材"自2013年第1版出版至今走过了10年的历程。在这些年的使用实践中,这套教材得到了广大地方医学院校师生的普遍认可,对推进我国医学教育的健康发展、保证教学质量发挥了重要作用。它紧扣教学目标,紧密结合教学实际,深入浅出,结构合理,贴近临床,精编、精选、实用,老师好教,学生好学;尤其突出医学职业教育的特点,在减轻学生学习负担的基础上,注重临床应用,注重实用性,帮助医学生们通过执业医师资格考试,为规培和考研做好衔接。

　　教材建设是精品课程建设的重要组成部分,是提高高等教育质量的重要措施。为贯彻落实《国务院办公厅关于加快医学教育创新发展的指导意见》(国办发〔2020〕34号)、《普通高等学校教材管理办法》(教材〔2019〕3号)、《普通高等学校本科专业类教学质量国家标准》《高等学校课程思政建设指导纲要》等文件精神,提升教育水平和培养质量,推进新医科建设,凤凰出版传媒集团、江苏凤凰科学技术出版社在总结汲取上一版教材成功经验的基础上,再次组织全国从事一线教学、科研、临床工作的专家、学者、教授们,对本套教材进行了全面修订,推出这套全新版"普通高等教育临床医学专业5+3'十四五'规划教材"。

　　其修订和编写特点如下:

　　1. 突出5+3临床医学专业教材特色。本套教材紧扣5+3临床医学专业的培养目标和专业认证标准,根据"四证"(本科毕业证、执业医师资格证、住院医师规范化培训证和硕士研究生毕业证)考核要求,紧密结合教、学、临床实践工作编写,由浅入深、知识全面、结构合理、系统完整。全套教材充分突出了5+3临床医学专业知识体系,渗透了5+3临床医学专业人文精神,注重体现素质教育和创新能力与实践能力的培养,反映了5+3临床医学专业教学核心思想和特点。

　　2. 体现教材的延续性。本套教材仍然坚持"三基"(基础理论、基本知识、基本技能)、"五性"(思想性、科学性、先进性、启发性、实用性)、"三特定"(特定的对象、特定的要求、特定的限制)的原则要求。同时强调内容的合理安排,深浅适宜,适应5+3本科教学的需求。部分教材还编写了配套的实验及学习指导用书。

　　3. 体现当代临床医学先进发展成果的开放性。本套教材汲取了国内外最新版本相关经典教材的新内容,借鉴了国际先进教材的优点,结合了我国现行临床实践的实际情况和要求,并加以创造性地利用,反映了当今医学科学发展的新成果。

　　4. 强调临床应用性。为加快专业学位教育与住院医师规范化培训的紧密衔接,教材加强了基础与临床的联系,深化学生对所学知识的理解,实现"早临床、多临床、反复临床"的理念。

　　5. 在教材修订工作中,全面贯彻党的二十大精神。将"立德树人"的关键要素贯彻教材编写全过程,围绕解决"培养什么人、怎样培养人、为谁培养人"这一根本问题展开修订。结合专业自身特点,本套教材内容有机融入医学人文等课程思政亮点,注重培养医学生救死扶伤的大爱情怀。

6."纸""数"融合,实现教材立体化建设。为进一步适应"互联网＋医学教育"发展趋势,丰富数字教学资源,部分教材根据教学实际制作了配套的数字内容,在相应知识点处设置二维码,学生通过手机终端扫描二维码即可自学和拓展知识面。

7.兼顾教学内容的包容性。本套教材的编者来自全国几乎所有省份,教材的编写兼顾了不同类型学校和地区的教学要求,内容涵盖了执业医师资格考试的基本理论大纲的知识点,可供全国不同地区不同层次的学校使用。

本套教材的修订出版,得到了全国各地医学院校的大力支持,编委均来自各学科教学一线教师,具有丰富的临床、教学、科研和写作经验。相信本套教材的出版,必将对我国临床医学专业5＋3教学改革和专业人才培养起到积极的推动作用。

第3版前言

普通高等教育临床医学专业5+3"十三五"规划教材《生物化学》(第2版)自2018年8月出版以来,使用已近5年。随着生物化学学科的迅速进展,学科内新知识、新技术层出不穷,与其他学科的交叉融合使学科内容的覆盖面愈加广泛。因此,教材中很多知识亟须更新修订。

第3版教材是在第2版教材的基础上进行修订的,保留了原教材的基本风格。同时也做了较大的改动,以适应当前5+3临床医学专业人才培养的新要求,更好地满足生物化学课程教学的需求:①对教材章节顺序进行了系统调整,以使章节间衔接更顺畅,章节内容条理更清晰。第一篇生物分子的结构与功能将"酶"移至第三章,"维生素与微量元素"移至第四章;第四篇综合篇将"血液的生物化学"及"肝的生物化学"分别前移至第十五章和第十六章,"细胞信号转导"及"癌基因、抑癌基因与生长因子"对应第十七章和第十八章,将原"基因工程与分子生物学常用技术"修订为"分子克隆与分子生物学常用技术",并移至第十九章,置于第二十章"基因诊断与基因治疗"之前。②章节内容上有了较大变化,修订调整了部分内容,如原第二章"核酸的结构与功能"第五节"核酸酶"调整到第九章"核苷酸代谢"第一节"核苷酸代谢概述"里,以使内容更显连贯;第二十章"基因诊断与基因治疗"在介绍基因诊断与基因治疗的基本概念、基本技术和原理的同时,更新了临床诊治中相关的分子生物学技术,使该章内容更贴近临床。③各章节均增加了"知识链接"相关内容。所有章节"知识链接"数目设置合理,覆盖学科发展史、前沿进展、实践应用、综合素质培养等多个方面,以体现"高阶性、创新性、挑战度"标准,以及临床医学人才"知识目标""能力目标""素质目标"的培养要求和育人目标。④"纸""数"融合,每章的幻灯片课件以二维码形式呈现,扫一扫即可获得电子资源。⑤修订过程特别注意与其他教材的横向比较,避免与《医学分子生物学》等学科交叉教材相关内容的重复。

我们力争使本版教材重点更突出、语言更简练、学生更好学、教师更好教。由于能力有限,书中难免有不妥之处,恳请各位同仁批评指出,以期下次再版时改正。

焦 飞

2023年1月

目　录

第一篇　生物分子的结构与功能

第二篇　物质代谢与调节

第三篇　遗传信息的传递

第四篇　综合篇

绪　论

本章课件

　　生物化学(biochemistry)是研究生物体内化学分子与化学反应的基础学科,它在分子水平上探讨生命的本质,即研究生物体的分子结构与功能、物质代谢与调节、遗传信息传递的分子基础和调控作用。当代生物化学的研究既采用物理和化学的原理和方法揭示组成生物体的物质,特别是生物大分子(biomacromolecule)的结构规律,又与生理学、细胞生物学、分子遗传学、生物工程学、生物信息学等密切联系,研究和阐明生长、分化、遗传、变异、衰老和死亡等基本生命活动的规律。Watson 和 Crick于 1953 年提出了 DNA 分子的双螺旋结构模型,在此基础上形成了遗传信息传递的中心法则,由此奠定了现代分子生物学(molecular biology)的基础。分子生物学主要的研究内容为核酸、蛋白质等生物大分子的结构与功能,基因的结构、表达和调控,以及基因产物——蛋白质或 RNA 的结构、相互作用以及生理功能,以此了解不同生命形式特殊规律的分子基础。可见,当今生物化学与分子生物学联系紧密,后者是前者深入发展的结果。总之,生物化学与分子生物学是在分子水平上研究生命奥秘的科学,代表当前生命科学的主流和发展的趋势。

一、生物化学发展简史

　　生物化学是一门既古老又年轻的科学,既有悠久的发展历史,近年来又有许多重大的进展和突破,充满活力。生物化学的研究始于 18 世纪,但作为一门独立的学科是在 20 世纪初期,其发展大体可分为三个阶段:

　　1. 静态生物化学阶段　此阶段亦称叙述生物化学阶段,时间大约从 18 世纪中期至 19 世纪末期。主要完成了各种生物体化学组成的分析研究,如糖类、脂类、蛋白质和核酸等的组成、结构、性质和功能等,并对生物体各种组成成分进行分离、纯化、合成等研究。其间的重要贡献有:较为系统地研究了糖、脂类和蛋白质的性质,并发现了重要的遗传物质——核酸;从血液中分离了血红蛋白并制成结晶;能合成简单的多肽;发现酵母发酵产生醇并产生 CO_2,证明酵母提取液可催化发酵,并引入了酶的概念等。

　　2. 动态生物化学阶段　此阶段为 20 世纪初至 20 世纪 50 年代,主要特点是研究生物体内物质的变化,即代谢途径。在这一阶段,确定了糖酵解、三羧酸循环,以及脂肪分解等重要的分解代谢途径,揭示尿素合成的鸟氨酸循环,对呼吸、光合作用以及腺苷三磷酸(ATP)在能量转换中的关键位置有了较深入的认识。此外,在其他方面也取得重要成果。例如,在营养方面,发现人类必需氨基酸、必需脂肪酸及多种维生素;在内分泌方面,发现了多种激素,并将其分离纯化和合成;在酶学方面,确定酶的本质是蛋白质,酶晶体制备获得成功等。

　　3. 现代生物化学阶段　此阶段是从 20 世纪 50 年代开始,以提出 DNA 的双螺旋结构模型为标志,主要研究各种生物大分子的结构功能及其表达调控的过程。生物化学在这一阶段的发展,以及物理学、微生物学、遗传学、细胞学等其他学科的渗透,产生了分子生物学,并成为生物化学的前沿。其间的重要贡献有:物质代谢研究进一步发展并重点进入合成代谢与代谢调节的研究;DNA 的双螺旋结构被发现;遗传中心法则的提出和遗传密码的破译;PCR 技术、分子克隆(又称重组 DNA 技术)、克隆技术的发明;人类基因组计划(human genome project)的完成;蛋白质组学、转录组学、RNA 组学、代谢组学和糖组学的蓬勃发展等。

二、生物化学的主要研究内容

生物化学的研究内容非常广泛,涉及生命科学的方方面面,其重点研究内容大致包括以下几个部分。

1. 生物分子的结构与功能　在研究生命形式时,首先要了解生物体的化学组成,测定其含量和分布。这是生物化学早期阶段的工作,曾称为静态生物化学。组成生物体的成分包括糖类、脂类、蛋白质、核酸等主要物质,也有维生素、各种无机离子及微量元素等。生物体内特有的蛋白质、核酸、聚糖等大分子,称为生物大分子,它们结构复杂,种类繁多,是完成各种最基本生命活动的物质基础。完整的大分子是由氨基酸、核苷酸、单糖这些基本组成单位连接形成的聚合体,具有复杂的空间结构。研究生物分子结构与生物学功能的关系仍然是现代生物科学研究的重点问题。如当前研究的重点为生物大分子的结构与功能,特别是蛋白质和核酸,两者是生命的物质基础,对生命活动起着关键性的作用。构成人体蛋白质的氨基酸虽然只有 20 种,但可构成数量繁多的蛋白质,由于不同的蛋白质具有特殊的一级结构和空间结构,因而具有不同的生理功能,从而能体现瑰丽多彩的生命现象。现在已从单一蛋白质深入至细胞或组织中所含有的全部蛋白质,即蛋白质组(proteome)的研究,将研究蛋白质组的学科称为蛋白质组学(proteomics)。

又比如,核酸的一级结构是由核苷酸排列顺序决定的,人类基因组(genome)即人的全部遗传信息,是由 23 对染色体组成,约含 $2.9×10^9$ 碱基对,测定基因组中全部 DNA 的序列,这为揭开生命的奥秘拉开了序幕。我们把研究基因组的结构与功能的科学称为基因组学(genomics)。经过包括我国在内许多科学家十多年的努力,2003 年已完成人类基因组计划中全部 DNA 序列的测定,接着面临的更艰巨的任务就是要研究目前所知 2 万～3 万个基因的功能及其与生命活动的关系。这就是后基因组计划(post - genome project)。

生物大分子需要进一步组装成更大的复合体,然后装配成亚细胞结构、细胞、组织、器官、系统,最后成为能体现生命活动的机体,这些都是尚待研究和阐明的问题。

2. 物质代谢及其调节　生物体一方面需要与外界环境进行物质交换,同时在体内进行各种代谢变化,以维持其内环境的相对稳定。通过代谢变化将摄入营养物中储存的能量释放出来,以供机体所需。我们把组成生物体的物质分子不断进行着多种有规律的化学变化,称为新陈代谢(metabolism)或物质代谢。细胞消耗能量将小分子物质合成大分子化合物的过程称为合成代谢(anabolism);相反,细胞将自身的大分子化合物分解成小分子物质的过程称为分解代谢(catabolism)。合成代谢和分解代谢是物质代谢相辅相成的两个方面,二者同时进行,一旦物质代谢停止,生命即告终结。可见,物质代谢是生命的基本特征。要维持体内错综复杂的代谢途径有序进行,需要有严格的调节机制,否则代谢的紊乱可影响正常的生命活动,从而发生疾病。因此,研究物质代谢及代谢调节规律是医学院校生物化学课程的主要内容。

3. 基因信息的传递及调控　基因即 DNA 分子的功能片段。基因信息传递的中心法则,可以说是分子生物学的核心内容。DNA 是储存遗传信息的物质,通过复制(replication),即 DNA 合成,可形成结构完全相同的两个拷贝,亲代的遗传信息将准确地传给子代。DNA 分子中的遗传信息又是如何表达的呢?首先是将遗传信息转录(transcription)成 RNA,即 RNA 的合成,其中 mRNA 作为蛋白质合成的模板,并决定蛋白质的一级结构,即将遗传信息翻译(translation)成能执行各种生理功能的蛋白质。上述过程涉及生物的生长、分化、遗传、变异、衰老及死亡等生命过程。体内存在着一整套严密的调控机制,包括一些生物大分子的相互作用,如蛋白质与蛋白质、蛋白质与核酸、核酸与核酸间的作用。DNA 重组、转基因、基因剔除、新基因克隆、基因组学、RNA 组学、人类基因组计划及功能基因组计划等的发展,将大大推动这一领域的研究进程。

4. 机能生化　医学生物化学主要的研究对象是人。因此，人体生物化学还要研究各组织器官的化学组成特点，特有的代谢途径和它们与生理功能之间的关系。代谢障碍将造成器官功能的异常，导致疾病的发生。这部分内容包括血液、肝的生化，也包括维生素与微量元素的生化及其缺乏症的发病机制。此外，癌基因、抑癌基因、生长因子、细胞信号转导等生化机制也是生物化学研究不可缺少的内容。

三、生物化学的研究目的及其与医学的关系

1. 生物化学的研究目的　生物化学研究的根本目标是揭示生命的奥秘。若将组成生物体的物质逐一分离研究，均为非生命物质，并遵守物理和化学的规律，然而由这些物质组成的生物体何以能呈现及维持各种生命现象，这是生物化学要探讨和阐明的问题。当然，更深一层的目标是了解生命的起源。可见，研究生物化学的目的是了解和掌握生命的规律，适应自然规律，使人类生活更美好。

2. 生物化学与其他学科的关系　生物化学是一门综合性学科，发展十分迅速，形成了许多新理论、新概念，如基因组学、蛋白质组学、RNA 组学等；同时发展了许多新技术，如分子克隆、PCR 技术、基因编辑技术、基因芯片、新一代测序技术等。生物化学与分子生物学的理论和方法已广泛被其他基础医学学科应用，并已形成了许多新的学科分支，如分子免疫学、分子遗传学、分子细胞生物学、分子病理学、分子药理学、分子病毒学等。同时，这些基础学科也促进了生物化学的发展，如免疫学的方法被广泛应用于蛋白质及受体的研究，遗传学的方法被应用于基因分子生物学的研究，病理学的方法促进癌基因的研究。总之，当前生命科学中各相关学科互相渗透，互相促进，不断形成新的学科，如生物信息学。可以预见，以后还将会出现更多新的交叉学科。

3. 生物化学与医学的关系　生物化学是一门非常重要的专业基础课，讲述正常人体及疾病过程中的生物化学相关问题。它为医学各学科从分子水平上研究正常或疾病状态时人体结构与功能以及疾病预防、诊断与治疗，提供了理论和技术，对推动医学各学科的新发展做出了重要贡献。主要表现在几个方面：①有助于从本质上认识疾病的发病机制。生物化学研究健康与疾病的某些特征，阐明了两者间的联系与差异，找出疾病的病因及生化机制。②有助于疾病的预防、诊断和治疗。目前认为，引起疾病的主要原因有物理因素、化学因素、生物因素、遗传变异、免疫反应、营养失调和内分泌紊乱等。在诸多因素中，对某一疾病而言，可能只有其中的 1～2 个或多个因素起作用。哪些因素起作用，哪些不良影响导致疾病的产生，通过生化的检查，可望提供一个满意的答复。生化检查实验数据主要用于以下几个方面：①揭示疾病基本原因和机制；②根据发病机制，建议合理的治疗；③诊断特异性疾病；④为某些疾病的早期诊断提供筛选依据；⑤监测疾病的病情好转、恶化、缓解或复发等；⑥药物监测，即根据血液及其他体液中的药物浓度调整剂量，保证药物治疗的有效性和安全性；⑦辅助评价治疗效果；⑧遗传病产前诊断，降低出生缺陷病的发病率。由此可见，生物化学在疾病的预防、诊断和治疗中发挥了巨大作用。如疾病的预防，基于生化机制的各种疫苗的普遍应用，使很多严重危害人类健康的传染病得到控制或基本被消灭。疾病诊断方面，愈来愈多地依赖于生化指标，如血清中肌酸激酶同工酶的电泳图谱用于诊断冠状动脉粥样硬化性心脏病（简称"冠心病"）、氨基转移酶用于肝功能检查、淀粉酶用于胰腺炎诊断等。在治疗方面，开辟了利用抗代谢物作为化疗药物的新领域，如氟尿嘧啶用于治疗肿瘤、磺胺类药物开创了抗生素药物的新时代，使许多传染病得到有效控制。

可见，临床医学无论在预防、诊断和治疗工作中都会应用到生物化学知识。同时，临床实践也为生物化学的研究提供丰富的源泉。随着医学的发展，生物化学的理论和技术必将越来越多地应用于疾病的预防、诊断和治疗中，从分子水平探讨各种疾病的发生和发展机制已成为当代医学研究的重点。

（王海生）

第一篇

生物分子的结构与功能

生物分子的结构与功能是当今生物化学与分子生物学研究的重要组成部分。

本篇内容涉及生物体内重要生物分子的结构与功能，包括蛋白质、核酸、酶、维生素与微量元素，共四章。

机体是由一定的物质成分按严格的规律和方式组织而成的。参与机体构成并发挥重要生理功能的生物分子是由基本相同类型的分子单体，按一定的排列顺序和连接方式而形成的多聚体。蛋白质和核酸是体内主要的生物大分子，蛋白质由20种氨基酸组成，核酸由数种核苷酸组成，核酸是遗传信息的载体，蛋白质几乎参与体内所有的生命活动。蛋白质与核酸和生命的根本现象（如生长、繁殖、运动、遗传、新陈代谢等）紧密相关。因此，研究机体的分子结构与功能必须对这两类生物大分子有深入的了解。

酶是生物体内的催化剂，它几乎催化体内一切化学反应，体内大多数酶的化学本质是蛋白质。机体通过复杂的新陈代谢完成其自我更新，而体内新陈代谢基本都是由酶催化的。

维生素和微量元素也是人体功能所必需的，其分子量小，每日需要量也少，但在生命活动中发挥各自不同的功能。

鉴于蛋白质、核酸、酶和维生素及微量元素都是与生命现象密切相关的生物分子，故归纳在第一篇内探讨。

第一章
蛋白质的结构与功能

本章课件

蛋白质(protein)广泛存在于生物界,作为生命活动的最主要载体及执行者,蛋白质在生物体内发挥着多种多样的功能,其动态功能包括化学催化反应、免疫和防御、血液凝固、肌肉收缩、物质代谢调控、基因表达调控等功能。结构功能包括构成结缔组织和骨基质成分,形成组织形态等。蛋白质约占人体干重的45%,在某些细胞中可达细胞干重的70%以上。蛋白质分布遍及所有的组织器官,是机体细胞的重要组成成分,也是机体修补更新的主要原料,在人体的生长、发育、运动、遗传、繁殖等生命活动中起重要作用。

第一节　蛋白质的分子组成

一、蛋白质的元素组成

根据蛋白质的元素分析证明,组成蛋白质的主要元素有碳(50%～55%)、氢(6%～7%)、氧(19%～24%)、氮(13%～19%),有些蛋白质还含有少量硫、磷、硒或金属元素铁、铜、锌、锰、钴、钼等,个别蛋白质还含有碘。各种蛋白质的含氮量相近,平均约16%。动植物组织中的含氮物质主要是蛋白质,其他含氮物质极少,因此测定生物样品的含氮量就可按下式推算出蛋白质大致含量:

$$100g 样品中蛋白质含量(g\%) = 每克样品含氮克数 \times 6.25 \times 100$$

二、蛋白质的基本结构单位——氨基酸

蛋白质是高分子化合物,可以受酸、碱或蛋白酶作用水解为小分子物质。蛋白质彻底水解后,用化学分析方法证明其基本组成单位为氨基酸(amino acid)。存在于自然界中的氨基酸有300余种,但组成人体蛋白质的氨基酸仅有20种。这20种氨基酸在结构上有共同的特点。

（一）氨基酸的结构特点

1. 蛋白质水解所得到的氨基酸都是 α-氨基酸（脯氨酸为 α-亚氨基酸） 20 种氨基酸的结构通式如下图所示，与—COOH 相连的碳称为 α-碳原子（Cα），其中 R 称为氨基酸的侧链基团。

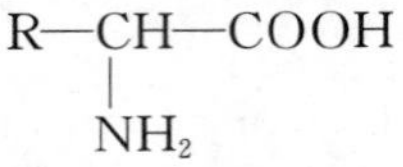

$$R-CH-COOH$$
$$|$$
$$NH_2$$

2. 不同氨基酸在于 R 不同 除了 R 为 H 的甘氨酸外，其他氨基酸的 α-碳原子都是不对称碳原子，故它们具有旋光异构现象，存在 D-型和 L-型两种异构体。组成天然蛋白质的氨基酸（甘氨酸除外）均为 L-型。

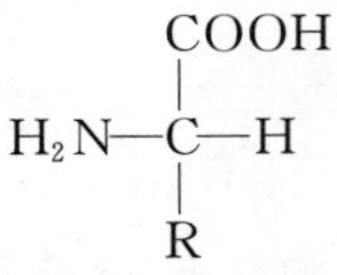

$$
\begin{array}{cc}
COOH & COOH \\
| & | \\
H_2N-C-H & H-C-NH_2 \\
| & | \\
R & R \\
L\text{-}\alpha\text{-氨基酸} & D\text{-}\alpha\text{-氨基酸}
\end{array}
$$

生物界中也存在 D-氨基酸，大都存在于某些细胞产生的抗生素及个别植物的生物碱中。此外，哺乳动物中也存在不参与蛋白质组成的游离 D-氨基酸，如存在于脑组织中的 D-丝氨酸和 D-天冬氨酸。

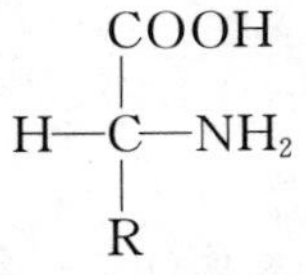

（二）氨基酸的分类

20 种氨基酸根据其侧链的结构和理化性质可分为 5 类：①非极性疏水性氨基酸；②极性中性氨基酸；③芳香族氨基酸；④酸性氨基酸；⑤碱性氨基酸（表 1-1）。

表 1-1 氨基酸的分类

结构式	中文名	英文名	三字符号	一字符号	等电点(pI)
1. 非极性疏水性氨基酸					
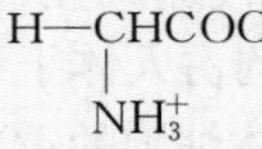 $H-\underset{\underset{NH_3^+}{\vert}}{CH}COO^-$	甘氨酸	glycine	Gly	G	5.97
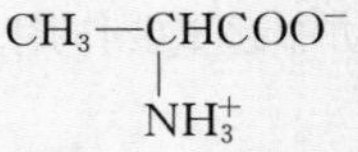 $CH_3-\underset{\underset{NH_3^+}{\vert}}{CH}COO^-$	丙氨酸	alanine	Ala	A	6.00
$CH_3-CH-\underset{\underset{NH_3^+}{\vert}}{CH}COO^- \; | \; CH_3$	缬氨酸	valine	Val	V	5.96
$CH_3-CH-CH_2-\underset{\underset{NH_3^+}{\vert}}{CH}COO^- \; | \; CH_3$	亮氨酸	leucine	Leu	L	5.98
$CH_3-CH_2-CH-\underset{\underset{NH_3^+}{\vert}}{CH}COO^- \; | \; CH_3$	异亮氨酸	isoleucine	Ile	I	6.02
（脯氨酸环状结构） CHCOO⁻ NH₃⁺	脯氨酸	proline	Pro	P	6.30
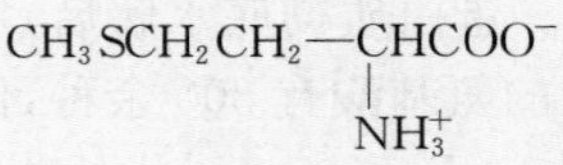 $CH_3SCH_2CH_2-\underset{\underset{NH_3^+}{\vert}}{CH}COO^-$	甲硫氨酸	methionine	Met	M	5.74

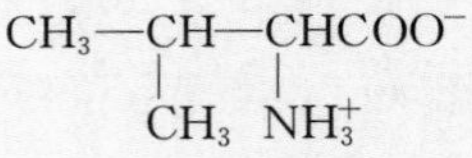

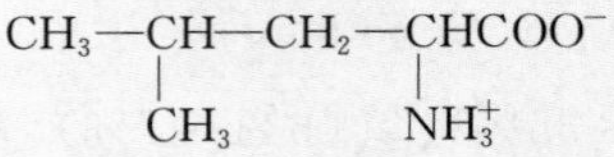

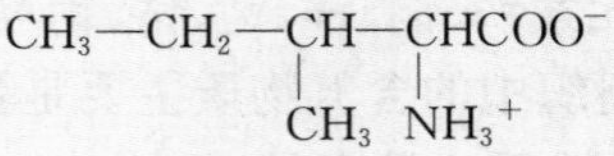

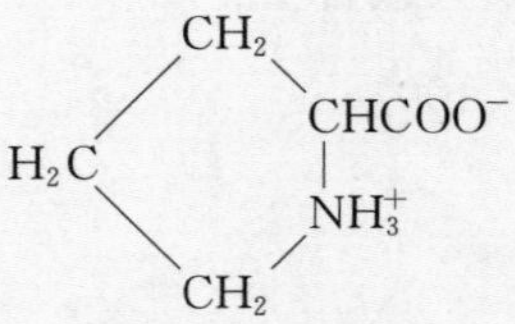

结构式	中文名	英文名	三字符号	一字符号	等电点(pI)
2. 极性中性氨基酸					
$HO-CH_2-CHCOO^-$ 下 NH_3^+	丝氨酸	serine	Ser	S	5.68
$HS-CH_2-CHCOO^-$ 下 NH_3^+	半胱氨酸	cysteine	Cys	C	5.07
$H_2N-C(=O)-CH_2-CHCOO^-$ 下 NH_3^+	天冬酰胺	asparagine	Asn	N	5.41
$H_2N-C(=O)CH_2-CH_2-CHCOO^-$ 下 NH_3^+	谷氨酰胺	glutamine	Gln	Q	5.65
$HO-CH(CH_3)-CHCOO^-$ 下 NH_3^+	苏氨酸	threonine	Thr	T	5.60
3. 芳香族氨基酸					
(苯基)$-CH_2-CHCOO^-$ 下 NH_3^+	苯丙氨酸	phenylalanine	Phe	F	5.48
$HO-$(苯基)$-CH_2-CHCOO^-$ 下 NH_3^+	酪氨酸	tyrosine	Tyr	Y	5.66
(吲哚基)$-CH_2-CHCOO^-$ 下 NH_3^+	色氨酸	tryptophan	Trp	W	5.89
4. 酸性氨基酸					
$HOOCCH_2-CHCOO^-$ 下 NH_3^+	天冬氨酸	aspartic acid	Asp	D	2.97
$HOOCCH_2CH_2-CHCOO^-$ 下 NH_3^+	谷氨酸	glutamic acid	Glu	E	3.22
5. 碱性氨基酸					
$NH_2CH_2CH_2CH_2CH_2-CHCOO^-$ 下 NH_3^+	赖氨酸	lysine	Lys	K	9.74
$NH_2C(=NH)NHCH_2CH_2CH_2-CHCOO^-$ 下 NH_3^+	精氨酸	arginine	Arg	R	10.76
(咪唑基)$-CH_2-CHCOO^-$ 下 NH_3^+	组氨酸	histidine	His	H	7.59

一般而言,非极性疏水性氨基酸在水溶液中的溶解度小于极性中性氨基酸;酸性氨基酸的侧链都含有羧基;而碱性氨基酸的侧链分别含有氨基、胍基或咪唑基。

(三) 特殊氨基酸

除 20 种氨基酸外,生物体内还存在着多种特殊氨基酸,它们的来源不同,存在于生物体内或充当蛋白质和生物活性肽的重要成分,或独立发挥多种生物学作用。

1. 硒代半胱氨酸和吡咯赖氨酸 是某些生物体内组成蛋白质的基本氨基酸,近年发现硒代半胱氨酸(selenocysteine, Sec)在某些情况下也可用于合成蛋白质,硒代半胱氨酸从结构上看,硒原子替代了半胱氨酸分子中的硫原子。研究证实,硒代半胱氨酸是直接由遗传密码指导合成,而非翻译后修饰产生,是组成蛋白质的氨基酸,存在于生物体内含硒的蛋白质中。2002 年,在一种古细菌中发现了另一种基本氨基酸-吡咯赖氨酸(pyrrolysine, Pyl)。科学家们推测这种氨基酸也可能存在于产甲烷以外的其他生物体中。二者虽已证实属于组成蛋白质的基本氨基酸,但目前发现其所存在的范围有限,有关其分类、理化性质、合成方式等尚待进一步研究确定。

2. 非基本氨基酸 体内也存在若干不参与蛋白质生物合成但具有重要生理作用的 L-α-氨基酸,如参与尿素合成的鸟氨酸(ornithine)、瓜氨酸(citrulline),还如蛋白质分子中的氨基酸衍生物,羟脯氨酸、羟赖氨酸、羧基谷氨酸、磷酸丝氨酸、乙酰赖氨酸等,它们一般是肽链合成后通过对基本氨基酸残基专一修饰而成的。

(四) 氨基酸的理化性质

1. 两性解离与等电点 由于所有氨基酸都含有碱性的氨基和酸性的羧基,可在酸性溶液中与质子(H^+)结合成带正电荷的阳离子($—NH_3^+$),也可在碱性溶液中与 OH^- 结合,失去质子变成带负电荷的阴离子($—COO^-$),因此氨基酸是一种两性电解质,具有两性解离的特性。氨基酸的解离方式取决于其所处溶液的 pH。在某一 pH 的溶液中,氨基酸解离成阳离子和阴离子的趋势及程度相等,成为兼性离子,呈电中性,此时溶液的 pH 称为该氨基酸的等电点(isoelectric point, pI)。

通常氨基酸的 pI 是由 α-羧基和 α-氨基的解离常数的负对数 pK_1 和 pK_2 决定的。pI 计算公式为:$pI=1/2(pK_1+pK_2)$。若一个氨基酸有三个可解离的基团,写出它们电离式后取兼性离子两边的 pK 值的平均值,即为此氨基酸的 pI 值。

$$R—CH—COOH$$
$$|$$
$$NH_2$$

$$R—CH—COOH \underset{H^+}{\overset{OH^-}{\rightleftharpoons}} R—CH—COO^- \underset{H^+}{\overset{OH^-}{\rightleftharpoons}} R—CH—COO^-$$
$$|\qquad\qquad\qquad |\qquad\qquad\qquad |$$
$$NH_3^+\qquad\qquad\quad NH_3^+\qquad\qquad\quad NH_2$$
$$(pH<pI)\qquad\quad (pH=pI)\qquad\quad (pH>pI)$$

2. 含共轭双键的氨基酸具有紫外吸收性质 根据氨基酸的吸收光谱,芳香族氨基酸的最大吸收峰在 280nm 波长附近。由于大多数蛋白质含有芳香族氨基酸残基,所以测定蛋白质溶液 280nm 的吸光度,可以快速简便地分析溶液中蛋白质的含量。

3. 茚三酮反应(ninhydrin reaction) 氨基酸与茚三酮水合物共同加热,氨基酸被氧化分解,产生氨及二氧化碳,茚三酮则被还原。在弱酸性溶液中,茚三酮的还原产物可与氨及另一分子茚三酮缩合成蓝紫色的化合物。该化合物最大吸收峰在 570nm 波长处。其吸收峰值的大小与来自氨基酸的氨基量成正比(脯氨酸产生的颜色例外)。故茚三酮作显色剂可进行氨基酸的定性、定量测定。

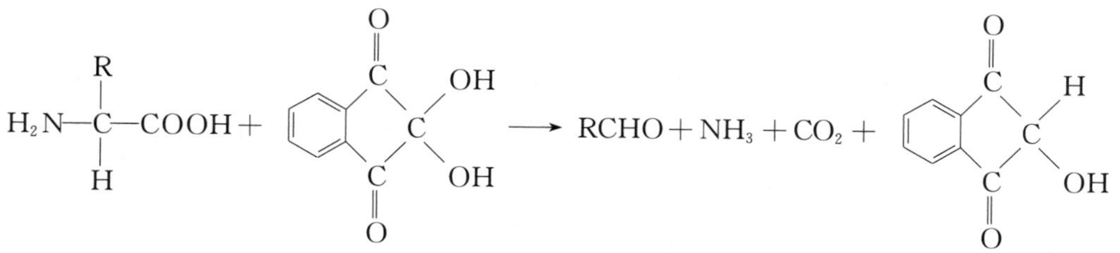

氨基酸　　　　茚三酮　　　　　　　　　　　还原型茚三酮

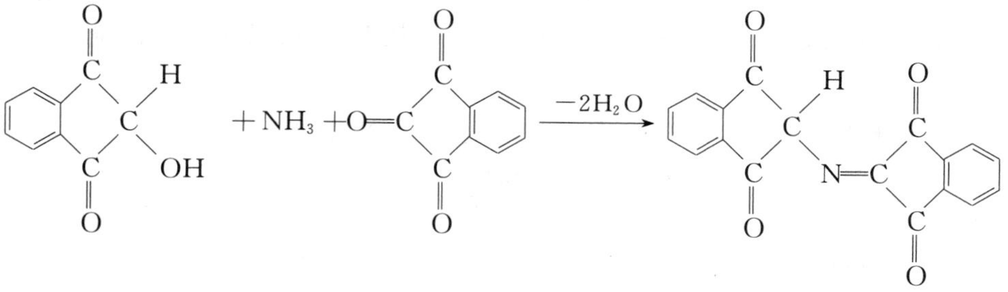

还原型茚三酮　　　　茚三酮水合物　　　　　　蓝紫色化合物

三、氨基酸在蛋白质分子中的连接方式

（一）氨基酸通过肽键连接形成肽

蛋白质是由氨基酸聚合成的高分子化合物，在蛋白质分子中，氨基酸之间通过肽键相连。一个氨基酸的 α-羧基和另一个氨基酸的 α-氨基脱水缩合形成的化学键称为肽键（peptide bond）或酰胺键（—CO—NH—）。肽键的生成如下：

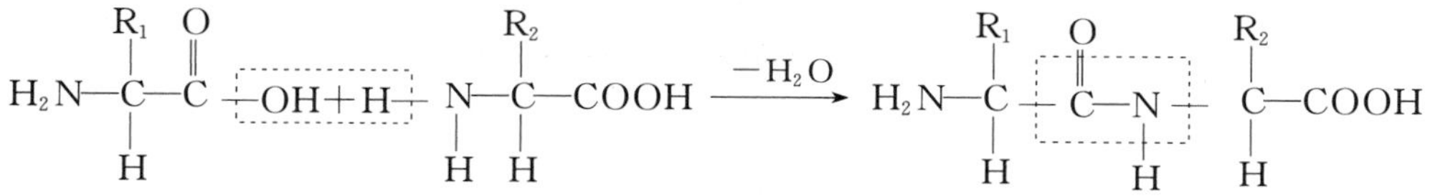

氨基酸之间通过肽键相互连接而成的化合物称为肽（peptide）。由 2 个氨基酸形成的肽称为二肽，3 个氨基酸形成的肽称为三肽，其余以此类推。一般十肽以下的称为寡肽（oligopeptide）。十肽以上者称为多肽（polypeptide）或多肽链。肽链中的氨基酸因脱水缩合而基团不全，称为氨基酸残基（amino acid residue）。一条多肽链通常有两个游离的末端，其游离 α-氨基的一端称为氨基末端（amino terminal）或 N-端，游离 α-羧基的一端称为羧基末端（carboxyl terminal）或 C-端。

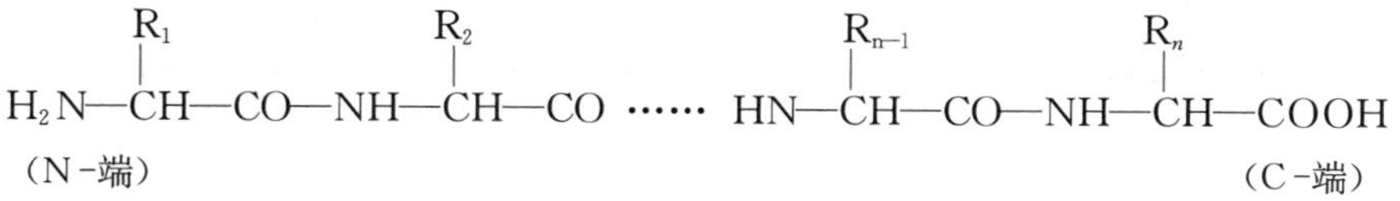

蛋白质就是由许多氨基酸残基（residue）组成的多肽链。一般而言，蛋白质通常含 50 个氨基酸以上，多肽则为 50 个氨基酸以下。例如，常把由 39 个氨基酸残基组成的促肾上腺皮质激素称为多肽，而把含有 51 个氨基酸残基、相对分子质量为 5733 的胰岛素称为蛋白质。

（二）生物活性肽

体内存在许多具有生物活性的低分子量肽，在代谢调节、神经传导等方面起着重要作用，称为生物活性肽。如谷胱甘肽（glutathione，GSH）是由谷氨酸、半胱氨酸和甘氨酸组成的三肽。GSH 是一种不典型的三肽，谷氨酸通过 γ-羧基与半胱氨酸的 α-氨基形成肽键，故称 γ-谷胱甘肽。结构式如下：

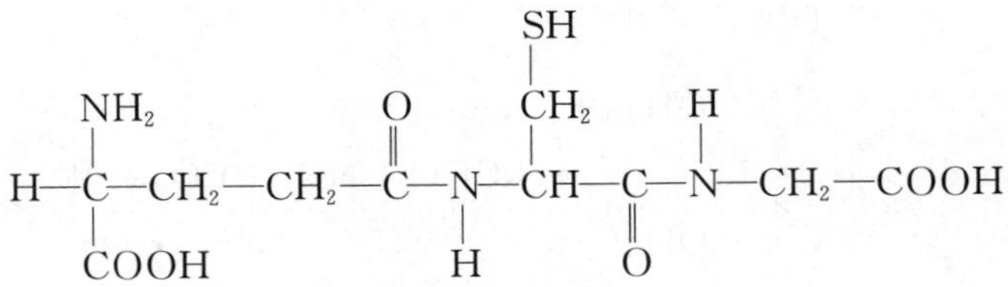

谷胱甘肽（GSH）

GSH 的巯基具有还原性,可作为体内重要的还原剂,保护体内蛋白质或酶分子中巯基免遭氧化,使蛋白质或酶处在活性状态。体内还有许多激素属寡肽或多肽,如属于下丘脑-垂体-肾上腺皮质轴的缩宫素(9 肽)、加压素(9 肽)、促肾上腺皮质激素(39 肽)、促甲状腺素释放激素(3 肽)等。

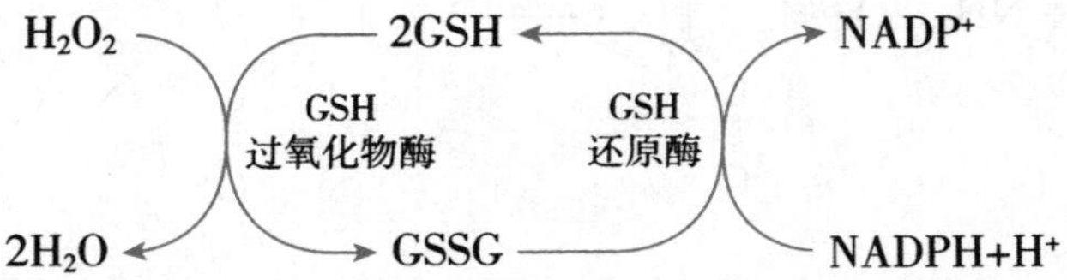

谷胱甘肽（GSH）与氧化型谷胱甘肽（GSSG）间的转换

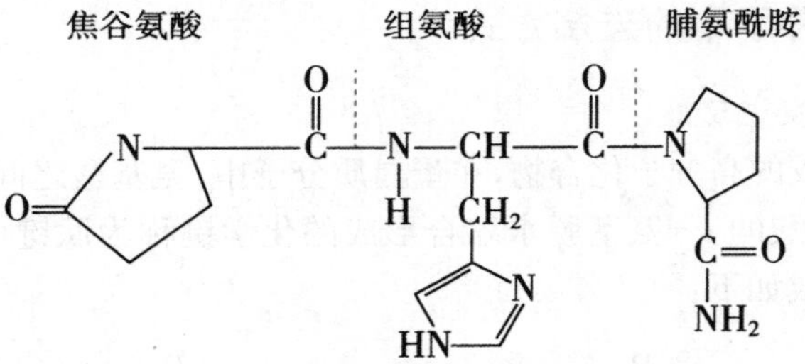

促甲状腺素释放激素（TRH）

第二节 蛋白质的分子结构

蛋白质分子是由许多氨基酸通过肽键相连形成的生物大分子。组成蛋白质的 20 种氨基酸以不同数量和不同顺序可排列成复杂而多样的蛋白质分子,并具有一定的三维空间结构,由此发挥其特有的生物学功能。根据蛋白质结构的不同层次,可将蛋白质结构分为一级、二级、三级及四级结构。其中,一级结构为蛋白质的基本结构,二级、三级及四级结构为其高级结构或空间构象。蛋白质的空间构象涵盖了蛋白质分子中的每一原子在三维空间的相对位置,它们是蛋白质特有性质和功能的结构基础。由一条肽链形成的蛋白质只有一级、二级和三级结构,2 条或 2 条以上肽链形成的蛋白质才具有四级结构。

一、蛋白质的一级结构

在蛋白质分子中,从 N-端至 C-端的氨基酸排列顺序称为蛋白质的一级结构(primary structure)。一级结构中的主要化学键是肽键,此外蛋白质分子中所有二硫键的位置也属于一级结构范畴。

牛胰岛素是第一个被测定一级结构的蛋白质分子,它由两条多肽链构成:一条称为 A 链,由 21 个氨基酸残基构成;一条称为 B 链,由 30 个氨基酸残基构成。两条多肽链通过 A7 和 B7、A20 和 B19 之间的两个链间二硫键连接起来,A 链中 A6 和 A11 间还有一个链内二硫键。牛胰岛素的一级结构如图 1-1 所示。

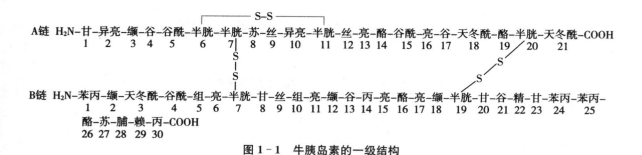

图 1-1　牛胰岛素的一级结构

胰岛素一级结构的测定

1955 年,著名生物化学家 F. Sanger 测定了牛胰岛素全部 51 个氨基酸的排列顺序,牛胰岛素成为首个完成一级结构分析的蛋白质。牛胰岛素一级结构测序完成为人类认识蛋白质分子化学结构奠定了方法学基础,这一重要成果荣获 1958 年诺贝尔化学奖。

20 世纪 40 年代初,F. Sanger 主要研究蛋白质的结构,特别是研究胰岛素的分子结构。当时他在剑桥大学默默无闻,难以筹到研究经费,但仍然以顽强的毅力投入到研究中。经过多年努力,终于寻找到一种化学试剂-二硝基氟苯(DNFB),这种试剂可以与多肽链的 α-氨基作用,生成二硝基苯的衍生物,由于这种衍生物呈现出明亮的金黄色,通过层析和电泳就能将其鉴别出来,这种试剂后来被称为"Sanger 试剂"。F. Sanger 将其和纸层析结合起来,对胰岛素分子的结构进行了成功测定。

尽管各种蛋白质的基本结构都是多肽链,但所含氨基酸数目以及氨基酸种类在多肽链中的排列顺序不同,这就形成了结构多样、功能各异的蛋白质。因此,蛋白质分子的一级结构是其空间构象和特异生物学活性的基础。随着对蛋白质结构的深入研究,已认识到蛋白质一级结构并不是决定蛋白质空间构象的唯一因素。

二、蛋白质的二级结构

蛋白质的二级结构(secondary structure)是指蛋白质分子中某一段肽链主链骨架原子的局部空间结构或相对空间位置,但不包括氨基酸残基侧链的构象。

(一)二级结构的结构基础——肽单元

肽键是连接于氨基酸之间的共价键,用 X 线衍射法证实,肽键是一个刚性平面。肽键中的 C—N 键长为 0.132nm,短于 C—N 单键 0.149nm,长于普通 C＝N 双键的 0.127nm,故肽键的 C—N 键在一定程度上具有双键性质,所以不能自由旋转。因此,肽键中的 C、O、N、H 四个原子与它们相邻的两个 α-碳原子都处于同一平面上,该平面称肽单元,如图 1-2 所示。

在多肽链中,由于与 α-碳原子相连的 N 和 C(C_α—N 和 C_α—C)所形成的化学键都是典型的单键,可以自由旋转,C_α 与 CO 的键旋转角度以 φ 表示,C_α 与 N 的键角以 Ψ 表示(图 1-2)。也正由于肽单元上 C_α 原子所连的两个单键的自由旋转角度决定了两个相邻的肽单元平面的相对空间位置。所以两个相邻肽单元可以围绕 α 碳原子旋转,使多肽链形成有特殊规律的结构,这是多肽链形成 α-螺旋结构或 β-折叠结构的基础。

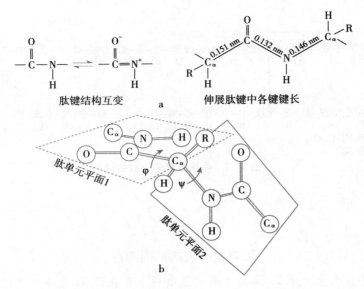

图 1-2 肽单元

（二）二级结构的基本形式

蛋白质主链以肽单元为基本单位，经过折叠、盘曲可形成以下几种基本形式。稳定二级结构的主要化学键是氢键。

1. α-螺旋（α-helix） α-螺旋结构的特点是：①多肽链以 α-碳原子为转折点，以肽单元为单位，螺旋走向为顺时针方向，盘曲成一个右手螺旋，其 Ψ 为 -47°，φ 为 -57°；②每隔 3.6 个氨基酸残基螺旋上升一圈，每个氨基酸残基向上平移 0.15nm，故螺距为 0.54nm；③α-螺旋的每一个肽键的 N—H 和第四个肽键的羰基氧形成氢键，氢键的方向与螺旋的长轴基本平行，肽链中所有肽键中的全部羰基氧（O）与氨基氢（H）都可参与形成氢键，使 α-螺旋结构稳定；④肽链中氨基酸侧链 R 分布在螺旋外侧，其形状、大小及电荷影响 α-螺旋的形成。碱性或酸性氨基酸集中的区域，由于同性相斥，不利于 α-螺旋的形成；较大的 R（如苯丙氨酸、色氨酸、异亮氨酸）集中的区域也妨碍 α-螺旋的形成；脯氨酸和羟脯氨酸存在时不能形成 α-螺旋，如图 1-3 所示。

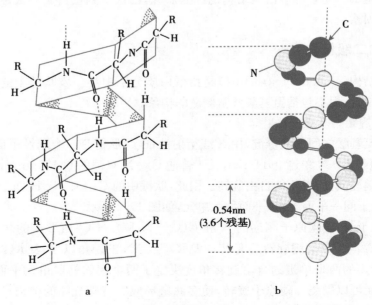

图 1-3 α-螺旋

2. β-折叠(β-pleated sheet)　又称 β-片层，其结构特点是：①多肽链在一空间平面内伸展，各肽单元之间折叠成锯齿状(或折扇形)结构；②β-折叠可以由一条多肽链折返而成锯齿状，结构比较短，只含 5～8 个氨基酸残基，也可以由两条以上多肽链顺向或逆向平行排列而成，两条逆向平行肽链的间距为 0.7nm；③当两条多肽链接近时，彼此的肽链相互形成氢键以使结构稳定，氢键的方向与折叠的长轴垂直；④肽链中氨基酸侧链 R 伸出在片层"锯齿"上下，如图 1-4 所示。

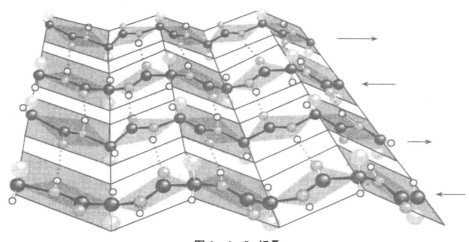

图 1-4　β-折叠

3. β-转角(β-turn)　球状蛋白质分子中，多肽链主链常常会出现 180°回折，这部分回折被称为β-转角。它们是由 4 个连续的氨基酸残基组成。第一个残基的羰基氧与第四个残基的氨基氢形成氢键。β-转角的结构较特殊，第二个残基常为脯氨酸，其他常见残基有甘氨酸、天冬氨酸、天冬酰胺和色氨酸，β-转角可使肽链的走向发生改变，如图 1-5。

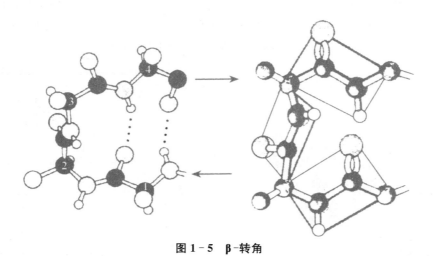

图 1-5　β-转角

4. 无规卷曲(random coil)　此种结构为多肽链中除以上几种比较规则的构象外，没有确定规律性的那部分肽链构象。

(三)超二级结构

1973 年，M. G. Rossman 提出了超二级结构(supersecondary structure)的概念，超二级结构是指在蛋白质分子中，2 个或 2 个以上具有二级结构的肽段在空间上相互接近，形成一个有规则的二级结构组合。目前已知的二级结构组合形式主要有 3 种：αα、βαβ、ββ。而模体(motif)是具有特殊功能的超二级结构，它是由 2 个或 3 个具有二级结构的肽段在空间上相互接近，形成一个特殊的空间构象。一般而言，常见的模体可以有以下几种形式：α-螺旋-β-转角（或环）-α-螺旋模体（常见于多种 DNA 结合蛋白质）；链-β-转角-链模体（常见于反平行 β-折叠的蛋白质）；链-β-转角-α-螺旋-β-转角-链模体（常见于多种 α-螺旋/β-折叠蛋白质），如图 1-6 所示。

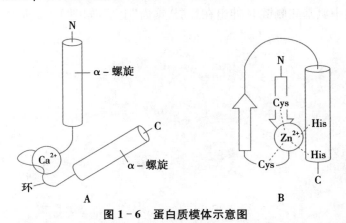

图 1-6　蛋白质模体示意图

A. 钙结合蛋白中的结合钙离子的模体；B. 锌指结构

三、蛋白质的三级结构

蛋白质的三级结构（tertiary structure）指整条肽链中全部氨基酸残基的相对空间位置，也就是整条肽链所有原子在三维空间的排布位置。具有三级结构形式的蛋白质多肽链具有以下特点：①进一步盘曲、折叠的多肽链分子在空间的长度大大缩短，或呈棒状、纤维状，或呈球状、椭球状（图 1-7）；②三级结构主要靠多肽链侧链上各种功能基团之间相互作用所形成的次级键来维持稳定，如疏水键、离子键、氢键和范德华力（van der Waals force）等（图 1-8）；③折叠、盘曲形成的特殊的空间构象中，疏水基团多聚集在分子的内部，而亲水基团则多分布在分子表面。因此，具有三级结构的蛋白质分子多是亲水的。由一条多肽链构成的蛋白质只有形成三级结构才可能具有生物学活性。

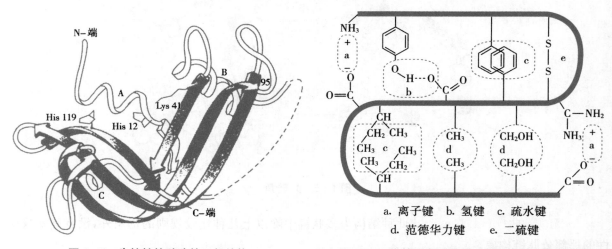

a. 离子键　b. 氢键　c. 疏水键
d. 范德华力键　e. 二硫键

图 1-7　牛核糖核酸酶的三级结构　　　　**图 1-8　维持蛋白质结构分子构象的各种化学键**

许多蛋白质的三级结构常可分割成 1 个和数个球状或纤维状的区域，折叠得较为紧密各行其功能，这种结构称为结构域（domain）。一般每个结构域由 100～200 个氨基酸残基组成，各有独特的空间构象，并承担不同的生物学功能。例如，免疫球蛋白（IgG）由 12 个结构域组成，其中两个轻链上各有 2 个,两个重链上各有 4 个;抗原结合部位与补体结合部位处于不同的结构域,见图 1-9 所示。

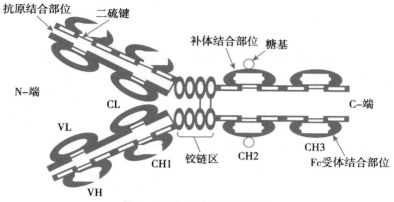

图 1-9 免疫球蛋白结构域

除一级结构为决定因素外,蛋白质空间构象的正确形成还需要一类称为分子伴侣(molecular chaperone)的蛋白质参与。蛋白质在合成时,未折叠的肽段有许多疏水基团暴露在外,具有分子内或分子间聚集的倾向,使蛋白质不能形成正确空间构象。分子伴侣可逆地与未折叠肽段的疏水部分结合随后松开,如此重复进行可防止错误的聚集发生,使肽链正确折叠。分子伴侣也可与错误聚集的肽段结合,使之解聚后,再诱导其正确折叠。此外,蛋白质分子中特定位置二硫键的形成,是产生正确空间构象和发挥功能的必要条件。已经发现有些分子伴侣具有形成二硫键的酶活性,在蛋白质分子折叠过程中对二硫键正确形成起到重要的作用。

四、蛋白质的四级结构

由一条多肽链组成的蛋白质仅具有三级结构。体内许多蛋白质分子含有两条或两条以上的多肽链,才能有完整的功能。每一条多肽链都具有特定的三级结构,称为蛋白质的亚基(subunit),亚基与亚基之间呈特定的三维空间排布,并以非共价键相连接,这种亚基间通过非共价键相互结合而成的结构称为蛋白质的四级结构(quaternary structure)。在四级结构中,亚基之间的结合力主要为氢键、离子键。已经证明,相对分子质量在 55000 以上的蛋白质几乎都有亚基。单独的亚基一般无生物学活性,只有完整四级结构的蛋白质分子才有生物学活性。一种蛋白质中,亚基结构可以相同,也可不同,如过氧化氢酶由 4 个相同的亚基组成,而血红蛋白是由 2 个 α 亚基与 2 个 β 亚基形成的四聚体,它们分别由含有 141 个氨基酸残基的 α 链和含有 146 个氨基酸残基的 β 链各结合一个血红素辅基构成。2 个 α 亚基、2 个 β 亚基两两交叉,4 个亚基通过 8 个离子键相连,形成血红蛋白的四聚体,具有运输氧和二氧化碳的功能,如图 1-10。

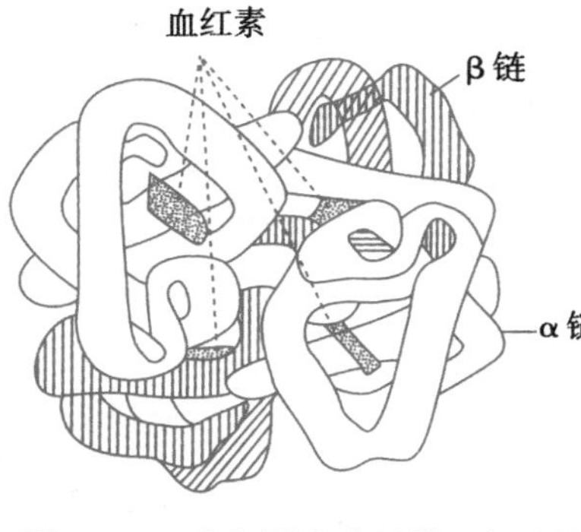

图 1-10 血红蛋白分子的四级结构

五、蛋白质的分类

蛋白质是由许多氨基酸通过肽键形成的高分子化合物,其种类繁多,结构复杂,分类方式也是多种多样,可根据组成、分子形状及生物学功能进行分类。

(一)根据组成分类

1. 单纯蛋白质 其完全水解产物仅为氨基酸,如清蛋白、球蛋白、组蛋白、精蛋白、硬蛋白和植物谷蛋白等。

2. 结合蛋白质　由蛋白质部分与非蛋白质部分组成。非蛋白质部分称为辅基,绝大部分辅基通过共价键与蛋白质部分相连。构成蛋白质的辅基很多,常见的有寡糖、脂类、磷酸、金属、色素化合物等。

（二）根据分子形状分类

1. 球状蛋白质　即蛋白质分子形状的长短轴之比小于 10。生物界多数蛋白质属于球状蛋白,一般为可溶性,大部分具有特定的生理功能,如酶、免疫球蛋白、转运蛋白、蛋白肽类激素、基因表达调控蛋白等都属于球状蛋白质。

2. 纤维状蛋白质　分子形状的长短轴之比大于 10。一般不溶于水,多为生物体组织的结构材料,如毛发中角蛋白、结缔组织的胶原蛋白和弹性蛋白、蚕丝的丝心蛋白等。

第三节　蛋白质结构与功能的关系

一、蛋白质一级结构与功能的关系

（一）一级结构是空间构象的基础

蛋白质的功能与其特定的空间结构密切相关,而特定的空间结构是以蛋白质的一级结构为基础的。牛核糖核酸酶 A 由 124 个氨基酸残基组成,有 4 对二硫键（Cys26 和 Cys84、Cys40 和 Cys95、Cys58 和 Cys110、Cys65 和 Cys72）（图 1-11A）。用尿素和 β-巯基乙醇处理该酶溶液,分别破坏次级键和二硫键,使其二级、三级结构遭到破坏,但不影响肽键,故一级结构不变,此时该酶活性丧失。牛核糖核酸酶 A 中的 4 对二硫键被 β-巯基乙醇还原成—SH 后,若要再形成 4 对二硫键,从理论上推算有 105 种不同的配对方式,只有与天然牛核糖核酸酶 A 完全相同的配对方式,酶才具有活性。当用透析方法去除尿素和 β-巯基乙醇后,松散的多肽链按其特定的氨基酸排列顺序,卷曲折叠成天然酶的空间构象,4 对二硫键正确配对,这时酶活性恢复（图 1-11B）,这充分证明蛋白质只要其一级结构不改变,就可能恢复到天然的三级结构。

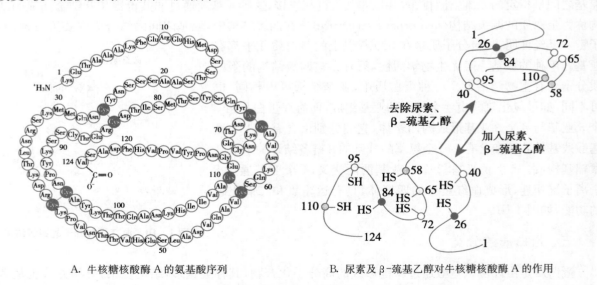

A. 牛核糖核酸酶 A 的氨基酸序列　　　　B. 尿素及 β-巯基乙醇对牛核糖核酸酶 A 的作用

图 1-11　牛核糖核酸酶 A 一级结构与空间结构的关系

（二）相似的一级结构具有相似的功能

促肾上腺皮质激素（ACTH）是由 39 个氨基酸残基组成的开链多肽。尽管不同哺乳类动物来源的 ACTH 的 C-端结构有些差异,但因它们的 N-端 1~24 个氨基酸残基完全相同而表现相同的促皮质功能。再如,神经垂体释放的缩宫素和抗利尿激素都是 9 肽,其中只有 2 个氨基酸不同,而其余 7 个氨基酸残基是相同的,因此缩宫素和抗利尿激素的生理功能有相似之处,即缩宫素兼有抗利尿激素样作用,而抗利尿激素也兼有缩宫素样作用。当然,彼此兼有的生物学功能要比各自主要功能弱得多。

不同脊椎类动物来源的胰岛素都是由 A 链(21 个氨基酸残基)和 B 链(30 个氨基酸残基)组成。虽然各种胰岛素并不完全一样,但肽链长短几乎相同;A 链的 N-端、C-端以及一半以上的氨基酸序列是相同的;B 链的 N-端、C-端虽然不同,但全链氨基酸序列也有一半以上是相同的,因此同样都具有降低血糖的生物学功能。

知识链接

人工合成结晶牛胰岛素

F. Sanger 完成牛胰岛素一级结构分析后不久,《自然》杂志曾预言,"合成胰岛素将是遥远的事情"。怀着敢为天下先的首创精神和责任担当,以中国科学院生物化学与细胞生物学研究所首任所长王应睐为首的中国科学家,大胆提出了"人工合成胰岛素"项目。该项目一经提出便备受关注,并被列入 1959 年国家科研计划。当时我国研究基础薄弱、经验缺乏,合成胰岛素绝非易事。尽管困难重重,王应睐还是毅然带领团队展开科研攻关,提出多个方案并实施验证。

研究团队以 Sanger 完成的牛胰岛素一级结构测定为基础,结合前期实验,推测二硫键拆合是较为可行的方案。经过两年的努力,团队在国际上首次解决了天然胰岛素 A、B 链拆合问题,为人工合成胰岛素确定了合成路线。又经过 6 年零 9 个月的艰辛,生化所与中科院上海有机化学所和北京大学合作,于 1965 年成功分离、纯化和结晶了人工合成的牛胰岛素,并证明其具有同天然胰岛素一样的生物活力。至此,中国在世界上首次人工合成了结晶牛胰岛素。

（三）一级结构的改变与分子病

由于遗传物质(DNA)的突变、导致其编码蛋白质分子的氨基酸序列异常,而引起其生物学功能改变的遗传性疾病称为分子病。例如,正常人血红蛋白 β 亚基的第 6 位氨基酸是谷氨酸,而镰状细胞贫血(sickle cell anemia)患者的血红蛋白中,谷氨酸变成了缬氨酸,即酸性氨基酸被中性氨基酸替代,仅此一个氨基酸之差,原为水溶性的血红蛋白,就聚集成丝,相互黏着,使红细胞变形成为镰刀状而极易破碎,导致贫血。

二、蛋白质空间结构与功能的关系

体内蛋白质的功能与其特定的空间构象密切相关。如指甲和毛发中的主要成分 α 角蛋白含有大量 α-螺旋结构,使其坚韧并富有弹性;而丝心蛋白分子中含有大量 β-折叠结构致使蚕丝具有伸展和柔软的特性。

（一）肌红蛋白和血红蛋白的空间结构和功能的关系

肌红蛋白(myoglobin, Mb)与血红蛋白(hemoglobin, Hb)都是含有血红素辅基的蛋白质。血红素是铁卟啉化合物,具有携带氧的功能。肌红蛋白是一个只有三级结构的单链蛋白质,结合一个血红素。血红蛋白是具有 4 个亚基组成的四级结构,每个亚基可结合 1 个血红素并携带 1 分子氧,因此 1 分子 Hb 共结合 4 分子氧。成年人红细胞中的 Hb 主要由 2 条 α 肽链和 2 条 β 肽链($\alpha_2\beta_2$)组成,Hb 各亚基的三级结构与 Mb 极为相似。Hb 亚基之间通过 8 个离子键紧密结合而形成亲水的球状蛋白。

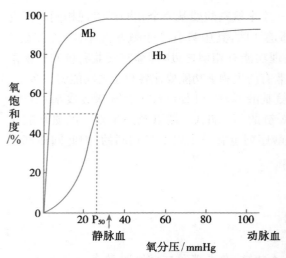

图 1-12 肌红蛋白(Mb)与血红蛋白(Hb)氧解离曲线
(1mmHg=133.322Pa)

Hb 与 Mb 一样可逆地与 O_2 结合,氧合血红蛋白占总 Hb 的百分数(称为百分饱和度)随 O_2 浓度变化而变化。图 1-12 为 Hb 和 Mb 的氧解离曲线,前者为 S 形曲线,后者为直角双曲线。可见,Mb 易与 O_2 结合,而 Hb 与 O_2 的结合在 O_2 分压较低时较难。Hb 与 O_2 结合的 S 形曲线显示 Hb 中第一个亚基与 O_2 结合以后,促进第二个及第三个亚基与 O_2 的结合,当前三个亚基与 O_2 结合后,又大大促进第四个亚基与 O_2 结合,这种效应称为正协同效应(positive cooperativity)。协同效应是指一个亚基与其配体(Hb 中的配体为 O_2)结合后,能影响此寡聚体中另一亚基与配体的结合能力。如果是促进作用则称为正协同效应;反之则为负协同效应。

Hb 未结合 O_2 时,其为一种紧凑状态,称为紧密型(T 型),T 型的 Hb 与 O_2 亲和力小,然而,随着 O_2 的结合,4 个亚基羧基末端之间的离子键断裂,其二级、三级和四级结构也发生变化,使结构显得相对松弛,称为松弛型(R 型),R 型的 Hb 与 O_2 亲和力大,当第一个 O_2 与 Hb 结合成氧合血红蛋白后,发生构象改变,导致第二个、第三个和第四个 O_2 很快地与 Hb 结合。此种由一个氧分子与 Hb 亚基结合后引起亚基的构象变化,称为变构效应(allosteric effect),见图 1-13。

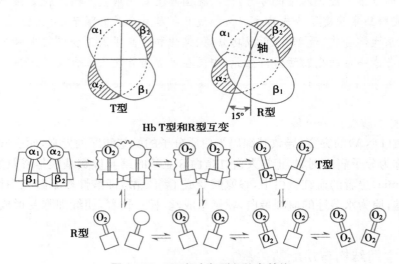

图 1-13 Hb 氧合与脱氧构象转换

O_2 与 Hb 结合后,可触发 Hb 由 T 型转变为 R 型;反之,当 CO_2、H^+、2,3-二磷酸甘油酸(2,3-BPG)等物质与 Hb 结合后,可使 R 型转变为 T 型。R 型的氧亲和力比 T 型高数百倍。Hb 的这种变构作用,极有利于它在肺部与 O_2 结合及在周围组织释放 O_2。变构效应不仅发生在 Hb 与 O_2 之间,一些酶与变构剂的结合、配体与受体的结合也存在着变构效应,所以它具有普遍生物学意义。

　　(二)朊病毒蛋白空间结构与功能的关系

　　疯牛病是由朊病毒蛋白(prion protein,PrP)引起的一组人和动物神经的退行性病变,这类疾病具有传染性、遗传性或散在发病的特点,其在动物间的传播是由 PrP 组成的传染性颗粒(不含核酸)完成的。PrP 是染色体基因编码的蛋白质。PrP 有两种构象:一种是以 α-螺旋为主,存在于正常动物和人的脑组织细胞膜上,其水溶性强、对蛋白酶敏感,称为 PrP^C。富含 α-螺旋的 PrP^C 在某种未知蛋白质的作用下可转变为 β-折叠的 PrP 致病分子,称为 PrP^{Sc}。但 PrP^C 和 PrP^{Sc} 两者的一级结构完全相同,可见 PrP^C 转变成 PrP^{Sc} 涉及蛋白质分子 α-螺旋重新排布成 β-折叠的过程。外源或新生的 PrP^{Sc} 可以作为模板,通过复杂的机制使仅含 α-螺旋的 PrP^C 重新折叠成为仅含 β-折叠的 PrP^{Sc}。PrP^{Sc} 对蛋白酶不敏感,水溶性差,而且对热稳定,可以相互聚集,最终形成淀粉样纤维沉淀而致病。

第四节　蛋白质的理化性质

蛋白质由氨基酸组成,因此其部分理化性质与氨基酸相似。例如,两性电离及等电点、呈色反应、紫外吸收等,但蛋白质又是由许多氨基酸组成的高分子化合物,所以有部分性质不同于氨基酸,表现为高分子性质、沉淀、变性及某些呈色反应等。

一、蛋白质的两性解离

蛋白质分子是由多个氨基酸残基组成的大分子化合物,由于各种氨基酸残基的解离程度不同,因此蛋白质分子表现出复杂的两性解离特点。它的解离基团除末端氨基和末端羧基外,主要由侧链的解离基团所构成,如赖氨酸残基中的 ε-氨基、精氨酸残基中的胍基、组氨酸残基中的咪唑基、谷氨酸 γ-羧基和天冬氨酸残基中的 β-羧基等。在酸性溶液中,可抑制蛋白质分子中—COOH 的解离,同时又使—NH_2 接受 H^+ 形成 NH_3^+,所以蛋白质带较多的正电荷;反之,在碱性溶液中,则有利于—COOH 的电离,并抑制—NH_2 接受 H^+,使蛋白质带较多的负电荷。当蛋白质溶液处于某一 pH 时,蛋白质解离成正、负离子的趋势相等,即成为兼性离子,净电荷为零,此时溶液的 pH 称为该蛋白质的等电点(pI)。蛋白质溶液的 pH 大于等电点时,该蛋白质颗粒带负电荷,反之则带正电荷。不同蛋白质因其所含氨基酸种类和数量不同,其等电点也不同,含酸性氨基酸较多的蛋白质,其等电点较低,如丝蛋白、胃蛋白酶;含碱性氨基酸较多的蛋白质,其等电点较高,如鱼精蛋白、细胞色素 c。人体中大多数蛋白质的等电点在 5.0 左右,所以在组织和体液 pH 7.4 的环境中,这些蛋白质解离成阴离子。

二、蛋白质的胶体性质

蛋白质是高分子化合物,其相对分子质量大者可达数百万,小的也在 1 万以上,分子颗粒直径可达 1~100nm。蛋白质在水溶液中形成胶体溶液,具有胶体溶液的各种性质。由于相对分子质量大,蛋白质在溶液中表现为扩散速度慢、黏度大,且不能透过半透膜。蛋白质的相对分子质量愈大,分子形状不对称程度愈高,其黏度愈大,扩散速度愈慢。所以蛋白质溶液黏度及扩散速度等特征在一定程度上反映蛋白质的相对分子质量、形状等差别。

蛋白质溶液是一种比较稳定的亲水胶体,原因是蛋白质颗粒表面有水化膜和电荷,由于蛋白质颗粒表面带有许多亲水的极性基团,如—NH_3^+、—COO^-、—CO、—NH_2、—OH、—SH 等。它们易与水起水合作用,使蛋白质颗粒表面形成较厚的水化膜。水化膜的存在使蛋白质颗粒相互隔开,阻止其聚集析出;另外,蛋白质分子在一定 pH 溶液中带有同种电荷,同种电荷相互排斥,因而能防止蛋白质分子聚合。

三、蛋白质的变性与复性

1. 变性的概念　蛋白质在某些理化因素的作用下,其空间结构(次级键,特别是氢键)受到破坏,生物学活性丧失,理化性质发生改变,这种现象称为蛋白质的变性(denaturation)。能使蛋白质变性的物理因素有加热、高压、振荡或搅拌、放射线照射及超声波等;化学因素有强酸、强碱、重金属离子、尿素、乙醇、丙酮等有机溶剂。

2. 变性的实质 蛋白质变性的实质是理化因素破坏了维持和稳定其空间构象的各种次级键,使其原有的特定空间构象被改变或破坏。但在变性过程中,肽键并未断裂,其化学组成没有改变,即变性并不引起一级结构变化。大多数蛋白质变性时其空间结构破坏严重,不能恢复,称为不可逆变性,但有些蛋白质在变性后,除去变性因素仍可恢复其活性,称为可逆变性,又称为复性(renaturation)。如前面所述,核糖核酸酶经尿素和β-巯基乙醇作用变性后,再透析去除尿素和β-巯基乙醇,又可恢复其活性。

3. 变性蛋白质的特征

(1)理化性质改变:溶解度降低、黏度增加、结晶能力丧失;变性后的蛋白质容易被蛋白酶水解,所以蛋白质变性后较易消化。

(2)生物学性质的改变:蛋白质变性后即失去原有的生物学活性。例如酶失去其催化活性、激素失去其调节活性、抗体失去其生物活性、细菌蛋白失去其致病性。

4. 变性的应用 蛋白质变性在实际应用中具有重要意义。例如,用乙醇、加热和紫外线消毒灭菌;临床检验室常采用钨酸、三氯乙酸沉淀蛋白质制备无蛋白血滤液,采用热凝法检查尿蛋白。当制备或保存酶、疫苗、免疫血清等蛋白质制剂时应选择适当条件,以防其变性而失去活性。

5. 加热凝固 蛋白质经强酸、强碱作用发生变性后,仍能溶解于强酸或强碱溶液中,若将pH调至等电点,则变性蛋白质立即结成絮状的不溶解物,此絮状物仍可溶解于强酸和强碱中,如再加热则絮状物可变成比较坚固的凝块,此凝块不易再溶于强酸和强碱中,这种现象称为蛋白质的凝固作用(protein coagulation)。实际上凝固是蛋白质变性后进一步发展的不可逆的结果。

四、蛋白质的紫外吸收特性

芳香族氨基酸在280nm波长附近具有最大的光吸收峰,由于大多数蛋白质含有芳香族氨基酸残基,在此波长范围,蛋白质的A_{280}与其浓度呈正比,所以测定蛋白质溶液A_{280}常用于蛋白质含量的测定。

五、蛋白质的呈色反应

蛋白质分子中的肽键以及分子中氨基酸残基上的一些特殊基团都可以与有关试剂作用产生颜色反应。这些反应可用来做蛋白质的定性分析和定量分析。常用的颜色反应有以下几种。

1. 双缩脲反应(biuret reaction) 在碱性条件下,含有两个及两个以上肽键的肽及蛋白质均可与Cu^{2+}形成络合盐而呈紫红色。此反应除用于蛋白质的定量测定外,由于氨基酸不呈现此反应,故此法还可用于检测蛋白质水解程度。

2. 茚三酮反应 在pH 5~7的溶液中,蛋白质分子中的α-氨基能与茚三酮反应生成蓝紫色化合物(参见本章第一节)。此反应可用于蛋白质的定性、定量测定。

3. 酚试剂反应 在碱性条件下,蛋白质分子中的酪氨酸、色氨酸可与酚试剂(含磷钨酸和磷钼酸化合物)反应生成蓝色化合物。

第五节 蛋白质的提取、分离和纯化

一、透析、超滤及超速离心

利用透析袋把大分子蛋白质与小分子化合物分开的方法称为透析(dialysis)。蛋白质是生物大分子,不能透过半透膜,在分离提纯蛋白质时,将含有小分子杂质的蛋白质溶液放入半透膜制成的透析袋内,将透析袋置于蒸馏水或适宜的缓冲液中,则小分子物质(如硫酸铵、氯化钠等)能透过半透膜。不断更新袋外的水或缓冲液,可把袋内小分子物质全部除尽,使蛋白质得以纯化。如果袋外放吸水剂(如聚乙二醇),则袋内水分伴同小分子物质透出袋外,袋内蛋白质溶液还可达到浓缩的目的。同样,应用正压或离心力使蛋白质溶液透过有一定截留相对分子质量的超滤膜,达到浓缩蛋白质溶液的目的,称为超滤法,此法简便且回收率高,是蛋白质溶液浓缩的常用方法。

蛋白质属于高分子化合物,在一定的溶剂中,经超速离心,可以发生沉降。其沉降速度与蛋白质的相对分子质量的大小、形状、密度及溶剂的密度有关,蛋白质在离心场中的行为用沉降系数(sedimentation coefficient,S)表示,沉降系数与蛋白质的分子量大小、密度和形状相关。

不同蛋白质其相对分子质量、密度与形状各不相同,通过超速离心可将它们分开。因此,超速离心法(ultracentrifugation)既可以用来分离纯化蛋白质也可以用作测定蛋白质的相对分子质量。

二、沉淀

用物理或化学方法破坏蛋白质分子表面的水化膜或电荷,分散在溶液中的蛋白质分子便可发生聚集,并从溶液中析出,这种现象称为蛋白质的沉淀(图1-14)。例如,将蛋白质溶液的pH调到等电点,再加入脱水剂除去蛋白质水化膜,即可使蛋白质沉淀。先使其脱水,再调节pH到等电点,同样可使蛋白质沉淀。

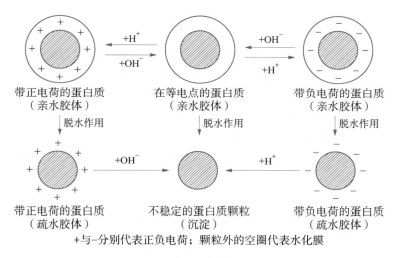

+与-分别代表正负电荷;颗粒外的空圈代表水化膜

图1-14　溶液中的蛋白质沉淀

常用的蛋白质沉淀方法如下。

1. **盐析法**　高浓度的中性盐可以沉淀水溶液中的蛋白质,称为盐析。常用的中性盐有硫酸铵、硫酸钠、亚硫酸钠和氯化钠等。盐析是由于加入大量中性盐可破坏蛋白质的水化膜,中和其所带的电荷,从而引起蛋白质沉淀。各种蛋白质的亲水性及所带电荷均有差别,因此不同蛋白质盐析时所需盐的浓度不同。人们常利用这一特性,逐步增加中性盐浓度使蛋白质从溶液中分段析出加以分离,这种方法称为分段盐析。如血清球蛋白多在半饱和硫酸铵溶液中析出,而清蛋白(也称白蛋白)则在饱和硫酸铵溶液中才可析出。盐析法一般不引起蛋白质变性,是分离纯化蛋白质的常用方法之一。

2. **有机溶剂沉淀**　有机溶剂(如乙醇、甲醇、丙酮等)是脱水剂,能破坏蛋白质的水化膜而使蛋白质沉淀。在等电点时加入这类溶剂更易使蛋白质沉淀析出。如操作在低温条件下进行,可保持蛋白质不变性。

3. **某些酸类沉淀**　有些酸(如苦味酸、钨酸、鞣酸、三氯乙酸等化合物)的酸根(用X^-代表),可与蛋白质的阳离子结合,形成不溶性的蛋白盐沉淀。沉淀的条件是$pH<pI$。

这些沉淀剂常引起蛋白质发生变性。临床上常用这类方法沉淀蛋白质,如血液样品分析中无蛋白血滤液的制备。

4. 重金属盐沉淀　重金属离子,如铅、汞、银、铜等(用 M⁺ 代表),可与蛋白质的阴离子结合,形成不溶性蛋白盐沉淀。沉淀的条件为 pH>pI。

重金属盐容易使蛋白质变性。临床上利用蛋白质与重金属盐结合形成不溶性沉淀这一性质,抢救误服重金属盐中毒患者。如给患者口服大量乳品或鸡蛋清,然后再用催吐剂将结合的重金属盐呕出以解毒。

5. 免疫沉淀　蛋白质具有抗原性,某一纯化蛋白质免疫动物可获得抗该蛋白的特异抗体。特异抗体识别相应的抗原蛋白,并形成抗原抗体复合物,利用抗原抗体特异结合的特性,可从抗原抗体复合物的蛋白质混合溶液中分离获得抗原蛋白,这就是免疫沉淀法。在具体实验中,常将抗体交联至固相化的琼脂糖珠上,易于获得抗原抗体复合物。进一步将抗原抗体复合物溶于含十二烷基磺酸钠和二疏基丙醇的缓冲液后加热,使抗原从抗原抗体复合物中分离而获得纯化。

由上述可见,蛋白质的变性、沉淀有一定的关系,如变性常易引起沉淀。这是由于蛋白质变性后,疏水侧链暴露,使肽链易于集聚,进而从溶液中析出而发生沉淀。需要明确的是,蛋白质变性与沉淀并无必然的因果关系,即沉淀的蛋白质不一定变性(如盐析等),变性的蛋白质也不一定沉淀(如强酸、强碱等)。

三、电泳

蛋白质在非等电点的溶液中带有一定性质的电荷而成为带电的颗粒,在电场中能向正极或负极移动。这种通过蛋白质在电场中泳动而达到分离各种蛋白质的技术,称为电泳(electrophoresis)。一般而言,在同一电场强度下,颗粒所带净电荷越多、相对分子质量越小且为球状分子,泳动速度越快,反之则慢。由于各种蛋白质的等电点不同、相对分子质量不同,在同一 pH 缓冲液中带电荷多少不同,在电场中泳动的方向和速度也不同,这样就可将蛋白混合液中各种蛋白质彼此分开。根据电泳支撑物的不同,可将电泳分为薄膜电泳和凝胶电泳等。

若蛋白质样品和聚丙烯酰胺凝胶系统中加入带负电荷较多的十二烷基磺酸钠(SDS),使所有蛋白质颗粒表面覆盖一层 SDS 分子,消除导致蛋白质分子间的电荷差异,此时蛋白质在电场中的泳动速率仅与蛋白质颗粒大小有关。加之聚丙烯酰胺凝胶具有分子筛效应,因而此种称之为 SDS-聚丙烯酰胺凝胶电泳(SDS-PAGE),常用于蛋白质相对分子质量的测定。

在聚丙烯酰胺凝胶中加入系列两性电解质载体,形成一个由正极到负极逐渐增加连续而稳定的线性 pH 梯度。大多数蛋白质的等电点(pI)都在此 pH 范围之中。蛋白质在此系统中电泳时,各自集中在与其等电点相应的 pH 区,即当移动到 pH=pI 时,蛋白质所带的净电荷为零,蛋白质停止移动。不同等电点的蛋白质分别聚集于相应的等电点位置,形成狭窄区带。这种通过蛋白质等电点的差异而分离蛋白质的电泳方法称为等电聚焦电泳。

四、层析

层析(chromatography)是蛋白质分离纯化的重要手段之一。一般而言,待分离蛋白质溶液(流动相)经过一种固态物质(固定相)时,根据溶液中待分离的蛋白质颗粒大小、电荷多少及亲和力等,将待分离的蛋白质组分在两相中反复分配,并以不同速度流经固定相而达到分离蛋白质的目的。层析种类很多,有离子交换层析、凝胶过滤和亲和层析等,其中离子交换层析和凝胶过滤应用最广。

1. 离子交换层析　是利用蛋白质两性电离和等电点特性,在某一特定 pH 时,不同等电点的蛋白质所带电荷性质及数量不同,故可以通过离子交换层析得以分离(图 1-15),图 1-15 介绍的是阴离子交换层析,将阴离子交换树脂颗粒填充在层析管内,由于阴离子交换树脂颗粒上带正电荷,能吸引溶液中的阴离子(图 1-15A),然后再用含阴离子(如 Cl⁻)的溶液洗柱,含负电量小的蛋白质首先被洗脱下来(图 1-15B);增加 Cl⁻ 浓度,含负电量多的蛋白质也被洗脱下来(图 1-15C),于是各种蛋白质被分开。

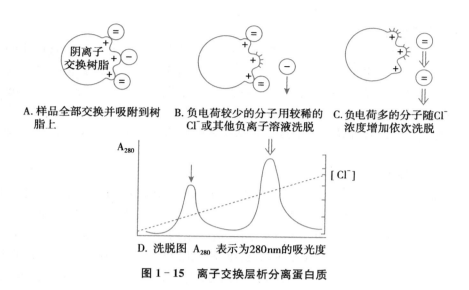

A. 样品全部交换并吸附到树脂上

B. 负电荷较少的分子用较稀的 Cl⁻ 或其他负离子溶液洗脱

C. 负电荷多的分子随Cl⁻ 浓度增加依次洗脱

D. 洗脱图 A₂₈₀ 表示为280nm的吸光度

图 1-15　离子交换层析分离蛋白质

2. 凝胶过滤(gel filtration)　又称分子筛层析,它是根据多孔载体对不同体积和不同形状分子的排阻能力的不同而将它们分离。凝胶就是这样一类多孔的高聚物。当混合样品液缓慢流经凝胶层析柱时,各物质在柱内同时进行两种运动:垂直向下的移动和无定向扩散运动。当蛋白质分子的直径大于凝胶孔径时,被排阻于胶粒之外,只能分布于颗粒间隙中,所以向下移动速度较快,直径小于凝胶孔径的蛋白质分子,除可在凝胶颗粒间隙中扩散外,还可以进入凝胶微孔中,因此向下移动的过程中,不断从一个凝胶颗粒进入另一个凝胶颗粒,如此反复地扩散和进入的结果,必然使小分子物质的下移速度落后于大分子物质,因此不同大小的蛋白质得以分离(图 1-16)。

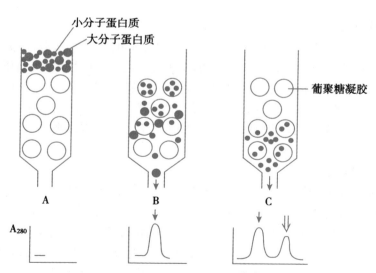

图 1-16　凝胶过滤分离蛋白质

A. 大球是葡聚糖凝胶颗粒;B. 样品上柱后,小分子进入凝胶微孔,大分子不能进入,故洗脱时大分子先洗脱下来;C. 小分子后洗脱出来

小　结

● **蛋白质的分子组成**

蛋白质的元素组成有 C、H、O、N、S 等，各种蛋白质的 N 含量平均为 16%。蛋白质的基本结构单位是氨基酸，组成人体蛋白质的 20 种氨基酸除甘氨酸外均为 L-α-氨基酸。根据侧链 R 基团及解离性质不同，20 种氨基酸可分为：非极性疏水性氨基酸、极性中性氨基酸、芳香族氨基酸、酸性氨基酸和碱性氨基酸。芳香族氨基酸含有芳香基团，具有紫外吸收的性质。此外，氨基酸能发生茚三酮反应和两性解离，每一种氨基酸都有特异的等电点。氨基酸之间脱水缩合形成肽，体内含有多种活性肽，如谷胱甘肽、肽类激素和神经肽等。

● **蛋白质的分子结构**

蛋白质的结构复杂，可分为一级、二级、三级和四级结构。蛋白质的一级结构是指蛋白质分子中由 N-端向 C-端氨基酸的排列顺序，维系蛋白质一级结构的化学键是肽键和二硫键。蛋白质的二级结构是指分子中某一段肽链的主链骨架原子的局部空间结构，不包括氨基酸残基侧链的构象。主要类型有 α-螺旋、β-折叠、β-转角和无规卷曲，氢键维系二级结构稳定。在蛋白质的分子中，邻近的两个或三个二级结构肽段在空间组成超二级结构，能够完成特定的生物学功能，称为模体。蛋白质的三级结构是指整条多肽链中所有原子的空间排布。三级结构常可分割成 1 个或数个球状或纤维状区域，并能行使特有的功能，称为结构域。四级结构是指由几条具有独立三级结构的多肽链通过非共价键结合而形成的更高级结构。三级、四级结构主要靠次级键维系。

● **蛋白质的结构与功能的关系**

蛋白质的结构与功能关系密切。蛋白质一级结构决定其空间结构，一级结构是生物学功能的基础，相似一级结构的蛋白质具有相似的功能。蛋白质一级结构改变引起生物学功能发生异常的疾病，称为分子病。蛋白质空间构象与功能有着密切关系，血红蛋白亚基与 O_2 结合可引起另一亚基构象变化，使之更易与 O_2 结合，所以血红蛋白的氧解离曲线呈 S 形。这种变构效应是蛋白质中普遍存在的功能调节方式之一。

● **蛋白质的理化性质**

蛋白质具有氨基酸的一些重要理化性质，如两性电离、等电点、紫外吸收及茚三酮反应等，但蛋白质是由氨基酸通过肽键连接形成的高分子化合物，又表现出高分子的性质：蛋白质在溶液中以稳定的亲水胶体形式存在，原因是蛋白质颗粒表面存在水化膜和电荷；一些理化因素能够破坏稳定蛋白质构象的次级键，从而失去天然蛋白质原有的理化性质与生物学活性，使蛋白质变性。若变性程度较轻，去除变性因素后蛋白质可恢复天然构象而复性；蛋白质还可发生双缩脲反应和酚试剂反应等呈色反应。

● **蛋白质的分离和纯化**

根据蛋白质的理化性质，可采取不同方法分离和纯化蛋白质。常用的方法有透析、超滤、超速离心、沉淀、电泳和层析。沉淀的原理是破坏溶液中蛋白质颗粒表面的电荷和水化膜，方法有盐析、有机溶剂沉淀、酸类沉淀、重金属盐沉淀等，其中盐析是常用的沉淀方法。电泳是利用蛋白质颗粒大小及表面电荷不同在电场中移动速度不同进行分离。层析是根据蛋白质分子大小、电荷多少及亲和力不同在固定相和流动相中反复分配从而达到分离目的，常用的有凝胶过滤层析、离子交换层析和亲和层析等。

（周晓晶）

第二章
核酸的结构与功能

本章课件

学习指南

重点

1. 核酸的一级结构、DNA 变性、解链温度、核酸分子杂交的概念。
2. 核酸的分子组成及 DNA 双螺旋结构模型要点。
3. 主要 RNA 的结构特点与功能。
4. 核酸的紫外吸收、变性和复性及应用。

难点

1. 核小体的组成及染色体的组装。
2. 核酸变性后理化性质及生物学特性的变化。
3. 核酸的分子杂交。

核酸(nucleic acid)是以核苷酸为基本组成单位的生物信息大分子,最早是由瑞士化学家 F. Miescher 于 1868 年从脓细胞核中分离发现。核酸广泛分布于所有动物细胞、植物细胞、微生物细胞内。生物体内核酸常与蛋白质结合成核蛋白。天然存在的核酸可以分为脱氧核糖核酸(deoxyribonucleic acid, DNA)和核糖核酸(ribonucleic acid, RNA)两大类。DNA 存在于细胞核和线粒体内,携带遗传信息,除了决定生物体的基因型(genotype)外,也影响生物体的表型(phenotype); RNA 存在于细胞质、细胞核和线粒体内,它可将 DNA 的遗传信息转录下来,指导并参与细胞内蛋白质的合成。病毒中,RNA 也可作为遗传信息的载体。核酸和蛋白质一样,都是生命活动中的生物信息大分子,具有复杂的结构和重要的功能。

第一节 核酸的化学组成及一级结构

核酸分子的元素组成为 C、H、O、N、P,其中 P 的含量较为恒定,为 9%~10%。因此,核酸定量分析的方法之一就是通过定 P 法来测定。核酸是大分子化合物,在酶作用下水解得到它的基本结构单位——核苷酸(nucleotide)。核苷酸可水解成核苷(nucleoside)和磷酸。核苷再进一步水解成戊糖和碱基。

因此,核苷酸是核酸的基本组成单位,而核苷酸则由碱基、戊糖和磷酸三种成分连接而成。DNA

的基本组成单位是脱氧核糖核苷酸(deoxyribonucleotide 或 deoxynucleotide),RNA 的基本组成单位是核糖核苷酸(ribonucleotide)。

一、核苷酸的组成

核苷酸分子中的碱基(base)是含氮的杂环化合物,可分为嘌呤碱(purine)和嘧啶碱(pyrimidine)两类。嘌呤碱主要有腺嘌呤(adenine, A)和鸟嘌呤(guanine, G);嘧啶碱主要有胞嘧啶(cytosine, C)、尿嘧啶(uracil, U)和胸腺嘧啶(thymine, T)(图 2-1)。

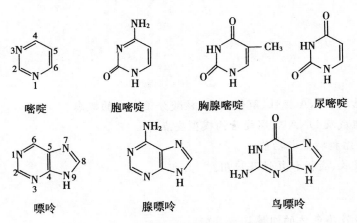

图 2-1 参与组成核酸的主要碱基

DNA 分子中的碱基有 A、G、C 和 T 四种;RNA 分子中的碱基有 A、G、C 和 U 四种。构成核酸的五种碱基的酮基或氨基均位于杂环上氮原子的邻位,受介质 pH 的影响,可形成酮或烯醇两种互变异构体,或形成氨基、亚氨基的互变异构体,这是 DNA 双链结构中氢键形成的重要结构基础。

戊糖(pentose)是核苷酸的另一重要成分。脱氧核糖核苷酸中的戊糖是 β-D-2-脱氧核糖;核糖核苷酸中的戊糖为 β-D-核糖。这一结构上的差异使得 DNA 分子较 RNA 分子在化学性质上更为稳定,从而被自然选择作为生物遗传信息的储存载体。为区别于碱基中的碳原子编号,核糖或脱氧核糖中的碳原子标以 C-1′、C-2′(图 2-2)等。

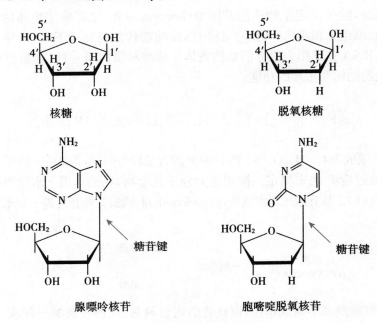

图 2-2 核糖与核苷

碱基和核糖或脱氧核糖通过糖苷键（glycosidic bond）缩合形成核苷（nucleoside）或脱氧核苷（deoxynucleoside）。连接位置是戊糖的 C-1′ 的羟基与嘌呤碱的 N-9 或嘧啶碱的 N-1 的氢脱水缩合形成糖苷键。DNA 和 RNA 中的核苷组成及其中英文对照见表 2-1。表中核苷和核苷酸名称均采用缩写，如腺苷代表腺嘌呤核苷、胞苷代表胞嘧啶核苷等。

表 2-1　参与构成核酸的主要碱基、核苷及相应的核苷酸

RNA		
碱基 base	核苷 ribonucleoside	核苷酸 nucleoside monophosphate（NMP）/ribonucleotide
腺嘌呤 adenine（A）	腺苷 adenosine	腺苷酸（AMP）adenosine monophosphate
鸟嘌呤 guanine（G）	鸟苷 guanosine	鸟苷酸（GMP）guanosine monophosphate
胞嘧啶 cytosine（C）	胞苷 cytidine	胞苷酸（CMP）cytidine monophosphate
尿嘧啶 uracil（U）	尿苷 uridine	尿苷酸（UMP）uridine monophosphate
DNA		
碱基 base	脱氧核苷 deoxyribonucleoside	脱氧核苷酸 deoxynucleoside monophosphate（dNMP）/deoxyribonucleotide
腺嘌呤 adenine（A）	脱氧腺苷 deoxyadenosine	脱氧腺苷酸（dAMP）deoxyadenosine monophosphate
鸟嘌呤 guanine（G）	脱氧鸟苷 deoxyguanosine	脱氧鸟苷酸（dGMP）deoxyguanosine monophosphate
胞嘧啶 cytosine（C）	脱氧胞苷 deoxycytidine	脱氧胞苷酸（dCMP）deoxycytidine monophosphate
胸腺嘧啶 thymine（T）	脱氧胸苷 deoxythymidine	脱氧胸苷酸（dTMP）deoxythymidine monophosphate

核苷或脱氧核苷与磷酸通过酯键结合即构成核苷酸或脱氧核苷酸。尽管核糖环上所有的游离羟基（核糖的 C-2′、C-3′、C-5′ 及脱氧核糖的 C-3′、C-5′）均能与磷酸发生酯化反应，但生物体内多数核苷酸都是 5′-核苷酸，即磷酸基团位于核糖的第五位碳原子（C-5′）上（图 2-3）。根据磷酸基团的数目不同，有核苷一磷酸（nucleoside monophosphate，NMP）、核苷二磷酸（nucleoside diphosphate，NDP）、核苷三磷酸（nucleoside triphosphate，NTP）的命名方式；根据碱基成分的不同，有腺苷一磷酸（adenosine monophosphate，AMP）、腺苷二磷酸（adenosine diphosphate，ADP）、腺苷三磷酸（adenosine triphosphate，ATP）等命名。脱氧核苷酸与核苷酸的区别在于核糖 C-2′ 的—OH 为 H，在符号前面加"d"以示区别，如 dTMP、dTDP、dTTP。

在体内，核苷酸除了构成核酸大分子以外，还参与各种物质代谢的调控和多种蛋白质功能的调节。例如 ATP 和 UTP 在能量代谢中均为重要的底物或中间产物；环腺苷酸（cyclic AMP，cAMP）和环鸟苷酸（cyclic GMP，cGMP）等则在细胞信号转导过程中具有重要调控作用；烟酰胺腺嘌呤二核苷酸（简称"NAD$^+$，辅酶Ⅰ"）及烟酰胺腺嘌呤二核苷酸磷酸（简称"NADP$^+$，辅酶Ⅱ"）等核苷酸衍生物在体内参与物质代谢和能量代谢。

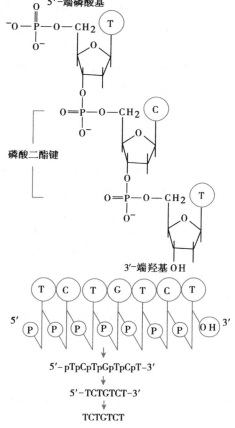

图 2-3　核酸的一级结构及其书写方式

知识链接

核酸的发现史

1869 年,从脓细胞细胞核中分离出一种含磷酸的有机物,命名为"核素"。

1879 年,证实核素中 4 种不同的组成成分——A、T、C 和 G,荣获 1910 年诺贝尔生理学或医学奖。

1889 年,在酵母中制备了不含蛋白质的核素,提出了"核酸"这一术语。

1928 年,肺炎球菌感染小鼠实验,证明遗传物质是"转化因子"。

1944 年,通过肺炎球菌体外转化实验,提取出"转化因子",并证实是 DNA。

1952 年,噬菌体感染实验进一步证明 DNA 是遗传物质。

1953 年,提出 DNA 双螺旋结构模型,荣获 1962 年诺贝尔生理学和医学奖。

1956 年,烟草花叶病毒实验证明 RNA 也可以是遗传物质。

这些科学实验证明了核酸是遗传物质,使核酸成为研究热点,推动了分子生物学的迅猛发展。以至于在此后的 30 年间,核酸研究共获得 15 次诺贝尔奖,占据了生命科学领域全部相关奖项的近四分之一。

二、核苷酸的连接方式

核酸是由许多核苷酸分子连接而成的,其连接方式都是由一个核苷酸的 3′ 羟基与另一个核苷酸的 5′-磷酸缩合形成 3′,5′-磷酸二酯键。在常见的核酸分子中,不存在 5′-5′ 或 3′-3′ 的核苷酸连接方式。这一连接方式决定了多核苷酸链具有特定的方向性,每条核酸链具有两个不同的末端,戊糖 C-5′ 上带有游离磷酸基的称为 5′-端,C-3′ 上带有游离羟基的称为 3′-端。

多核苷酸链的表示方式有多种。由于核酸分子中除了两个末端及碱基排列顺序不同外,其戊糖和磷酸都是相同的,因此,在表示核酸分子时,只须注明其 5′-端和 3′-端、末端有无磷酸,以及碱基顺序。

三、核酸的一级结构

核酸的一级结构(primary structure)是构成核酸的核苷酸或脱氧核苷酸从 5′-端到 3′-端的排列顺序,称为核苷酸序列。由于四种核苷酸间的差异主要是碱基不同,因此又称为碱基序列。因此,核酸的一级结构也就是它的碱基序列。由于核酸分子有方向性,DNA 和 RNA 的排列顺序和书写规则必须是从 5′-端到 3′-端。DNA 书写方式可有多种,从繁到简如图 2-3 所示。

核酸分子的大小常用碱基数目(base,kilobase,用于单链 DNA 和 RNA)或碱基对数目(basepair,bp 或 kilobase pair,kbp,用于双链 DNA 和 RNA)表示。小的核苷酸片段(<50bp)常被称为寡核苷酸,大于 50bp 的核苷酸片段称为多聚核苷酸。自然界 DNA 和 RNA 的长度在几十至几万个碱基之间,碱基排列顺序的不同赋予它们巨大的信息编码能力。

第二节　DNA 的空间结构与功能

要了解一个复杂大分子的活动,首先要知道它的分子是如何构建的。1953 年,英国剑桥大学的 J. Watson 和 F. Crick 揭开了这一秘密。两人在 *Nature* 杂志上发表了 DNA 双螺旋(double helix)结构模型的论文。这一发现揭示了生物界遗传性状得以世代相传的分子机制,是生物学发展的里程碑,标志着现代分子生物学的开始。DNA 的空间结构包括二级结构和更高级的超螺旋结构。

一、DNA 的二级结构——双螺旋结构模型

(一) DNA 双螺旋结构的研究背景

20 世纪 40 年代末至 50 年代初期,人们已经证实 DNA 是遗传信息的携带者,阐明 DNA 分子结构,很快成为当时最为引人注目的科学问题之一。

1950 年,美国哥伦比亚大学的 E. Chargaff 等人采用层析和紫外吸收光谱等技术研究了 DNA 分子的碱基成分。他们提出以下有关 DNA 分子的 4 种碱基组成的 Chargaff 规则:①腺嘌呤与胸腺嘧啶的摩尔数总是相等,鸟嘌呤与胞嘧啶的摩尔数总是相等;②不同生物种属的 DNA 碱基组成不同;③同一个体不同器官、不同组织的 DNA 具有相同的碱基组成。这一规则预示着 DNA 分子中的碱基 A 与 T, G 与 C 以互补配对方式存在的可能性。

此后,R. Franklin 获得了高质量的 DNA 的 X 线衍射照片,显示出 DNA 是螺旋形分子而且从密度上提示 DNA 是双链分子。这一照片为 DNA 双螺旋结构提供了最直接的依据,与 Watson 和 Crick 的论文发表在同一期 *Nature* 杂志上。Watson 和 Crick 两人巧妙地综合了当时人们对于 DNA 分子特性的各种认识和获得的各种数据,提出了 DNA 的双螺旋结构模型,亦称为 Watson 和 Crick 结构模型。

(二) DNA 双螺旋结构模型要点

1. DNA 分子是由两条反向平行互补的脱氧核苷酸链组成　由脱氧核糖和磷酸基团组成的亲水性骨架位于分子的外侧,两列碱基伸向中心以氢键相结合。由于碱基结构的不同其形成氢键的能力不同,因此产生了固有的配对方式,即腺嘌呤与胸腺嘧啶配对,形成 2 个氢键;鸟嘌呤与胞嘧啶配对,形成 3 个氢键。这种配对关系又称为碱基互补。碱基占据的平面大致与 DNA 分子的长轴垂直,依次堆叠在一起,像一摞盘子。堆叠在一起的碱基之间的疏水相互作用力和范德华力为整个 DNA 分子提供稳定性。

两条多聚脱氧核苷酸链的走向呈反向平行。一条链是 $5'{\rightarrow}3'$,另一条链是 $3'{\rightarrow}5'$。这是由核苷酸连接过程中严格的方向性和碱基互补配对的限制共同决定的(图 2 - 4)。

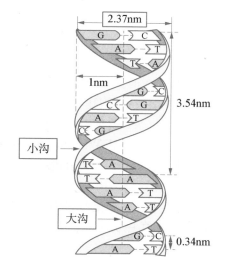

2. DNA 双链是右手螺旋结构　DNA 作为线性长分子,并非刚性结构,否则无法在小小的细胞核中存在。作为初始的折叠,DNA 形成了一个右手螺旋式结构。DNA 双链所形成的螺旋直径为 2.37nm,螺旋每旋转一周包含 10.5 个碱基对,每个碱基的旋转角度约为 36°。螺距为 3.54nm,每个碱基平面之间的距离为 0.34nm。从外观上,DNA 双螺旋分子表面存在一个大沟(major groove)和一个小沟(minor groove)。这些沟状结构与蛋白质和 DNA 之间的识别有关。

3. 疏水力和氢键维系 DNA 双螺旋结构的稳定　DNA 双链结构的稳定横向依靠两条链互补碱基间的氢键维系,纵向则靠碱基平面间的疏水性堆积力维系。从总能量意义

图 2 - 4　DNA 双螺旋结构示意图

上来讲,碱基堆积力对于双螺旋的稳定性更为重要。综上所述,DNA 的双螺旋结构,可以形象地看成是一个螺旋形的楼梯,长梯两边是由脱氧核糖和磷酸构成的链状骨架,长梯的踏板是由朝向分子内部的碱基通过氢键互补配对连接而成的。

　　DNA 右手双螺旋结构模型的提出为 DNA 储存和复制遗传信息的机制提供了最好的解释。DNA 的双链碱基互补特点提示,DNA 复制时可以采用半保留复制(见本书第十一章)的机制,两条链分别作为模板,生成新的子代互补链,从而保持遗传信息稳定传递。

(三) DNA 双螺旋结构的多样性

　　Watson 和 Crick 结构模型是从生理盐溶液中抽出 DNA 纤维,在 92% 相对湿度下作 X 射线衍射图谱分析而获得的,这是 DNA 分子在水性环境和生理条件下最稳定的结构。后来人们发现 DNA 的结构不是一成不变的,在改变了溶液的离子强度或相对湿度时,DNA 双螺旋结构沟的深浅、螺距、旋转角度等都会发生变化。尤其在 1979 年,A. Rich 等在研究人工合成的 CGCGCG 的晶体结构时竟意外地发现这种 DNA 是左手螺旋。后来证明这种结构在天然 DNA 分子中同样存在。目前人们将 Watson 和 Crick 模型结构称为 B‑DNA。将 Rich 等人的 DNA 双螺旋结构称为 Z‑DNA。另外还有 A‑DNA 的存在(图 2‑5)。可见,DNA 的右手双螺旋结构不是自然界 DNA 的唯一存在方式。在生物体内,不同构象的 DNA 在功能上可能有所差异,与基因表达的调节和控制相适应。

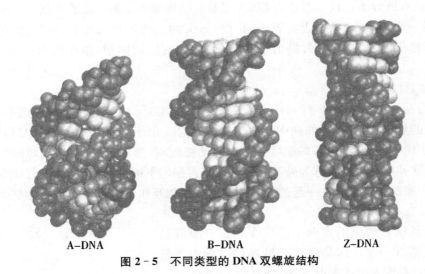

A–DNA　　　　　B–DNA　　　　　Z–DNA

图 2‑5　不同类型的 DNA 双螺旋结构

(四) DNA 的多链螺旋结构

　　在酸性溶液中,胞嘧啶的 N‑3 原子被质子化,可与鸟嘌呤的 N‑7 原子形成氢键,胞嘧啶的 N‑4 氢原子也可与鸟嘌呤的 O‑6 形成氢键。这种氢键被称为 Hoogsteen 氢键(图 2‑6A)。Hoogsteen 氢键的形成并不破坏 Watson‑Crick 氢键,这样就形成了 C^+GC 的三链结构(triplex),其中 GC 双链之间是以 Watson‑Crick 氢键结合,而 C^+G 双链之间是以 Hoogsteen 氢键结合。同理,DNA 也可以形成 TAT 的三链结构。

　　真核生物 DNA 是线性分子,它的 3′-端常是富含 GT 序列的多次重复,其重复度可达数十乃至数百。重复序列中的鸟嘌呤之间通过 Hoogsteen 氢键形成特殊的四链结构(quadruplex)(图 2‑6B)。

二、DNA 的超螺旋结构及其在染色质中的组装

　　生物界的 DNA 是十分巨大的信息高分子,DNA 的长度要求其必须形成紧密折叠扭转的结构才能够存在于很小的细胞核内。因此,DNA 在形成双螺旋结构的基础上,在细胞内会进一步旋转折叠,并且在蛋白质的参与下组装成为致密结构。

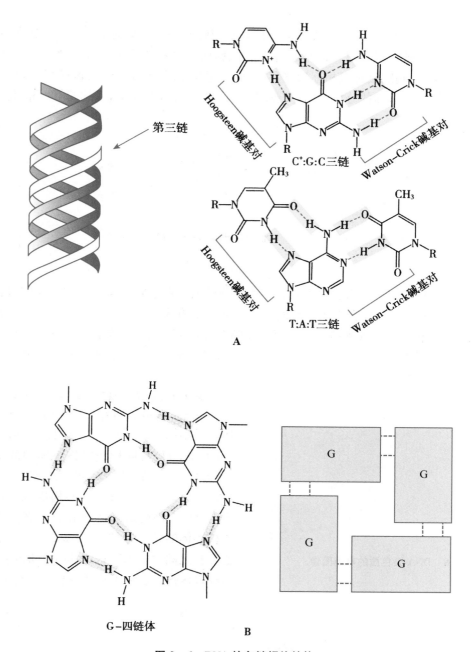

图 2-6　DNA 的多链螺旋结构

A. 由 Watson-Crick 氢键和 Hoogsteen 氢键共同构成的三链结构；
B. 由 Hoogsteen 氢键构成的四链结构

（一）DNA 的超螺旋结构

DNA 双螺旋链再盘绕即形成超螺旋结构（superhelix 或 supercoil）。盘绕方向与 DNA 双螺旋方向相同为正超螺旋（positive supercoil）；盘绕方向与 DNA 双螺旋方向相反则为负超螺旋（negative supercoil）。自然界的闭合双链 DNA 主要以负超螺旋形式存在。细胞内的 DNA 超螺旋结构始终处于动态变化中，整体或局部的拓扑学变化及其调控对于 DNA 复制和 RNA 转录过程具有关键作用（见本书第十一章和第十二章）。

(二) 原核生物 DNA 的环状超螺旋结构

绝大部分原核生物的 DNA 都是共价封闭的环状双螺旋分子。在细胞内进一步盘绕,并形成类核(nucleoid)结构,以保证其以较致密的形式存在于细胞内。类核结构中约 80% 为 DNA,其余为蛋白质。在细菌基因组中,超螺旋可以相互独立存在,形成超螺旋区(图 2-7),各区域间的 DNA 可以有不同程度的超螺旋结构。目前的分析表明,大肠埃希菌的基因组 DNA 中,平均每 200bp 就有一个负超螺旋形成。

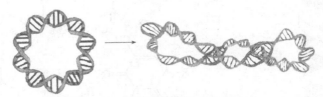

图 2-7 环状和超螺旋 DNA 示意图

(三) 真核生物 DNA 高度有序和高度致密的结构

在真核生物,DNA 以非常致密的形式存在于细胞核内。在细胞周期的大部分时间以松散存在的染色质(chromatin)形式出现,在细胞分裂期形成高度组织有序的染色体(chromosome),在光学显微镜下即可见到。在这样一种致密结构中,DNA 要随时能够完成复制、转录及自身监测和修复等复杂功能,那么 DNA 在真核生物细胞核内是如何完成折叠和组装的,又是如何在基因复制和表达中发生动态的变化?

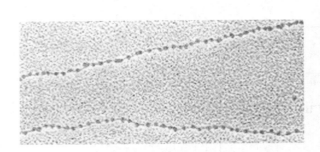

图 2-8 DNA 染色质的电镜图像

电子显微镜下观察到,染色质呈串珠状结构(图 2-8),构成这种串珠结构的重复单位是核小体(nucleosome)。核小体由 DNA 和 5 种组蛋白(histone, H)共同构成。核小体中的组蛋白分别称为 H_1、H_2A、H_2B、H_3 和 H_4。各两分子的 H_2A、H_2B、H_3 和 H_4 共同构成八聚体的核心组蛋白,DNA 双螺旋链缠绕在这一核心组蛋白上形成核小体的核心颗粒(core particle)。核小体的核心颗粒之间再由 DNA(约 60bp)和组蛋白 H_1 构成的连接区连接起来形成串珠样结构(图 2-9)。

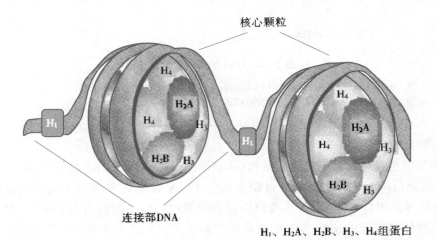

图 2-9 核小体结构示意图

　　DNA 组装成染色体经过以下几个层次：核小体是 DNA 在核内形成致密结构的第一层次折叠，使得 DNA 的整体体积减小约 6 倍。第二层次的折叠是核小体卷曲（每周 6 个核小体）形成直径 30nm、在染色质和间期染色体中都可以见到的纤维状结构和襻状结构，DNA 的致密程度增加约 40 倍。第三层次的折叠是 30nm 纤维再折叠形成的柱状结构，致密程度增加约 1000 倍，在分裂期染色体中增加约 10000 倍，从而将约 1.7m 长的 DNA 分子压缩，压缩容纳于直径只有数微米的细胞核中（图 2-10）。这一折叠过程是在蛋白质参与调控下的非常精确的动态过程。

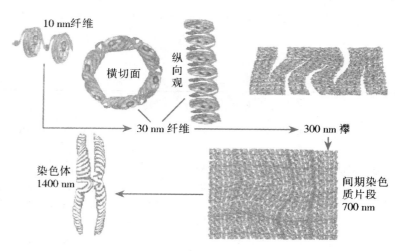

图 2-10　核小体折叠及染色体组装过程示意图

三、DNA 的功能

　　DNA 的基本功能是以基因的形式荷载遗传信息，并作为基因复制和转录的模板。它是生命遗传的物质基础，也是个体生命活动的信息基础。

　　尽管人们在 20 世纪 30 年代已经知道染色体是遗传物质，也知道 DNA 是染色体的组成部分，不过当时更为流行的观点认为染色体中的蛋白质决定了个体遗传性。1944 年，O. Avery 利用致病肺炎球菌中提取的 DNA 转化非致病性肺炎球菌，使后者转变为致病菌，证实了 DNA 是遗传的物质基础。DNA 结构的阐明使得它作为遗传信息载体的作用更加无可争议。生物学家很早以来就已使用的基因（gene）这一名词也最终有了它真实的物质基础。

　　基因从结构上定义，是指 DNA 分子中的特定区段，其中的核苷酸排列顺序决定了基因的功能。DNA 是细胞内 RNA 合成的模板，部分 RNA 又为细胞内蛋白质的合成提供指令。DNA 的核苷酸序列以遗传密码的方式决定不同蛋白质的氨基酸顺序（见本书第十三章）。依据这一原理，DNA 仅仅利用 4 种核苷酸的不同排列，可以对生物体的所有遗传信息进行编码，经过复制遗传给子代，并通过转录和翻译保证支持生命活动的各种 RNA 和蛋白质在细胞内有序合成。

　　一个生物体内所有遗传信息的总和称为基因组（genome），包含了所有编码 RNA 和蛋白质的序列及所有的非编码序列，也就是 DNA 分子的全序列。一般来说，进化程度越高的生物体其基因组越大越复杂，但也并非完全如此（如基因组的 C 值悖论）。最简单生物的基因组仅含几千个碱基对，人的基因组则有 3.0×10^9 个碱基对，使可编码的信息量大大增加。

　　DNA 的结构特点是具有高度的复杂性和稳定性，可以满足遗传多样性和稳定性的需要。不过 DNA 分子又绝非一成不变，它可以发生各种重组和突变，适应环境变迁，为自然选择提供机会。

第三节　RNA 的结构与功能

　　RNA 在生命活动中具有重要作用。它和蛋白质共同参与基因表达和表达过程的调控。除少数病毒 RNA 之外，所有生物的 RNA 都是单链结构，但也有复杂的二级结构或三级结构，以便完成一些特殊功能。RNA 种类、大小和结构都远比 DNA 复杂，这与其功能多样性有关。

　　RNA 分为编码 RNA（coding RNA）和非编码 RNA（non-coding RNA，ncRNA）。编码 RNA 是可编码蛋白质的 RNA，仅有信使 RNA（mRNA）一种，非编码 RNA 不编码蛋白质，但各有其重要功能（表 2-2）。

表 2-2　建议用不同颜色背景区分组成性和调控性非编码 RNA，以便对比更清晰

类别		细胞核和胞质	线粒体	功能
编码 RNA		信使 RNA（mRNA）	mt mRNA	合成蛋白质的模板
非编码 RNA	组成性 非编码 RNA	转运 RNA（tRNA）	mt tRNA	转运氨基酸
		核糖体 RNA（rRNA）	mt rRNA	核糖体组成成分
		核小 RNA（snRNA）		参与 mRNA 成熟过程
		核仁小 RNA（snoRNA）		参与 rRNA 的加工
		胞质小 RNA（scRNA）		与蛋白质结合发挥功能
	调控性 非编码 RNA	长链非编码 RNA（lncRNA）		参与基因表达调控
		环状 RNA（circRNA）		参与基因表达中组织性和时序性调控
		微 RNA（miRNA）		参与转录后基因表达调控
		小干扰 RNA（siRNA）		诱导 mRNA 的降解

一、信使 RNA

　　遗传信息从 DNA 分子抄录到 RNA 分子中的过程称为转录（transcription）。在真核生物中，最初转录生成的 mRNA 前体称为不均一核 RNA（heterogeneous nuclear RNA，hnRNA），然而在细胞质中起作用，作为蛋白质的氨基酸序列合成模板的是信使 RNA（messenger RNA，mRNA）。hnRNA 是 mRNA 的未成熟前体。hnRNA 经过剪接去掉一些片段，余下的片段被重新连接起来，加工修饰后即转变为成熟的 mRNA。mRNA 占 RNA 总量的 2%～5%，平均寿命较短。真核生物的 mRNA 的结构特点是：mRNA 的 5'-端被加上一个 7-甲基鸟嘌呤-三磷酸核苷（m⁷Gppp）帽子，在 mRNA 3'-端多了一个多聚腺苷酸（poly A）尾巴（图 2-11）。mRNA 从 5'-端到 3'-端的结构依次是 5'-帽子结构，5'-端非编码区，决定多肽氨基酸序列的编码区，3'-端非编码区和多聚腺苷酸尾巴。原核生物 mRNA 未发现类似首、尾结构。

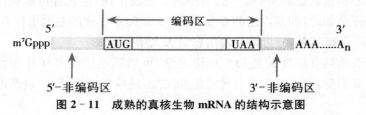

图 2-11　成熟的真核生物 mRNA 的结构示意图

（一）真核细胞 mRNA 5′-端具有 m⁷Gppp 帽子结构

真核生物 mRNA 在细胞核内转录生成的第一个核苷酸往往是 5′-三磷酸鸟苷（pppG）。成熟过程中，在鸟苷酸转移酶的催化下，5′-端与另一个三磷酸鸟苷（pppG）反应，生成三磷酸双鸟苷，继而在甲基化酶的作用下，第一个鸟苷酸第 7 位氮原子发生甲基化，形成 m⁷Gppp 帽子结构。mRNA 第一个或第二个核苷酸也可发生甲基化反应，反应过程见图 2-12。此结构在 mRNA 作为模板翻译成蛋白质的过程中具有促进核糖体与 mRNA 的结合，加速翻译起始速度的作用，同时可以增强 mRNA 的稳定性，防止 mRNA 从头水解。

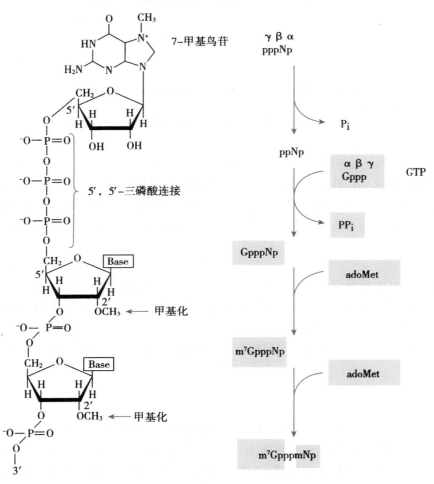

图 2-12　真核生物 mRNA 的帽子结构以及加帽过程

（二）真核细胞 mRNA 3′-端具有 poly A 尾巴

在真核细胞 mRNA 的 3′-端，有一段由 80～250 个腺苷酸连接而成的多聚腺苷酸结构，称多聚腺苷酸尾或多聚 A 尾（poly A）。由 poly A 转移酶催化腺苷酸聚合到 3′-端形成的。加尾并非由模板的 3′ 端转录生成，而是在转录产物的 3′-端，由一个特异性酶识别断裂位点上游方向 13～20 个碱基的加尾识别信号 AAUAAA 以及切点下游的保守顺序 GUGUGUG，把断裂位点下游的一段切除，然后再由 poly A 转移酶催化，加上 poly A 尾巴（图 2-13）。如果这一识别信号发生突变，则切除作用和多聚腺苷酸化作用均显著降低。随着 mRNA 存在时间的延续，这段多聚 A 尾巴慢慢变短。mRNA poly A 尾可能与 mRNA 从核内向胞质的转位及 mRNA 的稳定性有关。它的长度决定 mRNA 的半衰期。

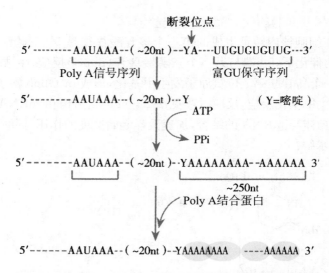

图 2-13 真核生物 mRNA 3′-端 poly A 尾结构的形成过程

（三）mRNA 的成熟过程还包括 hnRNA 的剪接过程

mRNA 前体为 hnRNA,其相对分子质量往往比胞质中出现的成熟 mRNA 大几倍,甚至几十倍。hnRNA 含有许多外显子(exon)和内含子(intron),它们分别对应着基因的编码区和非编码区序列。剪接就是在细胞核中,除去 hnRNA 中的内含子,并在连接酶的作用下,将外显子各部分连接起来,形成成熟的 mRNA。

（四）mRNA 的功能

mRNA 的功能是作为蛋白质合成的直接模板。成熟 mRNA 转送至胞质,决定蛋白质合成的氨基酸排列顺序。从 mRNA 分子上 5′-端起的第一个 AUG 开始,每三个核苷酸为一组,决定肽链上某一个氨基酸,称为密码子(codon)或三联体密码(triplet code)。位于起始密码子(AUG)和终止密码子(UAA、UAG 或 UGA)之间的核苷酸序列称为开放阅读框(open reading frame,ORF),决定多肽链的氨基酸序列。

二、转运 RNA

已发现的转运 RNA(transfer RNA,tRNA)分子有 100 多种,在蛋白质合成过程中,tRNA 可选择性地携带一种氨基酸,将其转运到核糖体上,供蛋白质合成使用。tRNA 是细胞内相对分子质量最小的一类核酸,由 70～120 个核苷酸构成,各种 tRNA 一级结构互不相同,但它们的二级结构都呈三叶草形(clover leaf pattern)。不论是原核生物还是真核生物,其 tRNA 的结构都具有以下类似结构特点:

（一）tRNA 含有稀有碱基

稀有碱基是指除 A、C、G、U 外的一些碱基,如二氢尿嘧啶(DHU)、次黄嘌呤(I),甲基化的嘌呤^{m}G、^{m}A 等(图 2-14)。tRNA 中含有 10%～20% 的稀有碱基。此外,tRNA 内还含有一些稀有核

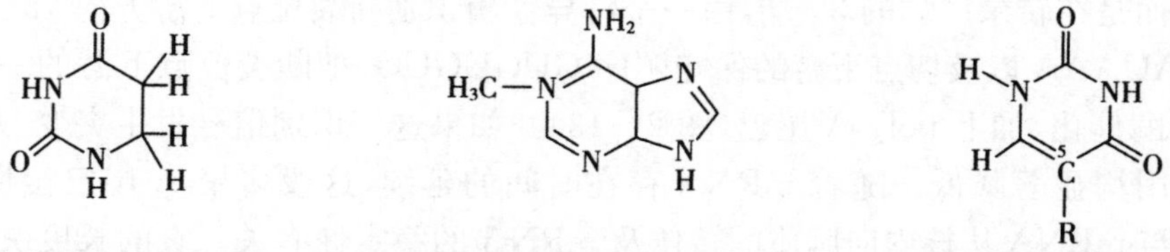

二氢尿嘧啶（DHU）　　　　甲基化腺嘌呤（^{m}A）　　　　假尿嘧啶核苷（ψ）

图 2-14 tRNA 含有的稀有碱基

苷,如假尿嘧啶核苷(Ψ, pseudouridine)、胸腺嘧啶核糖核苷等。胸腺嘧啶一般存在于 DNA 中,在假尿嘧啶核苷中,嘧啶环中的 C-5 与戊糖的 C-1′之间形成糖苷键。

(二) tRNA 二级结构呈三叶草型

所有的 tRNA 都具有三叶草型二级结构,即 tRNA 分子内的核苷酸通过碱基互补配对形成多处局部双链结构,未成双链的区带构成环状结构。这样的结构称为茎环(stem-loop)或发夹(hairpin)结构。由于这些茎环结构的存在,tRNA 的 二 级 结 构 呈 现 出 类 似 三 叶 草(cloverleaf)的形状(图 2-15)。从 5′-端起,第一个环是 DHU 环(以含二氢尿嘧啶为特征);第二个环为反密码环(环中可以与 mRNA 中的三联体密码配对结合的 3 个碱基称为反密码子(anticodon),在蛋白质合成中解读密码子,并把正确的氨基酸引入合成位点);第三个环为 TΨC 环(以含胸腺核苷和假尿苷为特征)。所有 tRNA 3′-端均有相同的 CCA-OH 结构,称为氨基酸接纳茎(acceptor stem)或氨基酸臂,tRNA 所要转运的氨基酸就连接在此末端上(图 2-15)。

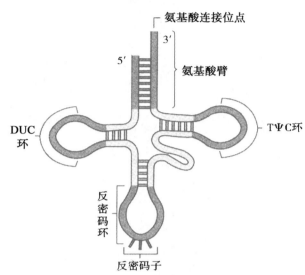

图 2-15 tRNA 的三叶草型二级结构

(三) tRNA 三级结构呈倒 L 形

通过 X 射线衍射分析,tRNA 的共同三级结构均呈倒 L 形(图 2-16)。3′-端含 CCA-OH 的氨基酸臂和反密码环构成 L 的两端。DHU 环和 TΨC 环虽在二级结构上各处一方,但在三级结构上却相互邻近。tRNA 三级结构的维系主要依赖核苷酸之间形成的各种氢键。各种 tRNA 分子的核苷酸序列和长度相差较大,但其三级结构均相似,提示这种空间结构与 tRNA 的功能有密切关系。

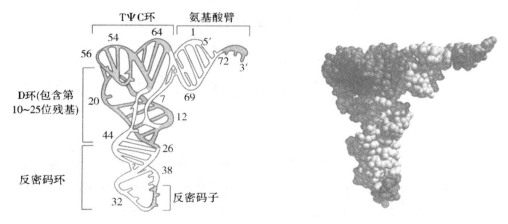

图 2-16 tRNA 的三级结构

(四) tRNA 的重要功能

tRNA 的主要功能是携带并转运氨基酸至核糖体以合成蛋白质。tRNA 是通过氨基酸臂 3′-端的 CCA 携带氨基酸的。氨基酸连接在腺苷酸的 3′-OH 上,携带了氨基酸的 tRNA 称为氨基酰-tRNA。

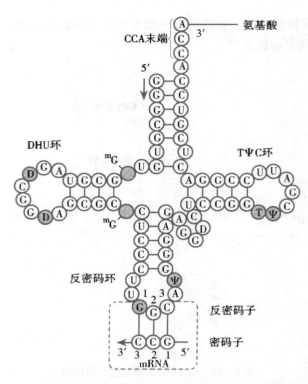

图 2-17 tRNA 的反密码子与 mRNA 的密码子相互识别

例如,携带甘氨酸的 tRNA 称为甘氨酰-tRNA。氨基酸与 tRNA 的结合由氨基酰-tRNA 合成酶催化(详见本书第十三章)。

每个 tRNA 都有一个由 7～9 个核苷酸组成的反密码环。居中的 3 个核苷酸构成了一个反密码子。这个反密码子与 mRNA 中的密码子通过反向碱基互补配对而识别。不同的 tRNA 有不同的反密码子。在蛋白质生物合成中,tRNA 反密码子依靠碱基互补的方式辨认 mRNA 的密码子,将其所携带的氨基酸正确运送到蛋白质合成的场所(图 2-17)。

三、核糖体 RNA

核糖体 RNA(ribosomal RNA,rRNA)是细胞内含量最多的 RNA,占 RNA 总量的 80% 以上。rRNA 与核糖体蛋白(ribosomal protein)共同构成核糖体(ribosome)。核糖体是合成蛋白质的场所,为肽链合成所需要的 mRNA、tRNA 以及多种蛋白因子提供相互作用位点和相互作用的空间。

原核生物和真核生物的核糖体均由易于解聚的大、小亚基组成。原核生物的 rRNA 分为 5S、16S、23S 三种(S 是大分子物质在超速离心沉降中的一个物理学单位,可反映相对分子质量的大小)。它们分别与核糖体蛋白结合形成核糖体的大亚基(large subunit)和小亚基(small subunit)。真核生物的 rRNA 分为 5S、5.8S、18S、28S 四种,也利用同样的方式构成核糖体的大亚基和小亚基(图 2-18,表 2-3)。

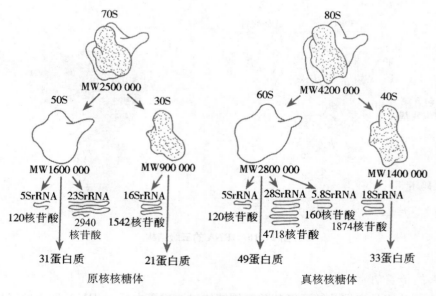

图 2-18 原核生物与真核生物核糖体的结构比较

表 2-3　核糖体的组成

	原核生物(以大肠埃希菌为例)		真核生物(以小鼠肝为例)	
小亚基	30S		40S	
rRNA	16S	1542 个核苷酸	18S	1874 个核苷酸
蛋白质	21 种	占总重量的 40%	33 种	占总重量的 50%
大亚基	50S		60S	
rRNA	23S	2940 个核苷酸	28S	4718 个核苷酸
	5S	120 个核苷酸	5.8S	160 个核苷酸
			5S	120 个核苷酸
蛋白质	31 种	占总重量的 30%	49 种	占总重量的 35%

将纯化的核糖体蛋白和 rRNA 在试管混合,不需要酶或 ATP 即可自动组装成有活性的大亚基和小亚基,进而组装成核糖体。原核生物的核糖体几个重要部位,它们分别是:①A 位,即结合或接受氨基酰- tRNA 的氨基酰位(aminoacyl site);②P 位,结合肽基- tRNA 的肽酰位(peptidyl site);③E 位(exit site),为释放卸载氨基酸的 tRNA 的排出位。这三个部位为蛋白质生物合成提供了保证。具体的蛋白质合成见本书第十三章蛋白质的生物合成。

四、细胞内存在多种功能各异的非编码 RNA

真核生物细胞中还有非编码 RNA。非编码 RNA 可以分为两类:一类是实现生物学功能所必需的 RNA,包括 tRNA、rRNA、核内小 RNA(snRNA)、核仁小 RNA(snoRNA)等,它们的含量基本恒定,又称为组成性非编码 RNA(constitutive non-coding RNA);另一类是调控性 RNA(regulatory non-coding RNA),包括:长链非编码 RNA(lncRNA)、环状 RNA(circRNA)、微 RNA(microRNA)、小干扰 RNA(siRNA)等,它们的含量随外界环境、代谢状况等而发生变化,在基因表达及表达调控中发挥重要作用。

（一）组成性非编码 RNA

1. 核内小 RNA(snRNA)　不同真核生物中 snRNA 序列高度保守。由于其富含尿嘧啶,因此又用 U 命名。其中 U1、U2、U4、U5、U6 位于细胞核内,与多种蛋白质形成核小核糖蛋白(snRNP),参与真核生物细胞 mRNA 的成熟过程。

2. 核仁小 RNA(snoRNA)　snoRNA 定位于核仁,主要参与 rRNA 的加工。

3. 胞质小 RNA(scRNA)　scRNA 存在于细胞质中,与蛋白质结合形成复合体后发挥生物学功能。

（二）调控性非编码 RNA

1. 长链非编码 RNA(lncRNA)　lncRNA 通常大于 200 个核苷酸,由 RNA 聚合酶Ⅱ转录生成,经剪切加工后,形成具有类似于 mRNA 结构。lncRNA 有 poly A 尾和启动子,但序列中不存在开放阅读框,不编码任何蛋白质。lncRNA 定位于细胞核内和细胞质内,具有调控功能,可从染色质重塑、转录调控及转录后加工等多个层面上实现对基因表达的调控。

2. 环状 RNA(circRNA)　目前研究发现,哺乳动物转录组中有数以千计的 circRNA。circRNA 是一类特殊的 RNA 分子,呈封闭环状结构,没有 5'-端和 3'-端,因此不受 RNA 外切酶的影响,表达更稳定,不易降解。circRNA 定位于细胞核中,其他序列高度保守,具有组织特异性和时序特异性。

3. 微 RNA(microRNA 或 miRNA)　miRNA 为内源性非编码 RNA,长度为 20～25nt,由具有茎环结构、长度为 60～70nt 的单链 miRNA 前体(pre-miRNA)经核酸酶 Dicer 剪切后形成。成熟的 miRNA 与蛋白质组成 RNA 诱导的沉默复合体(RISC),通过与其靶基因 mRNA 的 3'-非翻译区(3'- UTR)完全或不完全互补结合,降解 mRNA 或抑制 mRNA 的翻译,从而调控基因表达。

4. 小干扰 RNA(siRNA)　siRNA 有内源性和外源性之分。内源性 siRNA 是由细胞自身产生的;外源性 siRNA 来源于外源入侵的双链 RNA,经 Dicer 切割所产生的具有特定长度(21～23bp)和特定序列的小片段 RNA。这些 siRNA 可以与 AGO 蛋白结合,并诱导这些 mRNA 的降解。siRNA 还有抑制转录的功能。利用这一机制发展起来的 RNA 干扰(RNA interference,RNAi)技术是用来研究基因功能的有力工具。

知识链接

microRNA 的发现及功能

microRNA(miRNA)是一类长度为 18～25 个核苷酸、进化保守的、内源性非编码小 RNA。1993 年在线虫(*C. elegan*)幼虫中发现第一个 miRNA,目前人体内发现 2000 余种成熟 miRNA。2001 年 miRNA 被正式命名为一类具有调控功能的 RNA。近年来,《细胞》《自然》《科学》杂志连续把 RNA 的研究进展列为"十大科技突破之一",其中最引人注目的是 microRNA。

miRNA 的主要功能是通过与 mRNA 3′- UTR 结合并对其转录后进行负调控,引起靶基因 mRNA 降解或抑制其翻译。所以 miRNA 被称为基因表达的微观管理者,参与基因表达调控及诸多生理过程,如细胞生长、分化、凋亡、衰老等重要的细胞生命活动。miRNA 也可以作为疾病诊断、治疗和预后的生物标记物,相关研究正在不断深入。

第四节 核酸的理化性质与应用

一、核酸的一般性质

核酸分子中有酸性的磷酸基和碱性的含氮碱基,决定了核酸是两性化合物。因磷酸基酸性相对较强,所以核酸通常表现为酸性。在人体正常生理状态下,核酸一般带负电荷,且易与金属离子结合成可溶性的盐。DNA 为线性大分子,具有大分子的一般特性。由于 DNA 分子细长,即使浓度较低的 DNA 溶液,其黏度也很大。而 RNA 分子比 DNA 分子短得多,黏度较小。DNA 分子在机械力的作用下易发生断裂,为基因组 DNA 的提取带来一定困难。

二、核酸的紫外吸收性质

核酸分子中嘌呤、嘧啶碱基结构中都带有共轭双键,因此核酸具有较强的紫外吸收性质,其最大吸收值在波长 260nm 处(常以 A_{260} 表示)(图 2 - 19)。该性质可用于鉴别核酸中的蛋白质杂质,也可对核苷酸、核酸进行定量分析。

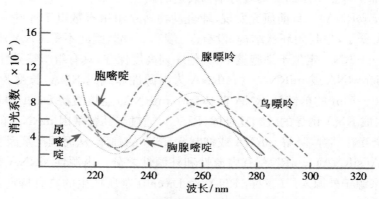

图 2 - 19 各种碱基的紫外吸收光谱(pH 7.0)

核酸的定量：DNA 和 RNA 都有吸收紫外光的性质，它们吸光度（absorbance，A）的吸收高峰在 260nm 波长处，每种核酸的分子构成不一，因此其换算系数不同。定量不同类型的核酸，事先要选择对应的系数。如 $A_{260}=1.0$，分别相当于 $50\mu g/ml$ 的双链 DNA（dsDNA）、$37\mu g/ml$ 的单链 DNA（ssDNA）、$40\mu g/ml$ 的 RNA 或 $30\mu g/ml$ 的寡核苷酸。测试后的吸光值经过上述系数的换算，从而得出相应的样品浓度。

紫外吸光度还能用来鉴定核酸的纯度。纯 DNA 样品的 260nm 与 280nm 吸光度比值（A_{260}/A_{280}）应为 1.8，纯 RNA 样品的 A_{260}/A_{280} 应为 2.0。一般情况下，DNA 样品 $A_{260}/A280$ 大于 1.9 时表明有 RNA 污染；小于 1.6 时表明有蛋白质、酚等污染；RNA 样品 A_{260}/A_{280} 小于 1.7 时，表明有蛋白质或酚污染，大于 2.0 时表明可能有异硫氰酸残存。

三、核酸的变性与复性

（一）DNA 的变性

在某些理化因素作用下，DNA 分子互补碱基对之间的氢键断裂，使 DNA 双链解离为单链，从而导致 DNA 的理化性质及生物学性质发生改变，这种现象称为 DNA 的变性（DNA denaturation）。DNA 变性只改变其二级结构，不改变它的核苷酸序列（图 2-20）。凡能破坏双螺旋稳定性的因素，如加热、极端的 pH、有机试剂甲醇、乙醇、尿素及甲酰胺等，均可引起 DNA 分子变性。

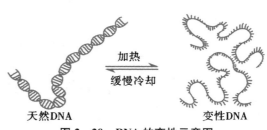

图 2-20 DNA 的变性示意图

变性 DNA 常发生一些理化及生物学性质的改变：①溶液黏度降低，DNA 双螺旋是紧密的结构，变性后代之以柔软而松散的无规则单股线性结构，DNA 黏度因此明显下降；②溶液旋光性发生改变，变性后整个 DNA 分子的对称性及分子局部的构象改变，使 DNA 溶液的旋光性发生变化；③增色效应（hyperchromic effect），是指变性后 DNA 溶液的紫外吸收作用增强的现象。变性时 DNA 双螺旋解开，碱基外露导致更多的共轭双键得以暴露，DNA 在 260nm 处的吸光度随之增加（图 2-21）。

加热造成的变性称为热变性，这是实验室最常用的 DNA 变性方法。对双链 DNA 进行加热变性，当温度升高到一定高度时，DNA 溶液在 260nm 处的吸光度突然明显上升至最高值，随后即使温度继续升高，吸光度也不再明显变化，呈典型 S 形曲线（图 2-22），可见 DNA 变性是在一个很窄的温度范围内发生的。如果在连续加热 DNA 过程中以温度对 260nm 处吸光度（A_{260}）作图，所得的曲线称为解链曲线（melting curve）。通常将 DNA 加热变性过程中，紫外光吸光度达到最大变化值的 50% 时的温度称为 DNA 的解链温度，或称融解温度（melting temperature，Tm）。DNA 的 Tm 取决于 DNA

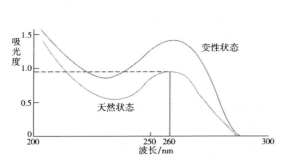

图 2-21 DNA 在解链过程表现出来的增色效应

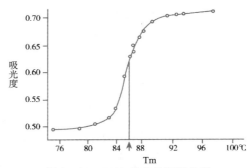

图 2-22 DNA 热变性解链曲线

中所含的碱基组成。G-C碱基对越多,Tm就越高,反之,A-T碱基对越多,Tm就越低。两者的关系在一定条件(pH 7.0,0.165M NaCl)下可表示为:Tm=69.3+0.41×(G+C)/(G+C+A+T)%。小于20bp的寡核苷酸片段的Tm可用公式Tm=4(G+C)+2(A+T)计算(其中G、C、A和T表示碱基个数)。

(二) DNA的复性与核酸分子杂交

DNA的变性是可逆的,去除变性因素,被解开的两条链又可重新互补结合成双螺旋结构,这一过程称为DNA复性(renaturation)。热变性DNA一般经缓慢冷却后即可复性,此过程称为"退火"(annealing)(图2-23)。若将变性DNA迅速冷却至低温(如4℃以下),复性几乎是不可能的,这一特性经常被用来保持DNA的变性(单链)状态。DNA的片段越大复性越慢,变性DNA浓度越大越易进行复性。

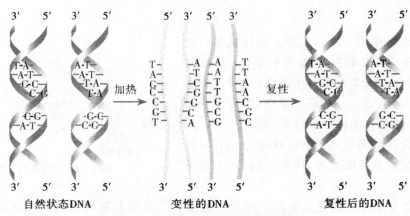

图2-23 DNA热变性及复性示意图

在DNA复性过程中,如果将不同来源的DNA单链或RNA分子放在同一溶液中,只要这两种单链核酸之间存在碱基互补关系,它们就可能形成杂化双链(heteroduplex)。这种双链可以在DNA与DNA之间形成,也可以在RNA与RNA之间形成,甚至还可以在DNA与RNA之间形成。这种现象称为核酸分子杂交(nucleic acid hybridization)(图2-24)。分子杂交在核酸研究中的应用十分广泛。

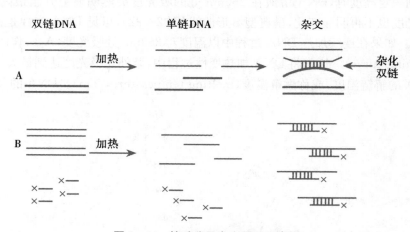

图2-24 核酸分子杂交原理示意图

A. DNA甲(细线表示)和DNA乙(粗线表示)在热变性后的复性过程中可以形成杂化双链;B. 核素标记的寡核苷酸(×—)与变性后的单链DNA结合

小　结

核酸是由基本组成单位—核苷酸聚合成的高分子化合物,是所有生物遗传信息的携带者。根据核酸分子中戊糖的类型,将核酸分为脱氧核糖核酸(DNA)和核糖核酸(RNA)两大类。

- **核酸的化学组成及一级结构**

核酸分子主要由 C、H、O、N、P 元素组成,其中 P 的含量较为恒定,为 9%～10%。核酸基本组成单位是核苷酸,核苷酸通过 3′,5′-磷酸二酯键连接。核苷酸由碱基、戊糖和磷酸基团组成;碱基与戊糖通过糖苷键构成核苷;核苷与磷酸通过磷酸酯键构成核苷酸。DNA 由含有 A、G、C、T 四种碱基的脱氧核糖核苷酸组成;RNA 由含有 A、G、C、U 四种碱基的核糖核苷酸组成。

核酸的一级结构是指脱氧核糖核苷酸(或核糖核苷酸)的排列顺序即碱基的排列顺序。

- **DNA 的结构与功能**

DNA 的二级结构是反向平行且互补的两条脱氧多核苷酸链,两条链以右手螺旋方式围绕同一个中心轴形成双螺旋结构。通过互补配对关系,DNA 双链中的腺嘌呤(A)与胸腺嘧啶(T)形成两个氢键,鸟嘌呤(G)与胞嘧啶(C)形成 3 个氢键。真核生物中,DNA 双螺旋与组蛋白结合形成核小体,再进一步盘旋折叠成超螺旋结构,最后组装成染色体。DNA 的生物学功能是作为遗传信息复制和转录的模板。

- **RNA 的结构与功能**

RNA 包括 mRNA、tRNA、rRNA 和其他非编码 RNA(ncRNA)。mRNA 的功能是作为蛋白质合成的模板。真核生物成熟 mRNA 的 5′-端有 7-甲基鸟嘌呤-三磷酸核苷(m^7 Gppp)帽子,3′-端有多聚腺苷酸(poly A)尾巴。从 mRNA 分子上 5′-端起的第一个 AUG 开始,每 3 个核苷酸组成一个密码子,决定肽链上一个氨基酸。mRNA 的成熟过程还包括 hnRNA 剪切内含子及连接外显子的剪接过程。tRNA 是蛋白质合成中各种氨基酸的运载体。tRNA 由反密码子通过碱基互补配对识别 mRNA 的密码子。rRNA 与核糖体蛋白共同构成核糖体。核糖体是合成蛋白质的场所。原核生物和真核生物的核糖体均由大、小亚基组成。细胞内存在多种功能各异的 ncRNA。

- **核酸的理化性质**

DNA 变性是在某些理化因素作用下,DNA 分子互补碱基对之间的氢键断裂,使 DNA 双链解离为单链。变性 DNA 常使溶液黏度降低、溶液旋光性发生改变、紫外吸收作用增强(增色效应)。DNA 加热变性过程中,紫外吸光度达到最大值 50% 时的温度称为 DNA 的解链温度(Tm)。

去除变性因素,解开的两条链又可重新互补结合成双链结构,这一过程称为 DNA 复性。在复性过程中,不同来源的单链核酸分子在适宜的条件下只要它们之间存在碱基互补关系,就可以形成杂化双链,这种双链既可以在两条 DNA 单链间形成,也可以在两条 RNA 单链间形成,甚至还可以在一条 DNA 单链与一条 RNA 单链之间形成,这种现象称为核酸分子杂交。

(扈瑞平)

第三章
酶

本章课件

生物体维持生命活动的基本特征之一是新陈代谢(metabolism),而新陈代谢是通过一系列千变万化的化学反应组成的,这些化学反应几乎都是在生物催化剂的作用下,彼此配合、有条不紊地完成的。酶(enzyme)是体内最主要的生物催化剂。

知识链接

酶的发现历程

1833 年,Payen 和 Persoz 在麦芽提取物中首次发现了淀粉酶(diastase)。

1834 年,Schwann 从胃液中分离到"胃蛋白酶"。

1850 年,Pasteur 证明发酵是酵母细胞生命活动的结果,称为"活体酶"。

1878 年,Kunne 首次使用了"enzyme"。

1897 年,Buchner 两兄弟证明了发酵并不需要完整的细胞,也使人们认识到"活体酶"并不是完整的细胞,而是细胞内的生物催化剂。

1926 年,Sumner 从大豆中提取出了脲酶结晶,并证实具有蛋白质理化性质。此后陆续发现的 2000 多种酶均证明其化学本质为蛋白质。

第一节 酶的分子结构

酶的化学本质是蛋白质,与其他蛋白质一样由氨基酸组成,具有相应的一级、二级、三级及四级结构。但酶有其特殊的催化功能,在结构上与普通蛋白质有明显的区别。

一、酶的分子组成

酶按其分子组成可分为单纯酶(simple enzyme)和结合酶(conjugated enzyme)两大类。单纯酶是指酶为单纯蛋白质,其分子组成完全由 α-氨基酸依一定的排列顺序组成。如:脲酶、淀粉酶和一些消化蛋白酶(胃蛋白酶、胰蛋白酶)、脂酶和核糖核酸酶等。结合酶是由蛋白质部分和非蛋白质部分组成,两者结合在一起称为全酶(holoenzyme)。全酶的蛋白质部分称为酶蛋白(apoenzyme),非蛋白质部分称为辅助因子(cofactor)。酶蛋白主要决定反应的特异性及催化机制;辅助因子主要决定反应的种类和性质。酶蛋白和辅助因子单独存在都无催化活性,只有全酶才有催化活性。一种酶蛋白只能与一种辅助因子结合成为一种特异性的酶,而一种辅助因子可以跟不同的酶蛋白结合以构成许多特异性不同的酶。例如,NAD^+ 可作为多种脱氢酶的辅助因子。

辅助因子多为金属离子或小分子有机化合物。金属离子是最常见的辅助因子,约 2/3 的酶都含有金属离子。常见的金属离子有 K^+、Na^+、Mg^{2+}、Zn^{2+}、Fe^{2+}、Cu^{2+}、Mn^{2+} 等。有的金属离子与酶蛋白结合牢固,在提取过程中不易丢失,这类酶称为金属酶(metalloenzyme),如黄嘌呤氧化酶含 Mo^{2+},羧基肽酶含 Zn^{2+} 等。有的金属离子与酶蛋白结合疏松,在提取过程中易丢失,但为酶活性所必需,这类酶称为金属激活酶(metal-activated enzyme),金属离子在反应中实际起激活剂的作用,如激酶催化反应必需有 Mg^{2+} 的存在。金属离子在酶促反应中的作用是多方面的,主要有:①稳定酶的构象。金属离子与酶蛋白结合成活性构象的复合物后,才能有催化作用;②作为酶活性中心的组成部分参与催化反应、传递电子;③在酶与底物之间起桥梁作用,便于酶与底物密切接触;④中和阴离子,降低反应中的静电斥力。作为辅助因子的小分子有机物,分子结构中常含有 B 族维生素的衍生物或卟啉化合物(表 3-1),它们在酶促反应中起载体作用,传递电子、质子或某些基团。

表 3-1 维生素与辅酶(辅基)的关系

参与的维生素	辅酶(辅基)形式	辅助因子的功能
维生素 B_1	TPP	转醛基
维生素 B_2	FMN、FAD	递氢、电子
维生素 PP	NAD^+、$NADP^+$	递氢、电子
维生素 B_6	磷酸吡哆醛,磷酸吡哆胺	转氨基
泛酸	辅酶 A(CoA)	转酰基
叶酸	FH_4	转移一碳单位
生物素	生物素	固定 CO_2
维生素 B_{12}	钴胺素辅酶类	转甲基

辅助因子按其与酶蛋白结合的牢固程度与作用特点不同可将其分为辅酶(coenzyme)或辅基(prosthetic group)。辅酶与酶蛋白以非共价键疏松结合,可以用透析或超滤的方法将其除去。在酶促反应中,辅酶接受质子或基团后离开酶蛋白,在另一酶促反应中将携带的质子或基团转移出去;而辅基与酶蛋白以共价键紧密结合,不能通过透析或超滤的方法将其除去,在酶促反应中辅基不能离开酶蛋白。

二、酶的分子结构

酶的分子结构是酶功能的物质基础,酶之所以有催化功能是由于酶分子的特定构象,形成特定的区域,产生有催化活性的中心。

(一) 酶的必需基团

酶分子中氨基酸残基提供了许多不同的化学基团,其中只有一小部分基团与酶的活性直接有关。酶分子中与酶活性密切相关、为酶活性所必需的化学基团,称为必需基团(essential group)。常见的必需基团有组氨酸残基上的咪唑基、半胱氨酸残基上的巯基、丝氨酸残基上的羟基和天冬氨酸、谷氨酸残基的羧基等。

(二) 酶的活性中心

必需基团在酶分子的一级结构上可能相距甚远,但在酶蛋白形成空间结构时却彼此靠近,形成一个特定的空间区域,能与底物特异结合并催化底物转化为产物,这一区域称为酶的活性中心(active center)或活性部位(active site)。活性中心是酶发挥催化作用的关键部位,常位于酶分子的表面或为裂缝或为凹陷。在结合酶类中,辅助因子也常是构成酶活性中心的组成部分。

构成酶活性中心的必需基团称为活性中心内必需基团,按其作用分为两种:能直接与底物结合的必需基团称为结合基团(binding group);能影响底物中某些化学键的稳定性,催化底物发生反应并将其转化为产物的必需基团称为催化基团(catalytic group)。有的基团同时具有结合基团和催化基团两种作用。还有些必需基团不参与酶活性中心的组成,但却为维持酶的活性中心构象或作为调节剂的结合部位所必需,这些基团称为酶活性中心外的必需基团(图 3-1)。

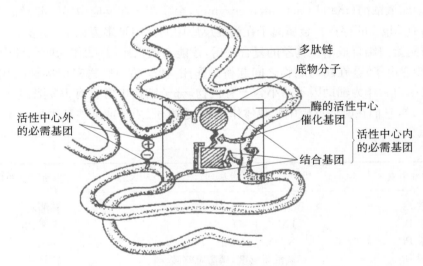

图 3-1　酶的活性中心示意图

(三) 单体酶、多酶体系和多功能酶

根据酶的分子结构可将酶分为 4 类:仅有一条多肽链构成的酶称为单体酶(monomeric enzyme),这类酶只具有三级结构,一些水解酶属于此类;由多个相同或不同亚基以非共价键连接组成的酶称寡聚酶(oligomeric enzyme),单个亚基往往不表现催化活性,不同的亚基组合可能表现为不同的功能,这类酶具有四级结构;而由几种不同功能的酶彼此聚合形成的多酶复合物称为多酶体系(multienzyme system);还有一些多酶复合体在进化中由于基因融合,使同时具有不同的催化功能的酶形成一条多肽链,在一种酶中具有多个催化部位和催化活性,这类酶称为多功能酶(multifunctional enzyme)或串联酶(tandem enzyme)。

三、同工酶

同工酶（isoenzyme）是指催化相同的化学反应，而酶蛋白的分子结构、理化性质和免疫学性质不同的一组酶。同工酶是长期进化过程中基因分化的产物。同工酶的多肽链是由不同的基因或等位基因编码，或由同一基因的不同 mRNA 翻译生成。翻译后经加工修饰生成的多分子形式不在同工酶之列。

同工酶具有相同或相似的活性中心，但其理化性质和免疫学性质不同；细胞定位、专一性、活性及其调节可有所不同。至今已知的同工酶已有百余种，如己糖激酶，乳酸脱氢酶等，其中以乳酸脱氢酶（lactate dehydrogenase，LDH）研究得最为清楚，它是由 4 个亚基组成的四聚体，亚基有两型：骨骼肌型（M 型）和心肌型（H 型）。两种亚基以不同比例组成 5 种同工酶，即：LDH_1、LDH_2、LDH_3、LDH_4、LDH_5（图 3-2）。

（○为H亚基　□为M亚基）

图 3-2　乳酸脱氢酶同工酶结构

M 型、H 型两种亚基由不同基因编码，在不同组织细胞中合成速度不同，所以在不同的组织器官，5 种同工酶的分布和含量不同（表 3-2），如人体心肌和肾中 LDH_1 较多，而肝脏和骨骼肌中 LDH_5 较多。每种组织中的 LDH 同工酶谱具有特定相对百分率。因此，LDH 同工酶谱相对含量的改变在一定程度上能反映某脏器的功能状况。若某一组织发生病变，这些同工酶就会从病变的组织细胞中释放出来进入血液，引起血清 LDH 同工酶谱的变化，这些变化是组织损伤的象征，可被用于临床诊断。例如血清中 LDH_1 及 LDH_2 含量升高是心肌炎或心脏受损的标志；而骨骼肌损伤、急性肝炎及肝癌患者血清中 LDH_5 含量增高。

表 3-2　人体各组织器官 LDH 同工酶的分布

组织器官	同工酶活性百分比/%				
	LDH_1	LDH_2	LDH_3	LDH_4	LDH_5
心肌	73	24	3	0	0
骨骼肌	0	0	5	16	79
肺	14	34	35	5	12
肾	43	44	12	1	0
肝	2	4	11	27	56
脾	10	25	40	20	5
红细胞	43	44	12	1	0
白细胞	12	49	33	6	0
血清	27	34.7	20.9	11.7	5.7

肌酸激酶(creatine kinase，CK)是二聚体，其亚基有 M 型(肌型)和 B 型(脑型)两种。两种亚基组成 3 种同工酶，即：CK₁(BB 型)、CK₂(MB 型)、CK₃(MM 型)。CK₁ 主要存在于脑细胞中，CK₃ 主要存在于骨骼肌中，CK₂ 仅存在于心肌中。因此，血清 CK₂ 活性的测定对于早期诊断心肌梗死有一定的意义。

同工酶广泛存在于生物界中，具有多种多样的生物学功能。由于同工酶在胚胎发育、细胞分化及生长发育的不同阶段，各同工酶的相对百分率会发生改变。因而，同工酶的研究为物种进化、遗传变异、个体发育、细胞分化等方面的研究提供了分子基础。

知识链接

核酶与脱氧核酶

1982 年，美国科学家 T. R. Cech 及同事首先发现，在四膜虫 rRNA 前体加工过程中，rRNA 分子在无蛋白存在的情况下可进行自我剪接反应，具有生物催化剂功能。为与传统的蛋白类催化剂相区别，T. R. Cech 提出了核酶(ribozyme)的概念。此后更多证据表明，某些 RNA 分子本身就有酶的催化作用。这种具有催化作用的 RNA 被称为核酶或催化性 RNA (catalytic RNA)。1994 年，R. R. Breaker 等发现了人工合成的 DNA 片段能够催化特定核苷酸形成磷酸二酯键，并将这一具有催化活性的 DNA 称为脱氧核酶。

核酶(脱氧核酶)的发现具有重大意义：一方面，核酶(脱氧核酶)的发现打破了酶都是蛋白质的传统观念，对酶化学本质的认识更加全面深入；另一方面，核酶(脱氧核酶)的剪接(剪切)活性在遗传病、肿瘤和病毒性疾病的治疗领域具有巨大应用潜力。

第二节　酶的工作特点与原理

一、酶的工作特点

酶作为生物催化剂，与一般催化剂有相同的特点，即酶遵从一般催化剂的作用原则。例如在反应前后没有质和量的变化；只能催化热力学上允许进行的化学反应；只能加速可逆反应的进程，缩短反应达到平衡所需的时间，而不改变反应的平衡点。由酶催化的反应称为酶促反应，酶的化学本质是蛋白质，因此酶具有与一般催化剂不同的特性。

（一）极高的催化效率

酶的催化效率比一般催化剂高 $10^7 \sim 10^{13}$ 倍，比非催化反应高 $10^8 \sim 10^{20}$ 倍。如酵母蔗糖酶催化蔗糖水解的速度比 H^+ 的催化作用大 2.5×10^{12} 倍。

酶的催化效率可用酶的转换数(turnover number)表示，转换数是指在酶被底物饱和的条件下，每个酶分子每秒将底物转化为产物的分子数。如血液中催化 H_2CO_3 分解为 H_2O 和 CO_2 的碳酸酐酶，它的催化效率是每个酶分子每秒可催化 600000 个碳酸分子分解。

（二）高度的特异性

一般催化剂对底物的结构要求不严格，一种催化剂常能催化多种底物发生同一类型的多种化学反应。但酶对其所催化的底物具有严格的选择性，也就是说酶促反应具有高度的特异性。即一种酶只能作用于一种或一类化合物，或一定的化学键，催化一定的化学反应并生成一定的产物，这种现象称为酶的特异性或专一性(specificity)。根据酶对其底物结构选择的严格程度不同，酶的特异性可分为 3 种。

1. 绝对特异性　有的酶只能作用于某一特定结构的底物,进行一种专一的反应,生成一种特定结构的产物,这种特异性称为绝对特异性(absolute specificity)。如脲酶只能催化尿素水解生成 NH_3 和 CO_2,不能催化甲基脲水解。

2. 相对特异性　有些酶对底物的要求不十分严格,可作用于一类化合物或一种化学键,这种不太严格的选择性称为相对特异性(relative specificity)。例如蔗糖酶不仅水解蔗糖,也可水解棉子糖中的同一种糖苷键;脂肪酶除催化脂肪水解外,还能催化某些酯类的水解。

3. 立体异构特异性　是指酶对底物的光学异构体或几何异构体有特异的选择性,即一种酶只能作用于底物的一种立体异构体,对其他的异构体没有催化能力,这种选择性称为立体异构特异性(stereospecificity)。如 L-乳酸脱氢酶仅能催化 L-乳酸,而对 D-乳酸不发生作用。延胡索酸酶只作用于反丁烯二酸(延胡索酸),而不作用于顺丁烯二酸。

（三）可调节性

与一般催化剂相比,酶的催化活性可以受到调控,即酶具有可调节性。酶的催化活性可受多种因素的调控,以适应机体对不断变化的内环境和生命活动的需要。酶的调控方式多种多样,十分精细,使得生物体内种类繁多的化学反应变得非常协调有序。酶的可调节性包括:①对酶活性的调节,许多酶能根据其环境中的代谢信号,改变其构象,进而改变其催化活性,这类酶称为变构酶或别构酶;有些酶则可在其他酶的催化下发生共价修饰而改变活性。②对酶含量的调节,通过对酶生物合成的诱导与阻遏、对酶降解速率的调节实现。③酶与代谢物在细胞内区域化分布、多酶体系和多功能酶的形成、进化过程中基因分化形成的各种同工酶等方式调节。

（四）不稳定性

由于酶的化学本质是蛋白质,易受环境温度、pH 等影响而发生变性失活。因此,酶促反应通常都在常温、常压和接近中性的环境下进行。

二、酶的工作原理

（一）降低反应的活化能

酶能高效催化是因为酶和其他催化剂一样,能降低反应的活化能。底物分子从初态达到活化态所需的能量称为活化能(activation energy)。活化能的高低决定反应体系中活化分子的多少,活化能愈低,能达到活化态的分子就愈多,反应速度就愈快。酶通过其特有的作用机制,比一般催化剂更有效地降低反应的活化能,使底物只需较少的能量便可进入活化状态,因此具有极高的催化效率(图 3-3)。

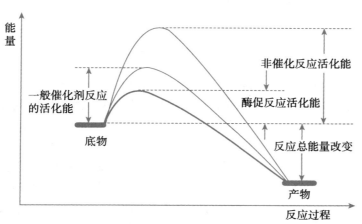

图 3-3　酶促反应活化能的改变

（二）酶-底物复合物的形成与诱导契合假说

酶在发挥其催化作用之前，必须先与底物相结合，这种结合不是锁与钥匙的机械关系，而是通过酶与底物相互接近时，其结构相互诱导、相互变形、相互适应，进而相互结合的过程。这就是酶-底物结合的诱导契合假说（induced-fit hypothesis）。也就是说，酶分子的构象与底物的结构原来并不完全吻合，只有当两者接近时，结构上才相互诱导适应，酶与底物的结构均发生变形，才能更密切地多点结合。酶在底物的诱导下，其活性中心与底物构象相吻合，并与底物受催化攻击的部位密切接近，形成酶-底物复合物。这种相互诱导的变形还可使底物处于不稳定状态，易受酶的催化攻击。这种不稳定的底物称为过渡态（transition state）。过渡态的形成和活化能的降低是反应进行的关键步骤，任何有助于过渡态的形成与稳定因素都有利于酶行使其高效催化作用。

（三）邻近效应与定向排列

酶的活性中心是酶分子中特定的区域，酶与特异性底物结合时，酶分子的构象发生改变，使其结合基团和催化基团正确排列与定位，以便底物分子的靠近与定向，使酶活性部位的底物浓度远远大于溶液中的浓度，使结合在酶表面上的底物分子有充足的时间进行反应。此外，底物与酶结合时，其受催化攻击的部位定向地对准活性中心，使酶的活性中心易于诱导底物分子中的电子轨道，使其趋于有利于反应的排列，即发生定向排列（orientation arrange），进一步提高催化效率。这种邻近效应（proximity effect）与定向排列实际上是将分子间的反应变成类似于分子内的反应，从而提高反应速度。

（四）表面效应（surface effect）

酶的活性中心是酶分子中具有三维结构的区域，形如裂缝或凹陷。此裂缝或凹陷由酶的特定空间构象所维持，深入到酶分子内部，且多为氨基酸残基的疏水基团组成的疏水环境，形成疏水"口袋"。疏水环境可排除水分子对酶和底物功能基团的干扰，防止在底物与酶之间形成水化膜，有利于酶与底物的密切接触。

（五）多元催化（multielement catalysis）

一般催化剂进行催化反应时，通常只限于一种解离状态。例如，酸碱催化中，或是酸催化，或是碱催化，少有兼备酸和碱的催化功能。酶是两性电解质，所含的多种功能基团具备不同的解离常数，有的是质子供体（酸），有的是质子受体（碱），它们也能同时执行酸和碱的催化作用。因此，同一种酶常常兼有酸、碱双重催化作用；此外，酶分子活性中心的一些基团（如羟基和巯基），分别带有多电子的原子如 O 和 S，可以提供电子去"攻击"底物上相对带正电（亲电子）的原子，起亲核催化作用。而有些基团（如咪唑基）又可起亲电子催化。这种多功能基团（包括辅酶或辅基）的协同作用可极大地提高酶的催化效能。

总之，酶实现高效催化常常是多种催化机制综合作用的结果。

第三节 酶促反应动力学

酶促反应动力学（kinetics of enzyme-catalyzed reaction）是研究酶促反应的速度以及影响速度的各种因素。影响酶促反应因素有：底物浓度、酶浓度、温度、pH、激活剂和抑制剂。研究酶促反应的动力学对于了解酶的特异性、催化机制和催化效率等方面都有很大的理论价值，并对酶提纯方法的设计和代谢调节的研究有很大的实践意义。

通常酶促反应动力学所研究的速度是指反应开始时的速度即初速度。初速度是指初始底物浓度被消耗 5% 以内的速度。采用反应的初速度可以避免反应进行过程中，底物浓度消耗或反应产物堆积等因素对反应速度的影响。当研究某一因素对反应速度影响时，其他因素应保持不变，测定其酶促反应的初速度。

一、底物浓度对酶促反应速度的影响

在酶促反应中,保持其他因素不变的情况下,特别是酶量恒定的情况下,底物浓度[S]对反应速度的影响作图呈矩形双曲线(rectangular hyperbola)(图3-4)。即在反应开始时,底物浓度较低,反应速度随底物浓度的增加而急剧上升,两者成正比关系,反应为一级反应;随着底物浓度的进一步增加,反应速度的上升不再成正比关系;如果继续加大底物浓度,反应速度将不再增加,为一水平线,表现出零级反应,此时反应速度达最大反应速度(V_{max})。这是因为,酶促反应的速度决定于底物浓度、酶的浓度及两者形成的中间复合物(ES)的量。在酶量恒定的情况下,酶促反应的速度主要取决于底物浓

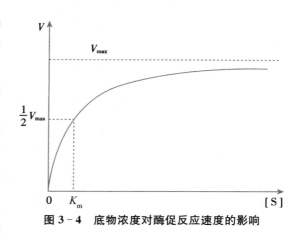

图3-4　底物浓度对酶促反应速度的影响

度[S]很低时,游离的酶极多,故随着[S]增高,底物和酶结合形成的中间复合物(ES)的量也随之增高。因此,V随[S]增高而呈直线上升。随之,当大部分酶与底物结合后,剩余的游离酶已不多,所以随着[S]增高,ES生成速度比反应初始时增高的幅度小,反应速度也趋于缓和。当[S]继续增高时,所有游离酶均与底物结合成ES,酶的活性中心已被底物饱和,反应速度达到V_{max}。所有的酶均有此饱和现象,只是达到饱和时所需的底物浓度不同。

（一）米-曼方程式

1903年,Henri观察到许多酶促反应都有底物饱和现象,并提出解释酶促反应中底物浓度和反应速度关系的学说——中间产物学说,即酶(E)首先与底物(S)结合形成酶-底物复合物(中间产物ES),此复合物再分解为产物(P)和游离的酶。

$$\text{E} \;+\; \text{S} \;\underset{k_2}{\overset{k_1}{\rightleftharpoons}}\; \text{ES} \;\xrightarrow{k_3}\; \text{E} \;+\; \text{P}$$

酶　　　底物　　　中间产物　　　酶　　　产物

式中,k_1、k_2和k_3分别为各项反应的速度常数。

1913年,Michaelis和Menten根据中间产物学说和前人积累的大量实验证据,推导出酶促反应速度与底物浓度的定量关系的数学方程式,即著名的米-曼方程式,简称米氏方程式(Michaelis equation):

$$V = \frac{V_{max}[\text{S}]}{K_m + [\text{S}]}$$

式中,V_{max}为最大反应速度(maximum reaction velocity),[S]为底物浓度,K_m为米氏常数(Michaelis constant),V是在不同[S]时的反应速度。当底物浓度很低,即[S]≪K_m时,方程式分母上的[S]可以忽略不计,于是$V = V_{max}[\text{S}]/K_m$,对一个酶来说,$V_{max}$和$K_m$均为常数,于是反应速度与底物浓度成正比关系。若底物浓度很高,即[S]≫K_m,方程式分母中K_m可以忽略不计,于是$V \cong V_{max}$,达到最大反应速度,此时再增加底物浓度,反应速度也不会增加。

米氏方程式的推导基于以下假设:

(1)反应是单底物反应。

(2)在反应的初始阶段,测定的反应速度为初速度。底物浓度远远大于酶浓度,因此底物浓度[S]可以认为不变。

（3）游离的酶与底物形成 ES 的速度：ES 的形成速度极快，E＋S→ES，而 ES 分解为产物的速度极慢，即 k_1、$k_2 \gg k_3$，ES 分解成 P 对于[ES]浓度的动态平衡没有影响，可以不予考虑。

反应中游离酶的浓度为总酶浓度减去结合到中间产物中的酶的浓度，即［游离酶］＝［E］－［ES］。

这样，ES 生成的速度为：$k_1([E]-[ES])[S]$

ES 分解的速度为：$k_2[ES]+k_3[ES]$

当反应处于稳态时，ES 的生成速度＝ES 的分解速度，即

$$k_1([E]-[ES])[S]=k_2[ES]+k_3[ES] \tag{3-1}$$

经整理，得：

$$\frac{([E]-[ES])[S]}{[ES]}=\frac{k_2+k_3}{k_1} \tag{3-2}$$

令

$$\frac{k_2+k_3}{k_1}=K_m$$

K_m 即为米氏常数，代入式(3-2)，整理得 $[E][S]-[ES][S]=K_m[ES]$ 即：

$$[ES]=\frac{[E][S]}{K_m+[S]} \tag{3-3}$$

由于反应速度取决于单位时间内产物 P 的生成量，所以 $V=k_3[ES]$，将式(3-3)代入得：

$$V=\frac{k_3[E][S]}{K_m+[S]} \tag{3-4}$$

当底物浓度很高时，所有的酶与底物生成中间产物（即[E]＝[ES]），反应达到最大速度。即：

$$V_{max}=k_3[ES]=k_3[E] \tag{3-5}$$

将式(3-5)代入式(3-4)，即得米氏方程式：

$$V=\frac{V_{max}[S]}{K_m+[S]}$$

（二）K_m 的意义

1. 当酶促反应速度为最大反应速度一半时的底物浓度　即当 $V=1/2V_{max}$ 时，米氏方程式可以写成：

$$\frac{V_{max}}{2}=\frac{V_{max}[S]}{K_m+[S]}$$

整理得：$K_m=[S]$。

由此可见，K_m 值等于酶促反应速度为最大反应速度一半时的底物浓度。它的单位与底物浓度单位一致，为 mol/L 或 mmol/L。

2. K_m 值可表示酶对底物的亲和力　K_m 值愈小，酶与底物的亲和力愈大；反之，K_m 值愈大，酶与底物的亲和力愈小。

3. K_m 值是酶的特征性常数之一　K_m 只与酶的结构、酶所催化的底物和反应环境有关，与酶的浓度无关。各种酶有其特定的 K_m 值。

K_m 值的应用：若一种酶有多个不同底物时，酶对每种底物各有一个 K_m 值，选择 K_m 值最小者

为该酶的最适底物(天然底物);在实验中当使用酶制剂时,可根据 K_m 值来判断使酶促反应达到一定速度时所需的底物浓度。通常底物浓度为 $10K_m$ 时,酶促反应速度可达 V_{max} 的 90% 左右。

(三) K_m 值和 V_{max} 值的测定

米氏方程式是一个双曲线函数,其图形为渐近线,很难准确地测得 K_m 值和 V_{max} 值。通常将该方程转化成各种线性方程,将曲线作图改为直线作图,便可容易地用图解法准确地求得 K_m 值和 V_{max} 值。

1. 双倒数作图法(double reciprocal plot)　又称林-贝(Lineweaver - Burk)作图法,将米氏方程式等号两边同取倒数,所得到的双倒数方程式称为林-贝方程式:

$$\frac{1}{V} = \frac{K_m}{V_{max}} \cdot \frac{1}{[S]} + \frac{1}{V_{max}}$$

以 $1/V$ 对 $1/[S]$ 作图(图 3-5),得一直线,其纵轴上的截距为 $1/V_{max}$,横轴上的截距为 $-1/K_m$。

2. Hanes 作图法　也是从米氏方程式衍化而来,其方程式为:

$$\frac{[S]}{V} = \frac{1}{V_{max}}[S] + \frac{K_m}{V_{max}}$$

以 $[S]/V$ 对 $[S]$ 作图(图 3-6),横轴上的截距为 $-K_m$,直线的斜率为 $1/V_{max}$。

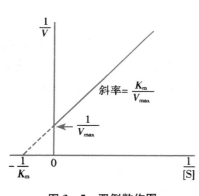

图 3-5　双倒数作图

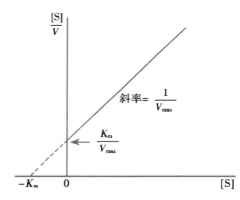

图 3-6　Hanes 作图

二、酶浓度对酶促反应速度的影响

在其他因素不变的情况下,底物浓度 $[S]$ 足够大时($[S] \gg [E]$),底物足以使酶饱和,这时,随酶浓度 $[E]$ 的增加,酶促反应的速度与酶浓度 $[E]$ 成正比关系(图 3-7),即 $V = K [E]$。

三、温度对酶促反应速度的影响

在一般化学反应中,升高温度可使反应速度加快。但酶是生物催化剂,对温度的变化十分敏感。温度对酶促反应速度的影响呈现双重性。一方面是升高温度可加快反应速度,这是因为温度升高可加快分子的热运动,从而增加分子间的碰撞机会。一般情况下,温度每升高 10℃,反应速度可增加 1~2 倍。另一

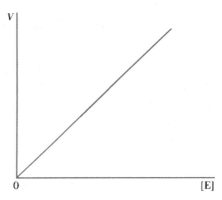

图 3-7　酶浓度对酶促反应速度的影响

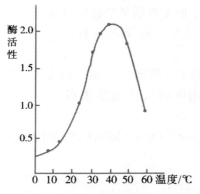

图 3-8　温度对酶促反应速度的影响

方面是升高温度可同时增加酶变性的机会,酶变性的增加会减少有活性酶的数量,从而酶促反应速度反而下降。当温度升高到60℃以上时,大多数酶开始变性,温度超过80℃时,大多数的酶变性已不可逆,酶活性丧失(图 3-8)。

在酶促反应过程中,温度对酶促反应的两种影响同时存在。在温度较低时,前一种影响大于后一种影响,故提高反应温度可使反应速度加快;当温度上升到一定程度时,后一种影响起主导作用,因而总的结果是随着温度的升高反应速度下降。酶的最适温度就是这两种因素综合作用的结果。酶促反应速度达到最大时的环境温度称为酶的最适温度(optimum temperature)。温血动物组织中酶的最适温度在 35～40℃ 之间,人体内大多数酶的最适温度为 37℃ 左右。生活在温泉或深海中极端环境下的细菌,酶的最适温度甚至可以达到水的沸点,如水生栖热细菌(thermusaquaticus) Taq DNA 聚合酶的最适温度达 72℃。

酶的最适温度不是酶的特征性常数,因为同一种酶的最适温度可随反应时间的长短不同而改变。一般情况下,反应时间短,最适温度高;相反,反应时间长,最适温度低。

一般情况下低温不使酶结构破坏,只是使酶活性降低,当温度恢复后,酶活性仍可恢复。因此,医学上可用低温保存生物制品、菌种、疫苗和酶试剂。临床上低温麻醉也是利用酶在低温下活性较低,减慢组织细胞代谢速度,从而提高机体对氧和营养物质缺乏的耐受性。

四、pH 对酶促反应速度的影响

环境 pH 对酶活性的影响很大。酶分子中有许多可解离的基团,在不同 pH 条件下其解离状态不同,所带电荷的数量和种类也不同。酶只有在最适 pH 环境下,酶分子的各个必需基团的解离状态、辅酶及底物的解离状态处于最佳,酶的活性中心才容易同底物结合而发挥最大催化活性。此外,pH 还可影响酶活性中心空间构象的形成,从而影响酶的活性。

一种酶只在某一 pH 表现出最高的催化活性。酶催化活性最大时的环境 pH 称为酶的最适 pH(optimum pH)。环境 pH 高于或低于最适 pH 时,酶活性降低,偏离最适 pH 越远(过酸或过碱),酶的活性就越低,甚至还会导致酶变性失活。每一种酶都有各自的最适 pH。动物体内酶的最适 pH 在 6.5～8.0 之间,接近中性。但少数酶也有例外,如胃蛋白酶最适 pH 为 1.5,肝精氨酸酶最适 pH 为 9.8(图 3-9)。人的体液(血液)的 pH 为 7.35～7.45,这是体内大多数酶发挥其催化功能的最适 pH,当机体出现酸中毒或碱中毒时,这些酶的活性将受到影响。

最适 pH 不是酶的特征性常数,它受多种因素的影响,如底物浓度、缓冲液的浓度和种类、酶的纯度、作用时间等因素的影响。在测定酶的活性时,应选用适宜的缓冲液以保持酶活性的相对恒定。

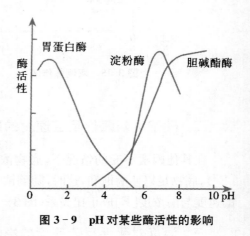

图 3-9　pH 对某些酶活性的影响

五、抑制剂对酶促反应速度的影响

凡能使酶的催化活性下降而不引起酶蛋白变性的物质统称为酶的抑制剂(inhibitor,I)。抑制剂可与酶的活性中心内、外的必需基团结合,从而抑制酶的催化活性。除去抑制剂后酶的活性得以恢复。抑制作用不同于蛋白质变性。抑制剂对酶的抑制作用有一定的选择性,一种抑制剂只能引起一种酶或某一类酶的活性降低或丧失。而变性剂对酶的作用没有选择性。研究酶的抑制作用有很重要的生理意义,例如很多药物是酶的抑制剂,了解酶的抑制作用可协助阐明体内的代谢途径、某些药物的作用机制以及设计研究新药等。

根据抑制剂与酶结合方式、结合紧密程度的不同,酶的抑制作用分为不可逆性抑制和可逆性抑制两大类。

（一）不可逆性抑制作用

抑制剂与酶活性中心的必需基团以共价键相结合而引起酶失活,这种抑制作用称为不可逆抑制作用(irreversible inhibition)。不可逆抑制剂不能用简单的透析、超滤等方法除去而使酶活性恢复。由于抑制剂与酶的结合是不可逆的,因此抑制作用会随着抑制剂浓度的增加而逐渐增加,当抑制剂浓度达到足够与所有的酶结合时则酶的活性将被完全抑制。不可逆抑制最常见的有羟基酶抑制和巯基酶抑制。

1. 羟基酶抑制　农药美曲磷脂(敌百虫)、敌敌畏及 1059 等有机磷化合物,它们是羟基酶的不可逆性抑制剂,可与胆碱酯酶(choline esterase)活性中心的丝氨酸羟基以酯键结合而使酶失活。在体内胆碱酯酶的作用主要是催化乙酰胆碱水解,胆碱酯酶的失活导致乙酰胆碱堆积,造成副交感神经兴奋,患者可出现恶心、呕吐、多汗、肌肉震颤、瞳孔缩小、惊厥等症状。临床上可用解磷定(pyridine aldoxime methyliodide，PAM)解除有机磷化合物对羟基酶的抑制作用。

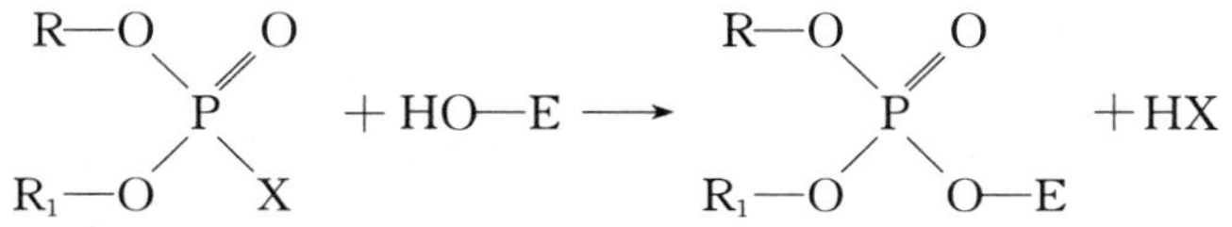

有机磷化合物　　　羟基酶　　　　失活的酶　　　　酸

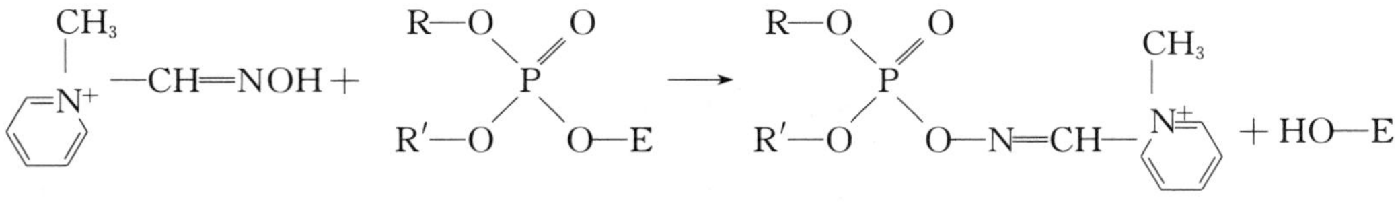

解磷定　　　　　　磷酰化酶　　　　磷酰化 PAM　　　　羟基酶

2. 巯基酶抑制　重金属离子(Hg^{2+}、Ag^{2+}、Pb^{2+} 等)及路易士气(是一种含砷的毒气),可与酶分子中的巯基共价结合,使酶失活。重金属中毒可用富含巯基的二巯基丙醇(British anti‑Lewisite,BAL)解除其毒性。二巯基丙醇分子中含有二个巯基,在体内达到一定浓度后,可与毒剂结合,使酶恢复活性。

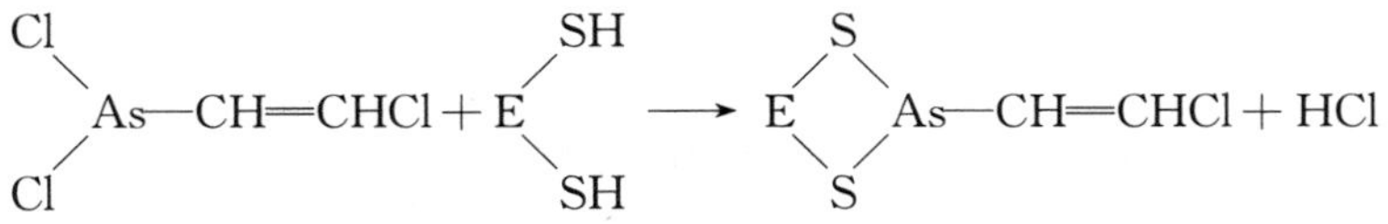

路易士气　　　　疏基酶　　　　失活的酶　　　　酸

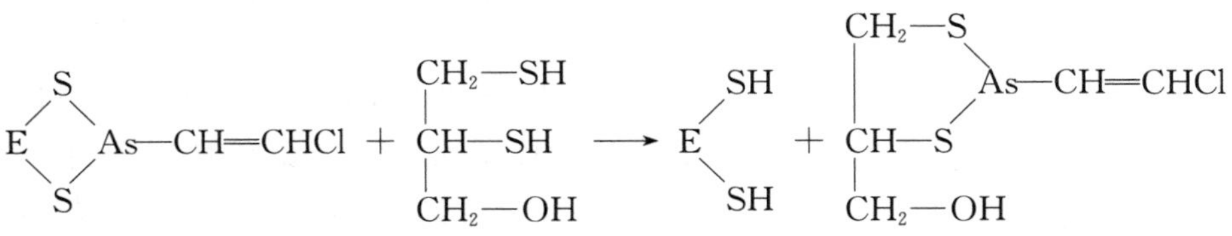

失活的酶　　　　　BAL　　　　巯基酶　　　　BAL 与砷化合物

青蒿素与不可逆性抑制

20 世纪 60 年代,氯喹耐药性致使疟疾之害日甚,新型抗疟药研发迫在眉睫。1969 年,国家疟疾防治"523"项目正式启动,屠呦呦临危受命并担任中药抗疟组组长。尽管当时的科研条件有限,屠呦呦团队敢为人先,历经 3 年的潜心攻关,最终提取得到青蒿抗疟的有效成分——青蒿素。屠呦呦随后确定青蒿素是一种新型倍半萜内酯,并明确了所含的过氧基团是抗疟活性基团。据世界卫生组织不完全统计,青蒿素作为一线抗疟药物,在全世界已挽救数百万人生命,每年治疗患者达数亿人。2015 年,屠呦呦荣获诺贝尔生理学或医学奖。

研究证实,不可逆性抑制作用是青蒿素抗疟的机理之一。实验表明,青蒿素在亚铁活化后,可与恶性疟原虫钙-ATP 酶 6(*Plasmodium falciparum* calcium-ATPase 6,PfATP6)不可逆性结合并抑制其活性,使疟原虫胞质内钙离子浓度升高,引起细胞凋亡,从而发挥抗疟作用。

(二)可逆性抑制作用

抑制剂与酶以非共价键方式结合,使酶活性降低或丧失,此种抑制作用能用透析或超滤等方法除去抑制剂而使酶活性恢复,故称为可逆性抑制作用(reversible inhibition)。可逆性抑制作用常分为竞争性、非竞争性和反竞争性抑制三种类型。

1. 竞争性抑制作用　有些抑制剂与某种酶的底物结构相似,可与底物竞争酶的活性中心,从而阻碍酶与底物结合形成中间产物,这种抑制作用称为竞争性抑制作用(competitive inhibition)。由于抑制剂与底物竞争酶的活性中心,所以抑制程度既取决于抑制剂的浓度以及抑制剂与酶的亲和力,又取决于底物的浓度以及底物与酶的亲和力。因此,加大底物浓度可以减轻甚至解除抑制,这是竞争性抑制的重要特点。竞争性抑制作用的反应式如下:

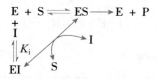

酶和抑制剂结合形成的复合物 EI 不能转化为产物。其中 K_i 称为抑制常数,即酶-抑制剂复合物的解离常数。按米氏方程式的推导方法可衍化出竞争性抑制剂、底物和反应速度之间的动力学关系如下:

$$V = \frac{V_{max} \cdot [S]}{K_m\left(1 + \frac{[I]}{K_i}\right) + [S]}$$

其双倒数方程式为:

$$\frac{1}{V} = \frac{K_m}{V_{max}}\left(1 + \frac{[I]}{K_i}\right)\frac{1}{[S]} + \frac{1}{V_{max}}$$

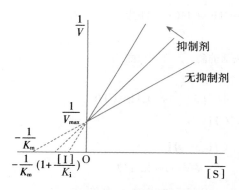

图 3-10　竞争性抑制作用的特征性曲线

以 1/V 对 1/[S]作图,可得其动力学曲线(图 3-10)。可见,随着竞争性抑制剂浓度的增加,曲线的斜率增加,表明竞争性抑制剂结合的程度增加,但纵轴上的截距(1/V_{max})不变,即最大反应速度不变,但酶对底物的亲和力降低了,所以 K_m 增大,即酶需要更高的底物浓度才能达到最大反应速度。可见竞争性抑制作用的动力学改变为 K_m 增大,V_{max} 不变。

临床应用的某些药物是根据竞争性抑制的原理设计的。例如抗生素磺胺的抑菌作用即是典型的竞争性抑制作用。由于细菌不能直接利用环境中的叶酸,菌体在生长繁殖时必须以对氨基苯甲酸(PABA)等为底物,在细菌体内二氢蝶酸合酶(dihydropteroate synthase)、二氢叶酸合成酶(dihydrofolic acid synthetase)的催化下合成二氢叶酸,而二氢叶酸是核苷酸合成过程中某些酶的辅酶四氢叶酸的前体。磺胺类药物的化学结构与对氨基苯甲酸相似(图 3-11),可竞争性地抑制二氢蝶酸合酶的活性,从而抑制二氢叶酸的合成,进而造成细菌的核苷酸及核酸合成受阻而影响其生长繁殖,达到抑菌作用。而人类可直接利用食物中的叶酸。因此,人体内核苷酸和核酸的合成不受磺胺类药物的干扰。根据竞争性抑制的特点,服用磺胺类药物时必须保持血液中药物的有效浓度,以发挥其竞争性抑菌作用。此外,许多抗代谢药,如甲氨蝶呤(MTX)、5-氟尿嘧啶(5-FU)、6-巯基嘌呤(6-MP)等都是酶的竞争性抑制剂,分别通过抑制四氢叶酸、脱氧胸苷酸、嘌呤核苷酸的合成,起抗肿瘤作用。

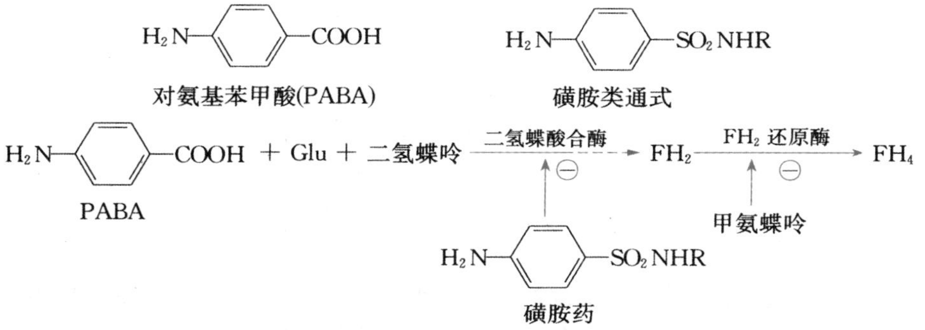

图 3-11 磺胺类药物的结构及抑制作用

2. 非竞争性抑制作用 有些抑制剂只与酶活性中心外的必需基团结合,底物与抑制剂之间不存在竞争关系。抑制剂与酶结合不影响酶和底物的结合,底物与酶的结合也不影响抑制剂与酶结合。即 I 既与 E 结合,也与 ES 结合,生成的酶-底物-抑制剂复合物(ESI)中酶失去了催化作用,不能生成产物,这种抑制作用称为非竞争性抑制作用(non-competitive inhibition)。因此,不能通过加大底物浓度的办法来解除非竞争性抑制作用。非竞争性抑制不改变酶对底物的亲和力,故 K_m 不变,但 V_{max} 降低。

非竞争性抑制作用的反应式如下:

$$
\begin{array}{ccccc}
E & + & S & \rightleftharpoons & ES & \longrightarrow & E + P \\
+ & & & & + \\
I & & & & I \\
& & & & \\
\updownarrow K_i & & & & \updownarrow K_i \\
EI & + & S & \rightleftharpoons & ESI
\end{array}
$$

按米氏方程式的推导方法可衍化出竞争性抑制剂、底物和反应速度之间的动力学关系,其双倒数方程式为:

$$\frac{1}{V} = \frac{K_m}{V_{max}}\left(1 + \frac{[I]}{K_i}\right)\frac{1}{[S]} + \frac{1}{V_{max}}\left(1 + \frac{[I]}{K_i}\right)$$

以 $1/V$ 对 $1/[S]$ 作图,可得其动力学曲线(图 3-12)。从图中可发现非竞争性抑制作用的图形是具

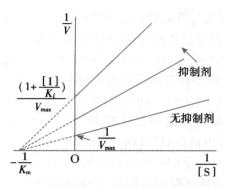

图 3-12 非竞争性抑制作用的特征性曲线

有不同斜率的直线。随着非竞争性抑制剂浓度的增加,在纵轴上的截距($1/V_{max}$)增加,即最大反应速度减小,减小的幅度与抑制剂的浓度相关。但酶对底物的亲和力不受抑制剂存在的影响,所以 K_m 不变。由此可见非竞争性抑制作用的动力学改变为 V_{max} 降低,K_m 不变。

3. 反竞争性抑制作用 此类抑制剂与上述两种抑制作用不同,抑制剂不与酶直接结合,仅与酶和底物形成的中间产物(ES)结合,使中间产物 ES 的量下降。这样,既减少从中间产物转化为产物的量,也同时减少从中间产物解离出底物和酶的量。这种抑制作用称为反竞争性抑制作用(uncompetitive inhibition)。其抑制作用的反应式如下:

$$E+S \rightleftharpoons ES \longrightarrow E+P$$
$$+$$
$$I$$
$$\Big\Vert K_i$$
$$ESI$$

其双倒数方程式为:

$$\frac{1}{V} = \frac{K_m}{V_{max}} \frac{1}{[S]} + \frac{1}{V_{max}} \left(1 + \frac{[I]}{K_i}\right)$$

以 $1/V$ 对 $1/[S]$ 作图,不同浓度的抑制剂均可得相同斜率的直线,从反竞争性抑制作用的双倒数作图(图 3-13)可见,反竞争性抑制作用的动力学改变为 V_{max} 值和 K_m 值均减小。

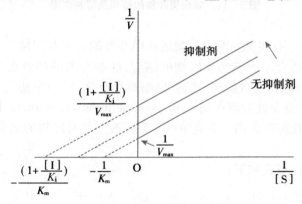

图 3-13 反竞争性抑制作用的特征性曲线

现将 3 种可逆性抑制作用的主要特点总结如下(表 3-3)。

表 3-3 3 种可逆性抑制作用的比较

特点	竞争性抑制作用	非竞争性抑制作用	反竞争性抑制作用
与抑制剂结合的部位	E(活性中心内)	E、ES(活性中心外)	ES(活性中心外)
底物与抑制作用	提高[S]可减轻或解除抑制	抑制作用与[S]无关	底物与酶结合是抑制剂作用的先决条件
动力学参数			
表观 K_m	增大	不变	减小
最大速度(V_{max})	不变	降低	降低

六、激活剂对酶促反应速度的影响

凡使酶由无活性变为有活性或使酶活性增加的物质,称为酶的激活剂(activator)。这些激活剂大多数是金属离子,如 Mg^{2+}、K^+、Mn^{2+} 等,少数为阴离子,如 Cl^-,也有一些有机化合物,如胆汁酸、半胱氨酸、GSH 等。

有些激活剂对酶促反应是不可缺少的,不存在时酶则没有活性,此种激活剂称为必需激活剂(essential activator)。例如,Mg^{2+} 是己糖激酶及其他多种激酶的必需激活剂,ATP 是这些激酶的底物,但酶不能直接与 ATP 结合,而只能与 Mg^{2+} 和 ATP 的复合物 $Mg^{2+}-ATP$ 结合。所以,只有在 Mg^{2+} 存在时,酶才能呈现催化作用。

而有些激活剂不存在时,酶仍有催化活性,加入激活剂可使酶活性增加,此种激活剂称为非必需激活剂(non-essential activator)。非必需激活剂可与酶、底物或 ES 结合而提高酶的活性。属于此类激活剂的有某些金属离子及一些有机或无机离子。Cl^- 对唾液淀粉酶的激活就属于此类。

第四节 酶 的 调 节

酶的重要特征之一就是其催化能力可以受到多种形式的调节。体内各种代谢途径错综复杂而有条不紊,这是因为机体存在着精细的调控系统。机体对代谢途径的调节主要是对代谢途径中关键酶(或限速酶)的调节,而这些调节可在多层次、多水平进行,改变酶的活性与含量是体内对酶进行调节的主要方式。

一、酶活性的调节

在生物体内可通过变构调节、共价修饰调节、酶原激活等方式以达到改变酶的催化活性。细胞对酶活性的调节是最直接、最有效的方式。

(一)变构调节(又称别构调节)

有些酶分子活性中心以外的调节部位可以与细胞内一些代谢物非共价可逆地结合,引起酶的构象改变,从而改变酶的活性,这种对酶活性的调节方式称为变构调节(allosteric regulation)。受变构调节的酶称为变构酶(allosteric enzyme)。引起变构效应的代谢物称为变构效应剂(allosteric effector)。若变构效应剂结合使酶与底物亲和力或催化效率增高的称为变构激活剂(allosteric activator),反之使酶与底物的亲和力或催化效率降低的称为变构抑制剂(allosteric inhibitor)。变构酶的变构剂往往是一些生理性小分子、酶作用的底物、代谢途径的中间产物或终产物。故变构酶的催化活性受细胞内底物浓度、代谢中间物或终产物浓度的调节。例如,ATP 和柠檬酸可变构抑制糖酵解途径的关键酶之一磷酸果糖激酶-1。这两种物质增多时,其代谢途径受到抑制,防止产物过剩;而 ADP 和 AMP 则变构激活该酶,这两种物质增多时会促进葡萄糖的氧化供能,增加 ATP 的生成。

变构酶往往是具有四级结构的多亚基寡聚酶,酶分子中除含有活性中心的催化亚基外,还含有调节部位的调节亚基。后者是结合变构剂的位置,当它与变构剂结合时,酶的分子构象就会发生轻微变化,影响到催化亚基对底物的亲和力和催化效率。以变构酶反应速度对底物浓度作图,其动力学曲线呈 S 形(图 3-14)。S 形曲线是各亚基协同效应的反映,包括正协同效应和负协同效应。如果效应剂与酶的一个亚基结合,此亚基的变构效应使相邻亚基也发生变构,并增加对此效应剂的亲和

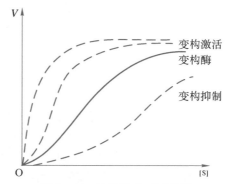

图 3-14 变构酶的 S 形曲线

力,则此协同效应称为正协同效应;反之,如果后续亚基的变构降低对此效应剂的亲和力,则此协同效应称为负协同效应。

（二）共价修饰调节

某些酶蛋白肽链上的一些侧链基团,在其他酶的催化下可与某些化学基团发生可逆的共价结合,同时又可在另一种酶的催化下,去掉已结合的化学基团,从而改变酶的活性,这种对酶活性的调节方式称为共价修饰（covalent modification）或化学修饰（chemical modification）调节。在共价修饰过程中,酶发生无活性（或低活性）与有活性（或高活性）两种形式的互变。这两种互变由不同的酶所催化,它们又受激素的调控。根据其结合的化学基团不同,共价修饰类型有:磷酸化与去磷酸化、乙酰化与去乙酰化、甲基化与去甲基化、腺苷化与去腺苷化、-SH 与-S-S-互变等,其中以磷酸化修饰最为常见。由于共价修饰反应迅速,具有级联式放大效应,所以亦是体内调节物质代谢的重要方式。

（三）酶原与酶原激活

有些酶在细胞内合成或初分泌时以酶的无活性前体形式存在,只有被激活后才表现出酶的活性,这种无催化活性的酶的前体称为酶原（zymogen 或 proenzyme）。由无催化活性的酶原转变为有活性的酶的过程称为酶原激活（zymogen activation）。酶原的激活一般是通过某些蛋白酶的催化作用,水解开一个或几个特定的肽键,改变酶分子的空间构象,从而形成或暴露酶的活性中心,因而具有催化活性。故酶原激活的实质是酶活性中心形成或暴露的过程。

消化道内的酶如胃蛋白酶、胰蛋白酶、糜蛋白酶、弹性蛋白酶、羧基肽酶等以及血液中凝血系统和纤维蛋白溶解系统的酶类通常都以酶原的形式存在,在一定条件下水解掉一个或几个短肽,就可转变成相应的酶。如从胰腺分泌的胰蛋白酶原进入小肠后,在 Ca^{2+} 存在的情况下受肠激酶的激活,在第 6 位赖氨酸残基与第 7 位异亮氨酸残基之间的肽键被切断,水解掉一个六肽,分子的构象发生改变,形成酶的活性中心,从而成为有催化活性的胰蛋白酶（图 3-15）。

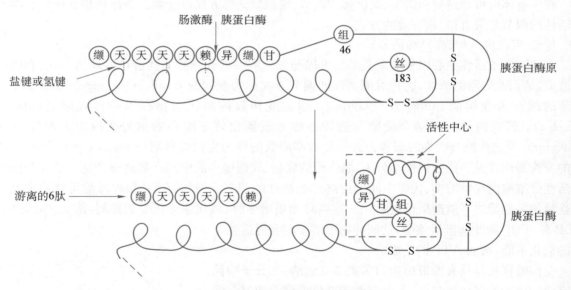

图 3-15　胰蛋白酶原激活示意图

酶原激活的意义有两方面:一是避免酶对自身组织细胞蛋白质的水解破坏;二是保证酶在特定部位、特定时间发挥其催化作用。此外,酶原还可以视为酶的贮存形式。如凝血和纤维蛋白溶解系统的酶类以酶原的形式存在于血液中,一旦需要便可即刻转变为有活性的酶,发挥其对机体的保护作用。

酶原的激活具有级联放大作用,这对于酶在其作用部位快速有效发挥作用具有很重要的意义。

二、酶含量的调节

（一）酶蛋白合成的诱导与阻遏

某些底物、产物、激素、药物等可以影响一些酶的生物合成。酶蛋白的合成量主要在转录水平调节。能促进酶蛋白的基因转录，增加酶蛋白生物合成的物质为诱导剂（inducer），引起酶蛋白生物合成量增加的作用称为诱导作用（induction）。相反，能抑制酶蛋白的基因转录，减少酶蛋白生物合成的物质为辅阻遏剂（corepressor）。辅阻遏剂可促进阻遏蛋白的活化，使基因转录抑制，减少酶蛋白的产量，这一作用称为阻遏作用（repression）。因为酶基因被诱导转录后，还需要经过转录后剪接、翻译和翻译后加工修饰等过程，所以达到诱导酶蛋白合成并发挥其效应一般需要 4 小时以上。然而，一旦酶蛋白被诱导合成后，即使除去诱导因素，酶的活性仍然存在，直到该酶蛋白降解或被抑制。可见，酶的诱导与阻遏作用对代谢的调节属于缓慢而长效的调节。

（二）酶降解的调控

机体内的酶在不断地进行自我更新，酶的降解与一般蛋白质降解途径相同，其降解速率可用半衰期（$t_{1/2}$）表示，各种酶的半衰期相差很大。细胞内存在两种降解蛋白质的途径：溶酶体蛋白酶降解途径（不依赖 ATP 的降解途径）和非溶酶体蛋白酶降解途径（依赖 ATP 和泛素的降解途径）。前者在溶酶体内酸性条件下，多种蛋白酶把吞入溶酶体的蛋白质进行无选择的水解。这一途径主要是水解细胞外来的蛋白质和长半衰期的蛋白质。后者则在胞质中对细胞内异常蛋白质和短半衰期的蛋白质进行泛素标记，然后被蛋白酶水解（见本书第八章）。在肝细胞中，溶酶体蛋白酶降解途径约占 40%，非溶酶体蛋白酶降解途径占 60%。

第五节 酶的分类与命名

一、酶的分类

按照国际生化联合会（international union of biochemistry，IUB）的命名原则，可将酶按照反应性质分为七大类：氧化还原酶类（oxidoreductase）、转移酶类（transferase）、水解酶类（hydrolase）、裂解酶类（lyase）、异构酶类（isomerase）、合成酶类（synthetase）和转位酶类或易位酶类（translocase）。

1. 氧化还原酶类　催化底物进行氧化还原反应的酶类。例如细胞色素氧化酶、乳酸脱氢酶、过氧化物酶等。

2. 转移酶类　催化底物之间进行某些基团的转移或交换的酶类。例如氨基转移酶、甲基转移酶、乙酰转移酶等。

3. 水解酶类　催化底物发生水解的酶类。例如蛋白酶、淀粉酶、脂肪酶等。

4. 裂解酶类　催化从底物移去一个基团而形成双键的反应或其逆反应的酶类。例如脱羧酶、醛缩酶、脱水酶等。

5. 异构酶类　催化各种同分异构体之间相互转变的酶类。例如磷酸己糖异构酶、磷酸丙糖异构酶等。

6. 合成酶类　催化两分子底物合成为一分子化合物，同时耦联有 ATP 的磷酸键断裂释放能量的酶类。例如谷胱甘肽合成酶、谷胺酰胺合成酶、DNA 连接酶等。

7. 转位酶类或易位酶类　催化与 ATP 水解或氧化还原反应相耦联的离子或一些小分子（如氨基酸、单糖等）的跨膜转运或在细胞膜内易位的酶类。例如 P 型质子泵和多种 ABC 类转运蛋白。

国际系统分类法除按上述七类将酶依次编号外，还根据酶所催化的化学键的特点和参加反应的基团不同，将每一大类又进一步分为许多亚类、亚-亚类，再加上该酶序号，因此每种酶的分类编号均由四个数字组成,数字前冠以 EC(enzyme commission)。编号中第一个数字表示该酶属于七大类中的哪一类;第二个数字表示该酶属于哪一亚类;第三个数字表示亚-亚类;第四个数字是该酶在亚-亚类中的排序。例如乳酸脱氢酶的国际系统编号为 EC 1.1.1.27。

二、酶的命名

(一)习惯命名法

习惯命名法简单明了,使用方便,但不够严谨系统,有时会引起歧义。例如,绝大多数酶是依据其所催化的底物来命名,如分解蛋白质的酶称为蛋白酶,水解蔗糖的酶称为蔗糖酶,分解脂肪的酶称为脂肪酶。有些酶则根据其催化反应的性质来命名,如催化脱氢反应的酶称为脱氢酶。有些酶是根据酶催化底物或产物加上酶所催化反应的性质命名,如乳酸脱氢酶、苯丙氨酸羟化酶、谷胱甘肽合成酶等。有时需要指明其来源的则在酶名称前加上酶的来源,如胃蛋白酶、胰蛋白酶等。需要指明其理化性质及反应特点的如酸性磷酸酶、碱性磷酸酶、限制性核酸内切酶等。

(二)系统命名法

为了克服习惯命名法的弊端,国际酶学委员会(international enzyme commission,IEC)于 1961年提出系统命名法。系统命名法规定每一个酶均有一个系统名称(systematic name),它标明酶的所有底物与反应性质。底物名称之间以":"分隔。由于许多酶促反应是双底物或多底物反应,且许多底物的化学名称太长,这使得许多酶的系统名称过长或过于复杂。为了应用方便,国际酶学委员会又从每种酶的数个习惯名称中选定一个简便实用的推荐名称(recommended name),举例如表 3-4。

表 3-4 酶的系统命名举例

系统名称	催化反应	推荐名称
D-葡萄糖-6-磷酸水解酶	D-葡萄糖-6-磷酸+H_2O ⟶ D-葡萄糖+H_3PO_4	葡萄糖-6-磷酸酶
L-乳酸:NAD^+氧化还原酶	L-乳酸+NAD^+ ⟶ 丙酮酸+$NADH^+$ H^+	乳酸脱氢酶
L-谷氨酸:氨连接酶	L-谷氨酸+ATP+NH_3 ⟶ L-谷氨酰胺+ADP+H_3PO_4	谷氨酰胺合成酶
丙氨酸:α-酮戊二酸氨基转移酶	丙氨酸+α-酮戊二酸 ⟶ 谷氨酸+丙酮酸	丙氨酸氨基转移酶
酮糖-1-磷酸裂解酶	酮糖-1-磷酸 ⟶ 磷酸二羟丙酮+醛	醛缩酶

第六节 酶与医学的关系

一、酶活性测定与酶活性单位

在生物体内的各种组织中,酶蛋白的含量甚微,很难直接测定其蛋白质的量。因此,一般是通过测定酶活性(又称酶活力)来确定组织提取液、体液或纯化的酶液中酶的存在与活性的高低。酶的活性是指酶催化化学反应的能力,通过测定单位时间内底物的减少量或产物的生成量,即通过测定酶催化反应速度的大小来获得。酶促反应速度可在规定的实验条件下测定。所规定的实验条件是指影响酶促反应速度的各种因素,例如底物浓度、反应体系中的 pH、温度、激活剂或抑制剂、辅助因子以及缓冲液的种类和浓度等均需要恒定。酶的活性单位是衡量酶活力大小的尺度,它反映在规定的条件下,酶促反应在单位时间内生成一定量的产物或消耗一定量的底物所需的酶量。为了统一标准,1976 年,国际生化联合会(IUB)酶学委员会规定:在特定的条件下,每分钟催化 $1\mu mol$ 底物转化为产物所需的酶量为一个国际单位(IU)。1979 年,国际生化联合会又推荐以催量单位(katal)来表示酶的活性。1个催量(1kat)是指在特定的条件下,每秒催化 1mol 底物转化为产物所需的酶量。催量与国际单位的换算关系是：$1kat=6\times10^7IU$ 或 $1IU=16.67\times10^{-9}kat$。

酶的比活力（specific activity）是指每毫克（mg）蛋白质的酶制品所具有的酶活力，以活性单位/mg蛋白表示，如 $\mu mol/min\cdot mg$ 蛋白等。比活力是表示酶纯度的较好指标。比较不同酶制剂中的酶活性时，也应用比活力为单位进行比较。

酶活性的异常（升高或降低）可能引起某些疾病的发生，很多疾病也会引起某些酶活性的异常。

二、酶与疾病的发生

酶是体内重要的功能蛋白。体内的代谢途径都是由相应的酶催化进行的，因此酶的异常或活性受到抑制会直接或间接导致疾病的发生。酶与疾病的发生，首先表现为遗传性疾病，现已发现的140多种先天性代谢缺陷病中，多由基因的突变不能合成某种特殊的酶所致。如酪氨酸酶缺乏引起的白化病；6-磷酸葡萄糖脱氢酶缺乏引起的蚕豆病；缺乏苯丙氨酸羟化酶，会使苯丙氨酸及其脱氨基产物苯丙酮酸在体内堆积，高浓度的苯丙氨酸可抑制5-羟色胺（一种神经递质）的生成，导致精神幼稚化，积聚的苯丙酮酸经肾排出，表现为苯丙酮尿症。

而一些酶的后天性异常也可导致疾病的发生。许多疾病可引起酶的异常，这种异常又使病情加重。例如，急性胰腺炎时，许多由胰腺合成的蛋白水解酶酶原在胰腺立即被激活，酶原的激活导致胰腺组织更严重的破坏。又如，炎症对组织的破坏和损伤作用是由于巨噬细胞或白细胞释放蛋白酶所致。而长期肝病、肝功能衰竭患者易出血不止，这是由于肝合成凝血酶原及几种凝血因子（均为蛋白酶）的不足所致血液凝固障碍。

激素代谢障碍或维生素缺乏可引起某些酶的异常。如维生素K缺乏时，凝血因子Ⅱ、Ⅶ、Ⅸ、Ⅹ的前体不能在肝内进一步羧化生成成熟的凝血因子，造成患者也出现凝血功能障碍。

酶活性受到抑制常见于中毒性疾病，如前面所述的羟基酶受到有机磷农药中毒、巯基酶受到重金属盐中毒等。

三、酶与疾病的诊断

在临床诊断上，酶可作为一种有力的工具以了解体液中物质成分的变化，也可作为有关器官是否正常的特异性指标。由于酶诊断方法可靠、简便、快捷，使酶在疾病的临床诊断上得到广泛应用。酶在临床诊断的应用有两种情况：一是根据体内与疾病有关的酶活性和含量的变化来诊断某些疾病；二是利用酶来测定体内与疾病有关的某些物质的量来对疾病进行诊断。

一般来说，健康人体内的一些酶的量或活性是恒定在一定范围内，如果患某种疾病，与之相关的酶的含量或活性就会发生相应的变化。例如，在正常人体中，肝组织中含较多的丙氨酸氨基转移酶，而血清中丙氨酸氨基转移酶的含量很低。感染肝炎病毒后，肝细胞遭到破坏，丙氨酸氨基转移酶被释放到血液中，使血液中丙氨酸氨基转移酶的含量上升。因此，测定血液中丙氨酸氨基转移酶的含量，成为诊断肝炎等疾病的一项重要指标。

由于酶具有特异性强、催化效率高等特点，临床上可以利用酶来测定体液中某些物质的含量变化从而诊断某些疾病。例如利用葡萄糖氧化酶和过氧化物酶的联合作用检测血液中葡萄糖的含量，可以作为糖尿病临床诊断的依据。

另外，许多遗传性疾病是由于先天性缺乏某种有活性的酶所致，故在胎儿时期，可从羊水或绒毛中，检出该酶的缺陷或基因表达的缺失，已广泛用于产前诊断领域。

四、酶与疾病的治疗

酶在临床上用于疾病的治疗已有悠久的历史。如人们很早就知道通过补充胃蛋白酶、胰蛋白酶、胰脂肪酶及胰淀粉酶等帮助消化，中医使用的助消化药鸡内金中就含丰富的活力极强的胃蛋白酶，还有溶菌酶、菠萝蛋白酶、木瓜蛋白酶等可缓解炎症，促进消肿。链激酶、尿激酶和纤溶酶均溶解血栓，防止血栓形成，可用于脑血栓、心肌梗死的治疗。

许多疾病与酶的异常相关，因此可通过抑制或补充生物体内的某些酶来达到治疗目的。凡能抑制细菌重要代谢途径中酶的活性，即可达到杀菌或抑制细菌生长的目的。如磺胺类药物是细菌二氢蝶酸合酶的竞争性抑制剂而起到抑菌作用；氯霉素也因抑制某些细菌的转肽酶活性而抑制细菌蛋白质的生物合成，从而起到抑菌作用。肿瘤的治疗通常利用核苷酸代谢途径中相关酶的竞争性抑制剂，如甲氨蝶呤可抑制肿瘤细胞的二氢叶酸还原酶，使肿瘤细胞的核酸代谢受阻而抑制其生长繁殖；其他如氟尿嘧啶、巯嘌呤等，都是核苷酸代谢途径中相关酶的竞争性抑制剂，抑制相关酶的活性，达到抑制肿瘤生长的目的。

五、酶在医学上的其他应用

（一）抗体酶

抗体酶（abzyme）又称为催化性抗体（catalytic antibody），是一类像酶一样具有催化活性的抗体，它是抗体的高度特异性与酶的高效催化性的结合产物，其实质是一类在可变区赋予酶活性的免疫球蛋白。

对抗体酶的研究，为人们提供了一条合理途径去设计颇具应用前景的蛋白质，它是酶工程的一个全新领域。因此，可通过抗体酶的途径来制备自然界不存在的新酶种，生成目前尚不易获得的各种酶类。抗体酶的设计制备还可用于临床疾病的治疗，一个长远的目标就是希望获得能抗肿瘤和细菌的抗体酶。例如，目前正在研发一种称为抗体介导前药治疗（antibody‐directed enzyme‐prodrug therapy，ADEPT）技术，就是应用抗体酶达到提高肿瘤化疗效果的目的。

（二）酶工程

酶工程（enzyme engineering）是指酶的生产和应用的技术过程。具体地说，其是研究酶的生产、纯化、固定化技术、酶分子结构的修饰和改造以及在工农业、医药卫生和理论研究等方面的应用。其主要任务是通过预先设计，经人工操作而获得大量所需的酶，并利用各种方法使酶发挥其最大的催化功能。酶工程主要采用两种方法：一是化学酶工程，即通过对酶的化学修饰或固定化处理，改善酶的性质以提高酶的效率和减低成本，甚至通过化学合成法生产人工酶；二是生物酶工程，即用基因重组技术生产酶以及对酶基因进行修饰或设计新基因，从而生产性能稳定、具有新的生物活性及催化效率更高的酶。因此，酶工程可以说是把酶学基本原理与化学工程技术及重组技术有机结合而形成的新型应用技术。

小　结

- **酶的分子结构**

酶是一类对其底物有特异催化作用的蛋白质。单纯酶仅由蛋白质组成，大多数酶是由蛋白质和非蛋白质部分（辅助因子）组成的结合酶。酶蛋白决定酶促反应的特异性及催化机制，辅助因子包括金属离子和小分子有机化合物，决定反应的种类和性质。只有全酶才具有催化活性。

酶的活性中心是酶分子中能与底物特异性结合并将底物转变成为产物的区域。活性中心内外的必需基团对于维持酶活性中心的构象和功能是不可或缺的。同工酶是指催化相同的化学反应，但酶蛋白的分子结构、理化性质乃至免疫学性质不同的一组酶。同工酶谱的改变可用于临床辅助诊断。

- **酶的工作特点与原理**

酶作为生物催化剂，具有高效性、特异性、可调节性和不稳定性。酶比一般催化剂更有效地降低反应的活化能，而具有极高的催化效率。酶在催化过程中通过诱导契合与底物形成酶‐底物中间产物,并使底物处于过渡态,通过邻近效应、定向排列、表面效应及多元催化等机制使酶发挥高效催化作用。

● **酶促反应动力学**

影响酶促反应速度的因素包括底物浓度、酶浓度、温度、pH、抑制剂和激活剂等。底物浓度对酶促反应速度的影响规律为矩形双曲线,可用米氏方程式表示。K_m 为米氏常数,是酶的特征性常数之一,其意义是酶促反应速度为最大反应速度一半时的底物浓度。通过米氏方程式的双倒数作图法可求得 K_m 值和 V_{max} 值。酶的抑制作用分为不可逆性抑制和可逆性抑制两大类。可逆性抑制作用常分为竞争性、非竞争性和反竞争性抑制 3 种类型。竞争性抑制作用的动力学改变为 K_m 增大,V_{max} 不变。非竞争性抑制作用的动力学改变为 V_{max} 降低,K_m 不变。反竞争性抑制作用的动力学改变为 V_{max} 值和 K_m 值均减小。

● **酶的调节**

酶的活性与含量的调节是体内代谢调节的主要方式。变构调节和共价修饰调节是酶活性调节的主要形式,是快速调节。变构效应剂通过与酶的变构部位结合而改变酶的构象从而改变酶的活性。变构酶往往是具有四级结构的多亚基的寡聚酶,其动力学曲线呈 S 形曲线。酶的共价修饰是酶蛋白肽链上的一些侧链基团在另一种酶的催化下可与某些化学基团发生可逆的共价结合,从而改变酶的活性。共价修饰类型以磷酸化修饰最为常见。

酶原是无催化活性的酶的前体,在特定部位、特定时间通过酶原激活转变为有活性的酶。酶原激活的实质是酶活性中心形成或暴露的过程。酶含量的调节是通过对酶生物合成的诱导与阻遏以及对酶降解的调节来影响酶的含量,进而调节代谢途径。

● **酶的分类与命名**

酶按照催化反应的性质,可分为七大类,分别是氧化还原酶类、转移酶类、水解酶类、裂解酶类、异构酶类、合成酶类和转位酶类。

● **酶与医学的关系**

酶与医学的关系十分密切。活性单位是衡量酶活力大小的尺度。许多疾病的发生、发展与酶的异常或酶活性受到抑制有关。血清酶的测定可作为疾病的辅助诊断。许多药物可通过抑制体内某些酶以达到治疗目的。抗体酶、固定化酶和人工合成酶具有广阔的应用前景。

（苑　红）

第四章
维生素与微量元素

本章课件

第一节　概　　述

一、维生素的概念

维生素(vitamin)是机体维持正常功能所必需的,但在体内不能合成或合成量很少,必须由食物供给的一类低分子量有机化合物。维生素的每日需要量甚少,仅以微克或毫克计算。维生素是人体不可缺少的营养素之一,它们不构成机体组织的基本成分,然而在调节物质代谢、生长发育和维持人体正常生理功能等方面却发挥着重要作用。人体如果长期缺乏维生素,会出现相应的维生素缺乏症。人体如果长期摄入某些维生素过量,也会引起维生素中毒。

二、维生素的命名与分类

维生素有 3 种命名系统,一是按其被发现的先后顺序,以拉丁字母命名,如维生素 A、维生素 B、维生素 C、维生素 D、维生素 E、维生素 K 等。二是根据其化学结构特点命名,如视黄醇、硫胺素、核黄素等。三是根据生理功能命名,如抗眼干燥症维生素、抗糙皮病维生素、抗坏血酸等。由于命名方法较多,使维生素同物异名较为多见：如维生素 B_2 即核黄素等。有些维生素在最初发现时认为是一种,后经证明是多种维生素混合存在,命名时便在其原拉丁字母下方标注 1、2、3 等数字加以区别,如维生素 B_1、维生素 B_2、维生素 B_6、维生素 B_{12} 等。

维生素种类多,其化学结构差异较大。一般按其溶解性差异分为脂溶性维生素(lipid - soluble vitamin)和水溶性维生素(water - soluble vitamin)两大类。脂溶性维生素包括维生素 A、维生素 D、维生素 E、维生素 K 四种,水溶性维生素包括 B 族维生素(维生素 B_1、维生素 B_2、维生素 B_6、维生素 B_{12}、维生素 PP、泛酸、叶酸、生物素)和维生素 C。

三、维生素的生理功能

维生素具有重要的生理功能。

1. 催化物质代谢反应　许多维生素是构成辅酶或辅基的重要成分,与相应的酶蛋白结合。

2. 参与蛋白质合成　有些维生素参与体内某些具有特殊功能蛋白质的合成,如维生素 A 的氧化产物 11-顺视黄醛与视蛋白结合成一种结合蛋白——视紫红质。

3. 激素类物质的前体　某些维生素是激素的前体,如维生素 D 是激素 $1,25-(OH)_2D_3$ 的前体。

四、维生素的需要量

维生素的需要量(vitamin requirement)是指能保持人体健康、达到机体应有的发育水平和能充分发挥效率地完成各项体力和脑力活动的、人体所需要的维生素的必需量。人体每日对维生素的需要量很少,常以毫克或微克计。如果长期缺乏某种维生素可发生相应的维生素缺乏病。若摄入过量也可引起维生素中毒。

五、维生素的缺乏与中毒

水溶性维生素易随尿排出体外,在人体内只有少量储存。因此,每日必须通过膳食提供足够的数量以满足机体的需求。当膳食供给长期不足时,易导致人体出现相应的缺乏症;当摄入过多时,多以原形从尿中排出体外,不易引起机体中毒。脂溶性维生素在人体内大部分储存于肝及脂肪组织,可通过胆汁代谢并排出体外。脂溶性维生素不需每日供给,如果大剂量摄入,有可能干扰其他营养素的代谢并导致体内积存过多而引起中毒。

常见维生素缺乏病的原因如下:因膳食结构不合理、严重的偏食、食物的烹调方法和储存不当,引起维生素的摄入量不足;消化系统吸收障碍;特殊人群如孕妇和儿童等对维生素的需要量增加;长期服用某些药物抑制了肠道细菌合成某些维生素等。

第二节　脂溶性维生素

脂溶性维生素包括维生素 A、维生素 D、维生素 E、维生素 K。它们不溶于水,而溶于脂类及多数有机溶剂。脂溶性维生素在食物中与脂类共同存在,并随脂类一同吸收。吸收后的脂溶性维生素在血液中与脂蛋白及某些特殊的结合蛋白特异地结合而运输。

一、维生素 A

(一) 化学本质、性质及来源

1. 化学本质　维生素 A 又称抗眼干燥症维生素。维生素 A 在体内的活性形式包括视黄醇(retinol)、视黄醛(retinal)和视黄酸(retinoic acid)。天然的维生素 A 有维生素 A_1(视黄醇)和维生素 A_2(3-脱氢视黄醇)两种形式(图 4-1)。

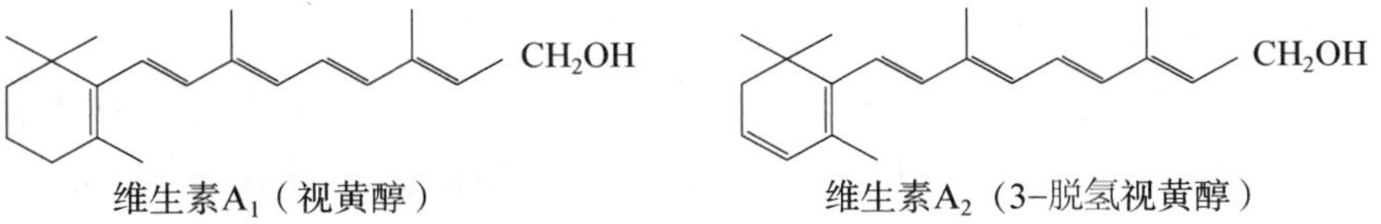

维生素A_1(视黄醇)　　　　　　　维生素A_2(3-脱氢视黄醇)

图 4-1　维生素 A 的类型

2. 化学性质 维生素 A 的化学性质活泼,易氧化,遇热和光更易氧化。烹调时,由于加热及接触空气被氧化导致部分维生素 A 损失,冷藏可保持食品大部分维生素 A。

3. 来源 维生素 A 主要来源于动物性食品,如肝、肉类、蛋黄、乳制品等。植物中不存在维生素 A,但胡萝卜、红辣椒、玉米等有色食物中含有多种胡萝卜素,其中以 β-胡萝卜素(β-carotene)最为重要。它在小肠黏膜细胞和肝细胞中能转变成有活性的维生素 A,故将 β-胡萝卜素称为维生素 A 原。一般食物中的 β-胡萝卜素在肠道的吸收率约为 1/3,其中 1/2 可转化为视黄醇,因此 β-胡萝卜素转化为维生素 A 的效率是 6∶1。

（二）生理作用及需要量

1. 维生素 A 与暗视觉有关 人体视网膜内的感光细胞有视锥细胞和视杆细胞。前者感受强光和彩色视觉,后者感受弱光或暗光。在视杆细胞内,全反型视黄醇转变成的 11-顺视黄醛与视蛋白(opsin)结合生成视紫红质。当视紫红质(rhodopsin)感受暗光时,11-顺视黄醛迅速在光异构作用下转变成为全反型视黄醛,并引起视蛋白变构成为光视紫红质。视蛋白是 G 蛋白耦联跨膜受体,通过一系列反应产生视觉神经冲动。此后,视紫红质被分解,全反型视黄醛和视蛋白分离,全反型视黄醛再还原成全反型视黄醇,从而完成暗视觉形成过程。

当从亮处到暗处,最初视物不清,是因为视杆细胞内视紫红质被光照分解,待重新合成后感受弱光,才能看清弱光下的物体,这一过程称为暗适应。维持暗视觉的关键物质是 11-顺视黄醛。当缺乏维生素 A 时,11-顺视黄醛生成不足,视紫红质合成减少,对弱光敏感性降低,暗适应时间延长,严重时会发生夜盲症。

2. 维生素 A 维持上皮组织的功能和促进生长发育 维生素 A 为组织发育与分化所必须,缺乏时皮肤及各器官(如呼吸道、消化道、腺体等)的上皮组织干燥、增生和角质化,表现为皮肤粗糙、毛囊角质化等,因为维生素 A 能促进糖蛋白的合成,而糖蛋白是上皮组织分泌黏液的主要成分。维生素 A 缺乏时,在眼部的病变是角膜和结膜表皮细胞退变,泪液分泌减少,泪腺萎缩,失去抵抗细菌入侵的功能,称为眼干燥症。

维生素 A 通过细胞核内类视黄酸受体,调节细胞核内某些基因的激活和表达,在人体生长发育尤其是生殖组织和胚胎发育等过程进行调控。

3. 维生素 A 具有抗癌、抗氧化作用 动物实验表明,维生素 A 可诱导细胞分化和降低正常组织对致癌物的易感性。缺乏维生素 A 的动物,对化学致癌物诱发的肿瘤更为敏感。维生素 A 和胡萝卜素在氧分压较低的条件下,能直接消灭自由基,有助于防止细胞膜和富含脂质组织的脂质过氧化,是有效的抗氧化剂。

4. 维生素 A 的需要量 成年男性每日约需维生素 A 为 $560\mu g$,成年女性为 $480\mu g$,一般正常饮食即可满足维生素 A 需求。维生素 A 中毒目前多见于 1～2 岁的婴幼儿,主要表现有毛发易脱、皮肤干燥、瘙痒、烦躁、畏食、肝大及易出血等症状。引起维生素 A 中毒的原因一般是因为鱼肝油服用过多。孕妇摄入过多,易引起胎儿畸形。

二、维生素 D

（一）化学本质、性质及来源

1. 化学本质 维生素 D 又称抗佝偻病维生素,是类固醇衍生物,目前认为它也是一种类固醇激素。主要包括维生素 D_2(麦角钙化醇,ergocalciferol)及维生素 D_3(胆钙化醇,cholecalciferol)(图 4-2)。维生素 D_3 在体内的活性形式是 $1,25-(OH)_2-D_3$。

2. 化学性质 维生素 D 对光敏感,化学性质较稳定,不易破坏。维生素 D 被吸收后经肝的羟化作用,生成 25-羟维生素 D_3[$25-OH-D_3$],再经肾小管上皮细胞的羟化作用,生成 1,25-二羟维生素 D_3[$1,25-(OH)_2-D_3$]。

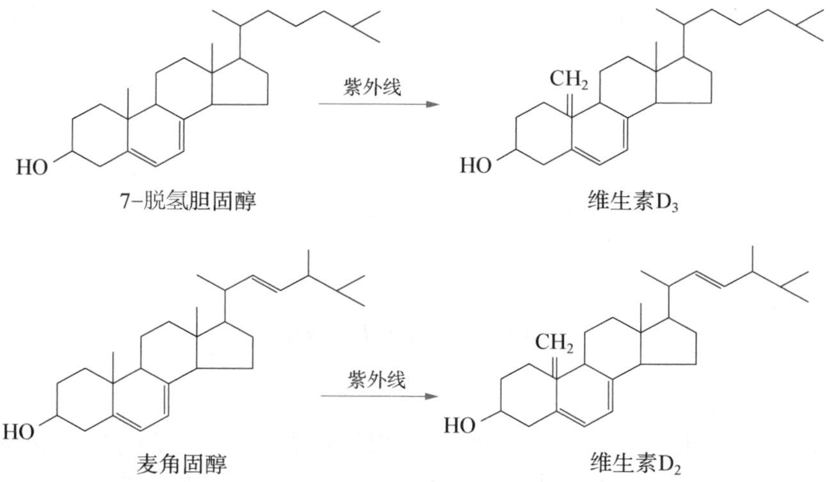

图 4-2 维生素 D 的类型

3. 来源　维生素 D 主要存在于牛奶、肝、蛋黄、虾等食物中。机体皮肤中胆固醇氧化转变为 7-脱氢胆固醇,储存在皮下,在紫外线照射下再转变成维生素 D_3,因而称 7-脱氢胆固醇为维生素 D_3 原。日光浴是人体天然储备维生素 D 的主要来源,故维生素 D 又被称为阳光维生素。在酵母和植物油中有不能被人体吸收的麦角固醇,在紫外线照射下可转变为能被人体吸收的维生素 D_2,所以称麦角固醇为维生素 D_2 原。

（二）生理作用及需要量

1. 维生素 D 可促进钙的吸收,有利于骨骼形成　$1,25-(OH)_2-D_3$ 通过与特异核受体结合而进入靶细胞核内,可调节 200 多种基因（如钙结合蛋白等）的表达。其主要作用是促进肠黏膜结合钙结合蛋白,使小肠对钙及磷的吸收增加,同时促进肾小管对钙、磷的重吸收,从而维持血浆中钙、磷浓度的正常水平。维生素 D 还具有促进成骨细胞形成和促进钙在骨质中沉积成磷酸钙、碳酸钙等骨盐的作用,有助于骨骼和牙齿的钙化。缺乏维生素 D 时,婴幼儿的骨骼、牙齿不能正常发育、手足搐搦,严重者导致佝偻病,成人则发生软骨病和骨质疏松症。

2. 抗肿瘤作用　$1,25-(OH)_2-D_3$ 对某些肿瘤细胞还具有抑制增殖和促进分化的作用。维生素 D 缺乏与肿瘤的高发生率及死亡率有关,如乳腺癌和直肠癌。

3. 维生素 D 缺乏会引起自身免疫性疾病　维生素 D 受体是胰岛 β 细胞存活和炎症的重要调节因子。$1,25-(OH)_2-D_3$ 可促进胰岛 β 细胞合成、分泌胰岛素,抑制全身炎症反应,具有对抗 1 型和 2 型糖尿病的作用。

4. 维生素 D 的需要量　成人每日需维生素 D 5～10μg。人体只要有足够的日光照射,一般很少会缺乏维生素 D。如服用过量维生素 D,可引起中毒、骨化过度,轻者食欲缺乏、抑郁,重者出现软组织钙化、肾功能不全等。

三、维生素 E

（一）化学本质、性质及来源

1. 化学本质及性质　维生素 E 又称生育酚、抗不孕维生素,是苯骈二氢吡喃的衍生物,主要分为生育酚及三烯生育酚两大类（图 4-3）。每类又可根据甲基的数目和位置不同而分成 α、β、γ、δ 四种。自然界以 α-生育酚分布最广,活性最高。维生素 E 在无氧条件下对热稳定,但对氧十分敏感,易被氧化,因而能保护其他易被氧化的物质。

2. 来源　维生素 E 主要存在于植物油、油性种子、麦芽及绿叶蔬菜中。

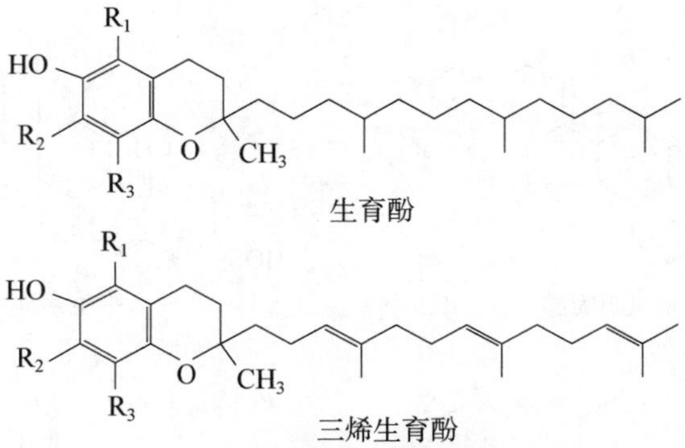

图 4 - 3　维生素 E 的类型

（二）生理作用及需要量

1. 抗氧化作用　维生素 E 是体内重要的抗氧化剂，机体生物膜上含有较多的不饱和脂肪酸，易被氧化生成过氧化脂质，而使膜结构破坏、功能受损。维生素 E 结构上的酚可捕捉过氧化脂质自由基，羟基易氧化脱氢，生成生育酚自由基（氧化型维生素 E）；后者在维生素 C 和谷胱甘肽的协同作用下生成生育醌（还原型维生素 E），从而起到保护生物膜的作用。

2. 与动物生殖功能有关　维生素 E 对人类生殖功能的影响不很明确，但缺乏维生素 E 的动物可导致生殖器官发育受损而不育。维生素 E 在临床上可用于防治先兆流产和习惯性流产，也用于预防性用药治疗男性不孕不育。

3. 促进血红素合成　维生素 E 能提高血红素合成代谢的关键酶 δ -氨基- γ 酮戊酸（ALA）合酶和 ALA 脱水酶的活性，从而促进血红素的合成。新生儿缺乏维生素 E 可引起贫血，所以孕妇及哺乳期的妇女及新生儿应注意补充维生素 E。

4. 具有抗炎、维持正常免疫功能和抑制细胞增殖的作用，并可降低血浆低密度脂蛋白（LDL）的浓度　维生素 E 在防治冠状动脉粥样硬化性心脏病、肿瘤和延缓衰老方面具有一定的作用。

5. 维生素 E 的需要量　成人每日需维生素 E 10～15mg。维生素 E 分布广泛，一般不易缺乏。在某些脂肪吸收障碍疾病时，可引起缺乏，表现为红细胞减少及寿命缩短等溶血性贫血症。维生素 E 缺乏症是由于血中维生素 E 含量低而引起，主要发生在婴儿，特别是早产儿。维生素 E 与维生素 A 和维生素 D 不同，维生素 E 在体内存储时间较短，长期大剂量服用维生素 E 也不易出现中毒现象，但不建议长期过量服用。

四、维生素 K

（一）化学本质、性质及来源.

1. 化学本质及性质　维生素 K 又称凝血维生素，是 2 -甲基- 1,4 -萘醌的衍生物（图 4 - 4）。在自然界主要有维生素 K_1 和维生素 K_2 两种形式。它们对热稳定，易受光线和碱的破坏。临床上应用的为人工合成的维生素 K_3 和维生素 K_4，维生素 K_3 为 2 -甲基- 1,4 -萘醌，维生素 K_4 为 2 -甲基- 1,4 -萘二酚双醋酸酯，均易溶于水，可口服及注射。

2. 来源　维生素 K_1 在动物的肝、鱼、肉和绿叶蔬菜中含量丰富，维生素 K_2 由人和动物肠道细菌合成，主要在小肠吸收，经淋巴入血，在血液中随 β -脂蛋白转运至肝储存。

（二）生理作用及需要量

1. 促进凝血因子转化　维生素 K 是 γ -谷氨酰羧化酶的辅酶。凝血因子 Ⅱ、Ⅶ、Ⅸ、Ⅹ 及抗凝血因子蛋白 C 和蛋白 S 在肝中合成初期是无活性的前体，这些前体向有活性转变需要其分子中的 4～6 个谷氨酸残基在 γ -谷氨酰羧化酶的催化下进行羧化，生成 γ -羧基谷氨酸（γ -carboxyglutamic acid，Gla）残基。Gla 有很强的螯合 Ca^{2+} 的能力，因而使其转变为活性型。

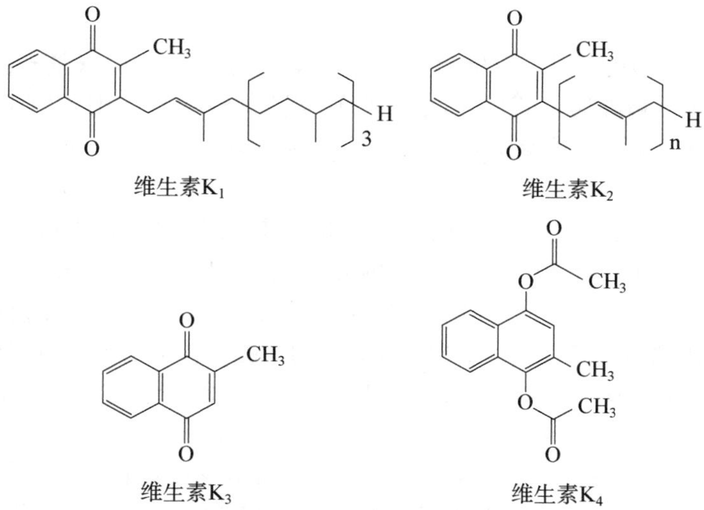

维生素K₁　　　　　　　维生素K₂

维生素K₃　　　　　　　维生素K₄

图4-4　维生素 K 的类型

2. 维持骨盐含量,减少动脉钙化　骨骼中骨钙蛋白(osteocalcin)和骨基质 γ-羧基谷氨酸蛋白(BGP)均是维生素 K 依赖蛋白。BGP 能调节骨骼中磷酸钙的合成,维持骨盐含量,特别对老年人来说,他们的骨密度和维生素 K 呈正相关。研究表明,服用低剂量维生素 K 的妇女,其股骨颈和脊柱的骨盐密度明显低于服用大剂量维生素 K 时的骨盐密度。此外,维生素 K 对减少动脉钙化也具有重要作用,大剂量的维生素 K 可降低动脉硬化的危险。

3. 参与细胞能量代谢,抑制细胞铁死亡　维生素 K 可作为细胞内呼吸链的组成成分,参与呼吸链中电子的传递和氧化磷酸化过程。当维生素 K 缺乏时,肌肉中的 ATP、磷酸肌酸含量以及 ATP 酶的活性都明显降低。此外,补充维生素 K 能有效避免细胞发生铁死亡。

4. 维生素 K 的需要量　正常成人每日对维生素 K 的需要量为 $60\sim80\mu g$,正常成人一般不易缺乏。因维生素 K 不能通过胎盘,新生儿出生后肠道内又无细菌,故新生儿易发生维生素 K 的缺乏。在正常婴幼儿血液中的维生素 K 也可能稍低,但进食可使其恢复正常。胰腺、胆管疾病和小肠黏膜萎缩及脂肪泻等疾病可引发维生素 K 缺乏症。长期应用广谱抗生素也可引起维生素 K 缺乏。维生素 K 缺乏的主要症状是凝血障碍,如皮下、肌肉及胃肠道出血,致命性颅内出血多见于早产儿,因此在孕妇产前或新生儿出生后给予维生素 K,如肌肉注射,可预防新生儿出血。过量摄入维生素 K 对人体有害。

第三节　水溶性维生素

水溶性维生素包括 B 族维生素和维生素 C。水溶性维生素主要构成酶的辅因子,直接影响某些酶的催化作用。体内过剩的水溶性维生素均可由尿排出体外,体内很少蓄积,因此必须经常从食物中摄取,很少发生中毒。

一、维生素 B₁

(一) 化学本质、性质及来源

1. 化学本质及性质　维生素 B₁ 又称抗神经炎或抗脚气病维生素。由于它由含硫的噻唑环和含氨基的嘧啶环通过甲烯基连接而成,故又称硫胺素(thiamine)(图4-5)。其纯品为白色结晶,极易溶于水,在酸性环境中稳定,在中性或碱性溶液中不稳定。维生素 B₁ 在体内的活性形式为焦磷酸硫胺素(thiamine

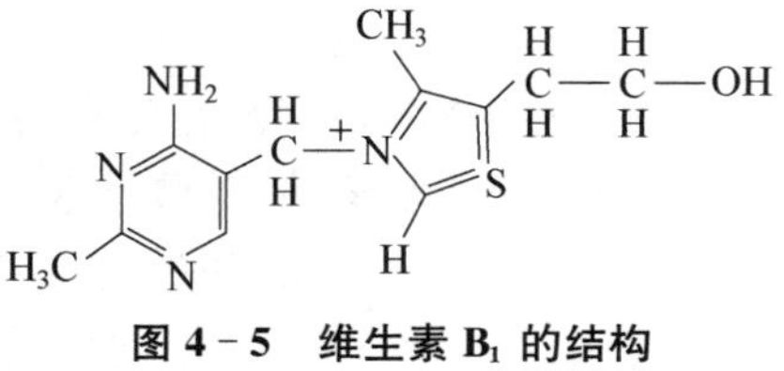

图4-5　维生素 B₁ 的结构

pyrophosphate，TPP)。

2. 来源　谷类、种子外皮、酵母、干果和黄豆、白菜等中的维生素 B_1 含量丰富。动物的肝、肾、脑、瘦肉及蛋类含量也较多。精细加工的米、面维生素 B_1 损失较多。淘米时不宜多次冲洗，以免损失维生素 B_1。在烹调食物时加碱，会使食物中的维生素 B_1 水解破坏。

(二) 生理作用及需要量

1. TPP 作为脱羧酶的辅酶，参与糖代谢　维生素 B_1 易被小肠吸收，入血后主要在肝及脑组织中经硫胺素焦磷酸激酶作用生成 TPP。TPP 是体内 α-酮酸氧化脱羧酶的辅酶，在这些反应中转移醛基，参与糖代谢。当维生素 B_1 缺乏时，体内 TPP 减少，α-酮酸脱羧障碍，糖的有氧氧化受阻，使机体能量供应不足；血中丙酮酸和乳酸堆积，影响组织细胞的功能。特别是神经组织以糖有氧氧化分解供能为主，由于供能不足，可影响神经细胞膜髓鞘磷脂合成，导致慢性末梢神经炎及其他神经病变，即脚气病。严重者可出现水肿、心力衰竭。

2. TPP 作为转酮醇酶的辅酶，参与磷酸戊糖途径　磷酸戊糖途径可生成磷酸戊糖和 NADPH，磷酸戊糖是核苷酸合成原料，而 NADPH 是脂肪酸、胆固醇等物质合成的重要供氢体。

3. 抑制胆碱酯酶的活性　合成乙酰胆碱所需的乙酰 CoA 主要来自丙酮酸的氧化脱羧反应。维生素 B_1 缺乏时，一方面乙酰 CoA 的生成减少，影响乙酰胆碱的合成；另一方面对胆碱酯酶活性的抑制减弱，乙酰胆碱分解加强。结果使神经传导受到影响，主要表现为消化液分泌减少、胃蠕动变慢、食欲缺乏、消化不良等。

4. 维生素 B_1 的需要量　成年男性每日约需维生素 B_1 1.2mg，成年女性约为 1.0mg。测定红细胞中转酮醇酶的活性，尿中硫胺素与血中硫胺素的浓度可判定维生素 B_1 是否缺乏。维生素 B_1 缺乏时可引起脚气病，主要发生在高糖饮食及食用高度精细加工的米、面食。此外，消化道吸收障碍、由于感染和甲状腺功能亢进等引起需要量增加以及因慢性酒精中毒而不能摄入其他食物时也可导致维生素 B_1 缺乏。

二、维生素 B_2

(一) 化学本质、性质及来源

1. 化学本质及性质　维生素 B_2 又称核黄素(riboflavin)。其化学本质是核糖醇和 6,7-二甲基异咯嗪的缩合物(图 4-6)；在 N^1 位和 N^{10} 位之间有两个活泼的双键，这两个氮原子可反复接受或释放氢，因而具有可逆的氧化还原性。维生素 B_2 的活性形式是黄素单核苷酸(flavin mononucleotide，FMN)和黄素腺嘌呤二核苷酸(flavin adenine dinucleotide，FAD)。维生素 B_2 在酸性环境中较稳定，且不受空气中氧的影响，碱性条件下或暴露于光照下均不稳定，故在烹调时不宜加碱。还原性维生素 B_2 及其衍生物呈黄色，于 450nm 处有吸收峰，利用这一性质可作定性或定量分析。

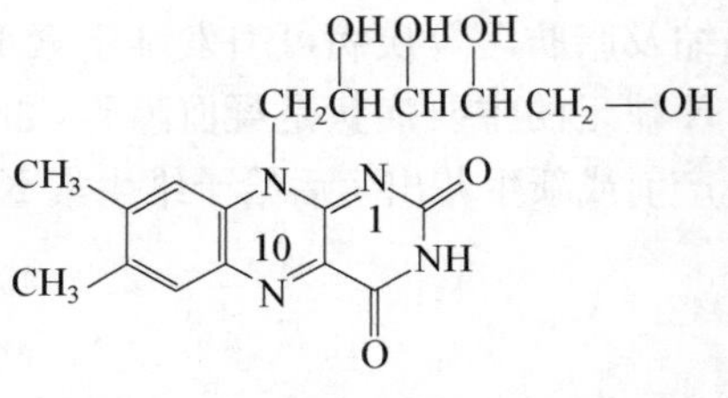

图 4-6　维生素 B_2 的结构

2. 来源　维生素 B_2 广泛存在于动植物中。奶与奶制品、肝、蛋类和肉类等是维生素 B_2 的丰富来源。

(二) 生理作用及需要量

1. FMN 和 FAD 是体内氧化还原酶的辅基，起递氢体作用　维生素 B_2 在小肠黏膜黄素激酶催化下转变成 FMN，FMN 在焦磷酸化酶催化下进一步生成 FAD。FMN 和 FAD 是体内氧化还原酶的辅基，如琥珀酸脱氢酶、黄嘌呤氧化酶和脂酰 CoA 脱氢酶等，作为递氢体广泛参与体内的各种氧化还原反应，能促进糖、脂肪和蛋白质的代谢。

2. 维生素 B_2 的作用　对维持皮肤、黏膜和视觉的正常功能均有一定的作用。

3. 维生素 B_2 的需要量　成年男性每日约需维生素 B_2 1.4mg,成年女性约为 1.2mg。维生素 B_2 缺乏时可引起口角炎、舌炎、阴囊炎、眼睑炎、畏光等症状。用光照疗法治疗新生儿黄疸时,在破坏皮肤胆红素的同时,核黄素也遭到破坏,引起新生儿维生素 B_2 缺乏症。

三、维生素 PP

（一）化学本质、性质及来源

1. 化学本质及性质　维生素 PP 又称抗糙皮病维生素,包括烟酸[或称尼克酸(nicotinic acid)]和烟酰胺[或称尼克酰胺(nicotina-mide)],二者均为吡啶的衍生物(图 4-7),在体内可相互转化。维生素 PP 的活性形式是烟酰胺腺嘌呤二核苷酸(nicotinamide adenine dinucleotide,NAD^+,辅酶 I)和烟酰胺腺嘌呤二核苷酸磷酸(nicotinamide adenine dinucleotide phosphate,$NADP^+$,辅酶 II)。维生素 PP 性质稳定,不易被酸、碱和加热破坏。

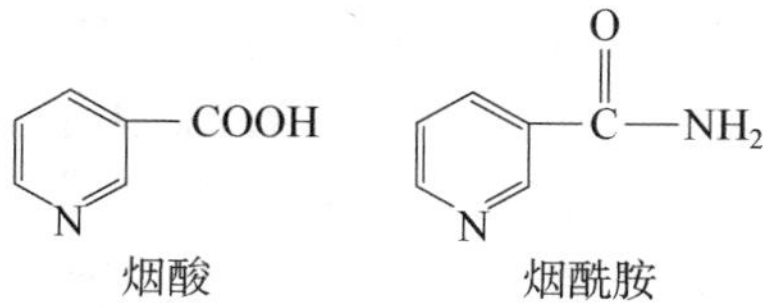

图 4-7 维生素 PP 的类型

2. 来源　维生素 PP 广泛存在于动物、植物组织中,尤以肉、鱼、酵母、谷类、蘑菇及花生中含量丰富。人体可以利用色氨酸合成少量的维生素 PP,但转化效率较低,约为 1/60,不能满足人体需要。因色氨酸为必需氨基酸,所以人体的维生素 PP 主要从食物中摄取。

（二）生理作用及需要量

1. NAD^+ 和 $NADP^+$ 是多种不需氧脱氢酶的辅酶,广泛参与体内各种代谢　NAD^+ 和 $NADP^+$ 可作为细胞内很多重要脱氢酶的辅酶,如 3-磷酸甘油醛脱氢酶以 NAD^+ 为辅酶、6-磷酸葡糖脱氢酶以 $NADP^+$ 为辅酶。它们中的烟酰胺分子的吡啶氮能可逆地接受电子,其对侧的碳原子性质活泼,能可逆地加氢或脱氢,发挥递氢体作用。

2. 作为治疗高脂血症的药物　烟酸能抑制脂肪动员,使肝中 VLDL 的合成下降,从而降低血胆固醇的作用。

3. 维生素 PP 的需要量　3. 成年男性每日约需维生素 PP 12mg,成年女性约为 10mg。长期以玉米为主食者易缺乏维生素 PP。这是由于玉米中色氨酸含量较低,影响烟酸合成;另外维生素 PP 在玉米中常以不宜被吸收的结合形式存在。此外,抗结核药物异烟肼的结构与维生素 PP 十分相似,二者有拮抗作用,因此长期服用异烟肼可引起维生素 PP 的缺乏。维生素 PP 缺乏时可引起糙皮病(pellagra),其典型症状是皮肤暴露部位的对称性皮炎、腹泻和痴呆。大量服用烟酸或烟酰胺(每日 1~6g)会引发血管扩张、颜面潮红、痤疮及胃肠不适等症状。长期每日服用量超过 500mg 可引起肝损伤。

四、维生素 B_6

（一）化学本质、性质及来源

1. 化学本质及性质　维生素 B_6 包括吡哆醇(pyridoxine)、吡哆醛(pyridoxal)及吡哆胺(pyridoxamine)(图 4-8),在体内以磷酸酯的形式存在。磷酸吡哆醛和磷酸吡哆胺可相互转化,均为活性形式。维生素 B_6 在酸中较为稳定,但易被碱破坏,中性环境中易被光破坏,高温下可迅速被破坏。

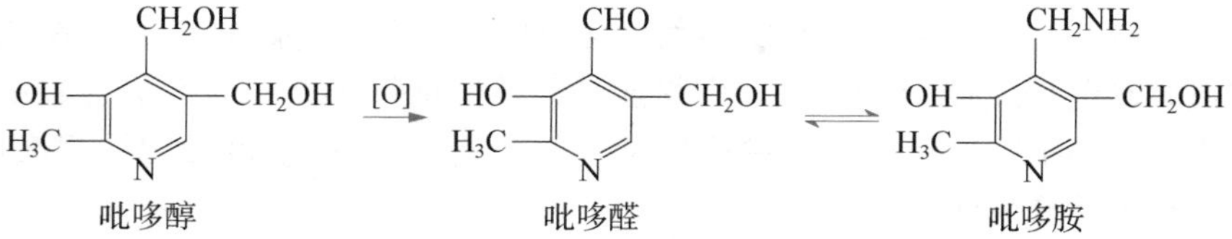

图 4-8 维生素 B_6 的类型

2. 来源 维生素 B_6 在动植物中分布很广,肉类、蔬菜、未脱皮的谷物及蛋黄中含量丰富。肠道细菌可合成维生素 B_6,但只有少量被吸收利用。

（二）生理作用及需要量

1. 磷酸吡哆醛和磷酸吡哆胺是氨基转移酶的辅酶 二者通过相互转化,在氨基酸转氨基过程中发挥转移氨基的作用。

2. 磷酸吡哆醛是某些氨基酸脱羧酶的辅酶 氨基酸及其衍生物通过脱羧反应可生成重要的胺（多为神经递质）。如促进谷氨酸脱羧生成的 γ-氨基丁酸,后者是抑制性神经递质,能加强中枢神经系统的抑制作用。所以临床上常用维生素 B_6 治疗婴儿惊厥、妊娠呕吐和精神焦虑等。

3. 磷酸吡哆醛是 ALA 合酶和糖原磷酸化酶的辅酶 ALA 合酶是血红素合成的限速酶,因此缺乏维生素 B_6 可产生小红细胞低色素性贫血和血清铁含量增高。磷酸吡哆醛作为糖原磷酸化酶的辅酶,催化肌肉与肝脏组织中的糖原分解利用。

4. 磷酸吡哆醛还是同型半胱氨酸分解代谢过程中胱硫醚 β 合成酶的辅酶 同型半胱氨酸除甲基化生成甲硫氨酸外,还可分解生成半胱氨酸。维生素 B_6 缺乏时,同型半胱氨酸分解受阻引起高同型半胱氨酸血症,可导致心脑血管疾病,如血栓生成、高血压、动脉硬化等。

5. 维生素 B_6 的需要量 成人每日需维生素 B_6 约 1.2mg。人类未发现维生素 B_6 缺乏的典型病例。但抗结核药异烟肼可与吡哆醛结合形成腙从尿中排出,引起维生素 B_6 缺乏症,所以服用异烟肼者应补充维生素 B_6。过量服用维生素 B_6 可发生中毒,每日摄入量超过 200mg 可引起神经损伤,表现为周围感觉神经病。

五、泛酸

（一）化学本质、性质及来源

1. 化学本质及性质 泛酸又称遍多酸(pantothenic acid),是由二羟基二甲基丁酸借肽键与 β-丙氨酸缩合而成的有机酸。CoA 和酰基载体蛋白(acyl carrier protein, ACP)是泛酸在体内的活性形式。泛酸在中性溶液中对热稳定,对氧化剂和还原剂也极为稳定,但易被酸、碱破坏。

$$HOCH_2-\underset{\underset{CH_3OH}{|}}{\overset{\overset{CH_3}{|}}{C}}-CH-\overset{\overset{O}{\|}}{C}-NH-CH_2-CH_2-COOH$$

2. 来源 泛酸由于在自然界中分布广泛而得名。肠道细菌亦可合成泛酸。

（二）生理作用及需要量

1. 酰基转移酶的辅酶,广泛参与糖、脂类、蛋白质代谢及肝的生物转化作用 泛酸是构成 CoA 和 ACP 的成分。CoA 是酰基的载体,ACP 是脂酰基的载体。体内约有 70 多种酶需 CoA 及 ACP 作为辅酶。

2. 泛酸的需要量 成人每日需泛酸约 5mg。因泛酸广泛存在于生物界,所以很少见泛酸缺乏症,但在二战时的远东战俘中曾有脚灼热综合征,为泛酸缺乏所致。

六、生物素

（一）化学本质、性质及来源

1. 化学本质及性质 生物素(biotin)又称维生素 H、维生素 B_7、辅酶 R,是由噻吩环和尿素结合形成的双环化合物,侧链是戊酸（图 4-9）。生物素是天然的活性形式。自然界存在的生物素至少有两种:α-生物素和 β-生物素,都具有相同的生物活性。生物素为无色针状结晶,耐酸而不耐碱,常温稳定,高温或氧化剂可使其失活。

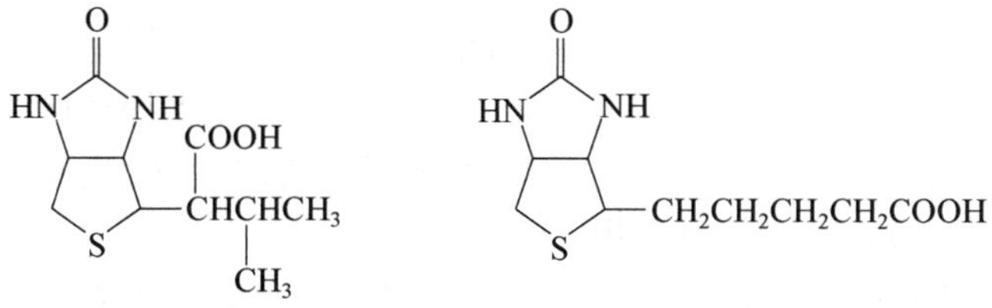

图 4-9 生物素的类型

2. 来源 生物素在自然界分布广泛,如动物的肝、蛋黄、蔬菜、谷类中含量丰富,肠道细菌也能合成生物素。

(二) 生理作用及需要量

1. 生物素是体内多种羧化酶的辅基,参与体内 CO_2 固定过程,与多种代谢反应有关 在细胞内,生物素的戊酸侧链与羧化酶的一个赖氨酸残基的 ε-氨基以酰胺键结合,形成生物胞素(biocytin)。依赖生物素的羧化酶如丙酮酸羧化酶、乙酰 CoA 羧化酶、丙酰 CoA 羧化酶等,生物素可将活化的羧基转移给酶的相应底物。

2. 生物素还参与细胞信号转导和基因表达 生物素可使组蛋白生物素化,影响细胞周期、转录和DNA 损伤的修复。

3. 生物素的需要量 成人每日需生物素约 $40\mu g$。生物素来源广泛,人体肠道细菌也能合成,很少出现缺乏症。新鲜鸡蛋清中有一种抗生物素蛋白,它能与生物素结合而不能被吸收,蛋清加热后这种蛋白遭破坏而失去作用。长期吃生鸡蛋或使用抗生素可造成生物素的缺乏,主要症状是疲乏、恶心、呕吐、食欲下降、皮炎及脱屑性红皮病等。

七、叶酸

(一) 化学本质、性质及来源

1. 化学本质及性质 叶酸(folic acid,FA)因绿叶中含量十分丰富而得名,又称蝶酰谷氨酸,由2-氨基-4-羟基-6-甲基蝶呤啶、对氨基苯甲酸和 L-谷氨酸三部分组成。叶酸的活性形式是四氢叶酸(tetrahydrofolic acid,THFA 或 FH_4)。叶酸为黄色结晶,在酸性溶液中不稳定,在中性及碱性溶液中耐热,对光照敏感。

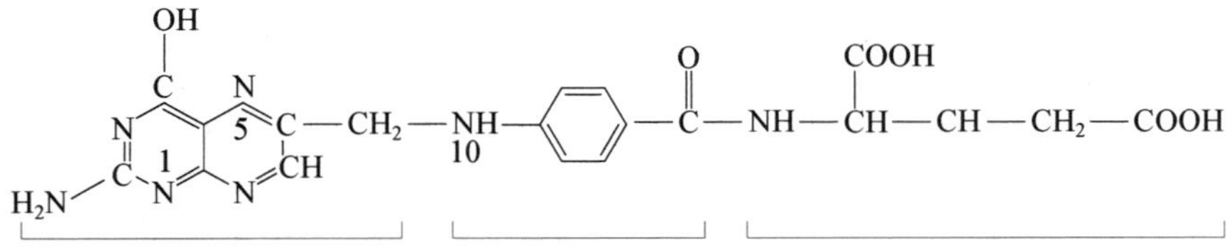

2. 来源 叶酸在绿叶蔬菜、动物肝、酵母、水果中含量也丰富,人类肠道细菌也可合成。

(二) 生理作用及需要量

1. FH_4 是体内一碳单位转移酶的辅酶 在体内,叶酸被二氢叶酸还原酶还原为 FH_2,再进一步还原为 $5,6,7,8-FH_4$。FH_4 分子中 N^5 和 N^{10} 是结合、携带一碳单位的部位,一碳单位由某些氨基酸分解产生,参与嘌呤、嘧啶的合成及甲硫氨酸循环等,与蛋白质和核酸代谢、红细胞、白细胞成熟有关。叶酸缺乏时,骨髓幼红细胞 DNA 合成减少,细胞分裂速度降低,细胞体积增大,造成巨幼细胞贫血(macrocytic anemia)。叶酸缺乏也影响同型半胱氨酸甲基化生成甲硫氨酸,引起高同型半胱氨酸血症,加速动脉粥样硬化、血栓生成和高血压风险。

2. 叶酸的作用　叶酸结构中有与磺胺类药物结构相似的对氨基苯甲酸(p-aminobenzoic acid, PABA),故磺胺类药物能竞争性抑制细菌体内叶酸的生成,从而抑制细菌的生长繁殖。此外,抗肿瘤药物甲氨蝶呤因结构与叶酸相似,能抑制二氢叶酸还原酶的活性,使四氢叶酸合成减少,进而抑制体内胸腺嘧啶核苷酸的合成,因此有抗肿瘤作用。

3. 叶酸的需要量　成人每日需叶酸 0.2～0.4mg。叶酸在食物中含量丰富,肠道细菌也能合成,一般不发生缺乏症。孕妇及哺乳期妇女因代谢较旺盛,应适量补充叶酸。口服避孕药或抗惊厥药能干扰叶酸的吸收及代谢,如长期服用时应考虑补充叶酸。叶酸缺乏可引起 DNA 低甲基化,增加某些癌症(如结肠、直肠癌)的风险性。

八、维生素 B_{12}

(一) 化学本质、性质及来源

1. 化学本质及性质　维生素 B_{12} 又称钴胺素(cobalamin),是唯一含金属元素的维生素。由于维生素 B_{12} 中的钴在体内能结合不同的 R 基团,维生素 B_{12} 有多种存在形式(图4-10),如氰钴胺素、羟钴胺素、甲钴胺素和 5'-脱氧腺苷钴胺素,后两者是维生素 B_{12} 的活性形式,也是血液中存在的主要形式。甲钴胺素和 5'-脱氧腺苷钴胺素具有辅酶的功能,又称辅酶 B_{12}(CoB_{12})。羟钴胺素的性质比较稳定,是药用维生素 B_{12} 的常见形式。维生素 B_{12} 水溶液在弱酸中稳定,但遇强酸、强碱易分解,日光、氧化剂及还原剂可被破坏。

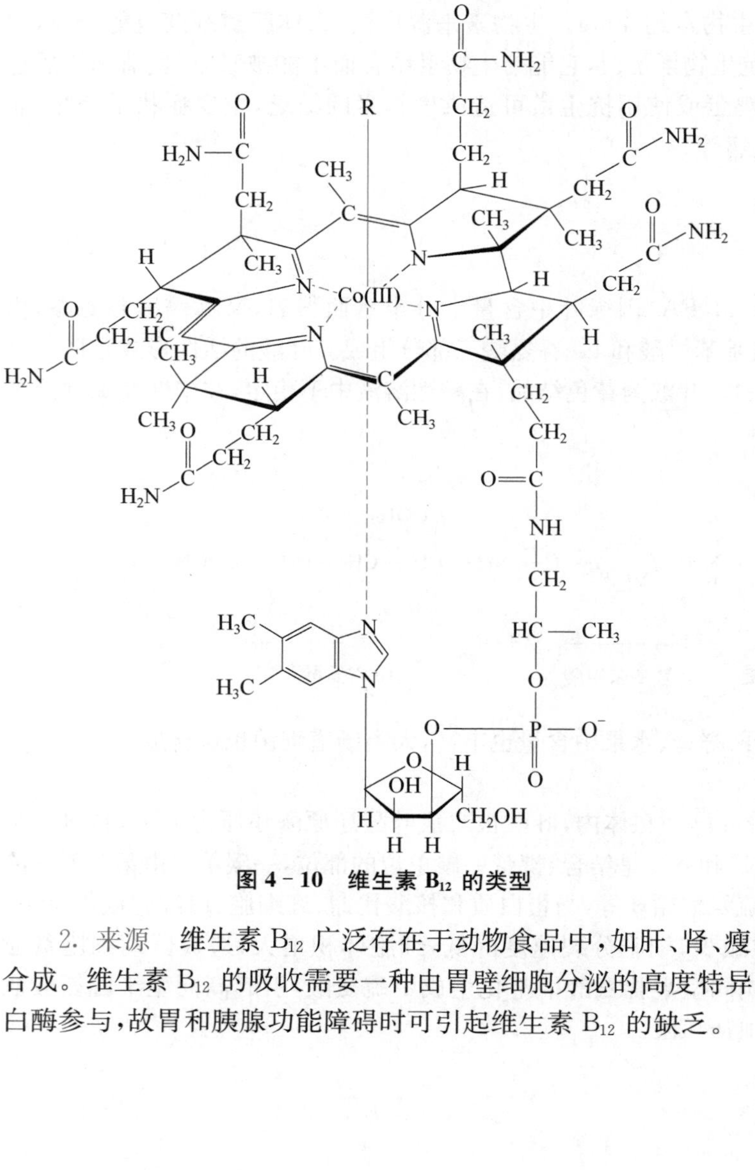

R	名称
—CN	氰钴胺素
—OH	羟钴胺素
—CH₃	甲钴胺素
5'-脱氧腺苷	5'-脱氧腺苷钴胺素

图 4-10　维生素 B_{12} 的类型

2. 来源　维生素 B_{12} 广泛存在于动物食品中,如肝、肾、瘦肉、鱼和蛋类等食物中,肠道细菌也能合成。维生素 B_{12} 的吸收需要一种由胃壁细胞分泌的高度特异的糖蛋白(内因子)和胰腺分泌的胰蛋白酶参与,故胃和胰腺功能障碍时可引起维生素 B_{12} 的缺乏。

（二）生理作用及需要量

1. 甲钴胺素是 N^5—CH_3—FH_4 转甲基酶(甲硫氨酸合成酶)的辅酶，参与甲基的转移 同型半胱氨酸在甲硫氨酸合成酶的催化下甲基化生成甲硫氨酸。维生素 B_{12} 缺乏时，N^5—CH_3—FH_4 的甲基不能转移出去，一是甲硫氨酸生成减少，同型半胱氨酸堆积，可造成高同型半胱氨酸血症，加速动脉硬化、血栓生成和高血压的风险性；二是影响 FH_4 的再生，组织中游离的 FH_4 含量减少，一碳单位的代谢受阻，造成核酸合成障碍，产生巨幼细胞贫血。

2. $5'$-脱氧腺苷钴胺素是 L-甲基丙二酰 CoA 变位酶的辅酶 该酶催化 L-甲基丙二酰 CoA 转变为琥珀酰 CoA。维生素 B_{12} 缺乏时，L-甲基丙二酰 CoA 大量堆积。因 L-甲基丙二酰 CoA 的结构与脂肪酸合成的中间产物丙二酰 CoA 相似，因而可影响脂肪酸的正常合成。脂肪酸合成的异常进一步影响神经髓鞘的转换，造成髓鞘变性退化，出现进行性脱髓鞘，导致神经系统症状，所以维生素 B_{12} 具有营养神经的作用。

3. 维生素 B_{12} 的需要量 成人每日需维生素 B_{12} 2~3μg。正常膳食者很少发生维生素 B_{12} 缺乏症，但有严重吸收障碍疾病如萎缩性胃炎和胃全切等患者及长期素食者需补充维生素 B_{12}。

九、维生素 C

（一）化学本质、性质及来源

1. 化学本质及性质 维生素 C 又称 L-抗坏血酸，是 L 型己糖的衍生物。抗坏血酸分子中 C_2 与 C_3 羟基可氧化脱氢生成氧化型抗坏血酸，后者可接受氢再还原成抗坏血酸。L-抗坏血酸是天然的生物活性形式。维生素 C 为无色片状结晶，呈酸性，在酸性环境中较稳定，在碱性和中性溶液中易被氧化剂破坏，当有金属离子(钙、铁、铜离子等)存在下，更易被氧化分解。加热或受日光照射可使维生素 C 分解。

L-抗坏血酸　　　　氧化型抗坏血酸

2. 来源 维生素 C 广泛存在于新鲜的蔬菜和水果中，尤其是番茄、辣椒、柑橘、鲜枣、山楂等含量丰富。植物组织中的抗坏血酸氧化酶能将维生素 C 氧化灭活，所以久存的水果和蔬菜中维生素 C 被大量破坏。干种子中虽然不含维生素 C，但发芽后便可合成，所以豆芽等芽类也是维生素 C 的重要来源。

（二）生理作用及需要量

1. 抗氧化作用 维生素 C 能可逆地进行脱氢和加氢，在许多重要的氧化还原反应中发挥作用。维生素 C 是体内重要的抗氧化剂。

（1）保护巯基：维生素 C 能使巯基酶的—SH 维持还原状态。铅等重金属离子能与体内巯基酶的—SH 结合，使其失活以致代谢发生障碍而中毒。维生素 C 可使氧化型谷胱甘肽(G—S—S—G)还原为还原型谷胱甘肽(G—SH)，G—SH 可与金属离子结合排出体外。故维生素 C 常用于防治铅、汞、砷、苯等的慢性中毒。此外，G—SH 可使脂质过氧化物还原，起到保护细胞膜的作用。

$$维生素C+G-S-S-G \xrightarrow{谷胱甘肽还原酶} 氧化型维生素C+2G-SH$$

（2）促进铁的吸收和利用：维生素C能使红细胞中的高铁血红蛋白（MHb）还原为血红蛋白（Hb），恢复其运输氧的能力。维生素C还能使Fe^{3+}还原为易被肠黏膜细胞吸收的Fe^{2+}，从而有利于食物中铁的吸收。

（3）提高机体免疫力：维生素C能促进淋巴细胞增殖和趋化作用，提高吞噬细胞的吞噬能力，促进免疫球蛋白的合成，故能提高机体免疫力，防止和治疗感染。静脉注射大剂量维生素C可抑制和杀灭癌细胞。

（4）还原反应：维生素C能保护维生素A、维生素E和B族维生素避免氧化，也能促进叶酸转变为有活性的四氢叶酸。

2. 参与体内的羟化反应　羟化反应是体内许多重要化合物合成或分解的关键步骤。例如胶原生成、类固醇的合成与转变，以及许多药物或毒物的生物转化都需要经过羟化反应。维生素C是羟化酶的辅酶。

（1）促进胶原蛋白的成熟：胶原脯氨酸羟化酶和赖氨酸羟化酶分别催化前胶原分子中脯氨酸和赖氨酸残基的羟化，促进成熟的胶原分子的形成。维生素C是维持这些酶活性所必需的辅因子。胶原是骨、毛细血管和结缔组织的重要组成成分，维生素C缺乏可导致坏血病（scurvy），表现为毛细血管脆性增加易破裂、牙龈腐烂、牙齿松动、骨折以及创伤不易愈合等症状。由于机体可储存一定量的维生素C，坏血病的症状常在维生素C缺乏3～4个月后出现。

（2）促进类固醇的羟化：胆固醇转变为胆汁酸时，首先羟化生成7α-羟胆固醇，维生素C是催化这一反应7α-羟化酶的辅酶。故维生素C缺乏时可影响胆固醇的转化，引起体内胆固醇增多，成为动脉粥样硬化的危险因素。

（3）促进生物转化：维生素C能增强生物转化过程中混合功能氧化酶的活性，促进药物或毒物的代谢转化，因而维生素C有增强解毒的作用。

3. 参与芳香族氨基酸的代谢　苯丙氨酸羟化为酪氨酸的反应、酪氨酸转变为对羟苯丙酮酸再羟化转变为尿黑酸的反应，均需维生素C的参与。维生素C缺乏时，尿中出现大量对羟苯丙酮酸。维生素C还参与酪氨酸转变为儿茶酚胺，色氨酸转变为5-羟色胺的反应。

4. 维生素C的需要量　成人每日需维生素C 85mg。维生素C缺乏时可患维生素C缺乏症，主要为胶原蛋白合成障碍所致，可出现皮下出血、肌肉脆弱等。正常情况下，人体储存维生素C，一般在缺乏3～4个月后才出现症状。

知识链接

高剂量维生素C的抗肿瘤作用

低剂量的维生素C作为抗氧化剂，具有提高人体免疫力的作用。高剂量的维生素C则转变为促氧化剂，具有抗肿瘤作用。研究发现，维生素C抗肿瘤机制与肿瘤细胞的代谢有关。由于肿瘤细胞的线粒体代谢发生紊乱，肿瘤细胞产生异常高水平的氧化还原活性铁分子（异常线粒体代谢的产物），与维生素C反应并生成过氧化氢和过氧化氢自由基。这些自由基可破坏肿瘤细胞DNA而引起肿瘤细胞死亡，使肿瘤细胞对放疗和化疗更敏感。正常细胞可有效清除过氧化氢和过氧化氢自由基，故高剂量维生素C对正常细胞是安全的。静脉注射高剂量维生素C，血药浓度比口服给药高100～500倍。这种超高浓度是维生素C抗肿瘤的关键。

第四节　微　量　元　素

微量元素(microelement)指人体中每人每日的需要量在 100mg 以下的元素,绝大多数为金属元素,主要包括铁、碘、铜、锌、锰、硒、氟、钼、钴、铬 10 种。虽然所需甚微,但生理作用却十分重要。

1. 铁

(1) 含量与分布:铁是体内含量最多的微量元素,约占体重的 0.0057%,成年男性平均含铁量约为每千克体重 50mg,而女性略低,约为每千克体重 30mg。体内的铁约 75% 存在于铁卟啉化合物中,约 25% 存在于非铁卟啉类含铁化合物中,主要有含铁的黄素蛋白、铁硫蛋白、运铁蛋白等。成年男性及绝经后的妇女每日约需铁 1mg,经期妇女每日失铁约 1mg,妊娠期妇女每日需要量约为 3.6mg。铁的吸收部位主要在十二指肠及空肠上段。无机铁以 Fe^{2+} 形式吸收,Fe^{3+} 很难吸收,络合物铁的吸收大于无机铁,凡能将 Fe^{3+} 还原为 Fe^{2+} 的物质(如谷胱甘肽)及能与铁离子络合的物质(如氨基酸、柠檬酸、苹果酸等)均有利于铁的吸收。因而,临床上常用硫酸亚铁、柠檬酸铁铵、琥珀酸亚铁和富马酸亚铁(Fe^{2+} 与延胡索酸的络合物)等作为口服补铁药剂。

吸收的 Fe^{2+} 被氧化成 Fe^{3+},在血液中与运铁蛋白(transferrin,Tf)结合而运输,而在肝内含有铁的特殊载体,正常人血清 Tf 的浓度为 200~300mg/dl。

(2) 生理功能:铁是血红蛋白、肌红蛋白、细胞色素系统、电子传递链主要的复合物、过氧化物酶及过氧化氢酶等的重要组成部分,在气体运输、生物氧化和酶促反应中发挥重要作用。铁缺乏时可导致贫血。

2. 碘

(1) 含量与分布:正常成人体内含碘 20~50mg,其中 1/3 碘集中在甲状腺内,供合成甲状腺激素。按国际上推荐的标准,成人每日需碘 100~300μg,儿童则按每日每千克体重 3~5μg 计算。碘的吸收部位主要在小肠,吸收后的碘有 70%~80% 被摄入甲状腺细胞内贮存、利用。机体在吸收碘的同时,约有等量的碘排出,主要排出途径为尿碘,约占总排泄量的 85%,其他是由粪便、汗腺、毛发和肺呼气排出。

(2) 生理功能:碘在人体内的主要作用是参与甲状腺激素的合成,因适量的甲状腺激素有促进蛋白质合成、加速机体生长发育、调节能量代谢和稳定中枢神经系统的结构与功能等重要作用,故碘对人体的功能极其重要。此外,碘具有抗氧化作用,能抵抗自由基的侵害。缺碘可引起地方性甲状腺肿,严重可致发育停滞、智力低下,如胎儿期缺碘可致呆小病;若摄入碘过量又可致高碘性甲状腺肿,表现为甲状腺功能亢进及一些中毒症状。

3. 铜

(1) 含量与分布:铜在成人体内含量为 80~110mg,肌肉中约占 50%,10% 存在于肝。肝中铜的含量可反映体内的营养及平衡状况。按国际推荐量成人每日需铜 1~3mg,婴儿和儿童每日需铜 0.5~1mg,孕妇和成长期的青少年可略有增加。铜主要在十二指肠吸收,铜的吸收受血浆铜蓝蛋白的调控,血浆铜蓝蛋白减少时,吸收便增加。

(2) 生理功能:铜是体内多种酶的辅基,如细胞色素氧化酶等,铜离子在将电子传递给氧的过程中是不可缺少的。此外单胺氧化酶、超氧化物歧化酶等也都是含铜的酶。铜蓝蛋白可催化 Fe^{2+} 氧化成 Fe^{3+},在血浆中转化为运铁蛋白。铜缺乏时,会影响一些酶的活性,如细胞色素氧化酶活性下降可导致能量代谢障碍,表现为神经症状,铜缺乏也可导致 Hb 合成障碍,引起贫血。

铜虽是体内不可缺少的元素,但摄入过多也会引起中毒现象,如蓝绿色粪便、唾液以及行动障碍等。

4. 锌

(1) 含量与分布:成人体内含锌量为 1.5~2.5g,成人每日需锌 15~20mg。锌主要在小肠吸收,入血后与清蛋白或运铁蛋白结合而运输。小肠内有金属结合蛋白类物质能与锌结合,调节锌的吸收。某些地区的谷物中含有较多的 6-磷酸肌醇,该物能与锌形成不溶性复合物,阻碍锌的吸收。血锌浓度为 $0.1 \sim 0.15 \text{mmol/L}$,体内的锌主要经粪、尿、汗、乳汁等排泄。

(2) 生理功能:锌在体内与 80 多种酶的活性有关,如碳酸酐酶、DNA 聚合酶、RNA 聚合酶等,许多蛋白质(如反式作用因子)、类固醇激素及甲状腺素受体的 DNA 结合域,都有锌参与形成的锌指结构,在转录调控中起重要的作用,故缺锌必然会引起机体代谢紊乱。"伊朗乡村病"就是因食物中含较多的 6-磷酸肌醇,影响锌的吸收而导致的缺锌疾病。

5. 钴

(1) 含量与分布:正常成人每日摄取钴约 $300 \mu \text{g}$,人体每日对钴的最低需要量小于 $1 \mu \text{g}$,从食物中摄入的钴必须在肠内经细菌合成维生素 B_{12} 后才能被吸收利用。WHO 推荐,成人男性及青少年每日需维生素 B_{12} $2 \mu \text{g}$。钴主要在十二指肠及回肠末端吸收,主要从尿中排泄。

(2) 生理功能:钴主要以维生素 B_{12} 和维生素 B_{12} 辅酶形式发挥其生物学作用。钴可激活多种酶,如能增加人体唾液中淀粉酶的活性,能增加胰淀粉酶和脂肪酶的活性。钴还参与造血,维生素 B_{12} 的缺乏可引起巨幼细胞贫血。由于人体排钴能力强,很少有钴蓄积的现象发生。

6. 锰

(1) 含量与分布:正常人体内含锰 $12 \sim 20 \text{mg}$。成人每日需 $2 \sim 5 \text{mg}$,儿童要按每日每千克体重 $0.2 \sim 0.3 \text{mg}$ 计算。锰主要从小肠吸收,入血后大部分与血浆中 β_1-球蛋白(运锰蛋白)结合而运输。锰主要从肠道排泄。

(2) 生理功能:体内锰主要为多种酶的组成成分及激活剂,如 RNA 聚合酶、超氧化物歧化酶等。缺锰时生长发育受到影响。工业生产上引起的锰中毒也有报道,且无治疗良方,应加以预防。

7. 硒

(1) 含量与分布:人体含硒为 $14 \sim 21 \text{mg}$,我国学者认为成人每日需硒 $30 \sim 50 \mu \text{g}$。硒在十二指肠吸收,入血后与 α-球蛋白及 β-球蛋白结合,小部分与极低密度脂蛋白结合而运输,主要随尿及汗液排泄。

(2) 生理功能:硒主要作为谷胱甘肽过氧化物酶(GSH—Px)活性中心的一部分。每分子该酶可与 4 个硒原子结合,GSH—Px 催化 2 分子 GSH 氧化生成 GSSG,同时利用 H_2O_2 使有毒的过氧化物还原成相对无毒的羟化物,保护细胞膜;硒还可加强维生素 E 的抗氧化作用;硒还参与 CoQ 和 CoA 的合成。国内学者认为大骨节病及克山病可能与缺硒有关,硒过多也会引起中毒症状。

8. 氟

(1) 含量与分布:成人体内含氟 $2 \sim 6 \text{g}$,分布于骨、牙、指甲、毛发及神经、肌肉中。氟的生理需要量每人每日为 $0.5 \sim 1.0 \text{mg}$。氟主要从胃肠道和呼吸道吸收,入血后与球蛋白结合,小部分以氟化物形式运输,血中氟含量约为 $20 \mu \text{mol/L}$。氟主要从尿中排泄。

(2) 生理功能:氟与骨、牙的形成及钙磷代谢密切相关。缺氟可致骨质疏松,易发生骨折。氟过多可引起多方面的代谢障碍,也可引起骨脱钙和白内障及对神经细胞、肾上腺、生殖腺等组织的功能有影响。

小　结

● **概述**

维生素是人体正常生命活动所必需的一类低分子量有机化合物,机体不能合成,或合成量不足,必须靠食物供给。缺乏时会发生维生素缺乏病,根据其溶解性质可分为脂溶性维生素和水溶性维生素两大类。

- **脂溶性维生素**

脂溶性维生素包括维生素 A、维生素 D、维生素 E、维生素 K,均难溶于水,可伴随脂类的吸收而被吸收,若脂类吸收障碍就易产生缺乏症。维生素 A 参与细胞膜糖蛋白的合成并维持上皮细胞的完整性。缺乏维生素 A 会引起眼干燥症和夜盲症。维生素 D 的活性形式是 $1,25 - (OH)_2 - D_3$,可调节钙、磷代谢。缺乏维生素 D 则导致儿童佝偻病、成人软骨病和骨质疏松症。维生素 E 是体内最重要的抗氧化剂,还与生殖功能有关。维生素 K 主要功能是促进凝血。

- **水溶性维生素**

水溶性维生素:包括 B 族维生素和维生素 C。B 族维生素包括维生素 B_1、维生素 B_2、维生素 PP、维生素 B_6、泛酸、生物素、叶酸和维生素 B_{12},主要参与构成酶的辅因子,调节体内物质代谢。维生素 C 参与体内的羟化反应,具有抗氧化等功能,缺乏易引起坏血病。

- **微量元素**

微量元素指人体内每日需要量在 100mg 以下的元素,主要包括铁、碘、铜、锌、锰、硒、氟、钼、钴、铬等,虽然所需甚微,但生理功能却十分重要。

(陈淑华)

第二篇

·

物质代谢与调节

物质代谢是生命的基本特征之一,也是生命活动的物质基础。物质代谢是指生物体与外界不断进行物质交换(如从体外吸收各种营养物质)和物质在体内有规律的变化过程。生物体的生长、各组织器官的发育、遗传、繁殖等均建立在物质代谢的基础上。物质代谢包括合成代谢与分解代谢,且在物质交换的过程中伴有能量的交换。合成代谢指生物体利用小分子或大分子结构元件合成所需的生物大分子,并储存能量的过程。分解代谢是将各种大分子营养物通过一系列化学反应转变成结构简单的小分子化合物,同时释放能量的过程。合成代谢为分解代谢提供物质基础,分解代谢为合成代谢提供原料和能量,两者协调统一,耦联进行。

本篇内容主要介绍糖代谢、脂质代谢、氨基酸代谢、生物氧化、核苷酸代谢和物质代谢的联系及调节过程。不同的物质在体内按照一定的规律和特点进行代谢,各物质代谢途径之间通过代谢中间产物相互联系、相互制约、相互协调,并且接受机体精密的调控,使物质代谢构成一个统一的整体。糖、脂肪和蛋白质的合成途径各有不同,但它们分解途径的共同点是氧化成 CO_2 和 H_2O,并释放能量。物质代谢与能量代谢密切联系,并且相互协调。

正常物质代谢是生命活动的基础,物质代谢紊乱往往是某些疾病的基础,因此物质代谢是医学生物化学的重要内容,也是后续医学基础课程及临床课程的重要基础。

第五章
糖 代 谢

本章课件

糖(carbohydrate)即碳水化合物,其化学本质为多羟基醛或多羟基酮类及其衍生物或多聚物。基本结构式通常以 $C_n(H_2O)_n$ 表示。糖根据组成可以分为单糖(monosaccharide)、寡糖(oligosaccharide)、多糖(polysaccharide)和结合糖(glycoconjugate)。人体内主要的糖类是糖原(glycogen)和葡萄糖(glucose),糖原是人体内糖类的储存形式,而葡萄糖是糖类的运输形式。

1. **单糖** 是不能被水解的糖,根据碳原子的数目可分为丙糖、丁糖、戊糖和己糖等。根据官能团又分为醛糖和酮糖,体内最常见的醛糖是葡萄糖,最常见的酮糖是果糖(fructose)。

2. **寡糖** 能水解生成几个单糖分子的糖,各单糖之间通过糖苷键相连。常见的二糖有:麦芽糖(maltose):葡萄糖—葡萄糖;蔗糖(sucrose):葡萄糖—果糖;乳糖(lactose):葡萄糖—半乳糖(galactose)。

3. **多糖** 能水解生成多个单糖分子的糖。常见的多糖有淀粉(starch)、糖原和纤维素(cellulose)。

4. **结合糖** 是糖与蛋白质或脂质等非糖物质结合形成的复合生物大分子,又称糖复合物或复合糖。包括糖与蛋白质结合形成的糖蛋白(glycoprotein)和蛋白聚糖(proteoglycan);糖与脂质结合形成的糖脂(glycolipid)等。

糖在机体内具有重要的生理功能:①糖是有机体重要的能量来源,糖分解产生能量供给机体各种组织生命活动的需要,1mol 葡萄糖完全氧化分解可产生 2840kJ(679kcal)的能量。②糖代谢为其他物质合成提供碳源,糖代谢的中间产物可以转变为氨基酸、脂肪酸、核苷酸等化合物。糖的磷酸衍生物是形成许多重要生物活性物质的原料,如 NAD^+、FAD、DNA、RNA、ATP 等。③糖是机体组织细胞的重要成分,糖蛋白构成细胞表面受体、配体,在细胞间信息传递中起着重要作用;还有血浆蛋白、抗体、某些酶及激素分子也都是糖蛋白。糖脂是神经组织和细胞膜中的组成成分。

第一节 糖的消化、吸收和转运

一、糖的消化和吸收

食物中的糖类主要是植物淀粉和少量动物糖原,少量蔗糖、麦芽糖、异麦芽糖和乳糖等寡糖。

1. 糖的消化 食物中的多糖和寡糖均需要在消化系统消化后才能被吸收。糖类的消化从口腔开始,但由于食物在口腔中停留时间较短,因此只有部分淀粉在口腔中被唾液 α-淀粉酶(α-amylase)水解生成糊精(dextrin)和麦芽糖。小肠是糖类消化的最重要的器官,淀粉和糊精在小肠中被胰淀粉酶进一步水解生成麦芽糖、麦芽三糖、含 4～9 个葡萄糖基的 α-临界糊精(α-limited dextrin)和少量的异麦芽糖。小肠黏膜细胞刷状缘含有丰富的 α-葡萄糖苷酶(α-glucosidase)、α-糊精酶(dextrinase)、麦芽糖酶(maltase)、蔗糖酶(sucrase)、乳糖酶(lactase)和异麦芽糖酶(isomaltase)等,进一步消化寡糖生成单糖。其中 α-葡萄糖苷酶和麦芽糖酶水解 α-1,4 糖苷键,α-糊精酶水解 α-1,4 糖苷键和 α-1,6 糖苷键,生成葡萄糖。蔗糖酶催化蔗糖水解生成葡萄糖和果糖,乳糖酶催化乳糖水解生成葡萄糖和半乳糖。临床上,有些患者由于缺乏乳糖酶等,可导致食物中乳糖消化障碍而使未消化的乳糖进入大肠,被大肠中细菌分解产生酸、CO_2、H_2 等,引起腹胀、腹泻等症状,临床上称为乳糖不耐受。

由于人体内无 β-糖苷酶,食物中的纤维素不能被人体分解利用,但其具有刺激肠蠕动等作用。

2. 糖的吸收 单糖可被小肠黏膜吸收进入血液,吸收部位在小肠上段。此吸收过程主要是通过主动耗能的过程,由小肠黏膜上皮细胞上的特定载体 Na^+-单糖协同转运系统完成。在小肠黏膜上皮细胞刷状缘上有膜结合的 Na^+ 依赖型葡萄糖转运载体(Na^+-dependent glucose transporter, SGLT),葡萄糖或半乳糖与 Na^+ 分别结合在载体的不同部位,同时进入细胞,从而使葡萄糖逆浓度梯度而吸收。当 Na^+ 进入细胞后,启动钠钾泵(Na^+,K^+-ATP 酶),将 Na^+ 排出细胞,所以此转运过程是耗能的。果糖的吸收较慢,由一种不需 Na^+ 的易化扩散系统(facilitate diffusion)进行转运。

二、糖向细胞内转运

葡萄糖吸收进入血液后不能直接扩散进入细胞内,是通过细胞膜上特定葡萄糖转运载体(glucose transporter,GLUT)将葡萄糖转运入细胞内,它是一个不耗能顺浓度梯度的葡萄糖转运过程。目前已知转运载体有 14 种,具有组织特异性,其中 GLUT-1～GLUT-5 研究较清楚,如 GLUT-2 主要存在于肝细胞和胰岛的 β 细胞,而 GLUT-4 主要存在于脂肪和肌肉组织。

进入组织细胞的葡萄糖根据组织特点和供氧条件进入不同的代谢途径,如图 5-1。

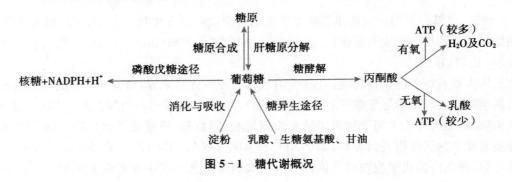

图 5-1 糖代谢概况

第二节 糖的无氧氧化

糖无氧氧化是指葡萄糖在无氧条件下分解生成乳酸(lactate)并产生能量的过程。糖无氧氧化的全部反应过程均在细胞质中进行,可分为两个阶段:第一阶段为葡萄糖被氧化分解生成丙酮酸(pyruvate),称为糖酵解(glycolysis);第二阶段为丙酮酸还原为乳酸的过程。

一、糖无氧氧化的反应过程

糖无氧氧化反应过程分为糖酵解和丙酮酸还原为乳酸两个阶段。

(一)糖酵解

糖酵解是指葡萄糖分解为丙酮酸的过程。共 10 步反应,每分子葡萄糖先经 5 步反应,消耗 2 分子 ATP 分解成 2 分子磷酸丙糖,为消耗能量的过程;再经 5 步反应使磷酸丙糖转变成丙酮酸,为生成能量过程,共产生 4 分子 ATP。

1. 葡萄糖的磷酸化　进入细胞的葡萄糖首先在第 6 位碳上被磷酸化生成 6 -磷酸葡萄糖(又称葡糖- 6 -磷酸,glucose - 6 - phosphate,G - 6 - P),ATP 是磷酸基团和能量的供体,由于磷酸化的葡萄糖不能自由通过细胞膜,所以磷酸化反应使进入细胞的葡萄糖不能逸出细胞,有利于它进一步参与合成与分解代谢。此反应是在己糖激酶(hexokinase,HK)催化下进行的,$\Delta G^{\circ\prime} = -4.0\text{kcal/mol}$($-16.8\text{kJ/mol}$),不可逆,需要 Mg^{2+} 参与。已发现在哺乳动物体内有四种己糖激酶同工酶,分别称为 Ⅰ～Ⅳ 型。Ⅳ型亦称为葡萄糖激酶(glucokinase,GK),此酶主要存在于肝脏,对葡萄糖亲和力低,其 K_m 值为 10mmol/L,而其他己糖激酶的 K_m 值只有 $0.05\sim0.1$mmol/L。葡萄糖激酶不受 6 -磷酸葡萄糖的负反馈抑制,对激素敏感,此特点在激素通过肝脏调节血糖水平及糖代谢的调节中发挥重要作用。

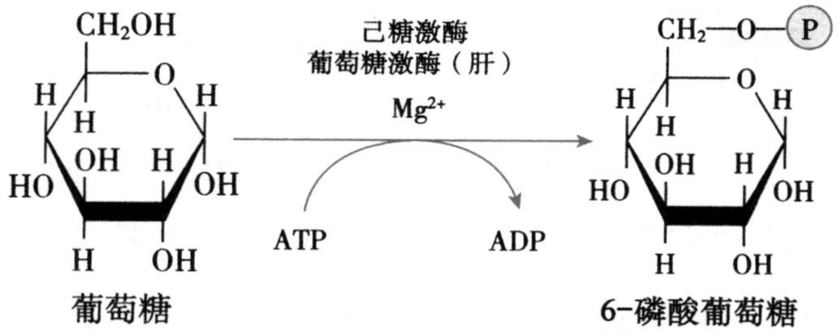

葡萄糖　　　　　　　　6-磷酸葡萄糖

2. 6-磷酸己糖的异构　由磷酸己糖异构酶(phosphohexose isomerase)催化 6 -磷酸葡萄糖异构为 6 -磷酸果糖(又称果糖- 6 -磷酸,fructose - 6 - phosphate,F - 6 - P),此反应为可逆反应,反应方向由底物与产物含量水平来控制。

6-磷酸葡萄糖　　　　　　　　6-磷酸果糖

3. 6-磷酸果糖磷酸化　生成 1,6 -二磷酸果糖(又称果糖- 1,6 -二磷酸,fructose - 1,6 -

bisphosphate，F－1，6－2P），此反应是由磷酸果糖激酶-1(phosphofructokinase－1，PFK－1)催化 6 －磷酸果糖的 C_1 进一步磷酸化生成 1,6-二磷酸果糖，磷酸基和能量由 ATP 供给，需要 Mg^{2+} 参与，生理条件下反应不可逆。

4. 1,6-二磷酸果糖裂解成 2 分子磷酸丙糖　在醛缩酶(aldolase)催化下 1,6-二磷酸果糖生成 1 分子磷酸二羟丙酮(dihydroxyacetone phosphate)和 1 分子 3-磷酸甘油醛(glyceraldehyde－3－phosphate)，此反应是可逆的。

5. 磷酸丙糖之间的异构　磷酸丙糖异构酶(triose phosphate isomerase)催化磷酸二羟丙酮与 3-磷酸甘油醛相互异构，此反应也是可逆的。但由于糖酵解时 3-磷酸甘油醛继续代谢，含量减少，所以磷酸二羟丙酮异构为 3-磷酸甘油醛。

经过以上五步反应，1 分子葡萄糖被磷酸化并裂解为 2 分子 3-磷酸甘油醛，通过两次磷酸化作用消耗 2 分子 ATP，因此为耗能阶段。

6. 3-磷酸甘油醛氧化脱氢生成 1,3-二磷酸甘油酸　由 3-磷酸甘油醛脱氢酶(glyceraldehyde 3－phosphate dehydrogenase，GAPDH)催化 3-磷酸甘油醛氧化脱氢同时被磷酸化，生成含有高能磷酸键的 1,3-二磷酸甘油酸(1,3－bisphosphoglycerate，1,3－BPG)。反应中的辅酶为 NAD^+ 接受氢和电子并生成 $NADH+H^+$，无机磷酸参与反应提供磷酸基。本反应既是糖酵解中唯一的氧化反应又是磷酸化反应，也是糖酵解中的第一个高能化合物的形成步骤。

7. 1,3-二磷酸甘油酸转变成 3-磷酸甘油酸 在磷酸甘油酸激酶(phosphoglycerate kinase，PGK)催化下，1,3-二磷酸甘油酸 C_1 上的高能磷酸基转移给 ADP 生成 ATP。这种由于底物脱氢或脱水过程中能量重新分布而生成高能键，此高能键裂解所释放的能量，趋使 ADP(其他核苷二磷酸)磷酸化生成 ATP(其他核苷三磷酸)的过程，称为底物水平磷酸化(substrate level phosphorylation)。此反应是可逆的，也是酵解过程中第一次产生 ATP 的反应，逆反应则需消耗 1 分子 ATP。1 分子葡萄糖可以生成 2 分子磷酸丙糖，因此，通过此过程共产生 2 分子 ATP。

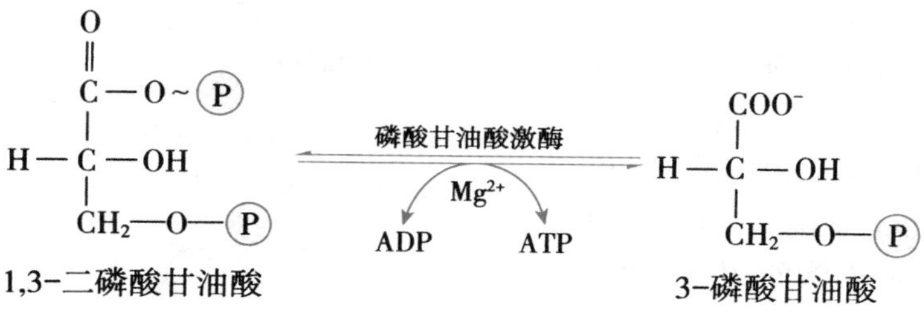

1,3-二磷酸甘油酸 —磷酸甘油酸激酶，Mg²⁺，ADP→ATP→ 3-磷酸甘油酸

8. 3-磷酸甘油酸变位生成 2-磷酸甘油酸 在磷酸甘油酸变位酶(phosphoglycerate mutase)催化下，3-磷酸甘油酸 C_3 位上的磷酸基转移到 C_2 位上生成 2-磷酸甘油酸，反应是可逆的。

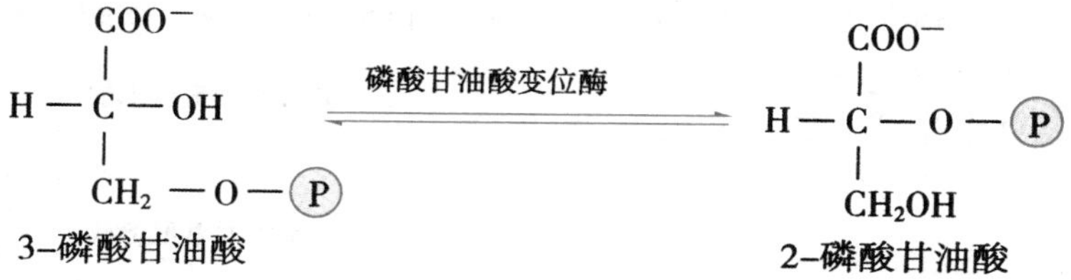

3-磷酸甘油酸 —磷酸甘油酸变位酶→ 2-磷酸甘油酸

9. 2-磷酸甘油酸脱水转变成磷酸烯醇式丙酮酸 在烯醇化酶(enolase)催化下，2-磷酸甘油酸脱水生成磷酸烯醇式丙酮酸(phosphoenolpyruvate，PEP)，由于脱水时能量重新分配生成高能磷酸键。

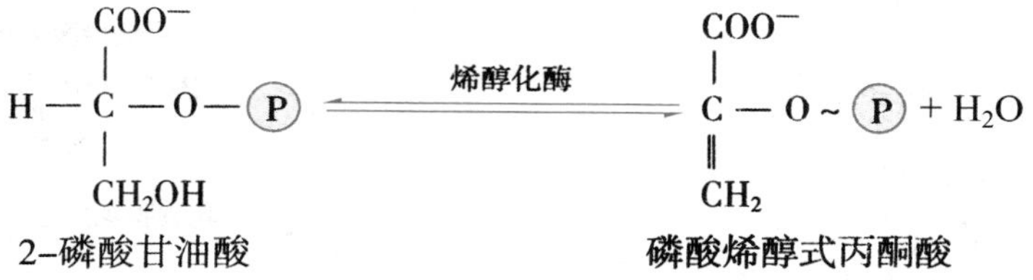

2-磷酸甘油酸 —烯醇化酶→ 磷酸烯醇式丙酮酸 + H_2O

10. 磷酸烯醇式丙酮酸生成丙酮酸 在丙酮酸激酶(pyruvate kinase，PK)催化下，磷酸烯醇式丙酮酸上的高能磷酸键转移至 ADP 生成 ATP，磷酸烯醇式丙酮酸生成烯醇式丙酮酸，需 K^+、Mg^{2+} 参与，这是糖酵解途径中第二次底物水平磷酸化，烯醇式丙酮酸则自动转变成丙酮酸，此反应是不可逆的。1 分子葡萄糖进行糖酵解在此反应中可生成 2 分子 ATP。

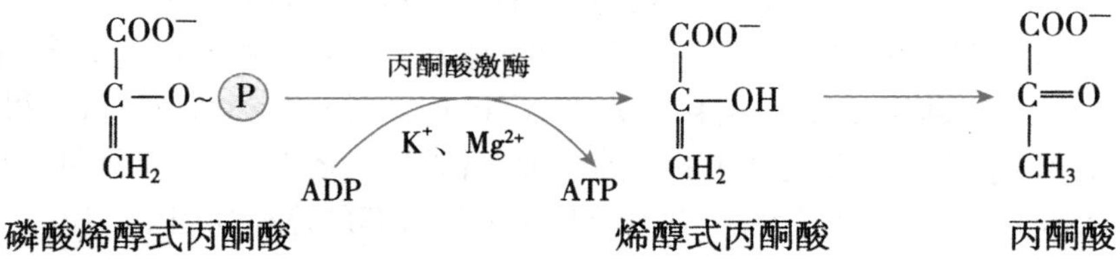

磷酸烯醇式丙酮酸 —丙酮酸激酶，K^+、Mg^{2+}，ADP→ATP→ 烯醇式丙酮酸 → 丙酮酸

（二）丙酮酸在无氧条件下还原成乳酸

氧供应不足时，糖酵解生成的丙酮酸在乳酸脱氢酶(lactate dehydrogenase，LDH)催化下转变为乳酸，还原当量来自 3-磷酸甘油醛脱氢生成的 NADH+H⁺。

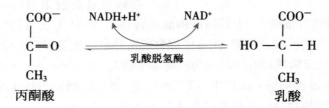

LDH 有 5 种同工酶（详见本书第三章）。虽然 LDH 同工酶能催化同一可逆反应，但由于不同的同工酶在不同组织中分布差异很大，对作用物（尤其对丙酮酸）的 K_m 值有较大差异，例如心肌细胞以含有 4 个 H 亚基的 LDH_1 为主，对丙酮酸的 K_m 值较大，有利于催化乳酸氧化成丙酮酸，丙酮酸再通过有氧氧化产生能量；而骨骼肌以含有 4 个 M 亚基的 LDH_5 为主，对丙酮酸的 K_m 值小，催化丙酮酸还原成乳酸的能力特别高，所以适合在缺氧条件下剧烈运动。

葡萄糖在无氧条件下生成乳酸的总反应式为：

$$葡萄糖 + 2Pi + 2ADP \longrightarrow$$
$$2 乳酸 + 2ATP + 2H_2O$$

糖原也可进入无氧氧化进行代谢，从葡萄糖或糖原生成乳酸的基本过程见图 5-2。

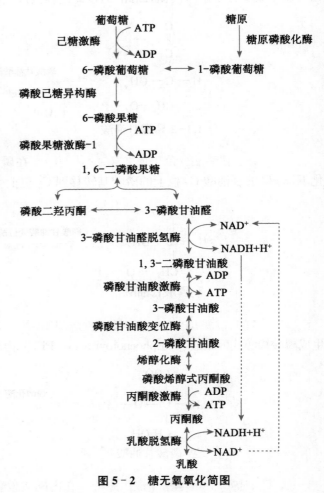

图 5-2 糖无氧氧化简图

二、糖无氧氧化的反应特点

1. 糖无氧氧化过程没有氧参与，因此为不需氧的糖的氧化过程。

2. 机体所有组织均可以进行无氧氧化，反应部位在胞质。

3. 无氧氧化的起始物为葡萄糖、糖原或其他单糖，终产物为乳酸。乳酸可经血液循环进入肝进一步代谢。

4. 与糖的有氧氧化相比，无氧氧化通过底物水平磷酸化的方式产生少量能量。经过糖酵解，1 分子葡萄糖可氧化分解产生 2 分子丙酮酸。在此过程中，经底物水平磷酸化可产生 4 分子 ATP，减去葡萄糖磷酸化和 6-磷酸果糖磷酸化消耗的 2 分子 ATP，每分子葡萄糖氧化为 2 分子乳酸净产生 2 分子 ATP。如果糖原进行无氧氧化，因为只消耗 1 分子 ATP，因此每个葡萄糖单位可净得 3 分子 ATP。

5. 其他单糖的代谢，人体可吸收利用的单糖除葡萄糖以外，还有果糖、半乳糖、甘露糖等单糖，它们均可以通过代谢转变最终进入糖酵解。各种己糖进入糖酵解的途径如图 5-3。

三、糖无氧氧化的生理意义

糖的无氧氧化虽然释放的能量较少，仍是生物界普遍存在的供能途径。在氧供给充足的情况下，大多数组织主要依赖有氧氧化供能，但视网膜、睾丸、肾髓质和成熟红细胞等组织细胞无氧氧化活跃，特

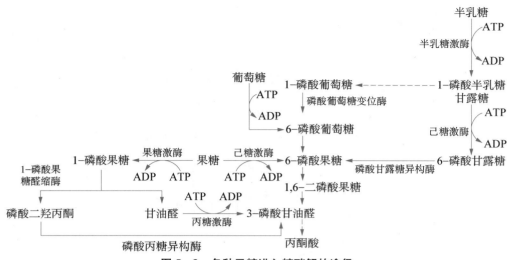

图5-3 各种己糖进入糖酵解的途径

别是成熟红细胞因为无线粒体,所以不能进行有氧氧化,即使在有氧条件下仍需从无氧氧化获得能量。

在机体相对缺氧时,糖的无氧氧化可快速提供能量。例如,剧烈运动时氧气供给出现相对不足,肌肉处于相对缺氧状态,此时加强糖的无氧氧化,以提供运动急需的能量,同时剧烈运动后血中乳酸浓度可成倍地升高。

在某些病理情况下,如严重贫血、大量失血、呼吸衰竭、心力衰竭、肿瘤组织等,组织细胞处于缺氧状态,此时也需通过糖的无氧氧化来获取能量。若缺氧不能及时纠正,糖的无氧氧化过度,可出现乳酸性酸中毒。

四、糖无氧氧化的调节

糖酵解途径中主要关键酶有己糖激酶(葡萄糖激酶)、磷酸果糖激酶-1和丙酮酸激酶。糖酵解的速率取决于催化3个不可逆反应的关键酶活性,3个关键酶同时也是糖酵解途径中3个重要的调节位点,受变构效应剂和激素的双重调节。

1. 磷酸果糖激酶-1的调节 磷酸果糖激酶-1活性的调节是糖酵解速率最重要的调节位点。磷酸果糖激酶-1是一个四聚体的寡聚酶。1,6-二磷酸果糖、2,6-二磷酸果糖(又称果糖-2,6-二磷酸 fructose-2,6-bisphosphate,F-2,6-BP)、ADP和AMP是其变构激活剂,而ATP、柠檬酸等是其变构抑制剂。此寡聚酶有两个ATP结合位点:一个位点在活性中心,可以结合作为底物的ATP;另一个位于变构部位,可结合作为变构抑制剂的ATP。当细胞内ATP不足时,ATP主要作为底物结合到酶的活性中心,保证酶促反应进行;当细胞内ATP增多时,ATP作为变构抑制剂结合至变构部位,抑制酶的催化活性;AMP可与ATP竞争性结合到变构部位,因此两者作用相反。

2,6-二磷酸果糖是磷酸果糖激酶-1最强的变构激活剂,其作用机制是与AMP一起消除ATP、柠檬酸对磷酸果糖激酶-1的变构抑制作用,增强磷酸果糖激酶-1活性。2,6-二磷酸果糖在体内是由磷酸果糖激酶-2(6-phosphofructokinase-2,PFK-2)催化6-磷酸果糖C_2磷酸化生成;可被果糖二磷酸酶-2(fructose bisphosphatase-2,FBP-2)去磷酸生成6-磷酸果糖而失去其调节作用。

激素主要通过调节磷酸果糖激酶-2/果糖二磷酸酶-2的活性进一步调节2,6-二磷酸果糖的含量,磷酸果糖激酶-2/果糖二磷酸酶-2是双功能酶,其酶分子中有两个分开的催化中心,分别具有磷酸果糖激酶-2和果糖二磷酸酶-2活性,激素可以通过cAMP及依赖于cAMP的蛋白激酶使该酶磷酸化,磷酸化导致激酶活性降低而磷酸酶活性升高,磷蛋白磷酸酶使其去磷酸后酶活性变化则相反。其调节过程见图5-4。

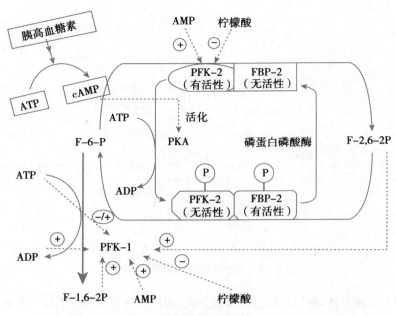

图 5-4 磷酸果糖激酶-1 的调节

2. 丙酮酸激酶的调节　丙酮酸激酶是糖酵解途径中的第二个重要的调节位点。此酶是四聚体，1,6-二磷酸果糖和 ADP 是其变构激活剂，而 ATP 则为变构抑制剂，此外在肝内，丙氨酸也有变构抑制作用。

丙酮酸激酶还受共价修饰调节。依赖 cAMP 的蛋白激酶和依赖 Ca^{2+}-钙调蛋白的蛋白激酶均可使其磷酸化而失活。胰高血糖素可通过依赖 cAMP 的蛋白激酶抑制丙酮酸激酶活性；而胰岛素则通过磷酸二酯酶降解 cAMP，进而激活此酶。

3. 己糖激酶或葡萄糖激酶的调节　己糖激酶受其反应产物 6-磷酸葡萄糖的变构抑制。葡萄糖激酶分子内不存在 6-磷酸葡萄糖的变构结合部位，故不受 6-磷酸葡萄糖的抑制。长链脂酰 CoA 对己糖激酶和葡萄糖激酶均有变构抑制作用，胰岛素可诱导葡萄糖激酶的合成。

第三节　糖的有氧氧化

葡萄糖在有氧条件下彻底氧化分解生成二氧化碳和水并释放大量能量的过程称为糖的有氧氧化（aerobic oxidation）。有氧氧化是糖氧化分解的主要方式，也是葡萄糖氧化供能的主要方式，机体大多数组织细胞通过此途径供能。

一、糖有氧氧化的反应过程

糖的有氧氧化可分为 3 个阶段：第一阶段是由葡萄糖生成丙酮酸的过程，即在细胞质中经糖酵解生成丙酮酸。第二阶段是丙酮酸进入线粒体后氧化脱羧生成乙酰 CoA。第三阶段为乙酰 CoA 进入三羧酸循环和氧化磷酸化的过程。

（一）葡萄糖酵解生成丙酮酸

同糖酵解。

（二）丙酮酸氧化脱羧生成乙酰 CoA

丙酮酸在有氧条件下进入线粒体后，被丙酮酸脱氢酶复合体（pyruvate dehydrogenase complex）催化氧化脱羧生成乙酰 CoA（acetyl CoA），总反应式如下：

$$CH_3—CO—COOH + HS—CoA \xrightarrow[\text{NAD}^+ \quad \text{NADH+H}^+]{\text{丙酮酸脱氢酶复合体}} CH_3CO\sim SCoA + CO_2\uparrow$$

丙酮酸 乙酰CoA

丙酮酸脱氢酶复合体包括丙酮酸脱氢酶（E_1）、二氢硫辛酰胺乙酰转移酶（E_2）和二氢硫辛酰胺脱氢酶（E_3），三种酶在不同生物体按不同比例组成；复合体还包括焦磷酸硫胺素（thiamine pyrophosphate，TPP）、FAD、NAD^+、CoA、硫辛酸、K^+ 和 Mg^{2+} 等辅助因子。该酶复合体催化的反应分 5 步进行：

1. 丙酮酸脱羧形成羟乙基-TPP 丙酮酸与丙酮酸脱羧酶（E_1）上的 TPP 连接，TPP 噻唑环上的 N 带有正电荷，使脱羧作用容易进行，脱羧释放出 CO_2 并产生羟乙基 TPP。

2. 乙酰硫辛酰胺-E_2 的生成 二氢硫辛酰胺乙酰转移酶（E_2）催化羟乙基-TPP-E_1 上的羟乙基氧化成乙酰基，并将乙酰基转移给硫辛酰胺，形成乙酰硫辛酰胺-E_2。

3. 乙酰 CoA 的生成 二氢硫辛酰胺乙酰转移酶（E_2）进一步催化乙酰硫辛酰胺上的乙酰基转移给 CoA 形成乙酰 CoA。

4. 硫辛酰胺的重新生成 二氢硫辛酰胺脱氢酶（E_3）使被还原的硫辛酰胺氧化，重新生成硫辛酰胺，氢由辅基 FAD 接受生成 $FADH_2$。

5. $NADH+H^+$ 的生成 $FADH_2$ 在二氢硫辛酰胺脱氢酶（E_3）催化下，再将氢传递给 NAD^+，使之生成 $NADH+H^+$。其过程如图 5-5。

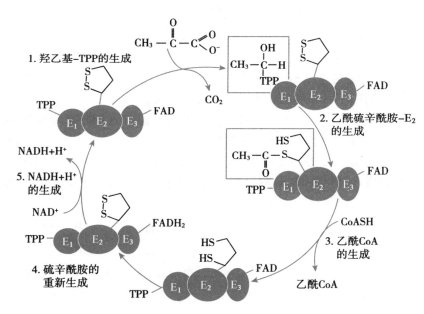

图 5-5 丙酮酸脱氢酶复合体催化的反应

（三）三羧酸循环

三羧酸循环（tricarboxylic acid cycle，TCA cycle）又称柠檬酸循环（citric acid cycle）。此循环是由乙酰 CoA 与草酰乙酸（oxaloacetate）缩合生成含有三个羧基的柠檬酸开始的，然后经过一系列酶促反应进行反复的脱氢和脱羧反应，最后再生成草酰乙酸的过程。由于 Krebs 正式提出了三羧酸循环的学说，故此循环又称为 Krebs 循环。

1. 三羧酸循环的反应过程

（1）柠檬酸的生成：在柠檬酸合酶（citrate synthase）催化下乙酰 CoA 与草酰乙酸缩合生成柠檬酸，乙酰 CoA 中的高能硫酯键提供反应所需能量。此反应释放能量较多，因此为不可逆反应。

$$CH_3-CO\sim S-CoA + \underset{\underset{CH_2-COO^-}{|}}{\overset{\overset{O}{\|}}{C-COO^-}} + H_2O \xrightarrow{\text{柠檬酸合酶}} \underset{\underset{CH_2-COO^-}{|}}{\overset{CH_2-COO^-}{HO-C-COO^-}} + HS-CoA$$

草酰乙酸 柠檬酸

（2）异柠檬酸的形成：在顺乌头酸酶（aconitase）催化下柠檬酸通过脱水，然后再加水，使分子内—OH 的位置改变，生成异柠檬酸（isocitrate），而使叔醇变成仲醇，易于氧化。

顺乌头酸酶催化柠檬酸的反应为一可逆反应，但由于异柠檬酸不断减少，从而推动反应不断进行。

$$\underset{\underset{CH_2-COO^-}{|}}{\overset{CH_2-COO^-}{HO-C-COO^-}} \underset{H_2O}{\overset{\text{顺乌头酸酶}}{\rightleftharpoons}} \underset{\underset{CH-COO^-}{\|}}{\overset{CH_2-COO^-}{C-COO^-}} \underset{H_2O}{\overset{\text{顺乌头酸酶}}{\rightleftharpoons}} \underset{\underset{HO-CH-COO^-}{|}}{\overset{CH_2-COO^-}{CH-COO^-}}$$

柠檬酸 顺乌头酸 异柠檬酸

（3）异柠檬酸氧化脱羧生成 α-酮戊二酸：在异柠檬酸脱氢酶（isocitrate dehydrogenase）作用下，异柠檬酸氧化脱羧生成 α-酮戊二酸（α-ketoglutarate）和 CO_2，受氢体 NAD^+ 还原生成 $NADH+H^+$，此反应需要 Mg^{2+} 参与，是不可逆的，也是三羧酸循环中的限速步骤。这是 TAC 中第一次脱羧，也是第一次脱氢。

$$\underset{\underset{HO-CH-COO^-}{|}}{\overset{\overset{CH_2-COO^-}{|}}{CH-COO^-}} \underset{\underset{\text{异柠檬酸脱氢酶}}{\underset{CO_2}{\searrow}}}{\overset{NAD^+ \quad NADH+H^+}{\overset{Mg^{2+}}{\longrightarrow}}} \underset{\underset{O=C-COO^-}{|}}{\overset{\overset{CH_2-COO^-}{|}}{CH_2}}$$

异柠檬酸 α-酮戊二酸

（4）α-酮戊二酸氧化脱羧生成琥珀酰 CoA：在 α-酮戊二酸脱氢酶复合体（α-ketoglutarate dehydrogenase complex）催化下，α-酮戊二酸氧化脱羧生成琥珀酰 CoA（succinyl CoA）和 CO_2，受氢体 NAD^+ 还原生成 $NADH+H^+$。由于脱氢过程中分子内部能量重新分布形成琥珀酰 CoA 的高能硫酯键。这是 TAC 中第二次脱羧，也是第二次脱氢。

α-酮戊二酸脱氢酶复合体也由 3 种酶组成：α-酮戊二酸脱氢酶、二氢硫辛酰胺琥珀酰基转移酶、二氢硫辛酰胺脱氢酶组成，辅酶与丙酮酸脱氢酶复合体相同，催化的反应不可逆，反应过程类似于丙酮酸脱氢酶复合体催化的氧化脱羧。

$$\underset{\underset{C-COO^-}{|}}{\overset{\overset{CH_2-COO^-}{|}}{CH_2}} + HS-CoA \underset{\underset{\text{α-酮戊二酸脱氢酶复合体}}{\underset{CO_2}{\searrow}}}{\overset{NAD^+ \quad NADH+H^+}{\longrightarrow}} \underset{\underset{O=C\sim S-CoA}{|}}{\overset{\overset{CH_2-COO^-}{|}}{CH_2}}$$

α-酮戊二酸 琥珀酰CoA

（5）琥珀酰 CoA 转化成琥珀酸：在琥珀酰 CoA 合成酶（succinyl-CoA synthetase）的催化下，琥珀酰 CoA 的硫酯键水解，释放的自由能用于 GDP 磷酸化生成 GTP，再生成 ATP；此时琥珀酰 CoA 生成琥珀酸和 CoA，反应是可逆的，也是 TAC 中唯一的一次底物水平磷酸化。

$$\underset{\underset{O=C\sim S-CoA}{|}}{\overset{\overset{CH_2-COO^-}{|}}{CH_2}} + Pi+GDP \underset{}{\overset{\text{琥珀酰 CoA 合成酶}}{\rightleftharpoons}} \underset{\underset{CH_2-COO^-}{|}}{\overset{CH_2-COO^-}{}} + HS-CoA+GTP$$

琥珀酰 CoA 琥珀酸

$$GTP+ADP \overset{\text{核苷二磷酸激酶}}{\rightleftharpoons} GDP+ATP$$

（6）琥珀酸脱氢生成延胡索酸：琥珀酸脱氢酶（succinate dehydrogenase）催化琥珀酸脱氢氧化生成延胡索酸（fumarate）。该酶结合在线粒体内膜上，而其他三羧酸循环的酶则存在于线粒体基质中。此酶的辅基为 FAD 并含有铁硫中心，催化的反应是可逆的。这是 TAC 中第三次脱氢。

$$\underset{\text{琥珀酸}}{\overset{\displaystyle CH_2-COO^-}{\underset{\displaystyle CH_2-COO^-}{|}}} + FAD \underset{}{\overset{\text{琥珀酸脱氢酶}}{\rightleftharpoons}} \underset{\text{延胡索酸}}{\overset{\displaystyle H-C-COO^-}{\underset{\displaystyle {}^-OOC-C-H}{||}}} + FADH_2$$

（7）延胡索酸加水生成苹果酸：延胡索酸酶（fumarase）催化延胡索酸加水生成苹果酸，反应是可逆的。

$$\underset{\text{延胡索酸}}{\overset{\displaystyle H-C-COO^-}{\underset{\displaystyle {}^-OOC-C-H}{||}}} + H_2O \underset{}{\overset{\text{延胡索酸酶}}{\rightleftharpoons}} \underset{\text{苹果酸}}{\overset{\displaystyle HO-CH-COO^-}{\underset{\displaystyle CH_2-COO^-}{|}}}$$

（8）苹果酸脱氢生成草酰乙酸：在苹果酸脱氢酶（malate dehydrogenase）作用下，苹果酸脱氢生成草酰乙酸，NAD^+ 是脱氢酶的辅酶，接受氢成为 $NADH+H^+$。这是 TAC 中第四次脱氢。

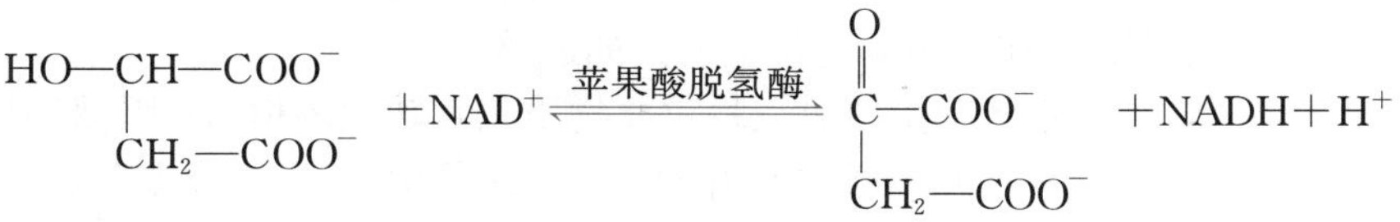

$$\underset{\text{苹果酸}}{\overset{\displaystyle HO-CH-COO^-}{\underset{\displaystyle CH_2-COO^-}{|}}} + NAD^+ \underset{}{\overset{\text{苹果酸脱氢酶}}{\rightleftharpoons}} \underset{\text{草酰乙酸}}{\overset{\displaystyle \overset{O}{\underset{C-COO^-}{||}}}{\underset{\displaystyle CH_2-COO^-}{|}}} + NADH+H^+$$

三羧酸循环过程可归纳为图 5-6。

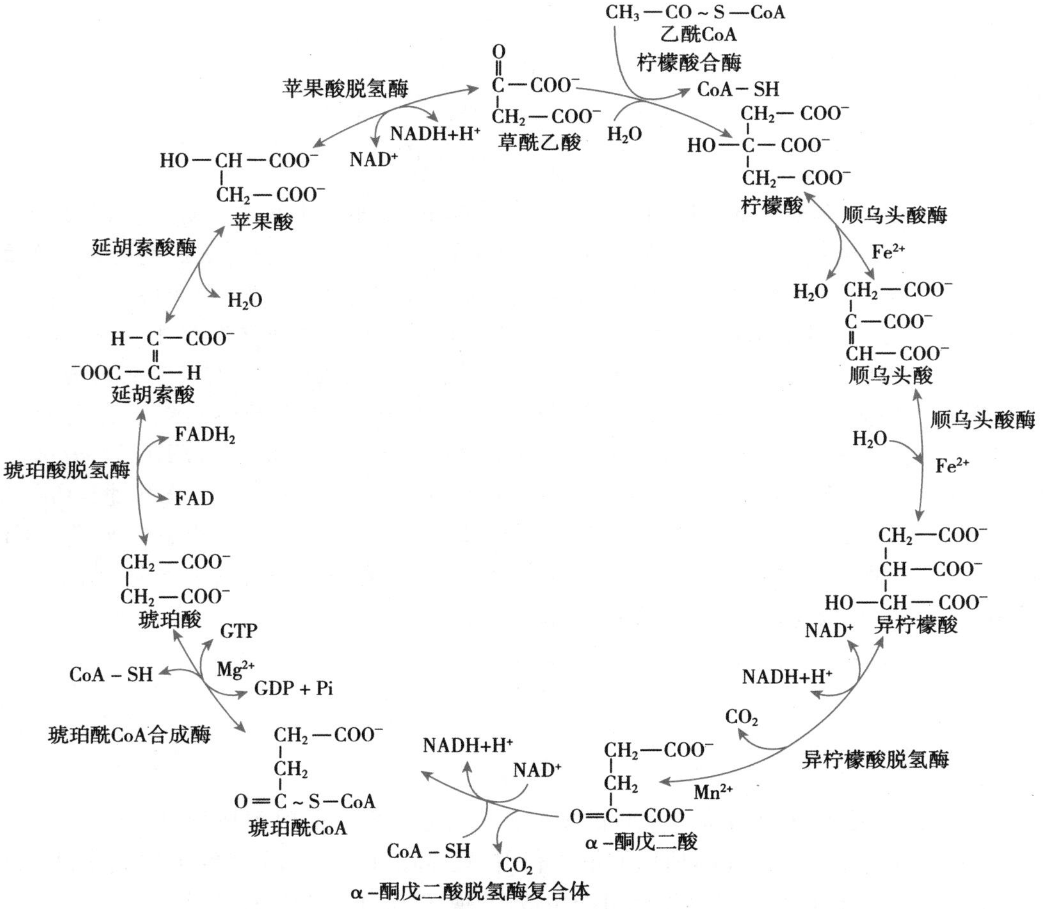

图 5-6 三羧酸循环反应过程

2. 三羧酸循环的特点

（1）能量及产物：三羧酸循环每一轮循环有两次脱羧生成 2 分子 CO_2，四次脱氢生成 3 分子 $NADH+H^+$ 和 1 分子 $FADH_2$，一次底物水平磷酸化产生 1 分子 GTP，相当于 1 分子 ATP。

（2）反应部位及反应的不可逆性：三羧酸循环反应过程全部在线粒体进行，由于有三种酶（柠檬酸合酶、异柠檬酸脱氢酶和 α-酮戊二酸脱氢酶复合体）催化的反应不可逆，所以整个循环不可逆。

（3）三羧酸循环成分处于开放和不断更新之中。从理论上讲，三羧酸循环的中间产物在反应过程中不消耗，但在实际代谢过程中，循环中的某些组成成分还可参与其他代谢途径被消耗，例如三羧酸循环中生成的苹果酸和草酰乙酸也可以脱羧生成丙酮酸，再参与合成许多其他物质或进一步氧化，而其他物质也可通过多种途径不断生成三羧酸循环的中间产物。

草酰乙酸的含量多少，直接影响循环的启动速度，因此不断补充草酰乙酸是使三羧酸循环得以顺利进行的关键。由丙酮酸羧化酶催化丙酮酸生成草酰乙酸的反应最为重要。

3. 三羧酸循环的意义

（1）三羧酸循环是糖、脂肪和蛋白质三种主要有机物在体内彻底氧化的共同代谢途径：三羧酸循环的起始物乙酰 CoA，不但是糖氧化分解产物，它也可来自脂肪和蛋白质的某些氨基酸代谢。因此，三羧酸循环实际上是三大营养物在体内氧化供能的共同通路。

（2）三羧酸循环是体内糖、脂肪和蛋白质三种重要物质相互转化的枢纽：因糖和甘油在体内代谢可生成 α-酮戊二酸及草酰乙酸等三羧酸循环的中间产物，这些中间产物可以转变成为某些氨基酸；而有些氨基酸又可通过不同途径变成 α-酮戊二酸和草酰乙酸，再经糖异生途径生成糖或糖原；糖代谢中间产物和部分氨基酸也可以转变成脂肪。

（3）三羧酸循环的中间产物可参与体内其他重要物质的合成：如琥珀酰 CoA 参与血红素辅基卟啉环的合成等。

> **知识链接**
>
> ### 三羧酸循环的发现
>
> 　　三羧酸循环由 Hans Adolf Krebs 首次证实。Krebs 从小立志成为一名医生，热衷于医学研究，主要专注于细胞代谢机制领域。1937 年，Krebs 利用鸽子的胸大肌研究丙酮酸的氧化发现：一系列有机三羧酸和二羧酸以符合化学逻辑的特定顺序排列，据此 Krebs 认为这一系列反应开始和结尾是相连的，即以循环的形成存在。当 Krebs 将这一发现整理成论文，投稿至 *Nature* 杂志，却遭到杂志社拒稿，但 Krebs 坚定地认为三羧酸循环的发现有着重要的意义，并将论文转投至 *Enzymologia* 杂志，该文章很快就得以发表，且在科研界引起了巨大的轰动。事后 *Nature* 承认，拒稿这一开创性论文是 *Nature* 的最大失误。1980 年，*FEBS Letters* 又重新刊发此文，以纪念 Krebs 的杰出贡献。三羧酸循环揭开了营养物质氧化分解过程的神秘面纱，成为细胞代谢领域中一个重要的里程碑，并于 1953 年获诺贝尔生理学或医学奖。Krebs 在代谢途径方面做出了卓越贡献。除三羧酸循环外，他还发现了多种代谢循环，包括尿素循环、乙醛酸循环和尿酸循环（现称为嘌呤合成途径）。

二、糖有氧氧化的生理意义

糖的有氧氧化产能多，是机体获取能量的重要方式。它不仅产能效率高，而且由于产生的能量逐步多次释放，其中 34% 转化成 ATP，所以能量的利用率也高。1 分子葡萄糖经无氧氧化只能净生成 2 分子 ATP；而有氧氧化根据组织细胞不同可净生成 30 或 32 分子 ATP（表 5-1）。其中第一阶段糖酵解净产生 5 或 7 分子 ATP,这是由于在有氧条件下,丙酮酸进入线粒体继续氧化,而 3-磷酸甘油醛脱氢产生的 NADH+H$^+$ 不能在细胞质被利用,因此也要进入线粒体通过氧化呼吸链被氧化,并通过氧化磷酸化产生 ATP,1 分子 NADH+H$^+$ 根据进入线粒体的方式不同,产生的 ATP 数量也不等(1.5 或 2.5),所以 1 分子葡萄糖生成的 2 分子 3-磷酸甘油醛脱氢产生的 2 分子 NADH+H$^+$ 可产生 3 或 5 分子 ATP,再加上底物水平磷酸化产生的 4 分子 ATP,共产生 7 或 9 分子 ATP,减去消耗的 2 分子 ATP,第一阶段净产生 5 或 7 分子 ATP;第二阶段 2 分子丙酮酸氧化脱羧产生 2 分子乙酰 CoA 同时产生了 2 分子 NADH+H$^+$,经氧化磷酸化产生 5 分子 ATP;第三阶段是三羧酸循环,一次循环有 4 次脱氢,其中三次脱氢酶的辅酶是 NAD$^+$ 产生了 3 分子 NADH+H$^+$,一次脱氢酶的辅基是 FAD,产生 1 分子 FADH$_2$。每 1 分子 NADH+H$^+$ 经氧化磷酸化产生 2.5 分子 ATP,每 1 分子 FADH$_2$ 经氧化磷酸化产生 1.5 分子 ATP,底物水平磷酸化产生 1 分子 ATP,这样 2 分子乙酰 CoA 共产生 20 分子 ATP。

表 5-1　葡萄糖有氧氧化产生的 ATP 数量

	反　应　步　骤	辅助因子	ATP 数量
第一阶段	葡萄糖──→6-磷酸葡萄糖		−1
	6-磷酸果糖──→1,6-二磷酸果糖		−1
	3-磷酸甘油醛×2──→1,3-磷酸甘油酸×2	NAD$^+$×2──→(NADH+H$^+$)×2	3 或 5
	1,3-二磷酸甘油酸×2──→3-磷酸甘油酸×2		2
	磷酸烯醇式丙酮酸×2──→丙酮酸×2		2
第二阶段	丙酮酸×2──→乙酰 CoA×2	NAD$^+$×2──→(NADH+H$^+$)×2	5
第三阶段	异柠檬酸×2──→α-酮戊二酸×2	NAD$^+$×2──→(NADH+H$^+$)×2	5
	α-酮戊二酸×2──→琥珀酰 CoA×2	NAD$^+$×2──→(NADH+H$^+$)×2	5
	琥珀酰 CoA×2──→琥珀酸×2	GDP×2──→GTP×2	2
	琥珀酸×2──→延胡索酸×2	FAD×2──→FADH$_2$×2	3
	苹果酸×2──→草酰乙酸×2	NAD$^+$×2──→(NADH+H$^+$)×2	5
全过程	1 分子葡萄糖彻底氧化净生成		30 或 32

三、糖有氧氧化的调节

糖有氧氧化的调节包括 3 个阶段中 7 个关键酶的调节。第一阶段糖酵解的调节在本章第二节已经叙述,下面主要讨论第二阶段丙酮酸氧化脱羧生成乙酰 CoA 和第三阶段三羧酸循环的调节。

(一) 丙酮酸脱氢酶复合体的调节

1. 变构调节　丙酮酸脱氢酶复合体受它的催化产物 ATP、乙酰 CoA 和 NADH 的变构抑制,即当脂肪动员增强时,机体利用脂肪酸供能加强,产生 ATP、乙酰 CoA 和 NADH 增多,糖代谢被抑制;相反进入三羧酸循环的乙酰 CoA 减少,AMP、CoA 和 NAD$^+$ 堆积,酶系就被变构激活。

2. 共价修饰调节　丙酮酸脱氢酶复合体的丝氨酸残基被磷酸化后,酶活性就受抑制,去磷酸化后活性就恢复,磷酸化-去磷酸化作用分别由蛋白激酶和磷蛋白磷酸酶催化。细胞内 ATP/ADP、乙酰 CoA/CoA 和 NADH/NAD$^+$ 的比值增高时,酶的磷酸化作用增强。Ca^{2+} 增加去磷酸化作用,胰岛素也可增强去磷酸化作用,从而加快丙酮酸氧化脱羧反应的速度。

(二) 三羧酸循环的调节

三羧酸循环的关键酶主要是柠檬酸合酶、异柠檬酸脱氢酶和 α-酮戊二酸脱氢酶复合体,它们主要受产物的反馈抑制来实现调节。

三羧酸循环是机体产能的主要方式,因此 ATP/ADP 与 NADH/NAD$^+$ 两者的比值是其主要调节物。ATP/ADP 比值升高,抑制柠檬酸合酶和异柠檬酸脱氢酶活性。反之,ATP/ADP 比值下降可激活上述两种酶。NADH/NAD$^+$比值升高抑制柠檬酸合酶和α-酮戊二酸脱氢酶活性。

其他一些代谢产物对酶的活性也存在负反馈调节,如柠檬酸抑制柠檬酸合酶活性,而琥珀酰 CoA 抑制α-酮戊二酸脱氢酶活性。

当线粒体内 Ca^{2+}浓度升高时,Ca^{2+}不仅可直接与异柠檬酸脱氢酶和α-酮戊二酸脱氢酶结合,降低其对底物的 K_m 值而使酶激活;也可激活丙酮酸脱氢酶复合体,从而推动三羧酸循环和有氧氧化的进行。

(三)糖无氧氧化和有氧氧化的相互协调

在供氧充足的条件下,呈现有氧氧化对无氧氧化的抑制作用,即巴斯德(Pasteur)效应。因为氧气供给充足时 NADH+H$^+$可进入线粒体内氧化,丙酮酸进行有氧氧化而不产生乳酸;缺氧时 NADH+H$^+$不能进入线粒体被氧化,丙酮酸就作为受氢体而生成乳酸。另一方面缺氧时氧化磷酸化受抑制产生 ATP 减少,ADP/ATP 比例升高,则使磷酸果糖激酶-1活性增强,无氧氧化加强。有氧氧化与糖无氧氧化速率相互协调,满足机体对能量的需求。

知识链接

Warburg 效应

在 20 世纪初,德国科学家 O. H. Warburg 发现与大多数正常细胞不同,肿瘤细胞即使在氧气充足的情况下,也更倾向于进行葡萄糖的无氧氧化,称为 Warburg 效应,又称反巴斯德效应。这是一种特殊的细胞代谢方式,它代表着肿瘤细胞对葡萄糖利用方式由有氧氧化到无氧氧化的转变,被认为是肿瘤的一大特征。在快速增殖的肿瘤细胞中,Warburg 效应满足了细胞对于合成大分子物质的需求,提供了大量的代谢前体物质并进入各种生物合成途径中。另外,通过降低线粒体氧化代谢,可减少反应活性氧簇(ROS)的生成;同时促使更多的葡萄糖进入磷酸戊糖途径,产生还原产物 NADPH,保护细胞免受 ROS 影响,从而抑制肿瘤细胞的凋亡、促进其转移。Warburg 效应的内在机制十分复杂,可能还与癌基因的激活、糖代谢酶表达异常以及肿瘤微环境改变等有关,并且与肿瘤的发生发展过程有着密切联系。因此,Warburg 效应为研究和治疗肿瘤提供了重要研究思路和治疗靶点。

第四节 磷酸戊糖途径

磷酸戊糖途径(pentose phosphate pathway,PPP)是由 6-磷酸葡萄糖开始经过脱氢、脱羧生成磷酸戊糖,然后再回到糖酵解,又称为磷酸戊糖旁路(pentose phosphate shunt)。此过程不是产生 ATP 的主要途径,但生成了具有重要生理功能的 5-磷酸核糖和 NADPH。

一、磷酸戊糖途径的反应过程

磷酸戊糖途径在细胞质中进行,肝、脂肪、哺乳期的乳腺等组织非常活跃。其过程分为两个阶段:氧化阶段和非氧化阶段。

(一)6-磷酸葡萄糖脱氢脱羧转化成磷酸戊糖——氧化阶段

在此阶段 3 分子 6-磷酸葡萄糖生成 3 分子磷酸戊糖、3 分子 CO$_2$ 和 6 分子 NADPH+H$^+$。

1. 6-磷酸葡萄糖在 6-磷酸葡萄糖脱氢酶(又称葡糖-6-磷酸脱氢酶 glucose-6-phosphate dehydrogenase)催化下,脱氢生成 6-磷酸葡萄糖酸内酯,其辅酶为 NADP$^+$,接受氢生成 NADPH+

H^+。6-磷酸葡萄糖脱氢酶是磷酸戊糖途径的限速酶,催化不可逆反应,其活性决定6-磷酸葡萄糖进入磷酸戊糖途径的流量。

2. 6-磷酸葡萄糖酸内酯在6-磷酸葡萄糖酸内酯酶(6 - phosphate gluconolactonase)催化下,水解成6-磷酸葡萄糖酸。

3. 6-磷酸葡萄糖酸脱氢酶(6 - phosphogluconate dehydrogenase)催化6-磷酸葡萄糖酸脱氢脱羧产生5-磷酸核酮糖,受氢体仍为$NADP^+$,生成第二分子的$NADPH+H^+$。

反应如下:

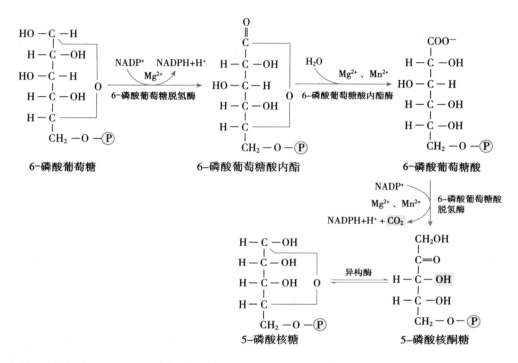

(二)基团转移阶段——非氧化阶段

在异构酶、差向异构酶、转酮醇酶、转醛醇酶等催化下,第一阶段产生的3分子磷酸戊糖进行基团转移和重排最终生成2分子6-磷酸果糖和1分子3-磷酸甘油醛。6-磷酸果糖和3-磷酸甘油醛可进入糖酵解途径。

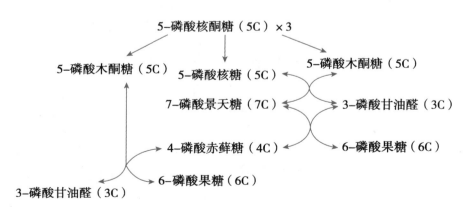

二、磷酸戊糖途径的生理意义

磷酸戊糖途径的意义就在于生成了在生物体中具有重要功能的$NADPH+H^+$和5-磷酸核糖

（又称核糖-5-磷酸）。

1. 5-磷酸核糖是合成核苷酸和核酸的重要原料 体内需要的5-磷酸核糖可通过上述磷酸戊糖途径的氧化阶段生成，也可经非氧化阶段的可逆反应过程生成，人体内主要由氧化阶段生成。

2. 产生 $NADPH+H^+$ 参与多种代谢反应 NADPH 与 NADH 不同，它携带的氢不是通过呼吸链氧化磷酸化生成 ATP，而是作为供氢体参与许多代谢反应。

（1）作为供氢体参与体内多种合成反应，如脂肪酸、胆固醇和类固醇激素的生物合成，都需要大量的 $NADPH+H^+$，因此磷酸戊糖途径在合成脂肪及固醇类化合物旺盛的肝、肾上腺、性腺、哺乳期乳腺等组织中特别活跃。

（2）NADPH 是谷胱甘肽还原酶的辅酶，对维持还原型谷胱甘肽（GSH）的相对含量具有重要作用。GSH 在体内能保护某些蛋白质中的巯基，如红细胞膜上的- SH 等，因此6-磷酸葡萄糖脱氢酶的遗传性缺陷，患者产生 $NADPH+H^+$ 减少，GSH 含量过低，红细胞易于破坏而发生溶血性贫血。常在食用蚕豆以后发病，故称为蚕豆病。

3. NADPH 参与肝生物转化反应 肝细胞内质网的加单氧酶体系以 $NADPH+H^+$ 为供氢体，参与激素、药物、毒物的生物转化过程。

三、磷酸戊糖途径的调节

6-磷酸葡萄糖脱氢酶是磷酸戊糖途径的关键酶，决定6-磷酸葡萄糖进入磷酸戊糖途径的流量。NADPH 能强烈抑制6-磷酸葡萄糖脱氢酶的活性，当 $NADPH/NADP^+$ 比值升高时，磷酸戊糖途径被抑制，反之则被激活。另外，在高糖饮食、尤其在饥饿后重饲时，肝内此酶含量明显增加，以满足机体合成脂肪酸时对 NADPH 的需要。因此，磷酸戊糖途径的流量取决于对 NADPH 的需求。

第五节 糖原的合成与分解

糖原是由多个葡萄糖组成的带分支的大分子多糖（图5-7），是动物体内糖的储存形式，也是能迅速动用的能量储备。肝和肌肉是储存糖原的主要器官，肝储存的糖原可分解为葡萄糖释放进入血液，补充血糖，但肌糖原只能被氧化为肌肉自身收缩供给能量，不能补充血糖。当细胞中能量充足时，进行糖原合成而贮存能量；当能量供应不足时，糖原分解，供应生命活动所需的能量。

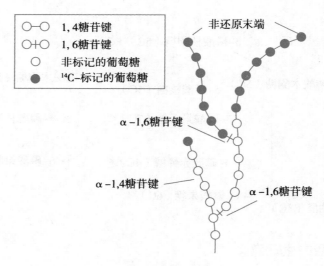

◯—◯	1,4糖苷键
◯+◯	1,6糖苷键
◯	非标记的葡萄糖
●	^{14}C-标记的葡萄糖

非还原末端

α-1,6糖苷键

α-1,4糖苷键

α-1,6糖苷键

图5-7 糖原结构

一、糖原的合成代谢

由葡萄糖合成糖原的过程称为糖原合成(glycogenesis),反应在细胞质中进行,需要 ATP 和 UTP 供能,合成反应包括以下几个步骤。

第一步,葡萄糖在己糖激酶(肝为葡萄糖激酶)作用下磷酸化生成 6-磷酸葡萄糖,消耗 1 分子 ATP。

第二步,6-磷酸葡萄糖在磷酸葡萄糖变位酶作用下生成 1-磷酸葡萄糖(又称葡糖-1-磷酸)。

第三步,1-磷酸葡萄糖在 UDPG 焦磷酸化酶(UDPG pyrophosphorylase)催化下与尿苷三磷酸(UTP)反应生成尿苷二磷酸葡萄糖(uridine diphosphate glucose,UDPG)和焦磷酸(PPi)。反应是可逆的,但因焦磷酸迅速被水解,所以反应向生成 UDPG 的方向进行。UDPG 是活性葡萄糖基的供体,其生成消耗 1 分子 UTP。

$$1\text{-磷酸葡萄糖} + UTP \underset{}{\overset{UDPG\ 焦磷酸化酶}{\rightleftharpoons}} UDPG + PPi$$

第四步,在糖原合酶(glycogen synthase)催化下,UDPG 的葡萄糖基转移至糖原引物的糖链非还原末端形成 α-1,4 糖苷键。糖原引物即较小分子糖原,机体内最初的糖原引物来自糖原蛋白(glycogenin),可作为葡萄糖基的受体,对其自身第 194 位酪氨酸残基的酚羟基进行葡萄糖基化修饰,这个结合上去的葡萄糖分子即成为糖原合成时的引物,再继续由糖原合酶催化合成糖原。

第五步,糖原合酶是糖原合成的关键酶,但它只能催化 α-1,4 糖苷键的生成,使糖原链延长,不能形成分支。当糖链延长到 11~18 个葡萄糖基时,分支酶(branching enzyme)催化将 6~7 个葡萄糖残基寡糖直链转移到另一链的葡萄糖基的 C_6 位,形成 α-1,6 糖苷键,在其非还原性末端可继续由糖原合酶催化进行糖链的延长(图 5-8)。

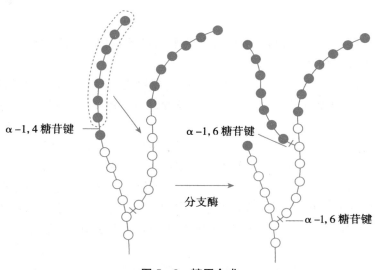

图 5-8 糖原合成

合成糖原是一个耗能的过程。葡萄糖磷酸化时消耗 1 分子 ATP,合成 UDPG 时,消耗 1 分子 UTP。所以,在糖原引物上,每增加 1 个葡萄糖单位,共消耗 2 个高能磷酸键。糖原合成反应中生成的 UDP 需利用 ATP 重新生成 UTP,即 ATP 中高能键转移给 UDP,但无高能磷酸键的损失。

知识链接

糖醛酸途径

糖醛酸途径(glucuronate pathway)指葡萄糖经过葡萄糖醛酸衍生物最终转变为木酮糖的代谢途径。此途径在葡萄糖代谢中仅占很小一部分,主要在肝脏和红细胞中进行。6-磷酸葡萄糖转变为UDPG(见糖原合成途径)后,在UDPG脱氢酶催化下氧化为尿苷二磷酸葡糖醛酸(uridine diphosphate glucuronic acid, UDPGA),再经一系列反应转变为5-磷酸木酮糖(又称木酮糖-5-磷酸,xylulose-5-phosphate)而进入磷酸戊糖途径(如图5-9)。此途径不仅可生成葡糖醛酸,还可提供维生素C。但人和其他灵长类目动物及豚鼠缺乏L-古洛糖酸内酯氧化酶,因此不能合成维生素C,需从食物中摄取。

人体糖醛酸途径的主要生理意义在于生成重要物质UDPGA,作为葡糖醛酸的活性供体。葡糖醛酸参与肝内生物转化中的结合反应,与许多代谢产物、药物或毒物结合而增加其水溶性,从而促进其排泄(参见本书第十六章)。葡糖醛酸也参与许多蛋白聚糖(如硫酸软骨素、透明质酸和肝素等)的生物合成。

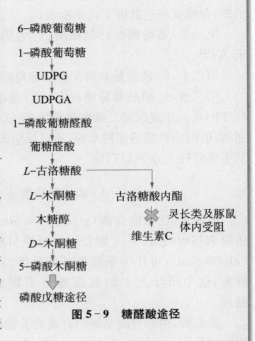

图 5-9 糖醛酸途径

二、糖原的分解代谢

糖原分解(glycogenolysis)通常指肝糖原分解为葡萄糖的过程,它不是糖原合成的逆反应。反应也在胞质中进行,基本过程如下。

第一步,糖原分解的第一步是糖原的非还原末端葡萄糖残基的α-1,4糖苷键断裂,生成1-磷酸葡萄糖和少1个葡萄糖基的糖原分子。反应由糖原磷酸化酶(glycogen phosphorylase)催化,此反应是不可逆反应。

第二步,1-磷酸葡萄糖在磷酸葡萄糖变位酶作用下生成6-磷酸葡萄糖。

第三步,6-磷酸葡萄糖在葡萄糖-6-磷酸酶作用下水解磷酸基团,生成游离葡萄糖,进入血液循环。因为肌肉中缺乏葡萄糖-6-磷酸酶,所以肌糖原不能分解为游离的葡萄糖补充血糖。

糖原磷酸化酶是糖原分解的关键酶,但它只作用于糖原分子非还原末端的α-1,4糖苷键,并且在距分支处4个葡萄糖残基时就不再起作用,残留部分由脱支酶(debranching enzyme)催化。

第四步,脱支酶是一种双功能酶,功能之一是α-葡聚糖基转移酶(α-D-glucanotransferase)活性,即将糖原上四葡聚糖分支链上的三葡聚糖基转移到相邻糖原分子末端形成α-1,4糖苷键,只留下1个葡萄糖残基,使相邻糖链延长3个葡萄糖基;另一功能是α-1,6葡萄糖苷酶活性,催化剩下的1个葡萄糖基水解生成游离葡萄糖,在磷酸化酶与脱支酶的协同和反复的作用下,糖原进行分解(图5-10)。

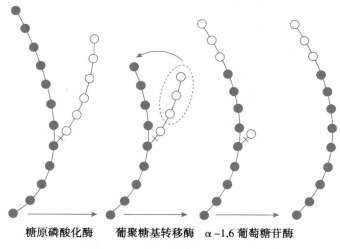

糖原磷酸化酶　　葡聚糖基转移酶　　α-1,6 葡萄糖苷酶

图 5-10　糖原的分解过程

三、糖原合成和分解代谢的调节

糖原的合成和分解不是简单的逆反应过程，而是两条不同的途径。糖原合酶和糖原磷酸化酶分别是糖原合成与分解代谢中的关键酶，它们均受到变构与共价修饰双重调节。

1. 变构调节　6-磷酸葡萄糖可激活糖原合酶，刺激糖原合成；ATP、6-磷酸葡萄糖和葡萄糖是糖原磷酸化酶的变构抑制剂，所以当糖和能量供应充足时，糖原分解减少；而 AMP 则与 ATP 有竞争作用，是磷酸化酶的变构激活剂，使糖原分解加速。Ca^{2+} 可同时激活磷酸化酶 b 激酶和磷酸化酶，促进糖原分解。

2. 共价修饰调节　糖原合酶分为两种形式。去磷酸化的糖原合酶有活性，磷酸化的糖原合酶即失去活性。催化其磷酸化的是 cAMP 依赖蛋白激酶 A（cAMP dependent protein kinase A，PKA），也可以通过磷蛋白磷酸酶去磷酸而获得活性。

磷酸化酶有 a、b 两种形式。磷酸化酶 a 是由相同亚基组成的四聚体，磷酸化酶 b 是二聚体。磷酸化酶 b 在磷酸化酶 b 激酶作用下，分子中 14 位的丝氨酸被磷酸化，变成有活性的磷酸化酶 a。而磷酸化酶 a 也可被磷蛋白磷酸酶水解成无活性的磷酸化酶 b。

体内肾上腺素、胰高血糖素等激素可通过 cAMP 级联酶促反应，形成一个控制糖原合成与分解的调控系统（图 5-11）。当机体受到某些因素影响，如血糖浓度下降、应激等，胰高血糖素和肾上腺素等激素分泌增加。这两种激素与肝或肌肉等组织细胞膜受体结合，由 G 蛋白介导活化腺苷酸环化酶，使 cAMP 生成增加；cAMP 使 cAMP 依赖的蛋白激酶 A 活化；活化的蛋白激酶 A 一方面使有活性的糖原合酶磷酸化为无活性的糖原合酶，另一方面使无活性的磷酸化酶 b 激酶磷酸化为有活性的磷酸化酶 b 激酶，活化的磷酸化酶 b 激酶进一步使无活性的磷酸化酶 b 磷酸化转变为有活性的磷酸化酶 a；另一方面，PKA 也使磷蛋白磷酸酶抑制剂磷酸化而获得活性，抑制上述酶的去磷酸化。上述调节的最终结果是抑制糖原生成，促进糖原分解，肝糖原分解使血糖浓度升高，肌糖原分解用于产生能量。胰岛素则是通过激活磷酸二酯酶使 cAMP 浓度降低，使 PKA 失活而起相反作用。

四、糖原积累症

糖原积累症（glycogen storage disease）是一种遗传性代谢病，其疾病特点是由于糖原代谢相关酶的遗传性缺陷导致某些组织器官有大量糖原堆积。由于所缺陷酶在糖原代谢中的作用不同、受累器官不同、糖原的结构不同，对健康的影响也有所不同。例如，缺乏肝磷酸化酶时，患者由于肝糖原沉积

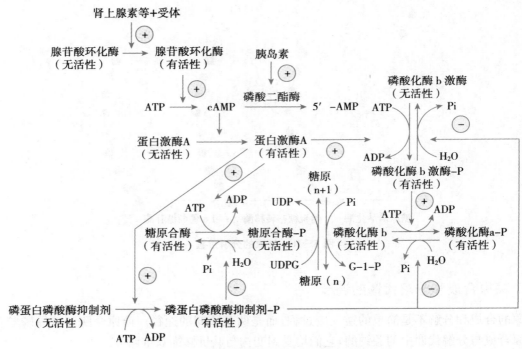

图 5-11 糖原合成和分解的共价修饰调节

⊕表示激活,⊖表示抑制

而导致肝大,但不影响生长,无严重后果。缺乏葡萄糖-6-磷酸酶时,6-磷酸葡萄糖不能转变成葡萄糖,即肝糖原不能转变成葡萄糖进入血液维持血糖,后果较严重。溶酶体中的 α-1,4 糖苷酶和 α-1,6 糖苷酶可分别水解 α-1,4 糖苷键和 α-1,6 糖苷键,此酶缺乏时所有组织均受损,患者常因心肌受损而突然死亡。糖原积累症常见类型如表 5-2。

表5-2 糖原积累症

缺陷酶	受累器官	糖原结构
葡萄糖-6-磷酸酶	肝、肾	正常
溶酶体 α-1,4-糖苷酶和 α-1,6-糖苷酶	所有组织	正常
脱支酶	肝、肌肉	分支多,外周糖链短
分支酶	所有组织	分支少,外周糖链长
肌磷酸化酶	肌肉	正常
肝磷酸化酶	肝	正常
肌肉和红细胞磷酸果糖激酶	肌肉、红细胞	正常
肝磷酸化酶 b 激酶	肝、脑	正常

第六节 糖 异 生

非糖物质转变为葡萄糖或糖原的过程称为糖异生(gluconeogenesis)。非糖物质主要有生糖氨基酸、有机酸(乳酸、丙酮酸和三羧酸循环中的各种羧酸)和甘油等。

肝是进行糖异生的主要器官。长期饥饿和酸中毒时肾中的糖异生作用大大加强。

一、糖异生的反应过程

糖异生的大多数反应步骤是糖酵解的逆反应,但已糖激酶、磷酸果糖激酶-1 和丙酮酸激酶三个关键酶催化的 3 个反应不可逆,需由不同的酶来催化逆行过程。这种由不同的酶催化的单向反应,形成两个反应物互变的循环称为底物循环。

1. 丙酮酸生成磷酸烯醇式丙酮酸　由糖酵解中丙酮酸激酶催化的反应在糖异生中是由两步反应来完成的。首先丙酮酸羧化酶(pyruvate carboxylase)催化丙酮酸转变为草酰乙酸,其辅酶为生物素;然后再由磷酸烯醇式丙酮酸羧激酶(phosphoenolpyruvate carboxykinase)催化草酰乙酸生成磷酸烯醇式丙酮酸。

$$CO_2 + 丙酮酸 \xrightarrow[\text{ATP} \quad \text{Pi}+\text{ADP}]{} 草酰乙酸 \xrightarrow[\text{GTP} \quad \text{GDP}]{} 磷酸烯醇式丙酮酸 + CO_2$$

这个过程中消耗两个高能磷酸键(其中一个来自 ATP,另一个来自 GTP),而在糖酵解中由磷酸烯醇式丙酮酸生成丙酮酸只产生 1 个 ATP。

由于丙酮酸羧化酶仅存在于线粒体内,所以丙酮酸进入线粒体后才能羧化生成草酰乙酸;而磷酸烯醇式丙酮酸羧激酶既存在于线粒体又存在于胞质,因此草酰乙酸既可在线粒体中直接转变为磷酸烯醇式丙酮酸再进入胞质,也可在进入胞质以后再转变为磷酸烯醇式丙酮酸,但草酰乙酸不能通过线粒体膜,其进入胞质的方式有两种:一种是经苹果酸脱氢酶作用,将其还原成苹果酸,供氢体为 $NADH+H^+$,然后以苹果酸的形式穿过线粒体膜进入胞质,再由胞质中的苹果酸脱氢酶催化,将苹果酸脱氢氧化为草酰乙酸而进入糖异生途径。由此可见,以苹果酸代替草酰乙酸穿过线粒体膜不仅解决了糖异生所需要的碳,同时又从线粒体内带出一对氢原子,以 $NADH+H^+$ 的形式使 1,3-二磷酸甘油酸还原生成 3-磷酸甘油醛,从而保证糖异生顺利进行;另一种方式是经天冬氨酸氨基转移酶的催化,生成天冬氨酸后再穿出线粒体,进入胞质中的天冬氨酸再经胞质中天冬氨酸氨基转移酶催化而生成草酰乙酸(图 5-12)。

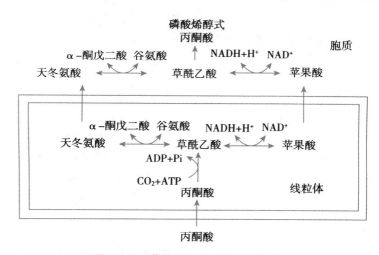

图 5-12　草酰乙酸穿出线粒体的方式

2. 1,6-二磷酸果糖生成 6-磷酸果糖　是糖异生作用的关键步骤,反应由果糖二磷酸酶-1 (fructose bisphosphatase-1)催化。此过程是放热过程,但不生成 ATP。

$$1,6-二磷酸果糖 + H_2O \rightarrow 6-磷酸果糖 + Pi$$

3. 6-磷酸葡萄糖生成葡萄糖　由葡萄糖-6-磷酸酶(glucose-6-phosphatase)催化,此酶主要存在于肝和肾,因此肝和肾为糖异生的主要器官。

$$6-磷酸葡萄糖 \xrightarrow{\quad 葡萄糖-6-磷酸酶 \quad} 葡萄糖$$

（H₂O、Pi）

糖异生反应过程与糖酵解的反应过程见图5-13。

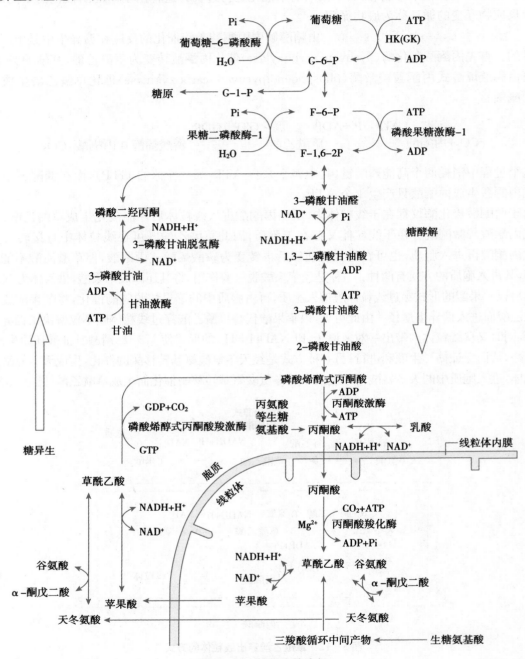

图 5-13 糖异生的途径

4. 不同糖异生原料的糖异生过程 糖异生作用的主要原料有乳酸、甘油和生糖氨基酸等。乳酸在乳酸脱氢酶作用下转变为丙酮酸，并利用 NADH＋H⁺ 提供的一对氢，经前述糖异生途径生成糖，糖异生是耗能过程，由 2 分子乳酸生成 1 分子葡萄糖需消耗 6 个高能磷酸键；甘油被磷酸化生成 3-磷酸甘油后，氧化成磷酸二羟丙酮，再循糖酵解逆行过程合成糖；生糖氨基酸则通过多种渠道成为糖酵解或糖有氧氧化过程中的中间产物，然后通过不同的方式进入糖异生途径生成糖；三羧酸循环中的各种羧酸则可转变为草酰乙酸,然后生成糖,如图 5-13。

二、糖异生的生理意义

1. 维持饥饿状态下血糖浓度的相对恒定　葡萄糖是体内主要的能源物质,即使在饥饿状况下,大脑、骨髓、神经等组织也主要依赖葡萄糖氧化供能,而成熟红细胞因为没有线粒体则完全依赖糖的无氧氧化供能。长期饥饿导致肝糖原耗尽后,主要依靠糖异生维持血糖水平恒定,对保证上述组织能量供应具有重要意义。

2. 补充肝糖原　肝糖原的合成与分解非常活跃,糖异生是补充肝糖原的重要途径。原因有两个方面:一方面转运葡萄糖进入肝细胞的 GLUT-2 对葡萄糖的亲和力低,其 K_m 是其他 GLUT 的 10~15 倍;另一方面肝细胞中葡萄糖激酶对葡萄糖的亲和力也低,其 K_m 是己糖激酶的百倍,所以肝细胞利用游离葡萄糖合成肝糖原的能力较低,因此通过糖异生恢复肝糖原是重要途径。在饥饿进食后,肝脏中相当一部分摄入的葡萄糖先分解成丙酮酸、乳酸等三碳化合物,后者再异生成糖,合成肝糖原。因此,这一途径也称为肝糖原合成的三碳途径。

3. 促进乳酸的再利用　在激烈运动时,肌肉糖酵解增强生成大量乳酸,后者经血液循环运到肝可再合成肝糖原和葡萄糖,因而使不能直接产生葡萄糖的肌糖原间接转变成血糖,形成乳酸循环(又称 Cori 循环)(图 5-14)。乳酸循环既可利用乳酸分子中的能量,更新肌糖原,补充血糖,又可防止乳酸性酸中毒的发生。

4. 调节酸碱平衡　长期饥饿时肾的糖异生可以明显增强,当肾中 α-酮戊二酸经草酰乙酸而加速异生成糖后,可因 α-酮戊二酸的减少而促进谷氨酰胺脱氨基生成谷氨酸,以及谷氨酸的脱氨基作用,脱下的氨经肾小管上皮细胞分泌至管腔中,与原尿中 H^+ 结合生成 NH_4^+,降低了原尿中 H^+ 的浓度,有利于 H^+-Na^+ 交换的进行,对于防止酸中毒有重要作用。

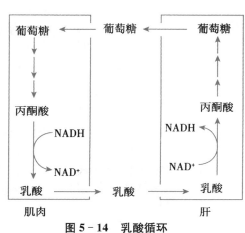

图 5-14　乳酸循环

三、糖异生的调节

由于糖异生与糖酵解两条途径的反应过程中大多数是可逆的,所以通过调节两条途径中催化不可逆反应的关键酶的活性,进而调节底物循环的方向,糖异生途径加强时糖酵解被抑制,反之亦然。糖异生的关键酶主要有丙酮酸羧化酶、磷酸烯醇式丙酮酸羧激酶、果糖二磷酸酶-1 和葡萄糖-6-磷酸酶。糖异生与糖酵解形成的底物循环主要有以下两个。

1. 6-磷酸果糖与 1,6-二磷酸果糖的循环　糖酵解中磷酸果糖激酶-1 催化 6-磷酸果糖生成 1,6-二磷酸果糖,而糖异生时果糖二磷酸酶-1 催化相反的反应,若二者反应速度等同,此循环即为无效循环,且损失 ATP。高等生物存在精密的调节机制,在某一状态下使循环只向一个方向进行。例如AMP、2,6-二磷酸果糖是磷酸果糖激酶-1 的变构激活剂,同时也是果糖二磷酸酶-1 强烈抑制剂。进食后血糖升高,胰岛素分泌增高,胰高血糖素分泌降低,2,6-二磷酸果糖升高,糖异生抑制而糖酵解加强;相反饥饿时胰高血糖素分泌升高,通过依赖于 cAMP 的蛋白激酶 A 使磷酸果糖激酶-2 磷酸化而失活,果糖二磷酸酶-2 被激活,2,6-二磷酸果糖浓度降低,不能有效激活磷酸果糖激酶-1,使糖异生增强而糖酵解抑制(图 5-15)。

2. 磷酸烯醇式丙酮酸与丙酮酸的循环　1,6-二磷酸果糖是丙酮酸激酶的变构激活剂,胰高血糖素既可通过依赖于 cAMP 的蛋白激酶抑制 2,6-二磷酸果糖的合成,减少 1,6-二磷酸果糖生成,又可通过依赖于 cAMP 的蛋白激酶使丙酮酸激酶磷酸化而失活,从而抑制糖酵解;胰高血糖素也可诱导磷酸烯醇式丙酮酸羧激酶表达,因此使循环向着糖异生方向进行。胰岛素的作用则相反。

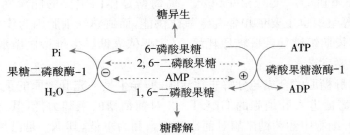

图 5-15 6-磷酸果糖与 1,6-二磷酸果糖循环的调节

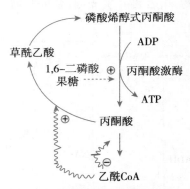

图 5-16 磷酸烯醇式丙酮酸与丙酮酸循环的调节

饥饿情况下,脂肪动员增加,组织蛋白质分解加强,血浆中甘油和氨基酸增高;激烈运动时,血乳酸含量剧增,都可促进糖异生作用。

脂肪酸 β-氧化产生大量的乙酰 CoA 可以抑制丙酮酸脱氢酶复合体,使丙酮酸大量蓄积,为糖异生提供原料,同时乙酰 CoA 又可激活丙酮酸羧化酶,加速丙酮酸生成草酰乙酸,使糖异生作用增强(图 5-16)。

此外,乙酰 CoA 与草酰乙酸缩合生成柠檬酸,由线粒体内透出而进入细胞质中,可以抑制磷酸果糖激酶-1,使果糖二磷酸酶-1 活性升高,抑制糖的分解,促进糖异生。

大部分糖尿病患者的糖异生作用较强,因此空腹血糖较高,其治疗药物是抑制糖异生,例如二甲双胍是较早应用的抑制糖异生的药物。

第七节 血糖及其调节

血液中的葡萄糖称为血糖(blood sugar,blood glucose)。血糖浓度有一定的生理波动范围,正常空腹血糖浓度是 3.89～6.11mmol/L。血糖是反映体内糖代谢状况的一项重要指标。正常人血糖可经肾小球滤过,但全部都被肾小管吸收,当血糖的浓度高于 8.89～10.00mmol/L 时,超过肾小管重吸收的能力,就可出现糖尿现象。通常将出现糖尿时的血糖浓度称为肾糖阈(renal threshold of glucose)。

进食后,由于大量葡萄糖吸收入血,血糖升高,但一般在 2 小时后恢复到正常范围。血糖水平的恒定对于保证人体各组织器官,特别是脑和成熟红细胞的正常功能活动极为重要。脑组织主要依靠糖的有氧氧化供能,饥饿时血糖浓度可略低于正常水平,但由于脂肪动员加强,肌肉等组织主要利用脂肪酸供能,血液中的葡萄糖主要供给大脑和红细胞等,一般不会影响生理功能。严重饥饿时大脑也会利用酮体供能(见本书第六章),节约葡萄糖供给红细胞利用。

一、血糖的来源和去路

血糖的来源有:①食物中的糖类物质经消化吸收进入血中,这是血糖的主要来源;②肝糖原分解生成葡萄糖入血,这是空腹早期血糖的直接来源;③糖异生作用是饥饿或空腹状况下血糖的重要来源。

血糖的去路有：①葡萄糖在各组织细胞中氧化分解供能，这是血糖的主要去路；②在肝和肌肉等组织合成糖原；③转变为非糖物质，如脂肪、非必需氨基酸等；④转变成其他糖类及糖的衍生物，如核糖、脱氧核糖等；⑤当血糖浓度高于 8.89mmol/L 时，则随尿排出，形成糖尿。

血糖的来源与去路总结如图 5-17 所见。

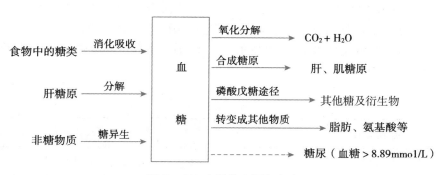

图 5-17 血糖的来源和去路

二、血糖浓度的调节

血糖浓度主要受激素的调节，调节血糖浓度的激素可分为两大类：降低血糖浓度的激素，即胰岛素；升高血糖的激素，包括胰高血糖素、肾上腺素、糖皮质激素和生长激素等。这两类激素的作用互相对立又互相制约，通过激素协调调节糖、脂肪、氨基酸代谢，从而控制血糖的来源与去路，使血糖浓度达到动态平衡，维持机体生理功能。

1. **胰岛素** 是胰岛 β 细胞分泌的一种蛋白类激素，由 51 个氨基酸组成。其分泌受血糖浓度影响，血糖升高时，胰岛素分泌增多；血糖下降时，胰岛素分泌减少。目前认为，胰岛素是体内唯一降低血糖的激素，且可以同时促进糖原、脂肪和蛋白质合成。

胰岛素调节血糖的机制是：①促进肌肉和脂肪组织等细胞膜 GLUT 将葡萄糖转运进入细胞进行代谢；②诱导葡萄糖激酶、磷酸果糖激酶-1 和丙酮酸激酶的合成，加速细胞内葡萄糖的分解利用；③增强磷酸二酯酶活性，使细胞内 cAMP 降解，从而激活糖原合酶、抑制磷酸化酶，使糖原合成增加，抑制糖原分解；④cAMP 浓度降低，磷蛋白磷酸酶活性增加，激活丙酮酸脱氢酶复合体，促进丙酮酸氧化为乙酰 CoA，进而加快糖的有氧氧化；⑤降低 cAMP 浓度，一方面抑制激素敏感性三酰甘油脂肪酶的活性，减少脂肪动员；另一方面糖氧化产生乙酰 CoA 的增多和激活磷蛋白磷酸酶使乙酰 CoA 羧化酶去磷酸化而复活，促进脂肪酸合成和脂肪合成；⑥通过抑制磷酸烯醇式丙酮酸羧激酶的合成以及促进氨基酸进入肌肉组织进一步合成蛋白质，减少糖异生原料等，抑制肝内糖异生。

2. **胰高血糖素** 是胰岛 α 细胞合成和分泌的，由 29 个氨基酸组成的肽类激素。其分泌也受血糖浓度调节，血糖降低时胰高血糖素分泌增加，高血糖时胰高血糖素分泌则减少。

胰高血糖素主要通过提高靶细胞内 cAMP 含量达到调节血糖浓度的目的。细胞内的 cAMP 激活依赖 cAMP 的蛋白激酶（PKA），后者通过共价修饰改变细胞内参与糖代谢的多种酶的活性：①激活磷酸化酶，抑制糖原合酶，使糖原分解增强、合成减少，血糖升高；②抑制磷酸果糖激酶-2，使 2,6-二磷酸果糖浓度降低，减弱了对磷酸果糖激酶-1 的变构激活，抑制糖的氧化分解；③2,6-二磷酸果糖浓度的降低，解除了对果糖二磷酸酶-1 的变构抑制作用，另外胰高血糖素也促进磷酸烯醇式丙酮酸羧激酶的合成，进而促进糖异生，使血糖升高；④激活激素敏感性三酰甘油脂肪酶，加速脂肪的动员和氧化供能，为糖异生提供甘油及减少组织对糖的利用。

3. **肾上腺素** 主要是在应激状态下发挥升高血糖的作用，且作用强大。其机制主要是通过肝和肌细胞膜受体-cAMP-蛋白激酶级联激活磷酸化酶，加速糖原分解。肝糖原分解为葡萄糖，而肌糖原则分解为乳酸,然后通过乳酸循环间接升高血糖。

4. 糖皮质激素 肾上腺皮质分泌的糖皮质激素可升高血糖,其可能的机制主要有两个方面:①促进肌肉蛋白质分解,释放较多氨基酸转运至肝,为糖异生提供原料,此时可增加糖异生的关键酶磷酸烯醇式丙酮酸羧激酶的合成,使糖异生加强,血糖升高;②通过抑制丙酮酸的氧化脱羧而减少肝外组织摄取和利用葡萄糖。另外在糖皮质激素存在时,其他脂解激素才能发挥最大的作用,使脂肪动员加强,释放较多的游离脂肪酸氧化供能,抑制糖的氧化利用,使血糖升高。

5. 生长激素 也可影响血糖水平,使血糖水平升高,但在生理性调节中居次要地位。

以上激素调节血糖的机制见表 5-3。

表5-3 激素对血糖浓度的调节作用

降血糖激素		升血糖激素	
名称	血糖调节机制	名称	血糖调节机制
胰岛素	1. 促进肌肉、脂肪组织等摄取血液中的葡萄糖 2. 促进细胞内葡萄糖的氧化分解 3. 促进糖原合成,抑制糖原分解 4. 促进糖转变为脂肪 5. 抑制肝内糖异生	胰高血糖素	1. 抑制糖原合成,促进糖原分解 2. 抑制糖的氧化分解 3. 促进糖异生 4. 促进脂肪分解供能
		肾上腺素	1. 促进肝糖原分解为葡萄糖 2. 促进肌糖原分解为乳酸再转变成葡萄糖 3. 促进糖异生
		糖皮质激素	1. 促进肝外组织蛋白质分解为氨基酸 2. 促进肝内糖异生 3. 抑制肝外组织摄取利用葡萄糖
		生长激素	主要为抗胰岛素作用

三、血糖浓度的异常

1. 高血糖与糖尿病 高血糖(hyperglycemia)是指空腹血糖高于 7.0mmol/L。饮食对血糖浓度有一定影响。但临床上最常见的病理性高血糖症是糖尿病。糖尿病是一种以糖代谢紊乱为主要表现的慢性、复杂的代谢性疾病,其机制主要是由于胰岛素相对或绝对不足,或因胰岛素受体遗传性缺陷而导致利用葡萄糖障碍而引起。糖尿病的临床特征是血糖浓度持续升高,甚至高出肾糖阈而出现糖尿。重症患者常伴有脂质、蛋白质代谢紊乱、水电解质紊乱和酸碱平衡失调,甚至出现心、肾、神经、皮肤、视网膜等器官的并发症,重者可致死亡。临床上将糖尿病分为 1 型糖尿病、2 型糖尿病、妊娠期糖尿病及其他特殊类型糖尿病。其中 2 型糖尿病与肥胖密切相关,占比超过 90%。

糖尿病时常见血糖升高,这是因为胰岛素/胰高血糖素比值降低或胰岛素受体遗传性缺陷,导致上述胰岛素调节血糖的能力下降,葡萄糖转运进入组织细胞减少,组织细胞的糖分解代谢速率降低、糖原合成及脂肪合成作用等途径不易启动,使血糖的去路受阻;尽管血糖浓度较高,但肝糖原分解和糖异生作用不能有效抑制,使血糖来源增加,导致血糖水平持续维持高浓度。

糖尿病患者空腹时出现高血糖,主要原因是患者糖异生作用增强。一般糖异生的速度主要依赖于胰岛素与胰高血糖素、肾上腺素、皮质醇等激素之间的平衡,其中胰高血糖素是最重要的增强糖异生的激素,而胰岛素是唯一抑制糖异生的激素。由于胰岛素/胰高血糖素比值降低,抑制糖异生的激素不能有效发挥作用,而且在患者能量供给短缺的情况下,体内脂肪和蛋白质降解为糖异生提供了大量原料,进一步促进糖异生作用,空腹血糖来源增多,血糖的去路受阻,结果是患者在饥饿状态下,血中葡萄糖浓度仍持续升高。

血糖过高可经肾排出,引起糖尿,并产生渗透性利尿。一般糖尿病患者在肾功能正常的情况下,血糖浓度一般不会超过 28mmol/L。但有些未规范治疗的老年患者，不但血糖升高，而且同时伴有肾功能障碍，其血糖含量可极度升高，使细胞外液的渗透压急剧上升，引起脑细胞脱水，同时出现高渗性高血糖昏迷。在糖尿病患者中，高渗性高血糖性昏迷的死亡率高于糖尿病酮症酸中毒。

2. 低血糖症（hypoglycemia）　是指空腹血糖浓度低于 3.0mmol/L，临床常出现一系列因血糖浓度过低而引起的症状。

低血糖是由于血糖的来源小于去路，摄入糖类减少或消化吸收障碍、肝糖原分解减少、糖异生作用受抑制或遗传性酶缺陷，也可以因组织消耗利用葡萄糖增多和加速所致。

引起低血糖的原因很多，较常见的原因有：①胰岛 β 细胞增生和肿瘤等病变使胰岛素分泌过多，胰岛素/胰高血糖素比值增大，致血糖来源减少，去路增加，造成血糖降低；②使用胰岛素或其他降血糖药物过量；③垂体前叶或肾上腺皮质功能减退，分泌及释放糖皮质激素减少，对抗胰岛素能力下降，结果与胰岛素分泌过多相同；④由于肝在糖代谢和调节血糖浓度中具有重要地位，肝功能严重损害时不能有效地调节血糖，当糖摄入不足时很易发生低血糖；⑤长期饥饿的患者糖供应不足、剧烈运动或高热患者因代谢率增加，血糖消耗过多也可导致低血糖。血糖水平低于正常值较多，脑组织因能量供给不足而引起功能障碍，常出现头晕、头痛，甚至昏迷。

小　结

● **糖的消化、吸收和转运**

糖是人体和其他有机体最重要的能量来源。糖类分为结合糖、多糖、寡糖和单糖，体内最主要的单糖是葡萄糖。淀粉等食物中的多糖大部分是在小肠中被消化，然后以葡萄糖等单糖形式吸收。细胞膜上依赖于 Na^+ 的单糖转运系统在单糖的吸收中发挥重要作用。

● **糖的无氧氧化**

机体内糖代谢过程较复杂，包括分解代谢和合成代谢。分解代谢途径主要有糖的无氧氧化、糖的有氧氧化、磷酸戊糖途径和糖原的分解等；合成代谢有糖异生作用、糖原的合成等。

糖的无氧氧化是葡萄糖在无氧条件下分解成乳酸并生成 ATP 的过程。反应部位在胞质，可分为两个阶段。第一阶段是葡萄糖分解成丙酮酸，脱去的 2 个 H 为 NAD^+ 所接受形成 $NADH+H^+$；第二阶段是丙酮酸在乳酸脱氢酶催化下还原成乳酸，由 $NADH+H^+$ 提供还原反应所需要的 2 个 H。1 分子葡萄糖经糖的无氧氧化共生成 4 分子 ATP，减掉消耗的 2 分子 ATP 净生成 2 分子 ATP。无氧氧化中的关键酶是己糖激酶、磷酸果糖激酶-1 和丙酮酸激酶，其中磷酸果糖激酶-1 是最重要的调节点。

● **糖的有氧氧化**

糖的有氧氧化是葡萄糖在有氧条件下氧化生成 CO_2 和水并释放大量能量的过程，是糖在体内主要的氧化方式。首先，酵解产物丙酮酸在丙酮酸脱氢酶系催化下氧化脱羧生成乙酰 CoA，再进入三羧酸循环和氧化磷酸化被完全氧化。1 分子乙酰 CoA 经三羧酸循环氧化共生成 10 分子 ATP。每分子葡萄糖经有氧氧化净产生 30 或 32 分子 ATP。三羧酸循环的关键酶是柠檬酸合酶、异柠檬酸脱氢酶和 α-酮戊二酸脱氢酶复合体。

● **磷酸戊糖途径**

磷酸戊糖途径是 6-磷酸葡萄糖经代谢生成磷酸戊糖，后者再经基团转移又生成 3-磷酸甘油醛或 6-磷酸果糖的过程，许多组织的胞质均可进行。其主要过程是 6-磷酸葡萄糖脱氢生成 6-酸葡萄糖酸，再脱氢、脱羧生成 5-磷酸核糖，最后经转酮醇反应和转醛醇反应，以 3-磷酸甘油醛、6-磷酸果糖与酵解相联系。5-磷酸核糖是合成核苷酸的重要原料，$NADPH+H^+$ 参与各种生物反应。磷酸戊糖途径的限速酶是 6-磷酸葡萄糖脱氢酶，其活性决定 6-磷酸葡萄糖进入磷酸戊糖途径的流量。

- **糖原的合成与分解**

糖原合成是由葡萄糖合成糖原的过程,主要在肝和肌肉组织进行。其过程是葡萄糖经6-磷酸葡萄糖、1-磷酸葡萄糖和UDPG合成糖原。糖原分解是指肝糖原分解为葡萄糖的过程。其过程是在糖原磷酸化酶、磷酸葡萄糖变位酶和葡萄糖-6-磷酸酶作用下转化为葡萄糖。在肌肉中由于缺乏葡萄糖-6-磷酸酶,肌糖原不能分解成游离葡萄糖为血液提供葡萄糖。肝糖原的合成和分解控制血糖浓度,肌糖原酵解给肌肉活动提供能量。糖原分解和合成的关键酶分别是磷酸化酶和糖原合酶,它们受共价修饰调节和变构调节。

- **糖异生**

糖异生作用是指非糖物质(如甘油、生糖氨基酸和乳酸等)合成葡萄糖和糖原的过程,主要在肝、肾中进行。该途径的大多数步骤是糖酵解的逆反应,但糖酵解中三步不可逆反应需由丙酮酸羧化酶、磷酸烯醇式丙酮酸羧激酶、果糖二磷酸酶-1、葡萄糖-6-磷酸酶催化逆行。由2分子乳酸生成1分子葡萄糖需消耗6个高能磷酸键。

- **血糖及其调节**

血液中的葡萄糖称为血糖。正常情况下,血糖的来源和去路保持动态平衡,空腹血糖浓度维持在3.89～6.11mmol/L,血糖受到胰岛素、胰高血糖素、肾上腺素、糖皮质激素、生长激素等调节。胰岛素通过多种机制调节使血糖浓度降低,而胰高血糖素、肾上腺素等则使血糖浓度升高。

(张　盈)

第六章

脂 质 代 谢

本章课件

学 习 指 南

重点

1. 必需脂肪酸、脂肪动员的概念。
2. 脂肪酸的 β-氧化。
3. 酮体的生成、利用及生理、病理意义。
4. 血浆脂蛋白的分类、组成、来源及生理功能。

难点

1. 脂肪酸和脂肪的合成过程和途径。
2. 胆固醇的合成部位、原料和基本过程及胆固醇在体内的代谢转变。
3. 甘油磷脂的合成及分解代谢。
4. 血浆脂蛋白代谢。

脂质(lipid)是生物体内一类难溶于水而易溶于有机溶剂的重要有机化合物,分为脂肪(fat)和类脂(lipoid)两大类。脂肪即三脂酰甘油(简称"三酰甘油",triacylglycerol),也称为甘油三酯(triglyceride,TG),由 1 分子甘油(glycerol)与 3 分子脂肪酸(简称"脂酸",fatty acid)通过酯键结合而生成。类脂包括胆固醇(cholesterol,Ch)及胆固醇酯(cholesteryl ester,CE)、磷脂(phospholipid,PL)和糖脂(glycolipid,GL)等。

第一节 脂 质 概 述

一、脂质的生理功能

(一)脂肪的功能

1. 储能和供能 脂肪是体内储存能量和氧化供能的重要物质,通常人体活动所需能量的 20%～30% 由脂肪氧化提供。在体内彻底氧化 1g 脂肪可释放出 38.9kJ(9.3kcal)能量,而 1g 糖或 1g 蛋白质彻底氧化只能释放出 17kJ 能量。体内可储存大量三酰甘油,可达体重的 1/5 左右,在体内储存时几乎不结合水,所占体积小,为同重量糖原所占体积的 1/4,这样在单位体积内可储存较多的能量。

2. 保持体温和保护内脏器官 脂肪不易导热,皮下脂肪组织可防止热量散失而保持体温;内脏周围的脂肪组织能缓冲外界的机械冲击,使内脏器官免受损伤。

知识链接

脂肪组织分类及功能

目前认为,人体的脂肪组织按照颜色、形态、分布及功能不同,可以分为白色脂肪组织(white adipose tissue,WAT)、棕色脂肪组织(brown adipose tissue,BAT)和米色脂肪组织(beige adipose tissue)。

WAT 是体内脂肪的主要储存形式,主要分布在皮下组织和内脏周围,是机体主要的能量储存形式。同时,WAT 也是内分泌器官,可以产生诸多脂肪细胞因子,如脂联素、瘦素、抵抗素、白细胞介素 - 6 等,参与多种疾病(如高脂血症、高血压、2 型糖尿病和心血管疾病等)的发生发展。

BAT 因其细胞内含有大量血红蛋白和高水平的血红素卟啉,细胞呈棕色而得名。BAT 是哺乳动物的一种产热器官,由于 BAT 细胞的线粒体含有解耦联蛋白 1(UCP1),UCP1 使得葡萄糖和脂肪酸分解产生的能量不能通过氧化磷酸化过程转化为 ATP,而只能以热能形式释放,从而维持体温。BAT 除参与体温维持外,还可调节代谢过程,降低血液中甘油三酯、胆固醇以及葡萄糖水平,提高葡萄糖耐量和胰岛素敏感性,从而降低 2 型糖尿病和冠心病的风险。

米色脂肪组织又称诱导性或功能性 BAT,主要分布在颈部背侧脊骨区域、锁骨上方以及主动脉周围部位。目前研究认为,米色脂肪细胞来自 $PDGFR\alpha^+$ 脂肪前体细胞,也可能由 WAT 转分化而来。米色脂肪在静息时表现出 WAT 功能,在被激活后则具有 BAT 功能,这种 WAT 向 BAT 分化的现象称为脂肪组织米色化。脂肪组织的米色化与肥胖、糖尿病、脂肪肝等相关代谢紊乱性疾病及肿瘤密切相关。

(二) 类脂的功能

1. 维持生物膜的结构和功能　类脂的主要生理功能是构成生物膜,其分子所具有的亲水头部和疏水尾部构成生物膜脂质双层结构的基本骨架,为膜镶嵌蛋白构成了基质,也为细胞提供了通透性屏障,从而维持细胞正常结构与功能。

2. 生成第二信使参与代谢调节　细胞膜磷脂的重要组成成分磷脂酰肌醇 - 4,5 - 二磷酸(phosphatidylinositol - 4,5 - bisphosphate,PIP_2)可水解生成三磷酸肌醇(inostinol triphosphate,IP_3)和二酰甘油(甘油二酯,diacylglycerol,DAG),后二者均可作为重要的第二信使传递细胞信息。

3. 转变成多种重要的活性物质　胆固醇可作为原料在体内转变成为胆汁酸、维生素 D_3 和类固醇激素等具有重要功能的物质。磷脂中含有的必需脂肪酸是合成前列腺素、血栓素和白三烯等生理活性物质的前体。

二、脂质的分布

(一) 脂肪的分布

脂肪多分布于皮下、肠系膜、腹腔大网膜、肾周围、乳腺等的脂肪组织中,这部分脂肪称为储存脂(storage fat),统称为脂库。脂肪含量因人而异,成年男性的脂肪含量一般占体重的 10%～20%,女性稍高,易受膳食、运动、营养状况、疾病等多种因素的影响而发生变动,故又称可变脂。

脂肪细胞能分泌大量的激素和细胞因子,如瘦素(leptin)、肿瘤坏死因子- α(TNF - α)、白细胞介素-6(IL - 6)、Ⅰ型纤溶酶原激活物抑制剂-1(PAI - 1)等,统称为脂肪细胞因子(adipocytokine)。脂肪细胞因子在调节机体代谢等方面发挥重要作用。

(二) 类脂的分布

类脂是生物膜的基本组成成分,约占生物膜总重量的一半以上,在各器官和组织中含量恒定,基本上不受膳食、营养状况和机体活动的影响,故又称为固定脂或基本脂。不同组织中类脂的种类和含量都不同。

三、脂肪酸的分类、命名及功能

脂肪酸(fatty acid,FA)是构成脂质的组分之一,结构通式为 $CH_3(CH_2)_nCOOH$。高等动植物脂肪酸碳链长度一般为 $14\sim20$,绝大多数为偶数碳。

(一) 分类

组成脂质的脂肪酸根据其碳链是否存在双键,分为饱和脂肪酸(saturated fatty acid)和不饱和脂肪酸(unsaturated fatty acid)。饱和脂肪酸不含双键,含双键的脂肪酸称为不饱和脂肪酸。其中含 1 个双键的脂肪酸称为单不饱和脂肪酸,含 2 个或 2 个以上双键的脂肪酸称为多不饱和脂肪酸。人体自身不能合成,必须由食物提供机体不可缺少的脂肪酸,称为营养必需脂肪酸(essential fatty acid,EFA),包括亚油酸、亚麻酸和花生四烯酸。

(二) 命名

脂肪酸的命名用碳原子的数目、双键的数目和位置来表示,通常有 ω 编码系统和 Δ 编码系统。

1. ω 编码系统 该系统从甲基碳原子起计双键位置,双键的位置用 ω 表示。

按 ω 编码系统,体内不饱和脂肪酸可分为 $\omega-3$、$\omega-6$、$\omega-7$ 和 $\omega-9$ 四簇(表 6-1)。相同簇的不饱和脂肪酸可由其母体脂肪酸为原料在体内代谢产生,但 $\omega-3$、$\omega-6$ 和 $\omega-9$ 簇不饱和脂肪酸在体内不能相互转化,如花生四烯酸($20:4,\omega^6$)属 $\omega-6$ 簇,可由亚油酸在体内合成,而 $\omega-9$ 簇的油酸不能在体内转变成亚油酸或花生四烯酸。二十二碳六烯酸(DHA)和二十碳五烯酸(EPA)是 $\omega-3$ 簇不饱和脂肪酸的重要成员,是对人体非常重要的多不饱和脂肪酸。

表 6-1 ω 编码系统分类的四簇不饱和脂肪酸

簇	母体脂肪酸	动物体内重要的脂肪酸
$\omega-7$	软油酸($16:1,\omega^7$)	软油酸
$\omega-9$	油酸($18:1,\omega^9$)	油酸
$\omega-6$	亚油酸($18:2,\omega^6$)	亚油酸、γ-亚麻酸、花生四烯酸
$\omega-3$	亚麻酸($18:3,\omega^3$)	α-亚麻酸、DHA、EPA

2. Δ 编码系统 该系统从羧基碳原子起计双键位置,双键的位置用 Δ 表示。如 α-亚麻酸($18:3,\Delta^{9,12,15}$),表示该不饱和脂肪酸共有 18 个碳原子,3 个双键,双键位置按 Δ 编码系统碳原子编号依次为 9、12、15。

(三) 多不饱和脂肪酸衍生物的重要生理功能

多不饱和脂肪酸的衍生物主要包括前列腺素(prostaglandin,PG)、血栓烷(thromboxane,TX)和白三烯(leukotriene,LT),均由甘碳的花生四烯酸衍生而来。PG、TX 及 LT 是体内一类重要的生物活性物质,几乎参与所有细胞代谢活动,在调节细胞代谢上具有重要作用。

1. 前列腺素、血栓烷和白三烯的化学结构及命名 前列腺素以前列腺酸(prostanoic acid)为基本骨架,具有 1 个五元环和 2 条侧链(R_1 和 R_2)。

花生四烯酸 前列腺酸

根据五元环上取代基团和双键位置不同，PG 可分为 9 型，即 PGA～PGI，其中 PGA、PGE 及 PGF 在体内较多。PEG、PEH 是 PG 合成过程中的中间物，在 C_9 和 C_{11} 之间有过氧化键相连。PGI 是带双环的 PG，除五碳环外，还有一个含氧的五碳环，称为前列环素（prostacyclin）。PGF 第 9 位碳原子上的羟基有两种立体构型，羟基位于五碳环平面之下的为 α-型，用虚线连接；羟基位于五碳环平面之上的为 β-型，用实线连接。天然 PG 均为 α-型，不存在 β-型。

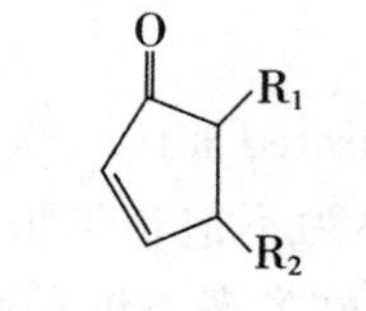
A

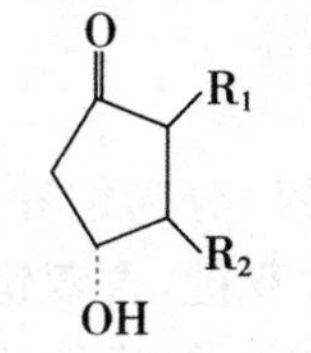
E

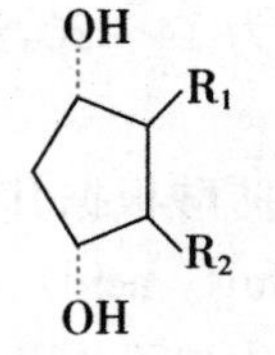
F

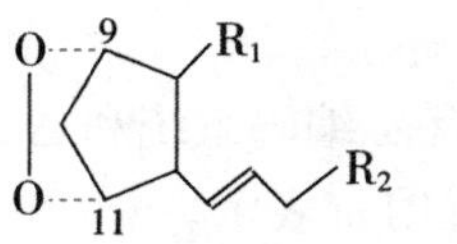
G

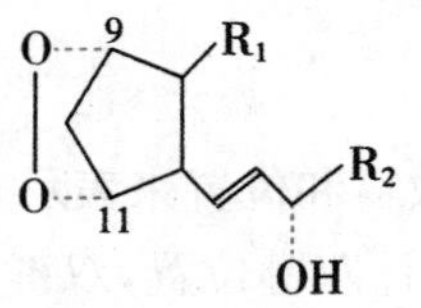
H

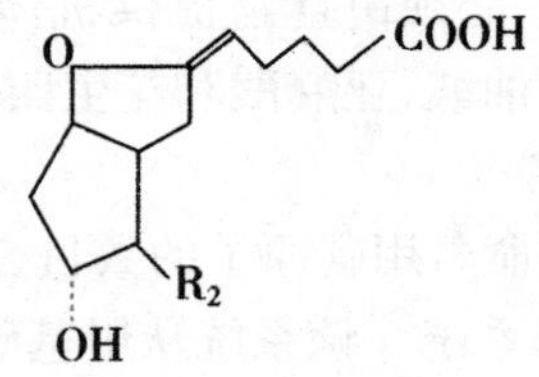
I

根据其 R_1 及 R_2 两条侧链中双键数目的多少，PG 又分为 1、2、3 类，在字母的右下角标示，如 $PGF_{1\alpha}$、$PGF_{2\alpha}$。

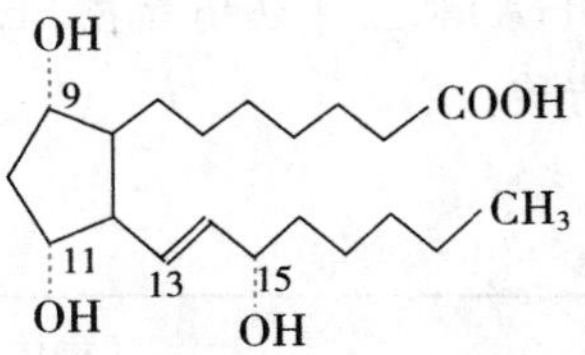
$PGF_{1\alpha}$

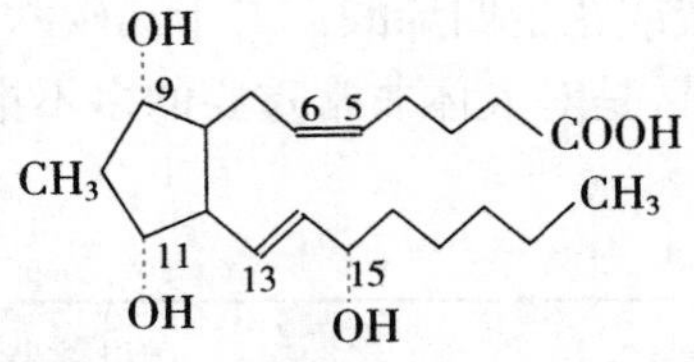
$PGF_{2\alpha}$

血栓烷具有前列腺酸样骨架，但又有不同，分子中的五元碳环为含氧的烷所取代。

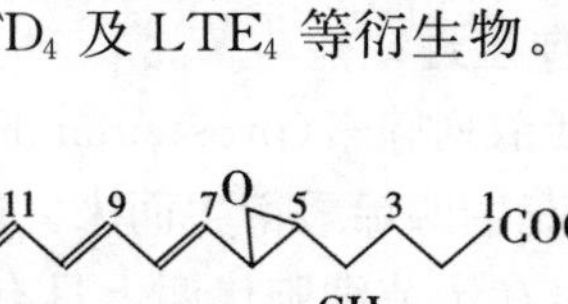
血栓烷A_2

白三烯不含前列腺素骨架。LT 一般有 4 个双键，故在 LT 的右下方标以 4。LT 合成的初级产物是 LTA_4，其在 5，6 位有一氧环。如果 5，6 位的环氧键断裂，在 12 位加 H_2O 引入羟基，则是 LTB_4；在 6 位与谷胱甘肽反应则生成 LTC_4、LTD_4 及 LTE_4 等衍生物。过敏反应的慢反应物质就是三者的混合物。

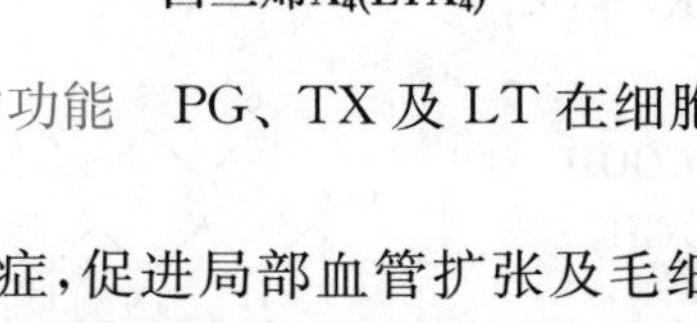
白三烯A_4(LTA_4)

2. 前列腺素、血栓烷及白三烯的功能　PG、TX 及 LT 在细胞内的浓度很低，仅 10^{-11} mol/L，但却有很强的生理活性。

（1）PG：PG 中 PGE_2 能诱发炎症，促进局部血管扩张及毛细血管通透性增加，引起炎性症状。PGA_2 和 PGE_2 能使动脉平滑肌扩张，有降低血压的作用。PGE_2 和 PGI_2 具有抑制胃酸分泌，促进胃肠平滑肌蠕动的作用,PGI₂ 还具有扩张血管平滑肌和抑制血小板聚集的作用。PGF₂ 可促进卵巢平滑肌收缩引起排卵,增强子宫收缩,促进分娩。

(2)TX:血小板合成并释放的 TXA₂ 可引起血小板聚集和血管收缩,是促进凝血和血栓形成的重要因素。血管内皮细胞合成并释放的 PGI₂ 有很强的舒张血管和抗血小板聚集、抑制凝血和血栓形成的作用。因此,TXA₂ 与 PGI₂ 两者保持平衡是调节小血管收缩、血小板聚集的重要条件。

(3)LT:白细胞内合成的 LT,是一类引起过敏反应的慢反应物质,可使支气管平滑肌收缩,其作用缓慢而持久。此外,LT 还能促进白细胞的游走及趋化,激活腺苷酸环化酶,使溶酶体释放蛋白水解酶类,促进炎症反应及过敏反应的发生和发展。

四、脂质的消化与吸收

(一)脂质的消化

人类膳食中的脂质主要是脂肪,约占脂质总含量的 90%,其次是磷脂和胆固醇。脂质的消化部位主要在小肠上段。小肠上段有丰富的消化脂质的酶,胰液分泌入十二指肠中的消化脂质的酶有胰脂酶、磷脂酶 A₂、胆固醇酯酶和辅脂酶。胰脂酶催化三酰甘油的 1、3 位酯键水解,生成 2-单酰甘油和 2 分子脂肪酸;辅脂酶能同时与胰脂酶和三酰甘油结合,使胰脂酶锚定于脂质微团的脂-水界面上,增加胰脂酶的活性,促进三酰甘油的水解;磷脂酶 A₂ 催化磷脂第 2 位酯键水解,生成脂肪酸及溶血磷脂;胆固醇酯酶促进胆固醇酯水解生成游离胆固醇及脂肪酸。

肝细胞分泌的胆汁经胆总管入肠腔。胆汁中的胆汁酸盐是较强的乳化剂,与磷脂及胆固醇等组成混合微团,能降低油相与水相之间的表面张力,使三酰甘油及胆固醇酯等疏水的脂质乳化,乳化的脂质经肠蠕动作用搅拌形成细小的微团,增加消化酶对脂质的接触面积,有利于脂肪及类脂的消化和吸收。

三酰甘油及类脂的消化产物单酰甘油(甘油一酯)、脂肪酸、胆固醇及溶血磷脂等可与胆汁酸盐乳化成更小的混合微团。这种微团体积非常小、极性非常大、易于穿过小肠黏膜细胞表面的水屏障,被小肠黏膜细胞吸收。

(二)脂质的吸收

脂质消化产物的吸收部位主要在十二指肠下段和空肠上段。约一半以上的三酰甘油水解为 2-单酰甘油即被吸收;极少数的三酰甘油被直接吸收后,在肠黏膜细胞内脂酶的作用下,水解为甘油和脂肪酸。甘油和短、中链(<12C)脂肪酸的吸收较迅速,吸收后直接通过门静脉入肝。长链脂肪酸及 2-单酰甘油吸收入肠黏膜细胞后,再合成三酰甘油,肠黏膜细胞中这种由单酰甘油合成脂肪的途径称为单酰甘油途径或甘油一酯途径(图 6-1)。吸收入肠黏膜细胞内的游离胆固醇再酯化成胆固醇酯;而溶血磷脂则转变成磷脂。新合成的三酰甘油与粗面内质网合成的载脂蛋白、磷脂、胆固醇及其酯组成乳糜微粒经淋巴进入血液。

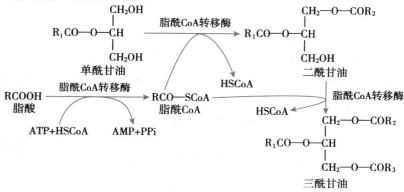

图 6-1 单酰甘油途径

第二节 三酰甘油的代谢

一、三酰甘油的分解代谢

脂肪储存的主要场所在脂肪组织。脂肪组织中的脂肪是机体的主要能量储存形式和机体重要的能量来源。脂肪的分解包括脂肪动员、甘油和脂肪酸的分解、酮体的生成与利用等。

(一)脂肪动员

脂肪组织中储存的脂肪在脂酶的催化下被逐步水解为游离脂肪酸(free fatty acid,FFA)和甘油并释放入血运输至其他组织氧化利用的过程称为脂肪动员(图6-2)。

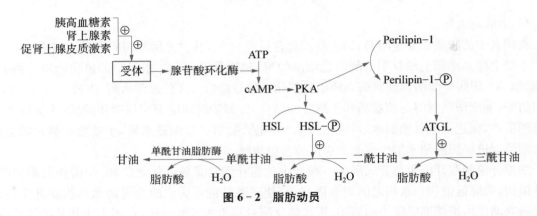

图6-2 脂肪动员

脂肪动员需要脂肪组织三酰甘油脂肪酶(adipose triglyceride lipase,ATGL)、激素敏感性三酰甘油脂肪酶(hormone sensitive triglyceride lipase,HSL)、单酰甘油脂肪酶及脂滴包被蛋白(Perilipin-1)等多种酶和蛋白质的参与,其中HSL的活性最低,是脂肪动员的限速酶,该酶的活性受多种激素调控。当禁食、饥饿或交感神经兴奋时,肾上腺素、胰高血糖素、促肾上腺皮质激素等能作用于脂肪细胞膜受体,激活腺苷酸环化酶,促进cAMP合成,进而激活依赖cAMP的蛋白激酶A(protein kinase A,PKA),使胞质中HSL和Perilipin-1磷酸化。目前认为,磷酸化的Perilipin-1激活ATGL,后者分解脂肪细胞内的三酰甘油生成二酰甘油和脂肪酸,而活化的HSL水解二酰甘油生成单酰甘油和脂肪酸。最后,在单酰甘油脂肪酶的催化下,生成甘油和脂肪酸。肾上腺素、胰高血糖素、促肾上腺皮质激素等能促进脂肪动员,故称为脂解激素。而胰岛素、前列腺素 E_2 等则抑制脂肪动员,称为抗脂解激素。

脂肪动员分解的脂肪酸和甘油直接释放入血。因FFA难溶于水,入血后需与清蛋白结合形成脂肪酸-清蛋白复合物才能在血液中运输,运至全身各组织,主要由心、肝、骨骼肌等摄取利用。甘油溶于水,直接由血液运至肝、肾、肠等组织利用。

(二)甘油的代谢

甘油主要在肝,其次在肾、肠等组织细胞内甘油激酶的催化下,与ATP作用生成α-磷酸甘油,α-磷酸甘油在α-磷酸甘油脱氢酶催化下转变为磷酸二羟丙酮,磷酸二羟丙酮是糖酵解的中间产物,可循糖分解代谢途径继续氧化分解,释放能量,也可以在肝或肾异生成糖。特别指出的是脂肪组织、骨骼肌等组织细胞因甘油激酶活性很低而对甘油的摄取利用很有限。

（三）脂肪酸的氧化

脂肪酸是人体重要的能源物质，在氧供应充足的条件下，脂肪酸可在体内彻底氧化分解为 CO_2 和 H_2O 并释放大量能量，部分能量以 ATP 的形式供机体利用。除脑组织和成熟红细胞外，大多数组织细胞都能氧化利用脂肪酸，但以肝、心和骨骼肌等组织最活跃。线粒体是脂肪酸氧化的主要部位，氧化的方式以 β-氧化为主。脂肪酸氧化过程可分为 4 个阶段：脂肪酸的活化、脂酰 CoA 进入线粒体、β-氧化及乙酰 CoA 的氧化。

1. 脂肪酸的活化　脂肪酸的活化在胞质中进行。在线粒体外膜上的脂酰 CoA 合成酶（acylCoA synthetase）催化下，由 ATP、HSCoA 和 Mg^{2+} 参与，脂肪酸转变成脂酰 CoA 的过程称为脂肪酸的活化。

$$RCOOH + HSCoA + ATP \xrightarrow[\text{Mg}^{2+}]{\text{脂酰 CoA 合成酶}} RCO \sim SCoA + AMP + PPi$$

脂肪酸　　　　　　　　　　　　　　　　　　　　　　　　脂酰 CoA

脂肪酸氧化时，必须首先活化，生成脂酰 CoA。脂酰 CoA 分子中含有高能硫酯键，且极性增强，使脂肪酸的代谢活性提高。该反应为脂肪酸分解过程中唯一耗能的反应，反应过程中生成的焦磷酸（PPi）立即被细胞内的焦磷酸酶水解生成 2 分子无机磷酸（Pi），阻止逆向反应的进行。因此，1 分子脂肪酸的活化，实际上消耗了 2 个高能磷酸键。

2. 脂酰 CoA 进入线粒体　脂肪酸的活化在胞质中进行，而催化脂酰 CoA 氧化的酶分布在线粒体的基质内，因此活化的脂酰 CoA 必须进入线粒体内才能进行分解代谢。实验证明，脂酰 CoA 不能直接透过线粒体内膜，需肉碱[carnitine, $L-(CH_3)_3N^+CH_2CH(OH)CH_2COO^-$，L-3-羟-4-三甲氨基丁酸]的转运才能进入线粒体基质（图 6-3）。

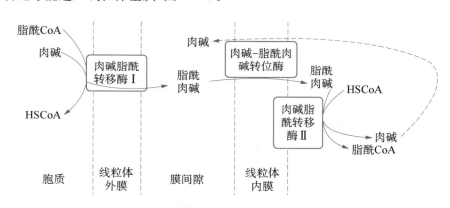

图 6-3　脂酰 CoA 进入线粒体

线粒体外膜存在肉碱脂酰转移酶 I（carnitine acyl transferase I，CAT I），线粒体内膜内侧存在肉碱脂酰转移酶 II（CAT II），线粒体内膜存在肉碱-脂酰肉碱转位酶（carnitine-acylcarnitine translocase，CACT）。线粒体外膜的 CAT I 催化脂酰 CoA 与肉碱生成脂酰肉碱，脂酰肉碱通过线粒体内膜 CACT 的作用进入线粒体基质。进入线粒体内的脂酰肉碱，在 CAT II 的催化下与 HSCoA 反应，重新生成脂酰 CoA 并释放肉碱。肉碱在 CACT 的作用下转运至线粒体膜间腔，进一步至胞质。脂酰 CoA 则在线粒体基质中 β-氧化酶系的作用下进行 β-氧化。在脂酰 CoA 进入线粒体的过程中，实际上 CACT 是线粒体内膜转运肉碱和脂酰肉碱出入线粒体的载体蛋白，在促进脂酰肉碱进入线粒体基质的同时也促进等分子肉碱转运出线粒体内膜。脂酰 CoA 进入线粒体是脂肪酸氧化的主要限速步骤，CAT I 是其限速酶。该酶的活性直接调控脂肪酸的转运速度，决定脂肪酸进入线粒体氧化分解的流量。在饥饿、高脂低糖膳食及糖尿病等情况下，CAT I 活性增高，脂肪酸氧化增强。相反，饱食后丙二酸单酰 CoA 及脂肪合成增多，抑制 CAT I 活性，使脂肪酸的氧化减少。

3. β-氧化 脂肪酸的氧化过程发生在脂酰基的 β-碳原子上,故称 β-氧化。脂酰 CoA 进入线粒体基质后,在脂肪酸 β-氧化多酶体系的催化下,从脂酰基的 β-碳原子开始,进行脱氢、加水、再脱氢和硫解 4 步连续反应,脂酰基断裂生成 1 分子乙酰 CoA 和比原来少 2 个碳原子的脂酰 CoA(图 6-4)。脂肪酸的 β-氧化过程如下:

(1) 脱氢:在脂酰 CoA 脱氢酶的催化下,脂酰 CoA 的 α-和 β-碳原子上各脱去一个氢原子,生成反 Δ^2-烯脂酰 CoA,脱下的 2H 由该酶的辅基 FAD 接受,生成 $FADH_2$。

(2) 加水:反 Δ^2-烯脂酰 CoA 在反 Δ^2-烯脂酰 CoA 水化酶的催化下,加 1 分子 H_2O,生成 L(+)-β-羟脂酰 CoA。

(3) 再脱氢:在 L(+)-β-羟脂酰 CoA 脱氢酶的催化下,L(+)-β-羟脂酰 CoA 脱去 2 个 H 生成 β-酮脂酰 CoA,脱下的 2 个 H 由该酶的辅酶 NAD^+ 接受,生成 $NADH+H^+$。

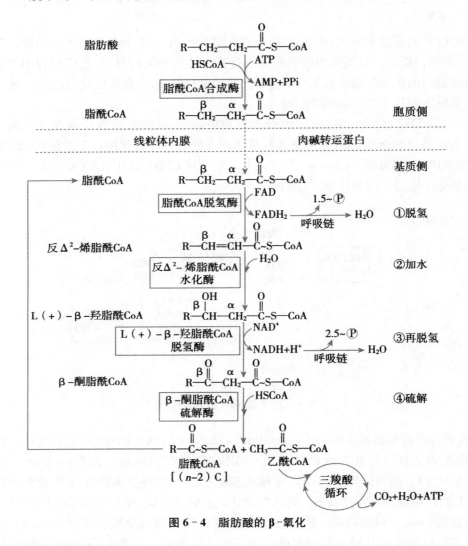

图 6-4 脂肪酸的 β-氧化

(4) 硫解:β-酮脂酰 CoA 在 β-酮脂酰 CoA 硫解酶催化下,加 1 分子 HSCoA,使 α-与 β-碳原子之间的化学键断裂,生成 1 分子乙酰 CoA 和 1 分子比原来少 2 个碳原子的脂酰 CoA。

脂酰 CoA 通过一次 β-氧化,可产生 1 分子 $FADH_2$、1 分子 $NADH+H^+$、1 分子乙酰 CoA 和比原来少 2 个碳原子的脂酰 CoA。后者可再次进行 β-氧化,如此反复进行,直至生成丁酰 CoA,再进行一次 β-氧化生成 2 分子乙酰 CoA,脂肪酸完成 β-氧化。

4. 乙酰 CoA 的氧化　脂肪酸经 β-氧化生成的乙酰 CoA,一部分通过三羧酸循环和氧化磷酸化彻底氧化生成 H_2O、CO_2 和 ATP;一部分可在肝细胞线粒体中缩合生成酮体,通过血液循环输送到肝外组织氧化利用。

5. 脂肪酸氧化的能量释放和利用　脂肪酸在体内逐步氧化的过程中,伴有能量的释放。其中一部分以热能的形式散发出来,另一部分经氧化磷酸化生成 ATP。以软脂酸为例,要进行 7 次 β-氧化,生成 7 分子 $FADH_2$、7 分子 $NADH+H^+$ 和 8 分子乙酰 CoA,每分子 $FADH_2$ 和 $NADH+H^+$ 通过氧化磷酸化分别产生 1.5 和 2.5 分子 ATP,每分子乙酰 CoA 通过三羧酸循环氧化产生 10 分子 ATP。因此,1 分子软脂酸彻底氧化生成 108 分子 ATP。减去软脂酸活化时消耗的两个高能磷酸键(相当于 2 分子 ATP),净生成 106 分子 ATP。1mol ATP 水解释放的自由能为 30.5kJ,106mol ATP 水解释放的自由能为 3233kJ,1mol 软脂酸在体外彻底氧化成 CO_2 和 H_2O 时,释放自由能为 9791kJ。所以其储存 ATP 中的能量为 33%,其余以热能的形式释放。

(四) 脂肪酸的其他氧化方式

偶数碳原子饱和脂肪酸通过上述 β-氧化进行氧化分解,而体内的脂肪酸有一半以上是不饱和脂肪酸,其氧化过程与饱和脂肪酸基本相同,主要是进行 β-氧化,不同的是需要异构酶催化 Δ^3 顺式结构转变为 β-氧化酶所需的 Δ^2 反式结构,或者表构酶催化右旋异构体转变为左旋异构体,β-氧化才能继续进行。还有少量奇数碳原子脂肪酸,经 β-氧化最后生成 1 分子丙酰 CoA。丙酰 CoA 经 β-羧化酶和异构酶的作用,可转变为琥珀酰 CoA 进入三羧酸循环彻底氧化。

(五) 酮体的生成和利用

在心肌和骨骼肌等肝外组织细胞线粒体中,脂肪酸经 β-氧化生成的乙酰 CoA,直接进入三羧酸循环彻底氧化供能,但在肝细胞生成的大量乙酰 CoA 除通过三羧酸循环氧化生成 ATP 供能外,大部分缩合生成酮体(ketone body)。酮体是肝细胞线粒体对脂肪酸分解氧化时所产生的重要中间产物乙酰乙酸(acetoacetate,约 30%)、β-羟丁酸(β-hydroxybutyrate,约 70%)和丙酮(acetone,微量)的总称。

1. 酮体的生成　酮体在肝细胞的线粒体内合成。合成原料为脂肪酸 β-氧化产生的乙酰 CoA。肝细胞线粒体内含有各种合成酮体的酶类,特别是 HMG CoA 合酶,该酶催化的反应是酮体生成的限速步骤。其合成过程如下:

(1) 2 分子乙酰 CoA 在乙酰乙酰 CoA 硫解酶的催化下,缩合生成乙酰乙酰 CoA,并释放 1 分子 HSCoA。

(2) 乙酰乙酰 CoA 在羟甲基戊二酸单酰 CoA(β-hydroxy-β-methyl glutaryl CoA,HMG CoA)合酶的催化下,再与 1 分子乙酰 CoA 缩合生成 HMG CoA,并释放出 1 分子 HSCoA。HMG CoA 在 HMG CoA 裂解酶的催化下,裂解生成乙酰乙酸和乙酰 CoA。

(3) 乙酰乙酸在 β-羟丁酸脱氢酶的催化下还原生成 β-羟丁酸,反应所需的氢由 $NADH+H^+$ 提供,还原的速度取决于线粒体内 $NADH/NAD^+$ 的比值;一部分乙酰乙酸由乙酰乙酸脱羧酶催化脱羧或自发脱羧生成丙酮(图 6-5)。

生成酮体是肝细胞的重要功能,但由于肝细胞内缺乏酮体利用的酶系,因此肝细胞不能氧化利用酮体,其生成的酮体必须进入血液循环,运输到肝外组织氧化分解。

2. 酮体的利用　大多数肝外组织细胞的线粒体有活性很强的利用酮体的酶,如琥珀酰 CoA 转硫酶(存在于心、肾、脑和骨骼肌)、乙酰乙酸硫激酶(存在于心、肾、脑)。酮体的利用,首先要进行活化,其活化过程由琥珀酰 CoA 转硫酶或乙酰乙酸硫激酶催化完成。乙酰乙酸在琥珀酰 CoA 转硫酶或乙酰乙酸硫激酶的催化下,转变为乙酰乙酰 CoA,乙酰乙酰 CoA 在乙酰乙酰 CoA 硫解酶的催化下分解成 2 分子乙酰 CoA,后者进入三羧酸循环彻底氧化。β-羟丁酸可在 β-羟丁酸脱氢酶催化下脱氢氧化生成乙酰乙酸,然后沿上述途径氧化。丙酮由于量微在代谢上不占重要地位,主要随尿排出;当血中

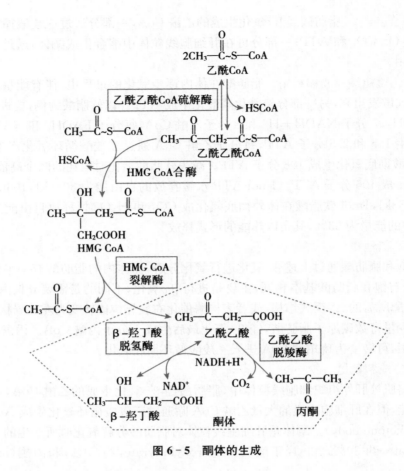

图 6 - 5 酮体的生成

酮体显著升高时,丙酮也可从肺直接呼出,使呼出气体有烂苹果味;部分丙酮可在酶的作用下转变成丙酮酸而异生成糖(图 6 - 6)。

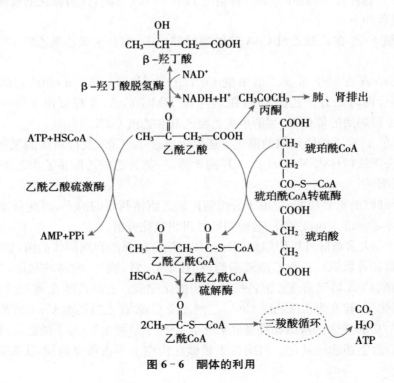

图 6 - 6 酮体的利用

酮体在肝内生成却不能在肝内利用；肝外组织则正好相反，不能生成酮体，却可以利用酮体；这是因为肝内有一个生酮的酶促机制但缺乏利用酮体的酶，而肝外组织却含有分解利用酮体的酶系，所以肝生成的酮体要透过肝细胞膜进入血液运输到肝外组织被利用。

3. 酮体生成的调节

（1）饱食及饥饿的影响：饱食后，抗脂解激素胰岛素分泌增加，抑制脂肪动员，进入肝内脂肪酸减少，脂肪酸 β-氧化减弱，酮体生成减少；相反，在饥饿或糖尿病等糖供应不足或利用受阻的情况下，胰高血糖素等脂解激素分泌增加，脂肪动员加强，进入肝内脂肪酸增多，脂肪酸 β-氧化增强，酮体生成增多。

（2）丙二酸单酰 CoA 抑制脂酰 CoA 进入线粒体：饱食后，糖代谢生成的乙酰 CoA 和柠檬酸能激活乙酰 CoA 羧化酶，促进丙二酸单酰 CoA 的合成。丙二酸单酰 CoA 是 CATI 的竞争性抑制剂，能抑制长链脂酰 CoA 进入线粒体，脂肪酸 β-氧化减弱，酮体生成减少。

（3）肝细胞糖原含量及代谢的影响：饱食后及糖供充足时，肝糖原丰富，糖代谢旺盛，α-磷酸甘油及 ATP 生成充足，进入肝细胞的脂肪酸主要用于酯化生成三酰甘油及磷脂。饥饿及糖供不足时，糖代谢减弱，α-磷酸甘油及 ATP 生成不足，进入肝细胞的脂肪酸主要进行 β-氧化，酮体生成增多。

4. 酮体生成的生理意义 酮体是肝内氧化脂肪酸的正常中间产物，是肝输出能源的一种形式。酮体分子小，极性大，易溶于水，能通过血-脑屏障及肌肉的毛细血管壁，是脑、心肌和骨骼肌等组织的重要能源。长期饥饿或糖供给不足的情况下，酮体利用的增加可减少糖的利用，有利于维持血糖浓度的恒定，减少蛋白质的消耗。严重饥饿或糖尿病时，酮体成为脑和肌细胞的主要能源。

正常成人血中酮体含量很少，仅 0.03～0.5mmol/L，其中以 β-羟丁酸为最多，约占酮体总量的 70%，乙酰乙酸占 30%，而丙酮的量极微。但是在饥饿、低糖高脂膳食及糖尿病时，肝中酮体生成增多，当肝内酮体的生成量超过肝外组织的利用能力时，可使血中酮体升高，称为酮血症，如果尿中出现酮体称为酮尿症。由于 β-羟丁酸、乙酰乙酸都是较强的有机酸，当血中浓度过高，可导致酸中毒，称为酮症酸中毒。

知识链接

糖尿病酮症酸中毒

糖尿病酮症酸中毒（diabetic ketoacidosis，DKA）是一种危及生命的糖尿病并发症，主要以高血糖、酸中毒和酮血症为特征。DKA 通常见于 1 型糖尿病，也可发生在 2 型糖尿病患者。常见的诱因有急性感染、外源性胰岛素用量不当、饮食不当、创伤及手术等。酮症酸中毒可分为轻度、中度及重度三种。轻度是单纯酮症，并无酸中毒；有轻、中度酸中毒者可列为中度；重度则是指酮症酸中毒伴有昏迷者，或虽无昏迷但二氧化碳结合力低于 10mmol/L，后者很容易进入昏迷状态。糖尿病患者 DKA 会出现尿酮体强阳性（＋＋＋以上），此时易发生中毒性昏迷，应及时采取治疗措施。DKA 的治疗原则包括去除诱发因素、补充生理盐水、小剂量静脉滴注胰岛素、补钾等。为了预防 DKA 的发生，糖尿病患者平时应注意饮食、按时服药、注意休息、适当运动以及重视防感染。

二、三酰甘油的合成代谢

肝、脂肪组织及小肠等是合成脂肪的主要场所，但以肝的合成能力最强。脂肪的合成以脂酰 CoA 和 α-磷酸甘油为基本合成原料，因此合成脂肪首先需要合成脂肪酸和 α-磷酸甘油。

（一）脂肪酸的合成

1. 合成部位 脂肪酸的合成酶系存在于肝、肾、脑、乳腺及脂肪组织的胞质中。肝是合成脂肪酸的主要场所。

2. 合成原料　乙酰 CoA 是脂肪酸合成的主要原料。乙酰 CoA 主要来自葡萄糖的有氧氧化,部分来自某些氨基酸的分解代谢。此外,还需要来自磷酸戊糖途径的 NADPH 供氢和 ATP 供能。因此,糖是脂肪酸合成原料的主要来源。

细胞内的乙酰 CoA 在线粒体内生成,而脂肪酸的合成酶系存在于胞质。因此,乙酰 CoA 必须出线粒体进入胞质才能用于脂肪酸的合成。经研究证实,乙酰 CoA 不能自由通过线粒体内膜进入胞质参与脂肪酸的合成,需通过柠檬酸-丙酮酸循环(citrate pyruvate cycle)才能将乙酰 CoA 转移到胞质(图 6-7)。在此循环中,乙酰 CoA 首先在线粒体内与草酰乙酸缩合生成柠檬酸,然后通过线粒体内膜上的特异载体,柠檬酸转运入胞质,再由胞质中的柠檬酸裂解酶催化裂解生成草酰乙酸和乙酰 CoA。进入胞质的乙酰 CoA 用于合成脂肪酸,而草酰乙酸则在苹果酸脱氢酶作用下还原生成苹果酸,再经线粒体内膜上的载体转运进入线粒体。苹果酸也可经苹果酸酶的催化分解为丙酮酸再经载体转运进入线粒体,同时生成的 NADPH+H$^+$ 可参与脂肪酸的合成。进入线粒体的苹果酸和丙酮酸最终均可转变成草酰乙酸,再参与乙酰 CoA 的转运。

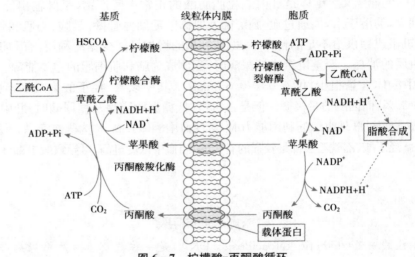

图 6-7　柠檬酸-丙酮酸循环

3. 合成过程

(1) 丙二酸单酰 CoA 的合成:脂肪酸合成的第一步反应是乙酰 CoA 羧化成丙二酸单酰 CoA(简称丙二酰 CoA)。反应由乙酰 CoA 羧化酶(acetyl CoA carboxylase)催化,其辅酶为生物素,由碳酸氢盐提供 CO_2,ATP 提供能量。乙酰 CoA 羧化酶是脂肪酸合成的限速酶,同时也是一种变构酶,乙酰 CoA、柠檬酸和异柠檬酸为此酶的变构激活剂,而软脂酰 CoA 为此酶的变构抑制剂。当糖有氧氧化的流量增加时,可以通过变构激活乙酰 CoA 羧化酶而促进脂肪酸的合成。在脂肪酸的合成过程中,除 1 分子乙酰 CoA 直接参与合成反应外,其余的乙酰 CoA 均需羧化生成丙二酸单酰 CoA 才可参与脂肪酸的合成。

$$CH_3CO \sim SCoA + HCO_3^- + ATP \xrightarrow[\text{生物素}\quad Mg^{2+}]{\text{乙酰 CoA 羧化酶}} HOOCCH_2CO \sim SCoA + ADP + Pi$$

(2) 软脂酸的合成:软脂酸合成过程是一个连续的酶促反应过程,在哺乳类动物,催化此过程的酶为脂肪酸合成酶复合体,该复合体是由完全相同的两条多肽链(亚基)首尾相连组成的二聚体(含 E_1 和 E_2),在每一条多肽链上都含有多个功能结构域,其中酰基载体蛋白(acyl carrier protein, ACP)结构域是脂酰基的载体,可与脂酰基相连。脂肪酸合成的整个反应过程是以 ACP 结构域为核心,各步反应均在 ACP 的辅基上进行。此合成过程是由 1 分子乙酰 CoA 和 7 分子丙二酸单酰 CoA 为原料,

NADPH＋H⁺ 提供氢，在脂肪酸合成酶复合体的催化下，进行缩合、还原、脱水和再还原这样的循环反应，如图 6-8。每次循环均需以丙二酸单酰 CoA 为二碳供体，由 NADPH 供氢，碳链增加两个碳原子，如此循环反复进行 7 次，直至生成 16 个碳原子的软脂酰- ACP，最后经硫酯酶水解释放出软脂酸。脂肪酸合成的总反应式为：

$$CH_3CO \sim SCoA + 7HOOCCH_2CO \sim SCoA + 14(NADPH + H^+) \xrightarrow{\text{脂肪酸合成酶复合体}} CH_3(CH_2)_{14}$$
$$COOH + 6H_2O + 7CO_2 + 8HSCoA + 14NADP^+$$

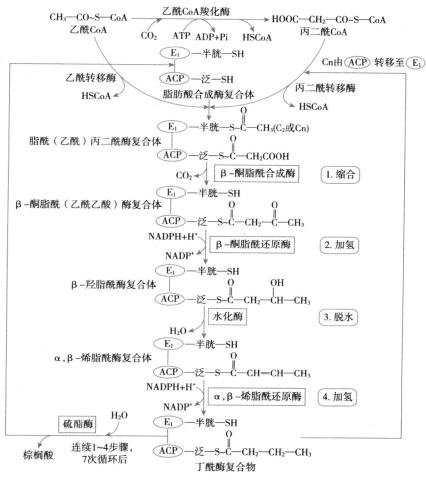

图 6-8　软脂酸的生物合成

软脂酸合成时，乙酰 CoA 在乙酰转移酶催化下首先转移至 E₂ 的 ACP 巯基上（E₂-泛- SH），随后从 ACP 转移至 β-酮脂酰合酶（E₁）的半胱氨酸巯基（E₁-半胱- SH）。此时，E₂-泛- SH 位置空出，可继续接受丙二酸单酰基，经过缩合、还原、脱水、再还原的重复加成过程，每一轮循环脂酸烃链延长 2 个碳原子。通过 7 轮循环，生成 16 个碳原子的软脂酰- ACP，最后经硫酯酶水解生成游离的软脂酸。

4. 脂肪酸碳链的延长、缩短和去饱和作用　脂肪酸合成酶复合体催化合成的是软脂酸，通过对软脂酸的加工可完成碳链长短不一的脂肪酸的合成。碳链的缩短通过 β-氧化进行，而碳链的延长由内质网和线粒体内特殊的酶体系完成，其过程与软脂酸的合成相似。

人体内所含有的不饱和脂肪酸主要有软油酸、油酸、亚油酸、α-亚麻酸及花生四烯酸等。软油酸和油酸分别由软脂酸和硬脂酸通过 Δ⁹ 去饱和酶作用自身合成，后三种为多不饱和脂肪酸，因哺乳类动物缺乏 Δ⁹ 以上的去饱和酶，故多不饱和脂肪酸在人体内不能合成，必须由食物来供给，所以这些脂肪酸称为必需脂肪酸。

（二）α-磷酸甘油的合成

糖酵解产生的磷酸二羟丙酮，在以 $NADH+H^+$ 为辅酶的 α-磷酸甘油脱氢酶的催化下，被还原生成 α-磷酸甘油，这是 α-磷酸甘油的主要来源。此外，甘油在甘油激酶的催化下，也可生成 α-磷酸甘油。

（三）脂肪的合成

脂肪是以 α-磷酸甘油和脂酰 CoA 为原料合成。肝细胞和脂肪细胞的内质网是合成脂肪的主要部位，其次是小肠黏膜上皮细胞。脂肪合成有两条基本途径：

1. 单酰甘油途径　小肠黏膜上皮细胞主要以此途径合成脂肪。该途径是利用消化吸收的单酰甘油和脂酰 CoA 合成脂肪（图 6-1）。

2. 二酰甘油途径　是肝细胞和脂肪细胞合成脂肪的主要途径。该途径是利用糖酵解生成的 α-磷酸甘油，在脂酰基转移酶的催化下，依次加上由 2 分子脂酰 CoA 提供的脂酰基而生成磷脂酸。磷脂酸在磷脂酸磷酸酶的作用下，水解脱去磷酸生成 1,2-二酰甘油，然后在脂酰基转移酶的作用下，再加上一分子脂酰基生成脂肪。

α-磷酸甘油脂酰基转移酶是脂肪合成的关键酶。脂肪组织合成的脂肪主要是在脂肪组织储存。肝和小肠黏膜上皮细胞合成的脂肪不能大量储存，而是在肝合成极低密度脂蛋白和在小肠黏膜上皮细胞合成极低密度脂蛋白或乳糜微粒后入血，被运输到脂肪组织储存或运输到其他组织细胞被利用。

三、多不饱和脂肪酸衍生物的合成

（一）前列腺素、血栓烷的合成

除红细胞外，全身各组织细胞均能合成 PG，血小板具有 TX 合成酶。细胞膜的磷脂分子中含有丰富的花生四烯酸，当细胞受到一些外界因素，如血管紧张素Ⅱ（angio-tensin Ⅱ）、缓激肽（bradykinin）、肾上腺素、凝血酶及某些抗原抗体复合物或一些病理因子等的刺激时，细胞膜上的磷脂酶 A_2 被激活，使膜磷脂水解释放出花生四烯酸，后者在一系列酶的作用下，转变为 PG、TX（图 6-9）。

（二）白三烯的合成

LT 主要在白细胞内合成。花生四烯酸在脂氧合酶（lipoxygenase）作用下生成氢过氧化甘碳四烯酸（5-HPETE），然后在脱水酶作用下生成 LTA_4。LTA_4 在酶的催化下转变成重要的生物活性物质 LTB_4、LTC_4、LTD_4 及 LTE_4 等。

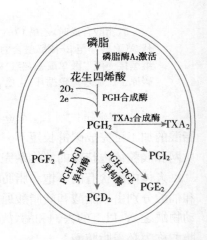

图 6-9　前列腺素和血栓烷的合成

第三节 磷脂的代谢

一、磷脂的组成、分类及其生理功能

含有磷酸的脂类称为磷脂。根据其化学组成,磷脂主要分为甘油磷脂(phosphoglyceride)与鞘磷脂(sphingomyelin)两大类。由甘油构成的磷脂称为甘油磷脂,在体内含量多、分布广;由鞘氨醇或二氢鞘氨醇构成的磷脂称为鞘磷脂,主要分布于大脑和神经髓鞘中。两类磷脂的分子组成的异同如表6-2。

表6-2 两类磷脂的分子组成

分类	相同的组成成分/分子数		不同或不尽相同的组成成分	
	磷酸	脂酸	醇类	其他成分
甘油磷脂	1	2	甘油	胆碱、乙醇胺、丝氨酸、肌醇等
鞘磷脂	1	1	鞘氨醇	胆碱、乙醇胺

(一)甘油磷脂的分子组成

甘油磷脂的结构特点是甘油的两个羟基被脂肪酸酯化,3位羟基被磷酸酯化成为磷脂酸(phosphatidic acid,PA),是最简单的磷脂。磷脂酸的磷酸羟基再被氨基醇(如胆碱、乙醇胺或丝氨酸)或肌醇等取代,形成不同类型的甘油磷脂,见表6-3。甘油磷脂的基本结构如下,X代表磷酸羟基相连的不同的取代基团。

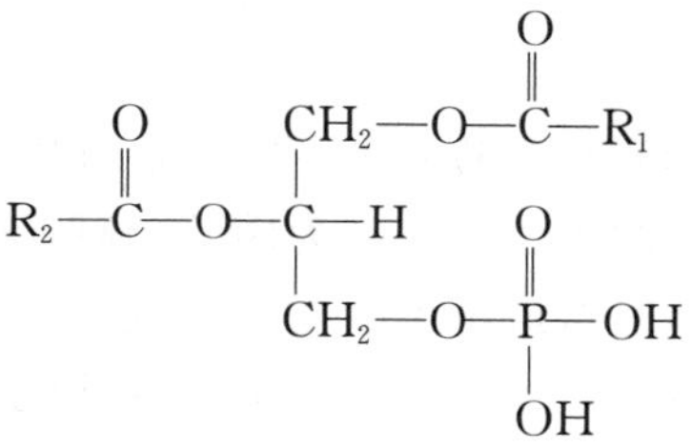

磷脂酸 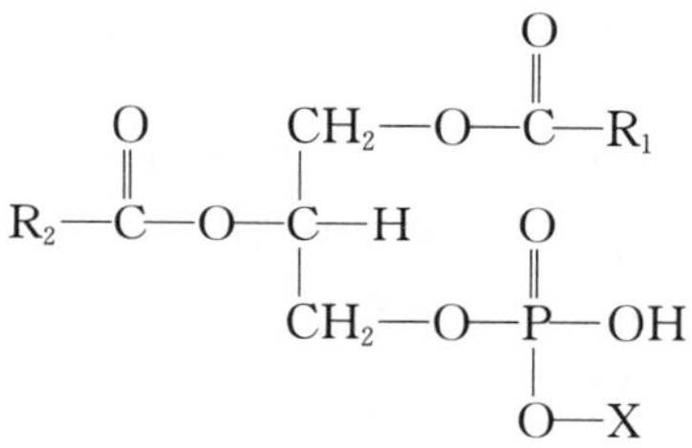　　　　　　　甘油磷脂

表6-3 体内几种重要的甘油磷脂

X取代基	甘油磷脂的名称
—H	磷脂酸
—CH$_2$CH$_2$N$^+$(CH$_3$)$_3$	磷脂酰胆碱(卵磷脂)
—CH$_2$CH$_2$NH$_3^+$	磷脂酰乙醇胺(脑磷脂)
—CH$_2$CHNH$_2$COOH	磷脂酰丝氨酸
—CH$_2$CHOHCH$_2$OH	磷脂酰甘油
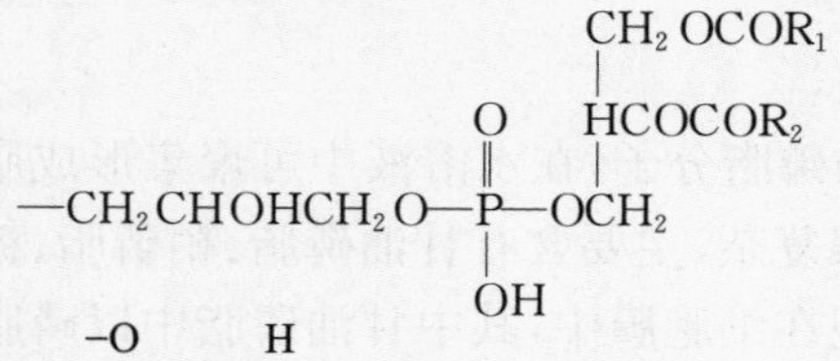	二磷脂酰甘油(心磷脂)
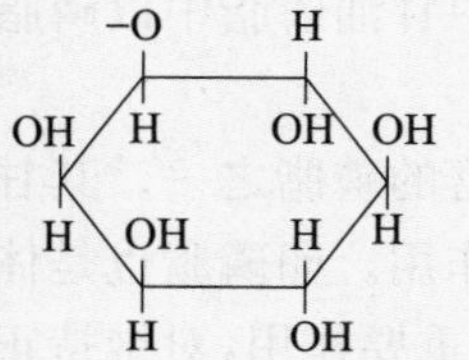	磷脂酰肌醇

（二）鞘磷脂的分子组成

鞘磷脂是含鞘氨醇的磷脂，由鞘氨醇、脂肪酸和磷酸胆碱或磷酸乙醇胺构成。鞘氨醇（或二氢鞘氨醇）是具有脂肪族长链的氨基二元醇，具有 2 个羟基及 1 个氨基的极性头和疏水性长链脂肪烃尾。化学结构式如下：

$$CH_3(CH_2)_{12}-CH=CH-CHOH$$
$$CHNH_2$$
$$CH_2OH$$

鞘氨醇

$$CH_3(CH_2)_{14}-CHOH$$
$$CHNH_2$$
$$CH_2OH$$

二氢鞘氨醇

鞘氨醇以 18 碳最多，也存在 16、17、19 或 20 碳鞘氨醇。鞘氨醇分子中含有双键，因此有顺反异构体之分，自然界均为反式构型。

鞘氨醇的氨基以酰胺键与脂肪酸相连生成鞘脂的母体结构 N-脂酰鞘氨醇（ceramide，又称神经酰胺）。鞘氨醇的羟基与取代基以酯键相连而形成只含有鞘氨醇或二氢鞘氨醇的脂类，被称为鞘脂，其化学结构通式如下：

鞘氨醇

$$CH_3(CH_2)_{12}-CH=CH-CHOH$$
脂肪酸
$$CHNHCO-(CH_2)_nCH_3$$
$$CH_2OH$$

N-脂酰鞘氨醇

鞘氨醇

$$CH_3(CH_2)_m-CH=CH-CHOH$$
脂肪酸
$$CHNHCO-(CH_2)_nCH_3$$
$$CH_2O-X$$

鞘脂

鞘脂所含的一分子脂肪酸多为 16、18、22 或 24 碳饱和脂肪酸或单不饱和脂肪酸。按取代基 X 的不同，鞘脂又可分为鞘磷脂和鞘糖脂（sphingoglycolipid）两类。取代基为磷酸胆碱或磷酸乙醇胺的鞘脂是鞘磷脂；神经酰胺与磷酸胆碱结合生成神经鞘磷脂，是构成细胞膜的重要成分。取代基含糖的鞘脂为鞘糖脂，如脑苷脂等。鞘糖脂也广泛存在于体内各组织中，具有重要的生理功能。神经鞘磷脂化学结构式如下：

$$CH_3-(CH_2)_{12}-CH=CH-CHOH$$
$$CHNHCO-(CH_2)_{14}CH_3$$
$$CH_2O-\overset{O}{\underset{OH}{P}}-O-CH_2-CH_2-N^+(CH_3)_3$$

神经鞘磷脂

（三）磷脂的生理功能

1. **磷脂是构成生物膜的重要成分** 具有亲水端和疏水端的磷脂分子，在水溶液中可聚集形成脂质双层，是构成生物膜的结构基础和重要成分。细胞膜的组成很复杂，主要含有甘油磷脂、鞘磷脂、糖脂、胆固醇、蛋白质、碳水化合物等。几乎磷脂的所有类型都出现在细胞膜中，其中甘油磷脂中以磷脂酰胆碱、磷脂酰乙醇胺和磷脂酰丝氨酸含量最高，鞘磷脂中以神经鞘磷脂为主。

细胞膜中含大量的磷脂酰胆碱，又称为卵磷脂（lecithin），是组成细胞膜最丰富的磷脂之一。其甘油 2 位含多不饱和脂肪酸，被水解后生成溶血卵磷脂，具有十分重要的病理生理作用。卵磷脂也是体内储存胆碱的重要方式之一。研究证实，卵磷脂在细胞增殖和分化过程中发挥着重要作用，对维持正常细胞周期具有重要意义。

心磷脂是线粒体膜的重要脂质,主要存在于线粒体内膜。心磷脂(cardiolipin)又称二磷脂酰甘油,是唯一含3个甘油分子的磷脂。心磷脂与大量的线粒体内膜蛋白质,如细胞色素 c 氧化酶、细胞色素 c、NADH-泛醌还原酶等相互作用,可激活某些酶,与氧化磷酸化和 ATP 的产生密切相关。

2. 磷脂酰肌醇是第二信使的前体 磷脂酰肌醇的4、5位羟基被磷酸化后生成的磷脂酰肌醇-4,5-二磷酸是细胞膜磷脂的重要成分,主要存在于细胞膜的内层。在受到激素等的刺激下可被裂解为二酰甘油和三磷酸肌醇,二者都是细胞信号转导的第二信使(见本章第一节)。

3. 神经鞘磷脂和卵磷脂在神经髓鞘中含量较高 人体含量最高的鞘磷脂是神经鞘磷脂,它是构成生物膜的重要磷脂,常与卵磷脂并存于细胞膜的外侧。神经髓鞘含脂类甚多,占干重的97%,其中11%是卵磷脂,5%为神经鞘磷脂。神经髓鞘的脂类在神经纤维之间起绝缘作用,保证了神经冲动的定向传导。

此外,鞘糖脂除作为生物膜的重要组分外,还可参与细胞的识别及信息传递、构成 ABO 等血型物质;二软脂酰胆碱是肺泡表面活性物质的主要组分,对维持肺泡张力起重要作用,早产儿二软脂酰胆碱合成和分泌缺陷,肺泡表面活性物质量少,易发生新生儿肺不张。

二、甘油磷脂的代谢

(一)甘油磷脂的合成

1. 合成部位 全身各组织细胞的内质网中都含有合成甘油磷脂的酶,但以肝、肾及小肠等组织细胞最活跃。

2. 合成原料及辅助因子 合成原料主要包括甘油、脂肪酸、磷酸盐和含氮碱或某些醇类,后者主要是胆碱、乙醇胺、丝氨酸及肌醇等物质。甘油和非必需脂肪酸主要由糖代谢转变而来,磷脂2位碳上的必需脂肪酸必须从食物中摄取。胆碱和乙醇胺可由食物提供,也可由丝氨酸在体内转变而来。甘油磷脂合成还需要 ATP 和 CTP,ATP 供能,CTP 既可供能,又为合成 CDP-乙醇胺、CDP-胆碱等重要活性中间产物所必需。

3. 合成过程 甘油磷脂的合成有两条途径,分别是二酰甘油途径和 CDP-二酰甘油途径。前者是磷脂酰胆碱和磷脂酰乙醇胺的主要合成途径,这两类磷脂占血液及组织中磷脂的75%以上。

(1)二酰甘油途径:该途径的特点是活化胆碱及乙醇胺,二酰甘油是合成磷脂的重要中间物质。参与合成的原料胆碱或乙醇胺首先在相应的激酶作用下,由 ATP 提供磷酸,生成磷酸胆碱或磷酸乙醇胺,再与 CTP 作用生成 CDP-胆碱和 CDP-乙醇胺,后者再转移到二酰甘油分子上,合成磷脂酰胆碱或磷脂酰乙醇胺(图6-10)。此外,磷脂酰胆碱也可以由磷脂酰乙醇胺从 S-腺苷甲硫氨酸获得甲基直接生成。

(2)CDP-二酰甘油途径:磷脂酰丝氨酸、磷脂酰肌醇和二磷脂酰甘油(心磷脂)通过此途径合成。该途径的特点是活化二酰甘油,即磷脂酸先与 CTP 在磷脂酰胞苷转移酶的催化下,生成活化的 CDP-二酰甘油,再分别与肌醇、丝氨酸及磷脂酰甘油缩合,生成磷脂酰丝氨酸、磷脂酰肌醇和二磷脂酰甘油(心磷脂)(图6-11)。

(二)甘油磷脂的分解

甘油磷脂的分解是在多种磷脂酶类的催化下,甘油磷脂逐步水解生成甘油、脂肪酸、磷酸及各种含氮化合物(如胆碱、乙醇胺和丝氨酸等)。磷脂酶能特异地分别作用于磷脂分子内部的特定酯键,产生不同的产物。如磷脂酶 A_1 和磷脂酶 A_2 分别作用于甘油磷脂的1位和2位酯键,磷脂酶 B_1 作用于溶血磷脂的1位酯键,磷脂酶 C 作用于3位的磷酸酯键,而磷脂酶 D 则作用于磷酸与取代基间的酯键(图6-12)。

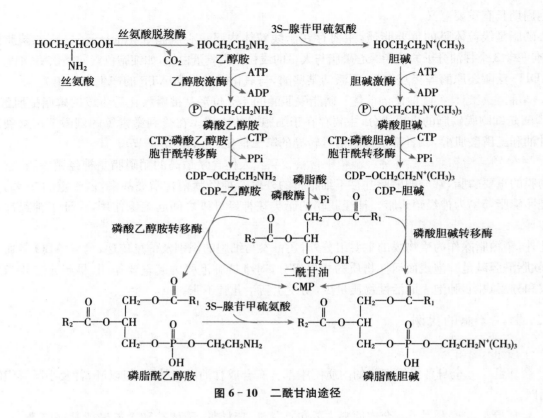

图 6-10 二酰甘油途径

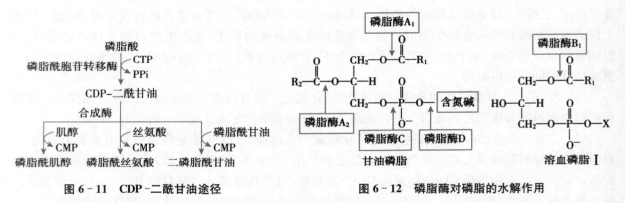

图 6-11 CDP-二酰甘油途径　　　　　　**图 6-12 磷脂酶对磷脂的水解作用**

　　甘油磷脂在各种磷脂酶的作用下,水解产生各种组分(如甘油、脂肪酸、磷酸和含氮碱)及中间产物,其中磷脂酶 A_2 存在于各组织细胞膜和线粒体膜,催化生物膜上的甘油磷脂中 2 位酯键水解生成溶血磷脂Ⅰ和多不饱和脂肪酸(如花生四烯酸)。溶血磷脂Ⅰ是一种较强的表面活性物质,能使红细胞膜或其他细胞膜破坏引起溶血或细胞坏死。认为急性胰腺炎的发病与胰腺中磷脂酶 A_2 被激活,导致胰腺细胞膜受损有关。

三、鞘磷脂的代谢

(一) 鞘氨醇的合成

1. 合成部位　全身各组织细胞都可合成,但以脑组织最为活跃。合成鞘氨醇的酶系在内质网中。

2. 合成原料　软脂酰 CoA 和丝氨酸是合成鞘氨醇的基本原料。此外,还需要磷酸吡哆醛、$NADPH+H^+$ 及 FAD 等辅酶(辅基)参加。

3. 合成过程　首先,以软脂酰 CoA 和丝氨酸为基本原料,在内质网 3-酮基二氢鞘氨醇合成酶和磷酸吡哆醛的作用下,缩合并脱羧生成 3-酮基二氢鞘氨醇;然后,在还原酶的催化下,由 NADPH＋H$^+$供氢,加氢生成二氢鞘氨醇;最后在脱氢酶的催化下二氢鞘氨醇脱氢生成鞘氨醇,脱下的氢由 FAD 接受。

（二）神经鞘磷脂的合成

在脂酰转移酶的催化下,鞘氨醇的氨基与脂酰 CoA 的脂酰基进行酰胺缩合,生成 N-脂酰鞘氨醇;然后,由 CDP-胆碱供给磷酸胆碱,N-脂酰鞘氨醇的末端羟基与磷酸胆碱通过磷酸酯键相连即形成神经鞘磷脂。

（三）神经鞘磷脂的降解

体内含量最多的鞘磷脂是神经鞘磷脂。神经鞘磷脂的分解是在神经鞘磷脂酶(sphingomyeli-nase)催化下进行的。此酶存在于脑、肝、脾、肾等细胞的溶酶体中,属于磷脂酶 C 类,水解磷酸酯键,产物为 N-脂酰鞘氨醇和磷酸胆碱。先天性缺乏此酶的患者,因神经鞘磷脂不能降解而在细胞内积存,可引起肝大、脾大及痴呆等,称为鞘磷脂累积症。

第四节　胆固醇的代谢

胆固醇是具有环戊烷多氢菲烃核及一个羟基的固体醇类化合物,最早由动物胆石中分离出来,故称为胆固醇(cholesterol)。胆固醇 C$_3$ 位上是羟基,称为游离胆固醇(free cholesterol,FC);C$_3$ 位上的羟基与脂肪酸相结合即形成胆固醇酯(cholesterol ester,CE),两者均存在于组织和血浆脂蛋白内,其结构如下:

胆固醇　　　　　　　　　　　胆固醇酯

体内的胆固醇来源有内源性和外源性。内源性胆固醇由机体自身合成,正常成人体内一半以上的胆固醇来自机体自身合成;外源性胆固醇主要来自动物性食物,如蛋黄、肉、肝、脑等。

胆固醇广泛分布于体内各组织,正常成人体内胆固醇总量约为 140g,分布极不均一,大约 1/4 分布于脑及神经组织,约占脑组织的 2%,肾上腺皮质、卵巢等组织胆固醇含量达 1%～5%,其次是肝、肾、肠等组织,而肌肉组织中胆固醇的含量较低。

一、胆固醇的合成

1. 合成部位　成人除脑组织及成熟红细胞外,几乎全身各组织均可合成胆固醇,每日合成约 1g,其中肝是合成胆固醇的主要场所,占总合成量的 70%～80%,小肠次之,占总合成量的 10%。胆固醇的合成主要在胞质及内质网中进行。

2. 合成原料　合成胆固醇的原料是乙酰 CoA,此外还需要 ATP 供能和 NADPH＋H$^+$供氢。每合成 1 分子胆固醇需要 18 分子乙酰 CoA、36 分子 ATP 及 16 分子 NADPH＋H$^+$。乙酰 CoA 和 ATP 主要来自糖的有氧氧化,而 NADPH＋H$^+$则主要来自糖的磷酸戊糖途径。因此,糖是胆固醇合成原料的主要来源。乙酰 CoA 是在线粒体中生成的,由于不能通过线粒体内膜,需要通过柠檬酸-丙酮酸循环转移到胞质,参与胆固醇的合成。

3. 合成基本过程 胆固醇的合成过程复杂,有近30步酶促反应,大致可分为3个阶段。

(1)甲羟戊酸的生成:在胞质中,2分子乙酰CoA在硫解酶的催化下缩合成乙酰乙酰CoA,然后在HMG CoA合酶催化下,再与1分子乙酰CoA缩合生成HMG CoA。此反应过程与酮体生成相类似,HMG CoA是合成酮体和胆固醇的重要中间产物,在肝脏线粒体中的HMG CoA裂解生成酮体,而在大部分组织胞质中的HMG CoA则由HMG CoA还原酶催化,NADPH+H$^+$供氢,还原生成甲羟戊酸(mevalonic acid,MVA)。HMG CoA还原酶是胆固醇生物合成的限速酶,此步反应是合成胆固醇的限速反应。

(2)鲨烯的合成:6碳的MVA在一系列酶的催化下,由ATP提供能量先磷酸化、再脱羧、脱羟基生成活泼的5碳焦磷酸化合物即异戊烯焦磷酸与二甲基丙烯焦磷酸。然后3分子5碳焦磷酸化合物缩合生成15碳的焦磷酸法尼酯,2分子15碳的焦磷酸法尼酯再经缩合、还原即生成30碳的多烯烃——鲨烯。

(3)胆固醇的合成:30碳的鲨烯经环化酶、单加氧酶等酶的催化,先环化生成30碳的羊毛固醇,再经氧化、脱羧和还原等反应,脱去3分子CO_2生成27碳的胆固醇(图6-13)。

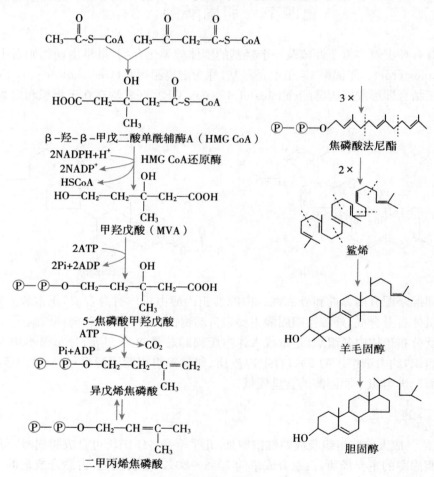

图6-13 胆固醇的合成

4. 胆固醇的酯化 细胞内和血浆中的游离胆固醇都可被酯化成胆固醇酯,但不同部位催化胆固醇酯化的酶及其反应过程不同。

(1)细胞内胆固醇的酯化:组织细胞内的游离胆固醇可在脂酰CoA胆固醇脂酰转移酶(acyl-

CoA cholesterol acyl transferase，ACAT)的催化下，接受脂酰 CoA 的脂酰基形成胆固醇酯。

（2）血浆内胆固醇的酯化：血浆中的游离胆固醇可在卵磷脂胆固醇脂酰转移酶（lecithin cholesterol acyl transferase，LCAT)的催化下，将卵磷脂 C_2 位的脂酰基（一般多是不饱和脂酰基）转移至胆固醇 C_3 位的羟基上，生成胆固醇酯及溶血卵磷脂。LCAT 是由肝细胞合成而分泌入血，在血浆中发挥催化作用。肝细胞有病变或损害时，可使 LCAT 合成减少而活性降低，引起血浆胆固醇酯化减少，胆固醇酯含量下降。

二、胆固醇的转化与排泄

胆固醇的环戊烷多氢菲烃核在体内不能被降解，但侧链可以被氧化、还原或降解而转化成某些重要的活性物质，参与体内的代谢和调节，或直接排出体外。

1. 转变为胆汁酸　胆固醇在肝内转化为胆汁酸是其主要代谢去路。正常成人每日合成的胆固醇约有 40% 在肝中转变为胆汁酸，随胆汁排入肠道。胆汁酸能降低油水两相间的表面张力，在脂类的消化、吸收过程中起重要作用。

2. 转变为类固醇激素　胆固醇是合成类固醇激素的前体。肾上腺皮质以胆固醇为原料，在一系列酶的催化下合成醛固酮、皮质醇及少量性激素；性腺利用胆固醇合成性激素，如在睾丸间质细胞合成睾酮，在卵巢可合成雌二醇及孕酮。

3. 转变为维生素 D_3　维生素 D_3 主要由食物供给，也可在体内合成。皮肤细胞内的胆固醇经脱氢氧化生成维生素 D_3 前体 7-脱氢胆固醇，后者经紫外线照射后转变成维生素 D_3。维生素 D_3 经肝与肾的羟化生成具有活性的 $1,25-(OH)_2-D_3$。

4. 胆固醇的排泄　在体内胆固醇的代谢去路主要是在肝细胞中转变成胆汁酸盐，随胆汁排入肠道；其次，还有一部分胆固醇可直接随胆汁排入肠道，这部分胆固醇受肠道细菌作用还原生成粪固醇随粪便排出体外。

三、胆固醇合成的调节

HMG CoA 还原酶是胆固醇合成的限速酶，各种调节因素主要通过影响 HMG CoA 还原酶的活性来调节胆固醇的合成速度。

1. 限速酶　胆固醇合成的限速酶是 HMG CoA 还原酶。动物实验发现，肝 HMG CoA 还原酶活性有昼夜节律性，午夜酶活性最高，胆固醇合成最多；中午时酶活性最低，胆固醇合成量最少。可见，胆固醇合成的周期节律性是 HMG CoA 还原酶活性周期性改变的结果。

HMG CoA 还原酶存在于肝、肠及其他组织细胞的内质网，它是由 887 个氨基酸残基构成的糖蛋白，疏水性的 N-端跨内质网膜固定在膜上，亲水的 C-端结构域则伸向胞质，具有催化活性。胞质中有依赖于 AMP 的蛋白激酶，在 ATP 的存在下，使 HMG CoA 还原酶磷酸化而丧失活性。胞质中的磷蛋白磷酸酶可催化 HMG CoA 还原酶去磷酸后恢复活性。某些多肽类激素（如胰高血糖素）能够快速地通过细胞信号转导使 HMG CoA 还原酶磷酸化而失去活性，从而抑制胆固醇的合成。

2. 饥饿与饱食的调节　饥饿与禁食可抑制肝合成胆固醇，而肝外组织的合成减少不多。饥饿与禁食可使 HMG CoA 还原酶合成减少，活性降低；另外，乙酰 CoA、ATP、NADPH＋H$^+$ 等合成原料不足，从而使胆固醇的合成减少；相反，摄入高糖、高脂等饮食后，肝 HMG CoA 还原酶活性增加，且原料充足，胆固醇的合成增多。

3. 胆固醇的负反馈调节　食物胆固醇可反馈阻遏肝 HMG CoA 还原酶的合成，使胆固醇的合成减少；反之，降低食物胆固醇含量，则可解除对此酶合成的阻遏作用，胆固醇的合成增多。这种反馈调节主要存在于肝细胞，而小肠黏膜细胞的胆固醇合成则不受这种反馈调节。

4. 激素的调节　胰高血糖素和糖皮质激素能抑制肝 HMG CoA 还原酶的活性，使胆固醇的合成减少；胰岛素及甲状腺激素能诱导肝 HMG CoA 还原酶的合成，从而增加胆固醇的合成。此外，甲状腺激素还可促进胆固醇在肝内转化为胆汁酸，且促进转化作用大于诱导合成作用，因此甲状腺功能亢进症的患者，血清中胆固醇的含量是降低的。

5. 药物的影响 某些药物如洛伐他汀和辛伐他汀，能竞争性地抑制 HMG CoA 还原酶的活性，使体内胆固醇的合成减少。另外有些药物，如阴离子交换树脂考来烯胺（消胆胺），可通过干扰肠道胆汁酸盐的重吸收，促使体内更多的胆固醇转变为胆汁酸盐，从而降低血清胆固醇浓度。

第五节 血浆脂蛋白代谢

一、血脂

血脂是血浆中脂类物质的总称，包括三酰甘油、胆固醇及其酯、磷脂及游离脂肪酸（free fatty acid，FFA）等。

（一）血脂的来源与去路

1. 血脂的来源 ①外源性的，由脂类食物经消化道吸收入血；②内源性的，由体内自身合成或脂库动员释放入血。

2. 血脂的去路 ①由血液运输到全身各组织氧化供能；②进入脂库储存；③参与生物膜等的构成；④转变成其他物质。

（二）血脂的含量

血脂含量可反映体内脂类的代谢状况，易受年龄、性别、膳食、运动及代谢等多种因素的影响，波动范围较大，如进食高脂膳食后，血脂含量大幅度升高，故血脂测定时要在空腹 12~14 小时后采血。血脂含量的测定可及时反映体内脂类代谢状况，广泛应用于高脂血症、动脉粥样硬化（atherosclerosis，AS）和冠心病等的诊断及防治研究。正常成人空腹血脂的主要成分和含量如表 6-4。

表 6-4 正常成人空腹血脂的主要成分和含量

脂类物质	含量/(mg/dl 血浆)	含量/(mmol/L 血浆)
脂类总量	400~700(500)*	6.7~12.2
三酰甘油	10~160(100)	0.11~1.69
磷脂	150~250(200)	1.94~3.23
总胆固醇	100~250(200)	2.59~6.47
胆固醇酯	70~250(200)	1.81~5.17
游离胆固醇	40~70(55)	1.03~1.81
游离脂肪酸	5~20(15)	0.5~0.7

注：*括号内为平均值。

二、血浆脂蛋白的结构、分类和组成

血液中脂类物质不溶于水或微溶于水，必须与蛋白质结合才能被运输。与脂类结合的蛋白质称为载脂蛋白（apolipoprotein，Apo）。血浆中的脂类与载脂蛋白结合形成的复合物称为血浆脂蛋白（lipoprotein，LP）。血浆脂蛋白是血浆脂类的主要存在形式、运输形式和代谢形式。游离脂肪酸与清蛋白结合而运输，其不属于血浆脂蛋白。

（一）血浆脂蛋白的结构

血浆脂蛋白是具有微团结构的球状颗粒。非极性的三酰甘油、胆固醇酯等位于脂蛋白颗粒的内核;而具有极性及非极性基团的两性分子(如载脂蛋白、磷脂、胆固醇等)则覆盖于脂蛋白表面,以单分子层形式借其疏水基团与颗粒内核的疏水分子相连,而亲水基团分布在颗粒表面,与周围水相溶,使脂蛋白具有较强的水溶性,能稳定地分散在血浆中。因此,血脂是以溶解度较大的脂蛋白复合物形式在血液中运输并被转运到各组织进行代谢(图 6 - 14)。

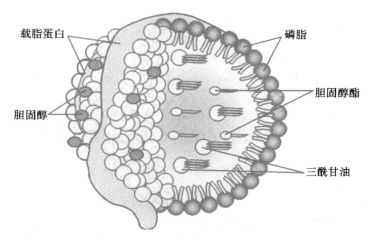

图 6 - 14　血浆脂蛋白结构示意图

(二) 血浆脂蛋白的分类

血浆脂蛋白主要由脂类和蛋白质组成,因其所含的脂类成分与蛋白质种类及其比例不同,使其密度、颗粒大小和表面电荷等理化性质不同,可分为多种。血浆脂蛋白分类的常用方法有电泳法和超速离心法,这 2 种方法可分别将血浆脂蛋白分为 4 类。

1. 电泳法　是分离血浆脂蛋白最常用的一种方法,是以不同血浆脂蛋白的颗粒大小及表面电荷不同作为分离基础。由于血浆脂蛋白的颗粒大小及表面电荷不同,在电场中具有不同的电泳迁移率,按其迁移率从大到小,将血浆脂蛋白分为 4 类,分别称为:α-脂蛋白(α - LP)、前 β-脂蛋白(前 β - LP)、β-脂蛋白(β - LP)和乳糜微粒(CM)。α-脂蛋白的蛋白质含量最高,电荷量最大,相对分子质量最小,在电场中电泳

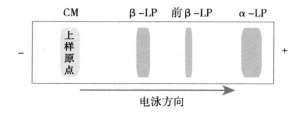

图 6 - 15　血浆脂蛋白琼脂糖凝胶电泳示意图

速度最快,相当于 α_1-球蛋白的位置;前 β-脂蛋白位于 β-脂蛋白之前,相当于 α_2-球蛋白的位置;β-脂蛋白相当于 β-球蛋白的位置;乳糜微粒的蛋白质含量很低,98% 是不带电荷的脂类,三酰甘油含量最高,在电场中几乎不移动,所以停留在原点(图 6 - 15)。可用滤纸、醋酸纤维薄膜、琼脂糖凝胶或聚丙烯酰胺凝胶作为电泳支持物,常用的电泳方法有醋酸纤维薄膜电泳和琼脂糖凝胶电泳。

2. 超速离心法　是根据血浆在一定密度的盐溶液中进行超速离心时,因其中脂蛋白的密度不同,其漂浮或沉降速率也不同而进行分离的方法,又称密度分离法。由于各种脂蛋白所含脂类及蛋白质的量和比例各不相同,其密度亦各不相同。据此可将血浆脂蛋白按密度从小到大分为乳糜微粒(chylomicron,CM)、极低密度脂蛋白(very low density lipoprotein,VLDL)、低密度脂蛋白(low density lipoprotein,LDL)和高密度脂蛋白(high density lipoprotein,HDL)四大类。分别相当于电泳分离的 CM、前 β - LP、β - LP 和 α - LP 等。除上述 4 类脂蛋白外,还有一种其组成及密度介于 VLDL 及 LDL 之间的脂蛋白称为中间密度脂蛋白(intermediate density lipoprotein,IDL),它是 VLDL 在血浆中的代谢产物(图 6 - 16)。

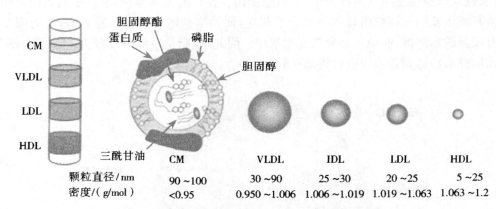

图 6–16 **血浆脂蛋白的超速离心法分类及结构特征**

（三）血浆脂蛋白的组成

各类血浆脂蛋白均含有蛋白质、三酰甘油、磷脂、胆固醇及其酯四类成分，但其组成比例和含量却差异很大。其中三酰甘油在乳糜微粒中含量最高，占其化学组成的 90% 左右。VLDL 中三酰甘油含量也较高，达 60%。胆固醇及其酯以 LDL 中最多，几乎占其含量的 50%。HDL 的蛋白质含量高达 50%（表 6–5）。各类脂蛋白的密度大小与其中蛋白质与脂类的比例有关。

表 6–5 血浆脂蛋白的分类、性质、组成和功能

分类	超速离心法	CM	VLDL	LDL	HDL
	电泳法	CM	前 β–LP	β–LP	α–LP
性质	密度	<0.95	0.950~1.006	1.006~1.063	1.063~1.210
	漂浮系数(S_f)	>400	20~400	0~20	沉降
	颗粒直径/nm	80~500	25~80	20~25	5~17
组成/%	蛋白质	0.5~2	5~10	20~25	50
	脂类	98~99	90~95	75~80	50
	三酰甘油	80~95	50~70	10	5
	磷脂	5~7	15	20	25
	总胆固醇	1~4	15~19	45~50	20
	游离胆固醇	1~2	5~7	8	5
	胆固醇酯	3	10~12	40~42	15~17
主要载脂蛋白		AI，AII，AIV，B_{48}，CI，CII，CIII，微量 E	B_{100}，CI，CII，CIII，E	B_{100}、微量 CII 和 E	AI，AII，CI，CII，CIII，E，D
合成部位		小肠黏膜细胞	肝细胞	血浆	肝、小肠、血浆
功能		转运外源性三酰甘油及胆固醇	转运内源性三酰甘油及胆固醇	转运内源性胆固醇（从肝内到肝外）	逆向转运胆固醇（从肝外到肝内）

（四）载脂蛋白

脂蛋白中的蛋白质成分称为载脂蛋白（apolipoprotein，Apo）。目前已发现 20 多种载脂蛋白，结构与功能研究比较清楚的有 Apo A、Apo B、Apo C、Apo D、Apo E 五大类。每一类又可分为不同的亚类，如 Apo A 分为 AI、AII 和 AIV；Apo B 分为 B_{100} 和 B_{48}；Apo C 分为 CI、CII 和 CIII 等。不

同的脂蛋白含不同的载脂蛋白,如 HDL 主要含 Apo AⅠ及 AⅡ;LDL 含 Apo B$_{100}$ 高达95%;而 CM 含 AⅠ、AⅡ、AⅣ、CⅠ、CⅡ、CⅢ、Apo B$_{48}$;VLDL 除含 Apo B$_{100}$ 以外,还有 Apo CⅠ、Apo CⅡ、Apo CⅢ及 Apo E(表 6-5)。这些载脂蛋白大多数都有双性 α-螺旋(amphipathic α-helix)结构。疏水性氨基酸残基不带电荷,构成了 α-螺旋的非极性面,带电荷的亲水性氨基酸残基构成 α-螺旋的极性面,这种双性 α-螺旋结构有利于载脂蛋白与脂质结合,并使脂蛋白以稳定的结构在血液中运输。

载脂蛋白是决定脂蛋白结构、功能和代谢的主要因素,其主要功能有:①作为脂类的运输载体,结合和转运脂类,构成并稳定脂蛋白结构;②调节脂蛋白代谢关键酶的活性,如 Apo AI 激活 LCAT,Apo AⅡ激活肝脂酶(hepatic lipase, HL),Apo CⅡ激活脂蛋白脂酶(lipoprotein lipase, LPL),Apo CⅢ可抑制 LPL;③参与脂蛋白受体的识别、结合及其代谢过程,如 Apo AI 识别 HDL 受体,Apo B$_{48}$ 参与肝细胞对 CM 的识别,Apo B$_{100}$ 和 Apo E 识别各种组织细胞表面的 LDL 受体。

三、血浆脂蛋白的代谢

(一)血浆脂蛋白代谢的主要酶类

1. 脂蛋白脂酶(LPL)　是脂肪细胞、心肌细胞、骨骼肌细胞、乳腺细胞以及巨噬细胞等合成和分泌的一种糖蛋白。Apo CⅡ为 LPL 必备的辅因子,具有激活 LPL 的作用。LPL 的功能是催化 CM 和 VLDL 核心的三酰甘油分解为脂肪酸和甘油,使脂蛋白逐渐变为直径较小的 CM 残粒及 IDL(LDL)。

2. 肝脂酶(HL)　由肝实质细胞合成。与 LPL 功能相似,但其活性需要 Apo AⅡ激活,主要作用于小颗粒脂蛋白,如 VLDL 残粒、CM 残粒及 HDL 中的 TG 水解,促进肝内的 VLDL 转化为 IDL,使 IDL 转变为 LDL。

3. 卵磷脂胆固醇脂酰转移酶(LCAT)　由肝细胞合成而分泌入血,在血浆中发挥将游离胆固醇酯化为胆固醇酯的作用。Apo AI 为该酶的重要激活剂。

(二)血浆脂蛋白受体

血浆脂蛋白受体是一类位于细胞膜上的糖蛋白。它能以高度的亲和力与相应的脂蛋白配体作用,从而介导细胞对脂蛋白的摄取与代谢。参与脂蛋白代谢的受体主要有 VLDL 受体、LDL 受体、HDL 受体及清道夫受体。

1. VLDL 受体(Apo E 受体)　主要识别含 Apo E 丰富的脂蛋白,包括 CM 残粒和 VLDL 残粒,是清除血液中 CM 残粒和 VLDL 残粒的主要受体,故又称残粒受体、Apo E 受体。该受体是肝细胞膜上的一种特异性受体,残粒能与此受体结合并被摄取进入细胞内降解。

2. LDL 受体(Apo B、Apo E 受体)　广泛分布于肝、动脉壁平滑肌等各组织的细胞膜表面,能特异识别与结合含 Apo B$_{100}$、Apo E 的脂蛋白,故又称 Apo B、Apo E 受体。其在 LDL 代谢中起着双重作用:①清除血液中的 IDL,限制 LDL 的生成;②介导细胞摄取 LDL,增加 LDL 的降解。由 LDL 受体介导的、通过细胞膜吞饮作用而摄入 LDL 等含 Apo B$_{100}$、Apo E 的脂蛋白的代谢过程称为 LDL 受体途径。

3. HDL 受体　广泛分布于全身各组织细胞膜,能特异地识别和结合 HDL。在肝外 HDL 与受体结合后,能获取外周细胞多余的胆固醇,在肝内 HDL 与受体结合后,肝细胞能将其中的胆固醇摄取并转化成胆汁酸排出体外。

4. 清道夫受体(scavenger receptor, SR)　主要存在于巨噬细胞及血管内皮细胞表面,介导修饰的 LDL(如氧化型 LDL,即 Ox-LDL)从血液循环中清除。Ox-LDL 可被巨噬细胞、血管内皮细胞和平滑肌细胞通过清道夫受体无限制地摄取,导致脂质沉积和泡沫细胞形成,吸引单核细胞黏附于血管壁,从而促进粥样斑块形成,是动脉粥样硬化发生的重要机制。

(三)血浆脂蛋白的代谢过程

1. 乳糜微粒(CM)　由小肠黏膜细胞合成。脂类在消化吸收时,小肠黏膜细胞合成的脂肪,与吸收及合成的磷脂和胆固醇,再与 Apo B₄₈、Apo A 等结合共同形成新生的 CM。新生 CM 经淋巴管进入血液,接受 HDL 转移来的 Apo C 和 Apo E,同时将部分 Apo A 转移给 HDL,即形成成熟的 CM,其中的 Apo C Ⅱ 能激活肌肉、脂肪等组织的毛细血管内皮细胞表面的 LPL,使 CM 中的三酰甘油水解成甘油和脂肪酸,供组织细胞摄取利用。随着 CM 中三酰甘油的逐步水解,其表面富余的磷脂、胆固醇、Apo A 及 Apo C 脱离开 CM,参与形成新生的 HDL,而 CM 颗粒逐渐变小,最后转变成富含胆固醇酯、Apo B₄₈ 和 Apo E 的 CM 残粒(remnant)。CM 残粒与肝细胞膜 LDL 受体相关蛋白(LDL recep-tor related protein,LRP)结合,最终被肝细胞摄取利用(图 6 - 17)。由此可见,CM 的主要功能是运输外源性的三酰甘油及胆固醇到全身各组织。

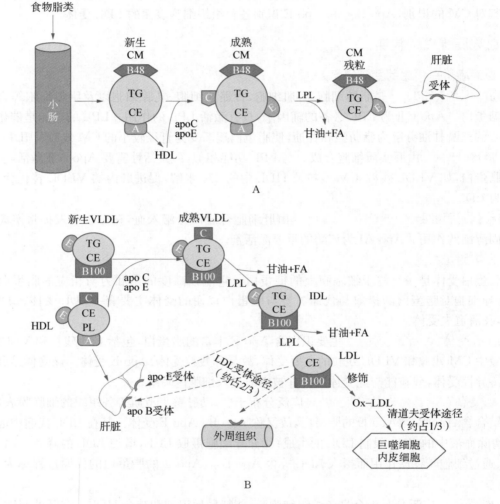

图 6 - 17 CM、VLDL、LDL 的代谢

A. CM 代谢;B. VLDL 和 LDL 的代谢

乳糜微粒颗粒大,能使光线散射,使饭后血浆混浊呈乳浊样外观。正常人 CM 在血浆中的代谢很快,半衰期仅 5~15 分钟,因此摄入大量脂肪后血浆混浊只是暂时的,空腹 12~14 小时后血浆中不再含有 CM,这种现象称为脂肪廓清。

2. 极低密度脂蛋白(VLDL) 主要由肝合成和分泌,小肠亦可合成少量 VLDL。富含三酰甘油、磷脂、胆固醇及胆固醇酯,其中三酰甘油含量高达 60%,载脂蛋白主要为 Apo B₁₀₀ 及 Apo C 等,是运输内源性三酰甘油的主要形式。肝细胞可以利用葡萄糖、食物吸收及脂肪动员的脂肪酸和甘油合成脂肪,再与 Apo B_{100}、Apo E 及磷脂、胆固醇等结合形成 VLDL。进入血液的 VLDL,从 HDL 获得 Apo C 及 Apo E,形成成熟的 VLDL,其中 Apo CⅡ激活肝外组织毛细血管内皮细胞表面的 LPL,使 VLDL 中的三酰甘油被逐步水解释出甘油和脂肪酸供组织利用。随着三酰甘油的水解,其表面的磷脂、胆固醇及 Apo C 向 HDL 转移,而 HDL 的胆固醇酯转移给 VLDL 进行交换。因此,VLDL 颗粒逐渐变小,密度逐渐增大,VLDL 的胆固醇酯含量及 Apo B_{100}、Apo E 含量相对增加,转变成 IDL。IDL 中胆固醇酯和三酰甘油的含量基本相等。IDL 主要有两条代谢途径:一部分 IDL 可被肝细胞膜的 Apo E 受体识别、摄取利用;另一部分未被肝细胞摄取的 IDL 经 HL 和 LPL 作用进一步水解,转变为 LDL。LDL 经 LDL 受体进行代谢(图 6-17)。VLDL 的半衰期为 6～12 小时。

3. **低密度脂蛋白(LDL)**　是在血液中由 VLDL 代谢转变而来。其载脂蛋白为 Apo B_{100},并富含胆固醇酯。LDL 是空腹时血浆的主要脂蛋白。

LDL 的主要代谢途径为 LDL 受体途径,约占 LDL 代谢去路的 2/3。LDL 与 LDL 受体结合后,进入细胞,受溶酶体的酶水解,Apo B_{100} 被水解为氨基酸,胆固醇酯被水解成胆固醇及脂肪酸。胆固醇可用于类固醇激素的合成,还可反馈抑制细胞内胆固醇的合成(图 6-18)。若 LDL 受体缺陷,可导致血浆 LDL 升高,成为动脉粥样硬化(atherosclerosis, AS)发生发展的重要因素。LDL 的半衰期为 2～4 天。

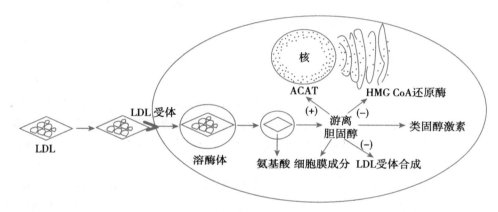

图 6-18　LDL 受体途径

清道夫受体途径:血浆中部分 LDL 可被修饰为氧化型 LDL(oxidized LDL, Ox-LDL),Ox-LDL 可与清除细胞(如单核-吞噬细胞系统的巨噬细胞及血管内皮细胞)表面的清道夫受体结合而被清除,清道夫受体途径约占 LDL 代谢去路的 1/3。

4. **高密度脂蛋白(HDL)**　主要在肝合成,小肠可合成部分,HDL 在血浆中 CM 和 VLDL 代谢过程中也可形成新生 HDL。HDL 按其密度高低又可分为 HDL_1、HDL_2 及 HDL_3。血浆中主要含 HDL_2 及 HDL_3。HDL_1 又称 HDLc,仅在高胆固醇膳食时才在血中出现。

新生 HDL 的组成以磷脂、胆固醇和 Apo AⅠ为主。在血液中,受 LCAT 的催化作用,胆固醇转变成胆固醇酯,通过胆固醇酯转运蛋白(cholesterol ester transport protein, CETP)将胆固醇酯转入 HDL 的内核,在此过程中所消耗的磷脂酰胆碱及胆固醇可不断地从肝外组织细胞膜或 CM 及 VLDL 得到补充。富含磷脂和 Apo AⅠ、含胆固醇较少的新生 HDL,当随血液流经肝外组织细胞时,能作为胆固醇的接受体,促进肝外组织细胞胆固醇的外流,组织细胞膜存在胆固醇流出调节蛋白,可介导细胞内胆固醇及磷脂转运至胞外。这样,进入 HDL 内核中的胆固醇酯逐渐增多,使圆盘状磷脂双层结构转变为单脂层球状的成熟 HDL,并接受由 CM 及 VLDL 释出的磷脂、Apo AⅠ、Apo AⅢ等,同时,其表面的 Apo C 及 Apo E 转移到 CM 及 VLDL 上,即形成成熟的 HDL。成熟的 HDL 由肝细胞膜上的 HDL 受体识别而被摄取、降解和清除(图 6-19)。HDL 在血浆中的半衰期为 3～5 天。

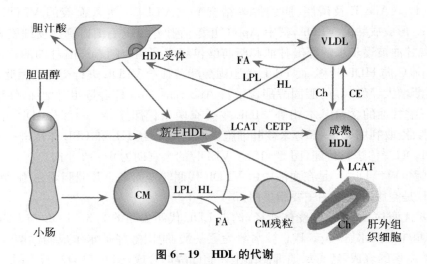

图 6-19　HDL 的代谢

HDL 的主要功能是参与胆固醇逆向转运(reverse cholesterol transport, RCT),即将肝外组织中衰老细胞膜中的胆固醇转运到肝代谢并排出体外,从而促进外周组织胆固醇的清除和更新,减少组织中胆固醇的沉积,故 HDL 具有抗动脉粥样硬化的作用。

四、血浆脂蛋白的异常

(一)高脂蛋白血症

高脂血症(hyperlipidemia)是指血浆中三酰甘油或胆固醇浓度升高超过正常范围的上限,又称高三酰甘油血症或高胆固醇血症。由于血脂在血液中以脂蛋白的形式存在和运输,高脂血症也表现为不同类型的脂蛋白的升高。因此,高脂血症也可认为是高脂蛋白血症(hyperlipoproteinemia, HLP)。正常人血脂标准的上限因地区、年龄、膳食、劳动状况、职业以及测定方法的不同而有差异,一般以成人空腹 12~14 小时血浆三酰甘油大于 2.26mmol/L(200mg/dl)、总胆固醇(TC)大于 6.21mmol/L(240mg/dl)、儿童总胆固醇大于 4.14mmol/L(160mg/dl)为高脂血症标准。世界卫生组织(WHO)建议将高脂蛋白血症分为五型六种,各型的血浆脂蛋白及血脂的改变如表 6-6。

表 6-6　高脂蛋白血症的分型及特征类型

类型	血浆脂蛋白变化	血脂变化	发病率
I	CM↑	TG↑↑↑, TC↑	罕见
IIa	LDL↑	TC↑↑	常见
IIb	VLDL 及 LDL↑	TG↑, TC↑↑	常见
III	IDL↑	TG↑↑, TC↑↑	罕见
IV	VLDL↑	TG↑↑	常见
V	CM 及 VLDL↑	TG↑↑↑, TC↑	罕见

注:TG-三酰甘油;TC-总胆固醇。

目前临床上将高脂血症简单分为 4 类:①高胆固醇血症,血清 TC 水平增高;②高三酰甘油血症,血清 TG 水平增高;③混合型高脂血症,血清 TG 与 TC 水平同时增高;④低高密度脂蛋白血症,血清 HDL 水平降低。

高脂蛋白血症可分为原发性与继发性两大类。原发性高脂蛋白血症是与脂蛋白的组成及其代谢过程有关的载脂蛋白、关键酶和受体等的先天性缺陷有关,如 LDL 受体先天性缺陷引起的家族性高胆固醇血症。继发性高脂蛋白血症常继发于其他疾病,如糖尿病、肾病、肝病及甲状腺功能减退等。

　　(二)遗传性缺陷

　　从脂蛋白代谢的角度来看 AS 的发生、发展机制,除脂蛋白的变化外,还与脂蛋白代谢的关键酶、受体等异常有关。

　　研究已发现,参与脂蛋白代谢的关键酶(如 LPL 及 LCAT)、载脂蛋白(如 Apo C Ⅱ、Apo B、Apo E、Apo A Ⅰ 和 Apo CⅢ),以及脂蛋白受体(如 LDL 受体)等的遗传缺陷,都能引起血浆脂蛋白代谢的异常,并导致高脂蛋白血症。已证实 LPL 缺陷可导致 Ⅰ 型或 Ⅴ 型高脂蛋白血症;Apo CⅡ 基因缺陷则不能激活 LPL,可产生与 LPL 缺陷相似的异常脂蛋白血症;LCAT 缺乏导致 CE 水平下降;Apo B 基因缺陷可导致血浆 VLDL、LDL、CM 降低;LDL 受体缺陷可引起家族性高胆固醇血症等。其中 Brown 及 Goldstein 对 LDL 受体的研究取得重大突破,阐明了 LDL 受体的结构和功能,且证明 LDL 受体缺陷可引起家族性高胆固醇血症。LDL 受体缺陷是常染色体显性遗传,纯合子的细胞膜 LDL 受体完全缺乏,杂合子的 LDL 受体数目减少一半,致使 LDL 不能正常代谢,血浆胆固醇分别高达 $15.6\sim20.8mmol/L(600\sim800mg/dl)$ 及 $7.8\sim10.4mmol/L(300\sim400mg/dl)$,患者在 20 岁前就发生典型的冠心病症状。

知识链接

血浆脂蛋白与动脉粥样硬化

　　动脉粥样硬化(atherosclerosis,AS)是心脏病和中风的重要原因,而胆固醇是动脉斑块形成的关键组分。研究表明,LDL 胆固醇和 Apo B_{100} 的升高与 AS 性心血管事件(ASCVE)的风险直接相关。含载脂蛋白 B 的脂蛋白在动脉壁的浸润和滞留是引发炎症反应并促进 AS 发展的关键起始因素。天然 LDL 在体外不被巨噬细胞吸收,而氧化修饰的 LDL(Ox - LDL)则成为引发炎症反应的致动脉粥样硬化颗粒。巨噬细胞对 Ox - LDL 的摄取和积累可诱发巨噬细胞炎症,从而使氧化应激和细胞因子/趋化因子分泌增强,致使更多 LDL 残粒氧化、内皮细胞活化、单核细胞募集和泡沫细胞形成,这些改变驱动 AS 病变的发展。相反,HDL、载脂蛋白 A Ⅰ 和内源性载脂蛋白 E 可预防炎症和氧化应激,促进胆固醇流出,减少 AS 病变形成。流行病学资料表明,HDL - C 水平与 ASCVE 呈负相关。他汀类药物可通过降低 LDL 胆固醇水平减少 ASCVE 的风险。

小　结

● **脂质概述**

　　脂质分为脂肪(三酰甘油)及类脂两大类。脂肪是人体的重要营养素,主要功能是储能及供能。类脂包括磷脂、糖脂、胆固醇及胆固醇酯等,是生物膜的重要组分,可参与细胞识别及信息传递,也是多种生理活性物质的前体。脂肪酸是构成脂质的组分之一,高等动植物脂肪酸碳链长度一般在 14～20,绝大多数为偶数碳。脂肪酸包括饱和脂肪酸和不饱和脂肪酸,亚油酸、亚麻酸和花生四烯酸等多不饱和脂肪酸为必需脂肪酸,其中花生四烯酸是前列腺素、血栓素、白三烯等生理活性物质的前体。

● **脂质的消化与吸收**

　　脂质消化主要在小肠上段,经各种脂酶或酯酶及胆汁酸盐的共同作用,脂类被水解为甘油、脂肪酸及一些不完全水解产物,主要在空肠被吸收。吸收的甘油及中、短链脂肪酸,经门静脉进入血循环;

长链脂肪酸(12C～26C)在小肠黏膜上皮细胞内再合成为脂肪,与 Apo B_{48}、磷脂、胆固醇等形成 CM 后经淋巴进入血循环。

- **三酰甘油的分解代谢**

三酰甘油水解产生甘油和脂肪酸。甘油活化、脱氢、转变为磷酸二羟丙酮后,进入糖代谢途径。脂肪酸则在肝、肌、心等组织中分解氧化、释放出大量能量,以 ATP 形式供机体利用。脂肪酸的分解需经活化、进入线粒体、β-氧化(脱氢、加水、再脱氢及硫解)、乙酰 CoA 的氧化(三羧酸循环)等步骤。脂肪酸在肝内 β-氧化的产物可生成酮体,但肝不能利用酮体,需运至肝外组织氧化利用。长期饥饿或重症糖尿病时,脑及肌组织主要靠酮体氧化供能。

- **脂肪酸的合成代谢**

脂肪酸合成是在胞质中脂肪酸合成酶系的催化下,以乙酰 CoA 为原料,在 NADPH、ATP、HCO_3^- 及 Mn^{2+} 的参与下,逐步缩合而成的。乙酰 CoA 需先羧化成丙二酸单酰 CoA 后才可参与还原性合成反应,所需的氢均由 NADPH 提供,最终合成 16C 的软脂酸。软脂酸经加工后可使其碳链延长,从而生成更长链的脂肪酸,碳链延长在肝细胞内质网或线粒体中进行。

- **脂肪的合成**

肝、脂肪组织及小肠是合成三酰甘油的主要场所,以肝合成能力最强。合成所需的甘油及脂肪酸主要由葡萄糖代谢中间产物转变而成。机体可利用 3-磷酸甘油与活化的脂肪酸酯化生成磷脂酸,然后经脱磷酸及再酯化即可合成三酰甘油。

- **磷脂代谢**

磷脂分为甘油磷脂和鞘磷脂两大类,甘油磷脂的合成以磷脂酸为前体,需 CTP 参与。甘油磷脂的降解是磷脂酶 A、磷脂酶 B、磷脂酶 C、磷脂酶 D 催化下的水解反应。鞘磷脂是以软脂酸及丝氨酸为原料先合成二氢鞘氨醇后,再与脂酰 CoA 和磷酸胆碱合成鞘磷脂。

- **胆固醇代谢**

人体胆固醇的来源有两种,即食物摄取和自身合成。摄入过多可抑制胆固醇的吸收及自身合成。胆固醇的合成以乙酰 CoA 为原料,先缩合成 HMG CoA,经还原脱羧形成甲羟戊酸,经焦磷酸化后进一步缩合成鲨烯,后者经环化生成羊毛固醇,再经氧化、脱羧和还原即转变为胆固醇。合成 1 分子胆固醇需 18 分子乙酰 CoA、16 分子 NADPH 及 36 分子 ATP。胆固醇在体内可酯化成胆固醇酯或转化为胆汁酸、类固醇激素和维生素 D_3。

- **血浆脂蛋白的分类及功能**

血脂不溶于水,以脂蛋白形式运输。按超速离心法或电泳法可将血浆脂蛋白分为 4 类:乳糜微粒(CM)、极低密度脂蛋白(前 β-脂蛋白)、低密度脂蛋白(β-脂蛋白)及高密度脂蛋白(α-脂蛋白)。CM 主要转运外源性三酰甘油及胆固醇,VLDL 主要转运内源性三酰甘油和胆固醇,LDL 主要将肝合成的内源性胆固醇转运至肝外组织,HDL 主要将肝外组织的胆固醇逆向转运到肝。

- **高脂血症**

血脂水平高于正常范围上限即为高脂血症,又称高脂蛋白血症。高脂血症可分为原发性和继发性两大类。原发性高脂血症是原因不明的高脂血症,已证明有些是遗传性缺陷。继发性高脂血症是继发于其他疾病,如糖尿病、肾病和甲状腺功能减退症等。研究表明,血浆脂蛋白的质与量的变化与动脉粥样硬化的发生发展密切相关。

(卡思木江·阿西木江)

第七章
生 物 氧 化

生物体在生命活动过程中需要能量,如物质合成、物质转运、运动、思维和信息传递等都需要消耗能量,这些能量的来源,主要依靠生物体内糖、脂肪、蛋白质等有机化合物在体内的氧化,故生物氧化主要是为机体提供生命活动所需要的能量。有机物质在生物细胞内氧化分解,最终彻底氧化成二氧化碳和水,并释放能量的过程,称为生物氧化(biological oxidation)。

生物氧化是在细胞中进行的,其过程消耗 O_2 并释放 CO_2,所以生物氧化又称为细胞呼吸(cellular respiration)或组织呼吸。生物氧化在细胞的线粒体中及线粒体外都可进行,但氧化过程不同。线粒体中的氧化伴有 ATP 的生成。而线粒体外的氧化不伴有 ATP 的生成,其主要作用是清除体内产生的反应活性氧簇,保护机体以及参与机体内代谢物或药物、毒物的生物转化。

糖、蛋白质、脂肪等有机物在生物体内彻底氧化之前,总是先进行分解代谢。它们的分解代谢途径复杂而又不相同,但它们在彻底氧化为 CO_2 和 H_2O 时,都经历相同的三羧酸循环和氧化磷酸化过程,也就是代谢中间物脱下的氢经呼吸链(电子传递链)传递给分子氧生成水,电子传递过程伴随着 ADP 磷酸化生成 ATP(图 7-1)。

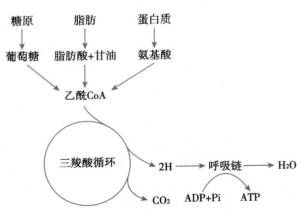

图 7-1　糖类、脂肪和蛋白质的氧化分解

第一节　概　述

一、生物氧化的特点

生物氧化是发生在生物体内的氧化还原反应,具有自然界物质发生氧化还原反应的共同特征,也就是说生物氧化中物质的氧化方式有加氧、脱氢、失电子。有机物在生物体内完全氧化和在体外燃烧而被彻底氧化,在化学本质上是相同的。例如,1mol 的葡萄糖在体内氧化和在体外燃烧都是产生 CO_2 和 H_2O,放出的总能量都是 2867.5kJ。但是,由于生物氧化是在活细胞内进行的,故它与有机物在体外燃烧有许多不同之处,即生物氧化有它本身的特点:

1. CO_2 和 H_2O 的生成　有机物在空气中燃烧时,CO_2 和 H_2O 的生成是空气中氧直接与碳、氢原子结合的产物。而有机物在细胞中氧化时,CO_2 是在代谢过程中经脱羧反应释放出来的;H_2O 的生成则是通过更复杂的过程由脱下的氢与氧结合产生的。

2. 反应环境　生物氧化是在活细胞内体温、常压、近于中性 pH 及有水环境介质中进行的,是在一系列酶、辅酶和中间传递体的作用下逐步进行的。而有机物在体外燃烧时需要高温及干燥条件。

3. 能量释放　生物氧化所产生的能量是逐步发生、分次释放的。这种逐步、分次的放能方式,不会引起体温的突然升高而损害机体,而且可使放出的能量得到最有效的利用。与此相反,有机物在体外燃烧产生大量的光和热,而且能量是骤然放出的。

4. 能量贮存　生物氧化过程中产生的能量一般都贮存于一些高能化合物如 ATP 中,ATP 相当于生物体内的能量转运站。

二、生物氧化的酶类

体内参与生物氧化的酶类可分为氧化酶类、需氧脱氢酶类、不需氧脱氢酶类以及加氧酶类等。

1. 氧化酶类　能使氧分子活化的酶称为氧化酶(oxidase),如细胞色素氧化酶、酚氧化酶、抗坏血酸氧化酶、儿茶酚胺氧化酶等。氧化酶均为结合蛋白质,辅基常含 Fe^{3+}、Cu^{2+} 等金属离子,当接受底物的电子时即被还原,同时底物脱下的 H^+ 则游离于介质中,金属离子再将电子传递给 O_2 生成 O^{2-},最后 O^{2-} 与介质中的 H^+ 结合成 H_2O。氧化酶的作用方式如图 7-2。

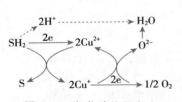

图 7-2　氧化酶作用方式

SH_2:底物;S:产物

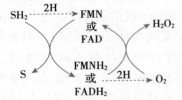

图 7-3　需氧脱氢酶类的作用方式

SH_2:底物;S:产物

2. 需氧脱氢酶类(aerobic dehydrogenases)　以黄素单核苷酸(FMN)或黄素腺嘌呤二核苷酸(FAD)为辅基,故又称黄素酶。L-氨基酸氧化酶、黄嘌呤氧化酶、醛氧化酶、单胺氧化酶等属于此类酶。需氧脱氢酶催化代谢物脱氢,脱下的 2 个氢原子由其辅基 FMN 或 FAD 直接传递给氧分子,生成的产物为 H_2O_2。需氧脱氢酶的作用方式如图 7-3。

3. 不需氧脱氢酶类(anaerobic dehydrogenases)　是人体内主要的脱氢酶类,其直接受氢体不是氧,而只能是某些辅酶(NAD^+、$NADP^+$)或辅基(FAD、FMN),辅酶或辅基还原后又将氢原子传递至线粒体氧化呼吸链,最后将电子传给氧生成水,如 3-磷酸甘油醛脱氢酶、琥珀酸脱氢酶、脂酰 CoA 脱氢酶等。不需氧脱氢酶作用方式见图 7-4。

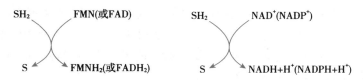

图 7-4　不需氧脱氢酶类的作用方式

SH_2：底物；S：产物

4. 其他酶类　除上述酶类外，体内还有一些还原酶类，如单加氧酶、双加氧酶、过氧化氢酶和过氧化物酶等（见本章第二节）。

三、生物氧化中 CO_2 的生成

生物氧化的重要产物之一是 CO_2，人体内 CO_2 的产生并不是代谢物中的碳原子与氧的直接化合，而是通过有机酸脱羧作用（decarboxylation）产生的。糖类、脂类、蛋白质在体内代谢过程中可产生不同的有机酸，经过脱羧作用产生 CO_2。根据释放 CO_2 的羧基在有机酸分子中的位置，可将脱羧反应分为 α-脱羧和 β-脱羧两种类型。有些脱羧反应不伴有氧化，称为单纯脱羧；有些则伴有氧化，称为氧化脱羧。具体的脱羧方式可分为下列 4 种。

1. α-单纯脱羧　例如，氨基酸在氨基酸脱羧酶的催化下脱去羧基生成 CO_2，反应式如下：

$$\underset{氨基酸}{\overset{\alpha}{R}CH\underset{|}{\overset{|}{}}COOH}\underset{NH_2}{} \xrightarrow{\text{氨基酸脱羧酶}} \underset{胺}{RCH_2NH_2}+CO_2$$

2. β-单纯脱羧　例如，草酰乙酸在草酰乙酸脱羧酶的催化下脱去羧基生成 CO_2，反应式如下：

$$\underset{草酰乙酸}{\overset{\beta CH_2COOH}{\underset{\alpha COCOOH}{|}}} \xrightarrow{\text{草酰乙酸脱羧酶}} \underset{丙酮酸}{\overset{CH_3}{\underset{COCOOH}{|}}}+CO_2$$

3. α-氧化脱羧　脱羧同时伴有脱氢氧化过程，例如丙酮酸在丙酮酸脱氢酶系的催化下脱去羧基生成 CO_2，反应式如下：

$$\underset{丙酮酸}{\overset{\alpha}{CH_3COCOOH}}+\underset{CoA}{HSCoA} \xrightarrow[\underset{NAD^+\quad NADH+H^+}{}]{\text{丙酮酸脱氢酶系}} \underset{乙酰CoA}{CH_3CO{\sim}SCoA}+CO_2$$

4. β-氧化脱羧　例如，异柠檬酸在异柠檬酸脱氢酶的催化下脱去羧基生成 CO_2，反应式如下：

$$\underset{异柠檬酸}{\overset{\alpha CH(OH)COOH}{\underset{CH_2COOH}{\overset{|}{\beta CHCOOH}}}} \xrightarrow[\underset{NAD^+\quad NADH+H^+}{}]{\text{异柠檬酸脱氢酶}} \underset{\alpha-酮戊二酸}{\overset{COCOOH}{\underset{CH_2COOH}{\overset{|}{CH_2}}}}+CO_2$$

第二节　生成 ATP 的生物氧化体系

一、线粒体内膜的转运作用

呼吸链以及氧化磷酸化是在线粒体（mitochondria）内膜进行的。线粒体的主要功能是氧化供能，

相当于细胞的发电厂。线粒体基质与胞质之间有线粒体内、外膜相隔,线粒体外膜中存在线粒体孔蛋白,通透性较高,大多数小分子化合物和离子可以自由通过进入膜间隙。而内膜对各种物质的通过有严格的选择性。线粒体对物质通过的选择性主要依赖于内膜中不同的转运蛋白(transporter)对各种物质进行转运,以保证生物氧化的顺利进行(表7-1)。

表7-1 线粒体内膜的某些转运蛋白对代谢物的转运

转运蛋白	进入线粒体	出线粒体
α-酮戊二酸转运蛋白	苹果酸	α-酮戊二酸
酸性氨基酸转运蛋白	谷氨酸	天冬氨酸
磷酸盐转运蛋白	$H_2PO_4^- + H^+$	—
二羧酸转运蛋白	HPO_4^{2-}	苹果酸
三羧酸转运蛋白	苹果酸	柠檬酸
丙酮酸转运蛋白	丙酮酸	OH^-
碱性氨基酸转运蛋白	鸟氨酸	瓜氨酸
ATP-ADP转移酶	ADP^{3-}	ATP^{4-}
肉碱转运蛋白	脂酰肉碱	肉碱

(一)胞质中 NADH 的氧化

体内许多物质氧化(脱氢)分解反应发生在线粒体内,产生的 $NADH+H^+$ 可直接通过呼吸链进行氧化磷酸化,但亦有不少物质的氧化反应是在线粒体外(胞质)进行的,如糖酵解过程中3-磷酸甘油醛脱氢反应,以及乳酸脱氢反应,氨基酸分解代谢过程中氨基酸联合脱氨基反应等亦可产生 NADH。由于所产生的 NADH 存在于线粒体外,而线粒体内膜又不允许胞质中的 NADH 自由通过,因此胞质中的 NADH 必须借助某些能自由通过线粒体内膜的物质才能被转入线粒体内进行氧化,这就是所谓的穿梭机制,这种机制主要有 α-磷酸甘油穿梭(α-glycerophosphate shuttle)和苹果酸-天冬氨酸穿梭(malate-aspartate shuttle)两种。

1. α-磷酸甘油穿梭 主要在脑及骨骼肌中,它是借助于 α-磷酸甘油与磷酸二羟丙酮之间的氧化还原转移氢,使线粒体外来自 NADH 的氢进入线粒体内的呼吸链进行氧化,具体过程如图7-5。

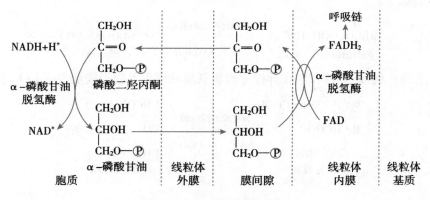

图7-5 α-磷酸甘油穿梭

当胞质中 NADH 浓度升高时,在以 NAD^+ 为辅酶的 α-磷酸甘油脱氢酶的催化下,使 NADH 脱氢,将磷酸二羟丙酮还原成 α-磷酸甘油,由 α-磷酸甘油穿梭进入膜间隙,在线粒体内膜上再由以 FAD 为辅酶的 α-磷酸甘油脱氢酶的催化下,重新生成磷酸二羟丙酮和 $FADH_2$,前者穿出线粒体返回胞质,后者 $FADH_2$ 直接进入 $FADH_2$ 氧化呼吸链,最后传递给分子氧生成水并生成1.5分子 ATP。

2. **苹果酸-天冬氨酸穿梭** 主要在肝、肾、心中发挥作用,其穿梭机制比较复杂,不仅需借助苹果酸、草酰乙酸的氧化还原,而且还要借助 α-酮酸与氨基酸之间的转换,才能使胞质中 NADH 的 H^+ 转移进入线粒体进行氧化,具体过程见图 7-6。

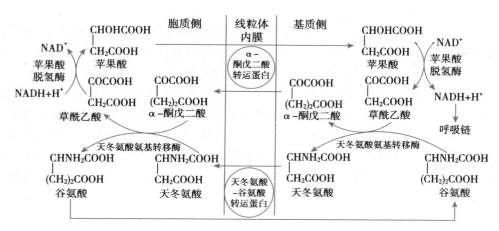

图 7-6 苹果酸-天冬氨酸穿梭

当胞质中 NADH 浓度升高时,在以 NAD^+ 为辅酶的苹果酸脱氢酶催化下将草酰乙酸还原成苹果酸,苹果酸可通过线粒体内膜上的 α-酮戊二酸转运蛋白与线粒体内的 α-酮戊二酸交换进入线粒体内,然后再经苹果酸脱氢酶(辅酶也为 NAD^+)作用下又重新生成草酰乙酸和 NADH。NADH 进入 NADH 氧化呼吸链,在生成 H_2O 的同时生成 2.5 分子 ATP。而草酰乙酸在天冬氨酸氨基转移酶作用下,生成天冬氨酸,同时将谷氨酸变为 α-酮戊二酸,天冬氨酸借线粒体内膜上的天冬氨酸-谷氨酸转运蛋白与胞质中的谷氨酸交换进入胞质,天冬氨酸在胞质内经转氨基作用重新生成草酰乙酸,继续进行穿梭作用。

(二) ATP 与 ADP 的转运

ATP、ADP 和 Pi 都不能自由通过线粒体内膜,必须依赖载体转运。ATP、ADP 由腺苷酸载体(adenine nucleotide transporter)转运,腺苷酸载体又称腺苷酸转运蛋白,存在于线粒体内膜上,它是由 2 个 3.0kD 亚基组成的二聚体,ADP 和 ATP 经该转运蛋白反向转运,维持线粒体腺苷酸水平基本平衡。此时,胞质中的 $H_2PO_4^-$ 经磷酸盐转运蛋白与 H^+ 同时转运到线粒体内(图 7-7)。转运的速度受胞质和线粒体内 ADP、ATP 水平的影响。当胞质内游离 ADP 水平升高时,ADP 进入线粒体内,而 ATP 则自线粒体转运至胞质,结果线粒体基质内 ADP/ATP 比率升高,促进氧化磷酸化。

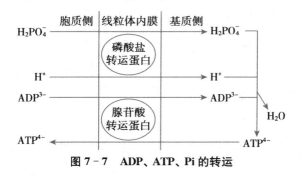

图 7-7 ADP、ATP、Pi 的转运

心肌和骨骼肌等耗能多的组织线粒体膜间隙中存在一种肌酸激酶同工酶,它催化经腺苷酸转运蛋白运至膜间隙中的 ATP 与肌酸之间进行 ~P 转移,生成的磷酸肌酸经线粒体外膜中的孔蛋白进入胞质中。磷酸肌酸是脑和肌肉组织中能量的储存形式,但其高能键不能直接被利用。因此,进入胞质中的磷

酸肌酸在细胞需要能量部位由相应的肌酸激酶同工酶催化,将～P转移给ADP生成ATP,供细胞利用。

二、氧化呼吸链

(一) 呼吸链

生物体内营养物质的氧化分解,80%通过线粒体氧化代谢途径生成水,这就涉及代谢物脱氢(氧化)反应,脱下的氢经呼吸链传递,最终与氧结合生成水。即代谢底物脱下的氢通常需经一系列氢、电子传递体传递给激活的氧,在酶的作用下生成水。那么这些氢、电子的传递体是什么呢?

在线粒体内膜上存在着由多种酶和辅酶(辅基)组成的递氢和递电子反应链,它们按一定顺序排列,将代谢物脱下的氢(2H)传递给氧生成水并释放出能量。这一过程与细胞摄取氧的呼吸作用有关,所以将此传递链称为呼吸链(respiratory chain)。在呼吸链中,酶和辅酶按一定顺序排列在线粒体内膜上,有些起传递氢的作用,称为递氢体;有些起传递电子的作用,称为递电子体。不论是递氢体还是递电子体都发挥传递电子的作用($2H \Longrightarrow 2H^+ + 2e^-$),所以呼吸链又称电子传递链(electron transfer chain),如图7-8。

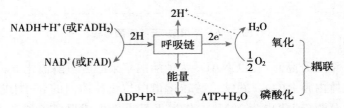

图7-8 氢及电子经呼吸链传递产生水和ATP示意图

(二) 呼吸链的组成

呼吸链主要由下列5类传递体组成,它们是烟酰胺类、黄素蛋白、泛醌(CoQ)、铁硫蛋白、细胞色素类(Cyt)。依具体功能又可分为递氢体和递电子体。

1. 递氢体 在呼吸链中即可接受氢又可把所接受的氢传递给另一种物质的成分称为递氢体,包括:

(1) 烟酰胺腺嘌呤二核苷酸(NAD^+)和烟酰胺腺嘌呤二核苷酸磷酸($NADP^+$):是多种不需氧脱氢酶的辅酶,它们分别与不同的酶蛋白组成多种功能各异的不需氧脱氢酶。NAD^+和$NADP^+$的主要功能是接受从底物上脱下的两个氢原子。NAD^+或$NADP^+$分子中烟酰胺氮为对侧的碳原子比较活泼,能进行加氢反应,因此NAD^+和$NADP^+$能可逆地加氢和脱氢。烟酰胺在加氢反应时只能接受一个氢原子和一个电子,将另一个H^+游离出来,因此将还原型的NAD^+和$NADP^+$分别写成$NADH + H^+$(NADH)和$NADPH + H^+$(NADPH)。

$$NAD^+ + 2H \Longrightarrow NADH + H^+$$
$$NADP^+ + 2H \Longrightarrow NADPH + H^+$$

NAD^+和$NADP^+$的作用机制如图7-9。

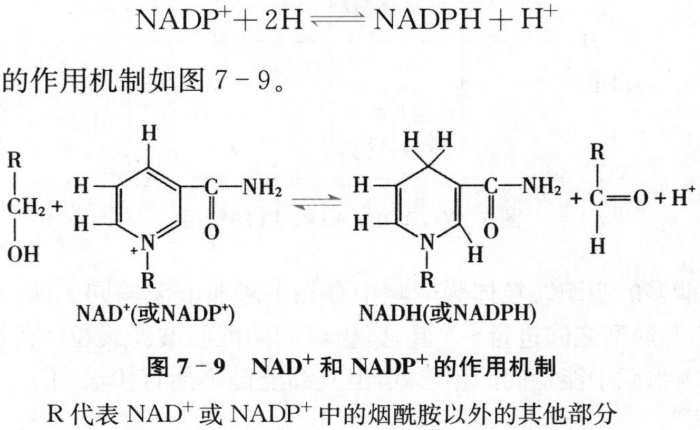

图7-9 NAD^+和$NADP^+$的作用机制

R代表NAD^+或$NADP^+$中的烟酰胺以外的其他部分

(2) 黄素蛋白(flavoprotein，FP)：因其辅基中含有核黄素(维生素 B₂)呈黄色而得名。黄素蛋白种类很多，其辅基有两种，一种为黄素单核苷酸(FMN)，另一种为黄素腺嘌呤二核苷酸(FAD)，两者均含核黄素，此外 FMN 尚含一分子磷酸，而 FAD 则比 FMN 多含一分子腺苷酸(AMP)。

FMN 和 FAD 发挥功能的结构是异咯嗪环，其异咯嗪环上的 1 位和 10 位氮原子能可逆地进行加氢和脱氢反应，故它们也是递氢体。其递氢机制如图 7-10。

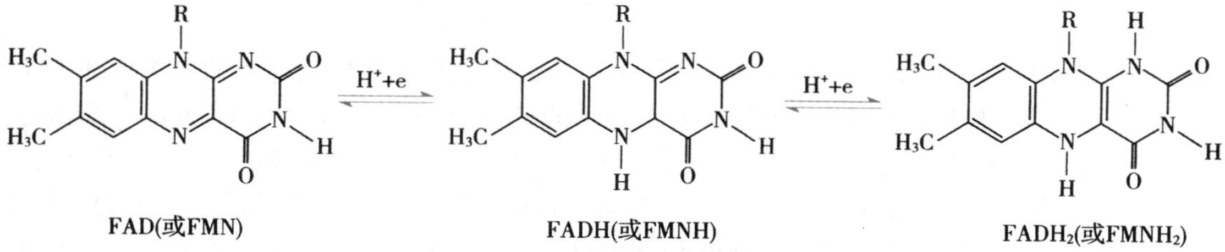

FAD(或 FMN)　　　　　FADH(或 FMNH)　　　　　FADH₂(或 FMNH₂)

图 7-10　FMN 和 FAD 的作用机制

黄素蛋白除有黄素核苷酸辅基以外，还有铁-硫蛋白参与，共同完成脱氢反应。

(3) 泛醌(ubiquinone，UQ)：又称辅酶 Q(CoQ)，因广泛分布于生物界并具有醌的结构而得名。UQ 是一类脂溶性化合物。它是一个带有长的异戊二烯侧链的醌类化合物，人体细胞内的泛醌含有 10 个异戊二烯单位，所以又称为 CoQ_{10}，UQ 的疏水特性使其能在线粒体内膜中自由穿梭。它以 1,4-苯醌作为传递 H^+ 和 e 的反应核心，氧化还原过程是先接受一个 H^+ 和 e 变成半醌，再接受一个 H^+ 和 e 变成氢醌。其氧化还原总反应如图 7-11。

泛醌　　　　　　　泛醌H·　　　　　　　二氢醌型
（醌型或氧化型）　　　（半醌型）　　　　（氢醌型或还原型）

图 7-11　泛醌的结构和递氢反应

CoQ 不仅接受 NADH 脱氢酶的氢，还接受线粒体其他脱氢酶脱下的氢，如琥珀酸脱氢酶、脂酰CoA 脱氢酶以及其他黄素酶类脱下的氢。所以 CoQ 在电子传递链中处于中心地位。由于 CoQ 在呼吸链中是一个和蛋白质结合不紧密的辅酶且具有强疏水性，因此它在黄素蛋白类和细胞色素类之间能够作为一种特别灵活的载体而起作用。

2. **递电子体**　既能接受电子又能将电子传递出去的物质称为递电子体。呼吸链中的递电子体包括两类。

(1) 铁硫蛋白(iron-sulfur protein，Fe-S)：又称铁硫中心，是存在于线粒体内膜上的一类与电子传递有关的蛋白质。其特点是含铁原子。铁是与无机硫原子或是蛋白质肽链上半胱氨酸残基的硫相结合。常见的铁硫蛋白有三种组合方式：①单个铁原子与 4 个半胱氨酸残基上的巯基(-SH)硫相连。②两个铁原子、两个无机硫原子组成(2Fe-2S)，其中每个铁原子还各与两个半胱氨酸残基的巯基硫相结合。③由 4 个铁原子与 4 个无机硫原子相连(4Fe-4S)，铁与硫相间排列在一个正六面体的 8 个顶角端，此外 4 个铁原子还各与一个半胱氨酸残基上的巯基硫相连。

铁硫中心的 Fe 原子能可逆地获得和丢失电子 ($Fe^{2+} \rightleftharpoons Fe^{3+} + e$)，在呼吸链中起传递电子的作

用(图7-12):

图7-12 铁硫蛋白含铁硫部分的结构及其传递电子的反应

(2) 细胞色素类(cytochrome, Cyt)：是广泛分布于需氧生物线粒体内膜上的一类传递电子的色素蛋白,其辅基为含铁卟啉的衍生物,铁原子处于卟啉的结构中心,构成血红素(heme)。细胞色素类是呼吸链中将电子从CoQ传递到氧的专一酶类。根据它们不同的吸收光谱,细胞色素可分为3类：即细胞色素a、细胞色素b、细胞色素c,每一类中又因其最大吸收峰的微小差异而再分为几种亚类。在电子传递链中至少含有5种不同的细胞色素,称为Cytb、Cytc、$Cytc_1$、Cyta、$Cyta_3$。Cytb、Cytc、$Cytc_1$含有铁原卟啉Ⅸ(血红素),Cyta和$Cyta_3$含有一个被修饰的血红素,称为血红素A,它和血红素的不同在于第八位以一个甲酰基代替甲基,在第二位以一个长的疏水链代替乙烯基(图7-13)。Cytb根据它确切的吸收峰也以两种形式存在($Cytb_{562}$和$Cytb_{566}$),Cytb接受从CoQ传来的电子,并将其传递给$Cytc_1$,$Cytc_1$又将接受的电子传递给Cytc。电子从CoQ至Cytc的传递过程中,还有铁硫蛋白在中间起作用。$Cytaa_3$是最后的一个载体,$Cytaa_3$以复合物形式存在,又称细胞色素氧化酶。$Cytaa_3$还含有两个必需的铜原子。Cyta从Cytc接受电子后,立即传递给$Cyta_3$,由还原型$Cyta_3$将电子直接传递给氧分子。在Cyta和$Cyta_3$间传递电子的是两个铜原子,铜在氧化还原反应中也发生价态变化($Cu^+ \rightleftharpoons Cu^{2+} + e$)。

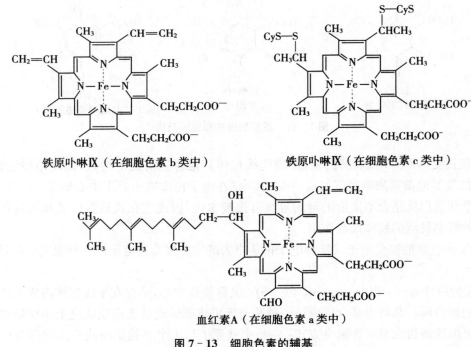

铁原卟啉Ⅸ(在细胞色素b类中)　　　铁原卟啉Ⅸ(在细胞色素c类中)

血红素A(在细胞色素a类中)

图7-13 细胞色素的辅基

3. 呼吸链中的复合体　在呼吸链组分中,除泛醌和细胞色素c外,其余组分实际上形成嵌入内膜的结构化超分子复合体。美国学者用毛地黄皂苷、胆酸盐等去垢剂处理分离的线粒体,溶解线粒体外膜,并成功地将线粒体内膜呼吸链拆离成四个仍保存部分电子传递活性的复合物(Ⅰ～Ⅳ)以及泛醌和细胞色素 c(表 7 - 2)。

表 7 - 2 人线粒体呼吸链复合体

复合体	酶名称	多肽链数	功能辅基
复合体 I	NADH -泛醌还原酶	42	FMN，Fe - S
复合体 II	琥珀酸-泛醌还原酶	4	FAD，Fe - S
复合体 III	泛醌-细胞色素 c 还原酶	11	血红素 b_L，血红素 b_H，血红素 c_1，Fe - S
复合体 IV	细胞色素 c 氧化酶	13	血红素 a，血红素 a_3，Cu_A，Cu_B

（1）复合体 I：又称 NADH -泛醌还原酶，含有以 FMN 为辅基的黄素蛋白和以铁硫簇为辅基的铁硫蛋白。整个复合体嵌在线粒体内膜上，其 NADH 结合面朝向线粒体基质，这样就能与基质内经脱氢酶催化产生的 $NADH + H^+$ 相互作用。NADH 脱下的氢经 FMN、铁硫蛋白传递后，再传到泛醌，与此同时，伴有质子从线粒体基质转移到线粒体外。复合体 I 的作用是将 $NADH + H^+$ 中的电子传递给泛醌。

（2）复合体 II：又称琥珀酸-泛醌还原酶，含有以 FAD 为辅基的黄素蛋白和铁硫蛋白，整个复合体锚定于线粒体内膜中。氢从琥珀酸到 FAD，然后经铁硫蛋白传到泛醌。复合体 II 的作用是将电子从琥珀酸传递给泛醌。泛醌接受复合体 I 或复合体 II 的氢后将 H^+ 释放入线粒体基质中，而将电子传递给复合体 III。

（3）复合体 III：又称泛醌-细胞色素 c 还原酶，含有 $Cytb_{562}$、$Cytb_{566}$、$Cytc_1$、铁硫蛋白及其他多种蛋白质。这些蛋白质不对称分布于线粒体内膜上，其中 Cyt b（b_{562}、b_{566}）横跨线粒体内膜，$Cytc_1$ 和铁硫蛋白位于内膜偏外部位。复合体 III 的作用是将电子从泛醌传递给 Cytc。

（4）复合体 IV：又称细胞色素 c 氧化酶，包括 Cyta 和 $Cyta_3$，由于两者结合紧密，很难分离，故称为 $Cytaa_3$。$Cytaa_3$ 中含有 2 个铁卟啉辅基和 2 个铜原子。铜原子可进行 $Cu^+ \rightleftharpoons Cu^{2+} + e$ 反应传递电子。复合体 IV 的作用是将电子从 Cytc 传递给 O_2。电子从 Cytc 通过复合体 IV 到氧，使 O_2 还原成 O^{2-} 再与 H^+ 结合生成 H_2O。

（三）呼吸链中传递体的排列顺序及类型

1. 呼吸链的排列顺序　呼吸链各组分的排列顺序是根据以下的实验结果确定的。

（1）根据呼吸链各种递氢体和递电子体的标准氧化还原电位数值，由低到高的顺序排列见表 7 - 3。电子总是从易供给电子的物质（还原剂）向易接受电子的物质（氧化剂）转移，根据呼吸链中各组分的氧化还原电位（$E^{O'}$）值，$E^{O'}$ 值越小的组分供电子能力越大，越处于呼吸链的前列。呼吸链中 $NAD^+/NADH$ 的 $E^{O'}$ 最小，而 O_2/H_2O 的 $E^{O'}$ 最大，表明电子的传递方向是从 NAD^+ 到 O_2。

表 7 - 3 呼吸链中各氧化还原对的标准氧化还原电位

氧化还原对	$E^{O'}/V$	氧化还原对	$E^{O'}/V$
$NAD^+/NADH + H^+$	-0.32	$Cytc_1\ Fe^{3+}/Fe^{2+}$	0.23
$FMN/FMNH_2$	-0.22	$Cytc\ Fe^{3+}/Fe^{2+}$	0.25
$FAD/FADH_2$	-0.22	$Cyta\ Fe^{3+}/Fe^{2+}$	0.29
$Q_{10}/Q_{10}H_2$	0.04（或 0.01）	$Cyta_3\ Fe^{3+}/Fe^{2+}$	0.35
$Cytb\ Fe^{3+}/Fe^{2+}$	0.07	$\frac{1}{2}O_2/H_2O$	0.82

（2）利用呼吸链某些特异的抑制剂阻断某一组分的电子传递，在阻断部位以前的组分处于还原状

态,后面的组分处于氧化状态。由于呼吸链每个组分的氧化和还原状态吸收光谱不同,因此根据吸收光谱的改变进行检测,可推断出呼吸链各组分的排列顺序。

(3) 利用呼吸链各组分特有的吸收光谱,以离体线粒体的还原态(无氧)作为对照,缓慢给氧,通过光谱观察各组分的氧化顺序。

(4) 在体外将呼吸链拆开和重组,鉴定呼吸链的组成与排列顺序。

根据以上种种研究呼吸链的排列顺序的实验方法,确定线粒体内膜上氧化呼吸链的排列顺序见图 7 - 14 所示。

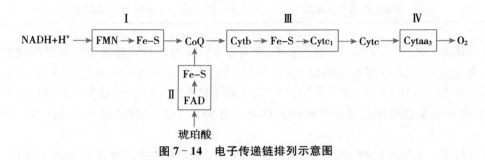

图 7 - 14　电子传递链排列示意图

2. 呼吸链的类型　在线粒体内膜上依据呼吸链的组成成分、排列顺序和功能上的差异,存在两条重要呼吸链。

(1) NADH 氧化呼吸链:该呼吸链由 NADH 作为起始而得名,是人和动物细胞内的主要呼吸链。由复合体Ⅰ、复合体Ⅲ、复合体Ⅳ和 CoQ、Cytc 等组成。机体内大多数代谢物(如苹果酸、异柠檬酸等)脱下的氢被 NAD^+ 接受生成 $NADH + H^+$,然后通过 NADH 氧化呼吸链逐步传递给氧。即 $NADH + H^+$ 脱下的 2H 通过复合体Ⅰ传递给 CoQ 生成 $CoQH_2$,后者把 2H 中的 $2H^+$ 释放于介质中,而将 2e 经复合体Ⅲ传给 Cytc,然后传至复合体Ⅳ,最后交给 O_2,使氧激活,生成 O^{2-},O^{2-} 再与介质中的 $2H^+$ 结合生成 H_2O。

电子传递顺序模式是:

$$NADH \rightarrow 复合体\ Ⅰ \rightarrow CoQ \rightarrow 复合体\ Ⅲ \rightarrow Cytc \rightarrow 复合体\ Ⅳ \rightarrow O_2$$

NADH 氧化呼吸链的各组分和排列顺序如图 7 - 15 所示。

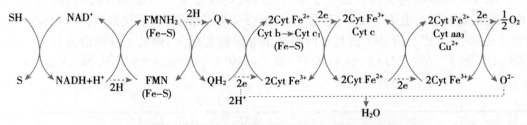

图 7 - 15　NADH 氧化呼吸链的组分和排列顺序示意图

(2) 琥珀酸氧化呼吸链:该呼吸链以琥珀酸起始而得名。由复合体Ⅱ、复合体Ⅲ、复合体Ⅳ和 CoQ、Cytc 组成。琥珀酸在琥珀酸脱氢酶的催化下,脱下的 2H 经复合体Ⅱ传递给 CoQ 生成 $CoQH_2$,再往下的传递与 NADH 氧化呼吸链相同。α-磷酸甘油脱氢酶及脂酰 CoA 脱氢酶催化代谢物脱下的氢也由 FAD 接受,通过此呼吸链被氧化,故归属于琥珀酸氧化呼吸链。

电子传递顺序模式是:

$$琥珀酸 \rightarrow 复合体\ Ⅱ \rightarrow CoQ \rightarrow 复合体\ Ⅲ \rightarrow Cytc \rightarrow 复合体\ Ⅳ \rightarrow O_2$$

琥珀酸氧化呼吸链各组分和排列顺序如图 7 - 16 所示。

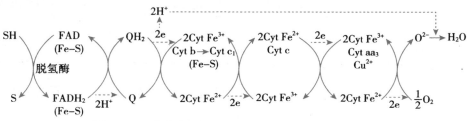

图 7 - 16　琥珀酸氧化呼吸链的组分和排列顺序示意图

三、氧化磷酸化

在机体能量代谢中，ATP 是体内主要供能的高能化合物。细胞内 ATP 形成的主要方式是氧化磷酸化(oxidative phosphorylation)，氧化和磷酸化是两个不同的概念。氧化是底物脱氢或失电子的过程，而磷酸化是指 ADP 与 Pi 合成 ATP 的过程。在结构完整的线粒体中氧化与磷酸化这两个过程是紧密地耦联在一起的，即氧化释放的能量用于 ATP 合成，这个过程就是氧化磷酸化，氧化是磷酸化的基础，而磷酸化是氧化的结果。即代谢物氧化脱氢经呼吸链一系列氢转移和电子传递给氧生成水的同时，释放能量耦联驱动 ADP 磷酸化生成 ATP 过程，因此又称为耦联磷酸化。

胞质中底物水平磷酸化(substrate phosphorylation)是生成 ATP 的另一种方式，即在有些物质代谢过程中，当底物分子起化学变化时，因脱氢、脱水等作用使能量在分子内部重新分布而形成高能化学键，使 ADP 磷酸化生成 ATP，这种合成 ATP 的方式称为底物水平磷酸化。已在糖代谢中叙述。

(一)氧化磷酸化的耦联部位

理论推测的氧化呼吸链中耦联生成 ATP 的部位称为氧化磷酸化的耦联部位，可根据下述实验方法及数据大致确定。

1. P/O(phosphate/oxygen ratio)比值　将底物、ADP、H_3PO_4、Mg^{2+} 和分离得到的较完整的线粒体在模拟细胞内液的环境中于密闭小室内相互作用，发现在消耗氧气的同时消耗磷酸。测定氧和无机磷(或 ADP)的消耗量，即可计算出 P/O 比值。P/O 比值是指每消耗 1/2 摩尔氧分子所消耗无机磷的摩尔数(或 ADP 摩尔数)，即生成 ATP 的摩尔数。已知 β-羟丁酸的氧化脱氢反应生成 NADH+H^+ 是通过 NADH 氧化呼吸链传递，测得 P/O 比值接近 3，说明 NADH 氧化呼吸链存在 3 个 ATP 生成部位。琥珀酸氧化时，测得 P/O 比值接近 2，说明琥珀酸氧化呼吸链存在 2 个 ATP 生成部位。比较这两条氧化呼吸链即可推断得出在 NADH 与 CoQ 之间(复合体Ⅰ)存在 1 个耦联部位。此外，测得抗坏血酸氧化时 P/O 比值接近 1，还原型 Cytc 氧化时 P/O 比值也接近 1，此两者的不同在于，抗坏血酸通过 Cytc 进入呼吸链被氧化，而还原型 Cytc 则经 $Cytaa_3$ 被氧化，表明在 $Cytaa_3$ 到 O_2 之间(复合体Ⅳ)也存在 1 个耦联部位。从 β-羟丁酸、琥珀酸和还原型 Cytc 氧化时 P/O 比值的比较表明，在 CoQ 与 Cytc 之间(复合体Ⅲ)存在另一耦联部位(表 7 - 4)。近年实验证实，一对电子经 NADH 氧化呼吸链传递，P/O 比值约为 2.5，一对电子经琥珀酸氧化呼吸链传递，P/O 比值约为 1.5。

表 7 - 4　线粒体离体实验测得的一些底物的 P/O 比值

底物	呼吸链的组成	P/O 比值	可能生成的 ATP 数
β-羟丁酸	NAD^+→复合体Ⅰ→CoQ→复合体Ⅲ→Cytc→复合体Ⅳ→O_2	2.4~2.83	2.5
琥珀酸	复合体Ⅱ→CoQ→复合体Ⅲ→Cytc→复合体Ⅳ→O_2	1.72	1.5

续　表

底物	呼吸链的组成	P/O 比值	可能生成的 ATP 数
抗坏血酸	Cytc→复合体Ⅳ→O$_2$	0.88	0.5
还原型 Cytc	Cytc→Cytaa$_3$→O$_2$	0.61~0.68	0.5

2. 自由能变化　化学反应的自由能变化($\Delta G^{O'}$)与氧化还原体系的氧化还原电位差($\Delta E^{O'}$)之间有以下关系：

$$\Delta G^{O'} = -nF\Delta E^{O'}$$

$\Delta G^{O'}$表示 pH7.0 时的标准自由能变化；n 为传递电子数；F 为法拉第常数($96.5\mathrm{kJ/mol \cdot V}$)。利用此公式对于任何一对氧化还原反应都可由 $\Delta E^{O'}$ 方便地计算出 $\Delta G^{O'}$。例如从 NAD$^+$ 到 CoQ 段测得的电位差约 0.36V，从 CoQ 到 Cytc 电位差为 0.21V，从 Cytaa$_3$ 到分子氧为 0.53V。计算结果，它们相应的 $\Delta G^{O'}$ 分别约为 69.5kJ/mol、40.5kJ/mol、102.3kJ/mol，而生成每摩尔 ATP 所需的能量约 30.5kJ/mol(7.3kcal)，可见以上三处均足够提供生成 ATP 所需的能量。

综上所述，NADH 氧化呼吸链存在 3 个耦联部位，琥珀酸氧化呼吸链存在 2 个耦联部位。它们分别存在于：NADH 与 CoQ 之间(复合体Ⅰ)；CoQ 与 Cytc 之间(复合体Ⅲ)；Cytaa$_3$ 与 O$_2$ 之间(复合体Ⅳ)(图 7-17)。

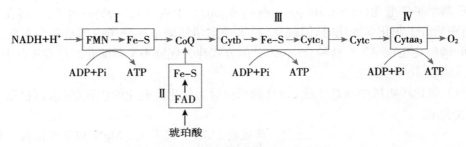

图 7-17　呼吸链中氧化磷酸化的耦联部位

(二)氧化磷酸化耦联机制

1. 化学渗透假说　有关氧化磷酸化的耦联机制已经作了许多研究，目前氧化磷酸化的耦联机制仍不完全清楚，多数人支持化学渗透假说(chemiosmotic hypothesis)，这是英国科学家 P. Mitchell 于 1961 年提出的，1978 年获得诺贝尔化学奖。其基本要点是电子经呼吸链传递时，可将质子(H$^+$)从线粒体内膜的基质侧泵到内膜外侧，线粒体内膜不允许质子自由回流，因此产生膜内外质子电化学梯度(H$^+$ 浓度梯度和跨膜电位差)，以此储存能量。当质子顺浓度梯度经 ATP 合酶 F$_0$ 回流时，驱动 ADP 与 Pi 生成 ATP。

化学渗透假说和许多实验结果是相符合的，是目前能较圆满解释氧化磷酸化作用机制的一种学说。例如，现已发现氧化磷酸化作用确实需要线粒体内膜保持完整状态；电子传递链确实能将 H$^+$ 排出到内膜外，而 ATP 的形成又伴随着 H$^+$ 向膜内的转移运动；破坏 H$^+$ 浓度梯度的形成可破坏氧化磷酸化作用的进行等。

后来的实验结果证实，复合体Ⅰ、复合体Ⅲ、复合体Ⅳ均具有质子泵的作用。每传递 2 个电子，它们分别向线粒体内膜胞质侧泵出 4H$^+$、4H$^+$ 和 2H$^+$(图 7-18)。

2. ATP 合酶　在分离得到 4 种呼吸链复合体的同时还可得到复合体 V(complex V)，即 ATP 合酶(ATP synthase)。它位于线粒体内膜的基质侧，形成许多颗粒状突起。该酶主要由 F$_0$(疏水部分)和 F$_1$(亲水部分)组成。F$_1$ 主要由 $\alpha_3\beta_3\gamma\delta\varepsilon$ 亚基组成，其功能是催化生成 ATP，催化部位在 β 亚基中，

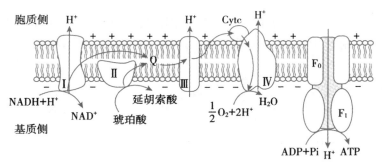

图 7-18 化学渗透假说示意图

但 β 亚基必须与 α 亚基结合才有活性。F_0 由疏水的 $a_1b_2c_{9\sim12}$ 亚基组成,形成跨内膜质子通道。镶嵌在线粒体内膜中的 9～12 个 c 亚基形成环状结构,a 亚基位于 c 亚基环外侧。F_0 与 F_1 之间,其中心部位由 γε 亚基相连,外侧由 b_2 和 δ 亚基相连。F_1 中的 $α_3β_3$ 亚基间隔排列形成六聚体,部分 γ 亚基插入六聚体中央(图 7-19)。

ATP 合酶合成 ATP 的机制还未完全阐明,但是已经有了很大进展。P. Boyer 提出 ATP 合成的结合变构机制(binding change mechanism),由于 F_1 中的 3 个 β 亚基与 γ 亚基插入部分的不同部位相互作用,使每个 β 亚基形成不同的构象:开放型(O)无活性,与配体亲和力低;疏松型(L)无活性,与 ADP 和 Pi 底物疏松结合;紧密型(T)有

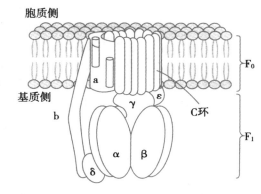

图 7-19 ATP 合酶结构模式图

ATP 合成活性,和配体亲和力高。当 H^+ 顺浓度梯度经 F_0 中 a 亚基和 c 亚基之间回流时,γ 亚基发生旋转,3 个 β 亚基的构象发生改变。ADP 和 Pi 底物结合于 L 型的 β 亚基,质子回流能量驱动该亚基变构为 T 型,使 ADP 和 Pi 合成 ATP,然后变成 O 型,β 亚基释放 ATP(图 7-20)。3 个 β 亚基依次发生同样的循环:结合 ADP 和 Pi、合成 ATP、释放出 ATP。循环一周可生成 3 分子的 ATP,同时推测每生成 1 分子 ATP 约需要 4 个质子,其中 3 个质子穿过线粒体内膜回流进入基质中,另一个质子用于转运 ADP、Pi 和 ATP。

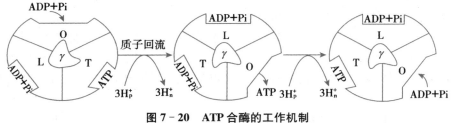

图 7-20 ATP 合酶的工作机制

四、影响氧化磷酸化的因素

(一) 抑制剂

氧化磷酸化抑制剂可分为 3 类:呼吸链抑制剂、解耦联剂和 ATP 合酶抑制剂。

1. **呼吸链抑制剂** 此类抑制剂能阻断呼吸链中某些部位电子传递。例如鱼藤酮(rotenone)、粉蝶霉素 A(piericidin A)及异戊巴比妥(amobarbital)等与复合体Ⅰ中的铁硫蛋白结合,从而阻断电子传递。抗霉素 A(antimycin A)、二巯基丙醇等可抑制复合体Ⅲ中 Cytb 与 $Cytc_1$ 间的电子传递。CO、CN^-、N_3^- 及 H_2S 抑制 Cyt c 氧化酶,使电子不能传给氧(图 7-21)。目前发生的城市火灾事故中,由

于装饰材料中含有的 N 和 C 在高温条件可生成 HCN,因此伤员除因燃烧不完全造成 CO 中毒外,还可能存在 CN⁻ 中毒。此类抑制剂可使细胞内呼吸停止,与此相关的细胞生命活动停止,引起机体迅速死亡。

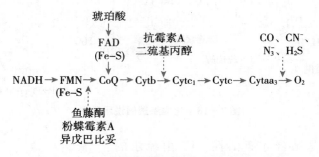

图 7-21 呼吸链抑制剂的作用部位

2. 解耦联剂(uncoupler) 使氧化与磷酸化耦联过程分离。其基本作用机制是使呼吸链传递电子过程中泵出的 H⁺ 不经 ATP 合酶的 F_0 质子通道回流,而通过线粒体内膜中其他途径返回线粒体基质,从而破坏了内膜两侧的质子电化学梯度,使 ATP 的生成受到抑制,质子电化学梯度储存的能量以热能形式释放。如二硝基苯酚(dinitrophenol,DNP)为脂溶性物质,在线粒体内膜中可自由移动,进入基质侧释出 H⁺,而返回胞质侧时又结合 H⁺,从而破坏了质子电化学梯度。解耦联剂不抑制呼吸链的电子传递,甚至还加速电子传递,促进营养物质(糖、脂肪、蛋白质)的消耗和刺激线粒体对分子氧的需要,但不形成 ATP,电子传递过程中释放的自由能以热能的形式散失。如患病毒性感冒时,体温升高,就是因为病毒毒素使氧化磷酸化解耦联,氧化产生的能量变为热能而使体温升高。又如新生儿体内存在含有大量线粒体的棕色脂肪组织,该组织线粒体内膜中存在解耦联蛋白(uncoupling protein),它是由 2 个 32kD 亚基

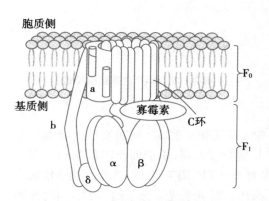

图 7-22 ATP 合酶抑制剂的作用部位

组成的二聚体,在内膜上形成质子通道,H⁺ 可经此通道返回线粒体基质中,同时释放热能,因此棕色脂肪组织是产热御寒组织。新生儿硬肿症是因为缺乏棕色脂肪组织,不能维持正常体温而使皮下脂肪凝固所致。

3. ATP 合酶抑制剂 这类抑制剂对电子传递及 ADP 磷酸化均有抑制作用。例如,寡霉素(oligomycin)可与 ATP 合酶 F_1 和 F_0 之间的柄部结合,阻止质子从 F_0 质子通道回流,抑制 ATP 生成(图7-22)。此时由于线粒体内膜两侧电化学梯度增高影响呼吸链质子泵的功能,继而抑制电子传递。

(二)ADP 的调节作用

正常机体氧化磷酸化的速率主要受 ADP 的调节。当机体利用 ATP 增多时,ADP 浓度增高,转运入线粒体后使氧化磷酸化速度加快;反之 ADP 不足,使氧化磷酸化速度减慢。这种调节作用可使 ATP 的生成速度适应生理需要。离体线粒体实验证明,ADP 具有关键的调节作用。当线粒体仅加入底物时,耗氧量不大,当加入 ADP 后,耗氧量显著升高。

(三)甲状腺激素

甲状腺激素诱导细胞膜上 Na⁺,K⁺-ATP 酶的生成,使 ATP 加速分解为 ADP 和 Pi,ADP 增多促进氧化磷酸化,甲状腺激素(T_3)还可使解耦联蛋白基因表达增加,因而引起耗氧和产热均增加。所以,甲状腺功能亢进症患者基础代谢率增高。

（四）线粒体 DNA 突变

线粒体 DNA(mitochondrial DNA，mtDNA)呈裸露的环状双螺旋结构，由于缺乏蛋白质保护和 DNA 损伤修复系统，因此它容易受到本身氧化磷酸化过程中产生的氧自由基损伤而发生突变，其突变率是核 DNA 突变率的 10～20 倍。线粒体 DNA 含呼吸链氧化磷酸化复合体中 13 条多肽链的基因，线粒体蛋白质合成时所需的 22 个 tRNA 的基因以及 2 个 rRNA 的基因。因此，线粒体 DNA 突变可影响氧化磷酸化的功能，使 ATP 生成减少而致病。线粒体 DNA 病出现的症状决定于线粒体 DNA 突变的严重程度和各器官对 ATP 的需求，耗能较多的组织器官首先出现功能障碍，常见的有盲、聋、痴呆、肌无力、糖尿病等。因每个卵细胞中有几十万个线粒体 DNA 分子，而每个精子中只有几百个线粒体 DNA 分子，受精时，卵细胞对子代线粒体 DNA 贡献较大，因此该病以母系遗传居多。随着年龄的增长，线粒体 DNA 突变日趋严重，因此大多数线粒体 DNA 病的症状到老年时才出现。例如，老年人心脏和骨骼肌中常可发现线粒体 DNA 4977 位核苷酸缺失。

五、ATP 在能量代谢中的核心作用

无论是底物水平磷酸化还是氧化磷酸化，释放的能量除一部分以热能的形式散失于周围环境中之外，其余部分大多直接生成 ATP，以高能磷酸键的形式存在。同时，ATP 也是生命活动利用能量的主要直接供给形式。

1. ATP 与高能磷酸化合物　生物体内磷酸化合物很多，并不是所有的磷酸化合物都是高能的，一般将水解时释放出 25kJ/mol 以上自由能的磷酸化合物称为高能磷酸化合物，而其所含的磷酸键称为高能磷酸键，常用～P 表示。理论上这样的名称是不恰当的，因为一个化合物水解时释放的能量应取决于这个化合物整个分子的结构和反应体系的情况，实际上高能磷酸键与一般磷酸键在化学结构上并没有特殊之处，但是由于用～P 来表示一些生化反应比较方便，所以一直被生化界采用。ATP 就是这类化合物的典型代表。ATP 分子结构中的两个磷酸基团($β$，$γ$)可从 $γ$ -端依次移去而生成 ADP 和 AMP，这两个磷酸基团水解时各释放出 30.5kJ/mol 能量，第三个磷酸基团($α$)水解时释放出 14.2kJ/mol 能量，因此 ATP 分子中含有 2 个高能磷酸键。

高能磷酸化合物主要有 4 类：①磷酸酐：如 ATP、ADP、GTP、UTP 等多磷酸核苷以及焦磷酸；②混合酐：由磷酸和羧酸构成的酰基磷酸，如 1,3 -二磷酸甘油酸；③烯醇磷酸：如磷酸烯醇式丙酮酸；④磷酸胍类：如磷酸肌酸。

此外，生物体内还存在一类高能硫酯化合物，如乙酰 CoA、琥珀酰 CoA 等。其高能硫酯键由羧基与 CoA 的巯基脱水相连而成，用～SCoA 表示。当 CoA 转移时，放出的能量可达 34.5kJ/mol 左右。

2. ATP 能量的转移　ATP 是细胞内的主要磷酸载体，ATP 作为细胞的主要供能物质参与体内的许多代谢反应，还有一些反应需要 UTP 或 CTP 作为供能物质，如 UTP 参与糖原合成和糖醛酸代谢，GTP 参与糖异生和蛋白质合成，CTP 参与磷脂合成过程，核酸合成中需要 ATP、CTP、UTP 和 GTP 作原料合成 RNA，或以 dATP、dCTP、dGTP 和 dTTP 作原料合成 DNA。

作为供能物质所需要的 UTP、CTP 和 GTP 可经以下反应再生：

$$UDP + ATP \longrightarrow UTP + ADP$$
$$GDP + ATP \longrightarrow GTP + ADP$$
$$CDP + ATP \longrightarrow CTP + ADP$$

dNTP 由 dNDP 的生成过程也需要 ATP 供能：

$$dNDP + ATP \longrightarrow dNTP + ADP$$

另外,当体内 ATP 消耗过多(例如肌肉剧烈收缩)时,ADP 累积,在腺苷酸激酶(adenylate kinase)催化下由 ADP 转变成 ATP 被利用。此反应是可逆的,当 ATP 需要量降低时,AMP 从 ATP 中获得~P 生成 ADP。

$$ADP + ADP \rightleftharpoons ATP + AMP$$

3. 磷酸肌酸　ATP 是细胞内主要的磷酸载体或能量传递体,人体储存能量的方式不是 ATP 而是磷酸肌酸。肌酸主要存在于肌肉组织中,骨骼肌含量多于平滑肌,脑组织中含量也较多,肝、肾等其他组织中含量很少。磷酸肌酸的生成反应如下:

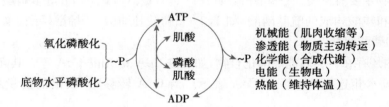

肌细胞线粒体内膜和胞质中均有催化该反应的肌酸激酶,它们是同工酶。线粒体内膜的肌酸激酶主要催化正向反应,生成的 ADP 可促进氧化磷酸化,生成的磷酸肌酸逸出线粒体进入胞质,磷酸肌酸所含的能量不能直接利用;胞质中的肌酸激酶主要催化逆向反应,生成的 ATP 可补充肌肉收缩时的能量消耗,而肌酸又回到线粒体用于磷酸肌酸的合成。

4. ATP 在能量代谢中的核心地位　体内能量的生成、储存和利用都以 ATP 为中心(图 7-23)。物质的分解代谢产生的能量可由底物水平磷酸化和氧化磷酸化储存于 ATP 中。ATP 是能量的直接供应者,其水解时释放的能量可直接供给体内一切生理活动的需要,如肌肉收缩;物质转运、合成;生物电和维持体温等。此外,机体能量供不应求时,在肌酸激酶的作用下,磷酸肌酸可将储存的能量交给 ADP 磷酸化生成 ATP 以供能量所需。

图 7-23　ATP 的生成、储存和利用

第三节　其他氧化与抗氧化体系

除线粒体外,细胞内还存在一些不同于线粒体的氧化酶类,组成特殊的氧化体系,其特点是在氧化过程中不伴随耦联磷酸化,不能生成 ATP。

一、反应活性氧簇的产生与消除

(一) 反应活性氧簇的产生

体内的一些代谢过程(如氧化酶催化的反应)中,每分子氧需接受 4 个电子才能还原成为氧离子(O^{2-}),后者与 2 个 H^+ 结合生成 H_2O。但如 O_2 得到单个电子时就会产生超氧阴离子($O_2^- \cdot$),超氧阴离子部分可还原生成过氧化氢(H_2O_2)，H_2O_2可再经还原反应生成羟自由基（·OH）。这类强氧化成分统称为反应活性氧簇（reactive oxygen species，ROS），ROS包括氧自由基及其活性衍生物。氧自由基是指带有未配对电子的氧原子和含氧化学基团，主要有超氧阴离子、羟自由基、烷自由基（脂质自由基，L·）、烷氧自由基（脂氧自由基，LO·）和烷过氧自由基（脂过氧自由基，LOO·）等。氧自由基化学性质活泼，不稳定，具有较强的氧化还原能力，这些氧自由基可继发产生其他具有活泼生物性质的衍生物，如过氧化氢、单线态氧（$^1O_2$）、脂质过氧化物（LOOH）等。

体内超氧阴离子的主要来源是线粒体氧化呼吸链进行电子传递过程中漏出的电子与O_2结合产生的，O_2^-·在线粒体内进而生成过氧化氢和羟自由基。细胞过氧化酶体系中，FAD将从脂肪酸等底物获得的电子交给O_2生成H_2O_2和·OH。细胞质需氧脱氢酶（如黄嘌呤氧化酶等）也可催化生成O_2^-·。细菌感染、组织缺氧等病理过程，环境、药物等外源性因素也可导致细胞产生活性氧类。

正常状态下，机体内$1‰\sim 5‰$的氧可代谢生成反应活性氧类，参与机体正常的物质代谢，有效杀伤细菌。但是在缺氧和氧供应过多都会加速活性氧的生成，当超过机体对其代谢清除能力时，过量的活性氧可对机体造成损伤。由于活性氧簇化学性质活泼，尤其羟自由基具有极高的反应性，组织中几种大分子物质（如脂质、核酸、蛋白质）和多糖都易于受其攻击，引起蛋白质、DNA等大分子物质的氧化损伤，甚至破坏细胞的正常结构和功能。·OH引起DNA损伤的后果是发生突变、癌变及畸胎。同时，由于线粒体是产生活性氧的主要部位，因此线粒体DNA很容易受到自由基攻击而损伤或突变，引起相应的疾病产生。自由基也可使磷脂分子中不饱和脂肪酸氧化生成过氧化脂质，损伤生物膜；过氧化脂质与蛋白质结合形成的复合物，积累成棕褐色的色素颗粒，称为脂褐素，与组织老化有关。

（二）反应活性氧簇的清除

1. 过氧化氢酶（catalase） 又称触酶，其辅基含有4个血红素，催化2分子H_2O_2氧化还原生成H_2O并释放出O_2，消除对机体的毒害。催化反应如下：

$$2H_2O_2 \xrightarrow{\text{过氧化氢酶}} 2H_2O + O_2$$

过氧化氢酶以肝、肾、红细胞含量最为丰富，几乎其他一切细胞均含有此酶。H_2O_2对机体也有一定的生理作用，在粒细胞和吞噬细胞中，H_2O_2可氧化杀死入侵的细菌；甲状腺细胞中产生的H_2O_2能使$2I^-$氧化为I_2，进而使酪氨酸碘化生成甲状腺激素。

2. 过氧化物酶（peroxidase） 也是以血红素为辅基，它催化H_2O_2直接氧化酚类或胺类化合物，反应如下：

$$2H_2O_2 + R \xrightarrow{\text{过氧化物酶}} 2H_2O + RO \text{ 或 } H_2O_2 + RH_2 \xrightarrow{\text{过氧化物酶}} 2H_2O + R$$

在某些组织细胞内存在含硒的谷胱甘肽过氧化物酶（glutathione peroxidase，Se-GSHPx），此酶能利用还原型谷胱甘肽（GSH）将代谢产生的过氧化物还原成无毒的醇类和H_2O，也可将H_2O_2还原成H_2O。因此，谷胱甘肽过氧化物酶是体内防止活性氧簇损伤的主要酶，具有保护生物膜及血红蛋白免遭损伤的作用。其催化反应如下：

$$LOOH + 2GSH \xrightarrow{\text{谷胱甘肽过氧化物酶}} LOH + H_2O + GSSG$$

$$H_2O_2 + 2GSH \xrightarrow{\text{谷胱甘肽过氧化物酶}} GSSG + H_2O$$

生成的氧化型谷胱甘肽（GSSG）又在谷胱甘肽还原酶（glutathione reductase，GSHR）催化下，由NADPH供氢还原重新生成GSH。

3. 超氧化物歧化酶（superoxide dismutase，SOD） 可催化一分子O_2^-·氧化生成O_2，另一分子O_2^-·还原生成H_2O_2，反应如下：

$$2O_2^- + 2H^+ \xrightarrow{\text{SOD}} H_2O_2 + O_2$$

SOD 是一组酶,在真核细胞胞质中,SOD 是以 Cu^{2+}、Zn^{2+} 为辅基,称为 CuZn - SOD;在线粒体内以 Mn^{2+} 为辅基,称为 Mn - SOD。生成的 H_2O_2 可被活性极强的过氧化物酶分解。因此,SOD 是人体防御各种超氧离子损伤的重要酶类,对 $O_2^-\cdot$ 的清除有助于防止其他活性氧的生成。

二、微粒体单加氧酶

微粒体内的单加氧酶(monooxygenase)催化氧分子中的一个氧原子加到底物分子上使其羟化形成羟基,而另一个氧原子被氢(来自 $NADPH+H^+$)还原成水,故又称混合功能氧化酶(mixed function oxidase,MFO)或羟化酶(hydroxylase),其催化反应如下:

$$RH + NADPH + H^+ + O_2 \xrightarrow{\text{单加氧酶}} ROH + NADP^+ + H_2O$$

上述反应需要细胞色素 P_{450}(cytochrome P_{450},Cyt P_{450})参与。CytP_{450} 属于 Cytb 类,因与 CO 结合后在波长 450nm 处出现最大吸收峰而被命名。Cyt P_{450} 在生物中广泛分布,哺乳动物 P_{450} 分属 10 个基因家族。人 Cyt P_{450} 有 100 多种同工酶,对被羟化的底物各有其特异性。连接 NADPH 与 Cyt P_{450} 的是 NADPH - Cyt P_{450} 还原酶。单加氧酶催化反应的过程是:NADPH 首先将电子交给黄素蛋白。黄素蛋白再将电子递给以 Fe - S 为辅基的铁氧还蛋白。与底物结合的氧化型 Cyt P_{450} 接受铁氧还蛋白的 1 个 e 后,转变成还原型 Cyt P_{450},与 O_2 结合形成 $RH \cdot P_{450} \cdot Fe^{2+} \cdot O_2$,Cyt P_{450} 铁卟啉中 Fe^{2+} 将电子交给 O_2 形成 $RH \cdot P_{450} \cdot Fe^{3+} \cdot O_2^-$,再接受铁氧还蛋白的第 2 个 e,使氧活化($O_2^{2-}$)。此时 1 个氧原子使底物(RH)羟化(R - OH),另 1 个氧原子与来自 NADPH 的质子结合生成 H_2O(图 7 - 24)。

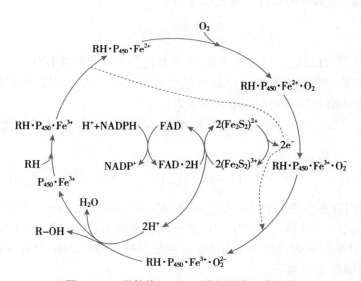

图 7 - 24 微粒体 Cyt P_{450} 单加氧酶反应机制

单加氧酶主要分布在肝、肾组织微粒体中,少数单加氧酶也存在于线粒体中,单加氧酶主要参与类固醇激素(性激素、肾上腺皮质激素)、胆汁酸盐、胆色素、活性维生素 D 的生成和某些药物、毒物的生物转化过程。单加氧酶可受底物诱导,而且 Cyt P_{450} 特异性低,一种机制提高单加氧酶的活性便可同时加快几种物质的代谢速度,这与体内的药物代谢关系十分密切,例如以苯巴比妥作诱导物,可以提高机体代谢胆红素、睾酮、氢化可的松、香豆素、洋地黄毒苷的速度,临床用药时应予以考虑。

小 结

● **概述**

物质在生物体内进行氧化的过程称为生物氧化。生物氧化在细胞内进行时,分为线粒体氧化体系和非线粒体氧化体系,其氧化过程及意义有所不同。线粒体氧化体系,消耗氧产生 CO_2 和水,同时释放能量,并耦联 ATP 的生成,以供生命活动之需。线粒体内进行的生物氧化,也称为组织呼吸或细胞呼吸。在微粒体、过氧化物酶体以及细胞其他部位存在的氧化体系,统称为非线粒体氧化体系。该体系包括微粒体加氧酶系和活性氧清除体系,该氧化过程通常不伴有 ATP 的生成(氧化无磷酸化耦联),主要与体内代谢物、毒物和药物的生物转化有关。生物氧化不同于体外燃烧,它是在酶的催化下、体温、近于中性 pH 环境中逐步释放能量,CO_2 的生成是通过有机酸的脱羧基作用。

● **线粒体氧化体系**

代谢过程中产生的氢经呼吸链氧化生成水。呼吸链是由递氢体或递电子体按一定顺序排列在线粒体内膜上组成电子传递链,该传递链进行的一系列连锁反应与细胞摄取氧的呼吸过程有关。呼吸链包含四个复合体,即复合体Ⅰ:NADH-泛醌还原酶;复合体Ⅱ:琥珀酸-泛醌还原酶;复合体Ⅲ:泛醌-细胞色素 C 还原酶;复合体Ⅳ:细胞色素氧化酶,另外还有两种不包含在这些复合体中的组分:CoQ 和 Cytc。

体内重要的呼吸链有两条,即 NADH 氧化呼吸链和琥珀酸氧化呼吸链。这两条呼吸链各组分的排列顺序如下:

$$琥珀酸 \to FAD(Fe-S)$$

$$NADH \to FMN \to CoQ \to Cytb \to Cytc_1 \to Cytc \to Cytaa_3 \to 1/2O_2$$
(Fe—S)

ATP 几乎是生物组织细胞内能够直接利用的唯一能源,体内 ATP 的生成方式有两种,即底物水平磷酸化和氧化磷酸化。代谢物在氧化分解过程中,有少数反应因脱氢或脱水而引起分子内部能量重新分布产生高能键,直接将代谢物分子中的高能键转移给 ADP(或 GDP)生成 ATP(或 GTP)的反应称为底物水平磷酸化。代谢物脱下的氢经电子传递链传递给氧生成水,同时逐步释放能量,使 ADP 磷酸化生成 ATP 称为氧化磷酸化。氧化磷酸化的场所是线粒体,线粒体外 $NADH+H^+$ 所携带的 2H 可以通过 α-磷酸甘油穿梭和苹果酸-天冬氨酸穿梭进入线粒体内进行氧化磷酸化。NADH 氧化呼吸链生成 2.5 分子 ATP,琥珀酸氧化呼吸链生成 1.5 分子 ATP。通过测定不同底物经呼吸链氧化的 P/O 比值及呼吸链各组分间电位差与自由能变化,表明在复合体Ⅰ、复合体Ⅲ、复合体Ⅳ存在氧化磷酸化的耦联部位。

化学渗透假说是目前被普遍接受的氧化磷酸化机制学说。该假说认为电子经呼吸链传递时,可将 H^+ 从线粒体膜的基质侧泵到内膜外侧,产生跨膜的质子电化学梯度储存能量,当质子顺浓度梯度经 ATP 合酶 F_0 回流时,F_1 催化 ADP 和 Pi 生成并释放 ATP。

氧化磷酸化受许多因素的影响。(1)ADP 浓度和 ADP/ATP 比值;(2)甲状腺素;(3)氧化磷酸化抑制剂。生物体内能量的转化、储存和利用都以 ATP 为中心,在肌肉和脑组织中,磷酸肌酸可作为能源的储存形式。

● **其他氧化与抗氧化体系**

生物体内,除线粒体的氧化体系外,在微粒体、过氧化物酶体以及细胞其他部位还存在其他氧化体系,能清除体内产生的反应活性氧簇,保护机体以及参与药物和毒物的生物转化。

(王海生)

第八章
氨基酸代谢

本章课件

学习指南

重点

1. 氮平衡、蛋白质营养价值、腐败作用的概念。
2. 脱氨基作用、氨的代谢。
3. 一碳单位代谢、含硫氨基酸代谢、芳香族氨基酸代谢。

难点

1. 氨基酸一般代谢的类型、产物及生理意义。
2. 个别氨基酸的代谢特点、产物及生理意义。
3. 蛋白质泛素-蛋白酶体降解途径。

氨基酸是蛋白质的基本组成单位。蛋白质在体内的合成、分解和转变都是以氨基酸为中心进行的,所以氨基酸代谢是蛋白质代谢的核心内容。氨基酸代谢包括合成代谢和分解代谢两方面,本章重点阐述氨基酸的分解代谢。体内氨基酸的分解和蛋白质的更新均需要食物蛋白质来补充。因此,讨论氨基酸代谢之前,首先介绍蛋白质的营养作用、外源蛋白的消化、吸收与腐败以及体内蛋白质的降解等知识。

第一节　蛋白质的营养作用

蛋白质是生命的重要物质基础,没有蛋白质就没有生命。可见体内蛋白质具有非常重要的生理功能。

一、蛋白质的生理功能

1. 维持组织细胞的生长、更新和修补　组织细胞的主要成分是蛋白质,可占细胞干重的70%以上。体内蛋白质不断进行更新代谢。因此,参与构成各种组织细胞是蛋白质最重要的功能。机体必须持续从膳食中摄取足够量的优质蛋白质,才能满足组织细胞生长、更新和修补的需要。这对于处于生长发育时期的儿童、孕妇和疾病恢复期的患者尤为重要。

2. 参与体内多种重要的生理活动　体内含多种具有特殊功能的蛋白质,如酶、抗体、多肽类激素和某些调节蛋白等。此外,蛋白质分解产生的氨基酸在进一步代谢过程中可产生胺类、神经递质及激素等活性物质;还可作为血红素、活性肽类、嘌呤和嘧啶等重要化合物的合成原料。蛋白质和氨基酸的这些功能不能由糖或脂类代替。

3. 氧化供能　蛋白质还是体内的能源物质。每克蛋白质在体内氧化分解可释放约 17.19kJ（4.1kcal）能量，蛋白质的供能作用可由糖或脂类代替，供能是蛋白质的次要功能。

二、氮平衡及蛋白质生理需要量

1. 氮平衡　测定人体每日摄入食物的含氮量（摄入氮）和排泄物尿、粪中的含氮量（排出氮），间接反映体内蛋白质代谢概况的实验，称为氮平衡（nitrogen balance）。

蛋白质的含氮量恒定，平均为 16%。食物中的含氮物质主要是蛋白质。因此，测定食物中的含氮量即可估算其所含蛋白质的量。蛋白质在体内分解代谢所产生的含氮物质主要由尿液和粪便排出，故测定其含氮量可反映组织蛋白质的分解量。所以氮平衡实验可反映机体蛋白质每日代谢状况。

（1）氮的总平衡：摄入氮＝排出氮，反映机体蛋白质的合成与分解处于动态平衡。见于正常成人。

（2）氮的正平衡：摄入氮＞排出氮，反映体内蛋白质的合成大于分解。见于儿童、青少年、孕妇及疾病恢复期患者。

（3）氮的负平衡：摄入氮＜排出氮，反映体内蛋白质的合成小于分解。见于饥饿、营养不良、严重烧伤或消耗性疾病患者等。

2. 生理需要量　根据氮平衡实验计算，在食用不含蛋白质的膳食时，60kg 体重的健康成人每日最低分解约 20g 蛋白质。由于食物蛋白质与人体蛋白质氨基酸组成的差异，食物蛋白质不可能全部被人体利用；加之食物蛋白质在消化道中难以全部被消化吸收，故成人每日蛋白质的最低生理需要量为 30～50g。为了长期保持氮的总平衡，仍需增量才能满足需求。目前，我国营养学会推荐成人每日蛋白质需要量为 80g。

三、蛋白质的营养价值

人体蛋白质由 20 种氨基酸组成，其中有 9 种氨基酸体内不能合成，这些体内需要而又不能自身合成，必须由食物供给的氨基酸，称为营养必需氨基酸（nutritionally essential amino acid），包括缬氨酸、异亮氨酸、苯丙氨酸、亮氨酸、色氨酸、苏氨酸、赖氨酸、甲硫氨酸和组氨酸。其余 11 种氨基酸体内可以合成，不一定需要由食物供应，在营养上称为营养非必需氨基酸（nutritionally non‐essential amino acid）。精氨酸虽然能够在人体内合成，但合成量少不能满足机体的需要，若长期缺乏也能造成氮的负平衡，因此有人将精氨酸称为营养半必需氨基酸。

蛋白质的营养价值（nutrition value of protein）是指食物蛋白质在人体内的利用率，其主要取决于食物蛋白质中营养必需氨基酸的种类、数量和比例是否与人体接近。一般来说，含营养必需氨基酸种类多而且数量足的食物蛋白质，其营养价值高，反之营养价值低。若将营养价值较低的蛋白质混合食用，则营养必需氨基酸可以互相补充从而提高蛋白质的营养价值，称为食物蛋白质的互补作用。例如谷类蛋白质含赖氨酸较少而含色氨酸较丰富，有些豆类蛋白质含赖氨酸较多但含色氨酸相对少。当将这两种蛋白质混合食用时，两者所含的必需氨基酸恰好互相补充，可明显提高营养价值。因此，为了充分发挥蛋白质的营养价值，应提倡饮食的多样化，防止偏食。某些疾病情况下，为保证氨基酸的需要，可静脉输注混合氨基酸。

第二节　蛋白质的消化、吸收与腐败

一、蛋白质的消化

食物蛋白质在消化道经过酶的作用，水解成氨基酸或寡肽的过程，称为食物蛋白质的消化。食物蛋白质必须经消化后才能被机体吸收利用。未经消化的蛋白质不易被吸收。食物蛋白质的消化吸收不仅是体内氨基酸的主要来源,还可消除蛋白质的种属特异性和抗原性,防止过敏反应及毒性反应的发生。唾液中不含蛋白酶,故食物蛋白质的消化作用主要在胃和小肠中完成。

1. 胃中的消化　食物蛋白质进入胃内由于停留时间较短,消化很不完全,经胃蛋白酶作用后,主要水解产物为多肽和少量氨基酸。胃蛋白酶是由胃黏膜主细胞分泌的胃蛋白酶原经胃酸激活生成的。胃蛋白酶本身也能激活胃蛋白酶原转变成胃蛋白酶,称为自身激活作用。胃蛋白酶的另一个作用是凝乳作用,可将乳液中的酪蛋白与 Ca^{2+} 凝集成富含酪蛋白钙的乳凝块,从而可延长乳液在胃内的停留时间,有利于乳液中的蛋白质充分消化,这对哺乳期的婴幼儿十分重要。

2. 小肠中的消化　小肠是蛋白质消化的主要部位。小肠内有胰腺和肠黏膜细胞分泌的多种蛋白酶和肽酶,在它们的共同作用下,未经消化或消化不完全的蛋白质进一步水解成寡肽和氨基酸。

蛋白质消化主要靠胰液中的蛋白酶来完成。胰液中的蛋白酶分为内肽酶(endopeptidase)和外肽酶(exopeptidase)两大类。内肽酶包括胰蛋白酶(trypsin)、糜蛋白酶(chymotrypsin)和弹性蛋白酶(elastase),可特异性地催化肽链内部的一些肽键水解。胰蛋白酶水解由碱性氨基酸的羧基组成的肽键,糜蛋白酶水解由芳香族氨基酸的羧基组成的肽键,弹性蛋白酶水解由脂肪族氨基酸的羧基组成的肽键。外肽酶主要包括氨基肽酶和羧基肽酶。胰液中的外肽酶主要包括羧基肽酶 A(carboxypeptidase A)和羧基肽酶 B,其作用是特异地从肽链的羧基末端肽键开始逐个水解掉氨基酸残基。羧基肽酶 A 主要水解除脯氨酸、赖氨酸、精氨酸外的其他氨基酸组成的羧基末端肽键。羧基肽酶 B 主要水解碱性氨基酸组成的羧基末端肽键(图 8-1)。

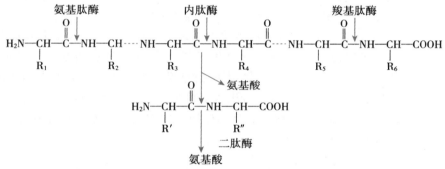

图 8-1　蛋白酶的作用示意图

参与消化蛋白质的酶由胰腺细胞初分泌时都是以酶原形式存在,进入十二指肠后胰蛋白酶原由十二指肠黏膜细胞分泌的肠激酶(enterokinase)催化,从其氨基末端水解 1 分子六肽而被激活生成胰蛋白酶。胰蛋白酶再激活糜蛋白酶原、弹性蛋白酶原和羧基肽酶原。胰蛋白酶也可自身激活胰蛋白酶原,但是其自身激活作用较弱(图 8-2)。胰液中的各种蛋白酶以酶原的形式存在,可以防止酶对胰腺自身组织的消化,还可以保证酶在合适的部位发挥作用。

蛋白质经胃液和胰液蛋白酶的作用,最终分解为氨基酸(约占 1/3)和一些寡肽(约占 2/3)。后者进入小肠黏膜细胞继续降解。在小肠黏膜细胞的刷状缘及胞质中存在着氨基肽

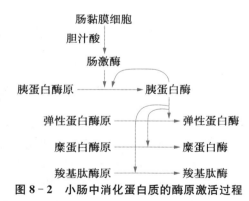

图 8-2　小肠中消化蛋白质的酶原激活过程

酶(aminopeptidase)和二肽酶(dipeptidase)等寡肽酶(oligopeptidase)。氨基肽酶从肽链的氨基末端肽键开始逐个水解掉氨基酸残基,最后生成二肽。二肽经二肽酶催化水解为氨基酸(图 8-1)。

二、氨基酸的吸收和转运

蛋白质消化产物的吸收部位主要在小肠(十二指肠和空肠),蛋白质消化产物主要是氨基酸和少量的寡肽,只有氨基酸、少量的二肽和三肽才能被吸收。

在小肠黏膜细胞膜上存在着转运氨基酸的载体蛋白(carrierprotein)或称转运蛋白(transporter),可与氨基酸、Na^+ 结合生成载体蛋白-氨基酸- Na^+ 三联体,继而载体蛋白构象发生改变,将氨基酸和 Na^+ 转运入细胞,Na^+ 再由细胞膜上的钠泵排出细胞外,此过程需要消耗 ATP。

由于氨基酸结构存在差异,转运氨基酸的载体蛋白也各不相同。在小肠黏膜细胞的刷状缘上参与氨基酸主动吸收的转运蛋白至少有 7 种,中性氨基酸转运蛋白、碱性氨基酸转运蛋白、酸性氨基酸转运蛋白、亚氨基酸转运蛋白、β-氨基酸转运蛋白、二肽转运蛋白和三肽转运蛋白。当某些氨基酸由于结构上的相似性而共用同一类载体时,在吸收过程中将相互竞争载体。

上述由载体蛋白介导的氨基酸主动吸收过程不仅存在于小肠黏膜细胞,在肾小管细胞和肌细胞等细胞膜上也存在类似的机制,这对于后者浓集、利用氨基酸具有重要意义。

此外,肠黏膜上存在 γ-谷氨酸氨基转移酶,可由谷胱甘肽协助将肠腔中氨基酸转移至细胞内,称为 γ-谷氨酰基循环(γ- glutamyl cycle)。

三、蛋白质的腐败作用

肠道细菌对食物中未被消化的蛋白质及未被吸收的氨基酸所起的分解作用称为蛋白质的腐败作用(putrefaction)。腐败作用的产物大多数对人体有害,但也有少量可被机体利用的物质,如维生素(如维生素 K、维生素 B_6、维生素 B_{12}、叶酸、生物素等)和脂肪酸等。

1. 胺类的生成 在肠道细菌作用下,未被吸收的氨基酸经脱羧基作用,脱去羧基生成胺类化合物。例如酪氨酸脱羧基生成酪胺,苯丙氨酸脱羧基生成苯乙胺,组氨酸脱羧基生成组胺,色氨酸脱羧基生成色胺,赖氨酸脱羧基生成尸胺等。正常情况下,这些胺类物质主要经肝的生物转化作用以无毒形式排出体外。当肝功能受损时,酪胺和苯乙胺进入脑组织分别被羟化形成 β-羟酪胺(鳝胺)和苯乙醇胺,其结构类似于神经递质儿茶酚胺,称为假神经递质。假神经递质不能传递神经冲动,使大脑发生异常抑制,这是肝性脑病发生的原因之一。

苯乙胺　　　　苯乙醇胺　　　　酪胺　　　　β-羟酪胺

2. 氨的生成 肠道中产生的氨主要有两个来源:一是未被吸收的氨基酸在肠道细菌的作用下脱氨基生成的氨;二是血液中的尿素渗入肠道,经肠菌尿素酶的水解生成的氨。这些氨均可被吸收入血液,在肝中合成尿素然后排出。降低肠道的 pH,可减少氨的吸收。

3. 其他有害物质的生成 腐败作用还可产生吲哚、甲基吲哚、苯酚及硫化氢等其他有害物质。在正常生理情况下,上述有害物质大部分随粪便排出,只有小部分被吸收,经肝的生物转化作用而解毒,故机体不会发生中毒现象。当患有肠梗阻等疾病时,由于肠内容物在肠道长时间滞留,导致腐败作用增强,有害物质的生成、吸收增加,可出现头痛、头晕、心悸等中毒症状。

第三节　体内蛋白质的降解

实验证明,体内的蛋白质处于不断降解和合成的动态平衡中。成人每日有 $1\%\sim2\%$ 的体内蛋白质被降解为氨基酸,其中主要是肌肉蛋白质的降解,同时又有与之相对应的机体蛋白质的合成。体内的蛋白质以不同的速率进行降解。蛋白质降解的速率通常用半衰期(half-life, $t_{1/2}$)表示,即蛋白质浓度减少至原浓度一半所需要的时间。不同蛋白质的 $t_{1/2}$ 差异很大,短则数秒,长则数月,有的甚至相当于人体的寿命,如眼的晶体蛋白。

真核生物体内组织蛋白质的降解途径主要有两条:溶酶体途径和泛素-蛋白酶体途径。

一、组织蛋白降解的溶酶体途径

溶酶体是真核细胞内重要的细胞器,内含 60 多种酸性蛋白酶,可以分解蛋白质、核酸、糖类及脂类。溶酶体途径降解靶蛋白具有两个特点,首先不需要消耗 ATP,其次属于非特异性蛋白降解系统,真核细胞内 90% 以上的膜蛋白、长寿蛋白和部分短寿蛋白均在溶酶体中降解,从外环境中经胞吞作用进入细胞的蛋白也在溶酶体被降解(图 8-3)。

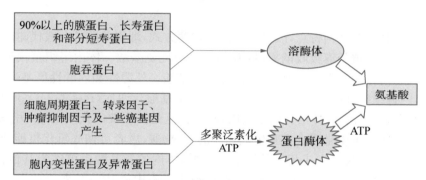

图 8-3　体内蛋白降解途径示意图

二、组织蛋白降解的泛素-蛋白酶体途径

泛素(ubiquitin)是由 76 个氨基酸残基组成的低分子量蛋白,广泛存在于真核细胞,可与被降解的靶蛋白质结合而使其泛素化(ubiquitination)修饰,主要作用是"标签化"异常和短寿蛋白质并促进它们的降解。蛋白酶体(proteasome)存在于细胞质和细胞核内,是由 30 多种蛋白质组成的 26S 蛋白质复合物。蛋白酶体具有蛋白酶和 ATP 酶 2 种酶活性,可催化靶蛋白降解和 ATP 水解。泛素-蛋白酶体途径降解靶蛋白也有两个特点,其一是具有高效和高度选择性的特异性蛋白降解系统,其二是消耗 ATP。此途径主要降解细胞周期蛋白、转录因子、肿瘤抑制因子及一些癌基因产物,也可降解应激条件下胞内变性蛋白及异常蛋白。泛素-蛋白酶体途径降解蛋白主要包括 4 个步骤:识别靶蛋白、靶蛋白的多聚泛素化修饰、26S 蛋白酶体复合物降解靶蛋白及泛素分子的释放。在靶蛋白泛素化修饰过程中,需要 E_1(泛素激活酶)、E_2(泛素结合酶)、E_3(泛素蛋白连接酶)三种酶。首先由 E_1 激活泛素分子,此过程需要 ATP 供能;激活的泛素分子被转运到 E_2 上;然后在 E_3 的指引下,E_2 携带泛素分子接近 E_3 所指定的需要降解的靶蛋白;最后由 E_3 将泛素分子"捆绑"到靶蛋白上完成泛素化修饰(图 8-4)。

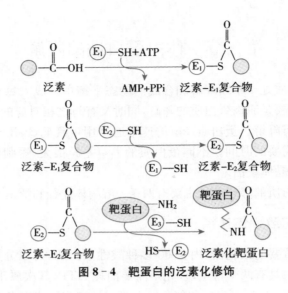

图 8-4 靶蛋白的泛素化修饰

第四节 氨基酸的一般代谢

体内氨基酸具有共同的结构特点,故具有共同的代谢方式,即氨基酸的一般代谢。

食物蛋白质经消化而被肠道吸收的氨基酸,称为外源性氨基酸。体内组织蛋白质降解产生的氨基酸以及体内合成的营养非必需氨基酸,称为内源性氨基酸。外源性和内源性氨基酸混合在一起,不分彼此,分布于体内各组织细胞中,共同参与代谢,称为氨基酸代谢库(metabolic pool)。氨基酸在细胞内的代谢去路有多种途径:一种是合成蛋白质和肽类,这是其主要的代谢去路;另一种是进行分解代谢。氨基酸的分解代谢主要是脱去氨基生成相应的 α-酮酸,后者可彻底氧化供能或转变为其他物质。其次,氨基酸可以脱去羧基生成相应的胺类。此外,体内的氨基酸也可作为其他含氮化合物(如嘌呤、嘧啶、肌酸等)的合成原料。正常情况下,氨基酸代谢库中氨基酸的来源和去路维持动态平衡(图 8-5)。

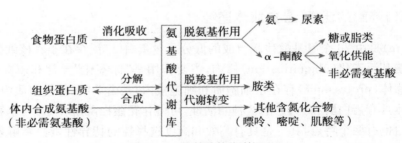

图 8-5 氨基酸的代谢概况

氨基酸代谢库是以游离氨基酸总量来计算。由于氨基酸不能自由通过细胞膜,所以其在体内各组织中的分布是不均匀的。例如,肌肉中的氨基酸占总代谢库的 50% 以上,肝约占 10%,肾约占 4%,血浆占 1%~6%。由于肝、肾体积较小,实际上它们所含游离氨基酸的浓度很高,氨基酸的代谢也很旺盛。大多数氨基酸(如丙氨酸、芳香族氨基酸等)主要在肝中分解代谢,有些氨基酸(如支链氨基酸)的分解则主要在骨骼肌中进行。肌肉和肝对维持血浆氨基酸浓度的相对恒定起着重要作用。

一、氨基酸的脱氨基作用

氨基酸分解代谢的最主要途径是脱氨基作用,即氨基酸脱去氨基生成相应 α-酮酸的过程。此反应在体内大多数组织细胞中均可进行。氨基酸脱去氨基的方式有转氨基作用、氧化脱氨基作用、联合脱氨基作用和其他脱氨基作用等,其中以联合脱氨基最为重要。

（一）转氨基作用

转氨基作用(transamination)是在氨基转移酶(aminotransferase)的催化下,某一 α-氨基酸的氨基(如 α-氨基)转移到另一种 α-酮酸的酮基上,生成相应的 α-氨基酸,而原来的 α-氨基酸则转变成相应的 α-酮酸。除 α-氨基外,氨基酸侧链末端的氨基,如鸟氨酸的 δ-氨基也可通过转氨基作用脱去。

$$H-\underset{\underset{COOH}{|}}{\overset{\overset{R_1}{|}}{C}}-NH_2 \; + \; \underset{\underset{COOH}{|}}{\overset{\overset{R_2}{|}}{C}}{=}O \; \underset{}{\overset{\text{氨基转移酶}}{\rightleftharpoons}} \; \underset{\underset{COOH}{|}}{\overset{\overset{R_1}{|}}{C}}{=}O \; + \; H-\underset{\underset{COOH}{|}}{\overset{\overset{R_2}{|}}{C}}-NH_2$$

此反应可逆。因此,转氨基作用不仅是体内氨基酸分解代谢的方式之一,同时也是体内营养非必需氨基酸合成的重要途径。

氨基转移酶又称转氨酶(transaminase),具有种类多、分布广及专一性强等特点。体内大多数氨基酸均能进行转氨基反应,但赖氨酸、苏氨酸及脯氨酸除外。不同氨基酸与 α-酮酸之间的转氨基作用只能由专一的转氨酶催化。在各种转氨酶中,最为重要的是丙氨酸转氨酶(alanine transaminase, ALT)〔又称谷丙转氨酶(glutamic pyruvic transaminase, GPT)〕和天冬氨酸转氨酶(aspartate transaminase, AST)〔又称谷草转氨酶(glutamic oxaloacetic transaminase, GOT)〕,这两种酶在体内分布广泛,但在各组织细胞中的活性差异很大(表8-1)。ALT 在肝中的活性最高,而 AST 则在心肌中活性最大。

表 8-1　正常成人组织中 AST 及 ALT 活性[(U/g)湿组织]

组织	ALT	AST	组织	ALT	AST
心	7100	156000	脾	1200	14000
肝	44000	142000	肺	700	10000
肾	19000	91000	胰腺	2000	28000
骨骼肌	4800	99000	血清	16	20

ALT、AST 催化的反应如下:

$$\underset{\text{α-酮戊二酸}}{\underset{\underset{COOH}{|}}{\overset{\overset{COOH}{|}}{\underset{\underset{C=O}{|}}{(CH_2)_2}}}} \; + \; \underset{\text{丙氨酸}}{\underset{\underset{COOH}{|}}{\overset{\overset{CH_3}{|}}{CHNH_2}}} \; \underset{}{\overset{\text{ALT}}{\rightleftharpoons}} \; \underset{\text{谷氨酸}}{\underset{\underset{COOH}{|}}{\overset{\overset{COOH}{|}}{\underset{\underset{CHNH_2}{|}}{(CH_2)_2}}}} \; + \; \underset{\text{丙酮酸}}{\underset{\underset{COOH}{|}}{\overset{\overset{CH_3}{|}}{C=O}}}$$

$$\underset{\text{α-酮戊二酸}}{\underset{\underset{COOH}{|}}{\overset{\overset{COOH}{|}}{\underset{\underset{C=O}{|}}{(CH_2)_2}}}} \; + \; \underset{\text{天冬氨酸}}{\underset{\underset{COOH}{|}}{\overset{\overset{COOH}{|}}{\underset{\underset{CHNH_2}{|}}{CH_2}}}} \; \underset{}{\overset{\text{AST}}{\rightleftharpoons}} \; \underset{\text{谷氨酸}}{\underset{\underset{COOH}{|}}{\overset{\overset{COOH}{|}}{\underset{\underset{CHNH_2}{|}}{(CH_2)_2}}}} \; + \; \underset{\text{草酰乙酸}}{\underset{\underset{COOH}{|}}{\overset{\overset{COOH}{|}}{\underset{\underset{C=O}{|}}{CH_2}}}}$$

　　氨基转移酶属于胞内酶,广泛存在于各种组织细胞内,正常情况下,在血清中的含量很低。当某种原因导致组织细胞受损或细胞膜的通透性增高时,氨基转移酶可大量释放入血,造成血清中相应的氨基转移酶活性显著升高。例如急性肝炎患者血清中 ALT 活性明显升高;心肌梗死患者血清中 AST 活性显著上升。因此,临床上测定血清氨基转移酶活性可作为某些疾病诊断和观察预后的指标之一。

　　氨基转移酶的辅酶是维生素 B_6 的磷酸酯,即磷酸吡哆醛。在转氨基过程中,首先磷酸吡哆醛从氨基酸分子中接受氨基转变成磷酸吡哆胺,氨基酸脱去氨基生成相应的 α-酮酸。磷酸吡哆胺进一步将氨基转给另一种 α-酮酸并重新生成磷酸吡哆醛,而 α-酮酸则接受氨基转变成相应的 α-氨基酸。通过磷酸吡哆醛与磷酸吡哆胺两种形式的互变,起到了传递氨基的作用。其传递过程如下:

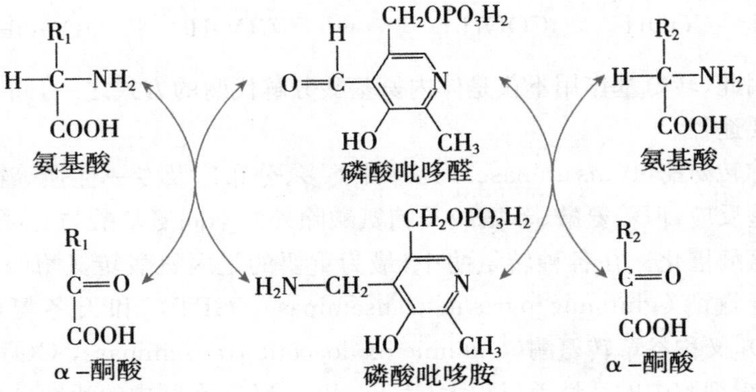

(二) 氧化脱氨基作用

　　氨基酸在酶的催化下,经氧化脱氢、水解脱去氨基生成氨和 α-酮酸的过程,称为氧化脱氨基作用,反应在线粒体内进行。催化氧化脱氨基作用的酶有 L-谷氨酸脱氢酶(L-glutamate dehydrogenase)和 L-氨基酸氧化酶,其中以 L-谷氨酸脱氢酶的作用最为重要,其可催化 L-谷氨酸脱去氨基,生成 α-酮戊二酸和游离 NH_3。其反应可逆,既是体内谷氨酸分解代谢的方式,也是体内谷氨酸合成的重要途径。反应过程如下:

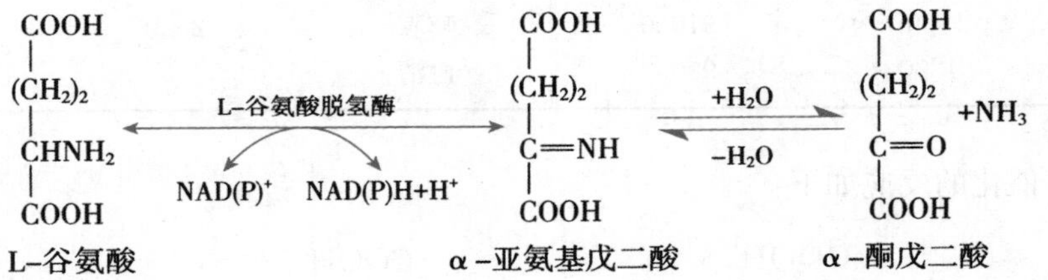

　　L-谷氨酸脱氢酶是一种以 NAD^+ 或 $NADP^+$ 为辅酶的不需氧脱氢酶,活性强、专一性高,广泛存在于肝、肾和脑等组织中。

　　在肝和脑组织还存在一种 L-氨基酸氧化酶,属于黄素酶类,其辅基是 FMN 或 FAD。此酶可催化 L-氨基酸脱去氨基,生成相应的 α-酮酸和游离 NH_3,同时生成 H_2O_2,后者可被过氧化氢酶裂解成 H_2O 和 O_2。反应过程如下:

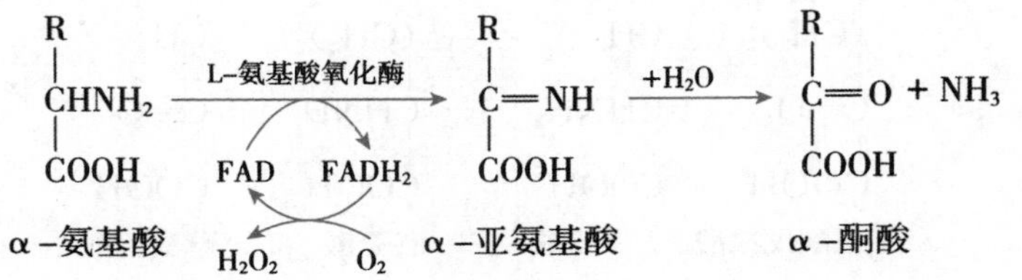

（三）联合脱氨基作用

转氨基作用虽然在机体内广泛存在,但其结果只是将氨基从氨基酸上转移到了 α-酮酸上生成新的氨基酸,并没有游离氨的产生。L-谷氨酸脱氢酶催化活性强、专一性高,只能催化 L-谷氨酸氧化脱氨基,并不能催化其他氨基酸脱氨基。如果氨基酸先与 α-酮戊二酸进行转氨基作用,生成相应的 α-酮酸和谷氨酸,然后谷氨酸再经 L-谷氨酸脱氢酶作用脱去氨基重新生成 α-酮戊二酸,同时释放氨,α-酮戊二酸可再继续参加转氨基作用。这样氨基酸就真正脱去氨基生成相应 α-酮酸和游离氨。这种将转氨基作用与 L-谷氨酸氧化脱氨基作用耦联起来的脱氨基方式称为联合脱氨基作用(图 8-6)。体内多种氨基酸均可经此方式进行脱氨基反应。联合脱氨基作用是体内的主要脱氨基方式,而且全过程可逆,因此也是体内营养非必需氨基酸合成的重要途径。

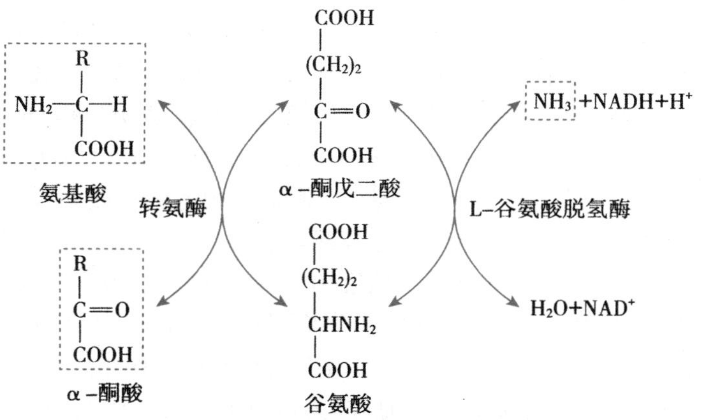

图 8-6　联合脱氨基作用

在骨骼肌和心肌组织中,L-谷氨酸脱氢酶的活性很低,难以经上述方式脱去氨基,目前认为,肌肉组织中的氨基酸可通过连续转氨基作用,将氨基转给丙酮酸生成丙氨酸,由丙氨酸-葡萄糖循环运至肝脏进一步将氨基脱掉。肌肉组织中也可能存在着另一种氨基酸脱氨基方式,即嘌呤核苷酸循环(purine nucleotide cycle)。在此循环中,氨基酸经过两次转氨基作用生成天冬氨酸,天冬氨酸再把氨基转给次黄嘌呤核苷酸(IMP)生成腺苷酸(AMP),AMP 在腺苷酸脱氨酶(此酶在肌组织中活性较强)的催化下,释放出氨并重新生成 IMP,IMP 可继续参加下一轮循环(图 8-7)。

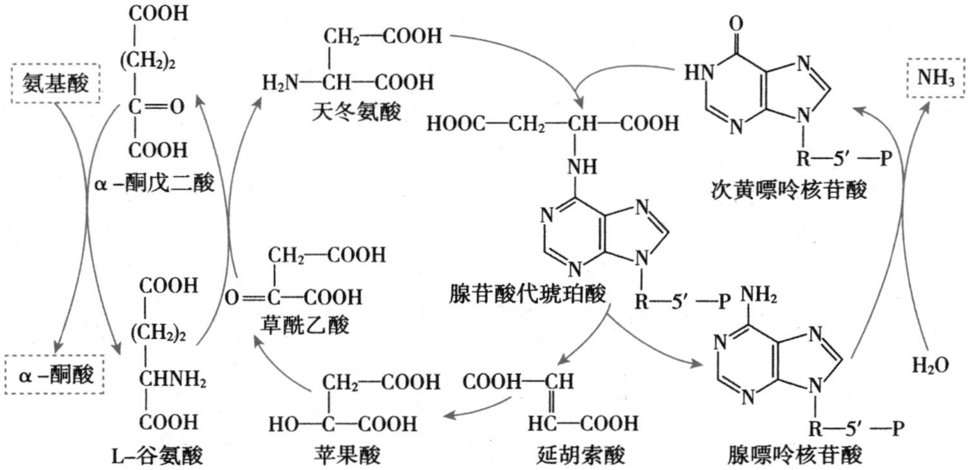

图 8-7　嘌呤核苷酸循环

二、氨的代谢

氨（ammonia）是对生物体有毒的物质，特别是脑组织对氨极为敏感，血液中 1‰ 的氨就可引起中枢神经系统功能紊乱，称为氨中毒。临床表现为语言混乱、视物模糊甚至昏迷或死亡。正常成人血氨浓度很低，为 $18\sim72\mu mol/L$（检测样品：血浆；检测方法：谷氨酸脱氢酶法），说明正常生理状态下，血氨的来源和去路保持着动态平衡。

（一）体内氨的来源

1. **氨基酸脱氨基作用及胺类分解产生的氨** 各组织细胞中氨基酸经脱氨基作用产生的氨是体内氨的主要来源。氨基酸脱羧基作用生成的胺类物质在体内氧化分解时也可产生氨。此外，核苷酸及其降解产物嘌呤、嘧啶等含氮化合物的分解亦可产生少部分氨。

2. **肠道吸收的氨** 主要有两个来源，包括食物蛋白质或氨基酸在肠道中经腐败作用产生的氨以及血液中的尿素渗入肠道经肠道细菌尿素酶水解生成的氨。肠道产氨的量较多，每日约 4g，主要在结肠吸收入血。肠道中氨的吸收情况与肠道的 pH 密切相关。当肠道 pH 偏低时，NH_3 与 H^+ 结合形成 NH_4^+ 并随粪便排出，而肠道 pH 偏高时，NH_4^+ 易于转变成 NH_3。由于 NH_3 比 NH_4^+ 易于透过细胞膜而被吸收入血，因此肠道偏酸时，可减少氨的吸收，偏碱时则氨的吸收增加。临床上对高血氨患者采用弱酸性透析液做结肠透析而不用碱性肥皂水灌肠，其目的就是为减少氨的吸收，促进氨的排泄。

3. **肾小管上皮细胞产生的氨** 肾小管上皮细胞中的谷氨酰胺在谷氨酰胺酶的催化下，水解生成谷氨酸和氨。若原尿的 pH 偏酸性，这部分氨易于分泌到肾小管管腔中，与尿中的 H^+ 结合成 NH_4^+，并以铵盐的形式随尿排出体外，这对调节机体的酸碱平衡起着重要作用。如果原尿偏碱性，则妨碍肾小管上皮细胞中氨的分泌，此时氨易被吸收入血，成为血氨的来源。因此，临床上对肝硬化产生腹水的患者，不宜使用碱性利尿剂，以防氨的吸收增加从而引起高血氨。

（二）体内氨的转运

体内各组织产生的有毒性的氨必须以无毒的形式经血液运输到肝合成尿素解毒，或运至肾以铵盐形式随尿排出。氨在血液中主要以丙氨酸和谷氨酰胺两种形式运输。

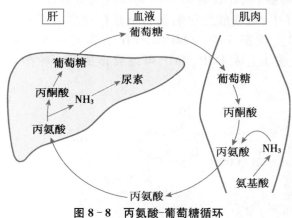

图 8-8 丙氨酸-葡萄糖循环

1. **丙氨酸-葡萄糖循环** 肌肉组织通过丙氨酸-葡萄糖循环向肝脏转运氨。肌肉中的氨基酸经两步转氨基作用，将氨基转移至丙酮酸生成丙氨酸。丙氨酸经血液运送至肝。在肝中，丙氨酸经联合脱氨基作用又转变成丙酮酸并释放出氨。氨在肝中合成尿素。丙酮酸则经糖异生作用转化为葡萄糖。葡萄糖由血液运输至肌肉，并循糖酵解途径又分解生成丙酮酸，后者可再次接受氨基生成丙氨酸。通过丙氨酸与葡萄糖的反复互变，从而将氨从肌组织中不断地转运到肝合成尿素，完成了氨从肌组织中向肝的转运，将这一途径称为丙氨酸-葡萄糖循环（alanine-glucose cycle，图 8-8）。通过这一循环，不仅将肌肉中的氨以无毒的丙氨酸形式运输到肝进一步转化，同时肝又为肌组织提供了能生成丙酮酸的葡萄糖。

2. **谷氨酰胺的运氨作用** 脑和肌组织也可通过谷氨酰胺形式向肝或肾运送氨。脑和肌组织中的氨与谷氨酸在谷氨酰胺合成酶（glutamine synthetase）的催化下合成谷氨酰胺，反应需要消耗 ATP。谷氨酰胺由血液运输到肝或肾，再经谷氨酰胺酶（glutaminase）水解为谷氨酸和氨。氨在肝合成尿素，在肾则以铵盐形式随尿排出。可见，谷氨酰胺的合成与分解是在不同组织由不同的酶催化的不可逆反应。

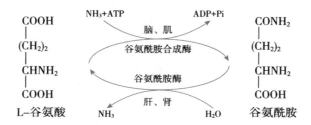

在脑组织中,谷氨酰胺固定和转运氨的过程中起着主要作用,成为脑组织解氨毒的重要方式,临床上对氨中毒致肝性脑病患者可服用或输入谷氨酸盐以降低血氨的浓度。此外,谷氨酰胺还能为体内嘌呤、嘧啶等含氮化合物的合成提供原料。所以,谷氨酰胺不仅是氨的解毒产物,也是氨的利用、储存和运输形式。

（三）体内氨的去路

体内氨的代谢去路有:①在肝合成尿素,绝大部分氨在肝内合成尿素,然后通过血液循环运至肾,随尿排出体外,这是体内氨的主要去路。正常成人尿素可占排氮总量的 $80\% \sim 90\%$。②合成营养非必需氨基酸。③参与合成嘌呤、嘧啶等含氮化合物。④少部分氨在肾内与 H^+ 结合,以铵盐形式随尿排出。

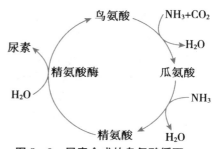

图 8-9　尿素合成的鸟氨酸循环

1. 尿素的合成部位　动物实验证明,将犬的肝切除,血液和尿中尿素的含量会明显降低,而血氨浓度则升高。临床上急性重型肝炎患者血液中几乎检测不到尿素。动物实验和临床观察都说明肝是合成尿素的最主要器官。肾和脑组织也含有精氨酸酶（arginase）,故也可合成尿素,但合成量极少。

2. 尿素的合成过程　尿素的合成首先是由鸟氨酸与氨及二氧化碳结合形成瓜氨酸,后者再获得 1 分子氨转化为精氨酸,精氨酸在精氨酸酶的作用下进一步水解释放尿素,并重新生成鸟氨酸,这一循环称为尿素循环（urea cycle）,又称鸟氨酸循环（ornithine cycle）或 Krebs-Henseleit 循环（图 8-9）。

知识链接

鸟氨酸循环学说的提出

实验 1:切除犬的肝保留肾,则血液和尿中尿素含量都降低。若给此动物人工饲喂或输入氨基酸,则氨基酸大部分积存于血液、少部分随尿排出,同时氨基酸代谢增强导致血氨增高。

实验 2:切除犬的肾而保留肝,则血液中尿素含量明显增高。

实验 3:切除犬的肝和肾,则血尿素很低、血氨显著增高。

实验 4:用大鼠的肝切片和多种可能有关的代谢物与 NH_4^+ 共同保温,发现鸟氨酸和瓜氨酸都有催化 NH_4^+ 合成尿素的作用。而赖氨酸与鸟氨酸结构相似却无此作用。

此时,科学家已知,精氨酸酶可以催化精氨酸分解生成鸟氨酸并释出尿素。

根据上述一系列实验结果和鸟氨酸、瓜氨酸、精氨酸的结构特点,1932 年,德国学者 Hans Krebs 和他的学生 Kurt Henseleit,首先提出鸟氨酸循环学说,即尿素的合成过程。

Hans Krebs 一生提出了两个重要的循环学说:鸟氨酸循环学说和三羧酸循环学说,为生物化学的发展做出了重大贡献。

进一步研究证实,鸟氨酸循环的详细步骤远比上述过程复杂,主要分为以下五步反应。

（1）氨基甲酰磷酸的合成：这是尿素循环启动的第一步。在肝细胞线粒体内,氨及二氧化碳在氨基甲酰磷酸合成酶-Ⅰ（carbamoyl phosphate synthetase-Ⅰ，CPS-Ⅰ）的催化下,缩合成氨基甲酰磷酸,反应需要 Mg^{2+}、ATP 及 N-乙酰谷氨酸（N-acetyl glutamic acid，AGA）等辅助因子的参与。氨基甲酰磷酸含有酸酐键,属于高能化合物,化学性质活泼,在酶的催化下易与下一步的鸟氨酸反应生成瓜氨酸。

$$NH_3 + CO_2 + H_2O + 2ATP \xrightarrow[\text{AGA, } Mg^{2+}]{\text{CPS-Ⅰ}} H_2N-\overset{\overset{\displaystyle O}{\|}}{C}-O \sim PO_3^{2-} + 2ADP + Pi$$

此反应不可逆,需要消耗 2 分子 ATP。CPS-Ⅰ是鸟氨酸循环启动的限速酶。N-乙酰谷氨酸是 CPS-Ⅰ的别构激活剂,由乙酰 CoA 和谷氨酸在 N-乙酰谷氨酸合成酶的催化下缩合而成。

（2）瓜氨酸的合成：在线粒体内,氨基甲酰磷酸在鸟氨酸氨基甲酰转移酶（ornithine carbamoyl transferase，OCT）的催化下,将氨基甲酰基转移至鸟氨酸上生成瓜氨酸和磷酸。此反应不可逆。瓜氨酸合成后经线粒体内膜上的载体蛋白转运至胞质进行下一步反应。

（3）精氨酸代琥珀酸的合成：瓜氨酸与天冬氨酸在精氨酸代琥珀酸合成酶（argininosucc-inatesynthetase）的催化下,由 ATP 供能合成精氨酸代琥珀酸。此反应不可逆,在胞质中完成。在鸟氨酸循环酶系中,精氨酸代琥珀酸合成酶的活性最低,是尿素合成启动以后的限速酶。

（4）精氨酸的合成：在胞质中精氨酸代琥珀酸裂解酶的作用下,精氨酸代琥珀酸裂解为精氨酸和延胡索酸。

产物精氨酸分子中保留了来自游离的氨和天冬氨酸分子中的氨。由此可见,天冬氨酸起着提供氨基的作用。由此生成的延胡索酸可经三羧酸循环的反应步骤加水生成苹果酸,再脱氢转变成草酰乙酸,后者与谷氨酸经转氨基作用又可生成天冬氨酸,继续参与鸟氨酸循环。这样,通过延胡索酸和天冬氨酸将三羧酸循环、鸟氨酸循环和转氨基作用联系起来,使体内多种氨基酸的氨基通过转氨基作用均可经天冬氨酸的形式而参与尿素的生物合成,从而减少有毒游离氨的生成。

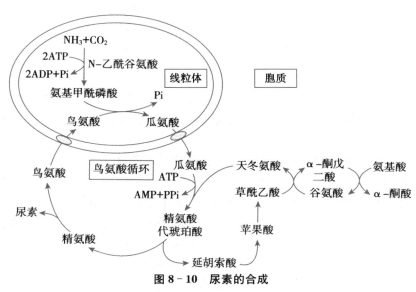

$$
\text{精氨酸代琥珀酸} \xrightarrow{\text{精氨酸代琥珀酸裂解酶}} \text{精氨酸} + \text{延胡索酸}
$$

（5）精氨酸水解生成尿素：在胞质中精氨酸酶（arginase）的催化下，精氨酸水解生成尿素和鸟氨酸。鸟氨酸经线粒体内膜上载体蛋白的转运再进入线粒体，参与瓜氨酸的合成，进行下一轮循环。

$$
\text{精氨酸} + H_2O \xrightarrow{\text{精氨酸酶}} \text{尿素} + \text{鸟氨酸}
$$

尿素合成的总反应式可总结为：

$$2NH_3 + CO_2 + 3ATP + 3H_2O \longrightarrow H_2N\text{—}CO\text{—}NH_2 + 2ADP + AMP + 4Pi$$

综上所述，合成尿素的两个氮原子，一个来自各种氨基酸脱氨基作用产生的游离氨，另一个由天冬氨酸提供，而天冬氨酸又可由草酰乙酸通过连续转氨基作用从多种氨基酸获得氨基而生成。因此，尿素分子中的两个氮原子都是直接或间接来源于多种氨基酸的氨基。此外，尿素的合成是一个不可逆的耗能过程，每合成 1 分子尿素需消耗 4 个高能磷酸键。尿素合成的详细步骤及其在细胞中的定位归纳于图 8-10。

图 8-10 尿素的合成

尿素无毒、水溶性很强,合成后被分泌入血,运输至肾,从尿中排出体外。当肾功能障碍时,血液中尿素含量增高。因此,临床上常通过测定血清尿素氮含量作为反映肾功能的重要生化指标。

知识链接

鸟氨酸循环学说的证实

20 世纪 40 年代,利用核素进一步证实尿素是通过鸟氨酸循环合成的。重要的实验如下:

实验 1:将大鼠分为两组,一组以含 ^{15}N 的 NH_4^+ 饲养,另一组以含 ^{15}N 的氨基酸饲养,两组大鼠都随尿排出大量的 ^{15}N 尿素。这说明尿素是氨基酸代谢的最终产物,氨是氨基酸转变成尿素的中间产物。

实验 2:用含 ^{15}N 的氨基酸饲养大鼠,提取出肝中的精氨酸含 ^{15}N。再用提取的精氨酸与精氨酸酶一起保温,产生的尿素分子中两个氮原子都含有 ^{15}N,而鸟氨酸不含 ^{15}N。

实验 3:用第 3~5 位上含有重氢的鸟氨酸饲养小白鼠,提取出肝中的精氨酸不仅含有重氢,而且核素分布的位置和量都与鸟氨酸相同。

实验 4:用 $H^{14}CO_3^-$ 盐与鸟氨酸、大鼠肝匀浆一起保温,生成的尿素和瓜氨酸的 $C=O$ 基都含有 ^{14}C,且量相等。

上述一系列实验,进一步证实了尿素是通过鸟氨酸循环合成的。

---

3. **鸟氨酸循环的一氧化氮合酶支路** 精氨酸除在精氨酸酶的催化下水解生成尿素和鸟氨酸外,一小部分还可通过一氧化氮合酶(nitric oxide synthase, NOS)的作用直接氧化成瓜氨酸,并释放一氧化氮,称为一氧化氮合酶支路。一氧化氮是细胞信号转导途径中的重要信息分子,对心血管、消化道等平滑肌的松弛、感觉传入、学习记忆以及抑制肿瘤细胞增殖等方面有重要作用。

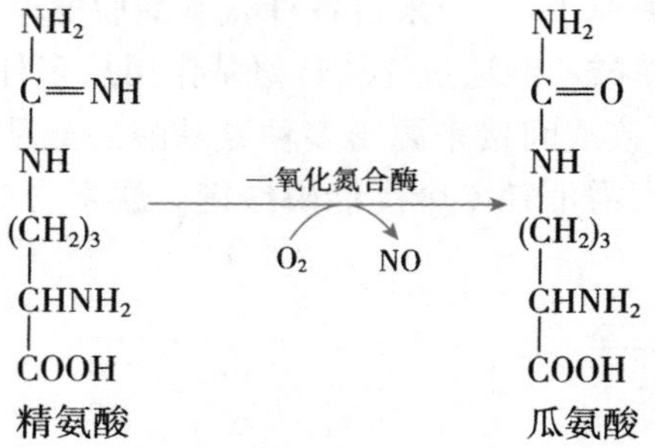

4. **尿素合成的调节**

(1)膳食的影响:高蛋白质膳食或长期饥饿情况下,蛋白质分解增多,尿素合成速度加快,尿素氮可占机体排出氮的 80%~90%。反之,低蛋白质膳食或高糖膳食时,尿素合成速度减慢,尿素氮可仅占排出氮的 60% 左右。

(2)N-乙酰谷氨酸的调节:CPS-Ⅰ是鸟氨酸循环启动的限速酶,N-乙酰谷氨酸是 CPS-Ⅰ的别构激活剂,而精氨酸又是 N-乙酰谷氨酸合成酶的激活剂。因此,肝中精氨酸浓度增高时,N-乙酰谷氨酸的生成加速,尿素合成亦加速。故临床上可利用精氨酸来治疗高血氨症。

(3)精氨酸代琥珀酸合成酶的影响:在尿素合成的酶系中,精氨酸代琥珀酸合成酶的活性最低,是尿素合成启动以后的限速酶,此酶活性的改变可调节尿素的合成速度。

5. **高血氨症与氨中毒** 正常生理情况下,肝在维持血氨浓度处于较低水平中起着关键作用。当肝功能严重损伤时,尿素合成发生障碍,导致血氨浓度升高,称为高血氨症(hyperammonemia)。此外,尿素合成相关酶的遗传缺陷也可导致高血氨症。高血氨症可引起脑功能障碍,如呕吐、畏食、嗜睡甚至昏迷等,称为氨中毒。氨中毒的作用机制尚不完全清楚。一般认为,氨可通过血-脑屏障进入脑组织,与脑中的 α-酮戊二酸结合生成谷氨酸;氨也可与谷氨酸进一步反应生成谷氨酰胺。以上反应使脑中 α-酮戊二酸含量减少,使三羧酸循环和氧化磷酸化作用均减弱,脑细胞中 ATP 生成减少,大脑能量供应不足;此外,脑中谷氨酸和谷氨酰胺增多,使脑脊液渗透压增高,进一步导致脑水肿,二者相互作用,导致大脑功能障碍,严重时可发生昏迷。

知识链接

肝性脑病

　　肝性脑病(又称肝昏迷)是严重肝病引起的中枢神经系统功能紊乱。肝性脑病机制有氨中毒学说和假性神经递质学说。肝性脑病常见诱因有上消化道出血、大量排钾利尿、高蛋白质饮食等。治疗时应减少血氨的来源,例如人工合成的二糖(乳果糖)不被肠液中的酶水解,而在结肠中可被细菌分解成乳酸及少量的乙酸和甲酸,从而可降低结肠的 pH,减少氨的吸收。限制或禁止蛋白质饮食、给予酸性液体灌肠等措施同样可减少氨的吸收。同时也可给予谷氨酸钠等溶液从而增加血氨的去路。

三、α-酮酸的代谢

体内氨基酸经脱氨基作用生成相应的 α-酮酸(α-keto acid),其进一步的代谢去路主要有以下三方面。

(一) 生成营养非必需氨基酸

体内多种 α-酮酸可经联合脱氨基作用的逆反应氨基化生成相应的 α-氨基酸,这是体内营养非必需氨基酸合成的重要方式。α-酮酸可来源于三羧酸循环、糖酵解等代谢途径的中间产物。例如,丙氨酸、天冬氨酸、谷氨酸分别由丙酮酸、草酰乙酸、α-酮戊二酸的氨基化而生成。体内不能合成营养必需氨基酸,是因为不能合成其相应的 α-酮酸。

(二) 转变为糖或脂类

实验证明,分别用不同的核素标记氨基酸饲养人工糖尿病病犬时,发现大多数氨基酸可使尿中葡萄糖排出增加;亮氨酸和赖氨酸可使尿中酮体增加;而异亮氨酸、苯丙氨酸、酪氨酸、色氨酸和苏氨酸则使尿中葡萄糖及酮体排出同时增加。由此,将在体内可以转变成葡萄糖的氨基酸称为生糖氨基酸(glucogenic amino acid),能转变为酮体的氨基酸称为生酮氨基酸(ketogenic amino acid),而既能转变为葡萄糖又能转变为酮体的氨基酸称为生糖兼生酮氨基酸(glucogenic and ketogenic amino acid,表 8-2)。这是因为各种氨基酸脱氨基后生成的相应 α-酮酸结构不同,从而在代谢过程中转变成的中间产物不同所致。转变成的中间产物包括乙酰 CoA(生酮氨基酸)、丙酮酸或 α-酮戊二酸、琥珀酰 CoA、草酰乙酸等三羧酸循环的各种中间产物(生糖氨基酸)。

表 8-2　氨基酸按生糖及生酮性质的分类

类　别	氨　基　酸
生糖氨基酸	丙氨酸、精氨酸、天冬氨酸、半胱氨酸、谷氨酸、甘氨酸、脯氨酸、蛋氨酸、丝氨酸、缬氨酸、组氨酸、天冬酰胺、谷氨酰胺
生酮氨基酸	亮氨酸、赖氨酸
生糖兼生酮氨基酸	异亮氨酸、苏氨酸、苯丙氨酸、酪氨酸、色氨酸

（三）氧化供能

α-酮酸在体内均可通过三羧酸循环及生物氧化作用彻底氧化生成 CO_2 和 H_2O，同时释放能量供机体生命活动的需要。

第五节　个别氨基酸的代谢

不同氨基酸的 R 侧链不同，因此某一些氨基酸存在特殊的代谢方式，且代谢产物往往具有重要的生理意义。

一、氨基酸的脱羧基作用

体内有些氨基酸在氨基酸脱羧酶（decarboxylase）的催化下脱羧基生成相应胺类的过程称为氨基酸的脱羧基作用（decarboxylation）。氨基酸脱羧酶的辅酶均为磷酸吡哆醛。胺类物质在体内虽然含量很低，但其生物活性很高，少量即可发挥明显的生理功能。胺类在单胺氧化酶催化下迅速氧化成相应的醛类，醛再进一步氧化成羧酸，羧酸可从尿中直接排出或彻底氧化成 CO_2 和 H_2O，从而避免胺类在体内的蓄积。单胺氧化酶属于黄素酶类，体内广泛存在，肝中活性最强。

（一）γ-氨基丁酸

谷氨酸在谷氨酸脱羧酶的催化下脱羧生成 γ-氨基丁酸（γ-aminobutyric acid，GABA），谷氨酸脱羧酶在脑和肾组织中活性很高，因此脑组织中 γ-氨基丁酸的含量较高。

γ-氨基丁酸是一种抑制性神经递质，对中枢神经系统具有抑制作用。临床上常服用维生素 B_6 治疗小儿惊厥、妊娠呕吐及精神焦虑等，就是因为维生素 B_6 的磷酸酯（磷酸吡哆醛）作为谷氨酸脱羧酶的辅酶，可提高谷氨酸脱羧酶的活性，促进谷氨酸脱羧生成 γ-氨基丁酸，从而加强中枢神经系统的抑制作用。

（二）5-羟色胺

色氨酸在色氨酸羟化酶催化下生成 5-羟色氨酸，再经 5-羟色氨酸脱羧酶的作用脱羧生成 5-羟色胺（5-hydroxytryptamine，5-HT）。

5-羟色胺广泛分布于体内各组织，除神经组织外，还存在于胃肠组织细胞、血小板及乳腺细胞中。脑组织中的 5-羟色胺是一种抑制性神经递质，与睡眠、疼痛和体温调节有密切关系。而在外周组织中，5-羟色胺具有强烈的血管收缩作用，可使血压升高。

5-羟色胺在单胺氧化酶的催化下生成5-羟色醛,进一步氧化生成5-羟吲哚乙酸随尿排出。临床研究发现,癌症患者尿中5-羟吲哚乙酸排出量明显升高,对其进行检测有助于疾病的诊断。

（三）组胺

组胺(histamine)是由组氨酸脱羧而生成,催化此反应的酶是组氨酸脱羧酶。组胺广泛存在于肺、肝、胃黏膜的壁细胞、肌肉、乳腺及神经组织中,主要由肥大细胞产生。

$$\underset{\text{组氨酸}}{\overset{\text{—CH}_2\text{—CHCOOH}}{\underset{\text{NH}_2}{\Big|}}} \xrightarrow[\;\;\;\searrow CO_2\;\;\;]{\text{组氨酸脱羧酶}} \underset{\text{组胺}}{\overset{\text{—CH}_2\text{CH}_2\text{NH}_2}{}}$$

组胺是一种强烈的血管舒张物质,并能增加毛细血管的通透性。组胺还可以使平滑肌收缩。创伤性休克、炎症病变部位及过敏反应时,肥大细胞常释放大量组胺,可引起血管扩张、血压下降、水肿及支气管哮喘等临床表现。组胺还能刺激胃黏膜细胞分泌胃蛋白酶原及胃酸,有利于蛋白质的消化吸收。法莫替丁等药物可阻滞组胺受体,抑制胃酸过多分泌,因此常用于胃溃疡的治疗。

（四）多胺

鸟氨酸在鸟氨酸脱羧酶(ornithine decarboxylase)的作用下脱羧生成腐胺(putrescine)。S-腺苷甲硫氨酸(S-adenosyl methionine,SAM)在SAM脱羧酶的作用下脱羧生成S-腺苷甲硫基丙胺。腐胺可从S-腺苷甲硫基丙胺获得1分子丙胺基而转变为精脒(spermidine),精脒再接受1分子丙胺基生成精胺(spermine)。精脒和精胺的分子中含有多个氨基,因此又统称为多胺(polyamine)。

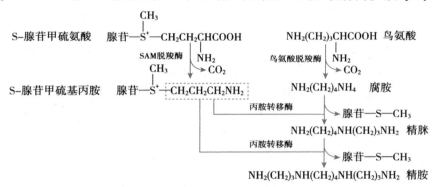

鸟氨酸脱羧酶是多胺合成的限速酶。精脒和精胺是调节细胞生长的重要物质,广泛存在于机体各种组织细胞。尤其在生长旺盛的组织（如胚胎、生殖细胞、再生肝、癌瘤等）组织中,鸟氨酸脱羧酶的活性和多胺的含量均较高。故临床上通过测定肿瘤患者血或尿中多胺的含量作为辅助诊断和观察病情的指标之一。在体内多胺大部分与乙酰基结合随尿排出,小部分可继续氧化成CO_2和氨。

二、一碳单位的代谢

（一）一碳单位的概念

体内某些氨基酸在分解代谢过程中产生的含有一个碳原子的基团,称为一碳单位(one carbon unit)。一碳单位包括甲基(—CH_3)、甲烯基或亚甲基(—CH_2—)、甲炔基或次甲基(=CH—)、甲酰基(—CHO)及亚氨甲基(—CH=NH)等,代谢过程中脱羧基作用产生的CO_2不属于一碳单位。一碳单位的性质活泼,参与体内多种重要物质的合成及修饰等。

（二）一碳单位的载体

一碳单位不能游离存在,需与其载体四氢叶酸(tetrahydrofolic acid,FH_4)结合而转运和参与代谢。四氢叶酸是由体内叶酸经二氢叶酸还原酶(dihydrofolate reductase)的催化还原而生成。四氢叶酸的N^5和(或)N^{10}与一碳单位以共价键相连。例如四氢叶酸的N^5可结合甲基或亚氨甲基生成

N^5—CH_3—FH_4 或 N^5—CH＝NH—FH_4；N^5 和 N^{10} 可结合甲烯基或甲炔基生成 N^5，N^{10}—CH_2—FH_4 或 N^5，N^{10}＝CH—FH_4；N^{10} 可结合甲酰基生成 N^{10}—CHO—FH_4。

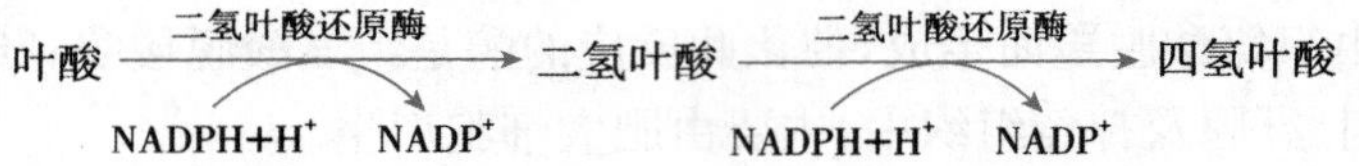

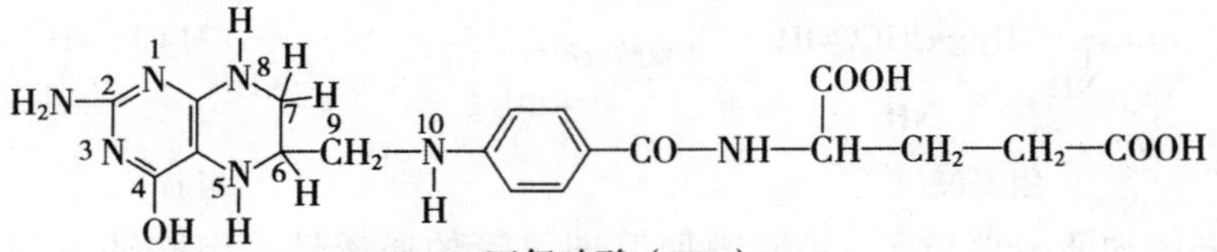

$$叶酸 \xrightarrow[\text{NADPH+H}^+ \quad \text{NADP}^+]{\text{二氢叶酸还原酶}} 二氢叶酸 \xrightarrow[\text{NADPH+H}^+ \quad \text{NADP}^+]{\text{二氢叶酸还原酶}} 四氢叶酸$$

5,6,7,8,-四氢叶酸（FH_4）

（三）一碳单位的生成

一碳单位来源于丝氨酸、甘氨酸、色氨酸和组氨酸的分解代谢。一碳单位不能游离存在,其由氨基酸分解生成的同时即结合在四氢叶酸的 N^5 和（或）N^{10} 位上。

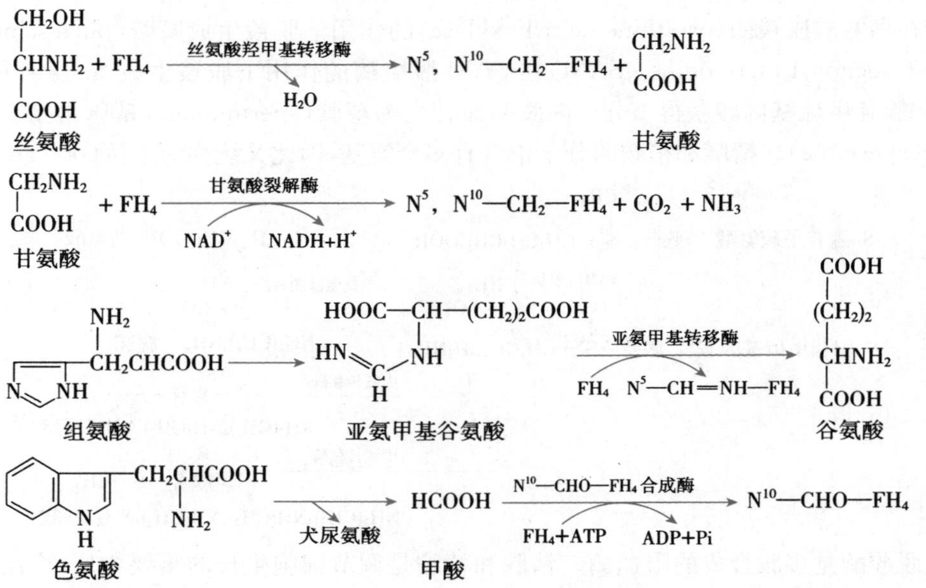

（四）一碳单位的相互转变

N^5—CH_3—FH_4 不能由氨基酸代谢直接生成,它是在 N^5，N^{10} 甲烯四氢叶酸还原酶的催化下,由 N^5，N^{10}—CH_2—FH_4 还原生成,此反应是不可逆的。所以,N^5—CH_3—FH_4 被认为是 FH_4 的储存形式。除 N^5—CH_3—FH_4 外,其他不同形式的一碳单位可在酶的催化下通过氧化还原反应相互转变(图 8-11)。

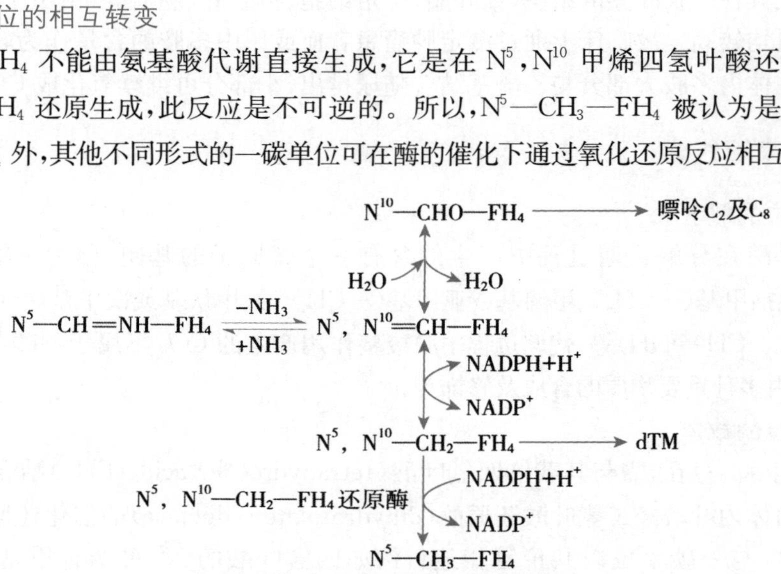

图 8-11 一碳单位的相互转变和功能

（五）一碳单位的生理功能

一碳单位的主要生理功能是参与体内嘌呤、嘧啶的生物合成。例如 N^5，N^{10}—CH_2—FH_4 为脱氧胸苷酸（dTMP）的合成提供甲基；N^{10}—CHO—FH_4 参与嘌呤环中 C_2、C_8 的生成。一碳单位来源于氨基酸的分解代谢，却在核酸的生物合成中具有重要的作用。因此，一碳单位代谢将氨基酸代谢与核苷酸代谢密切联系了起来。一碳单位代谢障碍或游离 FH_4 不足时，嘌呤核苷酸和嘧啶核苷酸合成障碍，核酸的生物合成受到影响，导致细胞增殖、分化、成熟受阻，进而影响红细胞发育成熟，可引起巨幼细胞贫血。磺胺类药物可抑制细菌合成叶酸，进而抑制细菌生长。因人体不能合成叶酸，故对人体影响不大。某些抗肿瘤药物是叶酸类似物（如甲氨蝶呤），可通过竞争性抑制作用，抑制肿瘤细胞中二氢叶酸还原酶的活性，从而抑制 FH_4 的合成，进一步影响一碳单位代谢与核酸合成而达到抗肿瘤作用。

三、含硫氨基酸的代谢

体内含硫氨基酸包括甲硫氨酸、半胱氨酸和胱氨酸三种，它们在体内的代谢是相互联系的。甲硫氨酸可以代谢转化为半胱氨酸，两个半胱氨酸脱氢可生成胱氨酸，但半胱氨酸和胱氨酸都不能转变成甲硫氨酸，因此甲硫氨酸属于营养必需氨基酸。当半胱氨酸和胱氨酸供给充足时，可减少甲硫氨酸的消耗。

（一）甲硫氨酸的代谢

1. 甲硫氨酸活化与甲硫氨酸循环　在甲硫氨酸腺苷转移酶（methionine‑adenosyl transferase）的催化下，甲硫氨酸接受由 ATP 提供的腺苷生成 S‑腺苷甲硫氨酸（S‑adenosyl methionine，SAM）。SAM 中的甲基是高度活化的，称为活性甲基，SAM 称为活性甲硫氨酸。SAM 可在不同转甲基酶（methyl transferase）的作用下，将甲基转移给各种甲基接受体而生成多种含甲基的重要生理活性物质，例如胆碱、肌酸、肉毒碱及肾上腺素等。

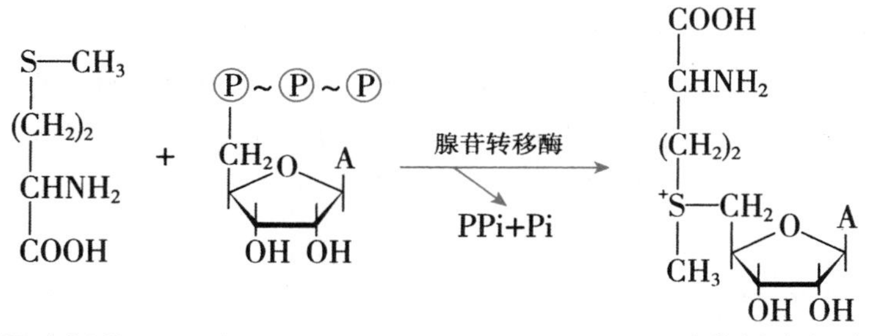

SAM 转出甲基后生成 S‑腺苷同型半胱氨酸，后者在裂解酶作用下水解脱腺苷生成同型半胱氨酸（homocysteine）。同型半胱氨酸可从 N^5—CH_3—FH_4 获得甲基，重新生成甲硫氨酸，由此形成一个循环过程，称为甲硫氨酸循环（methionine cycle，图 8‑12）。此循环的生理意义在于由 N^5—CH_3—FH_4 提供甲基合成甲硫氨酸，进一步活化生成 SAM，以提供活性甲基进行体内广泛存在的甲基化反应。因此，SAM 是体内甲基的直接供体，N^5—CH_3—FH_4 则可看作是体内甲基的间接供体。

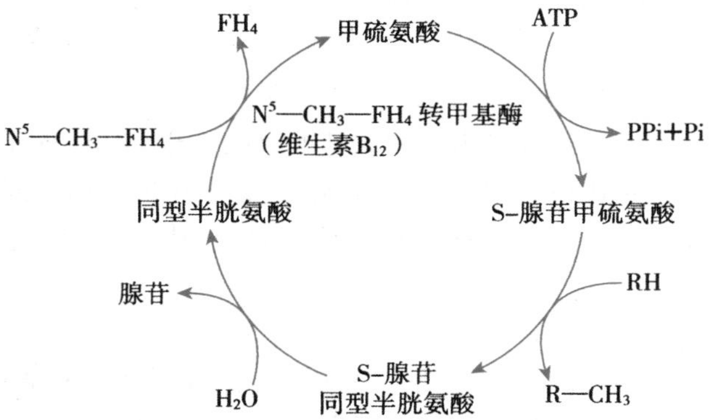

图 8‑12　甲硫氨酸循环

催化 N^5—CH_3—FH_4 与同型半胱氨酸合成甲硫氨酸的酶是 N^5-甲基四氢叶酸转甲基酶，又称甲硫氨酸合成酶，其辅酶为维生素 B_{12}。此酶催化的反应是目前已知体内能利用 N^5—CH_3—FH_4 的唯一反应。当体内缺乏维生素 B_{12} 时，N^5—CH_3—FH_4 的甲基不能正常转移，这不仅影响甲硫氨酸的生成，而且也不利于四氢叶酸的再生，使组织中游离四氢叶酸的含量减少，从而影响其他一碳单位的转运和代谢，导致核酸合成障碍，影响细胞分裂，引起巨幼细胞贫血，同时造成同型半胱氨酸在体内的堆积，引起高同型半胱氨酸血症。

知识链接

同型半胱氨酸与心血管疾病

20 世纪 60 年代末，Mc Cully 从病理上发现高胱氨酸尿症和胱硫醚尿症患者早期即可发生全身动脉粥样硬化和血栓形成；20 世纪 70 年代初，他又通过动物模型证实，同型半胱氨酸血中蓄积可导致类似血管损害；20 世纪 80 年代，人们提出高同型半胱氨酸血症是动脉粥样硬化和冠心病等心血管疾病、血栓生成和高血压的危险因子。

体内同型半胱氨酸主要通过两条途径代谢，即甲基化途径和转硫途径。约 50% 的同型半胱氨酸经甲基化途径重新合成甲硫氨酸，此反应需要以维生素 B_{12} 为辅酶的 N^5-甲基四氢叶酸转甲基酶催化。另约 50% 的同型半胱氨酸经转硫途径不可逆分解生成半胱氨酸，此过程需要胱硫醚 β 合成酶，其辅酶是维生素 B_6 的磷酸酯。

导致高同型半胱氨酸血症的原因有遗传和环境两种因素。遗传因素主要涉及甲基化途径和转硫途径相关的 3 种关键酶：N^5，N^{10}-甲烯四氢叶酸还原酶、N^5-甲基四氢叶酸转甲基酶（甲硫氨酸合成酶）、胱硫醚 β 合成酶的遗传性缺陷或活性降低。环境因素主要由于 B 族维生素（叶酸、维生素 B_6 和维生素 B_{12}）缺乏所致。临床上可见 2/3 以上的高同型半胱氨酸血症与叶酸、维生素 B_6 和维生素 B_{12} 的缺乏有关。

先天性胱硫醚 β 合成酶缺陷症或胱氨酸尿症纯合子表现为胱硫醚 β 合成酶严重缺乏，患者常早年发生动脉粥样硬化，而且波及全身大、中、小动脉，病变弥漫且严重，多较早死亡。目前科学家正试图用转硫途径即补充维生素 B_6 等多种手段降低血中同型半胱氨酸浓度，达到预防心血管疾病的作用。

2. 甲硫氨酸为肌酸的合成提供甲基　肌酸（creatine）和磷酸肌酸（creatine phosphate）是能量储存与利用的重要化合物。肌酸是以甘氨酸为骨架，由精氨酸提供脒基，S-腺苷甲硫氨酸提供甲基合成的，肝是合成肌酸的主要部位。在肌酸激酶（creatine kinase，CK）催化下，肌酸接受 ATP 提供的高能磷酸基团形成磷酸肌酸。磷酸肌酸作为能量的储存形式，在心肌、骨骼肌及脑组织中含量丰富。

肌酸激酶是由两种亚基组成的二聚体，即 B 亚基（脑型）与 M 亚基（肌型），共构成 3 种同工酶：BB、MB 和 MM。它们在体内各组织中的分布不同，BB 型主要在脑，MB 型主要在心肌，而 MM 型主要在骨骼肌。当发生心肌梗死时，血中 MB 型肌酸激酶的活性升高，因此常用于心肌梗死的辅助诊断。

肌酸和磷酸肌酸的最终代谢产物是肌酸酐，简称"肌酐"（creatinine）。肌酐主要在骨骼肌中通过磷酸肌酸的非酶促反应生成。肌酸、磷酸肌酸和肌酐的代谢见图 8-13。肌酐随尿排出，正常人每日尿中肌酐的排出量基本恒定。当肾功能障碍时，肌酐排除异常，血中浓度升高。因此，测定血肌酐是评估肾功能的常用指标。

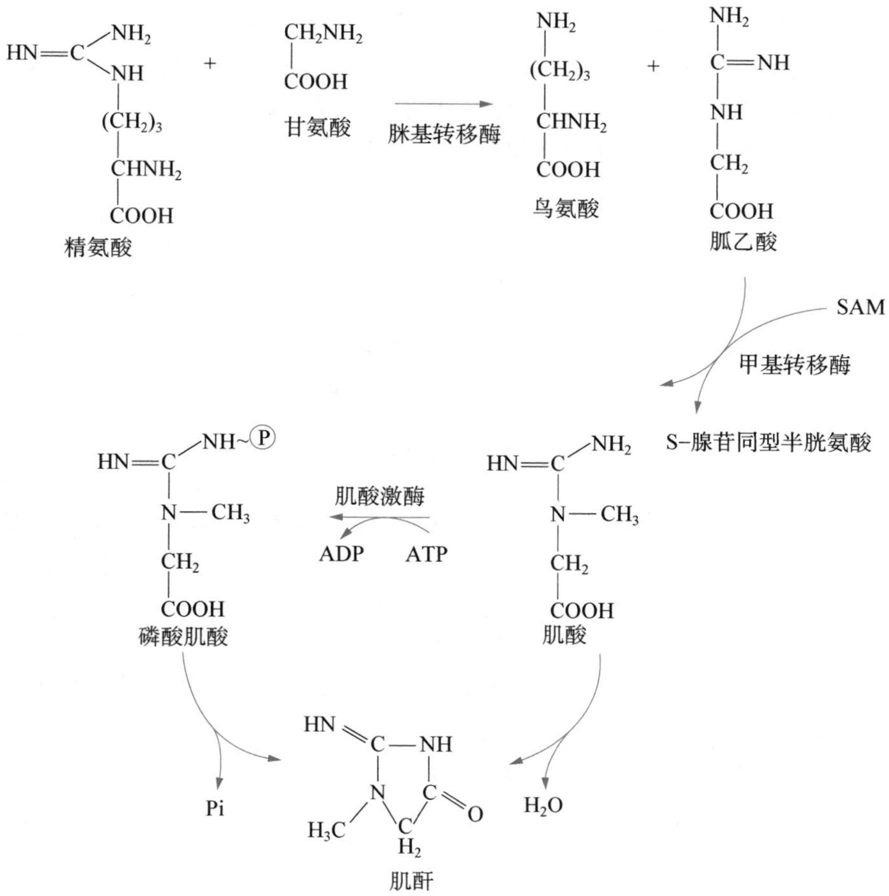

图 8-13 肌酸的代谢

（二）半胱氨酸和胱氨酸的代谢

1. 半胱氨酸与胱氨酸的互变　编码氨基酸半胱氨酸分子中含有巯基（—SH），非编码氨基酸胱氨酸分子中含有二硫键（—S—S—），两者可相互转变。在蛋白质分子中由两个半胱氨酸残基的巯基脱氢形成的二硫键对维持蛋白质构象起着重要作用。例如，胰岛素的 A 链和 B 链之间是通过 2 个二硫键连接起来的，若二硫键断裂，胰岛素即失去其生物学活性。此外，半胱氨酸侧链上的巯基还是许多重要酶蛋白的活性基团，如琥珀酸脱氢酶、乳酸脱氢酶等，故这些酶也被称为巯基酶。

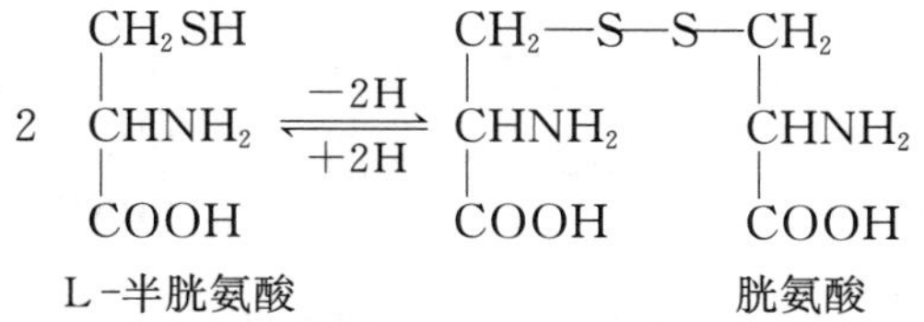

2. 硫酸根的代谢　含硫氨基酸经过氧化分解均能产生硫酸根，但体内硫酸根的主要来源是半胱氨酸。半胱氨酸可以直接脱去巯基和氨基生成丙酮酸、氨和硫化氢（H_2S），H_2S 经氧化生成 H_2SO_4。

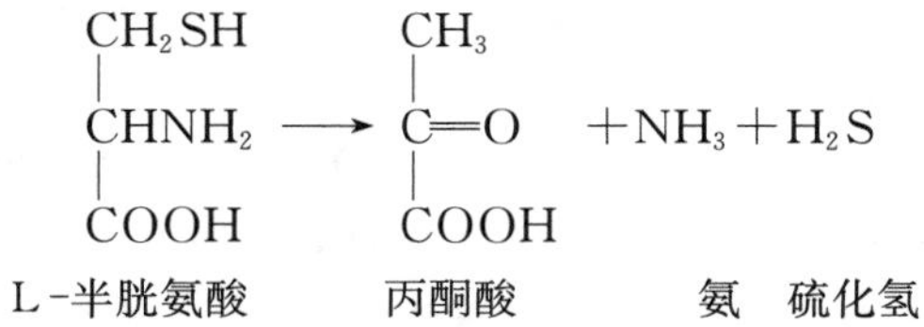

　　体内的硫酸根大部分以硫酸盐的形式随尿排出,其余则由 ATP 活化生成"活性硫酸根",即 3′-磷酸腺苷-5′-磷酸硫酸(3′-phospho-adenosine-5′-phosphosulfate,PAPS)。PAPS 化学性质活泼,是体内硫酸根的直接供体,可参与肝的生物转化作用。例如类固醇激素、外源性酚等物质均可在肝与 PAPS 结合成相应的硫酸酯而灭活或水溶性增加,利于它们从尿中排出。此外,PAPS 还可参与硫酸角质素及硫酸软骨素等分子中硫酸化氨基糖的合成。其结构式如下:

$$SO_4^{2-} + ATP \xrightarrow[PPi]{} 腺苷-5′-磷酸硫酸 \xrightarrow[ATP \quad ADP]{} 3′-磷酸腺苷-5′-磷酸硫酸(PAPS)$$

PAPS 结构式

　　3. 牛磺酸的生成　　牛磺酸是由半胱氨酸代谢转变而来。半胱氨酸首先氧化成磺基丙氨酸,再由磺基丙氨酸脱羧酶催化脱去羧基,生成牛磺酸。牛磺酸是某些结合胆汁酸的组成成分。现已发现脑组织中亦含有较多的牛磺酸,表明它对脑组织可能具有重要的生理功能。

四、芳香族氨基酸的代谢

　　芳香族氨基酸包括苯丙氨酸、酪氨酸和色氨酸。苯丙氨酸和色氨酸属于营养必需氨基酸。酪氨酸可由苯丙氨酸转变而成,故酪氨酸属于营养非必需氨基酸。

(一)苯丙氨酸的代谢

　　正常情况下,苯丙氨酸的主要代谢途径是经苯丙氨酸羟化酶(phenylalanine hydroxylase)的催化,羟化生成酪氨酸,然后再进一步代谢。苯丙氨酸羟化酶是一种单加氧酶,辅酶是四氢生物蝶呤,催化的反应不可逆,故酪氨酸不能转变为苯丙氨酸。此外,少量苯丙氨酸可经转氨基作用生成苯丙酮酸。

当苯丙氨酸羟化酶先天性缺陷时,苯丙氨酸不能正常代谢生成酪氨酸,苯丙氨酸在体内蓄积,进而经转氨基作用生成大量苯丙酮酸,后者可进一步代谢生成苯乙酸等衍生物。此时,尿中出现大量苯丙酮酸及其代谢产物,称为苯丙酮尿症(phenylketonuria,PKU)。苯丙酮酸等物质在血中堆积对中枢神经系统会产生毒性,影响大脑的发育,造成患者智力低下。患者若在早期发现,并限制摄入含有苯丙氨酸的饮食,可以防止发生智力迟钝。

(二)酪氨酸的代谢

1. 转变为儿茶酚胺 酪氨酸在肾上腺髓质和神经组织中经酪氨酸羟化酶(tyrosine hydroxylase)作用,生成 3,4-二羟苯丙氨酸(3,4-dihydroxy-phenylalanine,DOPA,多巴)。多巴进一步经多巴脱羧酶的催化,脱羧生成多巴胺(dopamine)。多巴胺是一种神经递质。帕金森病(Parkinson's disease)患者多巴胺的生成减少。在肾上腺髓质中,多巴胺侧链的 β-碳原子可再被羟化,生成去甲肾上腺素,后者接受 SAM 提供的甲基转变为肾上腺素。多巴胺、去甲肾上腺素和肾上腺素统称为儿茶酚胺。酪氨酸羟化酶是合成儿茶酚胺的限速酶,受代谢终产物的反馈调节。

2. 合成黑色素 在黑色素细胞中,酪氨酸经酪氨酸酶的催化,羟化为多巴,后者继续氧化生成多巴醌,再经环化、脱羧等一系列反应转变为吲哚醌,吲哚醌的聚合物即为黑色素。先天缺乏酪氨酸酶可导致黑色素合成障碍,患者的皮肤、毛发等呈现白色,称为白化病。

3. 合成甲状腺素 甲状腺素主要包括三碘甲腺原氨酸(T_3)和四碘甲腺原氨酸(T_4)两类。二者都是酪氨酸碘化物,合成的主要原料是酪氨酸和碘。酪氨酸体内可以自己合成,而碘主要来自食物。在甲状腺腺泡上皮细胞,碘活化后进一步使酪氨酸发生碘化作用,生成一碘酪氨酸和二碘酪氨酸。在细胞内酶的作用下,一分子一碘酪氨酸和一分子二碘酪氨酸缩合生成 T_3,或两分子二碘酪氨酸缩合生成 T_4。T_4 全部由甲状腺腺泡上皮细胞合成,然后分泌入血;T_3 虽也可由甲状腺腺泡上皮细胞直接产生,但主要来自 T_4 分泌入血脱碘而成。

4. 酪氨酸的分解代谢 酪氨酸在酪氨酸转氨酶的催化下,脱氨基生成对羟苯丙酮酸,再经氧化转变成尿黑酸。尿黑酸进一步在尿黑酸氧化酶及异构酶等的作用下,逐步转变为延胡索酸和乙酰乙酸,二者可分别循糖代谢和脂肪酸代谢途径进行分解代谢,所以苯丙氨酸和酪氨酸都是生糖兼生酮氨基酸。体内尿黑酸氧化酶先天缺陷时,尿黑酸氧化分解受阻,尿中出现大量尿黑酸,称为尿黑酸尿症。尿黑酸在碱性条件下暴露于空气中即被氧化并聚合成为类似黑色素的物质,从而使尿液显黑色。此外,患者的骨、结缔组织等亦有不正常的色素沉着。

酪氨酸在体内的代谢过程总结如图 8-14 所示。

(三)色氨酸的代谢

色氨酸除羟化、脱羧生成 5-羟色胺外,在肝中色氨酸还可经色氨酸加氧酶的催化,生成一碳单位。色氨酸分解可生成丙酮酸和乙酰乙酰 CoA,故色氨酸是生糖兼生酮氨基酸。此外,少部分色氨酸分解还可产生烟酸,但其合成量甚少,不能满足机体的生理需要。

五、支链氨基酸的代谢

支链氨基酸包括缬氨酸、亮氨酸及异亮氨酸,三者均属于营养必需氨基酸。支链氨基酸的分解代谢主要在骨骼肌中进行,代谢过程也基本相似。首先,3 种支链氨基酸分别经转氨基作用生成各自相应的 α-酮酸;其次,α-酮酸通过氧化脱羧基作用生成相应的脂酰 CoA;最后,脂酰 CoA 通过脂肪酸 β-氧化生成不同的中间产物进入三羧酸循环进行氧化。其中,缬氨酸分解产生琥珀酰 CoA,亮氨酸产生乙酰 CoA 和乙酰乙酰 CoA,异亮氨酸产生琥珀酰 CoA 和乙酰 CoA。因此,这三种支链氨基酸分别为生糖氨基酸、生酮氨基酸及生糖兼生酮氨基酸(图 8-15)。

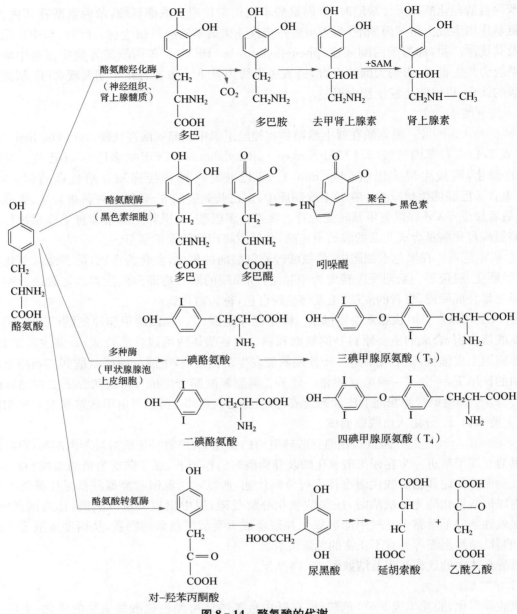

图 8-14 酪氨酸的代谢

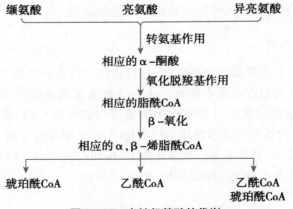

图 8-15 支链氨基酸的代谢

综上所述,由各种氨基酸的代谢途径可见,氨基酸除主要作为蛋白质合成的原料外,还可以转变成激素、神经递质、卟啉、嘌呤及嘧啶等多种含氮的生理活性物质(表8-3)。

表8-3　氨基酸衍生的重要含氮化合物

氨基酸	衍生的含氮化合物
甘氨酸	嘌呤碱、卟啉化合物、肌酸、磷酸肌酸
天冬氨酸	嘌呤碱、嘧啶碱、尿素(提供第二个氮原子)
谷氨酸	γ-氨基丁酸
谷氨酰胺	嘌呤碱
组氨酸	组胺
精氨酸	肌酸、磷酸肌酸、一氧化氮(NO)
甲硫氨酸	精脒、精胺、肌酸、磷酸肌酸
半胱氨酸	牛磺酸
苯丙氨酸、酪氨酸	儿茶酚胺、黑色素、甲状腺素
色氨酸	5-羟色胺、烟酸
鸟氨酸	精脒、精胺

小　结

● **蛋白质的营养作用**

体内蛋白质具有非常重要的生理功能,主要功能是维持组织细胞的生长、更新和修补、参与体内多种重要的生理活动和氧化供能。蛋白质的供能作用可由糖或脂类代替。测定人体每日摄入食物的含氮量(摄入氮)和排泄物尿、粪中的含氮量(排出氮),间接反映体内蛋白质代谢概况的实验,称为氮平衡。氮平衡分为氮的总平衡、氮的正平衡和氮的负平衡。组成天然蛋白质的20种氨基酸中有9种氨基酸在人体内不能合成。这些体内需要而又不能自身合成,必须由食物供给的氨基酸,称为营养必需氨基酸,包括缬氨酸、异亮氨酸、苯丙氨酸、亮氨酸、色氨酸、苏氨酸、赖氨酸、甲硫氨酸和组氨酸。蛋白质的营养价值是指食物蛋白质在人体内的利用率,其主要取决于食物蛋白质中营养必需氨基酸的种类、数量和比例是否与人体接近。若将营养价值较低的蛋白质混合食用,则营养必需氨基酸可以互相补充,从而提高蛋白质的营养价值,称为食物蛋白质的互补作用。

● **蛋白质的消化、吸收与腐败**

食物蛋白质的消化从胃开始,主要在小肠进行。在各种蛋白水解酶的共同作用下,蛋白质可水解成游离氨基酸和二肽。氨基酸的吸收主要通过载体蛋白完成。一些未被消化的蛋白质以及未被吸收的氨基酸在大肠下段经肠道细菌作用产生腐败作用,产物大多数对人体有害。

● **体内蛋白质的降解**

体内组织蛋白质降解途径主要有两条:溶酶体途径和泛素-蛋白酶体途径。溶酶体途径属于非特异性蛋白降解系统,不消耗ATP,主要降解长寿蛋白、部分短寿蛋白和经胞吞作用进入细胞的外源蛋白。泛素-蛋白酶体途径是具有高效和高度选择性的特异性蛋白降解系统,消耗ATP,主要降解细胞周期蛋白、转录因子、肿瘤抑制因子、癌基因产物和应激条件下胞内变性蛋白及异常蛋白。

● **氨基酸的一般代谢**

外源性与内源性的氨基酸共同构成氨基酸代谢库,参与体内代谢。体内氨基酸具有共同的结构特点,故具有共同的代谢方式,即氨基酸的一般代谢。氨基酸通过脱氨基作用生成氨及相应的 α -酮酸是氨基酸的主要代谢途径。氨基酸脱氨基的方式有转氨基、氧化脱氨基、联合脱氨基等,其中以联合脱氨基最为重要。在氨基转移酶的作用下,α-氨基酸的氨基转移给 α-酮戊二酸,生成 L-谷氨酸。后者在 L-谷氨酸脱氢酶的作用下,氧化脱氨基生成氨和 α-酮戊二酸,此联合脱氨基作用是体内大多数氨基酸主要的脱氨基方式,也是合成营养非必需氨基酸的重要途径。氨基酸脱氨基后形成的碳链骨架 α-酮酸,可以转化为氨基酸、糖及脂类,也可以彻底氧化分解供能。氨是有毒物质,体内的氨以丙氨酸和谷氨酰胺的形式运至肝,大部分氨通过鸟氨酸循环以尿素的形式排出体外,肝功能严重受损时,可产生高血氨症和肝性脑病,体内少部分氨在肾以铵盐形式随尿排出。

● **个别氨基酸的代谢**

不同氨基酸的 R 侧链不同,因此某一些氨基酸存在特殊的代谢方式,且代谢产物往往具有重要的生理意义。①氨基酸脱羧基生成胺类物质,不同的胺具有不同的生理功能。②丝氨酸、甘氨酸、色氨酸及组氨酸等在分解过程中可产生含一个碳原子的基团,称为一碳单位。四氢叶酸是一碳单位的运载体。一碳单位主要用于嘌呤和嘧啶核苷酸的合成。一碳单位代谢障碍可引起巨幼细胞贫血和高同型半胱氨酸血症。③含硫氨基酸包括甲硫氨酸、半胱氨酸和胱氨酸。甲硫氨酸循环的意义在于生成活性甲基,转移给各种甲基接受体而生成多种含甲基的重要生理活性物质,如胆碱、肌酸、肉毒碱及肾上腺素等。半胱氨酸和胱氨酸可以互变,半胱氨酸是体内活性硫酸根的主要来源,半胱氨酸还可以参与谷胱甘肽的组成及转变为牛磺酸,后者是结合胆汁酸的组成成分。④芳香族氨基酸包括苯丙氨酸、酪氨酸以及色氨酸。苯丙氨酸羟化生成酪氨酸,后者可转变成儿茶酚胺、黑色素和甲状腺激素,也可进行分解代谢。苯丙氨酸、酪氨酸的代谢异常可以引起苯丙酮酸尿症、白化病及尿黑酸尿症等疾病。⑤支链氨基酸包括缬氨酸、亮氨酸及异亮氨酸,三者均属于营养必需氨基酸。支链氨基酸的分解代谢主要在骨骼肌中进行。

(焦 飞)

第九章

核苷酸代谢

本章课件

学习指南

重点

1. 嘌呤、嘧啶核苷酸合成的两种途径。
2. 从头合成的概念及原料。
3. 嘌呤核苷酸分解代谢的终产物及其与痛风的关系。
4. 嘌呤、嘧啶核苷酸的抗代谢物。

难点

1. 从头合成的原料和过程。
2. 嘌呤、嘧啶核苷酸的抗代谢物。

核苷酸在人体内分布广泛,发挥多种重要的生物学功能。但是人体内的核苷酸主要由自身合成,不依赖食物提供,因此不属于营养必需物质。人体细胞利用各种小分子原料合成嘌呤和嘧啶核苷酸,也会对嘌呤和嘧啶核苷酸进行分解代谢。本章重点阐述嘌呤和嘧啶核苷酸的合成和分解代谢过程。核苷酸合成和分解代谢过程出现异常与某些疾病的发生密切相关。利用核苷酸合成的抗代谢物可以抑制细胞的增殖,达到治疗肿瘤的目的。

第一节　核苷酸代谢概述

一、核苷酸的功能

核苷酸是核酸的基本结构单位,其最主要功能是作为体内合成 DNA 和 RNA 的基本原料。除此之外,核苷酸还具有多种生物学功能:①体内能量的利用形式,如 ATP 是细胞的主要能量形式,GTP、CTP、UTP 也能提供能量;②生成第二信使,参与代谢和生理调节,如 cAMP 是多种激素作用的第二信使,cGMP 也与代谢调节有关;③构成辅酶,如腺苷酸可作为多种辅酶(NAD^+、FAD、CoA 等)的组成成分;④充当载体,形成活化中间代谢物。核苷酸可以作为多种活化中间代谢物的载体,如 UDP -葡萄糖是合成糖原、糖蛋白的活性原料,CDP -二酰甘油是合成磷脂的活性原料,S -腺苷甲硫氨酸是活性甲基的载体等;⑤为蛋白激酶催化的磷酸化反应提供磷酸基团。

二、食物中的核苷酸

食物中的核苷酸主要存在于核酸中,在消化道内核酸的消化依赖胰液中的核酸酶。

（一）核酸酶

核酸酶（nuclease）是指所有可以水解核酸的酶。依据核酸酶底物的不同可以将其分为 DNA 酶（deoxyribonuclease，DNase）和 RNA 酶（ribonuclease，RNase）两类。DNA 酶专一性降解 DNA，RNA 酶专一性降解 RNA。根据核酸酶作用的位置不同，又可将核酸酶分为核酸外切酶（exonuclease）和核酸内切酶（endonuclease）。核酸外切酶能从 DNA 或 RNA 链的一端逐个水解单核苷酸。从 3′端逐个水解核苷酸的，称为 3′→5′核酸外切酶；从 5′端逐个水解核苷酸的，称为 5′→3′核酸外切酶。而核酸内切酶主要催化水解多核苷酸内部的磷酸二酯键，分为仅水解 5′-磷酸二酯键，把磷酸基团留在 3′位置上的 5′-内切酶和仅水解 3′-磷酸二酯键，把磷酸基团留在 5′位置上的 3′-内切酶。有些核酸内切酶要求酶切位点具有核酸序列特异性，称为限制性核酸内切酶（restriction endonuclease，RE），有些核酸内切酶则没有序列特异性的要求。一般而言，限制性核酸内切酶的酶切位点具有回文结构，识别长度为 4～8bp。

核酸酶具有重要的生物学功能，主要负责细胞内外核酸的降解，参与 DNA 的合成与修复及 RNA 合成后的剪接，清除多余的、结构和功能异常的核酸及侵入细胞的外源性核酸，降解食物中的核酸以利于吸收。特别是限制性核酸内切酶，因其能够识别特异性酶切位点，成为体外重组 DNA 技术中的重要工具酶。

（二）核酸的消化与吸收

食物中的核酸多以核蛋白的形式存在，经胃酸作用可分解成核酸与蛋白质。小肠中的核酸酶及其他水解酶可逐步水解核酸（图 9-1）。核苷酸及其水解产物均可被细胞吸收，其中戊糖和磷酸可再被机体利用，嘌呤和嘧啶则被分解为代谢终产物而排出体外。尽管食物中核酸含量丰富，但食物来源的嘌呤和嘧啶很少被利用，体内的核苷酸主要由机体细胞自身合成。因此，核苷酸不属于营养必需物质。

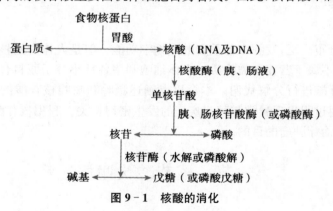

图 9-1　核酸的消化

第二节　嘌呤核苷酸代谢

一、嘌呤核苷酸的合成代谢

体内嘌呤核苷酸的合成有两条途径：从头合成途径和补救合成途径。主要合成途径为从头合成途径（*de novo* synthesis），即利用磷酸核糖、氨基酸、一碳单位及 CO_2 等简单物质为原料，经过一系列酶促反应，合成嘌呤核苷酸。另外，利用体内现成的嘌呤或嘌呤核苷，经过简单的反应过程，合成嘌呤核苷酸，称为补救合成途径（salvage synthesis）。肝细胞及多数组织细胞以从头合成途径为主，而脑、骨髓不具备从头合成的能力，只能进行补救合成。

（一）嘌呤核苷酸的从头合成

1. 从头合成的原料　核素示踪实验证明，嘌呤碱的前身物质均为简单物质，包括天冬氨酸、甘氨酸、谷氨酰胺、5-磷酸核糖、一碳单位和 CO_2（图 9-2）。

2. 从头合成的过程　嘌呤核苷酸的从头合成在细胞质中进行，可分为两个阶段：首先合成次黄嘌呤核苷酸（inosine monophosphate，IMP），然后以 IMP 作为共同前体，转变成腺嘌呤核苷酸（adenosine monophosphate，AMP）与鸟嘌呤核苷酸（guanosine monophosphate，GMP）。反应由 ATP 提供能量。

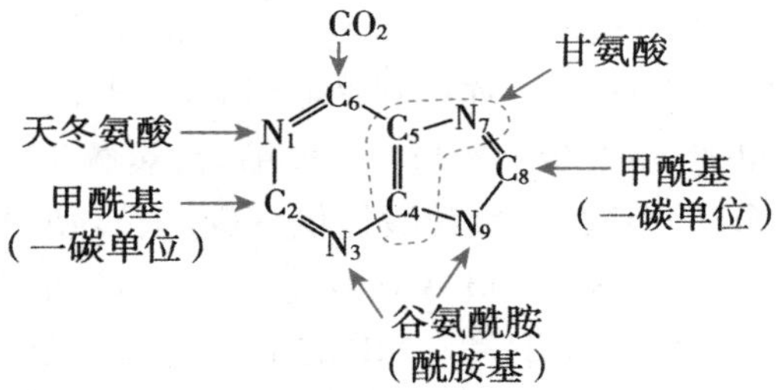

（1）IMP 的合成：IMP 是嘌呤核苷酸合成的重要中间产物，IMP 的合成由各种前体分子经过十一步反应完成（图 9-3）。①磷酸戊糖途径中产生的 5-磷酸核糖在磷酸核糖焦磷酸合成酶（PRPP 合成酶）催化下，生成磷酸核糖焦磷酸（phosphoribosyl pyrophosphate，PRPP）。PRPP 是 5-磷酸核糖参与体内各种核苷酸合成的活化形式。②在磷酸核糖酰胺转移酶（amidotransferase）的催化下，PRPP 上的焦磷酸被谷氨酰胺的酰胺基取代，生成 5-磷酸核糖胺（PRA）。③由 ATP 供能，甘氨酸与 PRA 缩合生成甘氨酰胺核苷酸（GAR）。④N^{10}-甲酰四氢叶酸供给甲酰基，使 GAR 甲酰化，生成甲酰甘氨酰胺核苷酸（FGAR）。⑤谷氨酰胺提供酰胺氮，使 FGAR 生成甲酰甘氨脒核苷酸（FGAM），反应消耗 1 分子 ATP。⑥在 AIR 合成酶催化下，消耗 ATP

图 9-2　嘌呤碱合成的元素来源

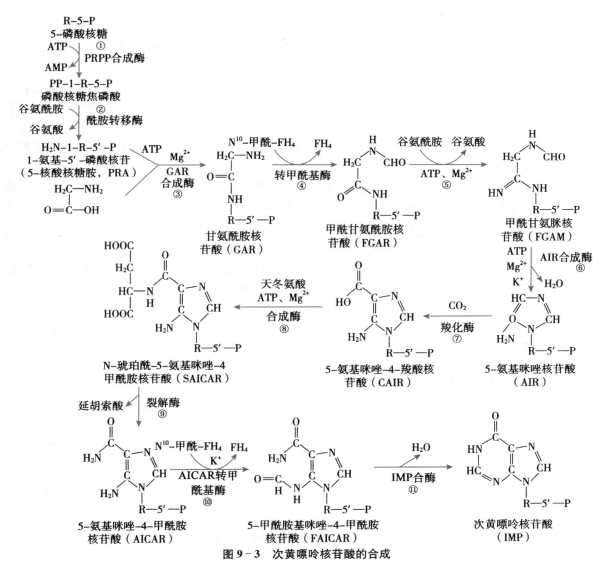

图 9-3　次黄嘌呤核苷酸的合成

使 FGAM 脱水环化生成5-氨基咪唑核苷酸(AIR)。至此,嘌呤环中的咪唑环部分合成完成。⑦由羧化酶催化 CO_2 连接到咪唑环上,生成5-氨基咪唑-4-羧酸核苷酸(CAIR)。⑧及⑨两步反应在 ATP 供能下,天冬氨酸与 CAIR 缩合、裂解出延胡索酸,生成5-氨基咪唑-4-甲酰胺核苷酸(AICAR)。⑩N^{10}-甲酰四氢叶酸提供一碳单位,使 AICAR 甲酰化,生成5-甲酰胺基咪唑-4-甲酰胺核苷酸(FAICAR)。⑪FAICAR 脱水环化,生成 IMP。

　　(2) AMP 和 GMP 的生成:IMP 是合成 AMP 和 GMP 的共同前体,IMP 可分别转变成 AMP 和 GMP(图9-4)。AMP 和 GMP 在激酶作用下,经过两步磷酸化反应,进一步分别生成 ATP 和 GTP。

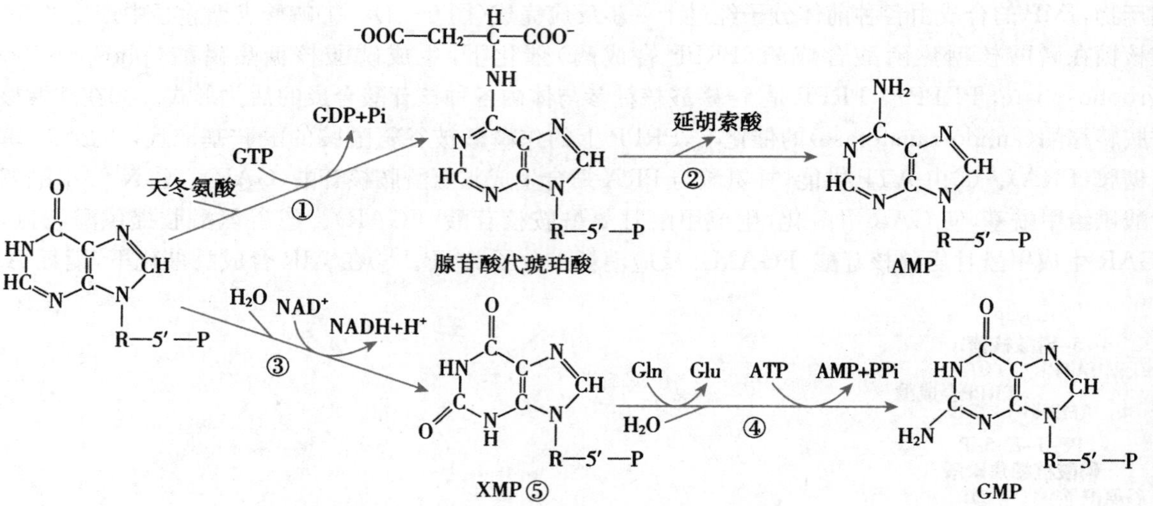

图9-4　由 IMP 合成 AMP 及 GMP

①腺苷酸代琥珀酸合成酶;②腺苷酸代琥珀酸裂解酶;③IMP 脱氢酶;④GMP 合成酶;⑤黄嘌呤核苷酸(xanthosine monophosphate,XMP)

　　从上述反应过程可以清楚地看到,嘌呤核苷酸是在磷酸核糖分子上逐步合成嘌呤环的,是嘌呤核苷酸从头合成的重要特点,这与嘧啶核苷酸的合成过程不同。现已证明,肝细胞是体内从头合成嘌呤核苷酸的主要器官,其次是小肠黏膜及胸腺,并不是所有的细胞都具有从头合成嘌呤核苷酸的能力。

　　3. 从头合成的调节　嘌呤核苷酸的从头合成是体内核苷酸的主要来源。其合成速度受到精确的调节,以满足合成核酸时对嘌呤核苷酸的需要,又不会"供过于求",避免营养物质及能量的无谓消耗。调节机制是反馈抑制调节,反馈调节的抑制物及作用位点见图9-5。

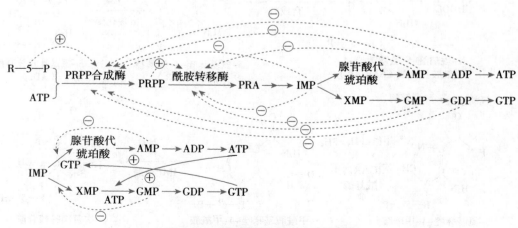

图9-5　嘌呤核苷酸从头合成的调节

⊕表示激活,⊖表示抑制

　　PRPP 合成酶和 PRPP 酰胺转移酶是嘌呤核苷酸合成起始阶段的关键酶,均可被合成产物 IMP、AMP 及 GMP 的反馈抑制。

　　PRPP 的浓度是合成中最主要的决定因素,PRPP 合成速度主要由 5-磷酸核糖的含量与 PRPP 合成酶的活性决定。PRPP 合成酶受嘌呤核苷酸的变构调节,IMP、AMP 及 GMP 均可反馈抑制 PRPP 合成酶,以调节 PRPP 的水平。PRPP 酰胺转移酶也是一类变构酶,有活性单体与无活性二聚体两种形式,IMP、AMP 及 GMP 使其转变为无活性状态,而 PRPP 则作用相反。

　　此外,在形成 AMP 与 GMP 的过程中,过量的 AMP 可抑制 IMP 转变成 AMP,而不影响 GMP 的合成。同样,过量的 GMP 控制 GMP 的生成,而不影响 AMP 的合成。另外,IMP 转变成 AMP 时需 GTP,而 IMP 转变成 GMP 时需 ATP,因此 ATP 可促进 GMP 的生成,GTP 也可促进 AMP 的生成。这种交叉调节作用对维持 ATP 与 GTP 浓度的相对平衡具有重要意义。

(二) 嘌呤核苷酸的补救合成

　　某些组织细胞(如脑和骨髓)中不存在从头合成,只能利用现有的嘌呤碱或嘌呤核苷重新合成,嘌呤核苷酸,称为补救合成。补救合成过程比较简单,能量和营养物质消耗比从头合成途径少。嘌呤核苷酸的补救合成,磷酸戊糖也由 PRPP 提供,并有两种酶参与:腺嘌呤磷酸核糖转移酶(adenine phosphoribosyl transferase,APRT)和次黄嘌呤-鸟嘌呤磷酸核糖转移酶(hypoxanthine-guanine phosphoribosyl transferase,HGPRT),分别催化嘌呤碱基的磷酸核糖基化,从而合成 IMP、AMP 和 GMP。

$$腺嘌呤 + PRPP \xrightarrow{APRT} AMP + PPi$$

$$次黄嘌呤 + PRPP \xrightarrow{HGPRT} IMP + PPi$$

$$鸟嘌呤 + PRPP \xrightarrow{HGPRT} GMP + PPi$$

　　上述反应中 APRT 受 AMP 的反馈抑制,HGPRT 受 IMP 与 GMP 的反馈抑制。

　　另外,体内嘌呤核苷的重新利用由相应的激酶催化磷酸化反应,生成相应的核苷酸。

$$腺嘌呤核苷 \xrightarrow[ATP \quad ADP]{腺苷激酶} AMP$$

　　嘌呤核苷酸补救合成的生理意义,一方面可节省从头合成时的能量和一些氨基酸的消耗;另一方面,体内某些组织器官(如脑、骨髓等),缺乏从头合成嘌呤核苷酸的酶体系,只能进行嘌呤核苷酸的补救合成。因此,对这些组织器官来说,补救合成具有非常重要的意义。若遗传性基因缺陷而导致 HGPRT 严重不足或完全缺失,患者自婴儿时期即表现为发育障碍、智力低下,并逐渐发展为强迫性自残行为,伴有高尿酸血症,被称为 Lesch-Nyhan 综合征或自毁容貌综合征,是一种 X 染色体隐性遗传病。

(三) 嘌呤核苷酸的相互转变

　　体内嘌呤核苷酸可以相互转变,以保持彼此平衡。前已述及 IMP 可以转变为 XMP、AMP 及 GMP。其实,AMP、GMP 也可以转变为 IMP。因此,AMP 与 GMP 之间是可以相互转变的。

(四) 脱氧核苷酸的生成

　　DNA 由 4 种脱氧核苷酸组成。细胞分裂增殖时需提供大量脱氧核苷酸,以适应 DNA 生物合成的需要。现已证明,体内脱氧核苷酸是通过相应的核糖核苷酸在二磷酸核苷(NDP)水平直接还原而成(N 代表 A、G、U、C 等碱基),即氢原子取代 NDP 分子中核糖 C-2′上的羟基而直接生成相应的 dNDP。催化此反应的酶是核糖核苷酸还原酶(ribonucleotide reductase,RR),反应如下:

$$\left.\begin{array}{l} ADP \\ GDP \\ CDP \\ UDP \end{array}\right\} + NADPH + H^+ \xrightarrow{核糖核苷酸还原酶} \left.\begin{array}{l} dADP \\ dGDP \\ dCDP \\ dUDP \end{array}\right\} + NADP^+ + H_2O$$

核糖核苷酸的还原其实是由核糖核苷酸还原酶体系催化的一个复杂过程，需 RR、NADPH＋H⁺、硫氧化还原蛋白(thioredoxin，Trx)和硫氧化还原蛋白还原酶(thioredoxin reductase，TrxR)等共同参与。硫氧化还原蛋白是一种蛋白辅助因子，在反应中作为电子载体，其所含的巯基在 RR 催化下氧化为二硫键，后者再经 TrxR 催化，由 NADPH＋H⁺ 提供氢重新形成还原型的硫氧化还原蛋白，完成脱氧核苷酸的生成(图 9-6)。

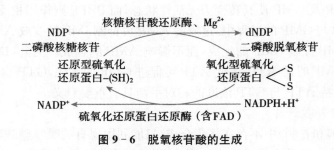

图 9-6　脱氧核苷酸的生成

$$dNDP + ATP \xrightarrow{\text{激酶}} dNTP + ADP$$

核糖核苷酸还原酶是一种变构酶，由 R₁、R₂ 两个亚基组成，只有 R₁ 与 R₂ 结合时才具有酶活性。在 DNA 合成旺盛、分裂速度较快的细胞中，核糖核苷酸还原酶体系活性较强，维持脱氧核苷酸有足够的生成量。细胞除了控制还原酶活性以调节脱氧核苷酸的浓度之外，还可以通过各种三磷酸核苷对还原酶的变构作用，调节不同脱氧核苷酸的生成。例如，某种 NDP 被还原酶还原成 dNDP 时，需要特定 NTP 变构激活还原酶，同时也受另一些 NTP 的变构抑制。通过这些调节，使 4 种脱氧核苷酸在 DNA 合成时保持适当的比例。

二、嘌呤核苷酸的分解代谢

体内核苷酸的分解代谢类似于食物中核苷酸的消化过程，主要在肝、小肠及肾中进行。首先，细胞中核苷酸酶催化各种核苷酸水解成核苷。核苷经核苷磷酸化酶作用，磷酸解成自由的碱基及 1-磷酸核糖。嘌呤碱既可以进一步水解，也可参加核苷酸的补救合成。1-磷酸核糖则进入糖代谢，经磷酸戊糖途径氧化分解，也可转变成 5-磷酸核糖作为 PRPP 的原料，用于合成新的核苷酸。人体内嘌呤碱最终都分解生成尿酸(uric acid)，随尿排出体外。反应过程简化如图 9-7。AMP 经分解生成次黄嘌呤，在黄嘌呤氧化酶(xanthine oxidase)作用下氧化生成黄嘌呤，最后生成尿酸。GMP 分解生成鸟嘌呤，经氧化生成黄嘌呤，最后也生成尿酸。嘌呤脱氧核苷分解代谢途径基本相同。

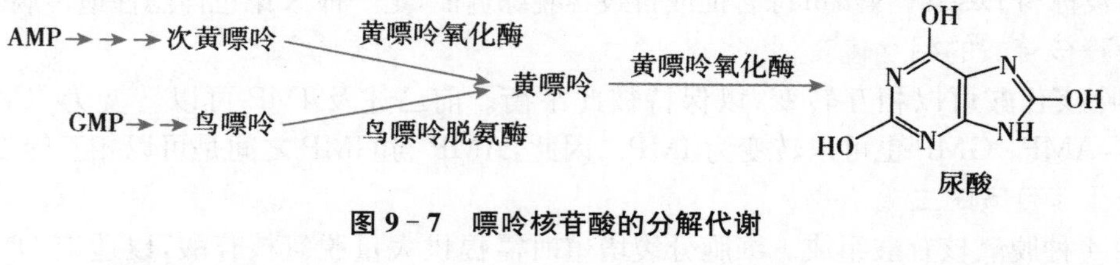

图 9-7　嘌呤核苷酸的分解代谢

尿酸是人体嘌呤分解代谢的终产物，经肾随尿排出体外，正常成人每日排出尿酸 400～600mg。正常人血浆中尿酸含量为 0.12～0.36mmol/L。男性平均为 0.27mmol/L，女性平均为 0.21mmol/L 左右。尿酸的水溶性较差，当血浆尿酸含量超过 0.48mmol/L 时，尿酸盐晶体即可沉积于关节、软组织、软骨及肾等处，从而引起关节炎、尿路结石及肾疾病，临床上称为痛风(gout)。目前常用可促进尿酸排泄或抑制尿酸生成的药物治疗痛风，如别嘌呤醇(allopurinol)与次黄嘌呤结构类似，可竞争性抑制黄嘌呤氧化酶，从而抑制尿酸的生成(图 9-8)。黄嘌呤、次黄嘌呤的水溶性较尿酸大得多，不会沉积形成结晶。同时，别嘌呤与 PRPP 反应生成别嘌呤核苷酸，这样一方面消耗 PRPP，另一方面别嘌呤核苷酸与 IMP 结构相似,可反馈抑制嘌呤核苷酸从头合成的酶。这两方面的作用均可使嘌呤核苷酸的合成减少,从而减少尿酸的生成。

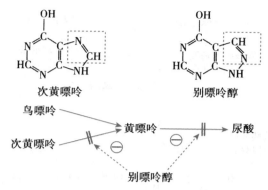

图 9-8　别嘌呤醇治疗痛风原理示意图

⊖表示抑制

痛　风

　　痛风(gout)是由于血浆尿酸含量增高,单钠尿酸盐沉积于关节、软组织及肾等部位,造成关节炎、结石或肾脏功能损害的疾病,多见于成年男性。原发性痛风是由于先天性嘌呤代谢紊乱和(或)尿酸排泄障碍所引起的高尿酸血症。继发性痛风则多因摄入高嘌呤饮食、体内核酸大量分解(如恶性肿瘤)或肾病而导致尿酸生成增加或排泄障碍,引起高尿酸血症。另外,高血压、高血糖、肥胖及饮酒也是诱发痛风的高危险因素。流行病学调查显示,全球范围内,发达国家痛风患病率高于发展中国家;我国痛风发病率逐年上升,且呈年轻化趋势。因此,倡导健康饮食、健康生活,降低痛风发病风险势在必行。

第三节　嘧啶核苷酸代谢

一、嘧啶核苷酸的合成代谢

体内嘧啶核苷酸的合成与嘌呤核苷酸一样,也有从头合成与补救合成两条途径。

(一) 嘧啶核苷酸的从头合成

1. 从头合成的原料　嘧啶核苷酸中嘧啶碱合成的原料来自谷氨酰胺、天冬氨酸和 CO_2,如图 9-9 所示。

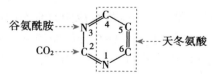

图 9-9　嘧啶碱合成的元素来源

　　2. 从头合成的过程　与嘌呤核苷酸不同,嘧啶核苷酸的从头合成是先合成嘧啶环,再与磷酸核糖相连而成;首先合成的是尿嘧啶核苷酸(uridine monophosphate,UMP),其他嘧啶核苷酸在 UMP 的基础上依次合成。合成全过程如图 9 - 10 所示。

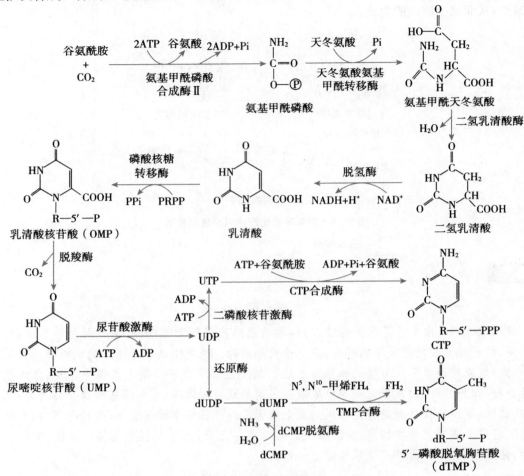

图 9 - 10 嘧啶核苷酸的从头合成

（1）UMP 的合成：此过程有 6 步反应，主要在肝细胞质中进行。谷氨酰胺、CO_2 和 ATP 在氨基甲酰磷酸合成酶Ⅱ的催化下生成氨基甲酰磷酸；氨基甲酰磷酸与天冬氨酸在天冬氨酸氨基甲酰转移酶的催化下，生成氨甲酰天冬氨酸；二氢乳清酸酶催化氨甲酰天冬氨酸脱水，产生具有嘧啶环的二氢乳清酸；后者经二氢乳清酸脱氢酶催化，脱氢生成乳清酸（orotic acid）；乳清酸再由乳清酸磷酸核糖转移酶催化，与 PRPP 缩合生成乳清酸核苷酸；乳清酸核苷酸脱去羧基最终形成 UMP。

需要指出的是，哺乳动物中嘧啶和尿素的合成都是以生成氨基甲酰磷酸为起点，但两者的来源不同：尿素合成所需的氨基甲酰磷酸是在肝细胞线粒体中，以氨为氮源，由氨基甲酰磷酸合成酶-Ⅰ（CPS-Ⅰ）催化完成，N-乙酰谷氨酸是 CPS-Ⅰ 的别构激活剂；而嘧啶合成中所需的氨基甲酰磷酸是在肝细胞质中，以谷氨酰胺为氮源，由氨基甲酰磷酸合成酶-Ⅱ（CPS-Ⅱ）催化完成，CPS-Ⅱ 可受 UMP 反馈抑制的调节。可见，这两种氨基甲酰磷酸合成酶有着不同的性质和功能。

（2）CTP 的生成：UMP 在尿苷酸激酶、二磷酸核苷激酶的连续催化下，生成 UTP；UTP 在 CTP 合成酶催化下，从谷氨酰胺接受氨基而成为 CTP。反应共消耗 3 分子 ATP。

（3）脱氧胸腺嘧啶核苷酸（deoxythymidine monophosphate，dTMP）的生成：dTMP 是 DNA 特有的组分，在体内主要是由 dUMP 经甲基化而生成。dUMP 主要由 dCMP 脱氨基生成，也可由 dUDP 水解去除磷酸而生成。由胸苷酸合酶（thymidylate synthase）催化 dUMP 的甲基化，由 N^5，N^{10} -甲烯 FH_4 作为甲基供体。反应后生成的 FH_2 又可以再经二氢叶酸还原酶的作用，重新生成 FH_4。FH_4 携带的一碳单位既是嘌呤从头合成的原料,又参与脱氧胸苷酸合成。因此,临床上常利用胸苷酸合酶与二氢叶酸还原酶作为肿瘤化疗的靶点。

3. 从头合成的调节　原核生物与真核生物的嘧啶核苷酸合成所需的酶系不同,因而从头合成中的调控也不一样。细菌中,天冬氨酸氨基甲酰转移酶是嘧啶核苷酸从头合成的主要调节酶。哺乳动物细胞中,嘧啶核苷酸合成的调节酶则主要是 CSP-Ⅱ。这两种酶均受反馈机制的调节。另外,在哺乳类动物细胞中,嘧啶核苷酸从头合成是由两个多功能酶催化;一个多功能酶包含 CSP-Ⅱ、天冬氨酸氨基甲酰转移酶和二氢乳清酸酶;另一个多功能酶包括乳清酸脱氢酶和乳清酸脱羧酶。这种多功能酶的形式,不仅有利于以相同的速率参与嘧啶核苷酸的合成,还可受到阻遏或去阻遏的调节。嘧啶与嘌呤合成产物可相互调控彼此合成的

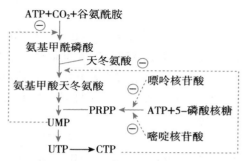

图 9-11　嘧啶核苷酸从头合成的调节

⊖表示抑制

过程,使两者的合成速度均衡。此外,由于 PRPP 合成酶是嘧啶与嘌呤两类核苷酸合成过程中共同需要的酶,它可同时接受嘧啶核苷酸及嘌呤核苷酸的反馈抑制。嘧啶核苷酸合成的调节部位如图 9-11 所示。

(二)嘧啶核苷酸的补救合成

嘧啶磷酸核糖转移酶是嘧啶核苷酸补救合成的主要酶,催化反应的通式如下:

$$嘧啶 + PRPP \xrightarrow{嘧啶磷酸核糖转移酶} 嘧啶核苷酸 + PPi$$

嘧啶磷酸核糖转移酶能催化尿嘧啶、胸腺嘧啶及乳清酸转变为相应的嘧啶核苷酸,但是胞嘧啶除外。另外,细胞中的尿苷激酶、脱氧胸苷激酶等也能催化嘧啶核苷酸的补救合成。

$$尿嘧啶核苷 + ATP \xrightarrow{尿苷激酶} UMP + ADP$$

$$脱氧胸腺嘧啶核苷 + ATP \xrightarrow{胸苷激酶} dTMP + ADP$$

胸苷激酶在正常肝中活性很低,再生肝中活性升高,恶性肝肿瘤时则明显升高,可作为评估恶性程度的肿瘤标记物。

二、嘧啶核苷酸的分解代谢

在核苷酸酶及核苷磷酸化酶的作用下,嘧啶核苷酸脱去磷酸及核糖,生成的嘧啶碱在肝细胞内再进一步开环分解。胞嘧啶脱氨基转变成尿嘧啶,尿嘧啶还原成二氢尿嘧啶,并水解开环,最终生成 NH_3、CO_2 及 β-丙氨酸。胸腺嘧啶则降解成 NH_3、CO_2 及 β-氨基异丁酸(图 9-12)。嘧啶碱降解产物与嘌呤碱不同,均易溶于水,可直接随尿排出体外或在体内进一步分解。正常人摄入含 DNA 丰富的食物、癌症患者经放射线或化学治疗,均可见尿中 β-氨基异丁酸排出量增多。

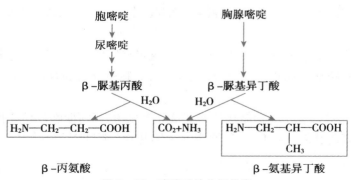

图 9-12　嘧啶碱的分解代谢

第四节 核苷酸的抗代谢物

核苷酸的抗代谢物(antimetabolite)是指一些人工合成的在结构上分别与嘌呤、嘧啶及其核苷或核苷酸、氨基酸和叶酸等类似的化合物。它们主要以竞争性抑制作用抑制核苷酸合成代谢的某些酶,或以"以假乱真"等方式干扰或阻断核苷酸的合成代谢,从而进一步阻止核酸以及蛋白质的生物合成。肿瘤细胞、病毒的核酸及蛋白质合成十分旺盛。因此,这些抗代谢物具有抗肿瘤、抗病毒的作用。

1. 嘌呤类似物 有 6-巯基嘌呤(6-MP)、6-巯基鸟嘌呤(6-TG)、8-氮杂鸟嘌呤(8-AG)等,其中以 6-MP 在临床上应用较多。6-MP 结构与次黄嘌呤相似,在体内经磷酸核糖化而生成 6-MP 核苷酸。6-MP 核苷酸结构与 IMP 相似,因此能抑制 IMP 向 AMP 及 GMP 的转化,同时它还可以反馈抑制 PRPP 合成酶和酰胺转移酶而干扰磷酸核糖胺的形成,从而阻断嘌呤核苷酸的从头合成。此外,6-MP 还能通过竞争性抑制,影响次黄嘌呤-鸟嘌呤磷酸核糖转移酶,使 PRPP 分子中的磷酸核糖不能向鸟嘌呤及次黄嘌呤转移,阻断补救合成途径。

6-巯基嘌呤	6-巯基鸟嘌呤	8-氮杂鸟嘌呤

2. 嘧啶类似物 主要有 5-氟尿嘧啶(5-FU)和 5-氟脱氧尿嘧啶核苷等,其结构分别与胸腺嘧啶和脱氧胸苷相似。5-FU 为临床常用的抗肿瘤药物,其本身无生物学活性,必须在体内转变成一磷酸脱氧核糖氟尿嘧啶核苷(FdUMP)和三磷酸氟尿嘧啶核苷(FUTP)后,才能发挥作用。FdUMP 与 dUMP 的结构相似,是胸苷酸合酶的抑制剂,使 dTMP 合成受到阻断。FUTP 可以 FUMP 的形式参入 RNA 分子,破坏 RNA 的结构与功能。

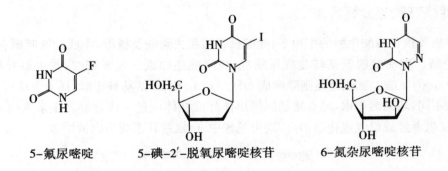

5-氟尿嘧啶	5-碘-2′-脱氧尿嘧啶核苷	6-氮杂尿嘧啶核苷

3. 氨基酸类似物 有氮杂丝氨酸及 6-重氮-5-氧正亮氨酸等。它们的结构与谷氨酰胺相似,可干扰谷氨酰胺在嘌呤和嘧啶核苷酸合成中的作用,从而抑制核苷酸的合成。对某些肿瘤的生长有抑制作用。

4. 核苷类似物 一些改变了核糖结构的嘧啶核苷类似物,如阿糖胞苷和环胞苷(安西他滨),也是重要的抗癌药物。阿糖胞苷能抑制 CDP 还原成 dCDP,进而影响 DNA 的合成。

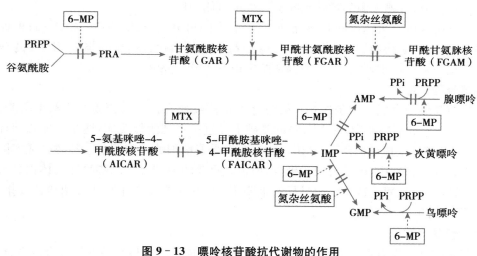

阿糖胞苷　　　　　　　　　环胞苷

5. **叶酸类似物**　氨蝶呤及甲氨蝶呤（MTX）都是叶酸的类似物,能竞争性抑制二氢叶酸还原酶,使叶酸不能还原成 FH_2 及 FH_4。由 FH_4 携带的一碳单位得不到供应,从而抑制嘌呤核苷酸的合成。另外,嘧啶核苷酸合成中,由 dUMP 转变为 dTMP 时,需要 N^5,N^{10}-甲烯 FH_4 提供甲基。因而,叶酸类似物也能抑制胸苷酸的合成。临床上应用 MTX 可抑制肿瘤细胞核苷酸合成,干扰 RNA 和 DNA的合成,从而达到抑制细胞增殖的目的,可用于白血病等的治疗。

应该指出的是,上述药物缺乏对肿瘤细胞的特异性,故对增殖速度较旺盛的某些正常组织亦有杀伤性,从而显示较大的毒副作用。

核苷酸抗代谢物对嘌呤、嘧啶核苷酸生物合成的抑制作用如图 9-13 和图 9-14。

图 9-13　嘌呤核苷酸抗代谢物的作用

----▶‖ 表示抑制

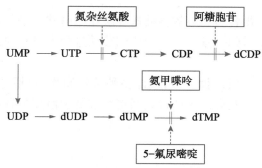

图 9-14　嘧啶核苷酸抗代谢物的作用

----▶‖ 表示抑制

知识链接

抗代谢物

抗代谢物是人工合成的或生物体内存在的化学物质,其化学结构与生物体内某种天然代谢物类似,可对天然代谢物发生特异性的拮抗作用。因此,抗代谢物可以干扰细胞内的合成或分解代谢过程,在医疗领域,特别是肿瘤治疗(如本章所述核苷酸抗代谢物)中得到广泛应用。同时,抗代谢物也为我们研究疾病发生机制提供了有力工具,为研发新药物以及阐明药物作用机理指明了一条清晰可行的道路。

小 结

● **核苷酸的功能与消化吸收**

核苷酸具有多种重要的生理功能,其中最主要的是作为合成核酸分子的原料。除此,还参与能量代谢、代谢调节等过程。食物中的核酸需经核酸酶水解,或被进一步水解而吸收。体内的核苷酸主要由机体细胞自身合成,食物来源的嘌呤和嘧啶极少被机体利用。

核酸酶是指所有可以水解核酸的酶,依据底物的不同可分为 DNA 酶和 RNA 酶;根据作用的位置不同,可分为核酸外切酶和核酸内切酶。核酸酶在食物的消化、DNA 的修复、RNA 的剪接及清除异常核酸等过程中发挥作用,限制性核酸内切酶常被用于分子克隆。

● **嘌呤核苷酸代谢**

体内嘌呤核苷酸的合成有两条途径:从头合成和补救合成。从头合成的原料是磷酸核糖、氨基酸、一碳单位及 CO_2 等简单物质,在 PRPP 的基础上经过一系列酶促反应,逐步形成嘌呤环。首先生成 IMP,然后再分别转变成 AMP 和 GMP。从头合成受着精细的反馈调节。补救合成实际上是现有嘌呤或嘌呤核苷的重新利用,虽然合成量极少,但也有重要的生理意义。嘌呤在人体内分解代谢的终产物是尿酸,黄嘌呤氧化酶是这个代谢过程的重要酶。痛风主要是由于嘌呤代谢异常或排泄障碍,体内尿酸过多而引起的。

● **嘧啶核苷酸代谢**

嘧啶核苷酸的合成也有两条途径:从头合成和补救合成。嘧啶核苷酸的从头合成先合成嘧啶环,再磷酸核糖化生成嘧啶核苷酸,这是与嘌呤核苷酸从头合成的明显不同。嘧啶核苷酸的从头合成也受反馈调控。嘧啶磷酸核糖转移酶是嘧啶核苷酸补救合成的主要酶。嘧啶分解后产生的 β-氨基酸等可随尿排出或进一步代谢。

体内的脱氧核糖核苷酸是由各自相应的核糖核苷酸在二磷酸水平上还原而成的。核糖核苷酸还原酶催化此反应。四氢叶酸携带的一碳单位是合成胸苷酸过程中甲基的必要来源。

● **核苷酸的抗代谢物**

根据嘌呤和嘧啶核苷酸的合成过程,可以设计多种抗代谢物,包括嘌呤、嘧啶及其核苷或核苷酸类似物、叶酸类似物、氨基酸类似物等。这些抗代谢物在抗肿瘤治疗中有重要作用。

(尹晓慧)

第十章
物质代谢的联系与调节

本章课件

学习指南

重点

1. 物质代谢的特点。
2. 激素受体的概念、类型。
3. 糖、脂、氨基酸、核苷酸代谢途径之间的联系。
4. 物质代谢的调节。

难点

1. 物质代谢的相互联系。
2. 各组织器官的代谢特点及联系。
3. 代谢紊乱与疾病。

物质代谢是生命的基本特征,也是生命活动的物质基础,为生物体的各组织器官的发育、生物大分子的合成、各种生理功能提供物质基础和能量基础。多细胞生物体结构复杂、功能多样,物质代谢也受到更精密的调节。

第一节　物质代谢的特点

1. **代谢反应的整体性**　机体从外界摄取的各种营养物质包括糖、脂肪、蛋白质、水、无机盐、维生素等和体内自身物质代谢产生的各种物质,包括糖、脂肪、蛋白质、水及少量非营养物质,在体内的代谢过程不是彼此孤立的,而是在细胞内同时进行代谢,包括合成与分解、产能与耗能、中间产物的相互转变、相互联系等,构成生物体内整体的代谢体系。例如人类摄取的各类食物同时含有糖类、脂类、蛋白质、水、无机盐及维生素等,从消化吸收一直到中间代谢、排泄都是同时进行的。各种物质代谢之间也相互联系,相互依存,例如糖、脂肪在体内氧化分解释放的能量保证了生物大分子蛋白质、核酸、多糖等合成时的能量需要,合成代谢中合成的各种酶蛋白和辅助因子作为生物催化剂又可促进体内糖、脂肪、蛋白质等各种物质代谢得以迅速进行。体内的物质代谢是受整体性调节的,例如糖分解代谢加强时,脂肪分解代谢受抑制;而糖供给不足时,脂肪分解代谢和蛋白质分解增强。这种整体性调节既节约能量,避免能量浪费,又能保证能量的供给;同时也使中间代谢产物既不短缺,也不堆积,保证了机体在不同发育阶段正常生理功能的进行。

2. **代谢部位的组织特异性**　机体各组织器官由于发育过程中形成了功能各异的组织细胞,生物大分子酶蛋白的种类、含量也有较大差异,所以在代谢上也各具特色(参见本章第四节)。例如肝脏酶含量高,种类也复杂,所以在糖、脂肪、蛋白质、维生素、激素、非营养物质代谢中均发挥重要作用;成熟红细胞由于没有线粒体不能进行有氧氧化,所以只能依赖糖酵解供能;心肌供氧丰富,主要依赖糖、脂肪酸的有氧氧化供能;骨骼肌含有较丰富的肌糖原,主要依赖糖原分解和脂肪酸氧化供应能量。脂肪组织因含有脂蛋白脂肪酶和特有的激素敏感性三酰甘油脂肪酶,所以其功能是不断储存脂肪和将其动员出来供其他组织利用;而正常脑组织因为没有糖原和脂肪的储备,则主要以葡萄糖为能源,严重饥饿时也会利用酮体供能。

3. 代谢网络的复杂性 糖、脂肪、蛋白质、核酸等各有独立的代谢途径,而且有的营养物质可以有多条不同的分解代谢途径,例如糖的分解代谢主要有三条途径,但是各种代谢途径之间或不同物质代谢途径之间可以通过中间产物相互联系,形成了物质代谢复杂的网络性结构(图 $10-1$)。三羧酸循环为代谢网络的中心,它不仅是糖、脂肪和蛋白质三大产能营养物在体内彻底氧化分解的共同途径,也是体内糖、脂肪、蛋白质、核酸等重要物质相互转化的枢纽。因糖和甘油在体内代谢可生成 α-酮戊二酸及草酰乙酸等三羧酸循环的中间产物,这些中间产物可以转变成为某些非必需氨基酸;而有些氨基酸又可通过不同途径变成 α-酮戊二酸和草酰乙酸,再经糖异生途径生成糖或转变成甘油。三羧酸循环的中间产物柠檬酸可以由糖代谢产生,在柠檬酸充足时可转移到胞质裂解释放出乙酰 CoA 用于脂肪酸的合成。三羧酸循环的中间产物也可参与体内其他重要物质的合成,例如琥珀酰 CoA 参与血红素辅基卟啉环的合成等。

4. 代谢原料的开放性 机体每日不断从外界摄取营养物质,各组织器官之间通过血液循环进行中间产物的转运,代谢废物也不断排出体外,所以各组织的物质代谢均呈开放性,而不是封闭的。同一代谢物,无论是体外摄入的还是由体内各组织细胞生成的,一旦进入体内,就不再进行区分,形成统一的代谢池,共同参与代谢。例如消化吸收的葡萄糖与糖原分解产生的葡萄糖或通过糖异生作用由其他物质生成的葡萄糖均共同进行代谢;消化吸收的氨基酸与组织蛋白质分解产生的氨基酸既可以作为原料参与体内各种蛋白质的合成,也可以参加氨基酸的分解代谢。无论是各个组织器官还是整个机体其代谢产物均与外界进行循环,构成开放性代谢环境。

5. 代谢调节的精细性 代谢调节普遍存在于生物界,是生物的重要特征,高等生物特别是人体物质代谢具有更精细的调节机制。生物体根据内外环境的变化不断调节各种物质代谢的流量、方向和速率,以保证机体各种物质代谢能适应这种变化并有条不紊地进行。例如糖酵解与糖异生的调节,人体通过中间产物 2,6-二磷酸果糖和产物 AMP 激活磷酸果糖激酶-1,抑制果糖二磷酸酶-1,使糖酵解加强时抑制糖异生,避免无效循环。而低等生物大黄蜂则不存在如此精细的调节,无氧氧化和糖异生可同时进行,无效循环释放的能量使大黄蜂胸肌温度升高至 30℃,利于黄蜂在较寒冷的冬季飞行。

6. 能量代谢中 ATP 的通用性 糖、脂肪和蛋白质在体内氧化分解产生的能量,其中一部分以氧化磷酸化或底物水平磷酸化的形式合成高能化合物 ATP,以提供各种生命活动的能量需求:如生长、发育、繁殖、运动等所涉及的蛋白质、脂肪、核酸、多糖等生物大分子的合成、肌收缩、神经冲动的传导、腺体分泌,以及细胞渗透压及形态的维持等均直接利用 ATP 供能。ATP 作为能量载体,使产生能量的物质分解代谢与消耗能量的合成代谢间相互耦联、协调进行。

7. 合成代谢中还原当量 NADPH 的统一性 机体内许多参与氧化分解代谢的脱氢酶常以 NAD^+ 为辅酶,而参与生物合成代谢的还原酶则多以 NADPH 为辅酶提供还原当量。NADPH 主要在糖分解代谢的磷酸戊糖途径中生成,其次胞质中苹果酸脱氢也可产生少量 NADPH;体内脂肪酸、胆固醇、类固醇激素、胆汁酸的合成以乙酰 CoA 为原料,NADPH 为合成代谢过程提供必需的还原当量。NADPH 也是耦联分解代谢与合成代谢的特殊功能分子。

第二节　物质代谢的相互联系

1. 在能量代谢上的相互联系　糖、脂肪和蛋白质是生物体三大产能营养物,它们均可在体内氧化供能。三大产能营养物在体内氧化分解的代谢途径虽各不相同,但乙酰 CoA 是它们共同的中间代谢产物,三羧酸循环和氧化磷酸化为糖、脂肪、蛋白质最终氧化分解的共同途径,释放的能量均可转化为化学能以 ATP 的形式用于机体各种生理功能。

三大产能营养物在机体能量供应方面可以相互替代,其代谢相互制约。一般情况下,杂食动物和人类优先利用糖类供能,脂肪是机体储能的主要形式,而蛋白质是细胞的结构和功能成分。糖的有氧氧化是机体获得能量的主要方式,占总热量的 50%~70%;空腹或饥饿状态下,机体优先分解糖原,但糖原含量是有限的,随着饥饿时间延长,脂肪供能比例也逐渐增加。骨骼肌可利用脂肪酸和酮体氧化供能,长期饥饿脂肪供能所占比例可达到 70% 以上,以便节约葡萄糖供应大脑和红细胞,并尽量减少蛋白质的消耗。严重饥饿时大脑也利用酮体供能,节约葡萄糖为红细胞供能,同时糖异生作用也大大加强。蛋白质不是主要的能源物质,但由于蛋白质也需要更新,所以正常情况下,人体每日所需热量有 15%~18%(因食物结构不同而变化)来自蛋白质的氧化分解;严重饥饿时组织蛋白分解增强(主要是肌肉蛋白),释放的氨基酸大部分通过氧化为机体提供能量,而某些生糖氨基酸也可通过糖异生过程生成糖,维持血糖水平的相对恒定。但由于蛋白质的功能十分重要,蛋白质持续减少将威胁生命,故长期饥饿机体通过调节作用转向以保存蛋白质为主。此时,体内各组织包括脑组织都以脂肪酸及酮体为主要能源,蛋白质的分解明显降低。由于糖、脂肪、蛋白质分解代谢有共同的终末途径,如任一供能物质的分解代谢占优势,常能通过激素调节或中间代谢产物调节来抑制和节约其他供能物质的降解。ATP 浓度作为细胞能量状态的指标,在能量代谢调节中是重要变构效应物。例如脂肪动员增强时,生成的 ATP 增多,ADP 和 AMP 减少,ATP 可变构抑制糖分解代谢过程中的限速酶——磷酸果糖激酶-1,从而抑制糖分解代谢。相反,若供能物质不足,体内 ATP 减少,ADP、AMP 增多,则可变构激活磷酸果糖激酶-1,加速体内糖的分解代谢,满足机体生理活动对能量的需求。

2. 糖、脂肪、蛋白质和核酸代谢之间的相互联系　体内糖、脂肪、蛋白质和核酸等各自有其独立的代谢途径,但代谢过程也是相互联系的。它们可以通过代谢途径交汇时的共同中间产物相互联系,也可以通过三羧酸循环和氧化磷酸化等相互联系、相互影响、相互转变和相互制约,乙酰 CoA、丙酮酸、α-酮戊二酸、草酰乙酸是它们相互转变的枢纽。正如前面所述,物质代谢具有整体性特点,当一种物质代谢出现障碍时又可引起其他物质代谢发生改变甚至出现代谢紊乱,如糖尿病时糖代谢的障碍可引起脂类、蛋白质类甚至水盐和酸碱代谢的紊乱。

(1) 糖代谢与脂肪代谢的相互联系:糖和脂肪是体内主要的产能营养物,糖供应充足时,机体优先利用糖氧化供能,此时通过胰岛素(insulin)促进葡萄糖的分解利用,并促进脂肪合成,抑制脂肪分解。饥饿或糖供给不足或糖代谢障碍时,可引起脂肪大量动员,脂肪酸进入肝通过 β-氧化生成大量乙酰 CoA,进一步增加酮体合成,此时机体主要依赖脂肪酸和酮体供能,但糖供应严重不足时,糖代谢中间物草酰乙酸相对不足,脂肪酸分解生成的过量酮体不能及时通过三羧酸循环氧化,造成血酮体升高,产生高酮血症甚至酮症酸中毒。

体内糖可以转变成脂肪;脂肪中的甘油也可以转变成糖,但脂肪酸(偶数碳)不能转变成糖。正常饮食摄入的糖类过多超过体内能量消耗时,除在肝和肌肉组织合成糖原储存外,生成的柠檬酸及 ATP 可变构激活乙酰 CoA 羧化酶,使糖代谢产生的大量乙酰 CoA 羧化成丙二酰 CoA,再由糖代谢产生的 ATP 供能和磷酸戊糖途径产生的 NADPH 作为还原当量合成脂肪酸,进一步合成脂肪在脂肪组织中储存,即糖转变为脂肪。因为上述过程非常容易,所以摄取不含脂肪的高糖膳食同样可使人肥胖及血三酰甘油升高。然而,脂肪的甘油部分可以在肝、肾、肠等组织中的甘油激酶的作用下转变成 α-磷酸甘油,进而通过糖异生途径生成葡萄糖。但脂肪中主要部分的脂肪酸(偶数碳)不能在体内转变为糖,这是因为丙酮酸氧化脱羧生成乙酰 CoA 的反应是不可逆过程,脂肪酸分解生成的乙酰 CoA 不能转变为丙酮酸。

(2)糖代谢与氨基酸代谢之间的联系:体内糖与大部分氨基酸 α-酮酸的碳链骨架部分可以相互转变。体内糖代谢产生的中间产物 α-酮酸,可以用来合成非必需氨基酸的碳链骨架,如丙酮酸、α-酮戊二酸、草酰乙酸等可氨基化生成相应的氨基酸。但 9 种必需氨基酸不能由糖代谢中间产物转变而来,必须由食物供给。组成人体蛋白质的 20 种编码氨基酸,除生酮氨基酸(亮氨酸和赖氨酸)外,其他 18 种氨基酸通过转氨基或脱氨基作用生成的相应 α-酮酸均可转变成糖代谢的中间代谢产物,如丙酮酸、草酰乙酸、α-酮戊二酸等,它们既可通过三羧酸循环及氧化磷酸化生成 CO_2 及 H_2O 并释出能量,也可循糖异生途径转变为糖。如精氨酸、组氨酸及脯氨酸均可通过转变成谷氨酸进一步脱氨生成 α-酮戊二酸,经草酰乙酸转变成磷酸烯醇式丙酮酸,再循糖异生途径转变成糖。缬氨酸、甲硫氨酸、异亮氨酸和苏氨酸可通过琥珀酰 CoA 进入三羧酸循环或经草酰乙酸转变成磷酸烯醇式丙酮酸,再循糖异生途径转变成糖。

(3)脂类代谢与氨基酸代谢的联系:脂类物质在体内基本不能转变成氨基酸,但氨基酸的碳链骨架能转变成脂肪。体内无论是生糖氨基酸、生酮氨基酸或生糖兼生酮氨基酸经不同的代谢途径均可生成乙酰 CoA,而乙酰 CoA 是脂肪酸合成的原料,经还原缩合反应可合成脂肪酸进而合成脂肪,因此蛋白质可转变为脂肪。乙酰 CoA 也是合成胆固醇的原料,因此也可以合成胆固醇及其衍生物。此外,某些氨基酸可作为合成磷脂的原料,如丝氨酸脱羧基可生成乙醇胺(胆胺),而乙醇胺由 S-腺苷甲硫氨酸(SAM)提供甲基可甲基化生成胆碱。丝氨酸、胆胺及胆碱分别是合成磷脂酰丝氨酸、脑磷脂及卵磷脂的原料。脂类中只有甘油磷脂和脂肪中的甘油部分可转变为某些非必需氨基酸的碳链骨架部分。

(4)糖代谢与核苷酸代谢的联系:糖代谢中磷酸戊糖途径产生的 5-磷酸核糖可作为合成核苷酸的直接原料,5-磷酸核糖与 ATP 在磷酸核糖焦磷酸合成酶的催化下合成 5-磷酸核糖-1-焦磷酸(PRPP),后者既参与嘌呤核苷酸与嘧啶核苷酸的从头合成代谢,也参与嘌呤和嘧啶核苷酸的补救合成。核酸和核苷酸分解代谢释放的 5-磷酸核糖可经磷酸戊糖旁路进入糖代谢途径。

(5)氨基酸代谢与核苷酸代谢的联系:某些氨基酸是核苷酸、核酸合成的原料,如甘氨酸整个分子参与嘌呤核苷酸的从头合成途径,天冬氨酸、谷氨酰胺及氨基酸代谢的产物一碳单位既是嘌呤核苷酸从头合成的直接原料,也是嘧啶核苷酸合成的原料,嘌呤核苷酸和嘧啶核苷酸进一步又可合成核酸(DNA 和 RNA)。嘧啶核苷酸分解代谢可生成 β-丙氨酸和 β-氨基异丁酸。

糖、脂肪、氨基酸、核苷酸代谢途径间的相互关系如图 10-1。

第三节 物质代谢的调节

生物体为更好地适应环境变化,其物质代谢是受到精密调节的。各种生物体物质代谢的调节有所不同,进化程度愈高的生物其代谢调节方式也愈复杂,调节愈精细。单细胞生物只能进行细胞水平的代谢调节,即通过细胞内代谢物浓度的变化,对酶的活性及含量进行调节。而高等生物是多细胞生物,除细胞水平调节更为精细、更为复杂外,还产生了激素水平的调节和整体水平调节。激素是由内分泌器官和内分泌细胞合成与分泌的信号分子,通过各种途径作用于靶器官和靶细胞相应的受体,激发一系列的信号转导过程,最终作用于物质代谢的关键酶,通过调节关键酶的活性或含量来调节物质代谢;而整体水平调节则是更高水平的调节,是在中枢神经系统的控制下,通过神经纤维及神经递质

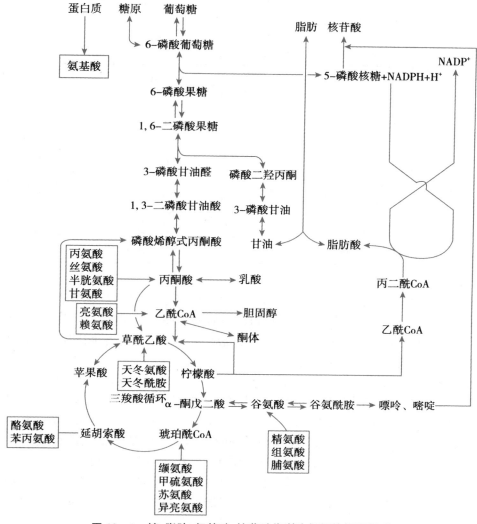

图 10-1 糖、脂肪、氨基酸、核苷酸代谢途径间的相互关系

对靶细胞直接发生影响或通过激素水平来调节某些靶细胞的代谢和功能,并通过多种激素的互相协调而对机体各组织、器官的代谢进行代谢整合,协调各器官、各组织之间的物质代谢和各产能营养物之间的物质代谢,以满足机体对内、外环境改变的生理需求。

高等生物的激素水平调节和整体水平调节都是通过细胞水平的调节来实现的,因此细胞水平的代谢调节是最基本、最重要的环节。

一、细胞水平的调节

细胞水平的调节是基于酶活性和含量的调节,通过细胞内一些小分子代谢产物调节酶的活性和含量。

(一) 细胞内酶的区域性分布

细胞内存在复杂的合成代谢和分解代谢,但它们都按照各自的代谢途径有序进行,各代谢途径在细胞内有区域性分布特点,这是因为参与某一代谢途径的酶体系具有区域性分布特点。例如糖酵解酶系、糖原合成与分解酶系、脂肪酸合成酶系均存在胞质中;而三羧酸循环酶系、脂肪酸β-氧化酶系和氧化磷酸化酶系则分布于线粒体中;糖异生酶系分布于线粒体和胞质;核酸合成酶系绝大部分集中于细胞核内;蛋白质合成酶系分布于胞质、内质网等(表 10 - 1)。不同代谢途径之间通过中间产物的转移进行联系,有利于代谢调节。

表 10 - 1 细胞内主要代谢酶系的区域性分布

多酶体系	分布	多酶体系	分布
糖酵解	胞质	脂肪酸合成	胞质
磷酸戊糖途径	胞质	酮体合成	线粒体
糖异生	线粒体、胞质	胆固醇合成	内质网、胞质
脂肪酸 β-氧化	线粒体	磷脂合成	内质网
水解酶类	溶酶体	尿素合成	胞质、线粒体
三羧酸循环	线粒体	DNA 合成	细胞核
氧化磷酸化	线粒体	RNA 合成	细胞核
呼吸链	线粒体	蛋白质合成	内质网、胞质
糖原合成	胞质	血红素合成	胞质、线粒体

不同组织细胞有不同代谢酶谱和同工酶谱,使各组织细胞具有各自代谢特点。同一组织细胞不同细胞器的酶区域化分布,使同一代谢途径具有连续性,并提高反应速率,同时使各种代谢途径互不干扰。同时各种代谢产物也在不同亚细胞器或区域隔离分布,又可通过各种途径进行转运,使不同代谢途径彼此协调,更有利于细胞内各代谢途径的调节。

(二) 关键酶的调节

代谢途径包含一系列酶催化的化学反应,其速率和方向是由其中一个或几个活性较低的酶的活性所决定的,这些酶称为代谢途径的限速酶(rate - limiting enzyme),其活性可受到多种因素的调节,又称为调节酶(regulatory enzyme)或关键酶(key enzyme)。关键酶所催化的反应具有下述特点:①酶促反应速度慢,其活性决定整个代谢途径的速度和代谢物进入其代谢途径的流量;②催化的化学反应常常为不可逆反应,因此其活性决定整个代谢途径的方向;③酶活性常受多种代谢物影响,如底物浓度、产物浓度、ATP/ADP、辅酶等调节。各种代谢途径有不同的关键酶,某些重要代谢途径的关键酶如表 10 - 2。

表 10 - 2 某些重要代谢途径的关键酶

代谢途径	关 键 酶
糖酵解	己糖激酶、磷酸果糖激酶- 1、丙酮酸激酶
糖有氧氧化	己糖激酶、磷酸果糖激酶- 1、丙酮酸激酶、丙酮酸脱氢酶复合体、柠檬酸合酶、异柠檬酸脱氢酶、α-酮戊二酸脱氢酶复合体
磷酸戊糖途径	6-磷酸葡萄糖脱氢酶
糖原合成	糖原合酶
糖原分解	糖原磷酸化酶
脂肪动员	激素敏感性三酰甘油脂肪酶(HSL)
脂肪酸氧化	肉碱脂酰转移酶 I
脂肪酸合成	乙酰 CoA 羧化酶
胆固醇合成	HMG CoA 还原酶

细胞水平的代谢调节主要是通过对关键酶活性的调节实现的。对关键酶活性的调节通过改变酶分子结构和酶含量来实现。改变酶分子结构的调节方式主要有变构调节和化学修饰调节。该类调节

作用较快,在数秒及数分钟内即可发生,又称为快速调节;酶含量的调节是通过对酶蛋白分子的合成或降解来调节细胞内酶的浓度,进一步调节酶促反应速率。这类调节一般需数小时或数日才能实现,因此称为迟缓调节。

1. 变构调节　一些小分子化合物可与酶蛋白分子活性中心以外的某一部位非共价特异结合,引起酶蛋白分子构象变化,从而改变酶的活性,这种调节称为酶的变构调节(allosteric regulation)或别构调节。其中,变构激活剂使酶的活性升高,变构抑制剂则使酶的活性降低。代谢途径中的关键酶大多是变构酶,现将某些代谢途径中的变构酶及其变构效应剂列于表 10-3。

表 10-3　部分变构酶及其变构效应剂

代谢途径	变构酶	变构激活剂	变构抑制剂
糖酵解	己糖激酶	—	$G-6-P$
	磷酸果糖激酶-1	$F-1,6-BP$、$F-2,6-BP$、AMP、ADP	柠檬酸、ATP
	丙酮酸激酶	$F-1,6-BP$	ATP、丙氨酸
糖的有氧氧化	丙酮酸脱氢酶复合体	AMP	乙酰 CoA、ATP、$NADH+H^+$、脂肪酸
三羧酸循环	柠檬酸合酶	ADP	ATP、$NADH+H^+$、琥珀酰 CoA、柠檬酸
	异柠檬酸脱氢酶	AMP、ADP、Ca^{2+}	ATP
	α-酮戊二酸脱氢酶复合体	Ca^{2+}	$NADH+H^+$、琥珀酰 CoA
糖异生	丙酮酸羧化酶	乙酰 CoA、ATP	AMP
	果糖二磷酸酶-1	—	$F-2,6-BP$、AMP
糖原分解	糖原磷酸化酶	AMP、Pi	ATP、葡萄糖、$G-6-P$
脂肪酸合成	乙酰 CoA 羧化酶	乙酰 CoA、$NADPH+H^+$、ATP、柠檬酸、异柠檬酸	长链脂酰 CoA
胆固醇合成	HMG CoA 还原酶	—	7β-羟胆固醇、25-羟胆固醇
氨基酸代谢	L-谷氨酸脱氢酶	ADP、GDP	ATP、GTP
尿素合成	氨基甲酰磷酸合成酶-Ⅰ(CPS-Ⅰ)	AGA	—
嘌呤合成	PRPP 合成酶、酰胺转移酶	$R-5-P$	IMP、AMP、GMP、ADP、GDP
嘌呤分解	黄嘌呤氧化酶		别嘌呤核苷酸
嘧啶合成	氨基甲酰磷酸合成酶-Ⅱ(CPS-Ⅱ)		UMP
	天冬氨酸转甲酰酶	—	CTP、UTP

从表 10-3 中可以看出,代谢途径中终产物多为该代谢途径某一关键酶的变构抑制剂,当此产物增多时,抑制该代谢途径,避免产物堆积引起浪费。例如长链脂酰 CoA 可反馈性抑制乙酰 CoA 羧化酶,从而抑制脂肪酸的合成,这样可使代谢物的生成不致过多。变构调节还可使能量得以有效利用,不致浪费。例如 $G-6-P$ 抑制糖原磷酸化酶以阻断 1-磷酸葡萄糖的生成,进一步抑制糖酵解和糖的有氧氧化途径;ATP 增多时也可反馈抑制多个糖酵解途径和三羧酸循环过程中关键酶,避免能量浪费;同时 $G-6-P$ 又激活糖原合酶,使多余的磷酸葡萄糖合成糖原,能量得以有效储存。

代谢途径的底物往往又是该代谢途径中某些关键酶的激活剂,例如 AMP、ADP 是糖酵解途径和三羧酸循环过程中关键酶的变构激活剂,使该代谢途径速度加快,产生足够的产物满足机体的需求。

在变构调节中,变构抑制更为多见,防止过量生成多余产物的浪费和对机体可能的损害。变构调节还可使不同代谢途径相互协调,例如柠檬酸既可变构抑制磷酸果糖激酶-1,又可变构激活乙酰CoA羧化酶,一方面使糖氧化分解产生乙酰CoA减少,另一方面使多余的乙酰CoA合成脂肪酸。

2. 共价修饰调节(化学修饰调节)　酶蛋白分子上某些化学基团在另一种酶催化下发生共价结合或共价解离,从而引起酶活性改变,这种调节称为酶的共价修饰调节(covalent modification)或化学修饰调节(chemical modification)。

酶的共价修饰主要有磷酸化与去磷酸化、乙酰化与去乙酰化、甲基化与去甲基化、腺苷化与去腺苷化及-SH与-S-S-互变等,其中磷酸化与去磷酸化在共价修饰调节中最为多见。

酶蛋白分子中丝氨酸、苏氨酸或酪氨酸的羟基是磷酸化修饰的位点。酶蛋白的磷酸化是在依赖于cAMP的蛋白激酶(protein kinase)的催化下,由ATP提供磷酸基及能量完成的,而去磷酸则是由磷蛋白磷酸酶(phosphoprotein phosphatase)催化下的水解反应。酶的磷酸化与去磷酸化分别由蛋白激酶及磷蛋白磷酸酶催化的相反的化学反应过程,对酶活性的影响则有不同结果,例如糖原合酶磷酸化后其活性被抑制,去磷酸化后活性恢复,而糖原磷酸化酶的磷酸化与去磷酸化的结果则相反。

共价修饰调节具有以下的特点:①绝大多数被共价修饰调节的关键酶都具有活性(或高活性)和无活性(或低活性)两种形式,两种形式之间可通过磷酸化和去磷酸化而相互转化;②共价修饰调节中关键酶的共价键变化是其他酶催化的反应,反应迅速且有多级酶促级联,故有放大效应,调节效率高;③共价修饰调节与合成酶蛋白比较消耗ATP少,是细胞经济有效的调节酶活性方式。

变构调节与化学修饰调节只是调节酶活性的两种不同方式,机体某些重要的关键酶可同时具有这两种方式的调节,二者相互协调和补充,使相应的代谢调节更为精细、有效。例如在肝糖原分解途径的调节中,葡萄糖是磷酸化酶的变构抑制剂,可使疏松型的高活性的磷酸化酶a(R)转变成紧密型(T型)的磷酸化酶a,T型的磷酸化酶a磷酸化的14位Ser暴露,然后在磷蛋白磷酸酶-1催化下去磷酸化而转变成低活性的磷酸化酶b。因此,血糖浓度升高时,可降低肝糖原的分解。

3. 酶含量的调节　细胞内酶浓度与所催化的化学反应速度成正比关系。酶含量的调节是通过改变酶的合成或降解速率来实现的,进一步调节代谢的速率和强度。由于酶的合成或降解所需时间较长,消耗ATP量较多,通常要数小时甚至更长,因此酶含量调节属于迟缓调节。

(1) 酶蛋白合成的诱导与阻遏:一般将增加酶合成的化合物称为酶的诱导剂(inducer),减少酶合成的化合物称为酶的阻遏剂(repressor)或辅阻遏剂(co-repressor),能影响酶蛋白表达的化合物包括酶的底物、产物、某些激素或药物等。诱导剂或阻遏剂是通过影响酶蛋白生物合成的转录或翻译过程发挥作用,但常见方式是调节转录。

底物对酶合成的诱导和阻遏普遍存在。例如,乙醇可诱导对其代谢酶的表达,所以一部分人酒量可以增大;很多助眠药物可诱导肝细胞对此类药物代谢酶的合成,从而引起机体的耐药性。

另外,代谢途径的产物除可变构抑制关键酶活性外,还可阻遏这些酶的合成。例如HMG CoA还原酶是胆固醇合成的关键酶,胆固醇可阻遏肝中该酶的合成。

激素常作为酶的诱导剂诱导某些酶的表达。例如,糖皮质激素诱导一些氨基酸分解酶和糖异生中磷酸烯醇式丙酮酸羧激酶的表达,而胰岛素则能诱导糖酵解中关键酶和脂肪酸合成途径中关键酶的合成。

(2) 酶蛋白降解的调节:细胞内蛋白质的降解有两条途径:溶酶体途径可非特异降解酶蛋白;细胞对酶蛋白特异降解需要依赖ATP的泛素-蛋白酶体途径(详见本书第八章)。某些因素如能改变或影响这两种蛋白质降解体系,可间接影响酶蛋白的降解速度,调节酶的含量,进而调节代谢速度。

二、激素水平的调节

激素水平的调节是高等动物调节物质代谢的重要方式。激素作用的一个重要特点是表现出较高的组织特异性和效应特异性。激素作用的组织特异性是由于特定组织或细胞(即靶组织或靶细胞)存在能特异识别和结合相应激素的受体(receptor)。当激素与靶细胞受体结合后,能触发细胞内一系列信号转导反应,最终表现出激素的生物学效应。按激素的受体在细胞的部位不同,可将激素分为两大类:

1. 膜受体激素 是指这类激素的受体分布于细胞膜上,常为跨膜的糖蛋白。这类激素包括胰高血糖素、胰岛素、生长激素、促甲状腺激素、肾上腺素等蛋白质类、肽类或氨基酸衍生物类激素。因为这类激素为水溶性分子,激素分子不能直接透过由双层脂类构成的细胞膜,而是结合于相应的靶细胞膜受体,再由受体将激素的调节信号跨膜转导到细胞内。此过程通过第二信使(如 cAMP、cGMP、IP_3 等)及多种蛋白的级联放大,使少量激素即能产生显著细胞代谢效应(详见本书第十七章)。

2. 细胞内受体激素 是指此类激素的受体分布于细胞内,而激素为脂溶性分子,可直接穿过细胞膜进入细胞质内或核内发挥作用,大部分激素的受体位于细胞核内,有的激素的受体存在于胞质中,与激素结合后再进入核内。此类激素与受体结合后可形成激素-受体复合物,再与 DNA 的特定序列即激素反应元件(hormone response element,HRE)结合,影响某些酶的基因转录,通过诱导或阻遏调节酶的合成速度而调节细胞内酶的含量,从而调节细胞代谢。肾上腺皮质激素、性激素等类固醇激素、甲状腺素,1,25(OH)$_2$-维生素 D$_3$ 及视黄酸等属于此类激素。

知识链接

热量限制饮食与健康

热量限制(caloric restriction,CR)指在保证必需营养成分(如必需氨基酸、维生素和各种微量元素等)充足的情况下,对每日摄取的总热量加以限制,又称为饮食限制(dietary restriction,DR)。热量限制研究由来已久,早在 70 多年前,科学家们发现,从食物中摄取的热量低于其实际能量需求的大鼠比始终自由取食的大鼠寿命长,随后的研究证明在其他物种(如线虫、果蝇和小鼠)也存在热量限制效应。近些年来,随着医学的发展及人们生活方式的变化,人类的疾病谱也发生了显著变化,慢性病发病率不断升高,热量限制效应再次引起了广泛的研究兴趣。越来越多的研究表明,热量限制具有改善代谢、增强免疫、减缓衰老等积极作用,进而一定程度上可预防或延缓年龄相关疾病的发生,如糖尿病、心脑血管疾病、肿瘤等,对保持健康颇有益处,但具体的生物学机制仍有待进一步研究。

长期能量摄入大于消耗所致的肥胖,反过来可以加重代谢紊乱,导致高脂血症、冠心病、糖尿病、高血压、卒中等严重后果。那么限制热量摄入有助于健康的机制是什么?最近耶鲁大学医学院的研究人员在《Science》上发表的一篇"Caloric restriction in humans reveals immuno-metabolic regulators of health span"研究论文表明,限制热量摄入 2 年后,受试者胸腺异位脂质减少,胸腺功能增强,说明限制饮食后胸腺的免疫功能增强了。且持续的热量限制激活了一个核心转录程序,该程序可以促进免疫功能,减少炎症。同时限制热量降低了血小板活化因子乙酰水解酶(PLA2G7)的基因表达水平,而减少 PLA2G7 可以降低与年龄相关的炎症并可改善机体的代谢过程。因此适度的热量限制,对人体健康有很多益处,甚至可以延长寿命。

三、整体水平的调节

代谢的整体调节是建立在细胞与激素水平之上,在神经系统的主导下对所有组织器官代谢进行统一调节的过程。使不同组织、器官中物质代谢途径相互协调和配合,以适应环境的变化,维持内环境的相对恒定。整体水平调节依赖于激素水平和细胞水平的调节,现以饥饿及应激状态下物质代谢的调节为例,说明整体调节的重要意义。

（一）饥饿状态下物质代谢调节

正常人一日三餐通过摄取三大产能营养物为机体提供维持生命活动所需能量,且各种产能营养物供能是按糖、脂肪、蛋白质的优先顺序进行。但在病理情况下或某些特殊情况下不能进食时,若不能及时进行营养物补充,机体将在整体水平调节物质代谢,使体内的代谢发生一系列的变化,三大产能营养物供能比例也会发生改变。

1. 短期饥饿时的调节　饥饿早期首先是糖原分解增强,肝糖原分解释放葡萄糖以维持血糖水平恒定,保证大脑、红细胞等葡萄糖供应;肌糖原分解氧化供应肌肉组织所需能量;同时脂肪动员也有所增加。禁食 24 小时,肝、肌糖原接近耗竭,血糖浓度趋于降低,引起胰岛素分泌减少和胰高血糖素分泌增加,并引起以下代谢改变。

（1）脂肪动员进一步加强,酮体生成增多:胰高血糖素＋受体→激素敏感性三酰甘油脂肪酶活性增强→脂肪动员加强→血浆甘油和游离脂肪酸含量升高,脂肪酸成为肝、肌肉组织的基本能源,甘油则为糖异生提供原料。由于草酰乙酸等三羧酸循环中间物被消耗用于糖异生,脂肪酸 β-氧化生成的大量乙酰 CoA 进入三羧酸循环受阻积聚,又因为肝细胞中合成酮体的酶活性很高,所以酮体合成增多,此时脂肪酸和酮体成为心肌、骨骼肌和肾皮质的重要燃料,大脑也利用酮体供能,节约葡萄糖供红细胞利用。

（2）糖异生作用增强:饥饿初期,肝糖异生作用首先增强,其原料可来自丙酮酸、乳酸、脂肪动员释出的甘油和肝降解一定量蛋白质产生的氨基酸。饥饿 2 日时,肝糖异生速度每日约为 150g 葡萄糖,其中 30% 来自乳酸,10% 来自甘油,其余 60% 来自氨基酸。肝是饥饿初期糖异生的主要场所,约占 80%,小部分(约 20%)则在肾皮质中进行。

（3）蛋白质分解供能增加:蛋白质分解增加出现较迟,特别是肌肉蛋白质分解的氨基酸大部分转变为丙氨酸和谷氨酰胺释放入血循环,转运进入肝后作为氧化供能及糖异生原料。饥饿第 3 日,肌肉组织释出丙氨酸占输出总氨基酸的 30%～40%。

总之,饥饿时糖供能所占比例明显降低,脂肪动员产生的脂肪酸成为机体主要能源物质,可达能量来源的 70% 以上,组织蛋白分解释放的氨基酸供能比例也增加。

2. 长期饥饿时的调节　长期饥饿时,脂肪动员进一步加强,肝生成大量酮体,脑组织利用酮体增加,超过葡萄糖的利用,以节约对组织蛋白的消耗。肌肉利用脂肪酸为主要能源,以保证酮体优先供应脑组织;因蛋白质有许多重要的生理功能,持续分解会危及生命,因此肌肉蛋白分解下降,肌肉释出氨基酸减少,负氮平衡有所改善。乳酸和丙酮酸成为肝糖异生的主要来源,肾糖异生作用明显增强,生成的葡萄糖主要维持红细胞供能。长期饥饿时经上述调节虽然能适应代谢需要,但因为机体蛋白质大量消耗,过量酮体的堆积,缺乏维生素、矿物质和蛋白补充,仍可危及生命。

（二）应激情况下物质代谢调节

人或动物在应激状态下,交感神经兴奋,肾上腺素、去甲肾上腺素、胰高血糖素及肾上腺皮质激素等均分泌增多,胰岛素分泌减少,引起一系列生理反应,导致血糖升高、脂肪动员加强、脂肪合成减少、蛋白质分解增多等主要代谢变化。

1. 血糖升高　肾上腺素及胰高血糖素分泌增加,均可通过依赖于 cAMP 的蛋白激酶的调节促进肝糖原分解,抑制糖原合成;同时肾上腺皮质激素及胰高血糖素又可促进糖异生,不断补充血糖;加上胰岛素分泌减少,机体对糖的利用减少和肾上腺皮质激素及生长素使周围组织对糖的利用降低,这些共同作用引起血糖升高。这对保证大脑、红细胞的供能有重要意义。

2. 脂肪动员增强、合成减少　肾上腺素及胰高血糖素等脂解激素分泌增加,使脂肪动员加强,血浆游离脂肪酸升高,成为心肌、骨骼肌及肾组织主要能量来源。胰岛素分泌减少,使脂肪的合成减少,脂库储备减少。

3. 蛋白质分解加强　肾上腺皮质激素分泌增多,使蛋白质分解加强,肌肉组织释放出氨基酸增加,一方面作为糖异生原料参与糖异生;另一方面参与氧化供能,其代谢产物氨参与尿素合成,使尿素氮排出增加,呈负氮平衡。

总之,应激时糖、脂、蛋白质代谢特点是分解代谢增强,合成代谢受到抑制。

四、代谢紊乱与疾病

为了保证机体的正常功能,需要确保糖、脂类、蛋白质、维生素、无机盐等物质在体内的代谢能够适应机体内外环境变化的需求,有条不紊地进行。任何代谢途径的酶缺陷、任何代谢物的缺失、代谢途径之间的不协调或体内物质代谢调节的不平衡,都会引起代谢紊乱,甚至导致疾病的发生。

(一) 代谢紊乱与肥胖

肥胖是指一定程度的明显超重与脂肪层过厚,是体内脂肪积聚过多而导致的一种状态。肥胖人群动脉粥样硬化、脑卒中、冠心病、高血压、糖尿病等疾病的风险明显高于正常人群。而且肥胖还与脂肪肝、痴呆等疾病的发生密切相关。肥胖诊断有不同方法,如身高、标准体重和腰围等,而常用标准是体重指数(body mass index, BMI),BMI＝体重(kg)/身高的平方(m²)。如体重指数＞30 即为肥胖。

肥胖是由多种激素和其他因素调节紊乱而导致的。胰岛素是调节糖、脂肪代谢的重要激素,同时对血压调控、血管收缩反应等有重要作用。肥胖患者胰岛素分泌增多及功能异常,使机体脂肪合成加强,脂肪动员受抑制。肥胖患者体内糖代谢、脂代谢均发生紊乱,目前将以肥胖、高血压、糖代谢及血脂异常等为主要临床表现的症候群称为代谢综合征(metabolic syndrome, MS)。肥胖和 MS 严重威胁人类健康。

肥胖患者能量代谢紊乱,能量的摄入大于分解。生理情况下,当能量的消耗小于摄入,机体会将过剩的能量以脂肪的形式储存在脂肪组织中。脂肪组织中过多的脂肪会产生反馈信号,作用于调节饮食行为和能量代谢的摄食中枢,通过一些激素的作用调节食欲和脂肪储存。其中抑制食欲的激素主要包括瘦素、胆囊收缩素、α-促黑素等。脂肪组织体积的增加可以刺激机体瘦素的分泌,并通过血液循环作用于下丘脑弓状核瘦素受体,促进脂肪酸氧化,增加能量的消耗,抑制食欲和脂肪合成,减少脂肪的储存。小肠上段细胞在进食时分泌的胆囊收缩素可以引起饱胀感,抑制食欲。刺激食欲的激素主要包括生长激素释放肽和神经肽 Y。在调节食欲方面,生长激素释放肽通过作用于下丘脑神经元,增强食欲。机体食欲受这两类激素的调节,一旦调节发生失衡,就会引起摄食行为和能量代谢障碍,引起肥胖。

(二) 胰岛素与糖尿病

糖尿病是由于胰岛素分泌不足或者胰岛素作用低下而引起的以高血糖为主要特征的一类代谢性疾病,其典型症状包括多食、多饮、多尿和体重减轻。糖尿病的发病机制与胰岛素密切相关,可能是机体对胰岛素产生抵抗,或者是胰腺 β 细胞的自身免疫性损伤使胰腺功能损伤导致胰岛素分泌相对或绝对不足。胰岛素是体内具有降糖作用的主要激素,通过调节血糖的去路和来源实现降低血糖的作用。其促进脂肪、肌肉等外周组织从血液中摄取葡萄糖,促进葡萄糖分解利用,抑制糖异生,抑制糖原分解,并将多余的糖转变成糖原或者甘油三酯储存。

不管哪一类型的糖尿病患者,由于胰岛素的绝对或相对不足,机体不能有效地从血液中摄取和利用葡萄糖,外周组织对葡萄糖利用和转化减少,加上肝糖原分解和糖异生增多,导致血糖浓度增高。另外为了满足机体的需求,还会导致机体细胞内其他营养物质的消耗增加。葡萄糖不能被很好地利用,脂肪酸就成为主要供能物质,脂肪合成减少,脂肪动员加强,血液中三酰甘油和游离脂肪酸浓度升高,肝脏产生的酮体也增加,严重糖尿病患者可能会出现酮症酸中毒。蛋白质分解代谢加速,合成减慢,可致机体出现负氮平衡、生长迟缓、体重减轻等现象。

代谢组学

　　代谢活动是生命的本质特征和物质基础,代谢组学(metabolomics)是对生物体或细胞内小分子代谢产物进行定性和定量分析的一门学科。通过分析生物体内所有小分子代谢物的种类、数量及其变化规律,研究生物体不同水平下(整体、系统、器官、组织或细胞)内源性代谢物质与其内外因素的相互作用,寻找代谢物与生理/病理变化的相对关系。通过定量检测不同条件下多因素、多参数的代谢应答时间序列变化,获得特定时间、特定条件下的整体性代谢图谱。代谢组学提供了代谢表型的详细表征,包括表征疾病基础的代谢紊乱,发现新的生物标志物、治疗靶点以用于疾病的诊治。目前,代谢组学已广泛应用于疾病诊断、医药研发、食品科学、毒理学、环境学等与人类健康密切相关的多个领域。

第四节　重要组织器官的代谢特点及联系

　　机体各组织器官由于发育过程中细胞分化,形成了不同特点的组织结构,生物大分子酶蛋白的种类、含量也有较大差异,所以在代谢上也各具特色。

　　1. 肝的物质代谢特点　　肝酶含量丰富,所以在糖、脂肪、蛋白质等多种物质代谢中均处于中心地位。不仅为自身组织氧化提供能量,还能进行糖原的合成和分解。由于肝含有的葡萄糖激酶 K_m 非常高,且不被其产物葡萄糖-6-磷酸所抑制,有利于饱食后糖原的合成;另外,肝含有葡萄糖-6-磷酸酶,糖原分解可释放出游离葡萄糖进入血液循环补充血糖,同时肝具有强大的糖异生作用,二者保证了饥饿状态下血糖浓度的恒定。

　　在脂代谢方面肝能合成多种脂类和血浆脂蛋白,通过血液循环运输到肝外组织利用;肝也可合成LCAT 和 ApoC Ⅱ 从而促进血浆脂蛋白代谢;肝细胞表面含有乳糜微粒残粒、HDL、IDL、LDL 受体,可将血液中脂蛋白代谢产物摄取,并将胆固醇转化成胆汁酸。肝能将脂肪酸 β-氧化产物合成酮体,即将长链脂肪酸加工成短链酮体,促进脂肪酸类物质氧化供能。

　　肝是合成与分解蛋白的重要器官。肝除合成自身所需的蛋白质以外,还向血液输出血浆蛋白质。肝氨基酸的脱氨基和脱羧基作用也非常活跃,其中丙氨酸氨基转移酶(GPT/ALT)在肝中活性最高。肝还能将有毒的氨合成无毒的尿素,解除氨的毒性。氨基酸脱羧生成的胺类物质在肝进行生物转化。

　　肝还参与维生素和辅酶代谢,在激素灭活中也发挥重要作用,另外肝也是非营养物质生物转化的重要场所。

　　2. 心肌的物质代谢特点　　心肌持续和有节律性收缩使心肌在代谢上也呈现出持续耗能和持续耗氧的特点。因心肌细胞线粒体极为丰富,因此心肌可利用多种能源物质,以有氧氧化为主获得能量。正常情况下心肌优先利用脂肪酸为原料获得 ATP,也可利用葡萄糖和酮体等能源物质提供能量,并储存少量磷酸肌酸和糖原。因此,即使在能源供给十分缺乏的情况下,仍能保证心脏搏动时 ATP 的需要。

　　3. 成熟红细胞的物质代谢特点　　成熟红细胞因没有线粒体,不能进行有氧氧化,所以只能依赖糖酵解供能;而且红细胞在进行糖酵解时产生的 2,3-二磷酸甘油酸可调节血红蛋白与氧的亲和力,有利于血红蛋白在组织中释放氧气。

　　4. 脑组织的物质代谢特点　　大脑为中枢神经系统,需要能量供应较多,因此耗氧量也较大,但由于血-脑屏障存在,不能利用外周血液中的脂肪酸,而大脑又没有糖原和脂肪的储存,所以主要氧化葡萄糖供能,每日消耗葡萄糖 $50\sim100g$,在血糖水平降低时转而利用肝生成的酮体供能。

5. **肌肉组织的物质代谢特点**　骨骼肌静息时耗氧量占全身耗氧量的 30%,运动时可高达 90%,尽管如此,因肌肉剧烈收缩时需要大量能量,仍呈现氧气供给相对不足,所以肌肉糖酵解能力强,肌糖原的无氧酵解可提供 ATP,同时也产生大量乳酸。由于肌肉缺乏葡萄糖-6-磷酸酶,因此肌糖原不能直接分解成葡萄糖补充血糖。肌肉组织也具有较强的氧化脂肪酸的能力,静息时肌肉以氧化脂肪酸为主,同时也利用葡萄糖和酮体氧化供能,并含有一定量的磷酸肌酸作为能量的储存形式。

6. **脂肪组织的物质代谢特点**　脂肪组织是合成、储存脂肪的重要组织,脂肪细胞内脂肪的代谢速率高,平均转换时间仅数日。正常肝合成大部分脂肪,但不储存脂肪,肝细胞内合成的脂肪以 VLDL 转运并释放入血,脂肪组织的毛细血管壁含有脂蛋白脂肪酶(LPL),被激活后可水解 VLDL 中的脂肪,生成的脂肪酸和甘油可被脂肪组织摄取并合成脂肪,以脂肪的形式储存。脂肪细胞还含有激素敏感性三酰甘油脂肪酶(HSL),能动员储存的脂肪分解成脂肪酸和甘油释入血循环以供机体其他组织作为能源利用。

7. **肾组织的物质代谢特点**　肾是可进行糖异生和生成酮体(量甚微)的器官。正常情况下,肾通过糖异生产生的葡萄糖量少仅占肝糖异生的 10%,而饥饿时肾的糖异生作用明显加强,严重饥饿时肾糖异生产生的葡萄糖与肝糖异生的量几乎相等。肾髓质因无线粒体,主要由糖酵解供能,而肾皮质则主要由脂肪酸及酮体氧化供能。

不同组织器官的代谢过程、代谢中间物及代谢终产物,通过血液循环、神经系统及激素的调节联系成为一个统一的整体。

小　结

- **物质代谢的特点**

体内各种物质代谢密切联系,既有独立的代谢途径,又相互联系、相互制约。其特点有:代谢反应的整体性、代谢部位的组织特异性、代谢网络的复杂性、代谢原料的开放性、代谢调节的精细性、能量代谢中 ATP 的通用性、合成代谢中还原当量 NADPH 的统一性等。

- **物质代谢的相互联系**

糖、脂肪、蛋白质等作为能源物质在分解代谢时有共同的最终代谢途径,所以在能量供应上可相互代替,互相制约,各代谢途径之间也可通过共同中间产物互相联系。在生理情况下机体能量来源以糖的有氧氧化为主,但饥饿状态下脂肪供能增加。三大产能营养物可通过中间产物相互转变,但不能完全互相转变。

- **物质代谢的调节**

机体物质代谢受到精细调节,主要在三级水平上进行代谢调节,包括细胞水平调节、激素水平调节和整体水平调节。细胞水平调节是最基本的调节,激素水平的调节和整体调节最终都要通过细胞水平调节发挥作用。细胞水平调节主要通过调节关键酶的活性来实现,其中通过改变酶结构而改变酶活性的调节发生较快;通过改变酶含量而影响酶活性的调节缓慢而持久。对酶结构的调节包括变构调节和酶蛋白的化学修饰调节。在代谢途径的调节中两种调节方式往往共同存在、相辅相成。

激素水平调节依赖于激素与特异受体的作用,激素与受体结合后可将激素信号转化为细胞内一系列信号转导级联过程,最终表现出激素的生物学效应。激素的受体可分为膜受体及胞内受体,与前者结合的为蛋白质、多肽及儿茶酚胺类亲水性激素,与受体结合后才能将信号跨膜转导进入细胞内;与后者结合的为疏水性激素,可透过脂质细胞膜与胞内受体(大多在核内)结合,形成激素-受体复合物,作为转录因子与 DNA 上特定激素反应元件(HRE)结合,以调控特定基因的表达。

整体水平的调节是最高级的调节,在神经系统支配下必须通过内分泌激素和细胞水平关键酶活性的改变来调节物质代谢,使机体代谢相对稳定,适应内、外环境改变。饥饿及应激时机体通过改变多种激素分泌调节关键酶活性,整体调节体内物质代谢,使机体物质代谢适应生理功能的需要。肥胖是多种因素引起的整体代谢调节紊乱的病理状态,胰岛素分泌增多和功能异常是肥胖的重要原因。肥胖患者能量代谢紊乱,能量的摄入大于分解。抑制食欲的激素和刺激食欲的激素根据机体需要调节摄食行为和能量代谢。一旦调节发生失调,就会引起摄食行为和能量代谢障碍导致肥胖。肥胖可引起糖、脂代谢紊乱甚至代谢综合征。糖尿病是由于胰岛素分泌不足或者胰岛素作用低下而引起的以血糖升高为主要特征的一类代谢性疾病。由于胰岛素的绝对或相对不足,糖利用障碍,机体组织细胞内脂类和蛋白质的消耗增加,以满足机体的需求。

● **重要组织器官的代谢特点及联系**

不同组织器官由于结构和所含酶类的不同,其代谢过程也各具特点,以适应器官功能的需要。肝脏是人体物质代谢的中心和枢纽,在糖、脂类、蛋白质、维生素、激素灭活、生物转化等方面具有重要的作用。心肌主要以有氧氧化的方式利用多种营养物质。成熟的红细胞只能依赖糖酵解供能。脑组织的能量来源主要是葡萄糖和酮体。骨骼肌以肌糖原和脂肪酸为主要能源。脂肪组织是合成、储存脂肪的重要组织,饥饿时也主要依靠分解储存的脂肪来供能。肾脏是糖异生和生成酮体的器官。

(王小引)

第三篇

遗传信息的传递

本篇内容主要介绍 DNA 的生物合成、RNA 的生物合成、蛋白质的生物合成和基因表达调控。

绝大多数生物体的遗传信息储存于 DNA，部分病毒的遗传信息储存在 RNA。生物体内遗传信息的传递是遵循中心法则进行的。DNA 分子储存的遗传信息一方面通过半保留复制将其传递至子代，另一方面通过转录和翻译表达出特定结构和功能的蛋白质（也可以只转录出 RNA）。DNA 分子中脱氧核苷酸的排列顺序决定了蛋白质分子中氨基酸的排列顺序，进而决定蛋白质的空间结构和功能。储存在 RNA 中的遗传信息也可以通过复制传递至子代，还可以通过逆转录指导 DNA 的合成，逆转录的发现发展了遗传学的中心法则。如下图：

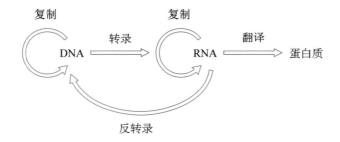

因为原核生物结构简单且繁殖比较快，人们对原核生物遗传信息传递认识比较早，研究也比较深入，所以本篇内容先重点介绍原核生物遗传信息传递的规律。真核生物与之比较，突出其特点。无论原核生物还是真核生物的复制、转录、翻译均分为起始、延伸和终止三个阶段，每个阶段均有蛋白质因子参与，应加以区分。基因表达调控有多个环节，目前认为转录起始调控最关键；原核生物和真核生物表达调控各具特色。

第十一章
DNA 的生物合成

本章课件

学习指南

重点

1. DNA 复制的基本规律。
2. 参与 DNA 复制的主要酶及蛋白质因子的作用。
3. 半保留复制、冈崎片段、逆转录的概念。
4. 逆转录的过程及意义。
5. DNA 损伤修复方式。

难点

1. DNA 复制的基本过程。
2. 原核生物和真核生物 DNA 复制的区别。
3. 端粒及端粒酶的作用。

1944 年,O. Avery 等通过肺炎球菌转化实验证明,DNA 是主要的遗传物质。DNA 分子中的核苷酸排列顺序即是储存的遗传信息。生物体内 DNA 的生物合成包括以下 3 种情况:①DNA 指导的 DNA 合成,即 DNA 复制(replication),是 DNA 合成的主要方式;②RNA 指导的 DNA 合成,即逆转录(reverse transcription),某些病毒的基因组为 RNA,感染宿主细胞后,以其自身 RNA 为模板合成 DNA。此过程与中心法则中"转录"的信息流向相反,故称逆转录。③DNA 修复(repair)合成:当 DNA 分子组成或结构发生改变,为纠正这些改变而进行的 DNA 局部合成即为 DNA 修复合成。本章学习 DNA 复制、DNA 的逆转录合成及 DNA 修复合成。

第一节　DNA 复制的基本规律

细胞在分裂增殖前,其 DNA 首先要进行复制,然后细胞开始分裂,合成的 DNA 在细胞分裂时会被平均地分配到两个子代细胞中去。以亲代 DNA 为模板按照碱基互补配对原则,合成子代 DNA 的过程,即为 DNA 复制。其化学本质是在亲代 DNA 模板的指导下,以 dATP、dGTP、dCTP、dTTP 4 种脱氧核苷酸为原料,在众多酶和蛋白因子的参与下,单核苷酸之间进行的聚合反应过程。DNA 复制时采用半保留方式进行,且具有半不连续复制的特点,体内通过一些机制来确保复制的精确度,即复制的高度保真性,使子代 DNA 获得与亲代一致的遗传信息。此外,无论真核细胞还是原核细胞染色体 DNA 复制时普遍采用双向复制的形式。以下就 DNA 复制的一般规律、参与复制的一些酶和蛋白因子及复制过程进行——介绍。

一、半保留复制

半保留复制是 DNA 复制的重要特征,也是 DNA 复制时采用的主要方式。DNA 生物合成时,在众多酶和蛋白因子的作用下,亲代 DNA 的双链解开为两条单链,以每一条单链(亲代链)为模板(tem - plate)按碱基配对规律(A - T、G - C),各自指导合成一条新的互补链(子链),最终形成两个与亲代碱基序列完全相同的子代 DNA。在每个子代 DNA 分子中,一条链是亲代链,另一条链则是重新合成的子代链,这种复制方式称为半保留复制(semi - conservative replication)。

子代 DNA 继承亲代 DNA 遗传信息的可能方式包括全保留式、半保留式及散布式等。DNA 复制时究竟采用何种方式进行? 1953 年,Watson 和 Crick 在确立 DNA 双螺旋模型后就提出半保留复制的设想。1958 年,他们的设想被 M. Meselson 和 F. W. Stahl 通过核素标记加密度梯度离心实验所证实。他们在以 $^{15}NH_4Cl$ 为唯一氮源的培养基中将大肠埃希菌($E. coli$)连续培养 15 代,使细菌 DNA 均为 ^{15}N 的"重"DNA,再移至含 $^{14}NH_4Cl$ 的普通培养基继续培养一代、二代,在不同时间收集菌体,提取 DNA 进行氯化铯密度梯度离心,因 ^{15}N - DNA 密度高于 ^{14}N - DNA,离心时会形成位置不同的条带。实验结果显示(图 11 - 1),培养在 ^{15}N 培养基中的细菌 DNA 只形成 1 条 ^{15}N - DNA 高密度带,位于离心管的下端;移至 ^{14}N 培养基经过一代后,形成了 1 条中密度带,所得 DNA 密度在 ^{15}N - DNA 和 ^{14}N - DNA 之间,提示合成的 DNA 一条链含 ^{15}N - DNA,另一条链含 ^{14}N - DNA,形成杂合分子。子二代 DNA 显示为 1 条中密度带和 1 条位置靠上的低密度带,它们分别是 ^{15}N -^{14}N 杂合 DNA 和 ^{14}N - DNA。若再继续培养,^{14}N - DNA 分子会增多。以上实验充分证明了 DNA 的复制方式为半保留复制。

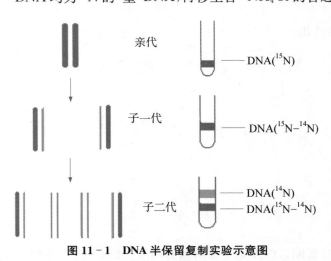

图 11 - 1 DNA 半保留复制实验示意图

半保留复制的意义在于:①保证遗传信息传递的忠实性,构成 DNA 的两条单链碱基序列是互补的,因此其中一条链的碱基序列可明确其互补链的碱基序列。按半保留方式复制,子代 DNA 中一条链是从亲代接受来的,另一条链按碱基配对规律重新合成,所以新合成的这条子链的碱基序列与亲代中的原互补链的碱基序列完全相同;可见子代 DNA 确实继承了亲代 DNA 的全部信息,使得遗传信息代代相传,代与代之间 DNA 的碱基序列是一致的,保证物种的延续。这些遗传信息再通过转录和翻译,决定生物的特性和类型,又体现了遗传的保守性。②遗传和变异的统一,遗传信息主要贮存在 DNA 中,而 DNA 又处在不断地变异和发展中,即遗传变异性。良性的变异促进物种进化,不良的变异导致物种退化,甚至死亡。遗传信息的相对稳定是物种稳定传代的分子基础,但并不表示同一物种的不同个体间会完全相同。因此,遗传的保守性是相对的,遗传中存在着变异,它促进了物种的进化与分化,产生了生物的多样性。如我们熟悉的流感病毒有很多不同的毒株,由于病毒基因发生很大的变异,使之不断涌现新毒株,不同毒株在感染方式及致病力等方面都存在较大差异,且人群对新毒株一般不具免疫力,所以当新毒株出现时,常会引起人群中流感的大流行。

二、半不连续复制

DNA 双螺旋是由两条反向平行的互补单链组成,其中一条链的走向是 $5' \rightarrow 3'$,另一条链的走向是 $3' \rightarrow 5'$。复制时,亲代 DNA 双链局部打开后呈 Y 字形或叉形结构,称为复制叉(replicative fork)。在伸展的复制叉上,解开的两条 DNA 单链各自作为模板,指导合成一条新的互补链;但是由于解链的方向只有一个,DNA 聚合酶又只能从 $5' \rightarrow 3'$ 方向催化 DNA 的合成,就决定了子代 DNA 的两条链合成的方式不同。以 $3' \rightarrow 5'$ 走向的链为模板,新链合成的方向与解链的方向(即复制叉前进的方向)相同,可连续合成 DNA。这条顺着解链方向连续复制合成的新链称为前导链(leading strand),又称领头链。而另一条以 $5' \rightarrow 3'$ 走向的链为模板,新链合成的方向与解链的方向相反,只能先解开一段模板,再合成一段新生链,合成是不连续分段进行的,这条不连续复制的新链称为后随链(lagging strand),又称随从链。前导链连续复制而后随链不连续复制的方式称为半不连续复制(semi-discontinuous replication)(图 11 - 2)。后随链上分段合成的片段称为冈崎片段(Okazaki fragment),1968 年由日本科学家冈崎发现而得名。原核生物冈崎片段的长度 1000～2000 个核苷酸,而真核生物只有 100～200 个核苷酸。复制完成后,不连续的冈崎片段经去除引物填补空隙后,被连接酶连接成完整的子链。

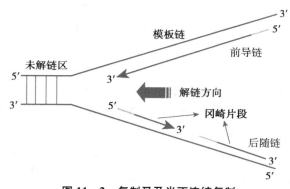

图 11 - 2　复制叉及半不连续复制

三、双向复制

DNA 复制是从某一特定序列位点开始的,此特定序列称为复制起始点(origin, ori)。DNA 双链从复制起始点向两个方向解链,形成两个延伸方向相反的复制叉,同时进行复制,称为双向复制(bidirectional replication)(图 11 - 3)。从一个复制起点引发复制的全部 DNA 序列是一个独立的复制单位,称为复制子(replicon)。原核生物环状 DNA 只有一个复制起始点,从起始点开始双向解链,形成两个延伸方向相反的复制叉,即单点起始双向复制,整个 DNA 都由这个起点开始完成复制,所以是单复制子。真核生物每个染色体上有多个复制起始点,每个起点都产生两个延伸方向相反的复制叉,呈多起点双向复制,复制叉相遇并汇合连接,完成整体复制,所以是多复制子(图 11 - 3)。

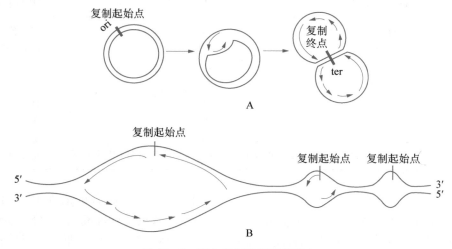

图 11 - 3　双向复制和复制起始点

A. 原核生物单点起始双向复制;B. 真核生物多点起始双向复制

四、高保真性复制

复制时亲代遗传信息能稳定准确的传至子代,这种忠实的延续传代主要通过以下几种机制实现:①DNA 复制时遵守严格的碱基配对规律,即 A 和 T 配对,G 和 C 配对;②DNA 聚合酶对碱基进行严格的选择,只有与亲代模板正确配对的碱基才能进入子链相应的位置;③DNA 聚合酶的即时校读功能和 DNA 损伤修复系统,对复制中出现的错误及时纠正,以保证复制的准确度。

第二节　DNA 复制的酶和有关蛋白质因子

体内 DNA 复制是极其复杂的过程,需要多种组分共同参与,包括:DNA 模板、4 种 dNTP 底物(dATP、dGTP、dCTP 和 dTTP)、RNA 引物、DNA 聚合酶及其他至少 20 多种酶和蛋白质因子。

一、DNA 聚合酶

DNA 聚合酶是一种在亲代 DNA 模板的指导下,催化底物 dNTP 之间聚合为新生 DNA 的酶,全称依赖 DNA 的 DNA 聚合酶(DNA - dependent DNA polymerase,DDDP),简称 DNA pol。该酶在复制中的主要作用是催化 DNA 合成,合成的方向为 $5' \rightarrow 3'$。DNA 合成时,各单个核苷酸之间,在 DNA pol 催化下通过 $3',5'$-磷酸二酯键的连接而聚合在一起。但是 DNA pol 无从头合成 DNA 的能力,即不能催化两个游离的 dNTP 之间直接聚合,只能在与模板链互补的多核苷酸链的 $3'-OH$ 端与按碱基配对进入的 dNTP $5'$-磷酸反应生成磷酸二酯键,因此第一个 dNTP 需要添加到已有的引物 $3'-OH$ 末端,在此基础上延伸 DNA 链,故该酶在作用时需引物的存在以提供 $3'-OH$。原核和真核生物都存在不同类型的 DNA 聚合酶。

(一)原核生物的 DNA 聚合酶

在大肠埃希菌(*E. coli*)中迄今已发现 5 种 DNA 聚合酶的存在,分别是 DNA 聚合酶 Ⅰ、Ⅱ、Ⅲ、Ⅳ 和 Ⅴ。参与 DNA 复制的主要是 3 种:DNA 聚合酶 Ⅰ、Ⅱ、Ⅲ,其中聚合酶 Ⅰ 含量最多,在复制中起去除引物、填补空隙、校读作用;聚合酶 Ⅲ 聚合活力最强,是复制延长中真正在起催化作用的酶,三种酶的性质和差异见表 11-1。

表 11-1　大肠埃希菌 3 种 DNA 聚合酶的差异

	DNA pol Ⅰ	DNA pol Ⅱ	DNA pol Ⅲ
组成	单体	多亚基	不对称二聚体
相对分子质量	103kD	88kD	106.5kD
分子数/细胞	400	40	20
$5' \rightarrow 3'$聚合酶活性	有	有	有
$3' \rightarrow 5'$外切酶活性	有	有	有
$5' \rightarrow 3'$外切酶活性	有	无	无
持续聚合 DNA 能力	无	不详	是
主要功能	去除引物、填补空隙、校读修复 DNA	DNA 的应激修复,其他不详	复制(DNA 链的延长)

1. DNA 聚合酶 Ⅰ(DNA polymerase Ⅰ,DNA pol Ⅰ)　Arthur Kornberg 在 1958 年首先发现并分离的 DNA 聚合酶,又称 Kornberg 酶,它是由一条多肽链组成的多功能酶,相对分子质量为 103kD,其二级结构主要是 α-螺旋。它具有三种酶活性:①$5' \rightarrow 3'$DNA 聚合活性,即在模板的指导下,在引物 RNA 或延长中的子链 $3'-OH$ 末端,自 $5'$ 端向 $3'$ 端逐个将与模板配对的 dNTP 加上去,不断生成

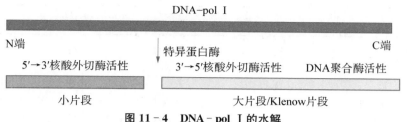

图 11 - 4　DNA - pol Ⅰ 的水解

磷酸二酯键,使 DNA 沿 5′→3′方向延长。但它催化活性低,最多只能催化延长约 20 个核苷酸,所以合成的 DNA 片段短,主要用于填补复制和修复中出现的空隙。②3′→5′核酸外切酶活性,从 3′端水解核苷酸,能识别和切除新生链 3′端碱基错配的核苷酸,起到校读复制中出现错误的作用,保证复制的准确性。当错误的核苷酸出现在延长中的 DNA 链的 3′-端时,复制暂停,同时激活了 3′→5′外切酶活性,从而辨认并水解掉错误连接的核苷酸,再利用其聚合活性换上正确配对的核苷酸,可继续进行复制,此功能称为即时校读(proofread)。③5′→3′核酸外切酶活性,从 5′端水解核苷酸,可切除 RNA 引物及突变的 DNA 片段,参与 DNA 的损伤修复。

用特异蛋白酶可将 DNA pol Ⅰ 水解为两个片段,近 N 端为小片段,35kDa(323 个氨基酸残基),具有 5′→3′核酸外切酶活性。近 C 端为大片段,又称 Klenow 片段(Klenow fragment),68kDa(604 个氨基酸残基),具有 5′→3′聚合酶活性和 3′→5′核酸外切酶活性(图 11 - 4)。Klenow 片段是基因工程常用的一种工具酶,用于体外 DNA 的合成。

2. DNA 聚合酶Ⅱ(DNA pol Ⅱ)　具有 5′→3′聚合活性和 3′→5′外切酶活性,无 5′→3′外切酶活性。在无 DNA pol Ⅰ 和 DNA pol Ⅲ时才暂起作用,催化 DNA 的聚合,可能参与 DNA 损伤的应激状态修复。

3. DNA 聚合酶Ⅲ(DNA pol Ⅲ)　是由 10 个亚基组成的不对称二聚体,含有 2 个核心酶、1 对 β 亚基和 1 个 γ 复合物(图 11 - 5)。核心酶(α, ε, θ)主要作用是催化 DNA 合成。α 亚基具有 5′→3′聚合活性,ε 亚基具有 3′→5′核酸外切酶活性,是复制保真性所必需,θ 亚基可能起组装作用。β 亚基可夹稳模板链并使酶沿模板滑动,使 DNA pol 获得持续聚合能力。γ 复合物(γ, δ, δ′, χ, ψ, τ)具有协同 β 亚基夹稳模板 DNA 及增强核心酶活性作用,τ 亚基起连接作用。DNA pol Ⅲ 的活性最高,每分钟催化约 10^5 次聚合反应,是催化 DNA 复制合成的主要酶。

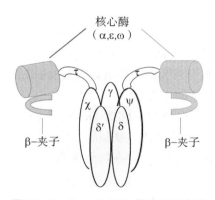

图 11 - 5　*E. coli* DNA 聚合酶Ⅲ全酶

(二) 真核生物的 DNA 聚合酶

DNA pol δ 可催化后随链合成,DNA pol ε 负责前导链的合成,二者都有很强的 3′→5′核酸外切酶活性,发挥校读作用;DNA pol β 复制的准确性差,可能参与 DNA 应急修复。

表 11-2　真核生物的 DNA 聚合酶

	α	β	γ	δ	ε
$5'→3'$聚合酶活性	有	有	有	有	有
$3'→5'$外切酶活性	无	无	有	有	有
$5'→3'$外切酶活性	无	无	无	有	有
细胞内定位	细胞核	细胞核	线粒体	细胞核	细胞核
功能	引物酶	DNA 修复	复制线粒体 DNA	后随链合成	前导链合成

无论真核还是原核生物的 DNA 聚合酶都具有以下特点：①引物的依赖性，聚合作用始于引物的 $3'-OH$ 末端；②模板的依赖性，使它具有对碱基正确选择的能力；③延长 DNA 的方向性($5'→3'$)。

> ### 知识链接
>
> #### 传承之美：A. Kornberg 与 DNA 聚合酶
>
> 　　1953 年 DNA 双螺旋模型提出之后，Waston 和 Crick 就指出 DNA 复制的原理还有待确定。此时，正在华盛顿大学工作的 A. Kornberg 开始对机体合成 DNA 的过程产生兴趣。1956 年，他和同事以 E. coli 为研究对象，发现了装配 DNA 基本单位的酶，随后将其提纯并进行了结构研究。实验证实，该酶能催化 DNA 新链的合成，被称为 DNA 聚合酶或 Kornberg 酶，由此确定了 DNA 生物合成的机制。A. Kornberg 因 DNA 聚合酶的发现分享了 1959 年诺贝尔生理或医学奖，这一发现为人们最终阐明 DNA 的复制机制奠定了基础。此后，多位科学家在 E. coli 中又相继发现了多种 DNA 聚合酶，因此将 Kornberg 酶又称为 DNA 聚合酶Ⅰ。随着研究的深入，目前认为该酶主要参与 DNA 的修复和复制中引物去除及冈崎片段间空隙的填补等。
>
> 　　巧合的是，A. Kornberg 的长子 R. Kornberg 因首次阐明真核细胞中转录机制，于 2006 年获诺贝尔化学奖。至此，A. Kornberg 与 R. Kornberg 成为诺贝尔奖历史上均获奖的传奇父子，留下了一段诺奖佳话。

二、解旋酶

解旋酶（helicase）是在复制过程中利用 ATP 供能使 DNA 互补双链分离的一类酶，又称解链酶，它断开碱基间的氢键，使双链 DNA 分开为两条单链，暴露出内部的碱基成为指导新链合成的模板，大多数解链酶可沿着模板向复制叉前进的方向移动。

E. coli 中与 DNA 复制相关的蛋白质被命名为 DnaA、DnaB、DnaC⋯⋯DnaX，其中 DnaB 为解旋酶，在复制过程中可沿 $5'→3'$方向移动解链。复制起始的解链还需要 DnaA 和 DnaC 的协同作用才能完成。在真核生物中，目前尚未确定有单独存在的解旋酶。

三、DNA 拓扑异构酶

DNA 拓扑异构酶（DNA topoisomerase, Topo）简称"拓扑酶"，是一类能改变 DNA 拓扑构象的酶。DNA 的两条链围绕同一中心轴适度缠绕成双螺旋，解链是沿着这一中心轴的高速反向旋转，在这个过程中 DNA 分子会产生打结、缠绕和连环等现象，闭环状态的 DNA 还会扭转成更加紧密的超螺旋甚至正超螺旋，这些都会影响 DNA 的解链。因此，复制中需要拓扑异构酶松解超螺旋，克服扭结现象,从而改变 DNA 的拓扑状态。它通过切断 DNA 分子的一条或两条链中的磷酸二酯键,然后重新缠绕和连接来理顺 DNA 的结构,使复制叉顺利完成解链。拓扑酶在复制全过程中都起作用,复制完成后它还可把 DNA 引入超螺旋,以形成染色质。

原核及真核生物都存在拓扑酶,可分为 I 型和 II 型。拓扑酶 I 可切断 DNA 双链中的一条链,形成两断端,通过切口沿松解的方向旋转松弛后,再将两断端以磷酸二酯键连接,封闭切口,这个过程不需要 ATP。拓扑酶 II 能切断处于正超螺旋的 DNA 双链,通过切口旋转,使超螺旋松弛,利用 ATP 供能连接断端,将 DNA 分子引入负超螺旋状态。通常,处于负超螺旋状态 DNA 更容易被解旋酶解链。此外,拓扑酶还具有连环、解连环及解结作用,使 DNA 达到适度盘绕。可见,拓扑酶是通过先水解磷酸二酯键,适时再连接磷酸二酯键来发挥作用的。

四、单链结合蛋白

单链结合蛋白(single stranded binding protein,SSB)是一类能特异结合在单链 DNA 上的蛋白质。复制时,SSB 与已解开的单链 DNA 模板结合,防止复制叉处单链 DNA 重新配对形成双链,以维持模板的单链状态;同时保护单链模板不被细胞内的核酸酶降解,以稳定单链模板。SSB 与模板 DNA 进行不断地结合、脱离,且具有明显的协同效应。一般在单链 DNA 上会有多个 SSB 与之结合,一个 SSB 结合会促进后面其他 SSB 与 DNA 链的结合。

解旋酶、DNA 拓扑异构酶和单链结合蛋白等在 DNA 复制时,共同起到解开、理顺 DNA 链,维持 DNA 在一定范围内处于单链状态的作用。

五、引物酶

DNA 聚合酶不能从头催化两个游离 dNTP 直接进行聚合以延伸子代链,因此第一个 dNTP 需要添加到已有的寡核苷酸 $3'-OH$ 端上,这个带有 $3'-OH$ 末端的寡核苷酸就是引物。在生物体内引物通常是一段短的 RNA 序列,可提供游离的 $3'-OH$ 供聚合反应,长度从几个到几十个核苷酸。催化 RNA 引物合成的是一种特殊的依赖 DNA 的 RNA 聚合酶,与催化转录过程的 RNA 聚合酶不同,因此称为引物酶(primase)或引发酶。它对利福平(转录用的 RNA 聚合酶的特异性抑制剂)不敏感。$E.coli$ 的引物酶是 DnaG,真核生物 DNA pol α 有引物酶活性。在体外实验中也可应用 DNA 短片段作引物。引物合成后,引物酶便与模板分开,复制结束前引物将被水解去除,换为 DNA 序列。

六、DNA 连接酶

DNA 连接酶(DNA ligase)能催化一个 DNA 链的 $3'-$ OH 端与相邻的另一 DNA 链的 $5'-P$ 端缩合生成 $3',5'-$磷酸二酯键,从而将两段相邻的 DNA 链连接成一条完整的链。DNA 连接酶连接的两个 DNA 链必须是与同一条互补链配对结合的(T_4 DNA 连接酶除外),而且这两个 DNA 链必须是紧邻的,才能被连接酶催化生成磷酸二酯键。即它只连接碱基互补基础上双链中的单链缺口,不能连接单独存在的 DNA 或 RNA 单链。DNA 连接酶在复制中起最后连接缺口的作用,即负责后随链上分段合成的冈崎片段之间的连接,使之最终成为一条完整的单链。此外在 DNA 修复、重组及剪接中也起缝合缺口的作用,是基因工程的重要工具酶之一。DNA 连接酶催化的连接反应需要消耗能量,在原核生物由 NAD^+ 提供,真核生物中利用 ATP 供能(图 11-6)。

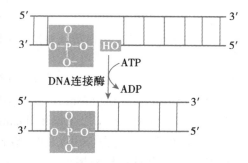

图 11-6　DNA 连接酶作用示意图

DNA 聚合酶、引物酶、拓扑酶和连接酶虽都能催化 3′,5′-磷酸二酯键的形成,但又各不相同(表 11－3)。

表 11－3　4 种催化磷酸二酯键生成的酶

酶	底物	结果
DNA 聚合酶	dNTP	延长 DNA 新链
引物酶	NTP	合成 RNA 引物
拓扑异构酶	切断整理后的 DNA 链	理顺 DNA 结构
连接酶	互补双链中相邻的两个 DNA 链	不连续链变成连续链

第三节　原核生物 DNA 复制过程

DNA 复制是一个连续且需要众多酶和蛋白质因子参与的过程,为研究的方便人为地把该过程分为起始、延长及终止三个阶段。原核生物基因组结构简单,繁殖快,因此对其体内的复制过程,目前了解得比较清楚。本节以 *E. coli* 为例作一详细介绍。

一、复制的起始

复制起始阶段比较复杂,各种酶和蛋白质因子在复制起始点,将 DNA 双链解开,形成复制叉,随后形成引发体并合成 RNA 引物。

1. 辨认复制起始点　复制时 DNA 分子要从固定的复制起始点开始进行解链。一般复制起始点都有特定的核苷酸序列,例如 *E. coli* DNA 的复制起始点称为 oriC,由 245bp 组成,其中有两个区域在复制起始中起关键作用,一个是 3 组富含 AT 配对的 13bp 串联重复序列(GATCTNTT-NTTTT),另一个是 5 组长度为 9bp 的反向重复序列(TTATCCACA)。A 和 T 之间以 2 个氢键连接,因此富含 AT 的部位容易发生解链(图 11－7)。

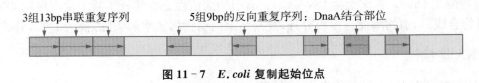

图 11－7　*E. coli* 复制起始位点

首先多个 DnaA 蛋白辨认并结合 oriC 的 9bp 反向重复序列,形成 DNA-蛋白质复合体,促使 AT 富含区开始解链。

2. DNA 解链形成复制叉　DnaB(解旋酶)在 DnaC 帮助下,结合于已解开的局部单链上并沿解链方向移动,逐步置换出 DnaA,进一步解链。此时,DNA 双链逐渐打开呈现出一种“Y”字形结构,初步形成复制叉(图 11-8)。DnaB、DnaC 与复制起始点相结合形成复合物。

多个单链结合蛋白(SSB)及时结合到已解开的 DNA 单链上,稳定和维持模板在一定的单链长度,利于 dNTP 依据模板掺入。

随着解链的进行,其下游未解链区会发生缠绕、打结等现象,拓扑异构酶Ⅱ将 DNA 链切断、旋转消除拓扑张力后,再进行连接,使正超螺旋结构转变为负超螺旋,以协助解链。

3. 引发体和引物的合成　在上述解链的基础上,引物酶(DnaG)进入 DnaB、DnaC 形成的复合物,从而形成由 DnaB、DnaC、DnaG 与复制起始点区域共同组成的起始复合物结构,称为引发体(primosome)。引发体的各组分在 DNA 链上沿解链方向移动,到达适当位置,引物酶依据模板的碱

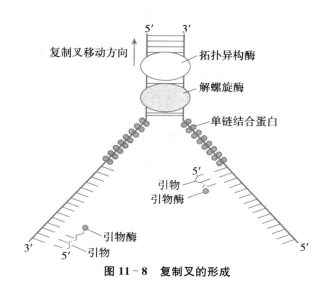

图 11-8　复制叉的形成

基序列,以 NTP 为底物,由 5′→3′方向催化合成短链 RNA 引物。引物位于 5′端,其末端有游离 3′-OH,做为 DNA 合成的起点(图 11-8)。此时,DNA polⅢ进入,复制进入 DNA 链延长阶段。在复制过程中,前导链的引物只需合成一次,而后随链中每个冈崎片段都要一个引物,因此需间断地、多次合成引物。

参与 *E.coli* 解链过程的酶和蛋白质因子及功能见表 11-4。

表 11-4　参与 *E. coli* 复制起始的主要物质

名称	功能	名称	功能
DnaA	辨认复制起始点	DnaG(引物酶)	合成 RNA 引物
DnaB(解旋酶)	解开 DNA 双链	SSB	保护单链模板的稳定
DnaC	协助 DnaB	拓扑异构酶	理顺 DNA

二、复制的延伸

DNA 链的延长是在 DNA pol Ⅲ 的催化下,以模板碱基序列为指导,从引物 RNA 的 3′- OH 末端开始,逐个添加 dNTP 的过程。其实质是磷酸二酯键不断形成的过程,反应所需能量来自底物本身。底物 dNTP 的 α-磷酸基团与引物或延长中子链上的 3′- OH 反应生成 3′,5′-磷酸二酯键,并脱去焦磷酸,延长一个核苷酸后,掺入新链中的 dNMP 的 3′- OH 又成为链的末端,可与下一个 dNTP 继续聚合,使新链由 5′→3′方向不断延长,因此 DNA 合成的方向是 5′→3′。

同一个复制叉上,前导链可连续合成,后随链分段合成,前导链的合成先于后随链,后随链的模板通过折叠或环绕成环状,与前导链正在延长的区域对齐,使两条新链在同一个 DNA pol Ⅲ 催化下完成合成。后随链的合成需要 DNA 模板打开足够的长度,先由引物酶催化合成 RNA 引物,再由 DNA pol Ⅲ 催化合成冈崎片段。当后一个冈崎片段延长到前一个冈崎片段的 RNA 引物处,延长反应停止。

三、复制的终止

E.coli 基因组是双链环状 DNA,在复制起始点形成两个延伸方向相反的复制叉,各自向前移动

180°,同时在终止点(termination,ter)汇合并停止复制。*E. coli* 的终止点与起始点相对,刚好把环状 DNA 分成两个半圆。

复制的终止阶段包括水解引物、填补去除引物后留下的空隙及冈崎片段的连接,主要由 DNA pol Ⅰ 和 DNA 连接酶来完成(图 11-9)。复制中的引物是 RNA 而不是 DNA,复制完成后 DNA pol Ⅰ 利用其 5′→3′ 外切酶活性水解掉 5′ 端的引物 RNA(也有观点认为引物的去除是由 RNA 酶完成的),并依据模板的碱基序列催化延长前一个(5′ 端)冈崎片段的 3′-OH 端以填补引物被去除后的空隙。延长至足够长度,与相邻的片段 5′-Pi 形成了单链缺口,在连接酶的催化下二者以磷酸二酯键相连,缺口被封闭。按照上述方式,所有的冈崎片段将被连接,使后随链变为一条完整的子链。前导链上最后复制的 3′-OH 末端继续延长,环化后经连接酶连接即可填补该链上水解引物后留下的空隙,至此完成基因组的复制过程。

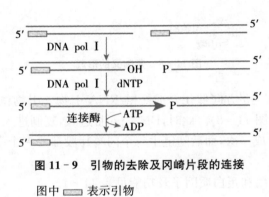

图 11-9 引物的去除及冈崎片段的连接

图中 ▭ 表示引物

第四节 真核生物 DNA 复制过程

真核生物的基因组庞大、复杂,其染色体 DNA 的复制与细胞周期密切相关,典型的细胞周期分为 4 个时相:G_1、S、G_2、M 期。在 S 期细胞内 dNTP 的含量和 DNA pol 的活性最高,DNA 的生物合成就发生在此期,因此 S 期又称为 DNA 合成期。真核生物 DNA 的复制过程与原核生物基本相似,也分为起始、延长及终止三个阶段,但更具复杂性。真核生物复制的起始与终止阶段与原核生物也有着明显的区别,下面主要介绍二者之间的不同处。

一、复制的起始

真核生物的复制起始也是先要在复制起始点解链,形成引发体,合成引物,但详细的机制目前尚不清楚。而且,真核生物每个染色体 DNA 有多个复制起始点,复制时从众多的起始点启动,进行双向复制,具有多起点双向复制的特点。但是这些起始点不是同时起始的,而是有先后顺序,因此复制表现出时序性;在整个 S 期所有的起始点只起始一次,保证每个复制子在细胞周期中只复制一次。此外,真核生物染色体 DNA 与组蛋白紧密结合成核小体,复制时核小体先要解聚,DNA 才能进行复制,所以复制叉行进的速度慢于原核生物,但多复制点复制方式加速了其复制的速度,短时间内也可完成全部基因组的复制。

真核生物的复制起始点较 *E. coli* 的复制起始点短,如酵母 DNA 复制起始点称为自主复制序列(autonomous replication sequence,ARS),是含有 11bp 的富含 AT 的保守序列[A(T) TTTATA(G) TTTA(T)],如果质粒 DNA 分子上携带该序列,可以在酵母细胞中进行复制。目前已知 DNA pol α(引物酶活性)、DNA pol δ、DNA pol ε、解旋酶、拓扑异构酶、复制因子(如 RFA、RFC)及增殖细胞核抗原(proliferation cell nuclear antigen，PCNA)等参与了复制的起始过程,其中 PCNA 在复制起始和延长中起关键作用,PCNA 为同源三聚体,在 RFC 的作用下 PCNA 结合于引物-模板链,使 DNA pol δ 获得持续聚合能力。另外,PCNA 还具有促进核小体生成的作用,细胞内 PCNA 水平是检验细胞增殖的重要指标。RFC 相当于 DNA pol Ⅲ 的 γ 复合物的作用,RFA 是真核生物的单链结合蛋白。

二、DNA 链的延伸

DNA pol α 催化引物合成后从模板上脱离,被具有持续聚合能力的 DNA pol ε 和 DNA pol δ 取代,这一过程称为聚合酶转换。DNA pol ε 催化前导链的合成,DNA pol δ 催化后随链合成。冈崎片段的引物合成及延长是交替进行的,所以在后随链上 DNA pol α 与 DNA pol δ 不断进行着转换,PCNA 全程发挥作用。

真核生物含有多个复制子,因此以复制子为单位各自进行复制时,引物和后随链上的冈崎片段均短于原核生物,前导链连续合成的长度也只有半个复制子的长度。复制完成后的 DNA 立即与原有的及新合成的组蛋白重新组装成核小体。

三、复制的终止

真核生物的复制终止过程也需要去除引物、填补空隙和连接冈崎片段,此外还包括复制子之间的连接和端粒的合成。真核生物染色体 DNA 是线性结构,复制完成后两条新链 5′端的引物被切除,留下的空隙无法由 DNA 聚合酶催化补齐,因为它不能催化 dNTP 从 3′→5′ 的聚合,剩下的 DNA 单链模板就会被核内的 DNase 水解,导致 DNA 链的长度随着复制逐渐缩短(每次缩短相当于一个引物的长度),遗传信息不断地丢失。而在真核生物中,正常情况下不会发生这一现象,因为染色体末端存在一种特殊的结构——端粒(telomere),来维持染色体的稳定性和复制的完整性。

端粒位于线性染色体末端,是由末端 DNA 和与之结合的蛋白质组成的一种膨大结构,犹如两顶"帽子"盖于染色体两端而得名。DNA 测序发现端粒 DNA 是一种短串联重复序列,一条链是富含 TxGy 的重复序列,称 TG 链;另一条链是 AxCy 的重复序列,称 AC 链,x、y 为 1~4。人的端粒是含 6 个碱基的重复序列(TTAGGG)n。此处 DNA 双链不等长,TG 链长导致 3′端有一突出的单链,并弯折成发夹状结构。

端粒由端粒酶(telomerase)催化合成。端粒酶是一种自带 RNA 模板的特殊逆转录酶,由 RNA 和蛋白质组成,RNA 部分可提供模板,端粒酶能以自身携带的 RNA 通过逆转录作用合成端粒 DNA 重复序列,解决复制缩短问题。人的端粒酶主要由端粒酶 RNA、端粒酶逆转录酶及端粒酶协同蛋白 1 三部分组成。端粒酶的作用机制形象地称为"爬行模型"(图 11-10)。端粒酶 RNA 的序列$(A_nC_n)_x$与母链 TG 链突出的 3′端互补,二者辨认结合后,端粒酶以自身的 RNA 为模板,在 TG 链的 3′-OH 末端添加 dNTP,使端粒的 TG 链延长一段,随后端粒酶前移至新合成的 TG 链的 3′端,继续延长 TG 链,延长至足够长度后,端粒酶离开母链。随后引物酶合成引物,募集 DNA pol,以被延长的 TG 链为模板填充子链缺口,最后引物被去除。

端粒的长度会随着细胞分裂次数和年龄的增加而缩短或缺失,继而引起染色体稳定性下降,导致细胞衰老。端粒的长度是维持细胞持续分裂的前提条件,因此端粒有"细胞分裂时钟"之称,其长度可反映端粒酶的活性。端粒酶分布广泛,增殖活跃的细胞如胚胎细胞、干细胞和绝大部分(约 85%)肿瘤细胞中活性较高,这些细胞染色体 DNA 的端粒一直保持一定的长度,而其他体细胞中端粒酶活性很低。但也有研究发现,某些肿瘤细胞的端粒比正常细胞短,其机制尚待进一步阐明。端粒和端粒酶与肿瘤发生、发展及治疗的关系,已经成为一个重要研究领域。

综上,真核生物复制与原核比较具有以下特点:①真核生物是多复制子复制,原核是单复制子的复制;②冈崎片段及引物较原核生物的短;③复制叉行进的速度慢(因有核小体的解聚);④引物酶是

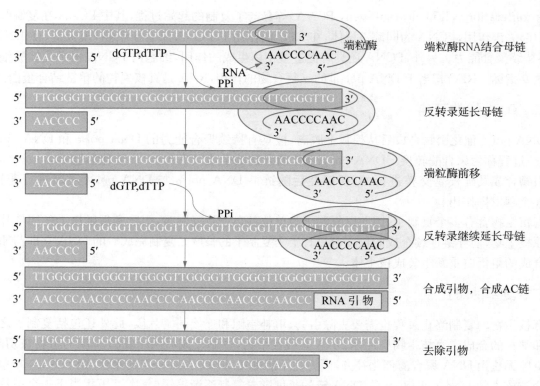

图 11 - 10　端粒酶作用的爬行模型

DNA pol α 的一个亚基,在复制的延长阶段发生了 DNA 聚合酶转换;⑤DNA 与染色体蛋白同步复制。此外参与真核与原核生物复制的一些酶及蛋白因子也是有较大差异,如表 11 - 5 所示。

表 11 - 5　参与真核与原核生物复制的一些酶及蛋白质因子比较

	大肠埃希菌	真核生物
复制酶	DNA pol Ⅲ	DNA pol ε 和 DNA pol δ
滑动钳	DNA pol Ⅲ 的 β 亚基	PCNA
引物酶	DnaG	DNA pol α
解螺旋酶	DnaB	
去除引物	DNA pol Ⅰ 或 RNA 酶 H	细胞内 RNA 酶
单链结合蛋白	SSB	RFA
后随链的连接	DNA pol Ⅰ 和连接酶	DNA pol ε 和连接酶

第五节　逆转录过程和其他复制方式

在某些生物体内还存在着一些特殊的复制方式,如 RNA 病毒的逆转录、线粒体 DNA 的 D 环复制及噬菌体 DNA 的滚环复制等。

一、逆转录和逆转录酶

逆转录(reverse transcription)是以 RNA 为模板,按着碱基互补配对的原则合成 DNA 的过程,即 RNA 指导下的 DNA 合成。因其遗传信息流向(RNA→DNA)与转录(DNA→RNA)相反而得名,是一种特殊的复制方式。RNA 病毒的基因组是 RNA 而非 DNA,有些 RNA 病毒复制时就以逆转录方式进行,这些 RNA 病毒又称为逆转录病毒(retrovirus)。人类免疫缺陷病毒(HIV)就是一种典型的逆转录病毒。这类病毒在感染宿主细胞后,基因组 RNA 通过逆转录形成单链 DNA,在以这个单链 DNA 为模板合成互补的 DNA,最终形成双链 DNA。双链 DNA 保留了 RNA 病毒的全部遗传信息,在宿主细胞内可独立繁殖包装成新病毒颗粒,或整合入细胞基因组内,随宿主基因一起复制和表达。因此,逆转录使 RNA 序列可作为遗传信息进行传代。

1970 年,H. Temin 和 D. Baltimore 分别在一些 RNA 病毒中发现了一种特殊的 DNA 聚合酶,能催化以单链 RNA 为模板,合成双链 DNA 的反应,称为逆转录酶,全称为依赖 RNA 的 DNA 聚合酶(RNA dependent DNA polymerase,RDDP),作用时需 Zn^{2+},催化新链合成方向是从 $5' \rightarrow 3'$,逆转录过程也需要引物。对于逆转录病毒而言,自身的一种 tRNA 可作为引物。逆转录酶是由反转录病毒基因组编码的一种多功能酶,具有 3 种酶活性:①RNA 指导的 DNA 聚合酶活性:以 RNA 为模板合成

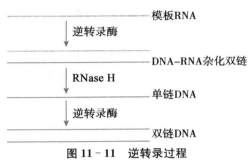

图 11-11　逆转录过程

互补 DNA 链,形成 RNA-DNA 杂化分子;②RNA 酶(RNase H)活性:特异地水解 RNA-DNA 杂化双链中的 RNA 链,获得游离的单链 DNA(DNA 第一链);③DNA 指导的 DNA 聚合酶活性:以新合成的单链 DNA 为模板合成另一条互补 DNA 链(DNA 第二链),形成 DNA 双链分子。逆转录酶催化反应的过程如下:先以单链 RNA 为模板,dNTP 为底物,在引物 tRNA $3'$-OH 端上,按 $5' \rightarrow 3'$ 方向,催化合成一条与模板 RNA 互补的单链 DNA,这条单链 DNA 称为互补 DNA(complementary DNA,cDNA)。cDNA 与模板生成 RNA-DNA 杂化双链,RNase H 从 $5'$ 端水解掉 RNA-DNA 中的 RNA 后,再以剩下的这条单链 DNA 为模板,dNTP 为底物,催化合成互补的第二条单链 DNA,形成双链 DNA 分子(图 11-11)。逆转录酶无 $3' \rightarrow 5'$ 外切酶活性,因此缺乏校正功能,所以由逆转录酶催化合成的 DNA 出错率比较高,这也可能是致病毒株不断会出现新毒株的原因之一。

逆转录酶和逆转录现象是分子生物学研究中的重大发现,具有重要的理论和实践意义。①逆转录是对中心法则的补充,遗传物质不单单是 DNA,在某些生物中 RNA 也是遗传信息的载体;遗传信息的流向既可由 DNA→RNA,也可由 RNA→DNA。②有助于了解病毒致癌的机制,大多数逆转录病毒都有致癌作用,属于致癌 RNA 病毒,致癌病毒使细胞发生恶性转化的关键步骤就是逆转录。对逆转录病毒的研究不仅拓展了病毒致癌理论,更重要的是在研究致癌病毒时发现了癌基因,为肿瘤发病机制的研究提供了新思路。在人类的小细胞肺癌、膀胱癌等癌细胞中,也发现了与病毒癌基因相同的碱基序列,称为细胞癌基因或原癌基因,这些一直是病毒学、肿瘤学及分子生物学研究的重大课题。③逆转录酶是基因工程常用的工具酶之一,在实际工作中,可提取目的基因的 mRNA,然后逆转录成 DNA,构建 cDNA 文库用以获取目的基因,体外这种获取目的基因的方法称为 cDNA 法。在体外进行的逆转录常用一段多聚 T(poly T)序列作为引物合成 cDNA。

二、线粒体 DNA 复制方式

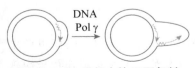

图 11-12　进行中的 D 环复制

D 环复制(D-loop replication)是真核生物线粒体 DNA 复制的方式,由 DNA pol γ 催化合成。在线粒体环状双链的 DNA 分子上,有两个相距很近的复制起始点。这两条链的复制不是同步进行的,外环链先复制,内环链晚些再开始复制。复制开始时,在一个复制起始点打开双链,合成第一个引物后,以内环为模板,dNTP 为底

物,指导合成外环,至第二个复制起始点时,再合成第二个反向引物,以外环为模板进行反向的延伸复制内环,从而完成环状双链 DNA 的复制。从第一个起始点开始的新链合成进行到一定阶段,亲代外环模板不断被膨出形如字母 D 字结构,故把这种复制模式称为 D 环复制(图 11 - 12)。

三、滚环复制方式

滚环式复制(rolling circle replication)是某些低等生物(如噬菌体)进行 DNA 复制时采用的方式。噬菌体 DNA 是环状结构,外环链可以被特异的核酸内切酶切开,形成有 $3'$- OH 和 $5'$- P 的开环单链。以产生的 $3'$- OH 作为引物。以未切断的内环链为模板,延长切口的 $3'$ 端,合成新的外环链;随着 $3'$ 端不断的延长,母链的 $5'$- P 端逐渐甩出环外,内环不打开,边滚动边复制。当这条链被甩到一定长度时,切断母链和子链,被甩出的单链 DNA(母代外环链)再重新滚动一次,指导合成内环链,最后形成两个子双环(图 11 - 13)。

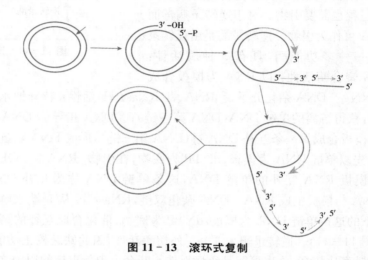

图 11 - 13　滚环式复制

滚环复制和 D 环复制说明:DNA 分子上两条链的复制起点可不在同一位置,在复制起点解链不一定使两条链同时复制,也可能以其中一条链为模板开始 DNA 合成。

第六节　DNA 的损伤与修复

DNA 复制是一个高保真的过程,保证了生物遗传的稳定性。但稳定是相对的,尽管 DNA 聚合酶在复制中对碱基有选择能力和校正的功能,但复制时仍可能产生错配。除此之外,DNA 还会受到各种理化因素的损害发生着变化,这些差错和损伤如不予以修复,将会影响其正常功能,结果就会引起突变、疾病的发生甚至生物死亡;再者,对于已发生损伤的 DNA 进行的修复未必能使之完全恢复原样,正因为如此,生物才会变异和进化。可见遗传的保守性和变异是对立而又统一的,普遍存在于生物界。在长期的进化中,生物体已建立了一套 DNA 损伤的修复系统,以维系物种的稳定性,这对于正常的生命活动十分重要。

一、DNA 损伤

DNA 损伤(DNA damage)是指各种因素所致的 DNA 分子组成和结构变化。DNA 损伤可产生两种后果:①导致 DNA 结构发生永久性改变,即突变(mutation);②DNA 失去作为复制和转录模板的功能。

（一）DNA 损伤的原因

1. 自发突变　在自然条件下碱基有可能发生自发水解脱落、脱氨基及碱基修饰等现象，DNA 复制中存在的校正机制，降低了错误的发生，使其发生频率仅为 10^{-9} 左右，即每合成 10^9 个核苷酸大概有一个错误碱基的掺入，但由于 DNA 分子较大，传代快，由此带来的变异也是极大的，而且在诱发因素的作用下，自发突变频率会骤升，后果不容忽视。

2. 物理因素　主要包括紫外线（ultra violet，UV）、各种辐射等。紫外线可使 DNA 分子同一条链上相邻的 2 个嘧啶碱基以共价键连接，形成嘧啶二聚体（环丁基二聚体），使 DNA 发生弯曲和扭结，影响复制和转录。常见的是胸腺嘧啶（T-T）二聚体的形成，这也是 UV 对 DNA 分子损伤的主要方式；此外也可产生 C-C 及 C-T 二聚体。电离辐射（如 α、β、γ、X 射线）能引起碱基脱落、DNA 链断裂、丢失等。

3. 化学因素　常见的是化学诱变剂或致癌剂，已发现 6 万余种，如烷化剂、亚硝酸盐、芳香烃类、碱基类似物、吖啶类分子及其他一些人工合成或环境中存在的化学物质，包括废气、废水、食品添加剂等，它们的作用如表 11-6。

表 11-6　常见的化学诱变剂及其作用

类别	代表物	作　用
烷化剂	氮芥、环磷酰胺	使碱基、磷酸基和核糖烷基化，修饰碱基
脱氨剂	亚硝酸盐、亚硝酸胺	通过脱氨基作用使 G→黄嘌呤、C→U、A→I，改变了碱基配对关系
芳香烃类	苯并芘、二甲苯并蒽	使嘌呤碱基共价交联
碱基类似物	5-氟尿嘧啶、6-巯基嘌呤	取代正常的碱基，影响复制和转录
吖啶类	溴化乙啶（EB）	插入 DNA 双链中，引起移码、插入或缺失

4. 生物因素　主要指某些病毒或真菌，变质食物中存在的黄曲霉素与维生素 B_1 和 DNA 结合成复合物，影响复制和转录；抗生素及其类似物（放线菌酮、丝裂霉素等）可嵌入 DNA 碱基对间，干扰复制；反转录病毒及可整合到染色体 DNA 上的 DNA 病毒等（如乙肝病毒）可插入宿主基因组，引起宿主基因突变。在妊娠早期发生病毒感染常引起体细胞突变，致胎儿畸形。

（二）DNA 损伤的分子改变类型

损伤因素可作用于 DNA 分子中的碱基、脱氧核糖及磷酸二酯键，根据 DNA 分子结构改变方式的不同，可将 DNA 损伤分为错配（mismatch）、缺失（deletion）、插入（insertion）、重排（rearrangement）DNA 链断裂及 DNA 交联等。缺失或插入均可导致移码突变（frame shift mutation）。

1. 错配　又称点突变，是指 DNA 分子上的单个碱基改变，包括转换和颠换两种形式。转换是发生在同型碱基之间，即嘌呤变成另一嘌呤，或嘧啶变成另一嘧啶。颠换是发生在异型碱基之间，即嘌呤转变为嘧啶或嘧啶转变为嘌呤。镰形红细胞贫血病是点突变致病的典型例子，患者 HbAβ 基因上编码第 6 位谷氨酸的密码子 GAG 变成缬氨酸的密码子 GTG，即发生了点突变 A→T。

2. 缺失和插入　缺失是指 DNA 分子上一个碱基或一段核苷酸的丢失；插入是指 DNA 分子上插入了一个碱基或一段核苷酸。二者皆引起 DNA 上碱基数目的改变，如果在 DNA 编码序列中缺失或插入的核苷酸数不是 $3n$ 个，则会使其后的三联体密码的阅读方式全部改变，造成所翻译蛋白质中氨基酸的组成或排列顺序全部改变，致使生成的蛋白质可能完全不同，称为框移突变或移码突变（图 11-14）。

正常	5′……	AUA	GAG	CAG	UAC	……3′
		Ile	Glu	Gln	Tyr	
缺失 U	5′……	AAG	AGC	AGU	ACG	……3′
		Lys	Ser	Ser	Thr	

图 11 - 14　缺失和插入导致的移码突变

3. 重排　DNA 分子内较大片段的交换,称为重排或重组。重组可以发生在 DNA 分子内部或 DNA 分子之间,一段核苷酸可从一处迁移到另一处,即发生移位。移位的 DNA 可以在新位点正向或反向放置(倒位),也可以在染色体之间发生交换重组。例如:地中海贫血就是由 11 号染色体上的 HbA β 基因家族的重排引起。

4. DNA 链的断裂　电离辐射及某些化学因素可引起磷酸二酯键断开、脱氧核糖的破坏、碱基的损伤和脱落,最终导致 DNA 链的断裂。DNA 链的断裂可发生在单链或双链上。

5. 共价交联　是指碱基之间形成共价键连接。同一条 DNA 链上相邻两个碱基的共价结合,称为链内交联,紫外光照后形成的嘧啶二聚体就是链内交联;DNA 分子一条链上的碱基与另一条链上的碱基共价结合,称为链间交联。

二、DNA 损伤的修复

DNA 修复(DNA repair)是对已发生分子改变的 DNA 通过酶学机制使其恢复原有结构的一种补偿措施,也是生物体在长期进化中形成的一种保护机制。细胞对 DNA 损伤进行修复的方式主要有四种:直接修复(direct repair)、切除修复(excision repair)、重组修复(recombination repair)及 SOS 修复(SOS repair)。对不同的 DNA 损伤,细胞可采取不同的方式进行修复。

1. 直接修复　是最简单的一种修复方式,修复酶直接作用于受损的 DNA,使其恢复原有的结构。可对嘧啶二聚体和烷基化的碱基进行直接修复。①嘧啶二聚体的直接修复:DNA 光裂合酶(DNA photolyase)也称光修复酶,经 400nm 的可见光激活后催化嘧啶二聚体解聚为原来的单体核苷酸,恢复 DNA 正常的结构,又称为光修复或光复活作用;光修复酶广泛存在于低等单细胞生物、鸟类及各种植物;②烷基化碱基的直接修复:细胞内一类特异的烷基转移酶可将烷基从核苷酸上转移到自身的肽链上,使 DNA 上修饰的碱基恢复正常的结构,同时该酶会失活。

2. 切除修复　是生物界普遍存在的一种最有效的 DNA 损伤修复方式,通过酶的作用将异常的碱基或核苷酸切除并替换,使 DNA 恢复正常的结构。它对多种损伤均能起修复作用,根据识别损伤机制的不同,可分为碱基切除修复和核苷酸切除修复。切除修复包括 3 个过程:一是由特异的酶识别并切除 DNA 的损伤部位,二是合成 DNA 填补缺口,三是连接缺口。

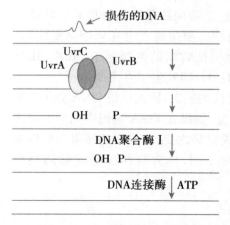

图 11 - 15　UvrABC 系统参与的切除修复

碱基切除修复:由细胞内特异的糖苷酶识别及水解受损的碱基,随后核酸内切酶在无碱基位点切开磷酸二酯键并去除剩余的磷酸脱氧核糖,DNA 聚合酶和 DNA 连接酶以未受损的链为模板填补并连接缺口,恢复 DNA 分子的正常结构。

核苷酸切除修复:当 DNA 双螺旋结构某处存在较大损伤,需要以核苷酸切除修复方式进行修复。其过程与碱基切除修复过程相似,大肠埃希菌中的核苷酸切除修复系统由 UvrA、UvrB、UvrC 和 UvrD 4 种蛋白质组成。UvrA 和 UvrB 组成复合物,辨认并结合到 DNA 受损部位;UvrC 具有核酸内切酶活性,在损伤部位两侧切断单链;UvrD 有解旋酶活性,协助去除损伤片段,空缺由 DNA 聚合酶和 DNA 连接酶填补(图 11 - 15)。

真核生物也存在核苷酸切除修复机制,可切除长达 30 个左右核苷酸的 DNA 片段,过程同上。人类核苷酸切除修复有缺陷则易发生"着色性干皮病"(xeroderma pigmentosum,XP),与 XP 相关的一些基因,称为 XPA、XPB、XPC、XPD、XPE、XPF 等;这些基因的表达产物与 Uvr 类蛋白有同源序列,具有辨认和切除损伤 DNA 的作用。XP 患者是由于 XP 基因有缺陷,对紫外线照射引起的 DNA 损伤不能进行修复,表现为皮肤干燥、角质化着色,易发生皮肤癌。

3. 重组修复　当 DNA 链损伤面颇大而不能及时修复时,可先复制再进行修复,由于此过程中有 DNA 重组发生,因此称为重组修复。当复制进行到损伤部位时,损伤局部不能指导合成子链,它便跨越损伤区,结果子链对应区域会产生缺口。通过 RecA 重组蛋白将未受损母链上对应的核苷酸序列转移到子链 DNA 的缺口处填补,而母链上出现的空缺可由 DNApol Ⅰ 和连接酶催化填补连接(图 11-16)。通过重组修复虽解决了损伤 DNA 的复制问题,但并未去除 DNA 链的损伤,只是使损伤部位不能复制而得到"稀释",最终经切除修复去除。

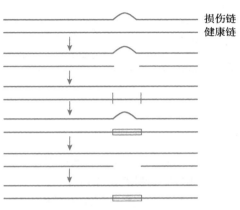

图 11-16　重组修复示意图

4. SOS 修复　是一种应激修复,当 DNA 损伤极其严重时(如 DNA 双链断裂、双链交联等)所诱发出的一系列复杂反应,来维持基因组的完整性,使复制继续下去。短时间内其他修复系统很难将这些损伤修复,复制难以进行,细胞为了存活,就会紧急启动 SOS 系统。SOS 系统包括切除、重组修复系统,即 Uvr、rec 类基因及产物,还有重组蛋白 A 和调控蛋白(如 LexA),重组蛋白 A 活化后水解 LexA。在大肠埃希菌中,这些基因构成了一个调节子(regulator)的网络系统。SOS 修复的特异性低,快而粗糙,对碱基的识别、选择能力较差,因此它不是一种精确的修复方式,只是降低了损伤的程度,所以又称为差错倾向性修复。SOS 修复后的 DNA 会保留较多的错误,细胞虽避免死亡,但增加了细胞突变。一般情况下,SOS 修复系统是不表达的,只有紧急状态才表达,一些致癌剂能诱发 SOS 修复系统。

知识链接

修复生命之殇:DNA 修复机制的发现

DNA 长期被认为是一种非常稳定的分子,实际情况却大相径庭,细胞 DNA 无时无刻都会因各种体内外因素(如复制错误、辐射、化学诱变剂、病毒等)不同程度地受到损伤。因此,阐明 DNA 损伤修复的可能机制成为保证遗传信息稳定性的重大基础问题。2015 年诺贝尔化学奖授予三位在 DNA 损伤修复领域做出卓越贡献的科学家,以表彰他们在分子水平上揭示了细胞是如何修复损伤的 DNA 以及保护遗传信息的重要成果。其中,Tomas Lindahl 完成了碱基切除修复的拼图,Aziz Sancar 则绘制出了核苷酸切除修复机制,Paul Modrich 证明了在细胞分裂过程中 DNA 复制时的细胞"纠错"机制,即 DNA 错配修复。DNA 损伤修复机制的发现不仅具有重大的理论意义,也为肿瘤等疾病的治疗提供了新的思路和靶点。目前,多种基于 DNA 修复机理研发的药物,如聚腺苷酸二磷酸核糖转移酶(PARP)抑制剂已通过 FDA 批准用于多种肿瘤的治疗。

DNA 损伤修复异常是导致突变及癌变的重要因素,以下几种疾病就是由于 DNA 修复机制有缺陷而导致的(表 11-7)。

表 11-7　与 DNA 修复机制缺陷有关的疾病

遗传病	敏感因素	受影响的修复机制	临床表现	可能引起的恶性病
着色性干皮病	UV	切除修复	皮肤干燥、色素沉着	皮肤癌
Bloom 综合征	烷化剂、光	同源重组	面部毛细血管扩张	淋巴瘤、白血病
Fanconi 贫血症	交联剂	同源重组（FA 基因相关群）	发育不全、血细胞减少	白血病
Cokayne 综合征	UV	转录合并修复	侏儒、早衰、耳聋	三联体染色体畸变
毛细血管扩张伴失调	γ 射线	同源重组	血管扩张、染色体异常	淋巴瘤

小　结

体内通过 3 种方式合成 DNA：①DNA 复制；②逆转录；③DNA 的修复合成。

- **DNA 复制的基本规律**

DNA 复制是以 DNA 为模板合成 DNA 的过程，具有半保留复制、半不连续复制、双向复制及高保真性复制的特点。半保留复制是 DNA 复制的重要特征，即亲代 DNA 的双链解开为两条单链，各自作为模板指导合成互补的新链，在合成的子代 DNA 分子中，一条单链来自亲代，另一条单链则为重新合成。前导链连续合成，后随链不连续、分段合成，这种复制方式称为半不连续复制。后随链上出现的不连续合成的片段称为冈崎片段。复制的方向是双向进行的，即从起始点处解链沿两个方向同时进行复制，形成两个延伸方向相反的复制叉。复制具有高度保真性，确保遗传信息准确传代。

- **DNA 复制的酶和有关蛋白质因子**

DNA 复制体系包括：模板 DNA、4 种 dNTP 底物、RNA 引物、20 多种酶及蛋白质因子。DNA 合成的方向是 $5' \rightarrow 3'$。参与 DNA 复制的酶和有关蛋白质因子主要有：DNA 聚合酶、解旋酶、拓扑异构酶、单链结合蛋白、引物酶、DNA 连接酶等。原核生物 DNA 聚合酶主要的有 3 种：DNApol Ⅲ是催化原核生物 DNA 合成的主要酶，DNApol Ⅰ的作用是去除引物、填补空隙和校读，DNApol Ⅱ在无 pol Ⅰ和 pol Ⅲ时起作用。真核生物 DNA 聚合酶包括 DNApol α、β、γ、δ 和 ε 5 种，其中 DNApol α 有引物酶活性，DNApol ε 催化合成前导链，DNApol δ 催化后随链的合成。DNA 复制时，解旋酶、拓扑异构酶和单链结合蛋白等共同起解开、理顺 DNA 链，维持 DNA 在一定范围内处于单链状态。复制中需要引物，引物酶负责催化 RNA 引物的合成。引物的作用是为新链的合成提供 $3'-OH$，是新链合成的生长点。DNA 连接酶负责双链中单链缺口的连接。

- **原核生物 DNA 复制过程**

DNA 复制过程十分复杂，以 E. coli 为例，大体分为三个阶段：①起始阶段，在起始点处解链解旋、形成引发体及合成 RNA 引物。②延长阶段，DNApol Ⅲ在 RNA 引物的 $3'-OH$ 端依据模板的指导催化 dNTP 不断地聚合。③终止阶段，DNApol Ⅰ水解引物、填补引物去除后的空隙及 DNA 连接酶连接冈崎片段，最后使后随链变成一条完整的子链。

- **真核生物 DNA 复制过程**

与原核生物基本相似，但也存在差异。真核是多复制子复制，复制有时序性，复制起始需要更多蛋白质因子参与，DNA 的延长发生 DNA 聚合酶转换，DNA 合成后立即组装成核小体，复制终止涉及复制子的连接和端粒的合成。真核染色体 DNA 末端复制的完整性依赖于端粒和端粒酶维持。端粒由末端 DNA 和与 DNA 结合的蛋白质组成，位于染色体末端，保护复制的完整性和染色体的稳定性。端粒酶是由 RNA 和蛋白质组成，端粒酶 RNA 是合成端粒重复序列的模板，通过逆转录方式延长端粒，维持端粒的长度。端粒和端粒酶是肿瘤学研究的一个重要领域。

● **逆转录和其他复制方式**

逆转录是在逆转录酶的催化下以 RNA 为模板,合成互补 DNA 的过程。它是一种特殊的复制方式,常见于某些 RNA 病毒。逆转录酶具有 3 种酶活性：①RNA 指导的 DNA 聚合酶活性；②RNA 酶(RNase)H 活性；③DNA 指导的 DNA 聚合酶活性。逆转录是对中心法则的重要补充。此外,环状 DNA 还存在着一些特殊的复制形式,如线粒体 DNA 采用 D 环复制,噬菌体等低等生物是以滚环方式进行复制。

● **DNA 的损伤与修复**

多种理化因素可引起 DNA 分子组成和结构改变,即发生 DNA 损伤。机体有修复机制可修复不同损伤类型的 DNA,DNA 损伤修复的方式主要有 4 种：直接修复、切除修复、重组修复及 SOS 修复。切除修复是最重要和最有效的修复机制,人体细胞也主要采用此种修复方式。直接修复和切除修复可对发生在一条 DNA 链上的损伤进行精确的修复。

（邓秀玲）

第十二章
RNA 的生物合成

本章课件

学习指南

重点

1. 模板链和编码链的概念。
2. 原核生物的 RNA 聚合酶及其亚基组成。
3. 真核生物 mRNA 的转录后加工过程。

难点

1. 转录的起始、延长及终止过程。
2. 真核生物与原核生物转录过程的异同。

1961 年，Weiss 和 Hurwitz 等各自在大肠埃希菌（*E. coli*）的抽提液中发现了 DNA 依赖的 RNA 聚合酶（DNA‑dependent RNA polymerase，DDRP），揭示了 DNA 的转录机制。生物体以 DNA 为模板合成 RNA 的过程称为转录（transcription），指将 DNA 的碱基序列转抄成 RNA。DNA 分子上的遗传信息是决定蛋白质氨基酸序列的原始模板，mRNA 是蛋白质合成的直接模板。通过 RNA 的生物合成，遗传信息从染色体的贮存状态转送至胞质，从功能上衔接 DNA 和蛋白质这两种生物大分子。

在生物界，RNA 的合成有两种方式：一种是 DNA 指导的 RNA 合成，又称转录，此为生物体内的主要合成方式，也是本章介绍的主要内容。另一种是 RNA 指导的 RNA 合成（RNA‑dependent RNA synthesis），又称 RNA 复制（RNA replication），由 RNA 依赖的 RNA 聚合酶（RNA‑dependent RNA polymerase，RDRP）催化，常见于病毒，是逆转录病毒以外的 RNA 病毒在宿主细胞以病毒的单链 RNA 为模板合成 RNA 的方式，限于篇幅本章不予以叙述。

RNA 的生物合成是理解许多生物学现象和医学问题所必需的。多数细胞中有三种主要的 RNA 类型：信使 RNA（messenger RNA，mRNA）、核糖体 RNA（ribosomal RNA，rRNA）和转运 RNA（transfer RNA，tRNA），共同参与蛋白质的生物合成。真核细胞内还有核小 RNA（snRNA）和微小 RNA（miRNA）等，分别与 mRNA 的剪切和基因表达调控有关（参见本书第二章和第十四章）。

对于 RNA 生物合成过程的调节，可以导致蛋白质合成速率的改变以及由此而引发的一系列代谢变化，因此了解 RNA 代谢的基本原理极为重要。这些原理既关系到所有生物是如何适应环境变化的，也关系到细胞结构和功能的分化机制。真核细胞中合成的 RNA 分子往往在某些方面与原核生物中合成的 RNA 分子存在一定的差异，特别是作为翻译模板的 mRNA 分子。原核细胞的 mRNA 分子可以一边被合成一边被翻译，但哺乳动物细胞等真核细胞中的大多数 mRNA 是以前体分子的形式被合成，必须经过加工才能形成成熟且具有活性的 mRNA。

转录和复制有许多相似之处：都是酶促的核苷酸聚合过程；都以 DNA 为模板；都需依赖 DNA 的聚合酶；聚合过程都是核苷酸之间生成磷酸二酯键；都从 $5'→3'$ 方向延伸聚核苷酸链；都遵循碱基配对规律。但相似之中又有区别（表 12 - 1）。

表 12 - 1 转录和复制的区别

	复制	转录
模板	两股链均复制	模板链转录
原料	4 种 dNTP	4 种 NTP
酶	DNA 聚合酶	RNA 聚合酶
产物	子代双螺旋 DNA	mRNA, tRNA, rRNA 等
引物	需要 RNA 引物	不需要引物
配对	A - T, G - C	A - U, T - A, G - C

第一节 转录的模板和酶

DNA 双链只有其中一股单链可作为转录模板。按碱基配对规律，以 4 种核糖核苷三磷酸（NTP）为原料，由依赖 DNA 的 RNA 聚合酶（以下简称 RNA 聚合酶或 RNA pol）催化聚合反应。

一、转录的模板

为保留物种的全部遗传信息，基因组 DNA 全长均需复制。在庞大的基因组中，按细胞不同的发育时序、生存条件和生理需要，只有少部分基因发生转录。能转录出 RNA 的 DNA 区段，称为结构基因（structuralgene）（图 12-1）。在 DNA 分子双链上，一条链作为模板指导转录，另一条链不转录。用 RNA 对 DNA 的核酸杂交法，或对 DNA、RNA 的碱基序列进行测定，都可证明 DNA 分子上一个结构基因只有一条链可转录。

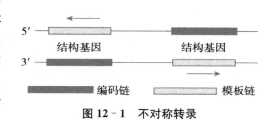

图 12 - 1 不对称转录

一段 DNA 双链中，按照碱基互补配对规律能指导转录生产 RNA 的一条单链，称为模板链（template strand），与其互补的另一条单链不转录称为编码链（coding strand）。模板链并非总是在同一条 DNA 单链上，即某一 DNA 区段上，DNA 分子中一条链是模板链，而在另一区段又以其互补链为模板。图 12 - 1 所示，不在同一单链的模板，其转录方向相反，因为转录和复制一样，产物链是从 $5'→3'$ 方向延长的（图中箭头方向所示）。转录产物若是 mRNA，则可用作翻译的模板，按照遗传密码决定氨基酸的序列（图 12 - 2）。图中小写字母为模板链，大写字母的一条链是编码链。模板链既与编码链互补，又与 mRNA 互补，可见 mRNA 的碱基序列除用 U 代替 T 外，与编码链是一致的。文献刊出的 DNA 序列，为避免繁琐和便于查对遗传密码，一般只写出编码链。

编码链	$5'\cdots$	A T G T C T A C G G T T	$\cdots3'$
模板链	$3'\cdots$	t a c a g a t g c c a a	$\cdots5'$
mRNA	$5'\cdots$	A U G U C U A C G G U U	$\cdots3'$
肽	N$\cdots$	Met Ser Thr Val	$\cdots$C

图 12 - 2 DNA 模板、转录产物及翻译产物

二、RNA 聚合酶

参与 RNA 生物合成的酶即 RNA 聚合酶(RNA polymerase，RNA pol)，这类酶在原核细胞和真核细胞中均广泛存在。

(一) RNA 聚合酶能直接启动 RNA 链的合成

RNA 聚合酶催化合成 RNA 是以 DNA 为模板，以 4 种 NTP(ATP、GTP、UTP 和 CTP)为原料，还需要 Mg^{2+} 和 Zn^{2+} 为辅基。RNA 聚合酶通过在 RNA 的 $3'-OH$ 端加入核苷酸，延长 RNA 链而合成 RNA。$3'-OH$ 在反应中是亲核基团，攻击进入的核苷三磷酸的 α-磷酸，并释放出焦磷酸，总的反应可以表示为：

$$(NMP)_n + NTP \longrightarrow (NMP)_{n+1} + PPi$$

$$\text{RNA} \qquad\qquad\qquad \text{延长的 RNA}$$

RNA 聚合酶和双链 DNA 结合时活性最高，但是只以双链 DNA 中的一条 DNA 链为模板。新加入的核苷酸以碱基配对原则和模板的碱基互补。

DNA 聚合酶在启动 DNA 链延长时需要引物存在，而 RNA 聚合酶不需要引物就能直接启动 RNA 链的延长。RNA 聚合酶和 DNA 的特殊序列——启动子(promoter)结合后，就能启动 RNA 合成。启动子是 RNA 聚合酶在转录起始点上游的结合序列。RNA 链延长时，新合成的部分能暂时与模板 DNA 形成一段 8bp 的 RNA - DNA 杂合双链；随着 RNA 的延长，RNA 从 RNA - DNA 杂合体解离，DNA 恢复双螺旋结构。RNA 聚合酶在合成 RNA 时，局部的 DNA 双螺旋解开，形成"转录泡"(transcription bubble)。大肠埃希菌(*E. coli*)的 RNA 聚合酶使 DNA 双螺旋解开的范围约 17bp，上述 8bp 的 RNA - DNA 杂合双链就在其间(图 12 - 3)。

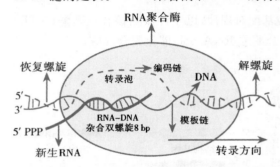

图 12 - 3　大肠埃希菌 RNA 聚合酶转录过程

(二) 原核生物 RNA 聚合酶

目前已研究得比较透彻的是大肠埃希菌的 RNA 聚合酶。这是一个相对分子质量达 465kD，由 5 种亚基 α_2、β、β'、ω 和 σ 组成的六聚体蛋白质。各亚基及其功能如表 12 - 2。

表 12 - 2　大肠埃希菌 RNA 聚合酶亚基及其功能

亚基	相对分子质量/kD	功　　能
α	36	决定被转录的基因
β	151	催化磷酯键形成
β'	155	结合 DNA 模板
ω	11	稳定 β' 亚基；募集 σ 亚基
σ	70	识别转录起始点

$\alpha_2\beta\beta'\omega$ 亚基合称为核心酶(core enzyme)。试管内的转录实验(含有模板、酶和底物 NTP 等)证明，核心酶能独立催化 NTP 按模板的指引合成 RNA。但合成 RNA 时没有固定的起始位点。加有 σ 亚基的酶能在特定的起始点上开始转录。可见 σ 亚基的功能是辨认转录起始点。σ 亚基加上核心酶称为全酶(holoenzyme)。活细胞的转录起始，是需要全酶的。转录延长阶段则仅需核心酶。全酶的不同是因为 σ 亚基的不同。图 12 - 4 表示 RNA 聚合酶全酶在转录起始区的结合。

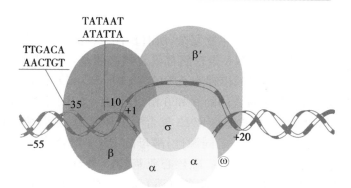

图 12 – 4　大肠埃希菌 RNA 聚合酶与起始点的结合

目前已发现多种 σ 亚基,并用其相对分子质量命名区别,最常见的是 σ70(相对分子质量 70kD)。σ70 是辨认典型转录起始点的蛋白质,在大肠埃希菌中,绝大多数启动子可被含有 σ70 因子的全酶识别并激活。把细菌从通常培养的 37℃升温至 42℃后,发现细菌新合成了 17 种蛋白质。这些只在外环境改变才合成的蛋白质称为热休克蛋白(heat shock proteins, HSP)。当温度升至 50℃时,大部分蛋白质合成已停止,HSP 却能继续合成。HSP 的基因称为热休克基因(*hsp*)。*hsp* 的转录起始点上游序列和一般基因不同,需另一种 σ 因子,即 σ32(相对分子质量 32kD)辨认及启动其转录。可见,σ32 是应答热刺激而诱导产生的,它本身也属于一种 HSP。真核生物也普遍存在热休克基因,也需特殊的蛋白质启动其转录,它的意义不只限于应答热刺激。例如固醇类激素胞内信号传导的蛋白质就是由热休克基因编码的。

其他原核生物的 RNA 聚合酶,在结构、组成和功能上均与大肠埃希菌 RNA 聚合酶相似。原核生物的 RNA 聚合酶,都受一种抗生素特异性地抑制。利福平(rifampicin)或利福霉素是用于抗结核菌治疗的药物,它专一性地结合 RNA 聚合酶的 β 亚基。若在转录开始后再加入利福平,仍能发挥其抑制转录的作用,这说明 β 亚基是在转录全过程都起作用的。β' 亚基是 RNA 聚合酶与 DNA 模板相结合、相依附的组分,也参与转录全过程。α 亚基决定哪些基因被转录,它不像 σ 亚基那样在转录延长时脱落。所以,由 α、β 和 β' 亚基组成的核心酶是参与整个转录过程的。

（三）真核生物 RNA 聚合酶

真核生物具有 3 种不同的 RNA 聚合酶,分别是 RNA 聚合酶Ⅰ(RNA pol Ⅰ)、RNA 聚合酶Ⅱ(RNA pol Ⅱ)和 RNA 聚合酶Ⅲ(RNA pol Ⅲ)。RNA 聚合酶Ⅰ位于细胞核的核仁(nucleolus),催化合成 rRNA 的前体,rRNA 的前体再加工成 28S、5.8S 及 18S rRNA。RNA 聚合酶Ⅲ位于核仁外,催化转录编码 tRNA、5S rRNA 和小 RNA 分子的基因。RNA 聚合酶Ⅱ是在核内转录生成 hnRNA,然后加工成 mRNA 并输送给细胞质的蛋白质合成体系。mRNA 是各种 RNA 中寿命最短、最不稳定的,需经常重新合成。在此意义上说,RNA pol Ⅱ是真核生物中最活跃的 RNA 聚合酶。RNA 聚合酶Ⅱ也合成一些非编码 RNA,如 lncRNA、microRNA 及 piRNA。真核细胞的 3 种 RNA 聚合酶不仅在功能和理化性质上不同,而且对一种毒蘑菇含有的环八肽(cyclic octapeptide)毒素——α-鹅膏蕈碱(α-amanitine)的敏感性也不同,RNA 聚合酶Ⅰ对 α-鹅膏蕈碱不敏感;RNA 聚合酶Ⅱ对 α-鹅膏蕈碱十分敏感;RNA 聚合酶Ⅲ对 α-鹅膏蕈碱比较敏感(表 12 – 3)。

表 12 – 3　真核生物 RNA 聚合酶

种类	Ⅰ	Ⅱ	Ⅲ
细胞内定位	核仁	核质	核质
转录产物	45S rRNA	hnRNA、lncRNA、miRNA、piRNA	5S rRNA、tRNA、snRNA
对鹅膏蕈碱的敏感性	耐受	极敏感	中度敏感

真核生物 RNA 聚合酶的结构比原核生物复杂,所有真核生物的 RNA 聚合酶都有两个不同的大亚基和十几个小亚基。3 种真核生物 RNA 聚合酶都具有核心亚基,与大肠埃希菌 RNA 聚合酶的核心亚基有一些序列同源性。最大的亚基(相对分子质量为 160～220kD)和另一大亚基(相对分子质量为 128～150kD)与大肠埃希菌 RNA 聚合酶的 β′ 和 β 相似,具有一定同源性。RNA 聚合酶 II 由 12 个亚基组成,其最大的亚基称为 RBP1。酵母的 RNA 聚合酶 I 和 RNA 聚合酶 III 各有两个不同的亚基,与大肠埃希菌 RNA 聚合酶的 α 亚基有一定同源性;酵母的 RNA 聚合酶 II 有两个相同的亚基,与大肠埃希菌 RNA 聚合酶的 α 也有一定同源性。除核心亚基外,3 种真核生物 RNA 聚合酶都具有 5 个共同小亚基。另外,每种真核生物 RNA 聚合酶各自还有 5～7 个特有的小亚基。这些小亚基的作用还不清楚,但是,每一种亚基对真核生物 RNA 聚合酶发挥正常功能都是必需的。

RNA 聚合酶 II 最大亚基的羧基末端有一段共有序列(consensus sequence)为 Tyr‐Ser‐Pro‐Thr‐Ser‐Pro‐Ser 的重复序列片段,称为羧基末端结构域(carboxyl‐terminal domain, CTD)。RNA 聚合酶 I 和 RNA 聚合酶 III 没有 CTD。所有真核生物的 RNA 聚合酶 II 都具有 CTD,只是 7 个氨基酸共有序列的重复程度不同,如酵母 RNA 聚合酶 II 的 CTD 有 27 个重复共有序列,其中 18 个与上述 7 个氨基酸共有序列完全一致;哺乳动物 RNA 聚合酶 II 的 CTD 有 52 个重复基序,其中 21 个与上述 7 个氨基酸共有序列完全一致。CTD 对于维持细胞的活性是必需的。体外实验显示,去磷酸化的 CTD 在转录起始中发挥作用,当 RNA 聚合酶 II 启动转录离开启动子后,CTD 的许多 Ser 和一些 Tyr 残基被磷酸化。体内实验也证实了这点。

知识链接

精美的转录机器

RNA 的生物合成过程是基因表达调控的重要环节,而真核生物的转录过程尤为复杂,2001 年 R. Kornberg 及其团队花费 10 年时间构建了体外酵母细胞转录体系,并将结晶学与生化知识相结合,描述了 RNA 聚合酶 II 及包括通用转录因子、调节器、DNA 和 RNA 在内的复合物结构图。他是首位在分子水平上阐明真核细胞中转录机制全过程的科学家。这一过程具有医学上的"基础性"作用,因为人类的多种疾病如癌症、心脏病等都与这一过程的发生或紊乱有关。目前,基因转录技术已经广泛应用在基因研究以及干细胞的分化调节等领域,具有重大的实际意义。因为此项贡献,R. Kornberg 获得了 2006 年诺贝尔化学奖。

(四) RNA 聚合酶结合到 DNA 的启动子上启动转录

转录的各个基因之间是不连续、分区段进行的(图 12‐1)。原核生物中,每一转录区段可视为一个转录单位,称为操纵子(operon)(见本书第十四章)。操纵子包括若干个结构基因及其上游的调控序列。调控序列中的启动子(promoter)是 RNA 聚合酶结合模板 DNA 的部位,也是控制转录的关键部位。原核生物以 RNA 聚合酶全酶结合到 DNA 的启动子上而启动转录,其中由 σ 亚基辨认启动子,其他亚基相互配合。对启动子的研究,常采用一种巧妙的方法即 RNA 聚合酶保护法:先把一段基因分离出来,然后和提纯的 RNA 聚合酶混合,再加入核酸外切酶作用一定时间后,生成游离核苷酸。但有一段 40～60bp 的 DNA 片段是完整的。这表明,这段 DNA 因与 RNA 聚合酶结合而受到保护。受保护的 DNA 位于结构基因的上游。所以这一被保护的 DNA 区段,就是被 RNA 聚合酶辨认和结合的区域,并在这里准备开始转录(图 12‐5)。

对几百个原核生物基因操纵子转录上游区段进行碱基序列分析,证明 RNA 聚合酶保护区结构上有一致性(consensus)。以开始转录的 5′ 端第一位核苷酸位置为 +1,用负数表示上游的碱基序数,发

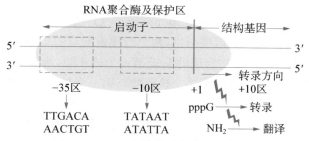

图 12 - 5 RNA 聚合酶保护法示意图

现—35 和—10 区富含 A-T 碱基对。图 12-6 中 trp、lac 等是操纵子的名称。依据碱基在某位置上出现的频率,从而总结出—35 区最大一致性序列是 TTGACA。—10 区的一致性序列 TATAAT,是1975 年由 D. Pribnow 首先发现的,故被称为 Pribnow 盒(Pribnow box)。—35 与—10 区相隔 16~18个核苷酸,—10 区与转录起始点相距 6 个或 7 个核苷酸,均以 Nx 表示。序列分析还证明,翻译起始密码子 AUG 在转录起始点下游,说明翻译起始点出现于转录起始点之后。

	—35 区		—10 区		+1	
trp	TTGACA	······ N17 ······	TTAACT	··· N7 ···	A	···
tRNA^{tyr}	TTTACA	······ N16 ······	TATGAT	··· N7 ···	A	···
lac	TTTACA	······ N17 ······	TATGTT	··· N6 ···	A	···
recA	TTGATA	······ N16 ······	TATAAT	··· N7 ···	A	···
ara BAD	CTGACG	······ N18 ······	TACTGT	··· N6 ···	A	···
一致性	TTGACA		TATAAT			

图 12 - 6 操纵子区段序列分析

富含 A-T 碱基对,表明该区段的 DNA 容易解链,因为 AT 配对只有两个氢键维系。比较 RNApol 结合不同区段测得的平衡常数,发现 RNA pol 结合—10 区比结合—35 区相对牢固些。从 RNApol 分子大小与 DNA 链长的比较,可确定结合 DNA 链能达到的跨度。这些结果都能推论:—35 区是 RNA pol 对转录起始的辨认位点(recognition site),辨认结合后,酶向下游移动,达到 Pribnow 盒,酶已跨入了转录起始点,形成相对稳定的酶- DNA 复合物,此时就可以开始转录(图 12-4)。

第二节 原核生物的转录过程

原核生物的转录过程可分为 3 个阶段:即转录起始、转录延长和转录终止。

一、原核生物的转录起始

转录全过程均需 RNA 聚合酶催化,图 12-7 显示大肠埃希菌的转录起始、延长的过程。起始过程需全酶,由 σ 亚基辨认起始点,延长过程的核苷酸聚合仅需核心酶催化。转录起始就是RNA 聚合酶全酶结合到启动子上形成转录起始复合物的过程。起始复合物中包含 RNA pol 全酶、DNA 模板及与转录起始点配对的 NTP。

原核生物的转录起始过程:首先由 RNA 聚合酶 σ 亚基识别结合启动子—35 区,形成闭合转录复合体(closed transcription complex),该复合体中 DNA 分子保持完整的双螺旋结构。然后RNA 聚合酶移向—10 区并跨过转录起始点,—10 区域的部分双

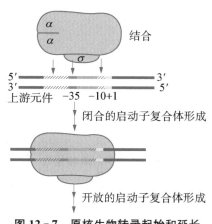

图 12 - 7 原核生物转录起始和延长

螺旋解开,形成开放转录复合体(open transcription complex)。转录无论是起始或延长中,DNA 双链解开的范围通常是 17bp 左右。转录不需要引物,两个与模板配对的相邻核苷酸,在 RNA 聚合酶催化下生成第一个磷酸二酯键,即 RNA 生物合成的 5′ 端第一个核苷酸,通常为嘌呤核苷酸 GTP 或 ATP,又以 GTP 更为常见。当与模板链互补的第二个核苷酸与第一个核苷酸聚合生成磷酸二酯键后,仍保留其 5′ 端三个磷酸,生成 5′- pppGpN - OH - 3′。这一结构为四磷酸二核苷酸,其 3′ 端的游离羟基可与新的 NTP 聚合使 RNA 链延长下去。RNA 链 5′ 端结构在转录延长中一直保留至转录完成。

　　RNA 链合成开始后,σ 亚基即从转录起始复合物上脱落,核心酶沿 DNA 链前移,进入延长阶段。实验证明,σ 亚基若不脱落,RNA 聚合酶则停留在起始位置,转录不能进入延长阶段。化学计量又证明,每个原核细胞内 RNA 聚合酶各亚基比例为:$α:β:β′:σ=4000:2000:2000:600$,σ 亚基的量在细胞内明显比核心酶少。试管内的 RNA 合成实验也证明,RNA 的生成量与核心酶的加入量成正比;开始转录后,产物量与 σ 亚基的加入与否无关。上述实验表明,脱落后的 σ 亚基可与另一核心酶结合形成全酶,反复使用。

　　RNA 生物合成开始时会出现流产式起始(abortive initiation)的现象。在开放起始复合物内,RNA pol 首先合成长度为 3~8nt 的 RNA 分子并将它们释放出去而终止转录。这种无效转录在进入转录延长阶段之前可能重复几百次,流产式起始被认为是启动子校读(promoter proofread)的过程,可能与 RNA pol 和启动子的结合强度有关。

二、原核生物的转录延长

　　σ 亚基从起始复合物上脱落后,RNA 聚合酶核心酶的构象随着发生改变。启动子区段有结构上的特异性。转录起始以后,不同基因的碱基序列大不相同,RNA 聚合酶与模板的结合是非特异性的,而且比较松弛,有利于酶迅速向下游移动。RNA 聚合酶构象变化,是与不同区段的结构相适应的。起始复合物上形成的二核苷酸 3′ 端有一核糖的游离羟基。底物三磷酸核苷的 α-磷酸可在酶催化下与 3′- OH 起反应,生成磷酸二酯键,脱落的 β、γ 磷酸基成为无机焦磷酸。聚合生成的 RNA 链仍有 3′- OH 末端,于是按模板的指引,NMP 一个接一个按 5′→3′ 方向延长。遇到模板上的碱基为 A 时,转录产物加入的是 U 而不是 T。RNA 聚合酶向 DNA 链下游移动,RNA 分子上 5′- pppG…结构依然保留。RNA 聚合酶分子可以覆盖 40bp 以上的 DNA 分子片段,转录解链范围小于 20bp,产物 RNA 又和模板链配对形成长约 8bp 的 RNA/DNA 杂化双链(hybrid duplex)。这样由酶 - DNA - RNA 形成的转录复合物,形象地称为转录泡(transcription bubble)(图 12 - 3)。

　　转录空泡上,产物 3′ 端小段依附结合在模板链。随着 RNA 链不断生长,5′ 端脱离模板向空泡外伸展。化学结构上 DNA/DNA 双链的结构,比 DNA/RNA 形成的杂化双链稳定。核酸的碱基之间形成配对有三种,其稳定性是:

$$G \equiv C > A = T > A = U$$

　　G≡C 配对有 3 个氢键,是最稳定的;A＝T 配对只在 DNA 双链形成;A＝U 配对可在 RNA 分子或 DNA/RNA 杂化双链上形成,是三种配对中稳定性最低的。所以已转录完毕的局部 DNA 双链,就必然会复合而不再打开。根据这些,也就易于理解空泡为什么会形成,而转录产物又是为什么向外伸出。伸出空泡的 RNA 链,其最远端就是最早生成的 5′- pppGpN -。转录产物是从 5′→3′ 延长,但如果从 RNA 聚合酶的移动方向来说,酶是沿着模板链的 3′→5′ 方向或沿着编码链的 5′→3′ 方向前进。在电子显微镜下观察原核生物的转录,可看到像羽毛状的图形(图 12 - 8)。这种形状说明,在同一 DNA 模板

图 12 - 8　电镜下的原核生物转录现象

上,有多个转录同时在进行。在 RNA 链上观察到的小黑点是多聚核糖体(polyribosome),即一条 mRNA 链上结合多个核糖体,正在进行下一步的翻译工序,可见转录尚未完成,翻译已在进行。转录和翻译都是在高效率地进行。真核生物有核膜把转录和翻译隔成不同的细胞内区间,因此没有这种现象。

三、原核生物的转录终止

转录终止是指 RNA 聚合酶在 DNA 模板上停顿下来不再前进,转录产物 RNA 链从转录复合物上脱落下来。依据是否需要蛋白质因子的参与,原核生物转录终止分为依赖 ρ(Rho)因子与非依赖 ρ 因子两大类。

(一) 依赖 ρ 因子的转录终止

用 T₄ 噬菌体 DNA 在试管内做转录实验,发现其转录产物比在细胞内转录出的产物要长。这说明转录终止点是可以跨越过而继续转录的,还说明细胞内某些因素有执行转录终止的功能。根据这些线索,1969 年,J. Roberts 在被 T₄ 噬菌体感染的 *E. coli* 中发现了能控制转录终止的蛋白质,命名为 ρ 因子。试管内转录体系中加入了 ρ 因子,转录产物长于细胞内的现象不复存在。ρ 因子是由相同亚基组成的六聚体蛋白质,亚基相对分子质量 46kD。ρ 因子能结合 RNA,又以对 poly C 的结合力最强,但对 poly dC/dG 组成的 DNA 的结合能力就低得多。在依赖 ρ 终止的转录中,发现产物 RNA 3′ 端有较丰富的 C 或有规律地出现 C 碱基。据此推论,转录终止信号存在于 RNA 而非 DNA 模板。后来还发现 ρ 因子有 ATP 酶活性和解螺旋酶的活性。目前认为,ρ 因子终止转录的作用是与 RNA 转录产物结合,结合后 ρ 因子和 RNA 聚合酶都可发生构象变化,从而使 RNA 聚合酶停顿,解螺旋酶的活性使 DNA/RNA 杂化双链拆离,以利于产物从转录复合物中释放(图 12-9)。

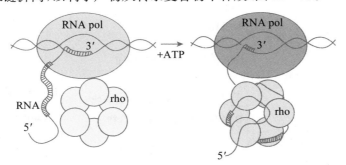

图 12-9　ρ 因子作用原理

(二) 非依赖 ρ 因子的转录终止

DNA 模板上靠近终止处有些特殊碱基序列,转录出 RNA 后,RNA 产物形成特殊的结构来终止转录,这就是非依赖 ρ 因子的转录终止。转录产物的 3′ 端,发现常有多个连续的 U。连续的 U 区 5′ 端上游的一级结构,即接近终止区的一段碱基又可形成"鼓槌状"的茎环(stem-loop)或称发夹(hairpin)形式的二级结构。图 12-10 是大肠埃希菌色氨酸操纵子结构基因的 mRNA 转录物 3′ 端的转录终止结构,近终止区的转录产物形成发夹结构是非依赖 ρ 因子终止的普遍现象。

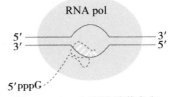

图 12-10　大肠埃希菌色氨酸操纵子结构基因终止模式

如图 12-10,RNA 链延长至接近终止区时,转录出的碱基序列随即形成茎环结构。这种二级结构是阻止转录继续向下游推进的关键。其机制可从两方面理解:一是茎环结构在 RNA 分子形成,可能改变 RNA 聚合酶的构象。注意 RNA 聚合酶的相对分子质量大,它不但覆盖转录延长区,也覆盖部分 3′ 端新合成的 RNA 链,包括 RNA 的茎环结构。由酶的构象改变导致酶-模板结合方式的改变,可使酶不再向下游移动,于是转录停止。其二,转录复合物(酶-DNA-RNA)上有局部的 RNA/DNA 杂化短链。RNA 分子要形成自己的局部双链,DNA 也要复原为双链,杂化链形成的机会不大,本来不稳定的杂化链更不稳定,转录复合物趋于解体。接着一串寡聚 U 是使 RNA 链从模板上脱落的促进因素。因为,所有的碱基配对中,以 U/dA 配对最为不稳定。

第三节　真核生物的转录过程

真核生物的转录过程与原核生物基本相似,也分为转录起始、转录延长和转录终止 3 个阶段,但是比原核生物复杂。真核生物和原核生物的 RNA pol 种类不同,结合模板的形式也不同。原核生物 RNA pol 可直接结合 DNA 模板,而真核生物 RNA pol 需与辅助因子结合后才可结合模板,所以原核和真核生物的转录起始过程有较大的区别,而转录终止也不相同。

一、真核生物的转录起始

RNA 聚合酶 II 催化基因转录的过程,可以分为三期:起始期(RNA 聚合酶 II 和通用转录因子形成闭合复合体)、延长期和终止期,起始期和延长期都有相关的蛋白质参与(图 12-11)。

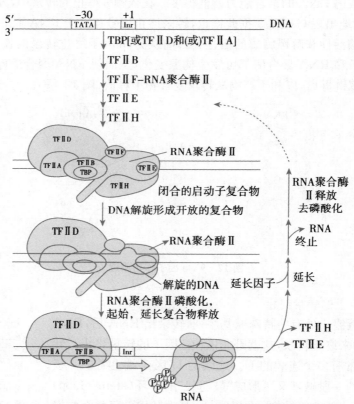

图 12-11　真核 RNA 聚合酶 II 和通用转录因子作用过程

真核生物的转录起始上游区段比原核生物多样化。转录起始时,RNA pol 不直接结合模板,其起始过程比原核生物复杂。

（一）转录起始位点的上游区段具有启动子核心序列

不同物种、不同细胞或不同的基因,转录起始点上游可以有不同的 DNA 序列,但这些序列都可统称为顺式作用元件(*cis*-acting element),一个典型的真核生物基因上游序列示意如图 12-12。顺式作用元件包括启动子、启动子上游元件(upstream promoter element)、启动子近端调控元件(promoter-proximal element)和增强子(enhancer)等远隔序列。真核生物转录起始也需要 RNA 聚合酶对起始区上游 DNA 序列作辨认和结合,生成起始复合物。起始点上游多数有共同的 TATA 序列,称为 Hogness 盒或 TATA 盒(TATA box)。通常认为这就是启动子的核心序列。TATA 盒的位置不像原核生物上游−35 区和−10 区典型。某些真核生物基因[如管家基因(housekeeping gene)]也可以没有 TATA 盒。许多 RNA 聚合酶 Ⅱ 识别的启动子具有保守的共有序列:位于转录起始点附近的起始子(initiator, Inr)(图 12-12)。启动子上游元件是位于 TATA 盒上游的 DNA 序列,多在转录起始点−100~−40nt 的位置,比较常见的是 GC 盒和 CAAT 盒。增强子是能够结合特异基因调节蛋白,促进邻近或远隔特定基因表达的 DNA 序列。增强子距转录起始点的距离变化很大,从100~50000nt 不等,甚至更大,但总是作用于最近的启动子。其在所控基因的上游和下游都可发挥调控作用,但以上游为主。

图 12-12　真核 RNA 聚合酶 Ⅱ 识别的启动子共有序列

(二) 转录因子

RNA 聚合酶 Ⅱ 启动转录时,需要一些称为转录因子(transcription factor,TF)的蛋白质,才能形成具有活性的转录复合体。能直接、间接辨认和结合转录上游区段 DNA 的蛋白质,现已发现数百种,统称为反式作用因子(trans-acting factor)。前缀 trans-有"分子外"的意义,指的是它们从 DNA 分子之外影响转录过程。反式作用因子中,直接或间接结合 RNA 聚合酶的,则称为基本转录因子(basal transcriptional factor),有时称为通用转录因子(general transcription factor)。相应于 RNA pol Ⅰ、Ⅱ、Ⅲ 的 TF,分别称为 TFⅠ、TFⅡ、TFⅢ。真核生物的 TFⅡ 又分为 TFⅡA、TFⅡB 等,主要的 TFⅡ 的功能已清楚,见表 12-4。所有的 RNA 聚合酶 Ⅱ 都需要通用转录因子,这些通用转录因子有 TFⅡA、TFⅡB、TFⅡD、TFⅡE、TFⅡF、TFⅡH,在真核生物进化中高度保守。

表 12-4　参与 RNA pol Ⅱ 转录的 TF Ⅱ

转录因子	亚基组成/相对分子质量(kD)	功　能
TF Ⅱ D	TBP[1]/38	结合 TATA box
	TAF[2]	辅助 TBP-DNA 结合
TF Ⅱ A	12, 19, 35	稳定 TBP 与启动子结合
TF Ⅱ B	33	募集 RNA pol Ⅱ,结合并稳定 TF Ⅱ D-DNA 复合物
TF Ⅱ E	α/57 β/34	协助招募 TF Ⅱ H,ATPase,解螺旋酶
TF Ⅱ F	30, 74	结合 RNA Pol Ⅱ,确定转录起始模板的位置
TF Ⅱ H		ATPase、解螺旋酶、CTD[3] 激酶

注:TATA binding protein (TBP),TATA 结合蛋白。TBP associated factor (TAF),TBP 辅助因子,有多种类型,不同的基因转录中由不同的 TAF 辅助。carboxyl terminal domain (CTD),RNA pol Ⅱ 大亚基羧基末端结构域。

通用转录因子 TFⅡD 不是一种单一蛋白质,它实际上是由 TBP 和 8~10 个 TAFs 组成的复合物。TBP 结合一个 10bp 长度 DNA 片段,刚好覆盖基因的 TATA 盒,而 TFⅡD 则覆盖一个 35bp 或者更长的区域。TBP 的相对分子质量为 20~40kD,而 TFⅡD 复合物的相对分子质量大约为 70kD。TBP 支持基础转录但是不支持诱导等所致的增强转录。而 TFⅡD 中的 TAFs 对诱导引起的增强转录是必要的。有时把 TAFs 称为辅激活因子(co - activator)。人类细胞中至少有 12 种 TAFs。可以想象 TFⅡD 复合物中不同 TAFs 与 TBP 的结合可能结合不同启动子,这可以解释这些因子在各种启动子中的选择性活化作用以及对特定启动子存在不同的亲和力。中介子(mediator)也是在反式作用因子和 RNA 聚合酶之间的蛋白质复合体,它与某些反式作用因子相互作用,同时能够促进 TFⅡH 对 RNA 聚合酶羧基端结构域的磷酸化。有时把中介子也归类于辅激活因子。

此外,还有与启动子上游元件(如 GC 盒、CAAT 盒)等顺式作用元件结合的蛋白质,称为上游因子(upstream factor),如 SP1 结合到 GC 盒上,C/EBP 结合到 CAAT 盒上。这些反式作用因子调节通用转录因子与 TATA 盒的结合、RNA 聚合酶与启动子的结合及起始复合物的形成,从而协助调节基因的转录效率。

与远隔调控序列(如增强子等)结合的反式作用因子有很多。可诱导因子(inducible factor)是与增强子等远端调控序列结合的转录因子。它们能结合应答元件,只在某些特殊生理或病理情况下才被诱导产生,如 MyoD 在肌肉细胞中高表达,HIF - 1 在缺氧时高表达。与上游因子不同,可诱导因子只在特定的时间和组织中表达而影响转录。例如,激素以及作为传递胞外信息的其他效应物,通过影响可诱导因子和辅激活因子复合物的组装和活性以及随后在靶基因启动子处转录起始前复合物(pre - initiation complex,PIC)的形成来调节基因的表达。参与的众多组分提供了各种可能的结合方式,从而在某一范围内对某一特定基因的转录活性进行调控。RNA 聚合酶Ⅱ与启动子的结合、启动转录需要多种蛋白质因子的协同作用。这通常包括:可诱导因子或上游因子与增强子或启动子上游元件的结合;通用转录因子在启动子处的组装;辅激活因子和(或)中介子在通用转录因子或 RNA 聚合酶Ⅱ复合物与可诱导因子、上游因子之间的辅助和中介作用。因子和因子之间互相辨认、结合,以准确地控制基因是否转录、何时转录(参见本书第十四章)。表 12 - 5 列出了Ⅱ型基因中的 4 类转录因子及其功能。应该指出的是,上游因子和可诱导因子等在广义上也可称为转录因子,但一般不冠以 TF 的词头而各有自己特殊的名称。

表 12 - 5　Ⅱ型基因中的 4 类转录因子

转录因子	组分	结合序列	功能
基本转录因子	TBP, TFⅡA、TFⅡB、TFⅡE、TFⅡG、TFⅡF 和 TFⅡH	TBP 结合 TATA box	转录定位,转录起始
辅助激活因子	TAFs 和中介子		在可诱导因子和上游因子与基本转录因子、RNA pol 结合中起连接和中介作用
上游因子	SP1、ATF、CTF 等	启动子上游元件	辅助基本转录因子,提高转录效率和特异性
可诱导因子	MyoD、HIF - 1 等	增强子等	时间和空间(组织)特异性地调控转录

(三) 转录起始前复合物

真核生物 RNA 聚合酶不与 DNA 分子直接结合,而需依靠众多的转录因子。首先是 TFⅡD 的 TBP 亚基结合 TATA ,另一 TFⅡD 亚基 TAF 有多种,在不同基因或不同状态转录时,与 TBP 作不同搭配。在 TFⅡA 和 TFⅡB 的促进和配合下,形成 TFⅡD - TFⅡA - TFⅡB - DNA 复合体(图 12 - 11)。

具有转录活性的闭合复合体在形成过程中,先由 TBP 结合启动子的 TATA 盒,然后 TFⅡB 与 TBP 结合,TFⅡB 也能与 DNA 结合。TFⅡA 虽然不是必需的,它能稳定已与 DNA 结合的 TFⅡD - TBP 复合体,并且在 TBP 与不具有特征序列的启动子结合时(这种结合比较弱)发挥重要作用。TFⅡB - TBP 复合体再与由 RNA 聚合酶Ⅱ和 TFⅡF 组成的复合体结合,TFⅡF 的作用是通过和 RNA 聚合酶Ⅱ一起与 TFⅡB 相互作用,降低 RNA 聚合酶Ⅱ与 DNA 的非特异部位的结合,来协助 RNA 聚合酶Ⅱ靶向结合启动子。最后是 TFⅡE 和 TFⅡH 加入,形成闭合复合体,装配完成,这就是转录起始前复合物(pre - initiation complex，PIC)。

TFⅡH具有解旋酶(helicase)活性，能使转录起始点附近的DNA双螺旋解开，使闭合复合体成为开放复合体，启动转录。TFⅡH还具有激酶活性，它的一个亚基能使RNA聚合酶Ⅱ的CTD磷酸化。还有一种使CTD磷酸化的蛋白质是周期蛋白依赖性激酶9(cyclin - dependent kinase 9，CDK9)，是正性转录延长因子(positive transcription elongation factor，pTEFb)复合体的组成部分，对RNA聚合酶Ⅱ的活性起调节作用。CTD磷酸化能使开放复合体的构象发生改变，启动转录。CTD磷酸化在转录延长期也很重要，而且影响转录后加工过程中转录复合体和参与加工的酶之间的相互作用。当合成一段含有约30个核苷酸的RNA时，TFⅡE和TFⅡH释放，RNA聚合酶Ⅱ进入转录延长期(图12-11)。此后，大多数的TF就会脱离转录起始前复合物。

（四）少数几个反式作用因子的搭配启动特定基因的转录

上述是典型而有代表性的RNA聚合酶Ⅱ催化的转录起始。RNA聚合酶Ⅰ、Ⅲ的转录起始与此大致相似。不同基因转录特性的研究已广泛开展，并发现数以百计、数量还在不断增加的转录因子。人类约有2万个编码蛋白质的基因，为了保证转录的准确性，不同基因需要不同的转录因子，这是可理解的。转录因子是蛋白质，也需要基因为它们编码。如此延伸下去，2万个基因岂不是不够用？这个问题可用拼板理论来解释：少数几个反式作用因子(主要是可诱导因子和上游因子)之间互相作用，再与基本转录因子、RNA聚合酶搭配而有针对性地结合、转录相应的基因。可诱导因子和上游因子常常通过辅激活因子或中介子与基本转录因子、RNA聚合酶结合，但有时也可不通过它们而直接与基本转录因子、RNA聚合酶结合。转录因子的相互辨认结合，恰如儿童玩具七巧板那样，搭配得当就能拼出多种不同的图形。人类基因虽数以万计，但可能300多个转录因子就能满足表达不同类型基因的需要。目前不少实验都支持这一理论。用生物信息学估算人类细胞中约有2000种编码DNA结合蛋白质的基因，约占基因总数的7%。其中大部分可能是反式作用因子。

二、真核生物的转录延长

真核生物转录延长过程与原核生物大致相似，但因有核膜相隔，没有转录与翻译同步的现象。真核生物基因组DNA在双螺旋结构的基础上，与多种组蛋白组成核小体高级结构。RNA pol前移，处处都遇上核小体。RNA聚合酶(500kD，14nm×13nm)和核小体蛋白八聚体(300kD，6nm×11nm)大小差别不太大。转录延长可以观察到核小体移位和解聚现象。核小体移位仅见于体外(*in vitro*)转录实验。用含核小体结构的DNA片段作模板，具备酶、底物及合适反应条件下进行转录。转录中以DNA酶水解法监测，从DNA电泳图像观察，能保持约200bp及其倍数的阶梯形电泳条带。据此认为，核小体只是发生了移位(图12-13)。但在培养细胞的转录实验中观察到，组蛋白中含量丰富的精氨酸发生了乙酰化。DNA分子上又出现AMP→ADP→聚ADP的现象。前者降低正电荷，后者减少负电荷。核小体组蛋白-DNA结构的稳定是靠碱性氨基酸提供正电荷和核苷酸磷酸根上的负电荷来维系的。据此推论：核小体在转录过程可能发生解聚。

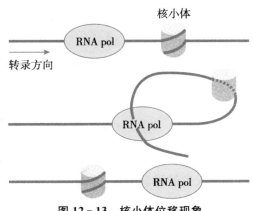

图12-13　核小体位移现象

三、真核生物的转录终止

真核生物的转录终止是和转录后修饰密切相关的。真核生物mRNA有聚腺苷酸(poly A)尾结构，是转录后才加进去的，因为在模板链上没有相应的聚胸苷酸(poly dT)。转录不是在poly A的位置上终止,而是超出数百个乃至上千个核苷酸后才停止。已发现在读码框架的下游,常有一组共同序列 AATAAA,再下游还有相当多的 GT 序列。这些序列就是 hnRNA 的转录终止相关信号,被称为转录终止的修饰点(图 12 - 14)。

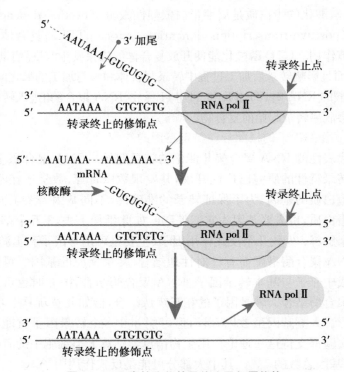

图 12 - 14　真核生物转录终止及加尾修饰

转录越过修饰点后,hnRNA 在修饰点处被切断,随即加入 poly A 尾结构。下游的 RNA 虽继续转录,但很快被 RNA 酶降解。因此,有理由相信,poly A 尾结构是保护 RNA 免受降解的。因为修饰点以后的转录产物无 poly A 尾结构。图 12 - 15 是一个常见的真核基因的结构。注意转录起始点至翻译起始点之间是一段 5′非编码区。

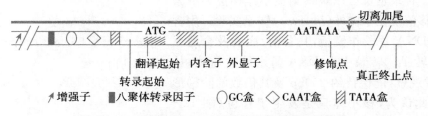

图 12 - 15　真核生物 RNA 聚合酶 Ⅱ 转录基因的结构

RNA 聚合酶缺乏有校读(proof reading)功能的 $3' \rightarrow 5'$ 核酸外切酶活性,因此转录发生的错误率比复制发生的错误率高,为 1/100000～1/10000。因为对大多数基因而言,一个基因可以转录产生许多 RNA 拷贝,而且 RNA 最终是要被降解和替代的,所以转录产生错误 RNA 对细胞的影响远比复制产生错误 DNA 对细胞的影响小。

第四节　真核生物转录后 RNA 加工修饰

真核生物转录生成的 RNA 分子是初级 RNA 转录物(primary RNA transcript),几乎所有的初级

RNA 转录物都要经过加工,才能成为具有功能的成熟的 RNA。加工主要在细胞核中进行。

一、mRNA 的转录后加工修饰

真核生物 mRNA 转录后,需要进行 5′端和 3′端(首、尾部)的修饰以及对 mRNA 进行剪接 (splicing),才能成为成熟的 mRNA,被转运到核糖体,指导蛋白质翻译。

(一) 前体 mRNA 在 5′端加入"帽子"结构

前体 mRNA(precursor mRNA) 又称为初级 mRNA 转录物,或不均一核 RNA(heterogeneous nuclear RNA, hnRNA)。大多数真核 mRNA 的 5′端有 7-甲基鸟嘌呤的帽子结构。RNA 聚合酶Ⅱ 催化合成新生 RNA 长度达 25~30 个核苷酸时,其 5′端的核苷酸就与 7-甲基鸟嘌呤核苷以不常见的 5′,5′-三磷酸连接键相连(图 12 - 16)。这个真核 mRNA 加工过程的起始步骤由两种酶,即加帽酶 (capping enzyme)和甲基转移酶(methyltransferase)催化完成。加帽酶有两个亚基,在加帽结构的过 程中,此酶与 RNA 聚合酶Ⅱ的 CTD 结合在一起,一个亚基的作用是去除新生 RNA 的 5′端核苷酸的 γ-磷酸;另一个亚基的作用是将一个 GTP 分子中的 GMP 部分和新生 RNA 的 5′端结合,形成 5′,5′- 三磷酸结构;然后由 S-腺苷甲硫氨酸先后提供甲基,使加上去的 GMP 中鸟嘌呤的 N^7 和原新生 RNA 的 5′端核苷酸的核糖 2′-O 甲基化,这两步甲基化反应由不同的甲基转移酶催化(图 12 - 16)。5′-帽 子结构可以使 mRNA 免遭核酸酶的攻击,也能与帽结合蛋白质复合体(cap - binding complex of protein)结合,并参与 mRNA 和核糖体的结合,启动蛋白质的生物合成。

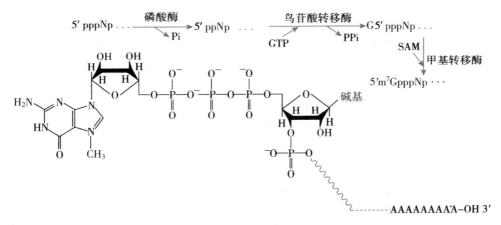

图 12 - 16　真核生物 mRNA5′-帽子结构形成过程

(二) 前体 mRNA 在 3′端特异位点断裂并加上多聚腺苷酸尾

真核 mRNA,除了组蛋白的 mRNA,在 3′端都有 poly A 尾结构,含 80~250 个腺苷酸。大多数 已研究过的基因中,都没有 3′端相应的多聚胸苷酸序列,说明 poly A 尾结构的出现是不依赖于 DNA 模板的。转录最初生成的前体 mRNA 3′端长于成熟的 mRNA。因此认为,加入 poly A 尾之前,先由 核酸内切酶切去前体 mRNA 3′端的一些核苷酸,然后加入 poly A。前体 mRNA 上的断裂点也是聚 腺苷酸化(polyadenylation)的起始点,断裂点的上游 10~30nt 有 AAUAAA 信号序列,断裂点的下游 20~40nt 有富含 G 和 U 的序列,前者是特异序列,后者是非特异序列。在 hnRNA 上也发现 poly A 尾结构,推测这一过程也应在核内完成,而且先于 mRNA 中段的剪接。尾部修饰是和转录终止同时 进行的过程。

poly A 的长度很难确定,因其长度随 mRNA 的寿命而缩短,而且都经过提取阶段才进行测定,能 否准确从数量反映体内情况是个问题。随着 poly A 缩短,翻译的活性下降。因此推测,poly A 的有 无与长短,是维持 mRNA 作为翻译模板的活性以及增加 mRNA 本身稳定性的因素。一般真核生物

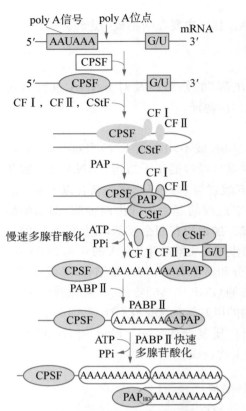

图 12-17 真核生物 mRNA3′多聚腺苷酸化过程

在胞质内出现的 mRNA，其 poly A 长度为 100～200 个核苷酸之间，也有少数例外，如组蛋白基因的转录产物，无论是初级的或成熟的，都没有 poly A 尾结构。前体 mRNA 分子的断裂和加 Poly A 尾是多步骤过程（图 12-17）。断裂和聚腺苷酸化特异性因子（cleavage and polyadenylation specificity factor，CPSF），由 4 条不同的多肽组成，分子质量为 360kD。CPSF 先与 AAUAAA 信号序列形成不稳定的复合体，然后至少有 3 种蛋白质——断裂激动因子（cleavage stimulatory factor，CStF）、断裂因子Ⅰ（cleavage factor Ⅰ，CF Ⅰ）、断裂因子Ⅱ（CFⅡ）与 CPSF-RNA 复合体结合。CStF 与断裂点的下游富含 G 和 U 的序列相互作用能使形成的多蛋白复合体稳定。最后在前体 mRNA 分子断裂之前，多聚腺苷酸聚合酶（poly A polymerase，PAP）加入到多蛋白复合体，前体 mRNA 在断裂点断裂后，立即在断裂产生的游离 3′-OH 进行多聚腺苷酸化。在加入大约前 12 个腺苷酸时，速度较慢，随后快速加入腺苷酸，完成多聚腺苷酸化。多聚腺苷酸化的快速期有一种多聚腺苷酸结合蛋白Ⅱ（poly A binding proteinⅡ，PABPⅡ）参与，PABPⅡ和慢速期合成的多聚腺苷酸结合，促进 PAP 合成多聚腺苷酸的速度。PABPⅡ的另一个功能是：当多聚腺苷酸尾结构达足够长时，使 PAP 停止作用。

（三）前体 mRNA 的剪接主要是去除内含子

1. hnRNA 和断裂基因　核内出现的转录初级产物，相对分子质量往往比在胞质内出现的成熟 mRNA 大几倍，甚至数十倍，核内的初级 mRNA 称为不均一核 RNA，即 hnRNA。核酸序列分析证明，mRNA 来自 hnRNA，不过去掉了相当大部分的片段。核酸杂交试验又证明，hnRNA 和 DNA 模板链可以完全配对；成熟的 mRNA 与模板链 DNA 杂交，出现部分的配对双链区域和相当多鼓泡状突出的单链区段。根据上述实验结果（图 12-18），20 世纪 70 年代末，提出了断裂基因的概念：真核生物结构基因，由若干个编码区和非编码区互相间隔但又连续镶嵌而成，去除非编码区再连接后，可翻译出由连续氨基酸组成的完整蛋白质，这些基因称为断裂基因（split gene）。

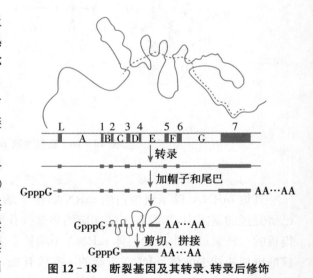

图 12-18 断裂基因及其转录、转录后修饰

2. 外显子（exon）和内含子（intron）　这两个词分别代表基因的编码和非编码序列。因 tRNA 和 rRNA 成熟过程也需剪接，外显子应定义为：在断裂基因及其初级转录产物上出现，并表达为成熟 RNA 的核酸序列。内含子是隔断基因的线性表达而在剪接过程中被除去的核酸序列。绝大多数脊椎动物的蛋白质编码基因含有内含子。只有为数不多的基因，如组蛋白基因没有内含子。有些低等真核生物的蛋白质编码基因也缺乏内含子。例如，酿酒酵母的许多基因就没有内含子。第一个被详细研究的断裂基因是鸡的卵清蛋白基因，其全长为 7.7kb（图 12-18）。该基因有 8 个外显子和 7 个内含子;图12-18中黑色并用数字表示外显子,L是前导序列。用字母表示的白色部分是内含子。成熟的 mRNA 仅为 1.2kb,为 386 个氨基酸编码。hnRNA 是和相应的基因等长的,即内含子也存在于初级转录产物中。图 12-18 的最上方为成熟的 mRNA 与 DNA 模板链的电镜杂交示意图,虚线代表mRNA,实线为 DNA 模板链。

　　3. mRNA 的剪接(mRNA splicing)　　去除初级转录产物上的内含子,把外显子连接为成熟的RNA,称为剪接。根据电镜所见(图 12-18),内含子区段弯曲,使相邻的两个外显子互相靠近而利于剪接,称为套索 RNA(lariat RNA)。这是最初提出的剪接模式。此后,还发现内含子近 3′ 端的嘌呤甲基化,例如 3^mG 是形成套索必需的。从初级转录产物一级结构分析及 hnRNA 特性的研究,目前对剪接已有较深了解。大多数内含子都以 GU 为 5′ 端的起始,而其末端则为 AG-OH-3′。前者称为 5′-剪接位点(5′-splice site),后者称为 3′-剪接位点(3′-splice site),两者之间还有剪接分枝点(branch point)。5′GU……AG-OH-3′ 称为剪接接口(splicing junction)或边界序列。剪接后,GU 或 AG 不一定被剪除。剪接过程的化学反应称为二次转酯反应(twice transesterification,图 12-19)。

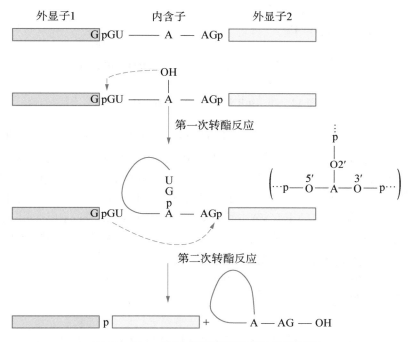

图 12-19　mRNA 剪接过程的二次转酯反应

　　外显子 1 和外显子 2 之间的内含子因与剪接体结合而弯曲,内含子 5′ 端与 3′ 端相互靠近。内含子可因小部分碱基与外显子互补而相互依附。第一次转酯反应由内含子中分支点的腺嘌呤核苷酸(A)的 2′-OH 对连接外显子 1 和内含子 5′ 端的磷酸二酯键进行亲核攻击,使外显子 1 和内含子之间的磷酸二酯键断裂,至此外显子 1 的 3′-OH 端游离出来。此时,内含子呈套索状结构,但仍与外显子2 相连。第二次转酯反应则是由外显子 1 的 3′-OH 端作为亲核基团,攻击内含子与外显子 2 之间的磷酸二酯键,使内含子与外显子 2 断开,由外显子 1 取代了内含子。这样,两个外显子相连而内含子被切除。在这两次转酯反应中磷酸酯键的数目并没有改变,因此也没有能量的消耗。

　　mRNA 前体剪接的场所发生在剪接体(spliceosome),因此这类内含子称为剪接体内含子。剪接体由小分子核糖核蛋白(small nuclear ribonucleoprotein,简称 snRNP,是一种特异的 RNA-蛋白质复合体)组成。它与 hnRNA 结合,使内含子形成套索并拉近上、下游外显子。每一种 snRNP 含有一种小核 RNA(small nuclear RNA,snRNA),snRNA 有 5 种:U_1、U_2、U_4、U_5 和 U_6,长度范围在100~300 个核苷酸,分子中碱基以尿嘧啶含量最丰富,因而以 U 作分类命名。真核生物从酵母到人类,snRNP 中的 RNA 和蛋白质都高度保守。剪接体是一种超分子(supramolecule)复合体,主要由上述 5 种 snRNA 和大约 50 种蛋白质装配而成,剪接体装配需要 ATP 提供能量。剪接体的生成和作用如图 12-20:①内含子 5′端和 3′端的边界序列分别与 U₁、U₂ 的 snRNA 配对,使 snRNP 结合在内含子的两端。②U₄、U₅ 和 U₆ 加入,形成完整的剪接体。此时内含子发生弯曲成套索状。上、下游的外显子 E₁ 和 E₂ 靠近。③结构调整,释放 U₁、U₄ 和 U₅。U₂ 和 U₆ 形成催化中心,发生转酯反应。

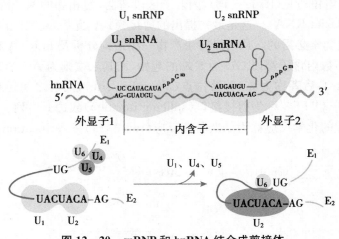

图 12-20　snRNP 和 hnRNA 结合成剪接体

真核生物前体 mRNA 分子的加工除剪接外,还有一种剪切(cleavage)模式。剪切就是剪去某些内含子,然后在上游的外显子 3′端直接进行多聚腺苷酸化,不进行相邻外显子之间的连接反应;剪接是指剪切后又将相邻的外显子片段连接起来,然后进行多聚腺苷酸化。大多数真核生物前体 mRNA 分子经过加工只能产生一种成熟的 mRNA,翻译成相应的一种多肽。有些真核生物前体 mRNA 能经过剪切和(或)剪接加工成不同的 mRNA,这一现象称可变剪接(alternative splicing),又称选择性剪接。例如,免疫球蛋白重链基因的前体 mRNA 分子有几个加多聚腺苷酸的断裂和多聚腺苷酸化的位点,通过多聚腺苷酸位点选择机制,剪切产生免疫球蛋白重链的多样性;果蝇发育过程中的不同阶段会产生 3 种不同形式的肌球蛋白重链,这是由于同一肌球蛋白重链的前体 mRNA 分子通过选择性剪接机制,产生 3 种不同形式的 mRNA。

(四) mRNA 编辑(mRNA editing)是对基因的编码序列进行转录后加工

有些基因的蛋白质产物的氨基酸序列与基因初级转录物的序列并不完全对应,mRNA 上的一些序列是经过编辑(editing)过程发生改变的。例如,人类基因组上只有一个载脂蛋白 B(apolipoprotein B,*Apo B*)基因,转录后可发生 RNA 编辑,编码产生的载脂蛋白 B 有两种形式,一种是 Apo B₁₀₀(相对分子质量 513kD),由肝细胞合成;另一种是 Apo B₄₈(相对分子质量 250kD)由小肠黏膜细胞合成。这两种 Apo B 都是由 *Apo B* 基因产生的 mRNA 编码。有一种胞嘧啶核苷脱氨酶(cytosine deaminase),只在肠黏膜细胞中发现,它能与 *Apo B* 基因产生的 mRNA 的编码第 2153 位氨基酸的密码子 CAA(Gln)结合,使其中的 C 转变为 U,从而使原来 CAA 转变成终止密码 UAA,因此 Apo B₄₈ 实际上是 Apo B₁₀₀ 氨基端那部分的肽链(图 12-21)。又例如:脑细胞谷氨酸受体(GluR)是一种重要的离子通道。GluR-mRNA 发生脱氨基使 A 转变为 G,导致一个关键位点上的谷氨酰胺密码子 CAG 变为 CGG(Arg),含精氨酸的 GluR 不能使 Ca^{2+} 通过。这样,不同功能的脑细胞就可以选择地产生不同的受体。人类基因组计划执行中曾估计人类基因总数在 5 万～10 万甚至 10 万以上,测序完成后认为人类只有约 2 万个基因。RNA 编辑作用说明,基因的编码序列经过转录后加工,是可有多用途分化的,因此又称为分化加工(differential RNA processing)。

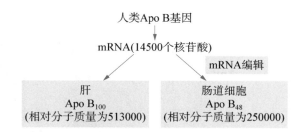

人类Apo B基因

mRNA(14500个核苷酸)

mRNA编辑

肝
Apo B$_{100}$
(相对分子质量为513000)

肠道细胞
Apo B$_{48}$
(相对分子质量为250000)

图 12‑21　在肝细胞和小肠黏模细胞进行的 *Apo B*$_{100}$ 基因的 mRNA 编辑

二、rRNA 的转录后加工修饰

真核细胞的 rRNA 基因(rDNA)属于丰富基因(redundant gene)族的 DNA 序列,即染色体上一些相似或完全一样的纵列串联基因(tandem gene)单位的重复。属于丰富基因族的还有 5S rRNA 基因、组蛋白基因、免疫球蛋白基因等。不同物种基因组可有数百或上千个 rDNA,每个基因又被不能转录的基因间隔(gene spacer)分段隔开。可转录片段为 7～13kb,间隔区也有若干 kb 大小。注意基因间隔不是内含子(图 12‑22)。rDNA 位于核仁内,每个基因各自为一个转录单位。

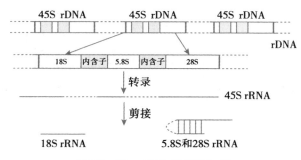

图 12‑22　rRNA 转录后加工

真核生物核内都可发现一种 45S 的转录产物,它是 3 种 rRNA 的前身。45S rRNA 经剪接后,生成属于核糖体小亚基的 18S rRNA,余下的部分再生成 5.8S 及 28S 的 rRNA。rRNA 成熟后,就在核仁上装配,与核糖体蛋白质一起形成核糖体,输送到胞质。生长中的细胞,rRNA 较稳定;静止状态的细胞,rRNA 的寿命较短。

三、tRNA 的转录后加工修饰

真核生物的大多数细胞有 40～50 种不同的 tRNA 分子。真核生物有较多编码 tRNA 的基因,而且是多拷贝。以酵母前体 tRNA^{tyr} 分子的加工为例。在酵母前体 tRNA^{tyr} 分子中,5′端为 16 个核苷酸的前导序列,中部为 14 个核苷酸的内含子,3′端还有 2 个尿嘧啶核苷酸。前体 tRNA 分子加工为成熟的 tRNA 有四方面变化(图 12‑23)。①5′端的 16 个核苷酸序列由 RNase P 切除;②3′端的两个核苷酸由 RNase Z 或 D 切除,再由核苷酸转移酶加上 CCA;③柄环结构的一些核苷酸的碱基经化学修饰为稀有碱基,包括某些嘌呤甲基化生成甲基嘌呤、某些尿嘧啶还原为二氢尿嘧啶(DHU)、尿嘧啶核苷转变为假尿嘧啶核苷(Ψ)、某些腺苷酸脱氨成为次黄嘌呤核苷酸(I);④通过剪接切除内含子。前体 tRNA 分子必须折叠成特殊的二级结构,剪接反应才能发生,内含子一般都位于前体 tRNA 分子的反密码子环(图 12‑24)。

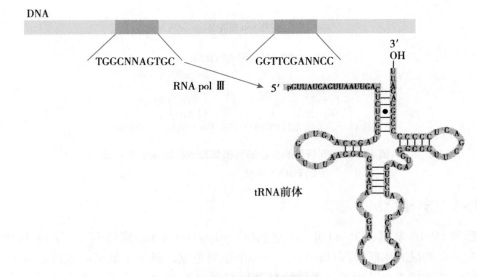

图 12－23　tRNA 转录初级产物

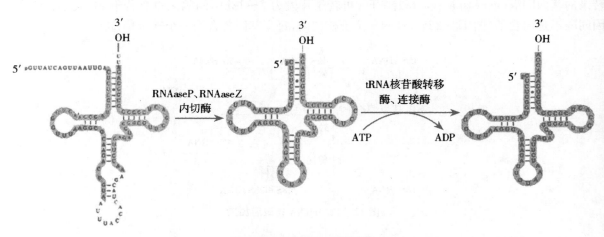

图 12－24　tRNA 加工过程

四、RNA 催化某些内含子的自剪接

1982 年，美国科学家 T. Cech 和他的同事发现嗜热四膜虫（*Tetrahymena thermophilic*）编码 rRNA 前体的 DNA 序列含有间隔内含子序列，他们在体外用从细菌纯化得到的 RNA 聚合酶转录从四膜虫纯化的编码 rRNA 前体的 DNA，结果在没有任何来自四膜虫的蛋白质情况下，rRNA 前体能准确地剪接去除内含子。这种由 RNA 分子催化自身内含子剪接的反应称为自剪接（self - splicing）。随后在其他单细胞生物体、线粒体、叶绿体的 rRNA 前体，一些噬菌体的 mRNA 前体及细菌 tRNA 前体也发现有这类自身剪接的内含子，并称之为Ⅰ型内含子（group Ⅰ intron）。Ⅰ型内含子以鸟嘌呤核苷或鸟嘌呤核苷酸作为辅因子（cofactor），这种辅因子是游离的，并不是Ⅰ型内含子 RNA 链的组成部分，而且也不是能量分子。鸟嘌呤核苷或鸟嘌呤核苷酸的 $3'$-羟基与内含子的 $5'$ 磷酸参与转酯反应，这种转酯反应与前面介绍的前体 mRNA 内含子剪接的转酯反应类似，不过参与反应的不是分支点 A 的 $2'$-OH，切除的内含子是线状，而不是"套索"状。某些线粒体和叶绿体的 mRNA 前体和 tRNA 前体具有另一类自身剪接的内含子，称为Ⅱ型内含子（group Ⅱ intron），这类内含子的剪接与前面介绍的前体 mRNA 内含子剪接相同，但是没有剪接体参与（图 12－25）。自身剪接内含子的 RNA 具有催化功能，是一种核酶（ribozyme）。

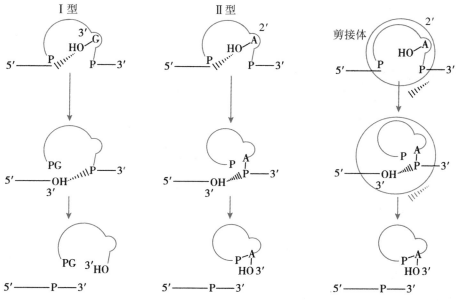

图 12-25　Ⅰ型和Ⅱ型内含子的剪切

小　结

● **转录的模板和酶**

转录是以 DNA 为模板,4 种核糖核苷三磷酸(NTP)为原料,按碱基配对规律,由 RNA 聚合酶催化合成 RNA 的过程。DNA 双链中指导转录,生成 RNA 的一条单链成为模板链,与模板链互补的 DNA 单链称为编码链。原核生物 RNA 聚合酶只有 1 种,全酶形式是 $\alpha_2\beta'\beta\omega\sigma$。真核生物有 3 种 RNA 聚合酶。RNA pol Ⅰ合成 rRNA 的前体,RNA pol Ⅱ合成 mRNA 的前体及某些非编码 RNA,RNA pol Ⅲ合成 tRNA 和 5S rRNA 的前体。真核 RNA pol 由多亚基组成,结构复杂。

● **原核生物的转录过程**

原核生物的转录过程分为 3 个阶段:起始、延长和终止。RNA 的合成方向是 $5'\rightarrow3'$。原核 RNA pol 中 σ 亚基识别启动子启动转录,核心酶 $\alpha_2\beta'\beta\omega$ 催化合成 RNA,转录延长和翻译同时进行。原核生物转录终止有依赖 ρ 因子的转录终止和非依赖 ρ 因子的转录终止。

● **真核生物 RNA 的合成**

真核生物的转录过程与原核生物相似,也分为起始、延长和终止 3 个阶段,但是比原核生物复杂。真核生物 RNA pol 与启动子结合需要多种转录因子参与,其中 RNA pol Ⅱ最大亚基有羧基末端结构域,在转录起始和延长阶段被磷酸化。真核生物的转录终止和转录后加工修饰过程密切相关。

● **真核生物转录后 RNA 加工修饰**

真核生物转录后生成的 RNA 需经过加工修饰才能成为具有功能的成熟 RNA。前体 mRNA 的 $5'$ 端加上 m^7Gppp 的帽子结构,$3'$ 端通过断裂及多聚腺苷酸化加上 poly A 尾结构。内含子通过剪接切除,剪接的转酯反应在剪接体进行。一个前体 mRNA 分子可经过剪接和剪切两种模式而加工成多个成熟的 mRNA 分子。有些 mRNA 要经过编辑,才能作为翻译的模板。rRNA 和 tRNA 的前体由一些特异的核酸酶切除间隔序列,某些碱基经过化学修饰后,成为成熟的 rRNA 和 tRNA。有些真核 mRNA、rRNA 和 tRNA 的前体含有自身剪接内含子,这类内含子的剪接不需要蛋白质的参与,内含子自身具有催化剪接的功能。

(郭桂丽)

第十三章
蛋白质的生物合成

本章课件

学习指南

重点

1. 蛋白质合成体系的组成。
2. 遗传密码的特点。
3. 肽链合成的基本过程。
4. 抗生素对蛋白质合成的影响。

难点

1. 蛋白质合成的翻译后加工过程。
2. 蛋白质合成与医学的关系。
3. 抗生素对蛋白质合成的阻断机制。

蛋白质是遗传信息的体现者,在不同个体,同一个体的不同发育时期,都需要不断合成蛋白质,以满足生长发育及代谢更新的需要。在细胞内,以信使 RNA(mRNA)为模板在核糖体合成蛋白质多肽链的过程称为蛋白质的生物合成——翻译(translation),即将 mRNA 分子的核苷酸排列顺序转换为多肽链中的氨基酸排列顺序。蛋白质合成的场所在细胞质中,而遗传物质 DNA 在细胞核中,遗传信息经过转录传递给 mRNA,mRNA 的碱基排列顺序可指导蛋白质的氨基酸排列顺序。蛋白质功能的执行不仅依靠蛋白质的一级结构,而且包括蛋白质空间构象的形成。因此,蛋白质的合成还包括蛋白质的翻译后折叠、加工和修饰。

第一节　蛋白质生物合成体系

生物体各种生理功能的执行者是各种各样的蛋白质。一般来说,蛋白质生物合成或翻译,主要是指 mRNA 指导下氨基酸通过形成肽键连接成多肽链一级结构的过程,人体蛋白质合成的原料为 20 种 α-氨基酸。这些氨基酸的排列顺序由 mRNA 的碱基排列顺序决定,mRNA 是蛋白质合成的"模板",但是 mRNA 不能直接识别结合氨基酸,需要有转运 RNA(tRNA)的参与。tRNA 既能识别 mRNA,又能与特定氨基酸结合,将其运输到蛋白质合成的场所——核糖体。核糖体主要由 rRNA 和蛋白质构成。因此,蛋白质的合成需要 mRNA、tRNA 和 rRNA 的参加,同时还需要相关的酶、蛋白质因子、供能物质 ATP 和 GTP,以及无机盐离子等参与。下面将分别介绍 3 种 RNA 在蛋白质合成中发挥的功能。

一、mRNA 与遗传密码

根据遗传信息传递的中心法则,mRNA 通过碱基互补配对转录到 DNA 的遗传信息,即碱基的排列顺序。mRNA 作为蛋白质合成的模板,需要按照碱基排列顺序决定氨基酸的排列顺序。mRNA 分子中除编码蛋白质合成的碱基排列顺序外,还有其他非翻译区,具有模板作用的碱基/核苷酸序列称为开放阅读框架(opening reading frame, ORF),位于 ORF 两端的非翻译区分别称为 5′端非翻译区和 3′端非翻译区。

构成人体 mRNA 的碱基只有 A、U、C、G 四种,而组成蛋白质的氨基酸原料有 20 种。现已证明,mRNA 中每三个相邻碱基/核苷酸为一组,编码一个氨基酸,这三个连续的核苷酸构成密码子(codon)或三联密码(triplet code),且这三个碱基由 A、U、G、C 任意排列组合,则密码子可以有 4^3 种组合,即 64 个不同的密码子。

每个密码子可以在蛋白质合成时代表一个氨基酸;反之,每个氨基酸可以有一个或几个密码子决定。密码子中 AUG 除了代表甲硫氨酸外,当它出现在 mRNA 翻译起始区时,还可以标志多肽链合成的起始,所以 AUG 又称为起始密码子。密码子中的 UAA、UAG 和 UGA 三种密码子不代表任何氨基酸,仅代表蛋白质合成的终止信号,即 mRNA 翻译到这三种密码子之一即停止翻译,所以 UAA、UAG 和 UGA 又称为终止密码子。

指导蛋白质合成的密码子具有如下特点。

1. 密码子的方向性 起始密码子 AUG 总是位于 mRNA 的 5′端,终止密码子总是位于 mRNA 的 3′端。蛋白质合成过程中是沿着 mRNA 的 5′→3′方向阅读进行的,决定了多肽链从 N-端到 C-端合成的氨基酸排列顺序。密码子中的核苷酸按照从 5′→3′方向排列,依次为第一位、第二位和第三位。

2. 密码子的连续性/无间隔性 蛋白质翻译过程是按照 mRNA 的 5′→3′方向,一个密码子接连一个密码子无分隔、无重叠、连续阅读翻译进行的,如果 mRNA 密码子中由于某些原因导致碱基丢失或者插入,使原有的阅读顺序发生错误,合成错误的氨基酸序列或终止,这种使 mRNA 开放阅读框架发生错误的情况称为"移码",导致 mRNA 开放阅读框架发生移码错误的 DNA 突变称为移码突变,但若连续缺失或插入 3 个(或 $3n$)个核苷酸,则不会出现移码。

3. 密码子的简并性 除了色氨酸和甲硫氨酸仅有一个密码子,多数氨基酸具有两个或两个以上密码子,丝氨酸最多有 6 个密码子,参见表 13-1 中所列密码子。一种氨基酸可以有几种密码子代表,但是一种密码子只能代表一种氨基酸。大多数密码子的特异性由第一位和第二位碱基/核苷酸顺序决定,第三位碱基/核苷酸发生变化并不影响编码的氨基酸类型。所以,编码同一氨基酸的不同密码子称为简并性密码子,又称同义密码子。这种由两种或两种以上的密码子决定同一氨基酸的现象称为密码子的简并性,有利于防止突变对物种的影响,保持遗传的稳定性。

如果突变只发生于某一密码子中一个碱基,蛋白质翻译时不会发生移码突变,且按照密码子的简并性原则,若突变发生于密码子第三位,往往并不改变编码的氨基酸类型。DNA 水平的碱基突变称为点突变,当点突变发生于开放性阅读框架之内时,可以使某一氨基酸改变,称为错义突变,也可以不改变氨基酸序列,称为同义突变。

4. 密码子的通用性 哺乳动物密码子(表 13-1)也基本通用于病毒、细菌,这就为基因工程和其他体外研究技术提供了基础。虽然同一氨基酸可以有不同的密码子,但是不同物种往往有某一密码子的偏好性。

表 13-1 mRNA 的遗传密码表

第一个碱基	第二个碱基				第三个碱基
(5′)	U	C	A	G	(3′)
U	苯丙氨酸	丝氨酸	酪氨酸	半胱氨酸	U
	苯丙氨酸	丝氨酸	酪氨酸	半胱氨酸	C
	亮氨酸	丝氨酸	终止密码子	终止密码子	A
	亮氨酸	丝氨酸	终止密码子	色氨酸	G

续 表

第一个碱基	第二个碱基				第三个碱
(5′)	U	C	A	G	(3′)
C	亮氨酸	脯氨酸	组氨酸	精氨酸	U
	亮氨酸	脯氨酸	组氨酸	精氨酸	C
	亮氨酸	脯氨酸	谷氨酰胺	精氨酸	A
	亮氨酸	脯氨酸	谷氨酰胺	精氨酸	G
A	异亮氨酸	苏氨酸	天冬酰胺	丝氨酸	U
	异亮氨酸	苏氨酸	天冬酰胺	丝氨酸	C
	异亮氨酸	苏氨酸	赖氨酸	精氨酸	A
	甲硫氨酸	苏氨酸	赖氨酸	精氨酸	G
G	缬氨酸	丙氨酸	天冬氨酸	甘氨酸	U
	缬氨酸	丙氨酸	天冬氨酸	甘氨酸	C
	缬氨酸	丙氨酸	谷氨酸	甘氨酸	A
	缬氨酸	丙氨酸	谷氨酸	甘氨酸	G

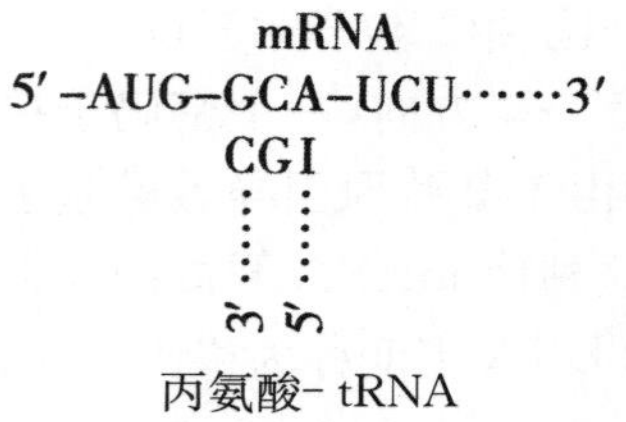

mRNA

5′–AUG–GCA–UCU……3′

CGI

丙氨酸- tRNA

图 13 - 1 密码子的摆动配对

5. 密码子的摆动性　tRNA 分子中的反密码环具有反密码子，可以识别 mRNA 上的密码子，通过互补配对将特定的氨基酸携至正确位置。反密码子的第一、二和第三位碱基分别与密码子的第三、二和第一位碱基互补配对(图 13 - 1)。反密码子的第一位碱基经常是次黄嘌呤(I)，I 可以与 A、C 和 U 配对，形成氢键，这种配对为摆动配对/不严格配对。例如丙氨酰- tRNA 反密码子为 IGC，可以识别密码子 GCA、GCU 和 GCC，蛋白质合成中新加入的氨基酸都将是丙氨酸。

知识链接

遗传密码的破译

遗传密码的破译是 20 世纪 50—60 年代生物化学领域的一项重大发现。之前的研究已经明确，mRNA 由包括 A、G、C、U 四种不同碱基的核苷酸组成。科学家猜想，如果 1 个碱基能决定 1 种氨基酸，那么 mRNA 只能决定 4 种氨基酸；若 2 个碱基决定 1 个氨基酸，4 种碱基可以决定 16 种氨基酸；组成体内蛋白质的氨基酸有 20 种，这两种情况显然不够。G. Gamow 最早提出需要以 3 个核酸一组，3 个碱基组合有 64 种组合方式(4×4×4＝64)，才能为蛋白质中的 20 种氨基酸编码。1961 年，H. Matthaei 与 M. W. Nirenberg 在无细胞系统环境下，利用一条仅含 U 的 RNA 合成了一条只有苯丙氨酸(Phe)的肽链，破解了首个密码子(UUU→苯丙氨酸)。随后 H. G. Khorana 破解了更多的密码子，接着 R. W. Holley 证明了丙氨酰- tRNA 的结构及其在蛋白质合成过程的作用。H. G. Khorana、R. W. Holley 和 M. W. Nirenberg 分享了 1968 年的诺贝尔生理学或医学奖。遗传密码的破译不仅体现了生命现象本质的高度统一性，也极大地推动了生命科学的发展，为现代生物技术的诞生和发展提供了极为重要的理论基础。

二、tRNA 与氨基酸

蛋白质合成过程中，需要 tRNA 作为转运氨基酸的工具。氨基酸需要由特异的 tRNA 转运才能进入核糖体参与翻译过程。tRNA 分子上具有氨基酸结合位点，在特异的氨基酰- tRNA 合成酶的作用下，通过 $3'-OH$ 与特定的氨基酸结合。每种氨基酸可以有 2～6 种特异的 tRNA 作为转运工具，但是每种 tRNA 只能转运一种氨基酸。

tRNA 的另一个重要位点是 mRNA 结合部位。tRNA 的反密码子与 mRNA 中的密码子通过碱基互补配对结合，从而完成运输正确氨基酸的任务。

三、rRNA 与核糖体

核糖体是蛋白质合成的场所，核糖体包括大、小亚基，由蛋白质和 rRNA 构成。大、小亚基聚合成复合体，才能成为蛋白质的合成场所。

原核生物的 50S 大亚基含有 23S 和 5S rRNA，30S 小亚基含有 16S rRNA；可以组装成 70S 的核糖体，真核生物的 60S 大亚基含有 28S、5.8S 和 5S rRNA，40S 小亚基含有 18S rRNA，可以组装成 80S 的核糖体。

核糖体上具有结合 mRNA、酶和蛋白因子的位点，还有结合氨基酰- tRNA 的位点，称为氨基酰位（aminoacyl site，A 位）；结合肽酰- tRNA 的位点，称为肽酰位（peptidyl site，P 位）；释放已卸载氨基酸 tRNA 的位点，称为排出位（exit site，E 位）（图 13 - 2）。核糖体大亚基还有一个 GTP 水解位点，为氨基酰- tRNA 移位提供能量。

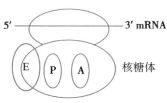

图 13 - 2　核糖体在翻译中的功能部位

四、参与蛋白质合成的酶类及其他因子

1. 主要的酶　参与蛋白质合成的酶主要包括氨基酰- tRNA 合成酶和转肽酶。

氨基酰- tRNA 合成酶存在于细胞质中，具有高度特异性，能特异地识别特定 tRNA 和特定氨基酸，催化氨基酸与 tRNA 缩合生成氨基酰- tRNA，反应分为两步，第一步，氨基酸通过羧基与特异的 tRNA 合成酶、ATP 反应生成中间产物氨基酰- AMP -氨基酰- tRNA 合成酶；第二步，中间产物与 tRNA 反应，氨基酸的羧基与 tRNA 的 $3'$ 端的- OH 形成氨酰酯键，产生氨基酰- tRNA。反应中 ATP 一共提供了两个高能磷酸键。

$$氨基酸+ATP \xrightarrow{\text{氨基酰 tRNA 合成酶}} 氨基酰- AMP -氨基酰- tRNA 合成酶+PPi$$

$$\downarrow \text{tRNA}$$

$$氨基酰- tRNA+AMP+氨基酰- tRNA 合成酶$$

转肽酶可以催化核糖体 P 位上的肽酰基转至 A 位上的氨基酰- tRNA 中氨基酸的氨基上，催化酰基与氨基形成肽键。研究发现，转肽酶属于一种核酶。

2. 蛋白质因子　除参与蛋白质合成的酶类，在肽链合成的起始、延长、终止阶段还需要一些蛋白质因子的参与，包括起始因子（initiation factor，IF）、延长因子（elongation factor，EF）、终止因子（termination factor），终止因子也称释放因子（release factor，RF）。原核生物参加肽链合成的蛋白质因子的种类及生物学功能见表 13 - 2。

表 13-2　原核生物参加肽链合成的蛋白质因子种类及功能

蛋白质因子种类		生物学功能
起始因子	IF-1	结合在核糖体 A 位,防止 tRNA 过早结合于 A 位
	IF-2	促进 fMet-tRNA^{fMet} 与核糖体小亚基的结合
	IF-3	防止核糖体大、小亚基过早结合;增强核糖体 P 位结合 fMet-tRNA^{fMet} 的特异性
延长因子	EF-Tu	促进氨基酰-tRNA 进入核糖体 A 位,结合并分解 GTP
	EF-Ts	EF-Tu 的调节亚基
	EF-G	有转位酶活性,促进 mRNA-肽酰-tRNA 由核糖体 A 位移至 P 位;促进 tRNA 卸载与释放
释放因子	RF-1	特异识别 UAA 或 UAG;诱导转肽酶转变为酯酶
	RF-2	特异识别 UAA 或 UGA;诱导转肽酶转变为酯酶
	RF-3	具有 GTPase 活性,当新合成肽链从核糖体释放后,促进 RF-1 或 RF-2 与核糖体分离

第二节　肽链生物合成的过程

　　蛋白质合成过程以 mRNA 作为模板,tRNA 作为运输氨基酸的工具,核糖体为场所,需要酶、蛋白因子和无机离子等共同参与。原核生物的蛋白质合成过程较为简单,而真核生物的蛋白质合成过程更为复杂,本节着重阐述原核生物的蛋白质合成过程及部分真核生物不同之处。蛋白质的合成过程可以人为地分为肽链合成的起始、延长和终止三个阶段。

一、肽链合成的起始

（一）原核生物肽链合成的起始

　　1. 氨基酸被活化成氨基酰-tRNA　　多肽链合成所需的全部氨基酸在合成多肽链之前,都要被活化,以氨基酰-tRNA 的形式作为多肽链合成的直接原料。如前所述,不同氨基酸与各自特异的氨基酰-tRNA 合成酶在 ATP 供能下,先形成中间复合物,再与特异的-tRNA 反应,最终氨基酸结合于 tRNA 的 3′端的 CCA-OH,形成不同的氨基酰-tRNA。此过程 ATP 水解释放出焦磷酸,生成 AMP。

　　2. 核糖体大、小亚基与 mRNA、N-甲酰甲硫氨基酰-tRNA 形成起始复合物

　　（1）首先,核糖体小亚基与 mRNA 结合:原核生物起始因子 IF-3 可以结合核糖体 30S 小亚基,防止小亚基与 50S 大亚基重新聚合。原核生物 mRNA 翻译起始点上游具有 SD 序列（Shine-Dalgarnosite,5′-AGGAGGU-3′）,又称核糖体结合位点（ribosome-binding site,RBS）,可以被小亚基中的 16S rRNA 识别且互补结合。

　　（2）其次,甲硫氨酰-tRNA 与核糖体小亚基、mRNA 结合:虽然原核生物翻译起始的第一个氨基酸为甲硫氨酸,但是以 N-甲酰甲硫氨酰-tRNA（fMet-tRNA^{fMet}）的形式与 mRNA 及核糖体小亚基形成复合物。在 IF-1 的帮助下,fMet-tRNA^{fMet}、IF-2、GTP 形成 fMet-tRNA^{fMet}-IF-2-GTP 复合物,与核糖体小亚基结合,fMet-tRNA^{fMet} 与起始密码子互补配对,GTP 水解为 GDP。

　　（3）最终,核糖体小亚基与大亚基聚合:起始因子 IF-1、IF-2 脱落,形成核糖体大、小亚基与 mRNA、N-甲酰甲硫氨酸-tRNA 的起始复合物。

　　（二）真核生物肽链合成的起始

　　真核生物的 mRNA 与原核生物多顺反子不同,多为单顺反子,且翻译起始点上游没有 SD 序列。真核生物肽链合成的起始所需起始因子（eIF）的种类比原核生物更多,其装配过程更复杂。真核生物

mRNA 的 5′-帽子和 3′-多聚 A 尾为肽链合成正确起始所必需,但也有少数 mRNA 的翻译起始并不依赖其 5′-帽子结构,核糖体可被 mRNA 上的内部核糖体进入位点(internal ribosome entry site, IRES)直接招募至翻译起始处,这一过程需要多种蛋白质的协助。

真核生物翻译起始的第一个氨基酸不是 N-甲酰甲硫氨酸,而是甲硫氨酸,真核生物的起始氨基酰-tRNA 以 Met-tRNA$_i^{Met}$ 表示。此外,起始氨基酰-tRNA 先于 mRNA 结合于小亚基,与原核生物的装配顺序不同。

二、肽链合成的延长

肽链合成的延长过程需要酶、延长因子的催化及 GTP 提供能量。原核生物肽链的延长在 70S 核蛋白体中进行。肽链延长过程是一个循环的过程,每加入一个活化的氨基酸,都要按照进位、成肽和转位三步骤重复进行,按照 mRNA 密码子的排列,指导正确的氨基酸排列顺序。

1. 氨基酰-tRNA 进入 A 位(进位) 在起始复合物中,核糖体的 P 位上为 N-甲酰甲硫氨酰-tRNA,A 位上空出,在延长因子和 GTP 参与下,按照密码子决定的下一个氨基酰-tRNA 首先与延长因子 EF-Tu-GTP 结合,再结合于 A 位,GTP 水解为 GDP,EF-Tu-GDP 随之从 tRNA 脱落。在延长因子 EF-Ts 的作用下,GDP 水解下来,EF-Tu 重新结合 GTP 形成 EF-Tu-GTP,为下一次进位做准备。

2. 肽键形成(成肽) 在转肽酶的催化下,P 位的甲硫氨酰-tRNA 的酰基与 A 位的氨基酰-tRNA 的氨基缩合形成第一个肽键。

3. 核糖体沿着 mRNA 移动(转位) 在延长因子 EF-G 的作用下,GTP 提供能量,核糖体可以沿着 mRNA 的 5′→3′ 方向移动一个密码子的距离,即甲硫氨酰-tRNA 与氨基酰-tRNA 形成的二肽酰-tRNA 随之移动到 P 位,A 位空出,可以继续结合下一个氨基酰-tRNA。如此循环往复,实现肽链的延长(图 13-3)。

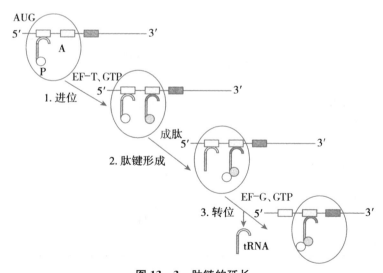

图 13-3 肽链的延长

翻译过程中在核糖体上的多肽链连续、循环地延长称为核糖体循环(ribosomal cycle),包括进位、成肽和转位循环进行,直至蛋白质合成终止。

三、肽链合成的终止

当核糖体沿着 mRNA 的 5′→3′ 方向移动至终止密码子时,A 位与蛋白因子——释放因子(又称终止因子)RF 结合,RF 结合终止密码子后可触发核糖体构象改变,将转肽酶活性转变为酯酶活性,肽链从肽酰- tRNA 水解出来,mRNA 也随之脱落,核糖体大小亚基分离,多肽链合成结束。

原核生物有 3 种释放因子:RF-1、RF-2 和 RF-3。RF-1 可以识别密码子 UAA 和 UAG;RF-2 可以识别密码子 UAA 和 UGA;RF-3 具有 GTP 酶活性,可以促进 RF-1 或 RF-2 与核糖体结合,多肽链从 P 位 tRNA 上的释放。

真核生物释放因子(eRF)只有一种,可以识别 3 种密码子,但是不能促进多肽链从核糖体的释放,其释放机制还有待研究。原核生物与真核生物蛋白质合成过程的不同见表 13-3。

表 13-3 原核生物与真核生物蛋白质合成过程的不同

	原核生物	真核生物
核糖体	70S	80S
mRNA	多顺反子	单顺反子
	转录后很少加工	转录后需经加工修饰才成熟为 mRNA
	转录与翻译几乎同时进行	翻译在转录之后进行
起始氨基酰- tRNA	甲酰甲硫氨酰- tRNA	甲硫氨酰- tRNA
起始因子	IF-1、IF-2 和 IF-3	9 种 eIF
延长因子	EF-Tu、EF-Ts 和 EF-G	eEF
终止因子	RF-1、RF-2 和 RF-3	eRF

在蛋白质合成过程中,需要 ATP 和 GTP 提供能量,如表 13-4 所示,每延长一个氨基酸至少需要 4 个高能磷酸键。因此,蛋白质合成过程是耗能的不可逆反应。表 13-4 是原核生物蛋白质生物合成所需要的能量。

表 13-4 蛋白质合成过程所需的能量

蛋白质生物合成过程	能量来源	高能磷酸键(个数)
P 位氨基酰- tRNA 进入		
甲硫氨酰- tRNA 合成	ATP	2
甲硫氨酰- tRNA 进入 P 位	GTP	1
肽链延长		
氨基酰- tRNA 合成	ATP	2
进位	GTP	1
成肽	—	—
转位	GTP	1
肽链合成终止	GTP	1

无论原核生物还是真核生物,在蛋白质合成过程中,可以有 10~100 个核糖体连接在同一个 mRNA,依次从起始密码子开始进行蛋白质翻译,可以产生多条多肽链,这种 mRNA 与多个核糖体形成的聚合物称为多聚核糖体(polysome)(图 13-4)。

原核生物的转录和翻译过程紧密耦联,转录尚未完成时已有核糖体结合于 mRNA 分子的 5'-端开始翻译。真核生物的转录在细胞核内进行,而翻译过程在细胞质,因此这两个过程是分隔进行的。

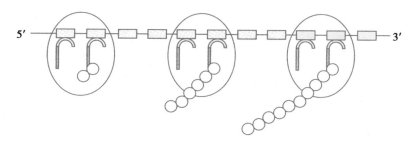

图 13 - 4　多聚核糖体

第三节　翻译后的加工和修饰

多肽链在核糖体中合成脱落后还需要进行加工处理，才能形成有生理功能的蛋白质，这种处理包括折叠和翻译后加工。

一、参与多肽链折叠的主要蛋白质和酶

在核糖体中只是形成具有一级结构的多肽链，还需要折叠、卷曲才能形成具有空间构象的蛋白质。

在细胞内有一些蛋白质可以辅助新生肽链的折叠过程，这些辅助性蛋白质包括分子伴侣（molecular chaperone）等。分子伴侣是细胞内一类可识别待折叠蛋白，辅助蛋白质折叠成为有功能的天然构象的保守蛋白质。热休克蛋白（heat shock protein，HSP）即属于分子伴侣中研究较多的一类蛋白，热休克蛋白中研究较早的是 HSP70，通常 HSP70 在蛋白质翻译后折叠的早期阶段就发挥作用，它有两个重要位点，一个位点是易于与未折叠或部分折叠的蛋白质结合，另一个位点是 ATP 结合位点，因为蛋白质从 HSP70 释放是需要能量的。

二、一级结构的修饰

1. 切除多余的氨基酸残基　多肽链合成的 N - 端第一个氨基酸都是甲硫氨酸，作为起始氨基酸经常需要水解脱去。

有些多肽链需要水解掉部分肽段或者氨基酸残基才能成为有活性的蛋白质。例如：胃蛋白酶原切除部分肽段后进一步折叠，活性中心暴露，形成有活性的胃蛋白酶；胰岛素的前体含有分泌蛋白所需的信号肽，需要切除信号肽，再切除 C - 端的肽段，才能形成有活性的胰岛素。

2. 氨基酸残基侧链的修饰　有些氨基酸残基的侧链需要进行修饰，包括氨基酸残基的磷酸化、甲基化、乙酰化和糖基化。例如，蛋白质磷酸化是代谢快速调控的一个重要方式，如肾上腺素可以使体内糖原磷酸化酶形成有活性的磷酸化形式，促进糖原分解。

三、空间结构的修饰

蛋白质的空间结构常常需要二硫键的维系，这就需要在两个半胱氨酸之间通过巯基脱氢形成含有二硫键的胱氨酸，维系蛋白质的空间构象。

有些蛋白质由多亚基构成，每个亚基多肽链在核蛋白体合成后折叠、卷曲，多个亚基聚合才形成完整的蛋白质。有些多肽链需要结合特定的辅基，如生物素和血红素。例如，人体血红蛋白由两个 α 亚基和两个 β 亚基构成，每个亚基含有一分子血红素。

四、蛋白质的靶向输送

蛋白质在核糖体合成后，一部分停留在胞质中，另外一部分往往需要运送至特定细胞器或细胞区

域，甚至分泌到细胞外。例如一些新合成的分泌蛋白具有信号肽（signal peptide）序列，信号肽长度13～26个氨基酸残基，多数位于蛋白质的N-端。当含有信号肽的蛋白质合成一部分时，多肽链的信号肽序列可以被信号识别颗粒（signal recognition particle，SRP）识别，翻译暂时停止，复合体移动至内质网表面，SRP与内质网膜受体结合，核糖体随之与内质网结合，SRP脱落。对于分泌蛋白来说，新合成多肽链需要在内质网加工切除信号肽，之后还可以进入高尔基复合体加工修饰，如丝氨酸、苏氨酸残基的糖基化修饰。

第四节　蛋白质生物合成与医学的关系

蛋白质的生物合成与病毒感染机制、药物作用机制、遗传病发生等医学问题具有紧密的联系。

一、蛋白质合成异常与疾病

镰刀形细胞贫血症患者的血红蛋白与正常人的血红蛋白分子结构不同，其原因就是由于基因突变使转录的mRNA中的密码子发生改变，进而使翻译过程形成的蛋白质中的氨基酸序列发生改变，使正常的血红蛋白变成异常血红蛋白，红细胞由双凹圆盘状变成镰刀状，易破碎而产生贫血（参见本书第一章）。

二、抗生素对蛋白质生物合成的阻断

多数病毒或细菌对宿主的感染可能抑制宿主的蛋白质合成，其自身蛋白质合成反而旺盛。因此，许多抗生素（antibiotic）的作用机制主要是抑制或破坏细菌的蛋白质合成过程。抗生素是由微生物或者高等动植物产生的，具有抑制细菌等致病微生物在宿主体内的蛋白质合成过程等作用的一类物质，可以由人工合成，用于治疗敏感细菌和致病微生物的感染（表13-5）。

表13-5　抗生素抑制蛋白质生物合成的原理与应用

抗生素	作用阶段	作用原理	主要用途
四环素、土霉素、金霉素	翻译起始	可与原核生物核糖体小亚基结合，抑制氨基酰-tRNA与小亚基结合	抗菌药
链霉素、新霉素、巴龙霉素	翻译起始	可以结合原核生物核糖体小亚基，改变构象，引起读码错误	抗菌药
氯霉素、林可霉素、红霉素	肽链延长	结合原核生物核糖体大亚基，抑制转肽酶，阻断肽链延长	抗菌药
伊短菌素	翻译起始	结合原核生物、真核生物核糖体小亚基，阻碍翻译起始复合物的形成	抗病毒药
嘌呤霉素	肽链延长	与酪氨酰-tRNA结构类似，可与原核生物、真核生物核糖体A位结合，使肽酰-tRNA脱落	抗肿瘤药
放线菌酮	肽链延长	结合真核生物核糖体大亚基，抑制转肽酶，阻断肽链延长	医学研究
夫西地酸、细球菌素	肽链延长	抑制EF-G，阻止转位	抗菌药
大观霉素	肽链延长	结合原核生物核糖体小亚基，阻止转位	抗菌药

在翻译的起始阶段，四环素族可以结合细菌的核糖体小亚基，使其构象改变，无法与氨基酰-tRNA结合；链霉素和卡那霉素同样可以抑制翻译的起始阶段，抑制细菌蛋白质合成。

在翻译的延长阶段，氯霉素和红霉素可以结合细菌的核糖体大亚基，抑制多肽链的延长。

嘌呤霉素可以替代氨基酰-tRNA与核糖体的A位结合，使肽酰-tRNA脱落，由于它可以同时作用于真核生物和原核生物的核糖体，所以不能用于抑制细菌感染，但是由于肿瘤细胞增殖旺盛，蛋白

质合成也更加旺盛,所以嘌呤霉素可以用于抗肿瘤治疗。

三、一些活性物质对蛋白质生物合成的干扰

天然干扰素(interferon)为病毒感染真核细胞后,细胞分泌产生具有抗病毒、免疫调节、抑制增殖和诱导分化作用等生物活性的糖蛋白。人干扰素按照来源可分为三型:IFN-α、IFN-β 及 IFN-γ。IFN-α 和 IFN-β 分别由白细胞和成纤维细胞分泌产生,而 IFN-γ 主要由 T 淋巴细胞分泌产生。IFN-α、1FN-β 及 IFN-γ 三型干扰素各型中又有氨基酸排列顺序的不同,每型又可分为若干亚型。

干扰素并不直接作用于病毒,而是作用于细胞表面,刺激细胞内产生一系列生化反应,促使真核生物翻译的起始因子磷酸化而失活,促使 mRNA 降解,干扰病毒或肿瘤细胞蛋白质合成,所以干扰素可以用于抗病毒治疗和抗肿瘤治疗。目前已经可以利用基因工程人工生产干扰素用于临床治疗。

白喉毒素(diphtheria toxin)是由白喉杆菌产生的外毒素,可以使哺乳动物的延长因子 eEF_2 失活,从而抑制哺乳动物的蛋白质合成。白喉毒素常用于肿瘤细胞的靶向治疗。

小　结

- **蛋白质生物合成体系**

蛋白质的生物合成过程即蛋白质翻译,翻译过程以氨基酸为原料,需要 mRNA 为模板,核糖体(蛋白质和 rRNA 构成)为合成场所,tRNA 为运输氨基酸的工具,在酶和蛋白因子辅助下合成新的蛋白质,并且消耗大量能量。

mRNA 以密码子的形式携带氨基酸编码信息。哺乳动物密码子共有 64 个,密码子具有方向性、连续性、简并性、通用性和摆动性的特点。起始密码子为 AUG,终止密码子为 UAA、UAG 和 UGA。

tRNA 的反密码环中具有反密码子,可以通过碱基互补配对识别密码子,同时,tRNA 可以特异结合氨基酸,将密码子的排列顺序转换为氨基酸的排列顺序。

核糖体由大、小亚基构成,两者聚合后作为蛋白质合成的场所,核糖体有 P 位、A 位和 E 位,P 位和 A 位分别结合肽酰-tRNA 和氨基酰-tRNA,E 位则释放已卸载氨基酸的 tRNA。

- **肽链生物合成的过程**

蛋白质的生物合成过程中,首先核糖体大小亚基、mRNA、甲硫氨酰-tRNA 在起始因子和 ATP 的作用下形成起始复合物;其次,P 位的甲硫氨酰-tRNA 与 A 位的氨基酰-tRNA 形成肽键,核糖体可以沿着 mRNA 的 5′→3′ 方向不断移动,P 位的肽酰基不断结合于新的氨基酰-tRNA 的氨基上,实现肽链的延长;最后,当释放因子与核糖体的 A 位结合,肽链合成终止,tRNA 和 mRNA 脱落,核糖体大小亚基解离。蛋白质合成过程中,可以有多个核糖体连接在同一个 mRNA,产生多条多肽链,称为多聚核糖体。

- **翻译后的加工和修饰**

蛋白质合成还需在细胞内进行加工处理,才能形成具有生理功能的蛋白质。包括:多肽链的折叠、一级结构的修饰、高级结构的修饰以及蛋白质的靶向输送。

- **蛋白质生物合成与医学的关系**

蛋白质的生物合成与医学密切相关,涉及疾病发生、病毒及细菌感染及治疗、抗肿瘤药物等的作用机制。

(李有杰)

第十四章
基因表达调控

学习指南

重点

1. 基因表达调控相关概念和基本规律。
2. 基因转录激活调节的基本要素。
3. 原核和真核基因转录调节的特点。
4. 乳糖操纵子及其调节机制。

难点

1. 真核生物基因多层次表达调控。
2. 基因表达调控的生物学意义。

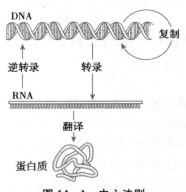

图 14-1 中心法则

自 1953 年 D. Crick 和 F. H. Watson 提出 DNA 双螺旋结构模型，尤其是 1958 年 Crick 揭示了遗传信息传递的中心法则（central dogma，DNA→RNA→蛋白质，图 14-1）以来，科学家们非常想知道：①诱发基因转录的信号是什么？②基因表达调控主要是在哪一步（模板 DNA 的转录、mRNA 的成熟或蛋白质合成）进行的？③中心法则所描述的传递规律究竟受何种机制的调控？目前，科学家们已对基因的结构功能及其表达调控的分子基础有了更深入的了解。

第一节 概 述

近年来，基因表达调控的研究发展迅速，很多基本概念和基本原理是我们认识原核和真核基因表达调控的基础。

一、基因表达与调控的概念

（一）基因表达的概念

基因是一段 DNA 分子，编码一种多肽链或 RNA。一个细胞或病毒所携带的全部遗传信息或整套基因，称为基因组（genome）。不同生物基因组所含基因多少不同。在某一特定时期，基因组中只有一部分基因处于表达状态。在个体不同生长时期、不同生活环境下，某种功能的基因产物在细胞中的数量会随时间、环境而变化。基因表达（gene expression）是指基因转录及翻译的过程。在一定调节机制控制下,有些基因经历基因激活、转录及翻译等过程,产生具有特异生物学功能的蛋白质分子。但并非所有基因表达过程都产生蛋白质,rRNA、tRNA 等非编码基因转录合成 RNA 的过程也属于基因表达。

（二）基因表达的规律

细菌、病毒,乃至高等哺乳动物的基因表达表现为严格的规律性,即时间、空间特异性。基因表达的时间、空间特异性由特异基因的启动子（原核生物称为启动序列）和（或）增强子与调节蛋白相互作用决定。

1. 时间特异性　噬菌体、病毒或细菌侵入宿主后,呈现一定的感染阶段。随感染阶段发展、生长环境变化,病原体及宿主有些基因开启,有些基因关闭。按功能需要,某一特定基因的表达严格按特定的时间顺序发生,这就是基因表达的时间特异性（temporal specificity）。在多细胞生物从受精卵到组织、器官形成的各个不同发育阶段,相应基因严格按一定时间顺序开启或关闭,表现为与分化、发育阶段一致的时间性。因此,多细胞生物基因表达的时间特异性又称为阶段特异性（stage specificity）。

2. 空间特异性　在多细胞生物个体某一发育、生长阶段,同一基因产物在不同的组织器官表达量不同;在同一生长阶段,不同的基因表达产物在不同的组织、器官分布也不完全相同。在个体生长全过程,某种基因产物在个体按不同组织空间顺序出现,这就是基因表达的空间特异性（spatial specificity）。基因表达伴随时间或阶段顺序所表现出的这种空间分布差异,实际上是由细胞在器官的分布决定的,因此基因表达的空间特异性又称细胞特异性（cell specificity）或组织特异性（tissue specificity）。

知识链接

珠蛋白表达的时间特异性

成人血红蛋白（HbA）是由两条 α 链（α 类珠蛋白基因编码）和两条 β 链（β 类珠蛋白基因编码）组成的四聚体（$\alpha_2\beta_2$）。在个体发育过程中,血红蛋白的 α 类和 β 类珠蛋白基因的表达具有时间特异性,不同珠蛋白基因在不同发育阶段开启和关闭。α 和 β 珠蛋白基因簇控制 ζ、α、ε、β、γ、δ 六种肽链表达,其中 α 基因簇控制 ζ 和 α 肽链表达,β 基因簇控制 ε、β、γ 和 δ 肽链表达。胚胎发育早期 3 种血红蛋白类型为 $\zeta_2\varepsilon_2$、$\alpha_2\varepsilon_2$ 和 $\zeta_2\gamma_2$,在胎儿期 $\alpha_2\gamma_2$ 迅速增多;从胎儿后期至出生,β 基因簇的 γ 基因表达下降而 β 基因表达急剧上升,同时 δ 基因也开始表达,因此 γ 链合成减少,β 链和 δ 链增多。出生后 γ 基因关闭,故出生后到成人血红蛋白主要类型则为 $\alpha_2\beta_2$（约占 97%）,其余为微量的 $\alpha_2\delta_2$。

二、基因表达的方式

不同种类的生物遗传背景不同,同种生物不同个体生活环境不完全相同,不同的基因功能和性质也不相同。因此,不同的基因其表达方式或调节类型存在很大差异。

1. 组成性表达　某些基因产物对生命全过程都是必需的或必不可少的,这类基因在一个生物个体的几乎所有细胞中持续表达,通常被称为管家基因（housekeeping gene）。例如,三羧酸循环是一中枢性代谢途径,催化该途径各阶段反应的酶编码基因就属于这类基因。管家基因较少受环境因素影响,而是在个体各个生长阶段的大多数或几乎全部组织中持续表达,或变化很小。这类基因表达被视为基本或组成性基因表达（constitutive gene expression）。这类基因表达只受启动序列或启动子与 RNA 聚合酶相互作用的影响,而基本不受其他机制调节。事实上,组成性基因表达水平并非真的"一成不变",所谓"不变"是相对的。

　　2. 诱导和阻遏表达　与管家基因不同,另有一些基因表达极易受环境变化影响。随着外界环境信号的变化,这类基因表达水平可呈升高或降低的现象。在特定环境信号刺激下,相应的基因被激活,基因表达产物增加,这种基因是可诱导的。可诱导基因在特定环境中表达增强的过程称为诱导(induction)。例如,DNA受损伤时细菌的修复酶基因被诱导激活,使修复酶反应性地增加。相反,如果基因在对环境信号应答时被抑制,这种基因是可阻遏的。可阻遏基因表达产物水平降低的过程称为阻遏(repression)。例如,当培养基中色氨酸供应充足时,细菌内与色氨酸合成相关的酶编码基因表达被抑制。可诱导或可阻遏基因除受启动子与RNA聚合酶相互作用的影响外,尚受其他机制调节。一般来说,这类基因的调控序列含有特异刺激的反应元件。

　　诱导和阻遏是同一事物的两种表现形式,在生物界普遍存在,也是生物体适应环境的基本途径。

三、基因表达调控的基本原理

(一) 基因表达调控的多层次和复杂性

　　目前证据表明,基因结构活化、转录起始、转录后加工及转运、翻译及翻译后加工等均为基因表达调控的控制点,但转录起始是基因表达的基本控制点。

(二) 基因转录激活调节基本要素

1. 特异DNA序列

　　(1) 原核生物:除个别基因外,原核生物绝大多数基因按功能相关性成簇地串联、密集于染色体上,共同组成一个转录单位,即操纵子(operon)。包括编码序列、启动序列、操纵序列和其他调节序列(图14-2)。操纵子在原核生物基因表达调控中具有普遍意义。

图14-2　操纵子的结构

　　1) 启动序列(promoter):RNA聚合酶结合并启动转录的位点。

　　共有序列:-10区为TATAAT,又称Pribnow盒(Pribnow box);-35区为TTGACA,共有序列决定启动子的转录活性大小(图14-3)。

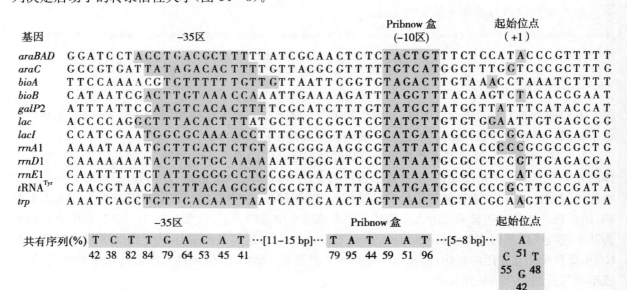

图14-3　几种 *E. coli* 启动子的共有序列

2) 操纵序列(operator, O):与启动序列毗邻,其 DNA 序列常与启动序列交错、重叠,它是原核生物阻遏蛋白的结合位点,介导负性调节。

3) 其他调节序列:与激活蛋白结合,介导正性调节。

(2) 真核生物:顺式作用元件(cis - acting element),是指编码基因两侧的 DNA 序列,可影响自身基因表达活性。图 14-4 中 A、B 分别代表同一 DNA 分子中的两段特异 DNA 序列,B 序列通过一定机制影响 A 序列,并通过 A 序列控制该基因转录起始的准确性及频率。A、B 序列就是调节这个基因转录活性的顺式作用元件。

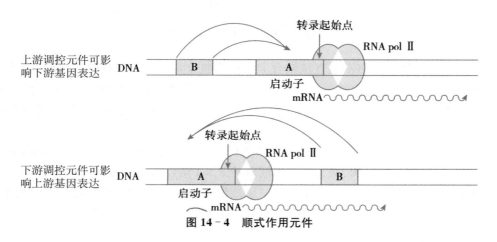

图 14-4 顺式作用元件

不同真核生物基因具有各自特异的顺式作用元件。但是,在不同的顺式作用元件中也会经常发现一些共有序列——TATA 盒、CAAT 盒、GC 盒等。这些序列是顺式作用元件的核心序列,是真核 RNA 聚合酶或特异转录因子的结合位点。顺式作用元件通常是非编码序列,并非都位于转录起始点上游(5′端)。根据顺式作用元件在基因中的位置、转录激活作用的性质及发挥作用的方式,可分为启动子、增强子及沉默子等。

2. 调节蛋白

(1) 原核生物:分为 3 类,即特异因子、阻遏蛋白和激活蛋白。原核生物调节蛋白均为 DNA 结合蛋白。

1) 特异因子:决定 RNA 聚合酶对启动序列的特异性识别和结合能力。

2) 阻遏蛋白:可结合操纵序列,阻遏基因转录,介导负性调节机制。

3) 激活蛋白:可结合启动序列邻近的 DNA 序列,促进 RNA 聚合酶与启动序列的结合,增强 RNA 聚合酶活性,如分解(代谢)物基因激活蛋白(catabolic gene activator protein, CAP)。某些基因在没有激活蛋白存在时,RNA 聚合酶很少或全然不能结合启动序列,有效启动转录。

(2) 真核生物:基因调节蛋白又称转录因子(transcription factor, TF),包括反式作用因子与顺式作用蛋白(图 14-5)。

1) 反式作用因子(trans - acting factor):转录调节蛋白由某一基因表达后,通过与另一基因的顺式作用元件相互作用(DNA -蛋白质相互作用)反式激活其转录。

2) 顺式作用蛋白:有些基因产物可特异识别、结合自身基因的调节序列,调节自身基因的开启或关闭,这就是顺式作用。具有这种调节方式的调节蛋白称为顺式作用蛋白(图 14-5)。

3. DNA -蛋白质、蛋白质-蛋白质相互作用 调节蛋白需要通过与 DNA 或与蛋白质相互作用才能影响 RNA 聚合酶活性,调节基因的转录起始。大多数反式作用因子是 DNA 结合蛋白,DNA -蛋白质相互作用就是指反式作用因子(蛋白质)与顺式作用元件(DNA)之间的特异识别及结合,参与形成 DNA -蛋白质复合物。

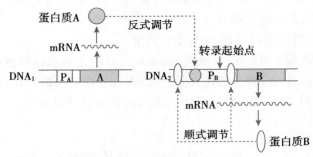

图 14 - 5　顺式调节和反式调节

还有一些真核基因调节蛋白不能直接结合 DNA,需通过蛋白质-蛋白质相互作用形成二(多)聚体,即二(多)聚化。二(多)聚化是指两(多)分子单体通过一定结构域结合成二(多)聚体,它是调节蛋白结合 DNA 时最常见的形式。只要具有适当的结构,两(多)个相同或不同的分子均可形成二(多)聚体。

4. RNA 聚合酶　DNA 顺式作用元件与调节蛋白对转录激活的调节最终是由 RNA 聚合酶活性体现的。启动序列/启动子的结构、调节蛋白的性质对 RNA 聚合酶活性影响很大。

(1)启动序列/启动子与 RNA 聚合酶活性:原核启动序列或真核启动子是由转录起始点、RNA 聚合酶结合位点及控制转录的调节组件组成。对真核 RNA 聚合酶活性来说,除启动子外,还与转录调节蛋白有关。

(2)调节蛋白与 RNA 聚合酶活性:许多基因与管家基因不同,它们的基因产物浓度随环境信号而变化。这些基因都有一个由启动子决定的基础转录频率,一些特异调节蛋白在适当环境信号刺激下在细胞内表达,随后这些调节蛋白通过 DNA -蛋白质、蛋白质-蛋白质相互作用影响 RNA 聚合酶活性,改变基础转录频率,使基因表达水平发生变化。诱导剂、阻遏剂等引起的基因表达都是通过改变调节蛋白分子构象,直接(DNA -蛋白质相互作用)或间接(蛋白质-蛋白质相互作用)调节 RNA 聚合酶启动转录过程。

四、基因表达调控的生物学意义

1. 适应环境、维持生长和增殖　生物体赖以生存的外环境是在不断变化的。有生命的生物体中的所有活细胞都必须对内外环境变化作出适当反应,调节代谢,以使生物体能更好地适应变化着的环境,维持生命。这种适应环境的能力总是与某种或某些蛋白质分子的功能有关,即与相关基因表达有关。原核生物、单细胞生物调节基因的表达就是为适应环境、维持生长和细胞分裂。高等生物也普遍存在适应性表达方式。如经常饮酒者体内醇氧化酶活性高即与相应基因表达水平升高有关。

2. 维持个体发育与分化　在多细胞个体生长、发育的不同阶段,细胞中的蛋白质分子种类和含量差异很大;即使在同一生长发育阶段,不同组织器官内蛋白质分子分布也存在很大差异,这些差异是调节细胞表型的关键。高等哺乳类动物各种组织、器官的发育、分化都是由一些特定基因控制的。当某种基因缺陷或表达异常时,则会出现相应组织或器官的发育异常。

第二节　原核生物基因表达调控

每种生物在生长发育和分化的过程中,以及在对外环境的反应中,各种相关基因有条不紊的表达起着至关重要的作用。在原核生物中,一些与代谢有关的酶基因表达的调控主要表现为对生长环境变化的反应和适应。原核生物在对外环境突然变化的反应中,通过诱导或阻遏合成一些相应的蛋白质来调整与外环境之间的关系。由于原核生物的转录与翻译过程是耦联的,而且这种过程所经历的时间很短,只需数分钟,同时由于大多数原核生物的 mRNA 在数分钟内就受到酶的影响而降解,因此就消除了外环境突然变化后所造成的不必要的蛋白质合成。与真核生物相比,原核生物基因表达的一个特点是快速。下面分别以大肠埃希菌(*E. coli*)的乳糖操纵子(lactose operon,属可诱导操纵子)和色氨酸操纵子(tryptophan operon,属可阻遏操纵子)为例,介绍原核生物转录起始和转录终止的调控。

一、原核生物基因表达调控的特点

1. σ 因子　决定 RNA 聚合酶识别特异性,帮助 RNA 聚合酶识别不同启动子,对不同基因进行转录。

2. 转录调节普遍采用操纵子模式　原核生物功能相关的基因往往串联地排列在一起,在一个共同的调控区的调节下,一起转录生成一个多顺反子,最终表达产物是一些功能相关的酶或蛋白质,它们共同参与某种底物的代谢或某种产物的合成。

3. 阻遏蛋白　对转录起抑制作用,是普遍存在的负性调节。

二、乳糖操纵子(*lac* operon)

1. 乳糖操纵子的结构和诱导剂　操纵子是指一些成簇排列、相互协同的基因所组成的单位,又称基因表达的协同单位(a coordinated unit of gene expression)。在乳糖操纵子中有 Z 基因(编码 β-半乳糖苷酶,β - galactosidase)、Y 基因(编码通透酶,permease)、A 基因(编码乙酰基转移酶,acetyltransferase),上述 Z、Y、A 是结构基因;启动序列 P、操纵序列 O 是调控序列;I 基因(编码 *lac* 阻遏物,*lac* repressor)不属于乳糖操纵子(图 14 - 6)。大肠埃希菌能利用乳糖作为碳源,但要将乳糖水解为半乳糖和葡萄糖,催化此水解反应的是 β-半乳糖苷酶。由于 Z、Y、A 以多顺反子(polycistron)形式存在,即三种基因被转录到同一条 mRNA 上,因此乳糖能同时等量地诱导三种酶的转录。通透酶的作用是使乳糖能透过细菌壁,乙酰基转移酶的作用是将乙酰辅酶 A 的乙酰基转移至 β-半乳糖苷。在大肠埃希菌内,真正生理性的诱导剂并非乳糖,而是别乳糖(allo - lactose),也是由乳糖经 β-半乳糖苷酶(未经诱导少量存在于细菌内)催化形成,并再经 β-半乳糖苷酶水解为半乳糖和葡萄糖(图 14 - 7)。

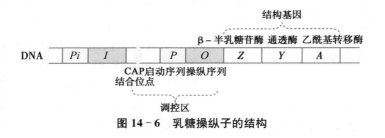

图 14 - 6　乳糖操纵子的结构

2. *lac* 阻遏物的作用　*lac* 阻遏物是一种具有四级结构的蛋白质,4 个亚基相同(相对分子质量为 37000),都有一个与诱导剂(生理性诱导剂为别乳糖,实验常用的诱导剂是异丙基硫代半乳糖- IPTG)的结合位点。在没有诱导剂的情况下,*lac* 阻遏物能快速与操纵基因 O 结合,从而阻碍结构基因的转录。当有诱导剂与 *lac* 阻遏物结合后,阻遏物的构象就发生变化,导致阻遏物从操纵基因 O 上解离下来,RNA 聚合酶不再受阻碍,能转录结构基因 Z、Y、A(图 14 - 7)。*lac* 阻遏物与操纵基因 O 结合时所覆盖的区域为 28bp。

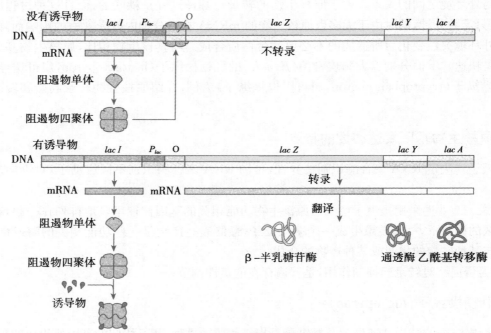

图 14 – 7　乳糖操纵子的诱导和阻遏

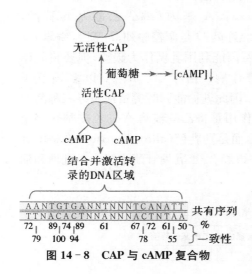

图 14 – 8　CAP 与 cAMP 复合物

3. CAP 与 cAMP 复合物在乳糖操纵子表达中的作用
大肠埃希菌具有优先利用葡萄糖作为能源的特点。当大肠埃希菌在含有葡萄糖的培养基中生长时,一些分解代谢酶,如 β-半乳糖苷酶、半乳糖激酶、阿拉伯糖异构酶、色氨酸酶等的水平都很低,这种葡萄糖对其他酶的抑制效应称为分解物阻遏作用(catabolite repression),这种现象与 cAMP 有关。葡萄糖能降低大肠埃希菌中 cAMP 的浓度,而加入外源性 cAMP能逆转葡萄糖的这种抑制作用。cAMP 能刺激多种可诱导的操纵子,包括乳糖操纵子转录的启动。从这点上来说,cAMP在细菌和哺乳动物中的作用是相同的,都是作为饥饿信号(hunger signal),但作用机制全然不同,在哺乳动物细胞,cAMP 的作用是激活蛋白激酶,再由蛋白激酶磷酸化其他靶蛋白质分子。例如,调控糖原合成和分解的机制;而细菌中cAMP 的作用是通过与 CAP 结合后发挥作用。CAP 是一种具有两个相同亚基的蛋白质,每个亚基都具有与 DNA 结合的结构域和与 cAMP 结合的结构域。CAP 与 cAMP 结合的复合物才能激活操纵子结构基因的转录。在乳糖操纵子上 CAP 与 DNA 结合的区域正好在启动子 P 的上游。当没有葡萄糖存在(或低浓度葡萄糖)时,cAMP - CAP 复合物结合到相应的 DNA 序列,并激活 RNA 聚合酶的转录作用(能使转录效率提高 50 倍),这种作用当然是在没有 lac 阻遏物与操纵基因 O 结合的情况下才能发生(图 14 - 8)。在没有 CAP - cAMP 的情况下,RNA 聚合酶与启动子并不形成具有高效转录活性的开放复合体,因此乳糖操纵子结构基因的高表达既需要有诱导剂乳糖的存在(使 lac 阻遏物失活),又要求无葡萄糖或低浓度葡萄糖的条件(增高cAMP 浓度,并形成 CAP - cAMP 复合物促进转录)。

乳糖操纵子调控模式在一定程度上也反映了原核生物基因表达调控的一般情况:第一,环境条件的变化是相关基因表达的外界信号,如葡萄糖、乳糖浓度的变化是乳糖操纵子结构基因是否转录的外界条件和信号;第二,基因表达的负调控(negative regulation),即调控蛋白与相应的 DNA 序列结合后,能阻遏基因的表达,如 *lac* 阻遏物与操纵基因 O 结合后就抑制了结构基因的表达。在乳糖操纵子中,这种阻遏作用能被诱导剂解除;第三,基因表达的正调控(positive regulation),即调控蛋白与相应的 DNA 序列结合后,能促进基因的表达。如 CAP‐cAMP 就是一种在多种原核生物操纵子中发挥正调控作用的复合物。

三、色氨酸操纵子(*trp* operon)

原核生物在生存过程中需最大限度减少能量消耗,如果环境中已有相应的氨基酸供应,就无需自己再去合成,此时这些氨基酸相关合成酶类的编码基因处于关闭状态,如 *E.coli* 色氨酸操纵子就属于此类阻遏型操纵子。色氨酸操纵子的结构基因包括编码 5 种酶的基因 E、D、C、B、A,5 种酶在催化分支酸(chorismate)转变为色氨酸的过程中发挥作用,结构基因中还包括 L 基因,其转录产物是前导 mRNA,调控元件有启动子 P 和操纵基因 O(图 14‐9)。色氨酸操纵子表达的调控有两种机制,一种是通过阻遏物的负调控,另一种是通过衰减作用(attenuation)。

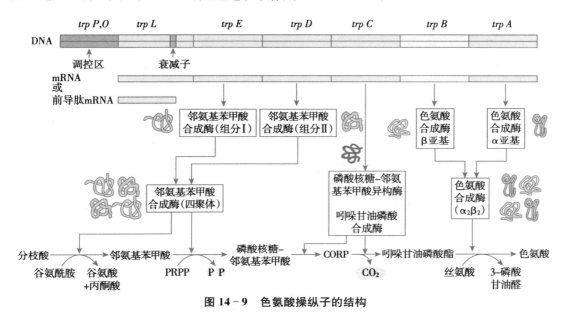

图 14‐9　色氨酸操纵子的结构

1. 阻遏物对色氨酸操纵子的调控　色氨酸阻遏物是一种同二聚体蛋白质(由两个相同的亚基组成),每个亚基有 107 个氨基酸残基。色氨酸阻遏物本身不能和操纵基因 O 结合,必须和色氨酸结合后才能与操纵基因 O 结合,从而阻遏结构基因表达,因此色氨酸是一种辅阻遏物(corepressor)(图 14‐10)。

2. 衰减作用对色氨酸操纵子的调控　色氨酸操纵子转录的衰减作用是通过衰减子(attenuator)调控元件使转录终止。色氨酸操纵子的衰减子位于 L 基因中,离 E 基因 5′ 端 30～60bp。大肠埃希菌在无或低色氨酸环境中培养时,能转录产生具有 6720 个核苷酸的全长多顺反子 mRNA,包括 L 基因和结构基因。培养基中色氨酸浓度增加时,上述全长多顺反子 mRNA 合成减少,但 L 基因 5′ 端部分的 140 个核苷酸的转录产物并没有减少(图 14‐9)。这种现象是由衰减子造成的,而不是由于阻遏物‐辅阻遏物的作用所致。这段 140 个核苷酸序列就是衰减子序列。衰减子转录物具有 4 段能相互之间配对形成二级结构的片段,见图 14‐11 所示,片段 1 和 2 配对形成发夹结构时,片段 3 和 4 同时能配对形成发夹结构;而片段 2 和 3 形成发夹结构时,其他片段不能配对形成二级结构。

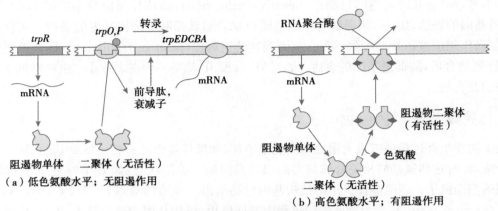

图 14-10 阻遏物对色氨酸操纵子的调控

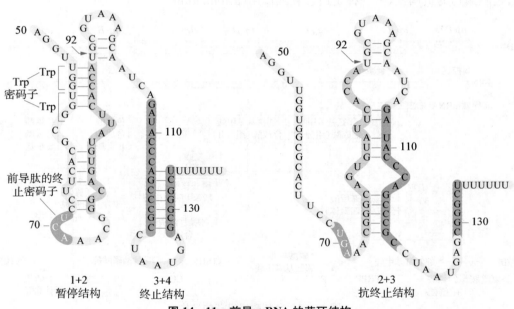

图 14-11 前导 mRNA 的茎环结构

L 基因的部分转录产物(片段 1)能被翻译产生具有 14 个氨基酸残基的肽链(前导肽)且有独立的起始密码子和终止密码子,其中第 10 位和第 11 位有两个相邻的色氨酸残基(图 14-12)。编码此相邻的两个色氨酸密码,以及原核生物中转录与翻译过程的耦联是产生衰减作用的基础。见图 14-13 所示,当 L 基因转录后核糖体就与 mRNA 结合,并翻译 L 序列。在高浓度色氨酸环境中,能形成色氨酰-tRNA,核糖体在翻译过程中能通过片段 1,同时影响片段 2 和 3 之间的发夹结构形成,但片段 3 和 4 之间能形成发夹结构,这个结构就是 ρ 因子不依赖的转录终止结构,因此 RNA 聚合酶的作用停止。当色氨酸缺乏时,色氨酰-tRNA 也相应缺乏,此时核糖体就停留在两个相邻的色氨酸密码的位置上,片段 1 和 2 之间不能形成发夹结构,而片段 2 和 3 之间可形成发夹结构,结果使色氨酸操纵子得以转录。

Met Lys Ala lle Phe Val Leu Lys Gly Trp Trp Arg Thr Ser Stop
pppA---AUGAAAGCAAUUUUCGUACUGAAAGGUUGGUGGCGCACUUCCUGA

图 14-12 色氨酸操纵子的前导肽

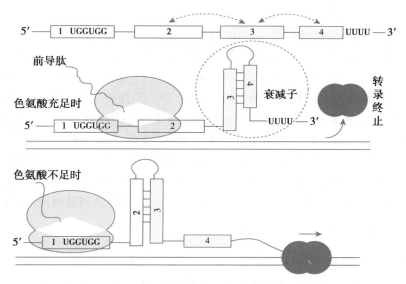

图 14‑13　衰减作用对色氨酸操纵子的调控

知识链接

操纵子学说的提出及证实

　　很早就发现在含有乳糖和葡萄糖的混合培养基中，E. coli 首先利用葡萄糖作为碳源维持生长，当葡萄糖消耗殆尽，细菌生长短暂停止后又可增殖。实验证实，细菌在葡萄糖耗尽后，β‑半乳糖苷酶基因开始表达，从而将乳糖水解成半乳糖和葡萄糖，细菌重新获得碳源（葡萄糖）而继续增殖。为什么 β‑半乳糖苷酶基因在葡萄糖消耗完后才表达呢？1961 年，法国科学家 F. Jacob 和 J. L. Monod 在研究 E. coli 乳糖代谢的调节机制时发现，有些基因没有编码蛋白质的功能，而是起调节或操纵基因表达的作用，故提出了操纵子学说，并根据功能的不同把基因分为结构基因、操纵基因和调节基因。该学说揭示了 β‑半乳糖苷酶基因先期被阻遏、后期被激活的原理。1965 年，F. Jacob 和 J. L. Monod 由于该创新理论而荣获诺贝尔生理学或医学奖。1969 年，J. R. Beckwith 从 E. coli 中分离得到乳糖操纵子，证实了 F. Jacob 和 J. L. Monod 提出的模型及理论。

第三节　真核生物基因表达调控

　　真核生物（除酵母、藻类和原生动物等单细胞类之外）主要由多细胞组成，每个真核细胞所携带的基因数量及总基因组中蕴藏的遗传信息量都大大高于原核生物。人类细胞单倍体基因组就包含有 3×10^9 bp 总 DNA，约为大肠埃希菌总 DNA 的 1000 倍，是噬菌体总 DNA 的 10 万倍左右。

　　真核基因表达调控的最显著特征是能在特定时间和特定的细胞中激活特定的基因，从而实现"预定"的、有序的、不可逆转的分化、发育过程，并使生物的组织和器官在一定的环境条件范围内保持正常功能。

一、真核生物基因组结构特点

真核生物基因组结构较原核生物复杂得多,具有以下特点:①在真核细胞中,一条成熟的 mRNA 链只能翻译出一条多肽链,不存在原核生物中常见的多基因操纵子形式。②真核细胞 DNA 都与组蛋白和大量非组蛋白相结合,只有一小部分 DNA 是裸露的。③真核细胞 DNA 大部分是不编码蛋白的,大部分真核细胞的基因中间还存在不被翻译的内含子。④真核生物能够有序地根据生长发育阶段的需要进行 DNA 片段重排,还能在需要时增加细胞内某些基因的拷贝数。⑤在真核生物中,基因转录的调节区相对较大,它们可能远离启动子达几百个甚至上千个碱基对,这些调节区一般通过改变 DNA 构型来影响 RNA 聚合酶的活性。⑥真核生物的 RNA 在细胞核中合成,只有经转运穿过核膜,到达细胞质后,才能被翻译成蛋白质,原核生物中不存在这样严格的空间间隔。⑦许多真核生物的基因只有经过复杂的成熟和剪接过程(maturation and splicing),才能顺利地翻译成蛋白质。

二、真核生物基因表达调控的特点

由于真核生物基因组的特点,真核生物基因表达过程也较原核生物复杂,包括 DNA 转录活性、转录、翻译等多级水平的调控。其中转录起始调控是较为关键的环节。在转录水平,真核生物和原核生物的调控机制基本相似,但至少在三方面真核生物基因表达的调控有其自身的特征:第一,转录的激活与被转录区域的染色质结构变化有关;第二,原核生物基因表达有负调控和正调控,而真核生物基因表达以正调控为主;第三,真核生物的转录和翻译两个过程在细胞内区域化上是分开的,转录在细胞核内进行,翻译在细胞质进行。

三、转录水平的调控

(一) 参与转录调控的顺式作用元件和反式作用因子

1. 顺式作用元件 包括启动子及上游近侧序列、增强子、沉默子、应答元件等。

(1) 启动子及上游近侧序列:编码蛋白质基因的启动子及上游近侧序列中含有多种 DNA 短序列,主要是 TATA 盒、CAAT 盒、GC 盒等。按照它们对 RNA 聚合酶的影响可分为两类:一类是位于距转录起始点较近的核心启动子,如富含 TA 共有序列的 TATA 盒,在选择转录起始点的过程中起调控作用(图 14 - 14);另一类是位于较上游的启动子上游近侧序列,如 CAAT 盒、GC 盒,能影响转录起始的效率,但不影响转录起始点的特异性(图 14 - 15)。

腺病毒	GGGGCTATAAAAGGGGGTGGGGGCGCGTTCGTCCTCACTC
鸡卵清蛋白	GAGGCTATATATTCCCCAGGGCTCAGCCAGTGTCTGTACA
鼠β-球蛋白	GAGCATATAAGGTGAGGTAGGATCAGTTGCTCCTCACATTT
兔β-球蛋白	TTGGGCATAAAAGGCAGAGCAGGGCAGCTGCTGCTGCTAACACT

+1
转录起始位点

图 14 - 14 真核生物核心启动子的共有序列

(2) 增强子(enhancer):是一类能增强真核细胞某些启动子功能的顺式作用元件。增强子作用不受序列方向的制约,即正向和反向均有调节作用,而且在离启动子相对较远的上游或下游都能发挥作用(图 14 - 16)。有的增强子位于基因中间(通常位于内含子中),有的增强子只在特异的组织中发挥作用。

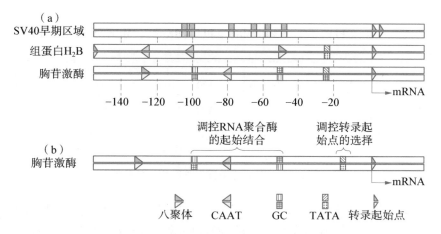

图 14‑15 真核生物启动子及其上游近侧序列

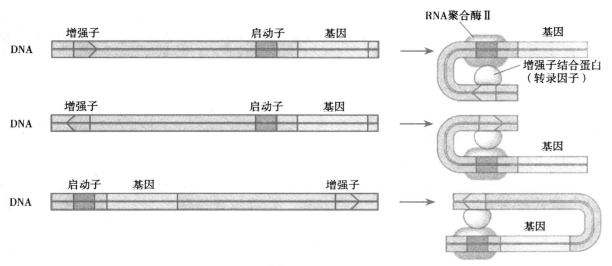

图 14‑16 真核生物增强子及作用方式

（3）应答元件（response element）：当真核细胞处于某一特定环境时，有应答的基因具有相同的顺式作用元件，这类顺式作用元件称为应答元件。例如热激应答元件（HSE）、激素应答元件（HRE）、金属应答元件（MRE）、基础水平增强子（BLE）、佛波酯应答元件（TRE）、糖皮质激素应答元件（GRE）等。这些应答元件一般具有较短的保守序列，与转录起始点的距离不固定，一般在 200bp 之内。有些应答元件在启动子或增强子内，如 HSE 在启动子内、GRE 在增强子内。

2. 反式作用因子 又称转录因子，是一类在细胞核内发挥反式调节作用的转录调节蛋白。反式作用因子的作用特点是：能识别启动子、启动子近侧元件和增强子等顺式作用元件中的特异靶序列，如转录因子 TFⅡD 能识别和结合 TATA 盒，转录因子 SP1 能识别和结合 GC 盒（图 14‑17）。真核 RNA 聚合酶本身不能有效地启动或不能启动转录，只有当反式作用因子与相应的顺式作用元件结合后才能启动或有效启动转录。这种对基因转录启动的调控是通过结合在不同顺式作用元件上的反式作用因子之间或反式作用因子与 RNA 聚合酶之间的相互作用而实现的。

3. 反式作用因子的结构 反式作用因子具有两个必需的结构域，一个是能与顺式作用元件结合的 DNA 结合结构域（DNA binding domain），能识别特异的 DNA 序列；另一个是激活结构域（activation domain），其功能是与其他反式作用因子或 RNA 聚合酶结合，正是由于反式作用因子激活

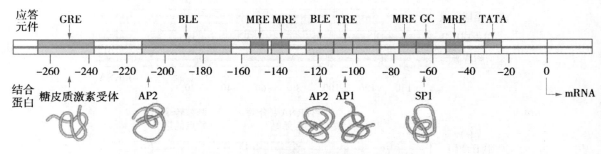

图 14-17 反式作用因子与顺式作用元件

结构域的这种功能,才能使一些离 TATA 盒较远(几个 kb)的顺式作用元件所结合的反式作用因子能参与转录起始的调控。由于 DNA 分子是柔性的,能成环状,这是结合在相距较远的顺式作用元件上的反式作用因子之间相互作用的基础。真核生物基因转录的启动由多个转录因子参与,而不同转录因子组合的相互作用能启动不同基因的转录。

DNA 结合结构域有以下几种模式。

(1)螺旋-转角-螺旋(helix-turn-helix):具有这种结构模式的转录调控蛋白最初在原核生物中发现,如本章提到的 CAP(图 14-18)。

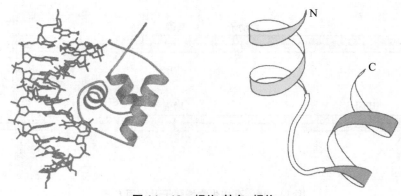

图 14-18 螺旋-转角-螺旋

(2)锌指(zinc finger):锌指结构含有 20 多个氨基酸残基,其中 4 个氨基酸残基(两个是半胱氨酸,两个是组氨酸,或四个都是半胱氨酸)以配位键与 Zn^{2+} 相互作用(图 14-19)。这种结构模式在多种真核转录因子的 DNA 结合结构域中存在,而且都具有多个相同的锌指,转录因子 TFⅢA(与转录 5S RNA 基因有关)具有 9 个锌指,每个锌指都能与 DNA 双螺旋大沟结合。

(3)亮氨酸拉链(leucine zipper):这种结构是指在反式作用因子的 C 末端氨基酸序列中,每隔 6 个氨基酸残基就有一个亮氨酸残基出现,这段肽链所形成的 α-螺旋就会出现一个由亮氨酸残基构成的疏水面,而另一面则是由亲水性氨基酸残基所构成的亲水面。由亮氨酸残基组成的疏水面即为亮氨酸拉链,两个具有亮氨酸拉链的反式作用因子,就能借疏水作用形成二聚体(图 14-20),有些反式作用因子要形成二聚体后才能发挥作用。二聚体可以是同二聚体(homodimer,即由两个相同的反式作用因子组成),也可以是异二聚体(heterodimer,即由两个不同的反式作用因子组成)。亮氨酸拉链对二聚体的形成是必需的,但不直接参与 DNA 相互作用,与 DNA 结合的是拉链区以外的结构。

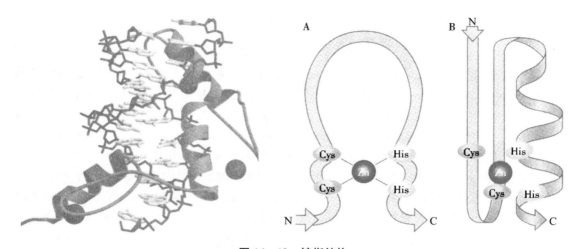

图 14-19　锌指结构

A. 一个锌指结构中 Zn^{2+} 的配位；B. 锌指的二级结构

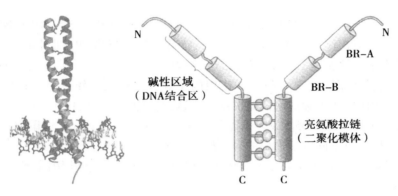

图 14-20　亮氨酸拉链

（4）碱性螺旋-环-螺旋（basic helix-loop-helix）：这种结构也和亮氨酸拉链一样，与形成反式作用因子二聚体有关。控制多细胞生物体有关基因表达的反式作用因子往往具有这种结构。这种结构具有比较保守的含有 50 个氨基酸残基的肽段，这部分肽段既含有与 DNA 结合的结构，又含有形成二聚体的结构，能形成两个较短的 α-螺旋，两个 α-螺旋之间有一段能形成环状的肽链，α-螺旋是兼性，即具有疏水面和亲水面（上述亮氨酸拉链也是兼性 α-螺旋）。两个具有碱性螺旋-环-螺旋的反式作用因子能形成二聚体，二聚体的形成有利于反式作用因子 DNA 结合结构域与 DNA 结合（图 14-21）。

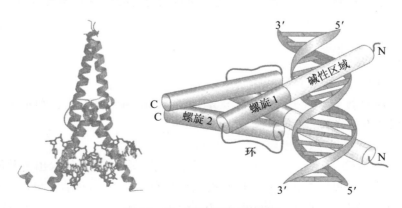

图 14-21　碱性螺旋-环-螺旋

知识链接

关键转录因子对细胞命运的改变

2006 年,日本科学家山中伸弥(S. Yamanaka)在权威杂志 *Cell* 上率先报道了诱导多能干细胞(induced pluripotent stem cells, iPSCs)的研究。他们将四个转录因子 Oct3/4、Sox2、c‐Myc 和 Klf4 的基因克隆入病毒载体,然后引入小鼠成纤维细胞,发现可诱导细胞核重编程并使细胞发生转化,产生的细胞在形态、基因表达、表观遗传修饰状态、细胞倍增能力、类胚体和畸形瘤生成能力、分化能力等方面都与胚胎干细胞相似,因此称其为 iPSCs。iPSCs 技术可通过导入特定的转录因子将终末分化的体细胞重编程为多能性干细胞。细胞被逆转为多能性干细胞后,恢复到全能性状态,可形成胚胎干细胞系或进一步发育成新个体。2007 年 11 月,S. Yamanaka 课题组和美国 Thompson 实验室几乎同时报道,利用 iPSCs 技术可诱导人皮肤纤维细胞成为几乎与胚胎干细胞完全一样的多能干细胞。S. Yamanaka 也因此获得 2012 年诺贝尔生理学或医学奖。

4. 反式作用因子的作用特点和规律

(1) 一种反式作用因子能与一种以上的顺式作用元件结合:真核生物的转录因子不像原核生物的调控蛋白与顺式调控元件的结合有高度的专一性,有些反式作用因子可以和同源性很小的顺式作用元件结合。

(2) 一种顺式作用元件能和一种以上的反式作用因子结合:与 CAAT 盒结合的反式作用因子有许多类,如 CTF 类反式作用因子、CP 类反式作用因子等。多种反式作用因子识别同一顺式作用元件,能加强这些反式作用因子单独或协同调节基因表达的精确性和灵活性。

(3) 有些反式作用因子以二聚体或多聚体与顺式作用元件作用:反式作用因子二聚体形成的机制已在前文提及,二聚体以不同因子形成的异二聚体为主。

(4) 有些反式作用因子的活性通过化学修饰受到调节:有些反式作用因子激活基因转录的活性,是在磷酸化后才具有的。

(5) 有些反式作用因子之间的相互作用对它们发挥功能是必需的:在 RNA 聚合酶Ⅱ发挥转录作用时,几种转录因子(如 TFⅡA、TFⅡB、TFⅡD、TFⅡE)的相互作用是必需的,几种反式作用因子和 RNA 聚合酶Ⅱ按一定的时间和空间顺序,形成具有活性的转录起始复合物。

(二) mRNA 转录激活及其调节

mRNA 由 RNA 聚合酶Ⅱ转录,但 RNA 聚合酶不能直接识别、结合启动子,先由基本转录因子与 RNA 聚合酶Ⅱ形成复合物。基本转录因子中 TFⅡD 可与 TATA 盒结合,之后其他转录因子及 RNA 聚合酶Ⅱ有序结合形成转录前起始复合物(见本书第十二章)。但这一复合物并不能有效启动转录,尚需要结合增强子的转录激活蛋白与此复合物形成稳定的转录起始复合物。此时,RNA 聚合酶Ⅱ才能真正启动 mRNA 的转录。

四、转录后水平的调控

(一) 5′端加帽和 3′端多聚腺苷酸尾的调控意义

mRNA 的稳定性直接影响基因表达量,5′端加 $m^7GpppmNp$ 帽子,3′端加 poly A 尾,以保证 mRNA 在转录过程中不被降解。

(二) mRNA 的选择性剪接对基因表达的调控作用

1. mRNA 的选择剪接(alternative splicing) 真核生物基因表达所转录出的前体 mRNA 的剪接过程中,参加拼接的外显子可以不按其在基因组的线性分布次序拼接,内含子也可以不被切除而保留,即一个外显子或内含子是否出现在成熟的 mRNA 中是可以选择的,这种剪接方式称为选择性剪接。

现已发现的选择性剪接方式有以下几种(图 14 - 22)。

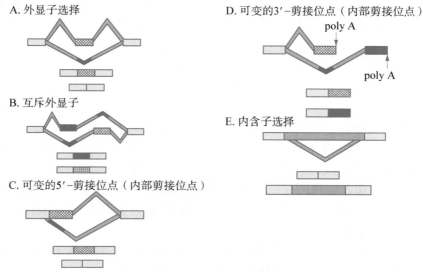

图 14 - 22　mRNA 的选择性剪接方式

（1）外显子选择(optional exon)——外显子跳跃：是指在不同的剪接方式中，某一外显子(或几个外显子)可以在成熟 mRNA 中保留，也可以通过剪接去掉。

（2）内含子选择(optional intron)：是指在不同的剪接方式中，内含子可以被完全去掉，也可以有一个内含子保留在成熟 mRNA 中。

（3）互斥外显子(mutually exclusive exon)：相互毗连的两个外显子中，在一种剪接方式中可在成熟 mRNA 中保留一个外显子，而在另一种剪接方式中在成熟 mRNA 中则只能保留另一个外显子，两个外显子不能同时出现在同一个成熟 mRNA 中。

（4）内部剪接位点(internal splice site)：是通过对外显子或内含子内部 5′ 端剪接供点或 3′ 端剪接受点的选择，保留全部外显子或剪接掉某一外显子的部分序列；或去掉全部内含子或保留某一内含子的一部分序列。

2. 选择性剪接对基因表达的调控作用

（1）*Bax* 基因转录产物的选择性剪接：*Bax* 基因转录产物是与细胞凋亡有关的分子。*Bax* 基因编码产生 α、β、γ 型蛋白，结构略有差异(表 14 - 1)。

表 14 - 1　*Bax* 基因转录产物的选择剪接

	α 型	β 型	γ 型
剪接	保留全部外显子	保留全部外显子 保留第 5 个内含子	删除第 2 个外显子
密码子	192 个	218 个	151 个

（2）选择性剪接产生的 IκBγ：IκBγ 是调控 NF - κB 功能活性的蛋白质，可通过 mRNA 的选择性剪接而产生具有不同特性的表达产物(图 14 - 23)。

活性 IκBγ 与 NF - κB 结合，阻止 NF - κB 进入细胞核，抑制 NF - κB 的转录调节活性。

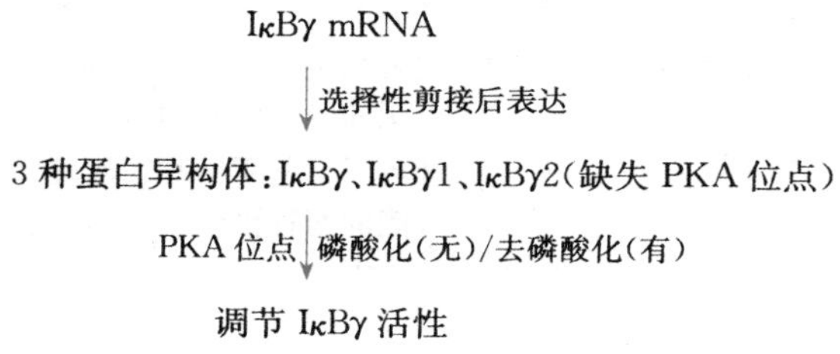

IκBγ mRNA

↓选择性剪接后表达

3 种蛋白异构体：IκBγ、IκBγ1、IκBγ2(缺失 PKA 位点)

PKA 位点 ↓磷酸化(无)/去磷酸化(有)

调节 IκBγ 活性

图 14 - 23　IκBγ 表达与活性调节

（三）mRNA 运输的控制

成熟 mRNA 并不是全部进入细胞质。^{3}H-尿嘧啶标记实验证明，大约只有 20％的 mRNA 进入细胞质，留在核内的 mRNA 约在 1 小时内降解。mRNA 的运输是一个主动运输过程，其运输调控机制目前还不清楚。

五、翻译水平的调控

（一）翻译起始的调控

翻译起始复合物 80S Met-tRNA$_i^{Met}$-mRNA 形成之前的各阶段。

1. 阻遏蛋白的调控作用　并不是所有进入细胞质的 mRNA 分子都可以与核糖体结合，翻译成蛋白质。有一些特定的翻译抑制蛋白可以结合到一些 mRNA 的 5′端，抑制翻译。例如，铁蛋白（ferritin）mRNA 分子 5′端非编码区有一段约 30 个核苷酸的序列，称为铁反应元件（iron-response element，IRE），可折叠成茎环结构，结合一个铁结合调节蛋白，该蛋白未与铁结合时，可与 mRNA 茎环结构结合，抑制铁蛋白的翻译。

2. 翻译起始因子的功能调控　eIF-2 是蛋白质合成过程的重要起始因子，有些物质可影响 eIF-2 活性，调节蛋白质合成的速度。例如，血红素对珠蛋白合成的调节。

3. 5′-AUG 对翻译的调控作用　在有些 mRNA 中（＜10％），在起始密码子 AUG 的上游非编码区有一个或数个 AUG，称为 5′-AUG。5′-AUG 多存在于原癌基因中，控制原癌基因的表达。5′-AUG 缺失是某些原癌基因翻译激活的原因。

4. mRNA 5′端非编码区长度对翻译的影响　起始密码 AUG 上游非编码区的长度可影响翻译水平，当 AUG 与 5′端帽子距离太近时，不易被 40S 小亚基识别。距离 12 个核苷酸以内，一半以上核糖体 40S 亚基会滑过 AUG；距离 17～80 个核苷酸之间，翻译效率与其长度成正比。

（二）mRNA 稳定性调节

不稳定性 mRNA 多编码调节蛋白，如生长因子和原癌基因产物。mRNA 3′端非编码区结构影响其稳定性，3′端富含 A 和 U 的结构，易引起 mRNA 不稳定。

（三）小分子 RNA 对翻译水平的影响

1993 年，发现小分子 RNA *lin*-4 对真核生物 *lin*-14 mRNA 的翻译起阻抑作用。lin-14 蛋白质是一种核蛋白，调控生长发育的时间选择。小干扰 RNA（small interfering RNA，siRNA）和微小 RNA（microRNA，miRNA）是两种序列特异性地转录后基因表达的调节因子，是小 RNA 的主要组成部分，它们的相关性密切，既具有相似性（表 14-2），又具有差异性（表 14-3）。对小 RNA 的深入研究将使我们更深一步了解生命的奥秘。

表 14-2　siRNA 与 miRNA 的相同点

相同点/联系点	siRNA 与 miRNA
长度及特征	都约在 22nt，5′端是磷酸基，3′端是羟基
合成的底物	miRNA 和 siRNA 合成都是由双链的 RNA 或 RNA 前体形成的
Dicer 酶	依赖 Dicer 酶的加工，是 Dicer 的产物，所以具有 Dicer 产物的特点
Argonaute 家族蛋白	都需要 Argonaute 家族蛋白参与
RISC 组分	二者都是 RISC 组分，所以其功能界限变得不清晰，如二者在介导沉默机制上有重叠；产生中靶和脱靶的问题
作用方式	都可以阻遏靶标基因的翻译，也可以导致 mRNA 降解，即在转录后水平和翻译水平起作用
进化关系	可能的两种推论：siRNA 是 miRNA 的补充，miRNA 在进化过程中替代了 siRNA

表 14 - 3　siRNA 与 miRNA 的不同点

不同点/分歧点	siRNA	miRNA
机制性质	往往是外源引起的,如病毒感染和人工插入 dsRNA 之后诱导而产生,属于异常情况	是生物体自身的一套正常的调控机制
直接来源	长链 dsRNA	发夹状 pre - miRNA
分子结构	siRNA 是双链 RNA,3′端有 2 个非配对碱基,通常为 UU	miRNA 是单链 RNA
对靶 RNA 特异性	较高,一个突变容易引起 RNAi 沉默效应的改变	相对较低,一个突变不影响 miRNA 的效应
作用方式	RNAi 途径	miRNA 途径
生物合成,成熟过程	由 dsDNA 在 Dicer 酶切割下产生;发生在细胞质中	pri - miRNA 在核内由一种称为 Drosha 酶处理后成为 80nt 的带有茎环结构的 Precursor miRNAs(pre - miRNAs);这些 pre - miRNAs 在转运到细胞核外之后再由 Dicer 酶进行处理,酶切后成为成熟的 miRNAs;发生在细胞核和细胞质中
Argonaute 蛋白质	各有不同的 Argonaute 蛋白质	各有不同的 Argonaute 蛋白质
互补性	一般要求完全互补	完全或不完全互补,存在错配现象
RISCs 的相对分子质量不同	siRISCs	miRISCs/miRNP
各自的生物学功能不同	抵抗病毒的防御机制;靶向降解 mRNA;保护基因组免受转座子的破坏	对有机体的生长发育有重要作用
重要特性	高度特异性	高度的保守性、时序性和组织特异性
作用机制	单链的 siRNA 结合到 RISC 复合物中,引导复合物与 mRNA 完全互补,通过其自身的解旋酶活性,解开 siRNAs,通过反义 siRNA 链识别目的 mRNA 片段,通过内切酶活性切割目的片段,接着再通过细胞外切酶进一步降解目的片段。同时,siRNA 也可以阻遏 3′- UTR 具有短片段互补的 mRNA 的翻译(off target)	成熟的 miRNAs 是通过与 miRNP 核蛋白体复合物结合,识别靶 mRNA,并与之发生部分互补,从而阻遏靶 mRNA 的翻译。在动物中,成熟的单链 miRNAs 与蛋白质复合物 miRNP 结合,引导这种复合物通过部分互补结合到 mRNA 的 3′- UTR(非编码区域),从而阻遏翻译。除此之外,miRNA 也可以切割完全互补的 mRNA
加工过程	siRNA 对称地来源于双链 RNA 的前体的两侧臂	miRNA 是不对称加工,miRNA 仅是剪切 pre - miRNA 的一个侧臂,其他部分降解
对 RNA 的影响	降解目标 mRNA;影响 mRNA 的稳定性	在RNA 代谢的各个层面进行调控;与 mRNA 的稳定性无关
作用位置	siRNA 可作用于 mRNA 的任何部位	miRNA 主要作用于靶基因 3′- UTR 区
生物学意义	siRNA 不参与生物生长,是 RNAi 的产物,原始作用是抑制转座子活性和病毒感染	miRNA 主要在发育过程中起作用,调节内源基因表达

(四)翻译后水平的调控

1.新生肽链的水解(酶解)　新合成蛋白质的半衰期长短决定其功能强弱和作用时间。肽链 N - 端的第一个氨基酸往往会影响肽链的稳定性,可分为稳定化氨基酸(Met、Ser、Thr、Ala、Val、Cys、Gly、Pro)与去稳定氨基酸。

2.肽链中氨基酸的共价修饰　如磷酸化、甲基化、酰基化。

3.通过信号肽分拣、运输、定位　信号肽用来引导蛋白质从胞质进入细胞核、内质网(ER)、线粒体、叶绿体及分泌至细胞外,也用于将某些蛋白质保留在核内。不同信号肽的序列特征如下。

(1)引导蛋白质通过 ER 进入高尔基复合体的信号肽:一般位于蛋白质的氨基端,其中部常含有 5～10 个疏水氨基酸。如:H_2N - Met - Ser - Phe - Val - Ser - Leu - Leu - Leu - Val - Gly - Ile -

Phe‐Trp‐Ala‐Thr‐Glu‐。

（2）进入 ER 并永久留在 ER 的蛋白质信号肽：除上述特征外，其蛋白质羧基端还带有 4 个特定的氨基酸。如：Lys‐Asp‐Glu‐Leu‐COOH。

（3）进入线粒体的蛋白质信号肽：带正电荷的氨基酸残基与疏水氨基酸残基交替排列，每隔3～5个疏水氨基酸就有一个带正电的氨基酸。如：H_2N‐Met‐Leu‐Ser‐Leu‐Arg(＋)‐Gln‐Ser‐Ile‐Arg(＋)‐Phe‐Phe‐Lys(＋)‐Pro‐Ala‐Thr‐Arg(＋)‐Thr‐Leu‐Cys‐Ser‐Ser‐Arg(＋)Tyr‐Leu‐Leu‐。

（4）进入核内的蛋白质信号肽：有成簇的（如 5 个连续排列）的带正电的氨基酸。如：‐Pro‐Pro‐Lys‐Lys‐Lys‐Arg‐Lys‐Val‐。

（5）分布于胞质内的蛋白质信号肽：其信号肽可与脂肪酸链共价结合，然后与生物膜结合，而不进入 ER。

小　结

● **基因表达调控基本概念和规律**

基因表达是指基因转录及翻译的过程，具有时间特异性和空间特异性。基因表达的方式有组成性表达（如管家基因）和诱导/阻遏表达。基因表达在多层次上受到调节，转录起始调节是主要调节点。特异的 DNA 调节序列与调节蛋白之间的相互作用是基因转录激活的基本要素。

● **原核生物基因的表达调控**

原核生物基因表达主要采用操纵子形式，以阻遏蛋白介导的负性调节为主。乳糖操纵子包含 3 个结构基因（Z、Y、A）、启动子 P、操纵序列 O、CAP 结合位点及调节基因编码的阻遏蛋白。无乳糖时，阻遏蛋白与操纵序列结合，乳糖操纵子关闭；有乳糖时，阻遏蛋白构象改变，不再与操纵序列结合，乳糖操纵子开放；CAP 与调控区结合位点的结合可提高乳糖操纵子的转录效率；没有 CAP 的激活作用，乳糖操纵子不能启动有效转录。因此，乳糖操纵子的诱导作用需要乳糖的存在及葡萄糖的缺乏。色氨酸操纵子通过转录衰减使转录提前终止。

● **真核生物基因的表达调控**

真核生物基因组庞大，多重复序列，基因不连续，mRNA 为单顺反子。基因表达调控机制复杂，可在染色质、DNA、转录、翻译等水平进行调节。

真核基因转录激活受顺式作用元件和反式作用因子间相互作用的调节。顺式作用元件为编码基因两侧的非编码调节序列，包括启动子、增强子、沉默子等。启动子决定转录起始点；增强子的激活转录作用与位置、方向等无关，与基因表达的组织特异性有关。反式作用因子是具有反式调节作用的转录因子，含有 DNA 结合结构域及转录激活结构域。

siRNA 和 miRNA 是小 RNA 的主要组分，在转录后调节基因表达。

（黄　刚）

第四篇

·

综合篇

本篇包括血液的生物化学，肝的生物化学，细胞信号转导，癌基因、抑癌基因与生长因子，分子克隆与常用分子生物学技术，基因诊断与基因治疗共6章。

前三篇已经阐述了构成生物体主要分子的结构与功能、物质代谢及其联系和遗传信息传递。除上述较系统的内容外，各种生理活动依赖的血液和肝脏的特殊生物化学、细胞信号转导等也是生物化学必不可少的内容。由于生物化学与分子生物学的迅速发展，正常细胞活动中的癌基因、抑癌基因及生长因子的作用，分子克隆与分子生物学常用技术及其在基因诊断和治疗中的应用等也取得长足发展。因此将这些医学生必备的生物化学知识归纳在一起进行讨论，即综合篇。

其中，血液由有形的红细胞、白细胞和血小板以及无形的血浆组成。有形成分可参与 O_2 与 CO_2 的运输和防御外源微生物入侵等。血浆蛋白成分更是种类繁多、功能多样，如物质运输、血液胶体渗透压维持、凝血和抗凝血及调节免疫等。肝脏是人体中最大的腺体，丰富的血液供应和独特的形态结构使其代谢极为活跃。肝是物质代谢的大本营，除在三大营养物质代谢中发挥重要作用外，还在维生素代谢、激素代谢、胆汁酸代谢和机体内外来源的非营养物质代谢方面起到至关重要的作用。单细胞生物直接对外界环境变化作出反应，而高等生物是由数亿个细胞组成的有机体。如此众多的细胞必须依赖细胞间复杂的信号传递系统来传递，从而调控机体内每个细胞的新陈代谢和行为，以保证整体生命活动的正常进行。在人体，如果细胞间不能准确有效地传递信号，机体就可能出现代谢紊乱、疾病甚至死亡。了解分子克隆及分子生物学常用技术原理和用途，对于深入认识疾病的发生发展机制，理解新型诊断治疗策略具有重要意义。基因诊断和基因治疗是医学发展的新内容，是提高诊断效率和正确性，以及某些疾病治愈的希望所在，它涉及诸多的基因技术。

本篇共六章内容，大多数院校一般作为对本科生的基本要求进行讲授。各院校可根据实际情况选用，也可供学生自学或作为讲座使用。

本章课件

学习指南

重点

1. 血浆蛋白质的组成、分类及生理功能。
2. 红细胞中糖代谢的特点。
3. 2,3-二磷酸甘油酸旁路的概念及意义。
4. 血红素的合成原料、过程及调节。

难点

1. 2,3-二磷酸甘油酸旁路的反应过程。
2. 血红素合成的过程。

血液(blood)是血管内循环流动的液体。血液在流经全身各组织细胞时,不断地与组织细胞进行物质交换,维持机体各组织器官间的相互联系。

正常人血液比重为 1.05~1.06,pH 为 7.35~7.45。血液总量约占体重的 8%,由血浆(plasma)和红细胞、白细胞、血小板等有形成分组成。血液凝固后析出的淡黄色透明液体称为血清(serum)。血液中加入适量抗凝剂后,通过离心可使血细胞沉淀,浅黄色的上清液即为血浆。血清与血浆的主要区别是血清中不含纤维蛋白原。

正常人全血中含水 77%~81%,其余为可溶性固体及少量气体。气体成分主要是 O_2、CO_2 等。固体成分较复杂,可分为无机物和有机物两大类。无机物主要以离子状态存在,阳离子主要有 Na^+、K^+、Ca^{2+}、Mg^{2+} 等,阴离子主要有 Cl^-、HCO_3^-、HPO_4^{2-} 等。有机物主要包括蛋白质、非蛋白含氮化合物、糖类、脂类、酶及激素等。其中非蛋白含氮化合物主要包括尿素、尿酸、肌酸、肌酐、胆红素和氨等,其所含的氮统称为非蛋白氮(non protein nitrogen, NPN)。这些物质主要是蛋白质和核酸代谢的终产物,由血液运输到肾排出,其在血中的含量与肝、肾功能有关,在临床检测上有重要意义。

本章主要从生物化学的角度来介绍血浆蛋白和血细胞的代谢特点。

第一节　血浆蛋白质

血浆蛋白质是血浆中各种蛋白质的总称,是血浆中含量最多的固体成分。目前已知血浆中蛋白质有 200 多种。正常成人血浆总蛋白质含量为 70~75g/L,血浆总蛋白质低于 60g/L 为低蛋白血症。

一、血浆蛋白质的组成

按化学组成可将血浆蛋白分为单纯蛋白和结合蛋白。单纯蛋白主要是清蛋白(又称白蛋白,

albumin，A)，结合蛋白主要是球蛋白(globulin，G)，如脂蛋白、糖蛋白等。

　　按生理功能可将血浆蛋白分为 8 类：①脂蛋白；②载体蛋白；③血浆蛋白酶抑制剂；④免疫球蛋白；⑤补体系统蛋白；⑥凝血系统蛋白；⑦纤溶系统蛋白；⑧未知功能血浆蛋白。

　　最常用的血浆蛋白质分类方法是按分离方法分类。利用盐析、电泳、超速离心、层析等方法可以将血浆蛋白分离。不同的分离方法将血浆蛋白质分离成不同的组分，常用的方法有盐析法和电泳法。

　　1. 盐析法　根据各种血浆蛋白质在不同浓度的中性盐(硫酸铵、硫酸钠及氯化钠)溶液中溶解度的差别而加以分离。盐析法可将血浆蛋白质分为清蛋白、球蛋白及纤维蛋白原。若以血清为试样分为清蛋白和球蛋白。

　　2. 电泳法　根据血浆蛋白质分子大小不同和表面电荷不同，在电场中泳动速度不同而加以分离。如以醋酸纤维素薄膜为支持物，可将血浆蛋白质分为清蛋白、α_1-球蛋白、α_2-球蛋白、β-球蛋白、纤维蛋白原及 γ-球蛋白六部分。如以血清为试样只能分为 5 种成分，没有纤维蛋白原(图 15-1)。

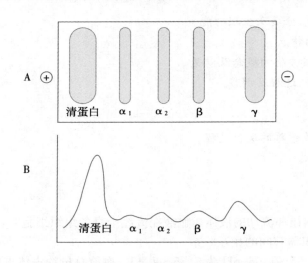

图 15-1　血清蛋白醋酸纤维素薄膜电泳图谱

A. 染色后的图谱；B. 光密度扫描后的电泳峰图谱

　　如果用分辨率更高的聚丙烯酰胺凝胶电泳法则可将血浆蛋白质分为 30 多种成分。

　　清蛋白是血浆中主要的蛋白质，浓度高达 35～55g/L，占血浆蛋白质总量的 50%～75%。清蛋白由肝细胞合成，每日合成约 12g，占肝合成蛋白质的 50%。正常人清蛋白与球蛋白的浓度比值(A/G)为 1.5～2.5。血浆中清蛋白水平主要反映肝合成蛋白质的功能和肾病造成的蛋白质丢失情况。肝功能严重受损时血浆清蛋白合成减少，肾功能严重受损时血浆清蛋白排出增加，都可导致血浆清蛋白浓度降低，使 A/G 比值下降，甚至倒置。

　　血浆球蛋白(G)浓度为 20～30g/L。血浆球蛋白分为 α_1-球蛋白、α_2-球蛋白、β-球蛋白、γ-球蛋白 4 种。γ-球蛋白占血浆总蛋白质的 10.7%～20%，仅次于清蛋白含量。血浆中球蛋白以免疫球蛋白(Ig)最多，并且主要在 γ-球蛋白部分。当人体患某些疾病时，血浆中可出现异种免疫球蛋白，如抗链球菌溶血素抗体、抗 HIV 抗体等，据此可诊断相应疾病。

　　血液中有些蛋白质在正常情况下含量较低，异常情况时显著升高，检测它们的含量对疾病的诊断及疗效的观察有重要参考价值(表 15-1)。

表 15 - 1　血浆中的一些重要蛋白质

血浆蛋白质名称	生物学活性
前清蛋白	结合甲状腺素
清蛋白	维持血浆胶体渗透压、运输、营养
α-球蛋白	
运皮质醇蛋白	运输皮质醇
甲状腺素结合球蛋白	和甲状腺素结合
铜蓝蛋白	氧化酶活性，与铜结合
结合珠蛋白	和血红蛋白结合
α-脂蛋白	运输脂类
β-球蛋白	
载脂蛋白	运输脂类（三酰甘油、胆固醇、磷脂等）
运铁蛋白	运输铁
运血红素蛋白	运输血红素

二、血浆蛋白质的功能

血浆蛋白质种类繁多，其生理功能尚未完全阐明，已知的功能有以下几方面。

（一）维持血浆胶体渗透压

血浆胶体渗透压的大小，取决于各种蛋白质的浓度和分子大小。清蛋白浓度高、分子小（相对分子质量 69000），分子数最多，故在维持血浆胶体渗透压上起主要作用。血浆胶体渗透压的 75%～80% 由清蛋白维持。血浆胶体渗透压是使组织间液回流入血管的主要力量。当营养不良、肝功能减退时，清蛋白合成减少；慢性肾病时，大量清蛋白从尿中丢失，均可使血浆胶体渗透压下降，使水分过多地滞留于组织间隙而出现水肿。

（二）维持血浆正常 pH

血浆的正常 pH 为 7.35～7.45，血浆蛋白质的等电点多在 4～7.3 之间，所以血浆蛋白质在血浆中是以弱酸形式存在，其中一部分和钠结合成弱酸盐，弱酸和弱酸盐组成缓冲体系，在维持血浆正常 pH 中发挥作用。

（三）运输作用

血浆蛋白质可与多种物质结合，有利于这些物质的运输，并且可以调节被运输物质的代谢。与血浆蛋白结合的物质分为脂溶性物质、金属离子和某些小分子物质三类。清蛋白可结合脂肪酸、胆红素、甲状腺素、肾上腺素、二价金属离子（Cu^{2+}、Ca^{2+}、Zn^{2+} 等）及磺胺药物等。球蛋白中有许多特异的载体蛋白，如载脂蛋白、皮质醇蛋白、甲状腺素结合蛋白、运铁蛋白等，它们可分别结合并运输脂类、皮质激素、甲状腺激素、Fe^{3+} 等。此外血浆蛋白还能与小分子物质结合，以防它们从肾丢失。如维生素 A 以视黄醇形式存在于血浆中，它首先与视黄醇结合蛋白结合形成视黄醇-视黄醇结合蛋白复合物，再与前清蛋白结合形成视黄醇-视黄醇结合蛋白-前清蛋白复合物，此复合物可以防止较小分子量的视黄醇-视黄醇结合蛋白复合物从肾中丢失。

（四）免疫作用

血浆中具有免疫作用的蛋白质主要是免疫球蛋白和补体。免疫球蛋白又称为抗体，包括 IgG、IgA、IgM、IgD、IgE。γ-球蛋白几乎全是免疫球蛋白，一小部分免疫球蛋白出现在 β-球蛋白和 α-球蛋白部分。免疫球蛋白在体液免疫中起重要作用。当病原微生物等物质（抗原）侵入机体时，刺激浆细胞产生特异的抗体，它能识别抗原，并与之结合成抗原-抗体复合物，以消除抗原的危害。抗原-抗体复合物能激活补体系统，由补体杀伤病原微生物。

（五）凝血、抗凝血和纤溶作用

一些血浆蛋白质是凝血因子，参与血液的凝固，当血管损伤、血液流出时，凝血因子参与连锁的酶促反应，使血液发生凝固，阻止出血。血浆中还存在抗凝血物质和纤溶物质，具有抗凝和防止血栓形成，保持循环血液通畅。血浆中的凝血、抗凝血和纤溶物质相互作用，相互制约，分别在不同条件下对机体起保护作用。

（六）营养作用

血浆蛋白质可被组织细胞摄取，经分解代谢产生氨基酸，进入氨基酸代谢库，以供组织蛋白质的合成或转变成其他含氮物质，还可以转变成糖或氧化分解供能。清蛋白含有较多的必需氨基酸，如亮氨酸、赖氨酸、缬氨酸、苏氨酸、苯丙氨酸，为合成组织蛋白提供原料。临床上输入清蛋白，有利于疾病的恢复或术后创伤的修复与愈合。

（七）催化作用

血浆中的酶类按其来源和催化功能的不同分为 3 类。

1. 血浆功能酶　在血浆中发挥催化作用的酶称为血浆功能酶。如凝血酶原和纤溶酶原等，以酶原的形式存在于血浆中，在一定条件下被激活后发挥作用。此外血浆中还有与脂代谢有关的脂蛋白脂肪酶、卵磷脂胆固醇酰基转移酶以及与血管收缩有关的肾素等。血浆功能酶大部分来自肝。肝功能降低时，此类酶的活性降低。

2. 外分泌酶　外分泌腺分泌的酶在生理条件下可有少量进入血浆，这类酶称为外分泌酶。主要有胰淀粉酶、胰脂肪酶、胰蛋白酶、胃蛋白酶等。当外分泌腺受损时，血浆内相关酶的含量增加，在临床上有诊断价值。如急性胰腺炎时，血浆胰淀粉酶活性明显升高。

3. 细胞酶　存在于组织细胞中参与物质代谢的酶称为细胞酶。随着细胞的不断更新，细胞酶可释放入血。正常情况下，血浆中细胞酶含量甚微，在血液中无重要的催化作用，其活性升高常反映有关器官细胞破损或细胞膜通透性增高。例如，急性肝炎时 ALT 显著增高。

知识链接

血浆蛋白异常与疾病

血浆蛋白异常可见于多种疾病，如风湿病、急性肝炎和多发性骨髓瘤等。①风湿病和急性肝炎时，血浆蛋白的异常改变主要包括急性炎症反应所致的急性期蛋白（acute phase protein，APP）增加和由于抗原刺激所致的免疫球蛋白 IgA、IgG、IgM 升高，尤其是 IgA；②多发性骨髓瘤是浆细胞恶性增生所致的一种肿瘤。血浆蛋白的异常改变主要表现在血清蛋白醋酸纤维素薄膜电泳图谱出现 M-蛋白峰和清蛋白区带下降两方面。M-蛋白峰是一特征性的蛋白区带，位于 γ-球蛋白或 β-球蛋白前后。

第二节　血细胞的代谢特点

一、红细胞代谢

红细胞是血液中最重要的细胞，在骨髓中由造血干细胞定向分化而成，经历了早、中、晚幼红细胞、网织红细胞等阶段，最后成为成熟红细胞。早、中幼红细胞有细胞核、线粒体等细胞器，能合成核酸和蛋白质，可经有氧氧化获得能量，具有分裂增殖能力等。晚幼红细胞已失去合成 DNA 的能力，故不再分裂。网织红细胞中细胞核和 DNA 均消失,不能合成核酸,但仍残留少量 RNA 和线粒体,故仍可合成蛋白质和通过有氧氧化供能。成熟红细胞除细胞膜外,全部细胞器均消失;因此,不能进行核酸和蛋白质的生物合成,不能进行有氧氧化,所需能量完全由糖酵解供给(表 15-2)。

表 15-2 红细胞成熟过程中的代谢特点

代谢特点	有核红细胞	网织红细胞	成熟红细胞
分裂增殖能力	+	-	-
DNA 合成	+	-	-
RNA 合成	+	-	-
RNA 存在	+	+	-
蛋白质合成	+	+	-
血红素合成	+	+	-
脂类合成	+	+	+
三羧酸循环	+	+	-
氧化磷酸化	+	+	-
糖酵解	+	+	+
磷酸戊糖途径	+	+	+

(一)红细胞中糖代谢的特点

血浆葡萄糖是体内红细胞的主要能量来源。血中红细胞每日从血浆大约摄取 30g 葡萄糖,其中 90%~95% 经糖酵解和 2,3-二磷酸甘油酸旁路进行代谢,5%~10% 通过磷酸戊糖途径代谢。

1. 糖酵解 是成熟红细胞获得 ATP 的唯一途径,基本反应和其他组织细胞相同。1mol 葡萄糖经酵解生成 2mol 乳酸的过程中,产生 2mol ATP 和 2mol NADH+H$^+$。

(1)糖酵解生成 ATP 的功能:①维持红细胞膜上钠泵(Na$^+$,K$^+$-ATP 酶)的正常运转。钠泵通过消耗 ATP 将 Na$^+$ 泵出、K$^+$ 泵入红细胞以维持红细胞内外的离子平衡以及细胞容积和双凹盘状形态。②维持红细胞膜上钙泵(Ca^{2+}-ATP 酶)的正常运行。将红细胞内的 Ca^{2+} 泵入血浆,以保持红细胞内的低钙状态。缺乏 ATP 时,钙泵不能正常运行,钙将聚集并沉积于红细胞膜,使膜失去柔韧性而逐渐僵硬,红细胞流经狭窄的脾窦时易被破坏。③保持红细胞膜上脂质与血浆中脂质的正常交换,维持红细胞膜脂质的不断更新。缺乏 ATP 时,红细胞膜的脂质更新受阻,使红细胞的可塑性降低而极易破裂。④使葡萄糖磷酸化,启动糖酵解。⑤为谷胱甘肽和 NAD$^+$ 的生物合成提供能量。

(2)糖酵解生成 NADH 的功能:NADH 是红细胞的还原当量之一,除可将丙酮酸还原为乳酸外,主要对抗氧化剂,保护红细胞膜蛋白和酶蛋白的 -SH 不被氧化,并能将高铁血红蛋白(methemoglobin,MHb)还原为血红蛋白(hemoglobin,Hb)。

2. 2,3-二磷酸甘油酸旁路 红细胞糖酵解与其他细胞的不同之处是存在 2,3-二磷酸甘油酸(2,3-BPG)旁路。糖酵解的中间产物 1,3-二磷酸甘油酸(1,3-BPG)可转变为 2,3-BPG,后者经 3-磷酸甘油酸沿酵解途径生成乳酸,该途径称为 2,3-BPG 旁路(图 15-2)。

由于 2,3-BPG 磷酸酶的活性低于二磷酸甘油酸变位酶,使 2,3-BPG 的生成大于分解,造成红细胞中 2,3-BPG 的含量升高。

红细胞内 2,3-BPG 虽然也能供能,但主要是调节

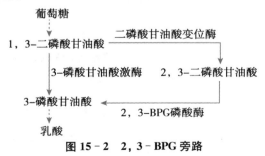

图 15-2 2,3-BPG 旁路

Hb 的运氧功能,可降低血红蛋白对氧的亲和力(图 15-3)。2,3-BPG 含有 5 个负电基团,是一个电负性很高的分子,可与 Hb 结合,结合部位在 Hb 分子 4 个亚基的对称中心孔穴内。2,3-BPG 的负电基团与组成 Hb 孔穴侧壁的 β 亚基的正电基团形成盐键(图 15-4),使 Hb 的 T 构象更加稳定,降低 Hb 与 O_2 的亲和力。正常人体内,当血液流经氧分压(PO_2)较高的肺部时,2,3-BPG 的影响不大。当血液流过 PO_2 较低的肺外组织时,2,3-BPG 的存在则显著增加 HbO_2 释放 O_2,以供肺外组织对 O_2 的需要。在人体缺氧的情况下,如正常人在短时间内由低海拔至高海拔处或各种贫血和慢性心力衰竭时,可通过红细胞中 2,3-BPG 浓度的增加来调节红细胞对氧的释放,使组织获得相对充足的氧量。

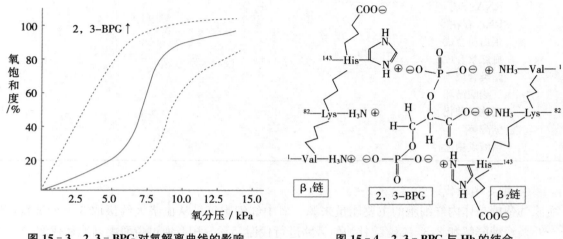

图 15-3　2,3-BPG 对氧解离曲线的影响　　　　图 15-4　2,3-BPG 与 Hb 的结合

3. 磷酸戊糖途径　是红细胞获得 NADPH 的唯一途径,基本反应和其他组织细胞相同。NADPH 是红细胞的主要还原当量,用于维持红细胞膜上的巯基蛋白、巯基酶、谷胱甘肽还原系统和高铁血红蛋白的还原。

(1) NADPH 与氧化型谷胱甘肽的还原:红细胞合成谷胱甘肽(glutathione,GSH)的能力较强,所以谷胱甘肽含量较高,并且几乎全是还原型谷胱甘肽(GSH)。GSH 具有抗氧化性,能保护膜蛋白、血红蛋白及酶蛋白的巯基不被氧化,从而保持红细胞正常的功能。当红细胞内生成少量 H_2O_2 等氧化剂时,GSH 在谷胱甘肽过氧化物酶作用下,将 H_2O_2 还原成 H_2O,以消除 H_2O_2 对红细胞膜上的巯基蛋白和巯基酶中巯基的氧化作用,使这些蛋白质保持还原状态,保持原有的活性。反应中生成氧化型谷胱甘肽(GSSG),GSSG 可在谷胱甘肽还原酶的催化下,由 NADPH 提供氢重新还原为 GSH,维持红细胞内 GSH 的正常浓度(图 15-5)。

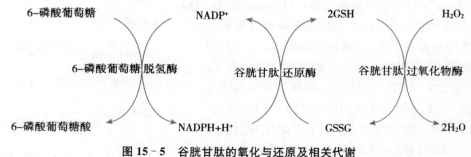

图 15-5　谷胱甘肽的氧化与还原及相关代谢

6-磷酸葡萄糖脱氢酶缺陷的患者红细胞内 NADPH 及 GSH 减少,巯基蛋白和巯基酶失去保护作用,则红细胞易破裂而导致溶血。这种溶血现象常因服用可以导致过氧化氢和超氧化物生成的蚕

豆或某些药物(如磺胺类、阿司匹林等)而引起,因而将 6-磷酸葡萄糖脱氢酶缺陷而导致的溶血病称为蚕豆病。

(2) NADPH 与高铁血红蛋白(MHb)的还原:正常 Hb 分子中的铁是 Fe^{2+},由于各种氧化作用,将 Fe^{2+} 氧化成 Fe^{3+},生成 MHb,如亚硝酸盐、硝基甘油、苯胺类、硝基苯类、磺胺类及醌类化合物都可使 Hb 氧化成 MHb,高铁血红蛋白不能携氧,因此若不及时将其还原,患者可因缺氧而发生发绀等症状。

红细胞中存在的 MHb 还原系统可使 MHb 还原。催化 MHb 还原的酶主要是 NADH-MHb 还原酶和 NADPH-MHb 还原酶。维生素 C 和 GSH 也能直接还原 MHb。正常红细胞内 MHb 很少,仅占 Hb 总量的 $1\%\sim2\%$。

$$MHb + NADH(或 NADPH) + H^+ \xrightarrow[\text{(或 NADPH - MHb 还原酶)}]{\text{NADH - MHb 还原酶}} Hb + NAD^+ (或 NADP^+)$$

4. **血红蛋白的糖化**　红细胞内的血红蛋白与葡萄糖非酶催化生成糖化血红蛋白(glycosylated haemoglobin)。糖化血红蛋白约占正常人血红蛋白总重的 3%,有几种不同的类型,其中含量最高的是 HbA1C。HbA1C 链 N-端的缬氨酸残基的 α-氨基共价结合了 1 分子葡萄糖。血糖浓度越高,生成速度越快。糖尿病患者空腹血糖持续在高水平,血红蛋白的糖化速度加快,生成的 HbA1C 含量增加。目前将血液的 HbA1C 水平测定作为糖尿病诊断、监测病情、判断预后的一项生化指标。

(二) 红细胞中脂类代谢的特点

红细胞缺乏合成脂类的酶系,不能以乙酰 CoA 为原料从头合成脂肪酸,也不能合成磷脂、胆固醇,但其膜脂质不断与血浆脂蛋白的脂质进行交换。

(三) 血红素的合成与调节

血红蛋白是红细胞中最主要的成分,由珠蛋白和血红素(heme)结合而成。珠蛋白的合成与一般蛋白质合成相同。本节仅论述血红素的合成。血红素是含铁的卟啉类化合物,不仅是血红蛋白的辅基,也是肌红蛋白、细胞色素、过氧化物酶、过氧化氢酶等的辅基。血红素可在体内多种细胞合成,参与血红蛋白组成的血红素主要在骨髓的幼红细胞和网织红细胞中合成。

> **知识链接**
>
> ### 血红素的发现
>
> 德国有机化学家 H. Fischer 于 1930 年因色素方面的研究成绩,获得了诺贝尔化学奖。
>
> H. Fischer 完成了对人造血红素的研制,确定了全部叶绿素的结构,并且证实了叶绿素和血红素的活性核心部分都是由卟啉构成,二者在化学结构方面有许多相似之处。

1. 血红素的合成过程

(1) 合成原料:合成血红素的基本原料是甘氨酸、琥珀酰 CoA 和 Fe^{2+}。

(2) 合成部位:血红素合成的起始阶段和终止阶段均在线粒体内进行,而中间阶段在胞质内进行。

(3) 合成过程:血红素的合成过程分为 4 个阶段。

1) δ-氨基 γ-酮戊酸的生成:在线粒体内,琥珀酰 CoA 及甘氨酸脱羧缩合生成 δ-氨基 γ-酮戊酸(δ-aminolevulinic acid,ALA)。催化此反应的酶是 ALA 合酶,辅酶是磷酸吡哆醛。ALA 合酶是血红素生物合成的限速酶,受血红素反馈抑制。

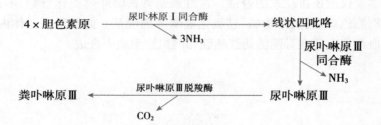

2）胆色素原的生成：ALA 生成后由线粒体进入胞质中，2 分子 ALA 在 ALA 脱水酶的作用下，脱水缩合生成 1 分子胆色素原。

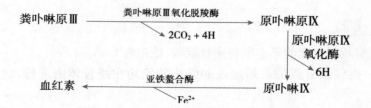

2ALA　　　　　　　　　　　　　　　　　　　　　　　胆色素原

3）粪卟啉原Ⅲ的生成：在胞质中，4 分子胆色素原在尿卟啉原Ⅰ同合酶（又称胆色素原脱氨酶）的催化下，脱氨缩合生成 1 分子线状四吡咯。后者在尿卟啉原Ⅲ同合酶的催化下再脱氨生成尿卟啉原Ⅲ。尿卟啉原Ⅲ经尿卟啉原Ⅲ脱羧酶催化脱羧生成粪卟啉原Ⅲ。

$$4 \times 胆色素原 \xrightarrow[\quad -3NH_3 \quad]{\text{尿卟林原Ⅰ同合酶}} 线状四吡咯$$

$$线状四吡咯 \xrightarrow[\quad -NH_3 \quad]{\substack{\text{尿卟啉原Ⅲ}\\ \text{同合酶}}} 尿卟啉原Ⅲ$$

$$粪卟啉原Ⅲ \xleftarrow[\quad -CO_2 \quad]{\text{尿卟啉原Ⅲ脱羧酶}} 尿卟啉原Ⅲ$$

4）血红素的生成：粪卟啉原Ⅲ从胞质进入线粒体中，在粪卟啉原Ⅲ氧化脱羧酶作用下，脱羧并脱氢生成原卟啉原Ⅸ，后者经原卟啉原Ⅸ氧化酶催化再脱氢，使连接 4 个吡咯环的甲烯基氧化成甲炔基，生成原卟啉Ⅸ。最后由亚铁螯合酶催化，与 Fe^{2+} 结合生成血红素。

$$粪卟啉原Ⅲ \xrightarrow[\quad -2CO_2+4H \quad]{\text{粪卟啉原Ⅲ氧化脱羧酶}} 原卟啉原Ⅸ$$

$$原卟啉原Ⅸ \xrightarrow[\quad -6H \quad]{\substack{\text{原卟啉原Ⅸ}\\ \text{氧化酶}}} 原卟啉Ⅸ$$

$$血红素 \xleftarrow[\quad Fe^{2+} \quad]{\text{亚铁螯合酶}} 原卟啉Ⅸ$$

血红素生成后从线粒体转运到胞质，在骨髓的有核红细胞及网织红细胞中，与珠蛋白结合成为血红蛋白，血红素也可参与肌红蛋白、细胞色素类蛋白的合成（图 15-6）。

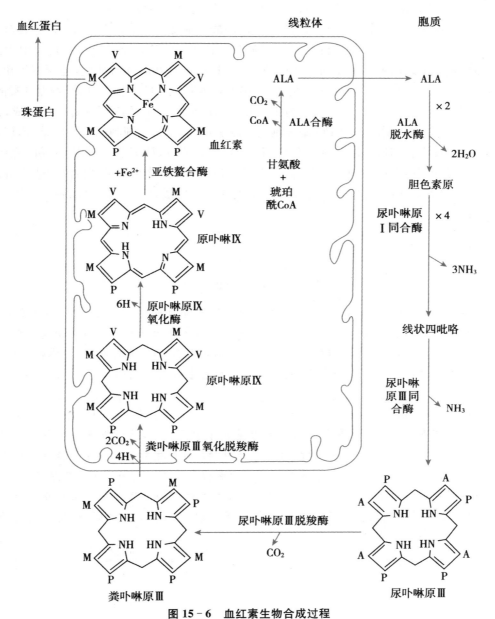

图 15－6　血红素生物合成过程

A：—CH₂COOH；P：—CH₂CH₂COOH；M：—CH₃；V：—CH＝CH₂

2.　血红素合成的调节　　血红素的合成受多种因素的调节,其中最主要的是对 ALA 合酶的调节。

(1) 对 ALA 合酶的调节:ALA 合酶是血红素合成体系的限速酶,受多种因素的调节。①血红素:是 ALA 合酶催化代谢途径的终产物,别构抑制此酶活性,还可阻遏此酶合成。②磷酸吡哆醛:是 ALA 合酶的辅基,维生素 B₆ 缺乏,此酶活性减弱,将减少血红素的合成。③高铁血红素:正常情况下,血红素合成后迅速与珠蛋白合成血红蛋白,对 ALA 合酶不再有反馈作用。如果血红素的合成速度大于珠蛋白的合成速度,过多的血红素可以氧化成高铁血红素,后者对 ALA 合酶也具有强烈的抑制作用。④某些类固醇激素:雄激素及雌二醇等都是血红素合成的促进剂。如睾酮在肝内可还原为 5β-二氢睾酮,后者可诱导 ALA 合酶的生成,从而促进血红素和血红蛋白的合成。因此,临床上用丙酸睾酮及其衍生物治疗再生障碍性贫血。⑤许多在肝中进行生物转化的物质:如致癌剂、药物、杀虫剂等均可导致肝 ALA 合成酶的显著增加,因为这些物质的生物转化作用需要细胞色素 P₄₅₀,后者的辅基是铁卟啉化合物。由此,通过肝 ALA 合酶的增加,以适应生物转化的需求。

(2) 对 ALA 脱水酶与亚铁螯合酶的调节:此两种酶并非血红素合成的关键酶,但其对重金属的抑制非常敏感。铅中毒时,这两种酶的活性明显减低。因此,血红素合成的抑制是铅中毒的重要体征。其次,亚铁螯合酶还需要有还原剂(如还原型谷胱甘肽)的存在时才有活性,还原剂的缺乏可抑制血红素的合成。此外,原料 Fe^{2+} 的来源不足,也可影响亚铁螯合酶的活性,进而影响血红素的合成。

(3) 促红细胞生成素的调节:促红细胞生成素(erythropoietin, EPO)主要在肾合成,是一种由 166 个氨基酸残基组成的糖蛋白。EPO 是细胞生长因子,可同原始红细胞的膜受体结合,促使其繁殖和分化,加速有核红细胞的成熟以及血红素和 Hb 的合成。所以,EPO 是红细胞生成的主要调节剂。当机体缺氧时,促红细胞生成素分泌增多,促进血红蛋白的合成和红细胞的发育,以适应机体运氧的需要。严重肾病患者往往伴有贫血,这与促红细胞生成素合成量减少有关,目前临床已用 EPO 治疗部分贫血患者。

知识链接

卟啉症与原卟啉症

卟啉症(血紫质病,porphyria)系一种卟啉代谢异常综合征,发病率约为 1.5/1000000,可根据血红素生物合成特异酶缺陷的种类分为红细胞生成性卟啉病和肝卟啉病两类。该病根据临床表现可分为 6 种,主要累及神经系统和皮肤而出现相应的临床表现,有光感性皮肤损害、腹痛及神经精神系统表现等。卟啉病,其中以迟发性皮肤卟啉病(porphyria cutanea tarda)最为常见。

原卟啉症(protoporphyria)亦称红细胞生成性原卟啉症或红细胞肝性卟啉症,属于卟啉症的一个种类。该病最初是因发现红细胞含有大量原卟啉而得名,后续发现患者肝内亦存在大量原卟啉,故更名为红细胞肝性卟啉症,简称原卟啉症。原卟啉症是一种常染色体显性遗传性卟啉代谢异常的疾病,系由亚铁螯合酶基因突变所致现已发现其大量的突变类型。

卟啉症目前的治疗仍然是医学界的一个难题,尚无特效的治疗方法。由于此病个体差异大,需要根据不同患者的表型针对性进行治疗,主要包括识别和避免诱因、缓解症状及预防并发症等。

二、白细胞代谢

白细胞由粒细胞、淋巴细胞和单核吞噬细胞三大系统组成。正常人白细胞的总数、种类及其百分比是相对稳定的。机体发生炎症可引起白细胞总数及各种白细胞的百分比发生变化。白细胞是机体防御系统的一个重要组成部分,它通过吞噬和产生抗体等方式来抵御和消灭入侵的病原微生物。

(一) 白细胞的糖代谢特点

白细胞的糖代谢途径主要是糖酵解,其次是磷酸戊糖途径。粒细胞的线粒体少,其吞噬作用所需能量主要来自糖酵解;磷酸戊糖途径产生的 NADPH 经氧化酶传递电子体系使 O_2 接受单电子还原,产生大量的超氧阴离子($O_2^-\cdot$),后者再转变成 H_2O_2 和 $\cdot OH$ 等自由基,起杀菌作用。

(二) 白细胞的脂代谢特点

白细胞的脂代谢特点是将花生四烯酸转变成血栓素、前列腺素、白三烯等活性物质。单核吞噬细胞受刺激因子激活后,可将花生四烯酸转变成血栓素、前列腺素、白三烯。粒细胞也可将花生四烯酸转变成白三烯。白三烯是速发型超敏反应中产生的慢反应物质。

（三）白细胞的蛋白质代谢特点

粒细胞中，氨基酸的浓度较高。但是，成熟粒细胞缺乏内质网，蛋白质合成量很少。单核吞噬细胞的蛋白质代谢很活跃，能合成多种酶、补体和各种细胞因子。T 淋巴细胞受抗原刺激变成致敏细胞后，分泌多种多肽类的淋巴因子，破坏含有病原体的细胞或抑制病毒繁殖；B 淋巴细胞受到抗原刺激变成具有免疫活性的浆细胞后，产生并分泌多种抗体，即免疫球蛋白，以针对不同的抗原。B 细胞内有丰富的粗面内质网，蛋白质合成旺盛。抗体通过与相应抗原发生免疫反应，抗体能中和、沉淀、凝集或溶解抗原，以消除其对机体的有害作用。

小　结

● **血浆蛋白质**

血浆蛋白质多在肝合成，种类繁多，常用盐析法或电泳法将血浆蛋白质进行分离，其中含量最多的是清蛋白。血浆蛋白质具有多种重要的生理功能，主要有维持血浆胶体渗透压、维持血浆正常 pH、运输作用、免疫作用、凝血、抗凝血和纤溶作用、营养作用、催化作用等。

● **血细胞的代谢特点**

红细胞是血液中最主要的细胞，成熟红细胞因缺乏细胞器，丧失了合成核酸和蛋白质的能力，也不能进行糖的有氧氧化。糖的无氧氧化是红细胞的唯一能量来源；通过磷酸戊糖途径为红细胞提供 NADPH，维持红细胞膜的完整性；红细胞具特有的 2,3 - 二磷酸甘油酸旁路，用于调节血红蛋白的运氧功能。红细胞内的血红蛋白与葡萄糖非酶催化生成糖化血红蛋白。

未成熟红细胞能利用甘氨酸、琥珀酰辅酶 A、Fe^{2+} 等简单的小分子物质为原料合成血红素。合成的起始阶段和终止阶段在线粒体内进行，中间阶段在胞质内进行，ALA 合酶是血红素合成的限速酶，该酶的活性受血红素、高铁血红素、磷酸吡哆醛、某些类固醇激素、需要生物转化的物质和促红细胞生成素等的影响。

白细胞的糖代谢途径主要是糖酵解及磷酸戊糖途径，脂代谢的特点是将花生四烯酸转变成血栓素、前列腺素、白三烯等活性物质。不同类型的白细胞蛋白质代谢特点不同。

（黄延红）

第十六章
肝的生物化学

学习指南

重点

1. 生物转化的概念、特点、反应类型和意义。
2. 胆红素的肠肝循环和黄疸的形成机制及鉴别。
3. 胆汁酸理化性质、代谢过程及胆汁酸肠肝循环的生理意义。
4. 胆红素在肝中的生物转化。

难点

1. 胆汁酸代谢及胆汁酸的肠肝循环过程及意义。
2. 胆红素的生物转化过程。

肝是人体最大的实质器官,也是体内最大的腺体,丰富的血液供应和独特的形态结构使其代谢极为活跃,不仅在糖、脂类、蛋白质、维生素和激素等代谢方面与全身各组织器官密切相关,而且还具有分泌、排泄和生物转化等重要功能。

第一节　肝在物质代谢中的作用

一、肝在糖代谢中的作用

肝内进行的糖代谢途径主要有肝糖原的合成与分解、糖异生等。

肝在糖代谢中的主要作用是维持血糖浓度的相对恒定,保障全身各组织,尤其是大脑和红细胞的能量供应。这一作用是在激素的调节下,通过糖原的合成和分解以及糖异生作用来实现的。

1. 肝糖原的合成与分解　肝合成糖原的能力很强,它不仅可以利用葡萄糖合成糖原,还可利用其他单糖,如果糖、半乳糖等合成糖原。通常肝糖原的含量约占肝重量的 5%,即 70~100g。肝糖原也可在肝内特有的葡萄糖-6-磷酸酶的作用下,水解6-磷酸葡萄糖生成葡萄糖进入血液中,以补充血糖(特别是在饥饿时)供肝外组织利用。当人体内血糖升高时(如饮食后),可大量合成糖原,一般可高达10%;而当血糖降低时(如饥饿),肝糖原又分解为血糖,此时肝中糖原含量逐渐减少。在肝脏,肝糖原与血中葡萄糖处于不断的运动变化之中,在一定条件下可以互相转化,以保证血糖浓度的相对稳定。

2. 糖异生作用　是指肝将某些非糖物质(如甘油、乳酸及生糖氨基酸等)转变为肝糖原或葡萄糖的作用。由于肝糖原的储量有限,空腹后 10 小时左右绝大部分被消耗掉。当长期禁食或反复呕吐使机体处于饥饿状态时,肝糖原分解补充血糖的作用随之减弱甚至丧失,这时,血糖浓度的维持则几乎完全依赖于肝的糖异生作用,糖异生作用的结果不但消耗了储脂,还消耗了组织蛋白。因此在这种情况下,人体必须输入足量的葡萄糖,才能减少蛋白的消耗,以保护肝。

此外,肝通过葡萄糖的磷酸戊糖途径,为机体提供 NADPH,用于肝的生物转化、合成脂肪酸和胆固醇等,还可以通过糖醛酸途径生成 UDP-葡糖醛酸,作为肝生物转化结合反应中重要的结合物质。

二、肝在脂质代谢中的作用

脂肪酸的合成、氧化、酯化,酮体的生成,胆固醇代谢及载脂蛋白的合成等脂类主要代谢途径都在肝内进行。肝在脂类的消化、吸收、分解、合成及运输等过程中有着重要的作用。

肝内脂肪酸的代谢途径有二:内质网中的酯化作用和线粒体内的氧化作用。饱食时,肝合成脂肪酸,并以三酰甘油的形式贮存于脂肪库,肝合成三酰甘油、磷脂和胆固醇,并以 VLDL 的形式分泌入血,供其他组织器官摄取与利用。饥饿时脂库脂肪动员,活跃的 β-氧化过程释放出较多能量以供肝自身需要。同时肝是体内产生酮体的关键器官,生成的酮体不能在肝氧化利用,需经血液运输到其他组织(心、肾、骨骼肌等)氧化利用,作为这些组织的良好供能原料。

肝在调节机体胆固醇代谢平衡上起中心作用。胆固醇是细胞膜的重要成分,主要在肝内合成,并被利用合成胆汁酸、皮质激素。在正常情况下,摄入含有胆固醇的食物能抑制肝中胆固醇的合成,成为负反馈调节过程。胆汁引流则促进肝中胆固醇合成,且发现胆固醇合成有昼夜节律变化。饥饿可明显抑制胆固醇的合成,胆汁盐反馈抑制胆固醇的合成。还有一部分胆固醇直接作为胆汁成分与胆盐一起自肝经胆道入肠,大部分在小肠下端重吸收入肝,此即胆汁酸的肠肝循环,其余在肠道的细菌作用下还原成粪固醇而排出体外。此外,肝对胆固醇的酯化也具有重要作用,肝合成与分泌的卵磷脂-胆固醇脂酰基转移酶(lecithin cholesterol acyl transferase,LCAT),在血浆中将胆固醇转化为胆固醇酯以利于运输。当肝严重损伤时,不仅胆固醇合成减少,血浆胆固醇酯的降低往往出现更早、更明显。

肝是降解 LDL 的主要器官,肝细胞膜上有 LDL 受体,可特异结合 LDL,并将其内吞入肝细胞降解。HDL 也主要在肝合成,其将肝外的胆固醇转移到肝内处理。肝细胞合成的载脂蛋白 C-Ⅱ(Apo C Ⅱ)可激活肝外毛细血管内皮细胞的脂蛋白脂肪酶(LPL),进而水解脂蛋白分子中的三酰甘油。

肝还是合成磷脂的重要器官。肝内磷脂的合成与三酰甘油的合成及转运有密切关系。磷脂合成障碍将会导致三酰甘油在肝内堆积,形成脂肪肝(fatty liver)。其原因一方面由于磷脂合成障碍,导致前 β-脂蛋白(VLDL)合成障碍,使肝内脂肪不能顺利运出;另一方面是肝内脂肪合成增加。卵磷脂合成过程的中间产物——二酰甘油有两条去路:合成磷脂和合成脂肪,当磷脂合成障碍时,二酰甘油生成三酰甘油明显增多。

三、肝在蛋白质代谢中的作用

肝在蛋白质的合成、分解和氨基酸代谢中均起重要作用。

肝除合成自身所需蛋白质外,还合成多种分泌蛋白质,如血浆蛋白中,除 γ-珠蛋白外,清蛋白(白蛋白)、凝血酶原、纤维蛋白原及血浆脂蛋白所含的多种载脂蛋白(Apo A、Apo B、Apo C 和 Apo E)等均在肝合成。故肝功能严重损害时,常出现血浆胶体渗透压降低,造成水肿;凝血酶原合成减少则出现凝血功能障碍。

血浆清蛋白不仅是许多物质的载体,还在维持血浆胶体渗透压方面起着重要的作用。若血浆白蛋白低于 30g/L,约有半数患者出现水肿及腹水。正常人血浆清蛋白(A)与球蛋白(G)的比值(A/G)

为 1.5～2.5。肝功能严重损害时,血浆清蛋白可因合成减少而浓度降低,可致 A/G 比值下降甚至倒置。此种变化临床上可作为严重慢性肝细胞损伤的辅助指标。肝分泌的主要蛋白质及作用见表 16-1。

表 16-1　肝分泌的主要蛋白质及作用

名　称	主要功能	结合性质
清蛋白(白蛋白)	转运和结合蛋白、调节渗透压	激素、氨基酸、类固醇、维生素、脂肪酸、胆红素等
α_1 酸性糖蛋白	参与炎症反应	未定
α_1 抗胰蛋白酶	胰蛋白酶和蛋白酶抑制剂	蛋白酶
α 甲胎蛋白	调节渗透压、转运和结合蛋白	在胎儿血中存在,激素、氨基酸
α_2 巨球蛋白	蛋白酶抑制剂	蛋白酶
抗凝血酶Ⅲ	内源性凝血系统的蛋白酶抑制剂	与蛋白酶 1:1 结合
血浆铜蓝蛋白	转运铜	6 原子铜
C 反应蛋白	参与炎症反应	补体 C_{1q}
纤维蛋白原	纤维蛋白的前体	
结合珠蛋白	结合和转运血红蛋白	与血红蛋白 1:1 结合
血液结合素	与卟啉或血红素结合	与血红素 1:1 结合
运铁蛋白	转运铁	2 原子铁
载脂蛋白 B	装配脂蛋白颗粒	脂质
血管紧张素原	血管紧张素Ⅱ前体	
凝血因子Ⅱ、Ⅶ、Ⅸ、Ⅹ	血液凝固	
胰岛素样生长因子	调节和生长激素的合成	IGF-受体
类固醇激素结合球蛋白	转运和结合蛋白	皮质醇
甲状腺素结合球蛋白	转运和结合蛋白	T_3、T_4

肝在蛋白质分解代谢中亦起重要作用。肝细胞含有丰富的参与氨基酸代谢的酶类,能催化氨基酸的转氨基、脱氨基、脱羧基以及个别氨基酸特异的代谢过程。合成一些非必需氨基酸和其他含氮化合物。肝中多余的氨基酸可转变为糖、脂肪酸或氧化生成水和二氧化碳。在氨基转移酶中,尤其是丙氨酸氨基转移酶(ALT)在肝细胞内活性最高,因此血清 ALT 含量升高就成为诊断肝细胞损伤的重要临床指标之一。

肝是合成尿素的主要器官。即将氨基酸代谢等产生的有毒的氨通过鸟氨酸循环的特殊酶系合成尿素以解氨毒。当肝功能严重受损时,尿素合成障碍,血氨升高,引起肝性脑病。

肝也是胺类物质解毒的重要器官,肠道细菌作用于氨基酸产生的芳香胺类等有毒物质,被吸收入血,主要在肝细胞中进行转化以减少其毒性。当肝功能异常时,这些芳香胺可不经处理进入神经组织,进行 β-羟化生成苯乙醇胺和多巴胺。它们的结构类似于儿茶酚胺类神经递质,并能抑制后者的功能,属于"假神经递质",与肝性脑病的发生有一定关系。

四、肝在维生素代谢中的作用

肝在维生素的吸收、储存和转化方面起着重要作用。

肝所分泌的胆汁酸盐可促进脂溶性维生素 A、维生素 D、维生素 E、维生素 K 的吸收。肝是维生素 A、维生素 E、维生素 K 和维生素 B_{12} 的主要储存场所。同时也是人体内含维生素 A、维生素 K、维生素 B_1、维生素 B_2、维生素 B_6、维生素 B_{12}、泛酸和叶酸最多的器官,其中肝中维生素 A 的含量占体内总量的 95%,但肝几乎不储存维生素 D,只具有将维生素 D 转化为 25-羟维生素 D 和合成维生素 D 结合蛋白的能力。血浆中 85% 的维生素 D 代谢物是与维生素 D 结合蛋白相结合运输的。肝疾病时,该结合蛋白合成减少,可造成血浆总维生素 D 代谢物水平降低。

肝还参与多种维生素的转化。肝将维生素 PP 转变为辅酶Ⅰ(NAD$^+$)及辅酶Ⅱ(NADP$^+$),将泛酸转变为 CoA,将维生素 B_1 转化为焦磷酸硫胺素(TPP),将胡萝卜素转变为维生素 A,将维生素 D_3 羟化为 25 -羟维生素 D_3。维生素 K 参与肝中凝血酶原的合成。

五、肝在激素代谢中的作用

许多激素在发挥其调节作用后,主要在肝内被分解转化、降低或失去其生物活性,此过程称为激素的灭活(inactivation)。灭活后的产物大部分随尿排出。一些类固醇激素(如雌激素、醛固酮等)可在肝内与葡糖醛酸或活性硫酸等结合,失去活性。一些肽类激素,也在肝内被水解"灭活"。

肝灭活的激素主要有性激素、肾上腺激素等类固醇激素和胰岛素、甲状腺激素、抗利尿激素等。严重肝病时,激素的灭活作用降低,血中相应的激素水平升高(如体内雌激素、醛固酮、抗利尿激素等水平升高),出现某些临床体征,如男性乳房女性化、蜘蛛痣、肝掌以及水钠潴留等现象。

第二节　肝的生物转化作用

机体对内、外源性的非营养物质进行代谢转变,使其水溶性提高,极性增强,易于通过胆汁或尿液排出体外的过程称为生物转化(biotransformation)。

机体内需要进行生物转化的非营养物质可分为内源性和外源性两类。内源性物质包括激素、神经递质和其他胺类等一些对机体具有强烈生物学活性的物质,以及氨、胆红素等对机体有毒性的物质。外源性物质包括药物、毒物、食品添加剂、环境污染物、体内微生物的代谢产物等。生物转化的生理意义在于它对体内的非营养物质进行转化,使其生物学活性降低或消除(灭活作用),或使有毒物质的毒性减低或消除(解毒作用)。更为重要的是生物转化作用可使这些物质的溶解性增高,变为易于从胆汁或尿液中排出体外的物质。但是,有些物质经肝的生物转化后,其毒性反而增加或溶解性反而降低,不易排出体外。

一、生物转化反应的主要类型

生物转化过程所包括的许多化学反应可以归纳为两相。第一相反应包括氧化、还原、水解反应。第二相反应是结合反应。

(一) 第一相反应

1. 氧化反应

(1) 单加氧酶系:此酶系存在于肝细胞的微粒体中的一个复合物,至少包括两种组分:一种是细胞色素 P_{450}(血红素蛋白);另一种是 NADPH -细胞色素 P_{450} 还原酶(以 FAD 为辅基的黄酶)。该酶催化氧分子中的一个氧原子加到许多脂溶性底物中形成羟化物或环氧化物,另一个氧原子则被 NADPH 还原成水。故该酶又称羟化酶或混合功能氧化酶(mixed function oxidase,MFO)。加单氧酶系的羟化作用不仅增加药物或毒物的水溶性,有利于排泄,而且还参与体内许多重要物质的羟化过程。

在生物转化过程中,其作用最为重要,反应通式为:

$$RH + O_2 + NADPH + H^+ \xrightarrow[\text{Cyt - P}_{450}]{\text{单加氧酶}} ROH + NADP^+ + H_2O$$

(2) 单胺氧化酶类(monoamine oxidase,MAO)氧化脂肪族和芳香族胺类:此酶存在于肝细胞的线粒体中,催化的底物为组胺、酪胺、色胺、尸胺、腐胺等肠道腐败产物,经氧化脱氨生成相应的醛类。

反应通式为：

$$RCH_2NH_2 + O_2 + H_2O \xrightarrow{\text{单胺氧化酶}} RCHO + NH_3 + H_2O_2$$

（3）醇脱氢酶（alcohol dehydrogenase，ADH）与醛脱氢酶（aldehyde dehydrogenase，ALDH）：二者均以 NAD$^+$ 为辅酶，存在于肝细胞的胞质及微粒体中，分别作用于醇类及醛类，使其氧化，最终生成羧酸。

$$RCH_2OH + NAD^+ \xrightarrow{\text{醇脱氢酶}} RCHO + NADH + H^+ \xrightarrow{\text{醛脱氢酶}} RCOOH$$

知识链接

乙醇的肝内代谢

　　乙醇是无色、易燃、易挥发的液体，具有醇香气味，易溶于水。乙醇在人体主要是由肝代谢。饮酒后有 80% 的乙醇迅速被吸收，其中 90% 在肝内代谢。乙醇在人体内的分解代谢主要靠两种酶：一种是醇脱氢酶，另一种是醛脱氢酶。醇脱氢酶能把乙醇分子中的两个氢原子脱掉，使乙醇分解变成乙醛。而醛脱氢酶则能把乙醛中的两个氢原子脱掉，使乙醛转化为乙酸，最终分解为二氧化碳和水。人体内若是具备这两种酶，就能较快地分解乙醇，中枢神经就较少受到乙醇的作用，因而即使喝了一定量的酒后，也行若无事。在一般人体中，都存在醇脱氢酶，而且数量基本是相等的。但缺少醛脱氢酶的人就比较多。这种醛脱氢酶的缺少，使乙醇不能被完全分解为水和二氧化碳，而是以乙醛继续留在体内，使人喝酒后产生恶心欲吐、昏迷不适等醉酒症状。因此，不善饮酒，酒量在合理标准以下的人，即属于醛脱氢酶数量不足或完全缺乏的人。对于善于饮酒的人，如果饮酒过多、过快，超过了两种酶的分解能力，也会发生醉酒。

　　2. 还原反应　　肝细胞中的主要还原酶类是硝基还原酶类和偶氮还原酶类，存在于肝细胞的微粒体中，分别催化硝基化合物与偶氮化合物从 NADPH 接受氢，还原成相应的胺类，如氯霉素、海洛因、硝基苯、偶氮苯。

　　3. 水解反应　　肝细胞的胞质和微粒体中含有多种水解酶，如酯酶、酰胺酶及糖苷酶等，它们分别催化酯类、酰胺类、糖苷类化合物的水解，以降低或消除其生物活性。这些水解产物通常还需进一步反应，以利于排出体外。如：

（1）酯类化合物：如阿托品、哌替啶、乙酰水杨酸（阿司匹林）及普鲁卡因的水解。

$$\text{乙酰水杨酸} \xrightarrow[\text{酯酶}]{+H_2O} \text{水杨酸} + \text{乙酸}$$

（2）酰胺类化合物：

$$异丙异烟肼 \xrightarrow[\text{酰胺酶}]{+H_2O} 异烟酸 + 异丙肼$$

（3）糖苷类化合物：

$$洋地黄毒苷 \xrightarrow[\text{糖苷酶}]{+H_2O} 洋地黄毒糖 + 洋地黄糖苷配基$$

（二）第二相反应

第二相反应是结合反应。肝细胞内含有许多催化结合反应的酶类。凡含有羟基、羧基或氨基的药物、毒物、激素均可与葡糖醛酸、活性硫酸、谷胱甘肽、甘氨酸等发生结合反应，或进行酰基化、甲基化等反应，以利于灭活或排出。与葡糖醛酸、活性硫酸和酰基的结合反应最为重要，尤以葡糖醛酸的结合反应最为普遍。

1. **葡糖醛酸结合反应**　肝细胞微粒体中含有非常活跃的葡糖醛酸基转移酶。它以尿苷二磷酸α-葡糖醛酸（UDPGA）为供体，催化葡糖醛酸基转移到多种含极性基团的分子（如醇、酚、胺、羧基化合物等）生成葡糖醛酸苷。

苯甲酸 + UDPGA $\xrightarrow{\text{葡糖醛酸基转移酶}}$ 苯甲酸-β-葡糖醛酸苷 + UDP

2. **硫酸结合反应**　3′-磷酸腺苷-5′-磷酸硫酸（PAPS）是活性硫酸供体，在肝细胞质硫酸转移酶的催化下，将硫酸基转移到多种醇、酚或芳香族胺类等含有—OH 的内、外源非营养物质上，生成硫酸酯化合物，如雌酮在肝中与活性硫酸结合而灭活。

雌酮 + PAPS $\xrightarrow{\text{硫酸转移酶}}$ + PAP

3. **乙酰基结合反应**　肝细胞质中含有乙酰基转移酶（acetyltransferase），催化乙酰基从乙酰 CoA 转移到芳香族胺化合物，形成乙酰化衍生物。例如，大部分磺胺类药物和异烟肼在肝内通过这种形式灭活。

对氨基苯磺酰胺 + $CH_3CO \sim SCoA$ $\xrightarrow{\text{乙酰基转移酶}}$ 对乙酰氨基苯磺酰胺 + HSCoA

4. **甲基结合反应**　体内胺类活性物质或某些药物可在肝细胞质和微粒体中的多种甲基酶催化下，由 S-腺苷甲硫氨酸（SAM）提供甲基，通过甲基化灭活。如烟酰胺甲基化生成 N-甲基烟酰胺。

烟酰胺 $\xrightarrow{+CH_3}$ N-甲基烟酰胺

5. 甘氨酸结合 某些毒物、药物的羧基与 CoA 结合形成酰基 CoA,然后再与甘氨酸结合,生成相应的结合产物,由酰基转移酶催化,此反应在肝细胞的线粒体中进行,马尿酸是该酶催化而产生的。

苯甲酸 → (HSCoA / ATP) → 苯甲酰 CoA → (甘氨酸 / HSCoA) → 马尿酸

6. 谷胱甘肽结合反应 谷胱甘肽在肝细胞胞质谷胱甘肽 S-转移酶(GST)催化下,可与许多卤代化合物和环氧化合物结合生成谷胱甘肽结合物,然后随胆汁排出体外。

肝细胞参与生物转化的酶类归纳总结见表 16－2。

表 16－2 肝参与生物转化的酶类及其亚细胞分布

酶类	亚细胞部位	辅酶或结合物
第一相反应		
氧化酶类		
加单氧酶系	内质网	$NADPH+H^+$、O_2、P_{450}
胺氧化酶	线粒体	黄素辅酶
脱氢酶类	线粒体或胞质	NAD^+
还原酶类		
硝基还原酶	内质网	$NADH+H^+$ 或 $NADPH+H^+$
偶氮还原酶	内质网	$NADH+H^+$ 或 $NADPH+H^+$
水解酶类	胞质或内质网	
第二相反应		
葡萄糖醛酸基转移酶	内质网	UDPGA
硫酸转移酶	胞质	PAPS
谷胱甘肽 S-转移酶	胞质与内质网	谷胱甘肽(GSH)
乙酰转移酶	胞质	乙酰辅酶 A
酰基转移酶	线粒体	甘氨酸
甲基转移酶	胞质与线粒体	S-腺苷甲硫氨酸(SAM)

二、生物转化反应的特点和影响因素

（一）生物转化反应的特点

1. 连续性 一种物质的生物转化过程,常需要连续进行几种化学反应,一般先进行第一相反应,但极性改变仍不够大,必须再进行第二相反应,极性进一步加强,才能排出体外。

2. 多样性 同一类物质可因结构的差异而经历不同类型的生物转化反应,甚至同一物质经不同的生物转化途径而产生不同的转化产物。

3. 解毒和致毒的双重性 一种物质经生物转化后,其毒性可能减弱(解毒),也可能增强(致毒)。多数物质毒性减弱或消失,但有些物质的毒性反而增强。例如,苯并芘本身并无致癌作用,但进行生物转化作用后,形成了环氧化物,便能与核酸分子中的鸟嘌呤结合而致癌。

（二）影响生物转化的因素

生物转化作用常受年龄、性别、营养、疾病、遗传及诱导物等诸多体内、外因素的影响。

1. 年龄 如新生儿生物转化酶系发育不完善,对药物或毒物的耐受性较差,肝微粒体葡糖醛酸转移酶在出生后才逐渐增加,8 周才达到成人水平,而体内 90% 的氯霉素是与葡糖醛酸结合后解毒,故新生儿易发生氯霉素中毒。老年人由于器官退化,肝微粒体代谢药物的酶不易被诱导,对药物的转化能力降低,易出现中毒现象。

2. 性别 某些生物转化反应有明显的性别差异。一般来说,女性比男性对药物的耐受性大。如女性体内醇脱氢酶活性高于男性,女性对乙醇的处理能力比男性强。氨基比林在男性体内的半衰期约 13.4 小时,而女性则为 10.3 小时,说明女性对氨基比林的转化能力比男性强。

3. **营养状况** 对生物转化作用亦产生影响,如蛋白质的摄入可以增加肝细胞生物转化酶的活性,提高生物转化效率。长期饥饿可影响谷胱甘肽 S-转移酶(GST)的作用,使其生物转化反应水平降低。

4. **疾病** 尤其是严重肝病可明显影响生物转化,如肝实质性病变时,微粒体中单加氧酶系和 UDP-葡糖醛酸转移酶活性显著降低,加上肝血流量的减少,患者对许多药物及毒物的摄取、转化发生障碍,易积蓄中毒,故在肝病患者用药要特别慎重。

5. **遗传** 也可显著影响生物转化酶的活性。遗传变异可引起个体之间生物转化酶类分子结构的差异或酶合成量的差异。变异产生的低活性酶可因影响药物代谢而造成药物在体内蓄积。相反,变异导致的高活性酶则可因缩短药物的作用时间或造成药物代谢毒性产物的增多。

6. **某些药物或毒物** 可诱导相关酶的合成,如长期服用苯巴比妥可诱导肝微粒体混合功能氧化酶的合成,加速药物代谢过程,使机体对此类催眠药产生耐药性。同时,由于单加氧酶特异性较差,可利用诱导作用增强药物代谢和解毒,如用苯巴比妥治疗地高辛中毒。苯巴比妥还可诱导肝微粒体 UDP-葡糖醛酸转移酶的合成,故临床上利用其可增加机体对游离胆红素的结合转化反应,治疗新生儿黄疸。另一方面由于多种物质在体内转化代谢常由同一酶系催化,同时服用多种药物时,可出现竞争同一酶系而相互抑制其生物转化作用,可导致某些药物药理作用强度的改变,如保泰松可抑制双香豆素的代谢,同时服用时双香豆素的抗凝作用加强,易发生出血现象。

第三节 胆汁与胆汁酸

一、胆汁

胆汁(bile)是肝细胞分泌的一种液体,通过胆管系统进入十二指肠。正常人每日分泌胆汁 300～700ml。肝细胞刚分泌出来的胆汁称为肝胆汁(hepatic bile),呈金黄色,清澈透明,有黏性和苦味。肝胆汁经胆总管进入胆囊后逐渐浓缩,密度增高,称为胆囊胆汁(gall bladder bile)。胆囊胆汁呈暗褐色或棕绿色。

胆汁的主要成分是胆汁酸盐,占 50％～70％,其他为胆红素、胆固醇、磷脂及黏蛋白、脂肪、无机盐等。胆汁具有双重性。一是作为消化液,促进脂类的消化吸收;二是作为排泄液,能将体内某些代谢物(胆红素、胆固醇等)及进入体内并经肝细胞进行了生物转化的异源物(如药物、毒物等)排到肠道。这些功能都与它的主要成分胆汁酸的代谢密切相关,胆汁中的胆汁酸以盐的形式存在,故胆汁酸与胆汁酸盐为同义词。两种胆汁的主要成分如表 16-3。

表 16-3 正常人两种胆汁的主要成分比较

	肝胆汁	胆囊胆汁		肝胆汁	胆囊胆汁
比重	1.009～1.013	1.026～1.032	胆汁酸盐	0.5％～2％	1.5％～10％
pH	7.1～8.5	5.5～7.7	胆色素	0.05％～0.17％	0.2％～1.5％
水	96％～97％	80％～86％	总脂类	0.1％～0.5％	1.8％～4.7％
固体成分	3％～4％	14％～20％	胆固醇	0.05％～0.17％	0.2％～0.9％
无机盐	0.2％～0.9％	0.5％～1.1％	磷脂	0.05％～0.08％	0.2％～0.5％
黏蛋白	0.1％～0.9％	1％～4％			

二、胆汁酸

(一) 胆汁酸的种类

胆汁酸(bile acid)是存在于胆汁中一大类胆烷酸的总称,以钠盐或钾盐的形式存在,即胆汁酸盐,简称胆盐(bile salt)。

胆汁酸按其结构可分为两类:一类是游离胆汁酸(free bile acid),包括胆酸(cholic acid)、脱氧胆酸(deoxycholic acid)、鹅脱氧胆酸(chenodeoxycholic acid)和少量石胆酸(lithocholic acid);另一类是上述胆汁酸分别与甘氨酸和牛磺酸相结合的产物,称为结合胆汁酸(conjugated bile acid),主要是甘氨胆酸(glycocholic acid)、牛磺胆酸(taurocholic acid)、甘氨鹅脱氧胆酸(glycochenodeoxycholic acid)和牛磺鹅脱氧胆酸(taurochenodeoxycholic acid)。从来源进行分类,也可分为两类:由肝细胞合成的胆汁酸称为初级胆汁酸(primary bile acid),包括胆酸、鹅脱氧胆酸及其与甘氨酸和牛磺酸的结合产物;初级胆汁酸在肠管中受细菌作用生成的脱氧胆酸和石胆酸及其与甘氨酸和牛磺酸的结合产物称为次级胆汁酸(secondary bile acid)。胆汁酸的分类见表 16-4。

表 16-4　胆汁酸的分类

按来源分类	按结构分类	
	游离型胆汁酸	结合型胆汁酸
初级胆汁酸	胆酸	甘氨胆酸、牛磺胆酸
	鹅脱氧胆酸	甘氨鹅脱氧胆酸、牛磺鹅脱氧胆酸
次级胆汁酸	脱氧胆酸	甘氨脱氧胆酸、牛磺脱氧胆酸
	石胆酸	甘氨石胆酸、牛磺石胆酸

(二) 胆汁酸的代谢

1. 初级胆汁酸的生成　在肝细胞中由胆固醇转变为初级胆汁酸,需经羟化、加氢及侧链氧化断裂等多步反应才能完成,反应酶类主要分布于微粒体和胞质。

(1) 游离型初级胆汁酸的生成:肝细胞微粒体及胞质中存在 7α-羟化酶,使胆固醇在 7 位 C 原子上羟化转变为 7α-羟胆固醇,然后再经羟化、侧链氧化、断裂而形成游离型初级胆汁酸,即胆酸及鹅脱氧胆酸。胆固醇 7α-羟化酶是胆汁酸合成的限速酶。

(2) 结合型初级胆汁酸的生成:生成的初级游离胆汁酸,可以与甘氨酸或牛磺酸结合生成初级结合型胆汁酸,即甘氨胆酸、牛磺胆酸、甘氨鹅脱氧胆酸、牛磺鹅脱氧胆酸。正常成人胆汁中甘氨胆酸与牛磺胆酸的比例为 3:1,主要以钠盐形式在胆汁中起作用。

2. 次级胆汁酸的生成　初级胆汁酸在肠菌作用下,第 7 位 α 羟基脱氧生成的胆汁酸称为次级胆汁酸,主要包括脱氧胆酸和石胆酸及其在肝中与甘氨酸或牛磺酸结合生成的结合产物。

(三) 胆汁酸的肠肝循环

排入肠道的胆汁酸(包括初级、次级、游离型与结合型)中约 95% 以上被重吸收入血(石胆酸由于溶解度小,一般不被重吸收),其余的随粪便排出。由肠道重吸收的胆汁酸(初级的和次级的、结合型的和游离型的)经门静脉重新回到肝,在肝细胞内,将游离型胆汁酸再重新合成为结合胆汁酸,并同新合成的结合胆汁酸一同再随胆汁排入肠道,这一过程称为"胆汁酸的肠肝循环"(enterohepatic circulation of bile acid,图 16-1)。

健康成人胆汁酸储存量为 3～5g,每日进行 6～12 次肠肝循环,主要发生在进餐后。人体每日胆汁酸合成量为 0.4～0.6g,用于补偿胆汁酸随粪便排出而造成的损失。胆汁酸肠肝循环使有限的胆汁酸发挥最大限度的乳化作用,以保证脂类的消化吸收。因此,胆汁酸肠肝循环可以补充肝合成胆汁酸能力的不足和人体对胆汁酸的生理需要。

（四）胆汁酸的功能

1. 促进脂类的消化吸收　胆汁酸分子内既含亲水性的羟基和羧基,又含疏水性的甲基及烃核。同时羟基、羧基的空间配位又全属 α 型,故胆汁酸的主要构型具有亲水和疏水两个侧面,使分子具有界面活性分子的特征,能降低油和水两相之间的表面张力,促进脂类乳化。

2. 抑制胆固醇析出　胆固醇难溶于水,随胆汁排入胆囊贮存时易沉淀析出。胆汁中磷脂与胆固醇维持一定的比例,可使胆固醇形成稳定的微团而随胆汁排出。一旦胆汁酸、磷脂不足(胆汁酸及卵磷脂与胆固醇比值小于 10∶1),胆固醇易析出沉淀,形成胆结石。

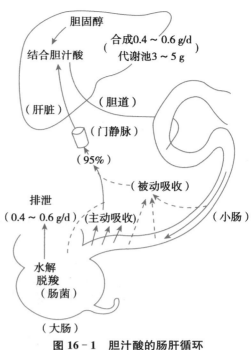

图 16-1　胆汁酸的肠肝循环

第四节　胆红素代谢与黄疸

胆色素(bile pigment)是体内铁卟啉化合物的主要分解代谢产物,包括胆红素(bilirubin)、胆绿素(biliverdin)、胆素原(bilinogen)和胆素(bilin)等。这些化合物主要随胆汁排出体外。胆红素是人胆汁的主要色素,呈橙黄色。胆红素的毒性作用可引起大脑不可逆的损伤。但近年来发现胆红素是一种内源性的抗氧化剂,能消除自由基,抑制过氧化脂质的产生,具有比维生素 E 更强的抗氧化作用。

一、胆红素代谢

（一）胆红素的来源、生成和转运

胆红素来源主要有:①80％左右的胆红素来源于衰老红细胞中血红蛋白的分解;②小部分来自造血过程中红细胞的过早破坏;③非血红蛋白血红素的分解,如含铁卟啉酶类(过氧化物酶和过氧化氢酶等)的分解。

正常红细胞的寿命为 120 天。衰老的红细胞在肝、脾、骨髓的单核-吞噬细胞系统破坏释放出血红蛋白。正常人每小时有 $(1\sim2)\times10^8$ 个红细胞被破坏,约释放 6g 血红蛋白。血红蛋白随后分解为珠蛋白和血红素。珠蛋白可降解为氨基酸,供体内再利用。单核-吞噬细胞系统细胞(主要是脾和肝的星形细胞)微粒体含有非常活跃的血红素加氧酶(heme oxygenase, HO),在氧分子和 NADPH 的存在下,血红素加氧酶将血红素原卟啉Ⅸ环上的 α-甲炔基(—CH ═)氧化断裂,释放 CO,并将两端的吡咯环羟化,形成胆绿素。释放的铁可以被机体再利用,一部分 CO 从呼吸道排出。胆绿素在胞质胆绿素还原酶的催化下,从 NADPH 获得 2 个氢原子,生成胆红素,见图 16-2。

胆红素由 3 个次甲基桥连接的 4 个吡咯环组成,相对分子质量为 585。胆红素分子中含有 2 个羟基或酮基、4 个亚氨基和 2 个丙酸基,这些基团虽为亲水基团,但由于这些基团在分子内部形成 6 个氢键,使胆红素分子形成脊瓦状的刚性折叠,极性基团隐藏于分子内部,胆红素便成为非极性的脂溶性物质,易自由透过细胞膜进入血液。

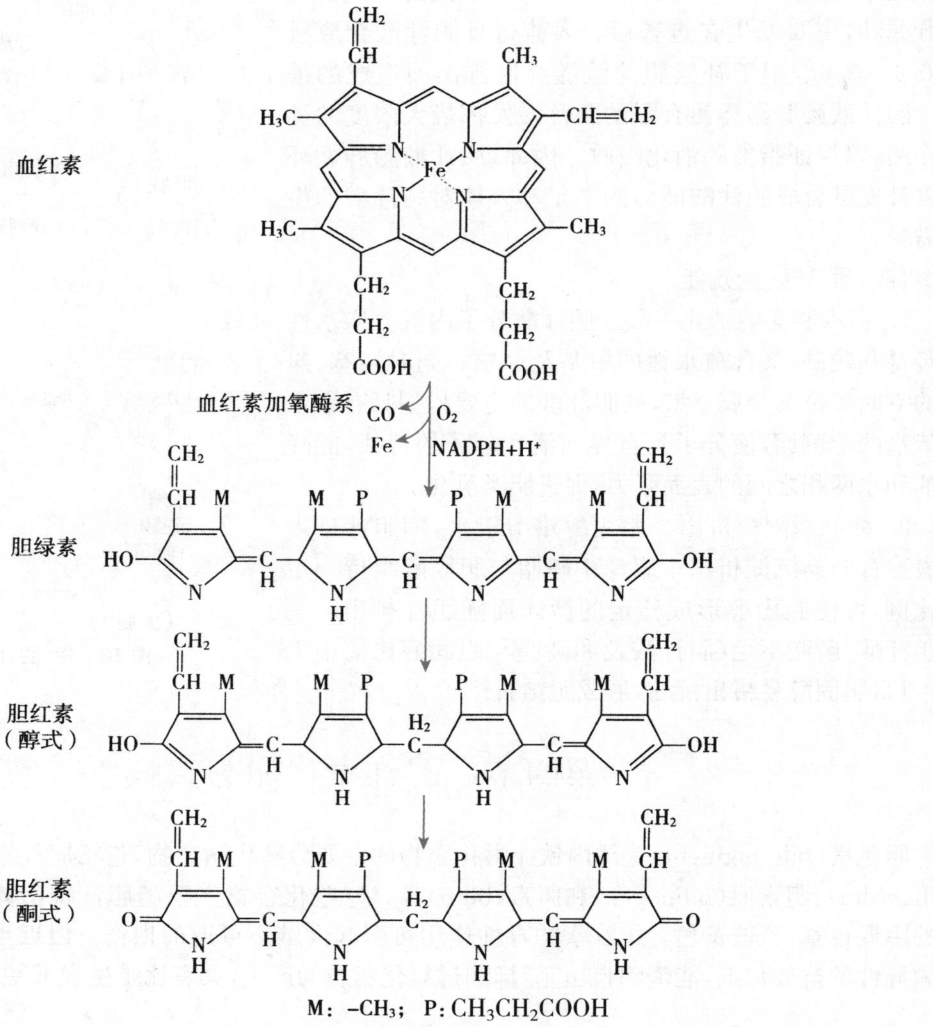

M：-CH₃；P：CH₃CH₂COOH

图 16-2 胆红素的生成

胆红素进入血液，主要以胆红素-清蛋白复合体的形式存在并进行运输。这种结合不仅增加胆红素的水溶性，有利于运输，而且不能自由通透各种生物膜，这对于胆红素在血浆和组织间的分布具有重要意义。磺胺类、甲状腺激素、脂肪酸及乙酰水杨酸等有机阴离子可通过竞争胆红素的结合部位或改变清蛋白的构象，影响胆红素与清蛋白的结合，将胆红素从胆红素-清蛋白的复合物中置换出来。对有黄疸倾向的患者或新生儿黄疸，要避免使用这些有机阴离子或药物。因血液中胆红素尚未进入肝进行生物转化的结合反应，在血液中与清蛋白结合而运输的胆红素称为未结合胆红素（unconjugated bilirubin）或间接胆红素。

（二）胆红素在肝内的转变

胆红素进入肝细胞后，与胞质中两种载体蛋白——Y 蛋白（protein Y）和 Z 蛋白（protein Z）相结合形成复合物，并以此形式进入内质网。Y 蛋白比 Z 蛋白对胆红素的亲和力强，且含量丰富，约占人肝细胞质蛋白总量的 2%，是肝细胞内主要的胆红素载体蛋白。Y 蛋白具有谷胱甘肽巯基转移酶的活性，除对胆红素有高亲和力以外，对固醇类物质、四溴酚酞磺酸钠（BSP）、某些染料以及一些有机阴离子均有很强的亲和力，它们可竞争性地影响胆红素的转运。

胆红素-Y 蛋白复合物被转运到滑面内质网，在 UDP-葡糖醛酸基转移酶的催化下，胆红素接受葡糖醛酸基,生成葡糖醛酸胆红素。由于胆红素分子中含有 2 个羧基,每分子胆红素可结合 2 分子葡糖醛酸。双葡糖醛酸胆红素是主要的结合产物,仅有少量单葡糖醛酸胆红素生成。此外,尚有少量胆红素与活性硫酸结合,生成硫酸酯。这些与葡糖醛酸结合的胆红素称为结合胆红素(conjugated bilirubin)或直接胆红素。

结合胆红素自肝细胞释放到毛细胆管,进而随胆汁排入肠道。肝细胞向胆小管分泌结合胆红素是一个逆浓度的主动转运过程,由定位于肝细胞膜胆小管域的多耐药相关蛋白 2(multidrug resist - ance - like protein,MRP2)转运。胆红素排泄一旦发生障碍,结合胆红素就可反流入血。

知识链接

血清胆红素的测定

血清胆红素的测定方法有重氮法、改良 J - G 法、胆红素氧化酶(BOD)法等。结合胆红素能与重氮试剂直接反应生成紫红色的偶氮化合物,未结合胆红素需加入甲醇、乙醇和尿素等"加速剂"才能与重氮试剂反应,因此又名间接胆红素。重氮法测胆红素灵敏度较低,溶血样本干扰大。改良 J - G 法和 BOD 法亦均是利用呈色反应,采用分光光度法测定胆红素浓度,灵敏度高,准确率好,干扰少,目前较为常用。

(三)胆红素在肠腔内的转变

结合胆红素在肝经胆道排入肠腔后,在小肠下段受肠菌酶的催化,大部分水解脱下葡糖醛酸基,并被逐步还原生成中胆素原(mesobilirubinogen,i - urobilinogen)、粪胆素原(stercobilinogen,l - urobilinogen)和 d -尿胆素原(d - urobilinogen)。这些物质统称为胆素原。在肠道下段,这些无色胆素原接触空气分别被氧化为相应的 d -尿胆素(d - urobilin)、i -尿胆素(i - urobilin)和粪胆素(stercobilin,l - urobilin),这三者合称胆素。胆素呈黄褐色,是粪便的主要色素。胆道完全梗阻时,因胆红素不能排入肠道形成胆素原和胆素,所以粪便呈现灰白色。新生儿的肠道细菌稀少,粪便中未被细菌作用的胆红素使粪便呈现橘黄色。

肠道中生成的胆素原 10%～20% 可被肠黏膜细胞重吸收,经门静脉入肝。其中大部分再随胆汁排入肠道,形成胆素原的肠肝循环(bilinogen enterohepatic circulation)。小部分进入体循环经肾随尿排出,即为尿胆素原(图 16 - 3)。当接触空气后被氧化成尿胆素,成为尿的主要颜色来源。正常人每日随尿排出 0.5～4.0mg 胆素。临床上将尿胆素原、尿胆素、尿胆红素合称尿三胆,是黄疸类型鉴别诊断的常用指标。

(四)影响尿胆素原排泄的因素

影响尿胆素原排泄的因素:进入血液的胆素原约有 80% 与血浆蛋白质结合,仅有小部分可以通过肾小球滤出。在近曲小管可被重吸收一部分,在远曲小管可被排出一部分,尿胆素原的排出量与下列因素有关:①尿液的 pH:酸性尿中,尿胆素原生成不解离的脂溶性分子,易被肾小管重吸收,排出量减少;碱性尿中,尿胆素原解离,水溶性增大,排出量增加;②肝细胞功能:肝细胞功能损伤时,重吸收的胆素原不能有效地进行肠肝循环随胆汁再排出,则逸入体循环的量增加,尿中胆素原的排出量也会增加;③胆红素的生成量:胆红素来源增加时,如溶血,随胆汁排入肠腔的胆红素增加,肠道中形成胆素原增加,重吸收进入体循环,从尿排出的胆素原增加;反之,当胆红素生成量减少时,如贫血、尿胆素原的排出量减少;④胆道梗阻:由于结合胆红素不能顺利排入肠道,肠道中胆素原无法形成,从尿中排出的胆素原明显减少,甚至完全消失。所以导致尿胆素原排泄减少的主要原因是胆道梗阻。

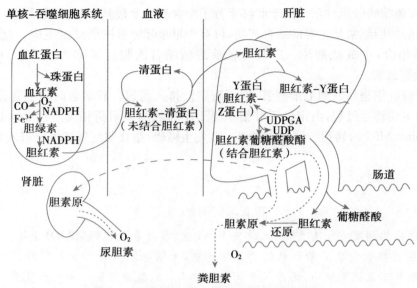

图 16-3　胆红素的生成与胆素原的肠肝循环

二、血清胆红素与黄疸

正常人体中胆红素主要以两种形式存在。一为由肝细胞内质网作用所生成的葡糖醛酸胆红素，这类胆红素称为结合胆红素；二为主要来自单核-吞噬细胞系统中红细胞破坏产生的胆红素，在血浆中主要与清蛋白结合而运输，称为未结合胆红素（或称间接胆红素、游离胆红素）。这两种胆红素的反应性不同，未结合胆红素与一种重氮试剂反应缓慢，必须在加入乙醇后才表现出明显的紫红色；结合胆红素可与重氮试剂作用迅速产生颜色反应。因此，前者又称为间接反应胆红素或间接胆红素，后者称为直接反应胆红素或直接胆红素，两种胆红素理化性质的比较如表 16-5。

表 16-5　两种胆红素理化性质的比较

理化性质	未结合胆红素	结合胆红素
同义名称	间接胆红素、游离胆红素、血胆红素、肝前胆红素	直接胆红素、肝胆红素
与葡糖醛酸结合	未结合	结合
水溶性	小	大
脂溶性	大	小
通过细胞膜的能力及毒性	大	小
能否通过肾小球随尿排出	不能	能
对脑的毒性作用	大	小
与重氮试剂反应	间接阳性	直接阳性

正常人血清胆红素总量小于 17.1μmol/L，其中未结合胆红素约占 4/5，其余为结合胆红素。凡能引起体内胆红素生成过多，或肝细胞对胆红素摄取、转化、排泄过程发生障碍均可引起血清胆红素浓度的升高，称为高胆红素血症（hyperbilirubinemia）。胆红素为橙黄色物质，当血清中胆红素含量过高而引起皮肤、黏膜、大部分组织和内脏器官及某些体液的黄染，这一体征称为黄疸（jaundice）。黄疸的程度取决于血清胆红素的浓度。如血清胆红素浓度<34.2μmol/L(2mg/dl)，肉眼不易观察到皮肤和巩膜的黄染，称为隐性黄疸；当血清胆红素浓度>34.2μmol/L 时，黄染十分明显，称为显性黄疸。根据血清胆红素的来源，可将黄疸分为 3 类，即溶血性黄疸、肝细胞性黄疸和阻塞性黄疸。

1. 溶血性黄疸(hemolytic jaundice) 又称肝前性黄疸(prehepatic jaundice),是由于红细胞在单核-吞噬细胞系统破坏过多,超过肝细胞的摄取、转化和排泄能力,造成血液中未结合胆红素浓度过高。此时,血中结合胆红素的浓度改变不大,重氮试剂反应间接阳性,尿胆红素阴性。由于肝对胆红素的摄取、转化和排泄增多,从肠道吸收的胆素原增多,造成尿胆素原和尿胆素含量增多。某些疾病(如恶性疟疾、过敏等)、药物和输血不当、葡萄糖-6-磷酸脱氢酶缺乏等均可引起溶血性黄疸。

2. 肝细胞性黄疸(hepatocellular jaundice) 又称肝源性黄疸(hepatogenic jaundice),由于肝细胞破坏,其摄取、转化和排泄胆红素的能力降低所致。肝细胞性黄疸时,不仅由于肝细胞摄取胆红素障碍会造成血液未结合胆红素升高,还由于肝细胞的肿胀,毛细血管阻塞或毛细胆管与肝血窦直接相通,使部分结合胆红素反流到血循环,造成血清结合胆红素浓度增高。临床检验可以发现血清重氮试剂反应试验双向阳性。由于结合胆红素能通过肾小球滤过,故尿胆红素阳性。由于肝功能障碍,结合胆红素在肝内减少,粪便颜色可变浅。肝细胞性黄疸常见于肝实质性疾病,如肝炎、肝肿瘤等。

3. 阻塞性黄疸(obstructive jaundice) 又称肝后性黄疸(posthepatic jaundice),各种原因引起的胆汁排泄通道受阻,使胆小管和毛细胆管内压力增大破裂,致使结合胆红素逆流入血,造成血清胆红素升高。实验室检查可发现血清直接胆红素浓度升高,重氮试剂反应直接阳性,血清间接胆红素无明显改变;由于直接胆红素可以从肾排出体外,所以尿胆红素检查阳性,尿的颜色变深,可呈茶叶水色。胆管阻塞使肠道生成胆素减少,尿胆素原降低。完全阻塞的患者粪便因无胆红素而变成灰白色或白陶土色。阻塞性黄疸常见于胆管炎症、肿瘤、结石或先天性胆管闭锁等疾病。

3 种黄疸的鉴别结果如表 16-6。

表 16-6 溶血性黄疸、肝细胞性黄疸及阻塞性黄疸的鉴别

指　　标	参考值	溶血性黄疸	肝细胞性黄疸	阻塞性黄疸
血清胆红素				
浓度	<1mg/dl	>1mg/dl	>1mg/dl	>1mg/dl
结合胆红素	极少	—	↑	↑↑
未结合胆红素	0~0.8mg/dl	↑↑	↑	—
尿三胆				
尿胆红素	—	—	++	++
尿胆素原	少量	↑	不一定	↓
尿胆素	少量	↑	不一定	↓
粪胆素原	40~280mg/24 h	↑	↓或正常	↓或—
粪便颜色	正常	深	变浅或正常	完全阻塞时白陶土色

知识链接

新生儿黄疸与光照疗法

由于新生儿红细胞寿命相对较短,每日生成的胆红素明显高于成人,且肝细胞处理胆红素能力差,肠蠕动性差和肠道菌群尚未完全建立等因素,易使血清胆红素水平处于较高状态,出现黄疸症状。

几乎我国所有足月新生儿都会出现暂时性总胆红素增高。新生儿生理性黄疸可自行消退。足月儿出生后 2~3 天出现黄疸,一般 5~7 天消退,最迟不超过 2 周;早产儿一般出生后

3～5 天出现,7～9 天消退,最长可延迟 3～4 周。

新生儿病理性黄疸一般于出生后 24 小时内出现黄疸症状,或黄疸持续时间延长,或退而复现,或血清总胆红素、血清结合胆红素超过上限值。

光照疗法是治疗新生儿黄疸的常用方法。光照疗法简称光疗,是降低血清未结合胆红素简单而有效的方法。其原理是用蓝色荧光使未结合胆红素光异构化,形成水溶性异构体,可不经肝脏处理,直接经胆汁和尿液排出。光疗可出现发热、腹泻和皮疹的不良反应,但多不严重,可继续光疗。蓝光可分解体内核黄素,并进而降低红细胞谷胱甘肽还原酶活性而加重溶血。因此,光疗时应补充核黄素。

小　结

- ● **肝在物质代谢中的作用**

肝脏是人体中最大的腺体,丰富的血液供应和独特的形态结构使其代谢极为活跃。肝通过肝糖原的合成与分解、糖异生等方式维持血糖浓度稳定。肝在脂质的消化、吸收、运输、分解与合成中均起重要作用。肝将胆固醇转化为胆汁酸,协助脂质的消化、吸收。肝是合成甘油三酯、磷脂和胆固醇的重要器官。肝能合成 VLDL 及 HDL,参与甘油三酯与胆固醇的转运。肝合成与分泌的卵磷脂-胆固醇酰基转移酶(lecithin cholesterol acyl transferase, LCAT),在血浆中将胆固醇转化为胆固醇酯以利运输。同时肝是体内产生酮体的唯一器官,是肝外组织(心、肾、骨骼肌等)供能的原料之一。除 γ-球蛋白外,几乎所有的血浆蛋白质均来自肝。氨主要在肝内经鸟氨酸循环合成尿素而解毒。肝在维生素的吸收、储存和转化方面起着重要作用。肝也是许多激素灭活的场所。

- ● **肝的生物转化作用**

肝通过生物转化作用对内源性和外源性非营养物质进行改造,通常增高其水溶性,降低其毒性,促使其排出体外。肝生物转化作用分两相反应,第一相反应包括氧化、还原和水解反应;第二相反应是结合反应,主要与葡糖醛酸、活性硫酸和乙酰基结合。生物转化反应具有连续性、多样性、解毒和致毒的双重性等特点。生物转化作用常受年龄、性别、营养、疾病、遗传及诱导物等诸多体内、外因素的影响。

- ● **胆汁与胆汁酸**

胆汁是肝细胞分泌的液体,除含胆汁酸和一些酶有助消化作用外,其他多属排泄物。胆汁酸在肝细胞内由胆固醇转化而来,是肝清除体内胆固醇的主要形式。胆固醇 7α-羟化酶是胆汁酸合成的限速酶。肝细胞合成的胆汁酸称为初级胆汁酸,它们在肠道中受细菌作用生成次级胆汁酸。大部分初级胆汁酸与次级胆汁酸经肠肝循环而被再利用,以补充体内合成的不足,满足对脂类消化吸收的生理需要。胆汁酸具有促进脂类的消化吸收以及抑制胆固醇在胆汁中析出沉淀的功能。

- ● **胆红素代谢与黄疸**

胆色素是铁卟啉化合物在体内的主要分解代谢产物,包括胆红素、胆绿素、胆素原和胆素。胆红素在血液中主要与清蛋白结合而运输。在肝细胞内,胆红素被转化成葡糖醛酸-胆红素,后者经胆管排入小肠。在肠道中,葡糖醛酸-胆红素被还原成胆素原后在肠黏膜被重吸收入肝,形成胆素原的肠肝循环。胆红素由于其特殊的空间构象,呈脂溶性,对神经细胞有毒性作用。使血浆胆红素浓度升高的因素均可引起黄疸。临床上常见有溶血性黄疸、肝细胞性黄疸和阻塞性黄疸。各种黄疸均有其独特的生化检查指标。

(王清路)

第十七章
细胞信号转导

本章课件

学习指南

重点

1. 细胞信号转导、第二信使、受体的概念。
2. 受体的分类及各类受体的结构特点。
3. G 蛋白的结构及 G 蛋白循环。
4. 膜受体介导的信号转导途径。

难点

1. 各个信号通路的组成及信息传递机制。
2. G_q - PLC - IP_3/DAG - Ca^{2+} 信号途径。
3. Ras - MAPK 信号途径。

生命体并非独立存在,而是受到周围环境的影响。这种影响进而启动细胞的应答,通过细胞内信号转导途径,产生生物学效应。正如奥地利物理学家薛定谔所言:"生命的基本问题是信息问题。"研究清楚信号转导问题,对生命的本质也会有更深入的认识。

无论单细胞还是多细胞生物,生命体经过了漫长的进化和演变。在此过程中,生物体对外界刺激也产生不同的应答。单细胞生物可以通过与外界直接交换信息而产生应答,形式相对比较简单、直观;而多细胞生物与外界环境的信息交换及细胞间的信息通讯则非常复杂。在多细胞生物体内跨膜信息传递中,细胞之间的信息交换及信号传递主要是通过各种化学信使物质实现的。

第一节 信号转导的相关概念

凡由细胞合成并能传递信息的一类化学物质称为信号分子(signal molecule)。按照作用部位的不同,分为细胞间信号分子和细胞内信号分子。凡是在细胞外或细胞间传递信息,调节靶细胞生命活动的化学物质称为细胞间信号分子,又称为第一信使(first messenger)。而在细胞内传递调控信号的化学物质称为细胞内信号分子,又称为第二信使(secondary messenger)。当胞外信号分子(第一信使)与受体结合后,通过受体的转换,在细胞内产生信号分子(第二信使),将信号进一步传递、放大,最终产生生物学效应。

细胞信号转导(cellular signal transduction)是指信号分子通过与靶细胞膜上或胞内的特异性受体结合,激活特定的信号放大系统,引起蛋白质(酶)分子的构象、功能的改变,从而产生一系列的生理效应。在人体内,信息物质和受体种类繁多,信号传递途径错综复杂,构成一个庞大的网络。如果细胞间信息不能准确有效地传递,机体就可能出现代谢紊乱、疾病甚至死亡。

信号分子根据其存在部位以及作用方式的不同,分为细胞间信号分子和细胞内信号分子两大类。

按不同化学性质,信号分子分为4类。①蛋白质/多肽类:生长因子、胰岛素、细胞因子、趋化因子等小分子量蛋白质;下丘脑和垂体后叶分泌的寡肽或多肽激素如促甲状腺素释放激素、促肾上腺皮质激素释放激素;脑啡肽、内啡肽等神经肽类。这些信号分子往往呈亲水性,不能穿过细胞膜,而是需要与细胞膜上的受体相结合,把信息传入细胞内。②脂类化合物:固醇类化合物,如糖皮质激素、性激素等;磷脂类化合物,如1-磷酸神经酰胺和溶血磷脂;脂类衍生物,如二酰甘油、神经酰胺(Cer)等。这些亲脂性信号分子大多可穿过细胞膜,进入细胞内,形成信号分子-受体复合物,引起生物学效应。③氨基酸类及氨基酸衍生物:氨基酸类,如谷氨酸、甘氨酸;氨基酸衍生物,如 γ-氨基丁酸;胺类,如肾上腺素、去甲肾上腺素、多巴胺等。④其他化合物或小分子:核苷酸衍生物,如环腺苷酸(cAMP)、环鸟苷酸(cGMP);无机离子如 Ca^{2+};脂肪酸衍生物,如前列腺素;活性氧中间体(ROS);气体分子,如 NO、CO、CO_2 等。

一、细胞间信号分子

细胞间信息物质可经血液、淋巴液以及突触等传递,按照作用方式及传输距离,可分为4种类型(图 17-1)。

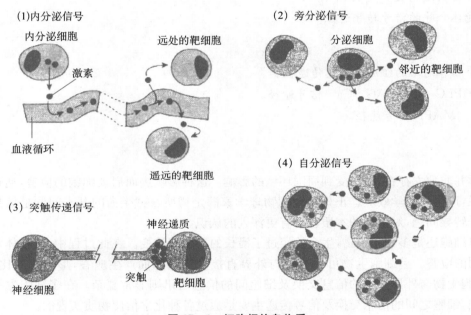

图 17-1 细胞间信息物质

1. **内分泌(endocrine)信号(激素)** 是由特殊分化细胞(内分泌腺或内分泌细胞)合成并分泌的化学信号分子,经血液循环系统到达全身各组织,作用于远距离的靶细胞。

其特点是:①低浓度,浓度仅为 $10^{-12} \sim 10^{-8}$ mol/L;②全身性,随血液流经全身,但只能与特定的受体结合而发挥作用;③长时效,激素产生后经过漫长的运送过程才起作用,而且血流中微量的激素就足以维持长久的作用。

按照化学本质的不同,可将激素分为四大类:①类固醇衍生物类,如肾上腺皮质激素、性激素等;②氨基酸衍生物类,如甲状腺激素、儿茶酚胺类激素;③多肽和蛋白质类,如胰岛素、胰高血糖素、下丘脑激素、垂体激素等;④脂肪酸衍生物类,如前列腺素等。

2. **旁分泌(paracrine)信号(局部化学介质)** 机体内一些细胞可分泌一种或数种化学物质,如细胞因子、生长因子、气体分子(如 CO、NO)等,可通过组织液或细胞间液的运输及扩散,作用到邻近的靶细胞,产生特定的生理效应。

其特点是:这些信号分子大多由体内某些普通细胞分泌;不进入血液循环,而是通过扩散作用到达附近的靶细胞;一般作用时间较短。

3. 突触传递信号(神经递质) 是在神经末梢动作电位作用下,突触前膜释放的一种化学信号分子。

其特点是:由神经元细胞分泌;通过突触间隙到达下一个神经细胞;作用时间较短。

4. 自分泌(autocrine)信号 细胞分泌后作用于自身的化学信号,如一些肿瘤细胞分泌的生长因子。这种信号分子由细胞分泌至细胞间隙,对同种细胞或分泌细胞自身起调节作用。

二、细胞内信号分子和转导系统

前已述及,在细胞内传递外源性信息的小分子化合物称为第二信使,包括无机离子(如 Ca^{2+})、脂质及衍生物[如二酰甘油(DAG)、肌醇三磷酸(IP$_3$)神经酰胺(Cer)]、环核苷酸(如 cAMP、cGMP)、气体分子[如一氧化氮(NO)、一氧化碳(CO)]等。

负责细胞核内外信息传递的一类核蛋白可称为第三信使,是一类与靶基因特异性序列结合的核蛋白,能调节基因的转录,属于 DNA 结合蛋白。

细胞外的第一信使,如神经递质、激素、营养因子、细胞因子、生长因子等,识别、结合并激活位于细胞膜上或细胞内特异的受体,进而产生细胞内的第二信使,通过酶促级联反应改变细胞内有关酶的活性、细胞膜离子通道状态及调控细胞核内基因的转录,从而调节细胞的生理活动(图 17-2)。可以看出,细胞间信号传导需要 3 个元件:①细胞外分子信号:将胞外信号从一个细胞传到另一个细胞;②受体:用于转导细胞外信号;③效应器:介导和产生生物学效应。所有信号分子在完成信息传递后,必须立即灭活。通常细胞通过酶促降解、代谢转化或细胞摄取等方式灭活信号分子。

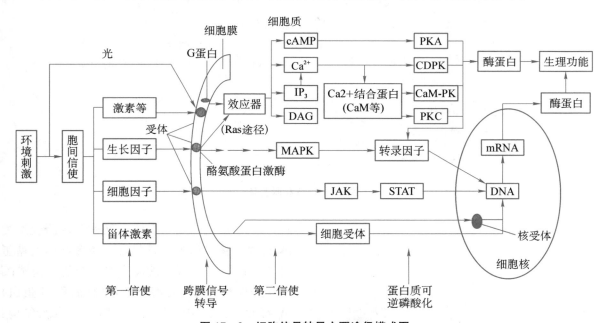

图 17-2 细胞信号转导主要途径模式图

第二节 信号转导的受体

一、受体的概念

受体(receptor)是指细胞膜上或细胞内能够被配体(如神经递质、激素、细胞因子)所识别,并与之特异结合而产生生物学效应的蛋白质,少数为糖脂。配体(ligand)则是能与受体呈特异性结合的生物活性分子,细胞间信息物质就是一类最常见的配体,此外某些药物、维生素和毒物也可作为配体而发挥作用。

二、受体的分类、结构及功能

根据存在部位的不同,受体可分为两大类:细胞膜受体和细胞内受体。细胞膜受体主要是结合蛋白,很多膜受体与糖链结合形成糖蛋白。细胞内受体则位于细胞质或细胞核中,多为转录因子。

(一) 细胞膜受体

按受体的结构、功能及转导机制的不同,可将膜受体分为 3 类(图 17 - 3):①G 蛋白耦联型受体(G - protein coupled receptor,GPCR);②单次跨膜受体(催化型受体和酶耦联型受体)(single - transmembrane receptor,STR);③离子通道型受体(ion channel linked receptor,ICLR)。

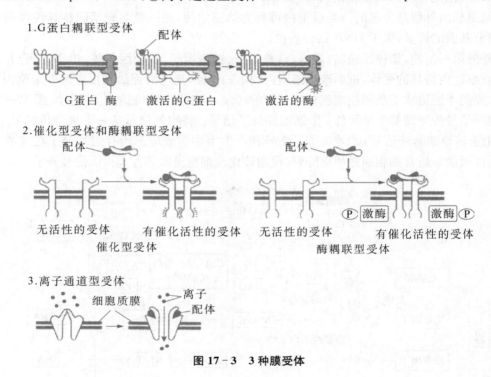

图 17 - 3　3 种膜受体

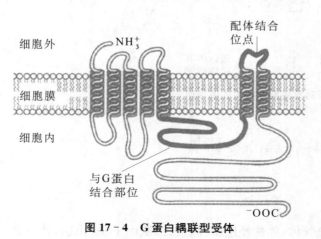

图 17 - 4　G 蛋白耦联型受体

1. G 蛋白耦联型受体　又称 7 次跨膜型受体、蛇型受体。该受体是只含一条多肽链的糖蛋白,N -端在外,形成与配体直接结合的结构域;C -端在内,形成与鸟苷酸结合蛋白(简称 G 蛋白)结合的结构域。中段形成 7 个跨膜 α-螺旋结构、3 个细胞外环及 3 个细胞内环(图 17 - 4)。这类受体的特点是其胞内第 3 个环能与 G 蛋白耦联,从而影响腺苷酸环化酶(adenylate cyclase,AC)或磷脂酶 C(phosph - olipase C,PLC)等的活性,进而在细胞内催化生成第二信使。此类受体分布极广,主要参与细胞物质代谢的调节和基因转录的调控。

　　G 蛋白是一类能与 GTP 或 GDP 相结合、位于细胞膜胞质面的外周蛋白,由 α、β 和 γ 三个亚基组成。G 蛋白有两种构象,以 αβγ 三聚体形式与 GDP 结合者为非活化型,α 亚基与 βγ 二聚体解聚并与 GTP 结合者为活化型,这两种构象在一定条件下可以互变。当受体与配体结合后,受体构象改变,并影响与受体耦联的 G 蛋白的构象,G 蛋白三聚体解开(α 亚基与 βγ 二聚体解聚),GTP 置换 GDP,使 G 蛋白活化,从而将信息由受体传递给下游的效应分子。α 亚基还具有内在 GTP 酶活性,可水解 GTP 形成 GDP。然后 α 亚基重新与 βγ 亚基二聚体结合形成无活性的三聚体,这一过程称为 G 蛋白循环(G protein cycle)(图 17-5)。

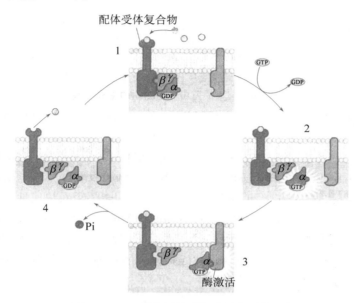

图 17-5　G 蛋白活化型与非活化型的互变

1. 配体与受体结合,信号传递至 G 蛋白;2. G 蛋白 α 亚基与 GTP 结合,同时与 βγ 二聚体分离,G 蛋白活化;3. 活化的 G 蛋白激活下游效应分子;4. α 亚基水解 GTP 为 GDP,与 βγ 亚基结合,G 蛋白恢复无活性状态

　　G 蛋白有许多种,其中 βγ 亚基非常相似,而 α 亚基不同,从而使各种 G 蛋白的功能也不同。常见的如激动型 G 蛋白(stimulatory G protein,Gs)又称为霍乱毒素敏感型 G 蛋白、抑制型 G 蛋白(inhibitory G protein,Gi)又称为百日咳毒素敏感型 G 蛋白和磷脂酰肌醇特异性磷脂酶 C 型 G 蛋白(PI-PLC G protein,Gq)等。霍乱毒素能抑制 Gs 的 GTP 酶活性而持续激活腺苷酸环化酶,百日咳毒素则能抑制 Gi 的活化而解除腺苷酸环化酶的抑制作用。

　　2. 单次跨膜受体　这类受体多为单次跨膜的糖蛋白,且只有一个跨膜螺旋结构,分为酶耦联型受体(enzyme-linked receptor)和催化型受体(catalytic receptor)两类。

　　具有内在酶活性的受体称为催化型受体。例如胰岛素受体表皮生长因子受体等酪氨酸蛋白激酶型受体,它们与配体结合后即具有蛋白激酶活性,既可使受体自身磷酸化,又可催化底物蛋白的特定氨基酸残基(如酪氨酸)磷酸化。酪氨酸蛋白激酶型受体细胞外区一般有 500～850 个氨基酸残基,形成与配体结合的结构域,有的含与免疫球蛋白同源的结构,有的区段富含半胱氨酸;跨膜区由 22～26 个氨基酸残基构成一个 α-螺旋,高度疏水;细胞内区包括近膜区和功能区,蛋白激酶功能区位于 C-端,可结合 ATP 及底物(图 17-6)。酪氨酸蛋白激酶型受体与细胞的增殖、分化、分裂及癌变有关。

　　酶耦联型受体中以酪氨酸激酶耦联型受体最常见,受体本身无催化活性,但它能直接与具有酪氨酸蛋白激酶活性的胞质蛋白耦联。与配体结合后,受体的单体发生聚合,然后与一个或多个胞质内蛋白激酶结合并激活其酶活性,白细胞介素受体、干扰素受体即属于此类。

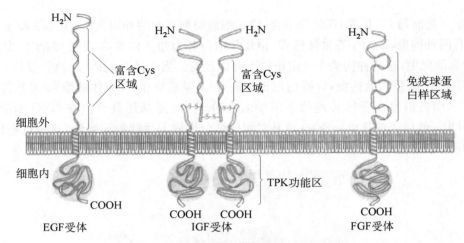

图 17-6 酪氨酸蛋白激酶受体的主要类型

EGF：表皮生长因子；IGF：胰岛素样生长因子；FGF：成纤维细胞生长因子；TPK：酪氨酸蛋白激酶

3. 离子通道型受体　该类受体是由多个亚基组成的受体-离子通道复合体，本身既有配体结合位点又含离子通道，属于配体依赖性离子通道，又称配体门控离子通道（ligand-gated ion channel），配体主要是神经递质、神经肽等。当神经递质与这类受体结合后能短暂而快速地打开或关闭离子通道，从而改变某些离子的通透性。例如，位于神经元或骨骼肌细胞的烟碱型乙酰胆碱（nAch）受体由 5 个跨膜亚基 α_2、β、γ、δ 组成，在细胞膜上构成环形的离子通道（图 17-7A）。当两分子的乙酰胆碱与该受体结合后，通道开放，引起 Na^+ 内流，造成膜的去极化（图 17-7B）；1 毫秒之后通道关闭，接着乙酰胆碱与受体分离，而后被胆碱酯酶水解。

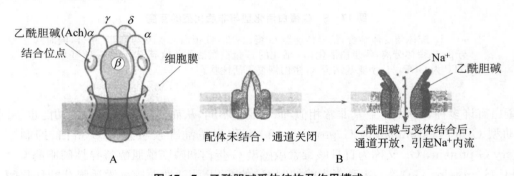

图 17-7 乙酰胆碱受体结构及作用模式

A. 离子通道；B. 结合作用

（二）细胞内受体

存在于细胞质内或细胞核内的胞内受体通常由 400～1000 个氨基酸残基组成，可与亲脂性的类固醇激素、甲状腺激素、维生素 D_3 和视黄酸等信号分子结合。胞内受体多为反式作用因子，当与相应配体结合后，能与 DNA 的顺式作用元件结合，调节基因转录。胞内受体包括 4 个区域。

1. 高度可变区　位于 N-端，长度不一，含 25～603 个氨基酸残基，具有转录激活作用。

2. DNA 结合区　含有 66～68 个氨基酸残基，富含半胱氨酸及锌指结构。平时此区与抑制蛋白结合形成复合物；当受体与信号分子结合后，构象发生变化，抑制蛋白脱落，暴露出 DNA 结合区；转移入细胞核内与特定 DNA 部位结合，调控转录活性（图 17-8）。

3. 铰链区　为一短序列，位于 DNA 结合区和激素结合区之间，可能有与转录因子相互作用和触发受体向核内移动的功能。

4. 激素结合区 位于 C-端,由 220~250 个氨基酸残基构成,其作用包括:①与配体结合;②与热休克蛋白结合;③使受体二聚化;④激活转录。

三、受体的作用特点及活性调节

(一) 受体的作用特点

1. 高度亲和力 体内信号分子的浓度非常低,通常 $\leqslant 10^{-8}$ mol/L,但却具有显著的生物学效应,表明二者具有高度亲和力。

2. 高度特异性 受体只能选择性与相应的信号分子(配体)结合,这种选择性是通过反应基团的定位和分子构象的相互契合来实现的。此外,信号分子与受体结合所引起的效应通常具有组织特异性,这主要取决于受体分布及不同细胞中受体所耦联的信息传递途径的差异。

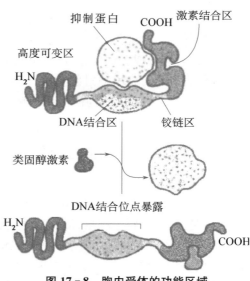

图 17-8 胞内受体的功能区域

3. 可逆性 受体与信号分子(配体)通常以非共价键可逆地结合在一起,既可以结合也可以解离。当生物学效应发生后,信号分子即与受体解离。受体可恢复到原来的状态,并再次接收配体信息,而信号分子通常被立即灭活。

4. 可饱和性 在一定条件下,存在于靶细胞表面或细胞内的受体数目是一定的。当信号分子浓度很高时,受体与信号分子的结合已处于饱和状态。此时即使继续升高信号分子的浓度,也不会显著提高受体的结合率,生物学效应也不会再增加。

5. 可调节性 细胞受体的数量、受体与配体的亲和力等可受一些因素的影响。某些因素使靶细胞受体的数量减少、与配体的亲和力降低,细胞对该信号反应钝化,发生脱敏作用;反之,细胞对该信号反应敏感,发生超敏作用。

6. 特定的作用模式 是指受体的分布和含量具有组织和细胞特异性,并呈现特定的作用模式,受体与配体结合后可引起某种特定的生理效应。

(二) 受体的活性调节

靶细胞表面或细胞内的受体数目以及受体对配体的亲和力是可以调节的。如果某种因素引起靶细胞受体数目增加或亲和力增强,称为受体上调(up-regulation);反之,则称为受体下调(down-regulation)。受体上调可增强靶细胞对信号分子的敏感性(超敏),而受体下调则降低靶细胞对信号分子的反应敏感度(脱敏)。调节受体活性常见的机制如下:

1. 磷酸化和去磷酸化 受体磷酸化和去磷酸化在许多受体的功能调节上起重要作用。如胰岛素受体和表皮生长因子受体的酪氨酸残基被磷酸化后,能促进受体上调。

2. 膜磷脂代谢的影响 膜磷脂在维持膜流动性和膜受体蛋白活性中起重要作用。例如,质膜的磷脂酰乙醇胺被甲基化转变为磷脂酰胆碱后,可明显增加肾上腺素能 β 受体激活腺苷酸环化酶的能力。

3. G 蛋白的调节 G 蛋白可在多种活化受体与腺苷酸环化酶之间起耦联作用,当一受体系统被激活而使 cAMP 水平升高时,就会降低同一细胞受体对配体的亲和力。

4. 酶促水解作用 有些胞膜受体在与配体结合后会进入细胞质,随后被溶酶体降解。

第三节 信号转导途径

由细胞内若干信号转导分子所构成的级联反应系统被称为信号转导途径(signal transduction

pathway)。生物体内信号转导途径有多种,主要分为两大类:膜受体途径和胞内受体途径。细胞膜是信号转导的主要屏障,大多数胞外信息分子不能进入细胞,而是通过与靶细胞上的特异受体结合产生的第二信使,生成胞内信息分子,引起细胞内一系列改变,迅速传递信息,最终调节细胞功能。脂溶性胞外信息分子可自由通过细胞膜与胞内受体结合,经调节基因表达进而产生相应的生物学效应。细胞信号转导途径错综复杂,相互影响,介导细胞功能调节,保证生命活动的维持及细胞内环境的稳定。

一、膜受体介导的信号转导途径

(一) cAMP–PKA 途径

该途径以靶细胞内环腺苷酸(cAMP)浓度改变和激活蛋白激酶 A (protein kinase A, PKA)为主要特征,是激素(如肾上腺素、促肾上腺皮质激素及胰高血糖素等)调节物质代谢的主要途径。

1. cAMP 的合成与分解   cAMP 是最早发现的第二信使之一,最初发现它与肾上腺素所致的糖原磷酸化酶活性增高有关,后来发现它广泛存在于各种细胞,是一种重要的第二信使。cAMP 的合成由腺苷酸环化酶(AC)催化。AC 催化 ATP 脱去一分子焦磷酸,形成 cAMP 分子。正常细胞内 cAMP 的平均浓度为 10^{-6} mol/L,由信号分子诱导所产生的 cAMP 在正常情况下很快受细胞内的磷酸二酯酶(phosphodiesterase, PDE)的催化降解成 $5'$-AMP 而失活。一些激素或药物可影响 PDE 的活性,如胰岛素可激活 PDE 使 cAMP 浓度降低,而茶碱则可抑制 PDE 的活性而使 cAMP 浓度升高。

$$ATP \xrightarrow[PPi]{Ac} cAMP \xrightarrow{PDE} 5'\text{-}AMP$$

2. cAMP 的作用机制   cAMP 的下游效应分子主要是 PKA,cAMP 可以作为该激酶的变构激活剂,使无活性的 PKA 转变为有活性的 PKA。PKA 是一种由 4 个亚基(C_2R_2)组成的变构酶,其中 C 为催化亚基,R 为调节亚基,每个调节亚基上有 2 个 cAMP 结合位点。当调节亚基与催化亚基结合时,PKA 无活性。当 4 分子 cAMP 与 2 个调节亚基结合后,调节亚基脱落,游离的催化亚基才具有蛋白激酶活性,可催化底物蛋白质中的丝氨酸/苏氨酸残基的磷酸化(图 17-9)。

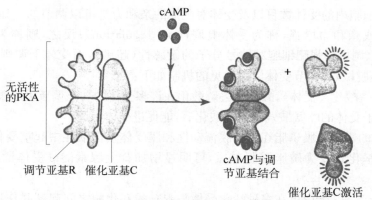

图 17-9 蛋白激酶 A(PKA)的激活

3. PKA 的作用   PKA 是一种丝氨酸/苏氨酸蛋白激酶。PKA 被 cAMP 激活后,能在 ATP 存在的情况下使许多蛋白质特定的丝氨酸残基和(或)苏氨酸残基磷酸化,从而调节细胞的物质代谢和基因表达。

(1)对代谢的调节作用:PKA 通过调节限速酶的活性对物质代谢发挥调节作用。如肾上腺素与细胞膜上的激动型 G 蛋白质耦联受体结合后,可通过激动型 G 蛋白使 AC 活化,催化 ATP 生成

cAMP,后者进一步激活 PKA。PKA 可使无活性的磷酸化酶激酶 b 磷酸化而转变成具有活性的磷酸化酶激酶 a,后者催化无活性的肝糖原磷酸化酶 b 磷酸化而成为有活性的肝糖原磷酸化酶 a。具有强大作用的肝糖原磷酸化酶 a 可迅速促使肝糖原分解,引起血糖升高(图 17-10)。此外,PKA 也可使有活性的糖原合酶的特定丝氨酸/苏氨酸磷酸化而失活,抑制糖原合成,也有助于升高血糖。

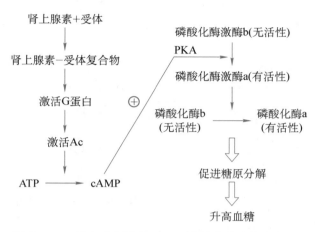

图 17-10 肾上腺素通过 PKA 调节糖原磷酸化酶的活性

(2) 对基因表达的调节作用:在基因的转录调控区中有一类 cAMP 应答元件(cAMP response element,CRE),它可与 cAMP 应答元件结合蛋白(cAMP response element binding protein,CREB)相互作用而调节相关基因的转录。当 PKA 的催化亚基进入细胞核后,可催化 CREB 中特定的丝氨酸和(或)苏氨酸残基磷酸化。磷酸化的 CERB 形成同源二聚体,与 DNA 上的 CRE 结合,从而激活 CRE 调控的基因转录(图 17-11)。

(二) cGMP-PKG 途径

1. cGMP 的合成与分解 cGMP 广泛存在于各组织中,其含量为 cAMP 的 1/100~1/10。它由 GTP 在鸟苷酸环化酶(guanylate cyclase,GC)的催化下脱去焦磷酸并环化而生成,cGMP 经 cGMP 特异的磷酸二酯酶催化降解为 5′-GMP 而失活。

2. GC 的结构和功能 鸟苷酸环化酶(GC)有两种类型:一种为膜结合型 GC,另一种为胞质可溶型 GC。膜结合型 GC 是一单体跨膜蛋白,它由胞外段的受体结构域、胞内段的蛋白激酶结构域及靠近羧基端的催化结构域(生成 cGMP 的部位)组成(图 17-12)。这类受体存在于小肠黏膜、心血管、精子、视网膜杆状细胞等的细胞膜上,可作为心钠素(ANP)、鸟苷酸、内毒素等信号分子的受体。胞质可溶型 GC 存在于肺、肝、大脑等细胞的胞质中,为 NO 的受体。

3. PKG 的作用 PKG 又称 cGMP 依赖的蛋白激

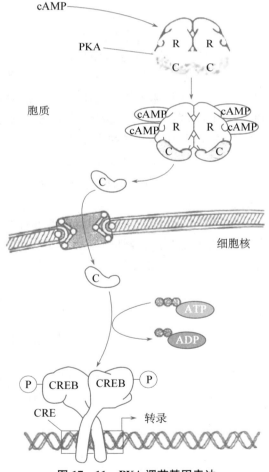

图 17-11 PKA 调节基因表达

R:PKA 的调节亚基;C:PKA 的催化亚基

酶,属于丝氨酸/苏氨酸蛋白激酶类。其分子中存在两个串联排列的 cGMP 结合位点。cGMP 可激活 PKG,从而催化有关蛋白或酶类的丝氨酸/苏氨酸残基磷酸化,产生相应生物学效应(图 17 - 13)。PKG 可介导心钠素、NO、硝酸甘油等引起血管平滑肌张力性舒张,也可在神经系统的信号传递过程中发挥作用。

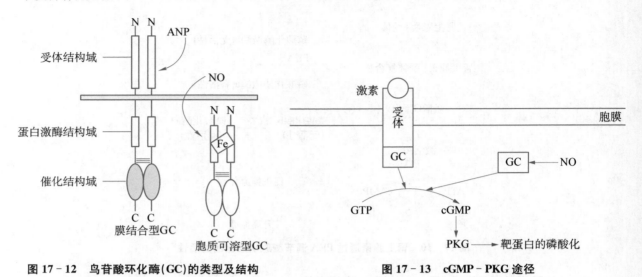

图 17 - 12 鸟苷酸环化酶(GC)的类型及结构	图 17 - 13 cGMP - PKG 途径

(三) Ca²⁺ 依赖性蛋白激酶途径

Ca^{2+} 是细胞内一种重要的第二信使,可参与许多生命活动,如细胞的收缩、运动、分泌和分裂等。胞质内 Ca^{2+} 浓度为 $0.01\sim1\mu mol/L$,比细胞外液中 Ca^{2+} 浓度(约 $2.5mmol/L$)低得多。细胞的肌浆网、内质网和线粒体可作为细胞内 Ca^{2+} 的储存库。当细胞外液的 Ca^{2+} 通过钙通道进入细胞内,或者细胞器内储存的 Ca^{2+} 释放到胞质时,都会使胞质内 Ca^{2+} 浓度急剧升高,随之引起某些酶活性和蛋白功能的改变,从而调节各种生命活动。

1. Ca^{2+}-磷脂依赖性蛋白激酶途径 一些甘油磷脂如三磷酸肌醇(肌醇- 1,4,5 三磷酸,inositol triphosphate,IP_3)和二酰甘油(diacylglycerol,DAG)在 Ca^{2+} 的协助下可激活蛋白激酶 C,调节细胞内的多种反应。

(1) DAG 和 IP_3 的生成:当激素或神经递质等与靶细胞膜上的特异性受体结合后,可通过 Gq 蛋白激活磷脂酰肌醇特异性磷脂酶 C(PI - PLC),PI - PLC 则水解膜组分——磷脂酰肌醇 4,5 -二磷酸(PIP_2)而生成 IP_3 和 DAG(图 17 - 14)。IP_3 和 DAG 是重要的第二信使。

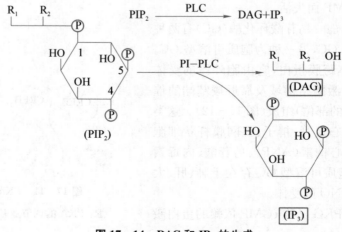

图 17 - 14 DAG 和 IP_3 的生成

IP$_3$ 系水溶性小分子,可从膜扩散至胞质,然后与内质网或肌浆网上的 IP$_3$ 受体结合,引起受体蛋白变构,造成钙通道开放,促使这些钙储库内的 Ca^{2+} 释放,胞质内的 Ca^{2+} 浓度迅速升高。而 Ca^{2+} 能与胞质内蛋白激酶 C(protein kinase C, PKC)结合并聚集至质膜。DAG 具有两条疏水的脂肪链,属于脂溶性分子,生成后仍然留在细胞膜上,在磷脂酰丝氨酸(PS)和 Ca^{2+} 的共同协助下可激活 PKC(图 17 – 15)。

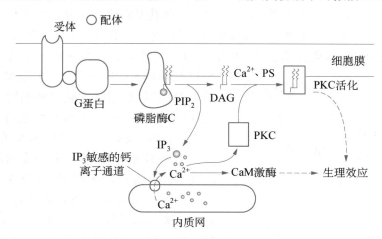

图 17 – 15　Ca^{2+}-磷脂依赖性蛋白激酶途径

(2) PKC 的结构与功能:IP$_3$、DAG 及 Ca^{2+} 等第二信使的一个重要效应分子是 PKC。PKC 广泛存在于机体的各组织细胞内。它由一条多肽链组成,含一个催化结构域和一个调节结构域。调节结构域常与催化结构域的活性中心部分贴近或嵌合,一旦 PKC 的调节结构域与 DAG、磷脂酰丝氨酸(PS)和 Ca^{2+} 结合,PKC 即发生构象改变而暴露出活性中心。

目前已发现 PKC 有 12 种同工酶。各种同工酶的结构及组织分布各不相同,对信号分子等辅助因子的要求亦有差异,对底物也具有选择性。PKC 可参与调节机体的代谢、基因表达、细胞分化和增殖等。

1) 对代谢的调节作用:PKC 被激活后可引起膜受体、膜蛋白和多种酶等靶蛋白上的丝氨酸和(或)苏氨酸残基发生磷酸化反应,启动一系列生理、生化反应。例如 PKC 能催化质膜的 Ca^{2+} 通道磷酸化,促进 Ca^{2+} 内流。此外,PKC 也能催化如糖原合酶等代谢途径中的关键酶发生磷酸化,从而调节代谢。

2) 对基因表达的调节作用:PKC 可通过级联效应磷酸化某些转录因子从而调节结构基因的转录活性。

2. Ca^{2+}-钙调蛋白依赖性途径(Ca^{2+} – CaM 途径)　钙调蛋白(calmodulin,CaM)是一种特异的 Ca^{2+} 结合蛋白,几乎存在于所有的真核细胞中。CaM 由 148 个氨基酸残基组成,因富含酸性氨基酸而极易结合 Ca^{2+}。CaM 分子上有 4 个 Ca^{2+} 结合位点,Ca^{2+} 与 CaM 结合后,可引起 CaM 构象改变而激活 Ca^{2+}-钙调蛋白依赖性蛋白激酶(Ca^{2+} – CaM – PK),进而引发一系列生理效应(如收缩运动、物质代谢、细胞分泌等)。

(四) 生长因子、细胞因子信号转导途径

生长因子及细胞因子往往借助于酪氨酸蛋白激酶途径进行信号转导。酪氨酸蛋白激酶(TPK)作用于靶蛋白中的酪氨酸残基使之磷酸化,从而参与调节细胞的生长、增殖和分化,与肿瘤的发生也有密切的关系。

细胞中的 TPK 包括两大类:一类位于细胞膜上,为受体型 TPK,又称催化型受体,如胰岛素受体、表皮生长因子受体、血小板源性生长因子受体等,这些受体的胞内区具有 TPK 活性,可直接使靶蛋白发生磷酸化。另一类位于细胞质中、为非受体型 TPK,如多数细胞因子受体。它们的胞内区本身并无 TPK 活性,但可与 JAK(just another kinase,另一类激酶)、Src 等胞内的其他 TPK 耦联而使靶蛋白发生磷酸化。近年来发现核内也存在 TPK,这对于信号在核内的传递有重要意义。

受体型 TPK 和非受体型 TPK 都能使靶蛋白的酪氨酸残基磷酸化，但它们的信号转导有所不同。

1. 受体型 TPK‑Ras‑MAPK 途径　受体型酪氨酸蛋白激酶（receptor tyrosine kinase，RTK）结合信号分子后，形成二聚体而活化，并发生自身磷酸化。活化的 RTK 可激活 Ras，由活化的 Ras 引起蛋白激酶的磷酸化级联反应。

Ras 蛋白是癌基因 *ras* 的表达产物，由 190 个氨基酸残基组成的小分子单体 GTP 结合蛋白，具有较弱的 GTPase 活性，分布于质膜胞质一侧，结合 GTP 时为活化状态，而结合 GDP 时为失活状态。Ras 不能直接和受体结合，需要接头蛋白（如生长因子受体结合蛋白 Grb2）的连接，接头蛋白通过 SH2 结构域与受体的磷酸化酪氨酸残基结合，再通过 SH3 结构域（识别富含脯氨酸的特定序列）与鸟苷酸交换因子 SOS 结合，SOS 与膜上的 Ras 接触，SOS 促进 Ras 脱掉 GDP 结合 GTP，从而活化 Ras。

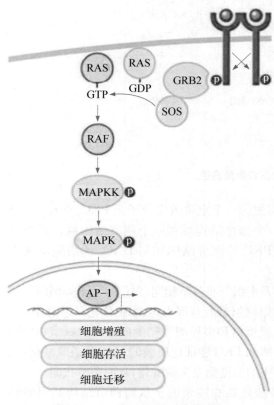

图 17‑16　Ras‑MAPK 信号途径

MAPK 是一类丝/苏氨酸蛋白激酶，目前发现三大类家族成员，分别是细胞外调节蛋白激酶（extracellular signal-regulated kinase，ERK）家族、Jun 氨基末端激酶（Jun N-terminal kinase，JNK）家族、p38 家族。不同 MAPK 与特异的 MAPK 激酶（MAPKK）及 MAPKK 激酶（MAPKKK），形成保守的三级酶促级联反应（MAPKKK → MAPKK → MAPK）。当外界信号如生长因子、有丝分裂原等与受体结合后，激活受体酪氨酸激酶活性，通过下游衔接蛋白将信号传递给 Ras，Ras 由 GDP 结合型转变为 GTP 结合型而活化，激活下游 Raf（即 MAPKKK 家族成员），活化的 Raf 使 MEK1/2（即 MAPKK 家族成员）上的丝氨酸位点磷酸化而激活，后者磷酸化 ERK1/2（即 MAPK 家族成员）上的苏氨酸和酪氨酸残基并使其激活，活化的 ERK1/2 进一步激活核转录因子或者胞质蛋白而产生一系列的变化，参与细胞的增殖和存活（图 17‑16）。

2. JAK‑STAT 途径　一部分生长因子、大部分激素和细胞因子如干扰素（IFN）、生长激素（GH）、红细胞生成素（EPO）、粒细胞集落刺激因子（G‑CSF）、白细胞介素‑2（IL‑2）、白细胞介素‑6（IL‑6）等，其受体本身缺乏 TPK 活性，但能借助细胞内存在的 TPK（如 Janus kinase，JAK 等），磷酸化并活化下游转录因子 STAT（signal transducer and activator of transcription），调节基因转录，发挥生物学效应。

（五）NF‑κB 途径

核因子 κB（nuclear factor‑κB，NF‑κB）是一类分布广泛且有重要作用的真核细胞转录因子，它由 P50 和 P65 蛋白亚基组成同源或异源二聚体，其中异源二聚体活性较强。

在静息细胞的胞质中，NF‑κB 与抑制蛋白 κB（inhibitor‑κB，I‑κB）结合而呈无活性状态。而且由于 NF‑κB 的核定位序列（入核信号）被覆盖，使 NF‑κB 滞留在胞质中。当 TNFα 与细胞膜上相应受体结合后，受体活化，然后通过第二信使神经酰胺（ceramide，Cer）激活 NF‑κB 系统。NF‑κB 系统的激活是通过 I‑κB 激酶（I‑κB kinase，IKK）使 I‑κB 磷酸化，磷酸化的 I‑κB 因其构象改变而与 NF‑κB 分离，使 NF‑κB 得以活化。活化的 NF‑κB 进入细胞核内与 DNA 结合，发挥转录调控作用（图 17‑17）。

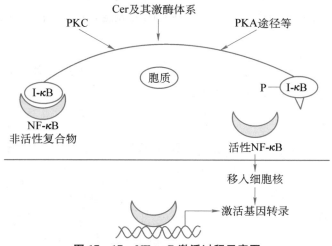

图 17 - 17　NF - κB 激活过程示意图

知识链接

蛋白酪氨酸激酶小分子抑制剂在肿瘤治疗中的应用

蛋白酪氨酸激酶信号通路的异常激活与肿瘤的转移、侵袭和新生血管的生成等密切相关。以蛋白酪氨酸激酶信号通路成员作为靶点的药物研究取得突破性进展。

甲磺酸伊马替尼（商品名：格列卫）是用于治疗慢性粒细胞白血病（chronic myeloid leukemia，CML）的特效药，临床主要用于治疗慢性期、加速期或急变期费城染色体阳性（Ph^+）的 CML。费城染色体即 9 号染色体长臂上的 $c - abl$ 原癌基因（编码酪氨酸激酶）易位至 22 号染色体长臂的断裂点簇集区（break point cluster，BCR），形成 $BCR - ABL$ 融合基因。BCR/ABL 融合蛋白具有高度酪氨酸激酶活性，可激活多种信号转导途径（例如 RAS/MAPK、PI3K - AKT、NF - κB、JAK - STAT 等），使细胞在无生长因子情况下仍可启动增殖，最终导致 CML。格列卫作为蛋白酪氨酸激酶小分子抑制剂，主要通过阻断 BCR/ABL 融合蛋白的激酶活性，抑制 Ph^+ 白血病细胞的增殖，促进其凋亡而发挥治疗作用。

2018 年，我国已有 19 个省市相继将格列卫纳入医保，使格列卫由"天价药"成为用得起的"百姓药"，极大地缓解了患者的用药需求。

二、细胞内受体信号途径

目前已知通过细胞内受体传递信息的信号分子包括甲状腺激素（T_3 及 T_4）、视黄酸类及类固醇激素如糖皮质激素、盐皮质激素、雄激素、雌激素、孕激素、1,25 -二羟维生素 D_3 等，上述激素除甲状腺素外均为类固醇化合物。细胞内受体又有核内受体和胞质内受体之分，如雄激素、雌激素和甲状腺激素受体位于细胞核内，而糖皮质激素受体位于胞质中。

一般来说，甲状腺激素或类固醇激素进入细胞内，与相应的胞质内受体或核内受体结合，导致受体构象改变，形成激素-受体复合物。该复合物可作为转录因子与 DNA 上特异的顺式作用元件相结合，从而调节相关基因的表达（图 17 - 18）。

如甲状腺激素进入靶细胞后，能与细胞核内的受体结合，甲状腺激素-受体复合物可与 DNA 上的甲状腺激素反应元件(TRE)结合,调节许多基因的表达。此外,在肾、肝、心及肌肉的线粒体内膜上也存在甲状腺激素受体,结合后能促进线粒体内某些基因的表达,可能与甲状腺激素能加速氧化磷酸化有关。

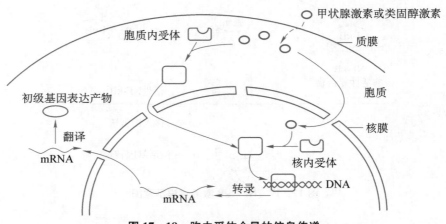

图 17-18　胞内受体介导的信息传递

细胞信号转导过程涉及一系列信号分子及信号通路,它们之间相互联系又相互交叉,形成了一个复杂而有序的网络。一种信号可同时激活几种不同的信号通路,而不同的信号由于转导过程的交叉整合最终产生相同或相似的生物学效应。因此,信号转导通路之间存在着明显的信息交流(cross talk)。全面系统地阐明信号转导通路有助于对某些疾病发病机制的深入认识,有助于寻找药物新靶点以治疗相关疾病,因此这是一项艰巨而又重要的任务,值得深入探究。

第四节　细胞信号转导与医药学

随着人类基因组计划的完成以及后基因组时代的到来,细胞信号转导机制的研究逐渐成为生命科学领域的研究热点。阐明细胞信号转导机制在医药学发展中的意义主要体现在以下两个方面:一是对疾病发病机制的深入认识;二是为新的诊疗技术和药物研发提供靶点。细胞信号转导的异常往往是多种疾病发生的分子基础,胞外信号分子、受体、传递途径等每个环节都成为导致疾病发生的重要因素。当然,与疾病相关的信号转导异常是多种形式的,目前的研究也还比较有限,本节仅作初步探讨。

一、细胞信号转导异常与疾病

（一）受体异常与疾病

1. 受体数目与结构的改变　因受体多为蛋白质,在自身的翻译、转运等过程中易受环境因素的影响,引起受体数目的增加或减少;也可能存在由于结构异常而出现不能有效与配体结合等情况。这两种情况多与基因突变有关,如细胞表皮生长因子受体活性过强或者水平过高可能引起肿瘤的发生和发展。

2. 自身免疫性受体病　是因为机体产生以对抗自身受体的抗体,经由免疫反应引起的疾病。如重症肌无力症发生和发展的重要原因有抗 N-胆碱受体抗体水平升高和 N-胆碱受体减少。

3. 继发性受体异常　是指与受体因素无关的病理原因导致的受体异常。这种情况通常表现在受体数量的异常和(或)受体的亲和力异常两方面。

（二）G 蛋白异常与疾病

1. 霍乱　因霍乱毒素引发 G 蛋白发生化学修饰所导致。即霍乱毒素具有 ADP-核糖转移酶活性,催化 Gs 的 α 亚基 ADP-核糖基化,使 α 亚基失去 GTP 酶的活性,持续激活腺苷酸环化酶 AC,进一步活化钠等离子通道,将大量的电解质运输到细胞外,超出肠道的再吸收能力而导致危及生命的脱水症状。

2. 心血管疾病　Gαi 亚基表达增多是导致肥大心肌敏感性下降的重要原因。

3. 其他　G 蛋白还与创伤应激状态下的免疫抑制性疼痛、炎症的产生等有关。

（三）信号转导障碍与疾病

细胞信号转导异常引起的疾病常常是多因素共同作用的结果,如 2 型糖尿病患者血浆中的胰岛素水平通常并不低,出现血糖过高是因为患者细胞中可能既存在胰岛素受体又存在受体后相关信号分子减少或功能障碍,导致患者对胰岛素的敏感性下降,即胰岛素抵抗。

二、细胞信号转导异常性疾病的防治

1. 调整细胞外信息分子的数量　例如,帕金森病患者脑中多巴胺能神经元减少和缺失,通过补充多巴胺的前体左旋多巴,可起到一定的疗效。

2. 调节受体的结构和功能　根据疾病发病机制,确定是由于受体的过度激活或不足而引起的信号转导障碍,再分别采用受体的抑制剂或受体的激动剂来达到治疗的目的。

3. 调节细胞内信使分子或信号转导蛋白的活性　根据研究的深入,更多的信号转导分子成为关注的目标,有部分产品已用于临床。其中有调节细胞内钙离子浓度的钙通道阻滞剂,有维持细胞 cAMP 浓度的 β 受体拮抗剂以及 cAMP 磷酸二酯酶抑制剂。

4. 调节某些重要核转录因子的水平　例如,NF-κB 的激活已被证明是炎症反应的关键环节,在炎症发生的早期适当应用抑制 NF-κB 活化的药物,有助于控制一些全身炎症反应过程中炎症介质的失控性释放,对改善病情和预后可能有益。

三、细胞信号转导与药物研发

信号转导分子的激动剂和抑制剂是信号转导药物研究的出发点,尤其是各种蛋白激酶的抑制剂更是广泛用作母体药物进行抗肿瘤新药的研发。如酪氨酸蛋白激酶(TPK)是大多数生长因子的受体,可促进细胞增殖。该激酶抑制剂如木黄酮对细胞生长、分化有抑制作用。这促使人们去寻找更为特异的 TPK 抑制剂作为抗肿瘤药物使用。

许多药物可通过阻断受体的作用来治疗疾病,包括乙酰胆碱、肾上腺素、组胺 H_2 受体的阻断药等;还有些药物则是通过影响胞内第二信使的浓度来治疗疾病,如氨茶碱、咖啡碱等。

小　结

- **信号转导的相关概念**

细胞信号转导即细胞对环境信号产生应答,启动细胞内信号转导通路,最终产生生物学效应的过程。信号分子根据其存在部位及作用方式不同,分为细胞间信号分子、细胞内信号分子(即第二信使)及负责核内外信息传递的第三信使。

- **信号转导的受体**

与细胞信号分子发生特异性结合的是受体,受体因为存在部位不同分为细胞膜受体及胞内受体,受体与配体的结合具有高度亲和力、高度特异性、可逆性、可饱和性及可调节性等特征。

受体与配体的结合可以将细胞间信号转换为胞内信号,主要通过第二信使在胞内继续传递信号。多种 G 蛋白、蛋白激酶以及蛋白磷酸酶等是信号转导的重要开关分子。

- **信号转导途径**

信号转导途径分为膜受体介导的信号转导和胞内受体介导的信号转导两大类。膜受体介导的 5

条主要信息转导途径为：①cAMP-蛋白激酶 A 途径；②Ca^{2+}-依赖性蛋白激酶途径，该途径又分为 Ca^{2+}-磷脂依赖性蛋白激酶途径和 Ca^{2+}-钙调蛋白依赖性蛋白激酶途径；③cGMP-蛋白激酶途径；④生长因子、细胞因子信号转导途径；⑤NF-κB途径。

甲状腺激素、视黄酸类及类固醇激素等主要通过胞内受体介导的信号转导过程发挥作用，它们可以直接进入细胞，与相应的胞质内受体或核内受体结合，进一步作为转录因子与顺式作用元件相结合，调节相关基因的表达。

● **细胞信号转导与医药学**

细胞信号转导研究不仅使人们进一步理解生命活动的调控机制，在医药学方面还可以为某些疾病的发病机制提供新的理论依据，为疾病诊断提供新的标记物，并为疾病治疗提供药物作用的新靶点。

（关秋华）

第十八章
癌基因、抑癌基因与生长因子

本章课件

学习指南

重点

1. 癌基因、原癌基因的基本概念及二者的关系。
2. 原癌基因的激活机制。
3. 抑癌基因的概念、重要抑癌基因及其作用机制。

难点

1. 常见原癌基因及抑癌基因的类型及功能。
2. 生长因子的作用机制。

肿瘤的发生是由于细胞的增殖与分化异常所导致的细胞恶性生长现象。正常细胞的增殖与分化受到两类信号分子的调控,一类属于正调控信号,促进细胞的生长与增殖,抑制细胞的终末分化和凋亡,多数癌基因及其表达产物属于这一类型;另一类属于负调控信号,抑制细胞增殖,促进细胞分化、衰老或凋亡,抑癌基因及其产物在这方面发挥作用。正常情况下这两类信号分子互相拮抗,保持动态平衡;这些信号分子因调控失衡而引起的异常增殖和持续分裂是肿瘤发生的基础。

癌基因与抑癌基因的表达产物和生长因子及其受体关系非常密切。癌基因、抑癌基因及生长因子在肿瘤的发生发展中起重要作用。

第一节 癌 基 因

癌基因(oncogene)是正常细胞中存在的遗传物质。在正常情况下,这些基因处在静止或低表达的状态,其表达产物可作为正调控信号促进细胞生长增殖,不仅对细胞无害,而且对维持细胞正常功能具有重要作用,称为原癌基因(proto-oncogene);当其受到致癌因素作用被激活(发生过度表达或突变导致激活),则可能导致细胞癌变。

一、病毒癌基因和细胞癌基因

(一)病毒癌基因

癌基因最初发现于逆转录病毒内,1911 年,P. Rous 将含有肉瘤病毒的鸡肉瘤无细胞滤液注入健康的鸡体内,导致肉瘤的发生。引起此种肉瘤的是一种病毒,命名为罗氏肉瘤病毒(Rous sarcoma virus, RSV),RSV 在体外也能使鸡胚成纤维细胞转化。进一步研究,在 RSV 基因组中发现有一个特殊癌基因片段 *src*,可使细胞转化。后来又陆续在其他一些逆转录病毒中发现了可以诱发宿主肿瘤的基因,为了和后来发现的细胞癌基因相区别,把这一类存在于病毒中的致癌基因称为病毒癌基因(virus oncogene,v-onc),通常用斜体表示,如 v-src。病毒癌基因目前已发现几十种,可分为逆转录病毒癌基因(如罗氏肉瘤病毒中的 v-src)和 DNA 病毒癌基因(如人乳头瘤病毒 HPV 中的 $E6$),以前者多见。

　　(二)细胞癌基因

　　1974 年,J. M. Bishop 和 H. Varmus 发现正常非病毒感染鸡细胞中也存在 src 基因片段,随后的研究表明存在于病毒中的癌基因和细胞中的癌基因是同源的,就把这些存在于正常细胞基因组中与病毒癌基因同源的基因称为原癌基因或细胞癌基因(cellular oncogene,c-onc)。这类基因广泛分布于生物界,且高度保守,缩写冠以前缀 c-,如 c-src。其表达产物对细胞的生长、增殖、发育和分化起着精密的调控作用。当原癌基因结构发生异常或表达异常,会导致细胞生长增殖和分化异常,部分细胞发生恶变而形成肿瘤。

　　(三)病毒癌基因与细胞癌基因的关系

　　虽然癌基因最早发现于逆转录病毒,但是逆转录病毒中的癌基因对病毒的复制和包装并无直接作用,缺失后病毒仍能正常完成生命活动,不是病毒基因组必需组分。相反,细胞癌基因却在细胞中高度保守且行使正常功能,由此推断病毒癌基因可能来源于宿主的细胞癌基因。

　　逆转录病毒侵入宿主细胞后先以病毒 RNA 为模板,在逆转录酶催化下合成双链 DNA,随后 DNA 环化并整合到宿主细胞的染色体 DNA 中去,以前病毒(provirus)的形式在宿主细胞中一代代传递下去。通过重排或重组,将宿主细胞的原癌基因转至病毒自身基因组内,使原来野生型病毒转变为携带癌基因的病毒。可以说病毒癌基因原本不是病毒的基因,而是动物细胞正常基因组中的原癌基因。病毒癌基因对病毒本身无关紧要,却可使宿主细胞转化,引起肿瘤(图 18-1,图 18-2)。

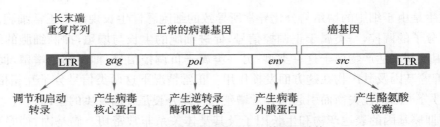

图 18-1　禽肉瘤病毒(RSV)基因组结构

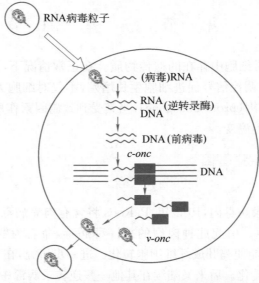

图 18-2　RNA 病毒与宿主细胞基因组整合过程

二、细胞癌基因的产物与功能

目前发现的细胞癌基因已有上百种,许多细胞癌基因结构相似、功能相关,因此可以将其区分为 *sis*、*ras*、*src*、*myc*、*myb* 及 *erbB* 等基因家族,根据细胞癌基因表达产物的功能和定位可分为四类:①生长因子,如人 *c - sis* 编码血小板衍生因子(PDGF)β 链。②生长因子受体,一类是酪氨酸蛋白激酶类受体,如 *erbB*,编码 EGFR;另一类是非酪氨酸蛋白激酶受体。③细胞内信号分子,如 RAS 蛋白等。④核内转录因子,如 *myc*、*fos* 等癌基因的表达产物(表 18 - 1)。

表 18 - 1 细胞癌基因的分类、产物及功能

类别	细胞癌基因	产物及功能
sis 家族	*sis*	血小板衍生因子(PDGF)β 链。PDGF 调节靶细胞正常生长与增殖。相应的 *v - sis* 发现于猴肉瘤病毒中,产物为 P28 蛋白,能使宿主细胞过度增殖。
ras 家族	*H - ras*、*K - ras*、*N - ras*	编码产物为 P21 蛋白,位于细胞质膜胞浆侧,属于小 G 蛋白,有 GTP 酶的活性,与 GTP 结合后被激活,能转导多种生长因子的细胞增殖信号。突变的 RAS 蛋白不具有 GTP 酶的活性,结合 GTP 后处于持续活化状态,导致细胞持续增殖。
src 家族	*src*、*fgr*、*yes*、*lck*、*nck*、*fym*、*fes*、*fps*、*lyn*、*tkl*、*abl*	产物具有酪氨酸蛋白激酶活性,位于细胞质膜或游离于细胞质中,转导细胞增殖信号,*v - src* 产物能使宿主细胞转化。
myc 家族	*c - myc*、*N - myc*、*L - myc*、*fos*	编码 DNA 结合蛋白,与特异的顺式作用元件结合,活化靶基因的转录。其靶基因多编码细胞增殖信号。
myb 家族	*myb*、*myb - ets*	编码核蛋白,能与 DNA 结合,为核内转录因子。
erbB		编码 EGFR,与 EGF 结合后转导细胞增殖信号。

三、原癌基因的激活机制

正常情况下,存在于宿主细胞基因组中的原癌基因低表达或不表达,然而在某些物理、化学或生物因素作用下,如辐射作用、化学致癌物或病毒感染等,它们可被异常激活,能够诱导细胞转化,发生癌变,这一过程称为原癌基因的激活。原癌基因激活的方式分为以下 4 类。

(一)获得启动子和(或)增强子

当逆转录病毒感染细胞后,病毒基因组所携带的长末端重复序列(long terminal repeat,LTR)内含较强的启动子和增强子,插入到细胞原癌基因侧翼或内部,可以启动该原癌基因的表达或者增强其表达水平,使原癌基因由不表达变为表达或由低表达变为过度表达,从而导致细胞发生癌变。如禽类白细胞增生病毒(ALV)整合到禽类的基因组中时,其 LTR 同时被整合。LTR 序列中的启动子及增强子插入到宿主正常细胞 *c - myc* 基因附近,可使 *c - myc* 的表达比正常高 30~100 倍,导致肿瘤的发生。

(二)DNA 重排或染色体易位

DNA 重排或染色体易位时,原癌基因可易位到强启动子或增强子附近并受其控制,使原来无活性的原癌基因被激活,高效表达,导致肿瘤的发生。如 Burkitt 淋巴瘤中多存在 t(8;14)染色体易位,即 8 号染色体的 *c - myc* 易位到 14 号染色体免疫球蛋白重链基因的调节区附近,与该区活性很高的启动子连接而被活化,使 *c - myc* 基因表达异常增强。

染色体易位还能产生融合基因,如慢性髓性白血病(chronic myeloid leukemia,CML)中,9 号染

色体(9q34)上的 *ABL* 基因转位至 22 号染色体(22q11)上的 *BCR*(B-cell receptor)基因处,产生融合基因 *BCR - ABL*,编码生成 BCR - ABL 蛋白,引起蛋白酪氨酸激酶活性持续增高。

（三）基因扩增

原癌基因通过基因扩增增加基因拷贝数,导致产物过量表达,从而导致细胞转化。在肿瘤中基因表达产物可因基因扩增升高几十甚至上千倍不等。例如:神经母细胞瘤(neuroblastoma)中有 200 多个 *N - myc* 拷贝,小细胞肺癌中 *c - myc*、*N - myc*、*L - myc* 的拷贝数也超过 50 个。

（四）点突变

在射线或化学因素影响下,原癌基因可发生点突变。点突变若发生在编码区可以造成氨基酸残基的替换,进而导致蛋白质结构和功能的改变。如正常细胞 *H - ras* 中第一外显子第 12 个密码子为 GGC,而在膀胱癌细胞中突变为 GTC,因此 RAS 蛋白的第 12 位氨基酸由正常的甘氨酸变成了缬氨酸,失去了 GTP 酶活性,RAS 蛋白持续以结合 GTP 的活化形式存在,持续激活下游信号分子。

第二节　抑　癌　基　因

一、抑癌基因的概念

20 世纪 60 年代,在杂合细胞致癌性研究中将肿瘤细胞与正常细胞融合,或在肿瘤细胞中导入正常细胞的染色体,均可获得无致癌性的杂合细胞,提示正常细胞的染色体中可能存在抑制肿瘤形成的基因,即抑癌基因。

抑癌基因也称肿瘤抑制基因(tumor suppressor gene),是一类存在于正常细胞内的基因,作为细胞增殖的负调控信号,其表达产物可抑制细胞过度生长、增殖,有潜在的抑癌作用。若这类基因突变失活可引起细胞恶性转化而导致肿瘤的发生。正常机体中,抑癌基因与原癌基因互相协调、互相制约,维持细胞生长正负调控信号的动态平衡。

二、某些重要的抑癌基因及其功能

抑癌基因编码产物的功能主要是诱导细胞分化、维持基因组稳定、触发细胞凋亡等,对细胞的生长起负调控作用,能抑制细胞的恶性生长。若抑癌基因发生突变,则不能表达正常产物,或者其表达产物的功能受到抑制,使细胞增殖调控失衡,导致肿瘤的发生。

癌基因活化后导致肿瘤的发生,而抑癌基因失活时导致肿瘤的发生。抑癌基因失活的机制包括基因突变、基因缺失、基因表达受阻等。抑癌基因产物的功能多种多样,目前已鉴定的几种抑癌基因产物及功能如表 18 - 2。

表 18 - 2　常见的抑癌基因

名　称	染色体定位	功　能	相关肿瘤
p53	17p13	编码 P53 蛋白,细胞周期负调节和 DNA 损伤后凋亡	大多数肿瘤
RB	13q14	编码 P105 RB 蛋白,负调节细胞周期	视网膜母细胞瘤、骨肉瘤、肺癌、乳腺癌等
p16	9p21	编码 P16 蛋白,负调节细胞周期	黑色素瘤、胰腺癌、食道癌
APC	5q21	编码 G 蛋白,抑制信号转导	结肠癌、胃癌
DCC	18q21	编码质膜表面糖蛋白(细胞黏附分子),细胞黏附	大肠癌、胰腺癌
NF1	17q12	GTP 酶激活剂,抑制 Ras 信号转导	雪旺氏细胞瘤

续 表

名 称	染色体定位	功 能	相关肿瘤
NF2	22q	GTP 酶激活剂,抑制 Ras 信号转导,连接膜与骨架	神经鞘膜瘤、脑膜瘤
VHL	3p25	转录调节蛋白	小细胞肺癌、宫颈癌
WT1	11p13	编码锌指蛋白(转录因子)	肾母细胞瘤、横纹肌瘤、肺癌、膀胱癌、肝母细胞瘤
NM23	17q22	负调控 G 蛋白信号,影响微管聚合以调节细胞运动	乳腺癌、胃癌、结肠癌、直肠癌
PTEN	10q23	磷脂类信使的去磷酸化,抑制 PI3K-AKT 通路	恶性胶质瘤、膀胱癌、前列腺癌、子宫内膜癌
DPCD4	18q21	转导 TGF-β 信号	胰腺癌、结肠癌

三、抑癌基因的作用机制

RB 基因是最早发现的抑癌基因,*p53* 基因是人类肿瘤中突变最广泛的抑癌基因,以两者为例,简单介绍抑癌基因的作用机制。

(一) *RB* 基因

RB 基因位于 13q14,含有 27 个外显子。*RB* 基因因最早发现于遗传性视网膜母细胞瘤(retinoblastoma,RB)而得名。除视网膜母细胞瘤外,在许多散发性的肿瘤,如骨肉瘤、小细胞性肺癌、乳腺癌、膀胱癌和前列腺癌中都发现了 *RB* 基因的失活。

RB 基因在各种组织中普遍表达,产物 RB 蛋白(又称 P105 蛋白)有磷酸化和去磷酸化两种形式,去磷酸化形式为其活性形式,可促进细胞分化,抑制细胞增殖。两种形式的互变受细胞周期蛋白依赖性激酶 CDK4 的控制。

细胞进入 G_1 期时 RB 处于去磷酸化状态,去磷酸化 RB 使细胞不能通过 G_1-S 关卡,导致细胞停滞在 G_1 期。只有在细胞增殖信号通过 CDK4 的活化引起 RB 磷酸化后,磷酸化的 RB 允许细胞从 G_1 期进入 S 期,促进细胞分裂增殖。去磷酸化的 RB 对细胞周期的负调节作用是通过与转录因子 E_2F-1 的结合而实现的,去磷酸化 RB 与 E_2F-1 结合使之失活,使 S 期 DNA 合成所需基因产物受限,细胞周期进展受到抑制。磷酸化 RB 不能与 E_2F-1 结合,E_2F-1 活化将引起靶基因开放,促进细胞通过 G_1-S 关卡,细胞增殖活跃,导致肿瘤的发生(图 18-3)。

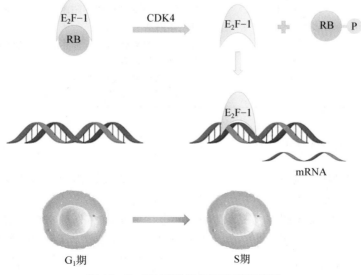

图 18-3　RB 磷酸化与细胞周期控制

（二）p53 基因

人类 p53 基因位于 17p13，全长 20kb，含有 11 个外显子。p53 是目前研究最多，也是迄今发现在人类肿瘤中发生突变最广泛的抑癌基因。50%～60% 的肿瘤中发现有 p53 基因突变。

P53 蛋白是位于细胞核内的一种转录因子，活性形式为同源四聚体，在各种组织中普遍存在。正常情况下，细胞中 P53 蛋白半衰期短，故含量很低。野生型 P53 蛋白在维持细胞正常生长、抑制恶性增殖中起着重要作用，因而被冠以"基因卫士"称号。p53 基因时刻监控着细胞染色体 DNA 的完整性，一旦细胞染色体 DNA 遭到损伤，P53 蛋白半衰期延长将导致 P53 蛋白水平升高。

活化的 P53 蛋白可以与转录辅激活因子 P300/CBP 结合，促进 P21 及生长抑制和 DNA 损伤诱导蛋白 45（growth-arrest and DNA damage-inducible gene，GADD45）的转录。P21 蛋白是 G_1 期的特异抑制物，阻止细胞通过 G_1 - S 关卡点，使其停留于 G_1 期。GADD45 蛋白是 DNA 损伤修复蛋白。P21 和 CADD45 蛋白共同作用使 DNA 受损伤的细胞不再分裂，并修复 DNA 的损伤，维持基因组的稳定性。如果修复失败，P53 蛋白即启动程序性死亡，阻止有癌变倾向突变细胞的生成，从而防止细胞恶变。p53 基因突变可促进细胞的恶性转化，减少细胞凋亡。

第三节　生 长 因 子

生长因子（growthfactor）是一类调节细胞生长与增殖的多肽类物质，广泛存在于机体内各组织。生长因子按其作用方式可分为以下 3 种类型：①内分泌（endocrine）：生长因子从细胞分泌出来后，通过血液运输作用于远端靶细胞。如血小板源生长因子（PDGF）源于血小板，作用于结缔组织细胞。②旁分泌（paracrine）：细胞分泌的生长因子作用于邻近的其他类型细胞，对自身细胞不发生作用。③自分泌（autocrine）：生长因子作用于合成及分泌该生长因子的细胞本身。生长因子以后两种作用方式为主。常见的生长因子见表 18 - 3。

表 18 - 3　常见的生长因子

生长因子	来源	功　　能
表皮生长因子（EGF）	颌下腺	促进表皮与上皮细胞的生长
血小板源生长因子（PDGF）	血小板	促进间质及胶质细胞的生长
转化生长因子 α（TGF-α）	肿瘤细胞、转化细胞	促进细胞恶性转化
转化生长因子 β（TGF-β）	肾、血小板	具有促进细胞生长和抑制细胞生长的双重性
成纤维细胞生长因子（FGF）	多种组织中	促进体内血管生成
类胰岛素生长因子（IGF）	血清	对多种组织起胰岛素样作用，促进硫酸盐渗入到软骨组织、促进软骨细胞分裂
神经生长因子（NGF）	颌下腺	营养交感和某些感觉神经元
促红细胞生成素（EPO）	肾、尿	调节红细胞的发育

一、生长因子的作用机制

生长因子作用于靶细胞上受体，通过受体介导的信号途径发挥作用。这些受体分为两类，一类位于细胞膜上，一类位于细胞的内部。

位于细胞膜上的受体主要是跨膜受体，其中一些受体的胞内部分具有酪氨酸蛋白激酶活性，当生长因子与这类受体结合后，酪氨酸蛋白激酶被激活，使胞内的相关蛋白质直接被磷酸化。另一些膜上的受体则通过胞内信号传递体系，产生第二信使，如 cAMP、IP_3（三磷酸肌醇）及 DAG（二酰甘油）等，使相应蛋白激酶激活,进而引发下游蛋白质磷酸化。这些磷酸化的蛋白质再活化核内的转录因子,引发基因转录,达到调节相应组织细胞的生长与分化的作用(图18-4)。

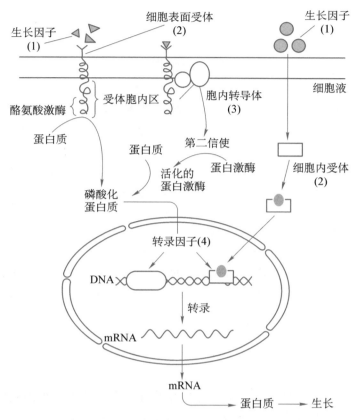

图18-4 生长因子作用机制示意图

另一类生长因子受体位于胞内。当生长因子与胞内相应的受体结合后,形成生长因子-受体复合物,后者亦可进入细胞核,活化与细胞增殖的相关基因,促进细胞生长(图18-4)。

在体内许多癌基因表达产物属于生长因子或生长因子受体,还有的属于胞内信息传递的信号分子或核内转录因子。原癌基因的激活可使其过量表达或产生功能异常的表达产物,导致细胞生长、增殖失控,引起病变。

二、癌基因、抑癌基因和生长因子与疾病

由于生长因子的主要功能是调节细胞生长,因此,凡与细胞生长有关的生理、病理过程可能均有生长因子直接或间接参与。研究表明癌基因、抑癌基因及生长因子不仅涉及肿瘤的发生,而且与许多重大疾病密切相关。

(一) 肿瘤

癌基因的表达产物——生长因子及其受体的高度活化与肿瘤的发生密切相关:

1. 分泌更多生长因子 例如,EGF、VEGF、TNF的过度表达在多种恶性肿瘤中均可被检测,已证实它们的过度表达可导致细胞的恶性转化,引起肿瘤。

2. 表达更多生长因子受体 例如,非小细胞肺癌中EGF及其受体EGFR均出现过度表达;在神经胶质细胞瘤中,NGF受体数目显著增加;受体表达水平与肿瘤的发生发展、恶性程度及预后相关。

3. 信号转导途径其他分子异常激活 例如,*BRAF*编码蛋白属于丝/苏氨酸蛋白激酶,是MAPK信号转导途径中的重要分子,人黑色素瘤中有60%发生了*BRAF*突变,导致BRAF持续激活;95%慢

性髓性白血病(CML)患者染色体易位产生融合蛋白 BCR - ABL，具有持续活化的酪氨酸蛋白激酶活性，促进细胞增殖。

知识链接

肿瘤分子靶向药物

　　原癌基因过度活化是肿瘤发生的重要原因，也为肿瘤的治疗提供了分子靶点。1997年第一种获准治疗肿瘤的单克隆抗体靶向药物——利妥昔单抗问世，开启了肿瘤靶向治疗的新时代。2001年酪氨酸激酶抑制剂——伊马替尼获准用于临床，成为治疗肿瘤的第一个小分子靶向药物。

　　肿瘤分子靶向药物特异性高，副作用小，疗效显著。如 $HER2$ 基因扩增和过表达不仅可引发乳腺癌，其表达水平与肿瘤复发和不良预后也显著相关；单克隆抗体药物赫塞汀靶向 $HER2$ 基因过表达，已广泛应用于临床。目前，通过肿瘤基因检测，新型药物靶点不断被确定，也使肿瘤靶向治疗的前景更加令人期待。

　　靶向药物长期使用可产生肿瘤耐药性。为减缓耐药性的出现，临床上常将靶向药物与其他疗法联用，如赫赛汀与多西他赛联用治疗 $HER2$ 过表达的转移性乳腺癌；或者两种靶向药物联用，如针对 $BRAF$ 突变的黑色素瘤，同时使用两种靶向不同信号通路的药物，能有效减缓耐药。

(二) 心血管疾病

1. 原发性高血压　　高血压的细胞学改变是血管平滑肌细胞及成纤维细胞增生，使血管变厚、变窄，导致外周阻力增加。研究证实，myc 和 fos 的激活是平滑肌细胞增生的启动因素之一，原发性高血压大鼠心肌和平滑肌细胞内 myc 表达比对照动物高出 $50\% \sim 100\%$。另外，抑癌基因也参与原发性高血压的发生，研究发现原发性高血压大鼠血管平滑肌细胞内 $p53$ 基因表达低于正常大鼠，并伴有甲基化和突变倾向。

2. 动脉粥样硬化　　动脉粥样硬化也是一种以细胞增殖和变性为主要特征的疾病。研究表明，血管内皮受到相关因素的损伤时，刺激血管平滑肌细胞分泌生长因子和细胞因子，进而触发相关增殖信号转导，诱导 fos、jun 和 myc 等过表达，促进平滑肌细胞表型的转化，从中膜向内膜下迁移并大量增殖，成为动脉粥样硬化斑块组织中的主要细胞成分。

3. 心肌肥厚　　心肌、血管平滑肌和内皮细胞中原癌基因(ras、myb、myc、fos 等)过表达，引起心肌细胞肥大。如类胰岛素生长因子(IGF)具有促进各种细胞的增殖作用，IGF 与受体相互作用所激活的多条信号转导途径均参与心肌肥厚的发生。

小　结

● **癌基因**

　　癌基因可分为病毒癌基因和细胞癌基因，病毒癌基因包括逆转录病毒癌基因和 DNA 病毒癌基因，病毒癌基因来源于细胞癌基因(又称原癌基因)。原癌基因是存在于细胞基因组中的一类正常基因，其编码产物在细胞增殖、分化、凋亡及个体发育等生命活动中起重要作用。原癌基因的表达产物包括各种生长因子、生长因子受体、蛋白激酶、低分子量 G 蛋白和转录因子等。原癌基因在致癌因素的作用下被激活，可引起细胞恶性转变形成肿瘤。原癌基因激活的方式包括：获得启动子和(或)增强子、DNA 重排或染色体易位、基因扩增及点突变等。

- **抑癌基因**

抑癌基因是一类存在于正常细胞内可抑制细胞的生长并有潜在抑癌作用的基因,抑癌基因编码产物的功能主要有诱导细胞分化、维持基因组稳定、触发细胞凋亡等。如果这类基因失活、突变、丢失或其表达产物丧失功能可引起细胞恶性转化而导致肿瘤的发生。

- **生长因子**

生长因子是一类调节细胞生长的多肽类物质,属于信号分子,通过与靶细胞受体结合,将信号传递到细胞内,促进细胞生长。生长因子在其作用的多个环节上与癌基因有密切关系。生长因子具有重要的生理功能和病理意义。

（岳　真）

第十九章
分子克隆与分子生物学常用技术

学习指南

重点

1. 分子克隆的原理及步骤。
2. 分子杂交的基本类型。
3. PCR 技术的原理、应用和衍生技术。
4. 基因编辑技术的概念。

难点

1. 重组体的筛选方法。
2. Southern 印记杂交的基本过程。
3. 基因剔除技术的原理。

随着分子生物学一些新技术、新方法的不断涌现,生物学家已经做出了许多前所未有的重大发现,其中最引人注目的是以重组 DNA 技术为中心的分子克隆技术。分子克隆的基本实验方法有 DNA 分子的切割与连接、分子杂交、PCR 扩增、DNA 序列分析等。这些技术已经渗透到生命科学和医学的多种学科中,在阐明疾病的发病机制、疾病诊断与治疗等方面具有重要意义,对医学的发展具有重大的推动作用。

第一节 分 子 克 隆

不同来源的 DNA 分子可以通过磷酸二酯键连接形成重新组合的 DNA 分子,称为 DNA 重组。利用 DNA 体外重组或 PCR 扩增技术从某种生物基因组中分离感兴趣的基因,或是用人工合成的方法获取基因,然后经过一系列切割、加工修饰、连接反应形成重组 DNA 分子,再将其转入适当的受体细胞,并将目的 DNA 进行选择性扩增或表达。将基因进行克隆,并表达制备特定的产物,或定向改造细胞乃至生物个体的特性所用的方法及相关的工作统称为分子克隆(又称基因工程或重组 DNA 技术)。分子生物学上的三大发现为分子克隆奠定了理论基础:一是 20 世纪 40 年代,Avery 发现了生物遗传物质的化学本质是 DNA;二是 20 世纪 50 年代,Watson - Crick 提出了 DNA 结构的双螺旋结构模型,阐明了生物遗传物质的分子机制;三是 20 世纪 60 年代,确定了遗传信息的传递方式,即 DNA→RNA→蛋白质,并破译了全部遗传密码。

一、分子克隆操作中常用的工具

(一)工具酶

在分子克隆中,常需要一些基本工具酶进行基因操作(表19-1)。例如,对目的基因进行处理时,需利用序列特异的限制性核酸内切酶在准确的位置切割DNA,使较大的DNA分子成为一定大小的DNA片段;构建重组DNA分子时,必须在DNA连接酶催化下才能使DNA片段与克隆载体共价连接。

表19-1 分子克隆中常用的工具酶及功能

工具酶	功　　能
限制性核酸内切酶	识别特异序列,切割DNA
DNA连接酶	催化DNA中相邻的$5'$-Pi和$3'$-OH端之间形成磷酸二酯键,使DNA切口封合或使两个DNA分子或片段连接
DNA聚合酶Ⅰ	① 缺口平移制作高比活探针 ② DNA序列分析 ③ 合成双链cDNA分子或片段连接 ④ 填补$3'$端
Klenow片段	DNA聚合酶Ⅰ大片段,具有$5'\rightarrow3'$聚合、$3'\rightarrow5'$外切活性,而无$5'\rightarrow3'$外切活性。常用于cDNA第二链合成、双链DNA $3'$端标记等
逆转录酶	① 合成cDNA ② 替代DNA聚合酶Ⅰ进行填补,标记或DNA序列分析
多聚核苷酸激酶	催化多聚核苷酸$5'$羟基末端磷酸化,或标记探针
末端转移酶	造成人工黏端,便于重组;^{32}P标记DNA分子$3'$端
碱性磷酸酶	切除末端磷酸基,阻断片段或载体自身环化

下面分别介绍分子克隆中最常用的限制性核酸内切酶、DNA连接酶和逆转录酶。

1. 限制性核酸内切酶(restriction endonuclease,RE) 是识别DNA的特异序列,并在识别位点或其周围切割双链DNA的一类内切酶。限制性核酸内切酶根据识别序列和作用特点可以分为3类:Ⅰ型,限制性核酸内切酶切点在识别位点的下游1000~5000bp;Ⅱ型,限制性核酸内切酶识别和切割在同一序列内,识别位点有回文结构;Ⅲ型,限制性核酸内切酶识别位点专一,但切割位点无规律。由于Ⅱ型限制性核酸内切酶具有相当高的核苷酸识别特异性,因而被广泛用于分子克隆中。限制酶的命名由三部分构成:菌种名、菌系编号、分离顺序。例如:Hin dⅢ前三个字母来自于菌种名称 H. influenzae,"d"表示菌系为d型血清型;"Ⅲ"表示分离到的第三个限制酶。大部分Ⅱ类限制性核酸内切酶识别DNA位点的核苷酸序列呈二元旋转对称,通常称这种特殊的结构顺序为回文结构(palindrome)。例如,下述序列即为EcoRⅠ识别序列,其中箭头所指便是EcoRⅠ的切割位点:

$$5'-G\blacktriangledown A\ A\ T\ T\ C-3'$$
$$3'-C\ T\ T\ A\ A\blacktriangle G-5'$$

所有限制性核酸内切酶切割DNA均产生含$5'$磷酸基和$3'$羟基基团的末端。其中有些酶,(如EcoRⅠ)能使其识别序列相对两链之间的数个碱基对分开,形成$5'$端突出的黏性末端(sticky end)。还有一些酶产生具有$3'$端突出的黏性末端,如Pst Ⅰ:

$$5'-C\ T\ G\ C\ A\blacktriangledown G-3'$$
$$3'-G\blacktriangle A\ C\ G\ T\ C-5'$$

而另一些酶切割 DNA 后产生平头或钝性末端(blunt end)，如 *Hpa* Ⅰ：

$$5'-G\ T\ T^{\blacktriangledown}\ A\ A\ C-3'$$
$$3'-C\ A\ A_{\blacktriangle}\ T\ T\ G-5'$$

不同的限制性核酸内切酶识别 DNA 中核苷酸序列长短不一，有的识别序列是四核苷酸序列，有的是六或八核苷酸序列。不同的酶切割 DNA 频率不同，切割 DNA 后产生黏性末端长短不一样，所产生末端的性质也不同。表 19-2 列举某些限制性核酸内切酶识别序列及切割后的特点。

表 19-2　限制性核酸内切酶

限制性核酸内切酶	识别序列及切割位点	切割后的特点
*Bam*H Ⅰ	$5'\cdots G^{\blacktriangledown}GATCC\cdots3'$	5'突出末端
Bgl Ⅱ	$5'\cdots A^{\blacktriangledown}GATCT\cdots3'$	5'突出末端
Apa Ⅰ	$5'\cdots GGGCC^{\blacktriangledown}C\cdots3'$	3'突出末端
Hae Ⅱ	$5'\cdots PuGCGC^{\blacktriangledown}Py\cdots3'$	3'突出末端
Alu Ⅰ	$5'\cdots AG^{\blacktriangledown}CT\cdots3'$	平末端
*Eco*R Ⅴ	$5'\cdots GAT^{\blacktriangledown}ATC\cdots3'$	平末端
Sma Ⅰ	$5'\cdots CCC^{\blacktriangledown}GGG\cdots3'$	平末端

知识链接

基因手术刀——限制性核酸内切酶

1962 年，W. Arber 首次发现并提出了限制性核酸内切酶的概念。他的灵感来自一种奇怪的实验现象，即噬菌体不仅能诱发细菌细胞内的突变，其本身也会被降解。W. Arber 和同事于 20 世纪 50 年代末和 60 年代初研究噬菌体在寄主体内发生的遗传性突变，发现细菌体内存在可改变噬菌体 DNA 结构的酶，但切断 DNA 分子的部位并不固定，并将之命名为限制性核酸内切酶。H. O. Smith 在研究流感嗜血杆菌(*Haemophilus influenzae*)从噬菌体 P22 接受 DNA 的机制时，于偶然中发现，流感嗜血杆菌能迅速降解外源的噬菌体 DNA，其细胞提取液可降解 *E. coli* DNA，但不能降解自身 DNA，从而在 1968 年发现了一类新的限制酶——*Hind* Ⅱ限制性内切酶，这是最早被发现的Ⅱ型限制性核酸内切酶。D. Nathans 则最早将限制内切酶用于分子遗传学的研究，大大拓宽了限制性核酸内切酶的应用领域。

W. Arber、H. O. Smith 和 D. Nathans 由于限制性核酸内切酶的发现及其在分子遗传学中的应用做出的原创性贡献，获得 1978 年诺贝尔生理学或医学奖。Ⅱ型限制性核酸内切酶具备精确的切割功能，使它成为分子生物学研究中的重要工具——基因手术刀，在分子克隆和转基因技术中有着广泛的应用。

2. DNA 连接酶　限制性核酸内切酶将 DNA 分子切割成不同大小的片段，然而要将不同来源的 DNA 片段组成新的杂合 DNA 分子，还必须将它们彼此连接并封闭起来(图 19-1)。DNA 连接酶可以催化两个双链 DNA 片段相邻的 3'-OH 和 5'-P 基团的一个缺口(nick)连接封闭起来；如果是缺失一个或数个核苷酸的裂口(gap)，DNA 连接酶则不能将它封闭。DNA 连接酶并不能连接两条单链的 DNA 分子或环化的单链 DNA 分子，被连接的 DNA 链必须是双螺旋 DNA 分子的一部分。连接酶有

T₄噬菌体DNA连接酶和大肠埃希菌DNA连接酶两种,在分子克隆中,T₄ DNA连接酶是首选的连接酶,因为它不仅能完成黏端DNA片段间的连接,而且也能完成平端DNA片段间的连接。但大肠埃希菌DNA连接酶对黏端DNA片段间的连接有效,对平末端DNA片段之间的连接几乎无效。

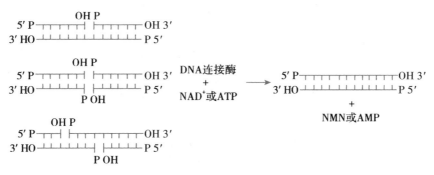

图19-1 DNA连接酶对DNA的连接作用

3. 逆转录酶 又称RNA依赖的DNA聚合酶(RDDP)。1970年,Baltimore从鼠白血病病毒(murine leukemia virus,MLV)和Temin从劳氏肉瘤病毒(Rous sarcoma virus,RSV)中发现了逆转录酶,使真核基因的制备成为可能。因为真核基因组庞大而复杂,不易制得基因图谱;即使有了基因图谱,因为真核基因有内含子,不能在原核表达系统中剪接出mRNA,没有成熟的mRNA就不能得到相应产物;经过逆转录mRNA→cDNA(complementary DNA)文库要比基因组文库小得多,所以筛选阳性克隆就方便得多。用逆转录酶克隆cDNA的大致流程如下:提取RNA,用逆转录酶催化dNTP在RNA模板指引下聚合,生成RNA/DNA杂化双链,用酶把杂化双链上的RNA除去,剩下的DNA单链在作为第二链合成的模板,在试管内用Klenow片段催化dNTP聚合,从而合成cDNA。cDNA就是编码蛋白质的基因,通过转录又可得到原来的模板RNA。

(二)基因载体

载体(vector)是指携带目的基因,实现其无性繁殖或表达有意义的蛋白质所采用的一些DNA分子。分子克隆中常用的载体有质粒载体、噬菌体载体、黏粒载体、病毒载体等。

载体按功能可以分成两大类:克隆载体和表达载体。克隆载体(cloning vector)都有一个松弛的复制子,能带动外源基因,在宿主细胞中复制扩增,它是用来克隆和扩增DNA片段(基因)的载体。表达载体(expression vector)除具有克隆载体的基本元件复制起点、筛选标记和多克隆位点外,还具有转录/翻译所必需的DNA顺序。为了有效地转录,表达载体必须有强大的能够被宿主细胞识别的启动子,为了实现翻译,克隆基因必须有合适的SD序列和核糖体结合位点。

基因载体的4个特点:①都能独立自主的复制,具有复制起始点(origin,ori)。这是决定质粒自我增殖和拷贝数的主要元件,可以使其在繁殖后细胞内维持一定量的拷贝数。一般情况下,一个质粒只含一个ori,构成一个独立的复制子。而穿梭质粒含原核和真核生物2个复制子,以确保在两类细胞中都能扩增。②有易被识别和筛选的标志,如载体的药物抗性基因,受体细胞在含有该抗生素培养板上培养生长时,只有携带这些抗性基因的载体分子的受体细胞才能存活。如Amp^r基因编码产物可水解β-内酰胺环,可解除氨苄的毒性;Tet^r编码1个膜蛋白,可以阻止四环素进入细胞。③具有多克隆位点(multiple cloning site,MCS)。MCS是多个限制酶识别的一段DNA顺序,以便插入外源/DNA片段。④都能容易进入宿主细胞中去,也易从宿主细胞中分离纯化出来。

分子克隆中常用的pBR322质粒载体如图19-2所示:包含复制起始点、多克隆位点(Pst Ⅰ、$ECOR$ Ⅰ、Cla Ⅰ、$Hind$ Ⅲ、BamH Ⅰ、Sal Ⅰ)、筛选标记(氨苄抗生素基因Amp^r及四环素抗性基因Tet^r)。

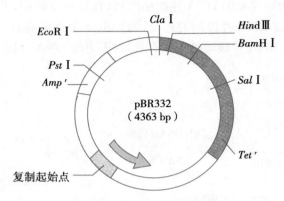

图 19‑2　pBR322 质粒载体图谱

二、分子克隆的操作流程

分子克隆是指在体外通过人工剪接，将不同来源的 DNA 分子构建成 DNA 分子重组体，然后导入宿主细胞去复制扩增或表达。1972 年，Berg 用 *Eco*R Ⅰ 切割 SV40 DNA 和 λ 噬菌体 DNA，经过连接组成重组的 DNA 分子，Berg 是第一个实现 DNA 重组的人。1973 年，Cohen Group 将 *E. coli* 的 Tet^r 质粒 *psclol* 和 ne^{r}s^{r}R6‑3 质粒体外限制酶切割，连接成一个新的质粒，转化 *E. coli*，在含四环素和新霉素的平板上筛选出了 *tet*^{r} Ne^r，实现了细菌遗传性状的转移。这是分子克隆史上的第一个克隆化并取得成功的例子。图 19‑3 是以质粒为载体进行 DNA 重组的流程，主要包括以下几方面。

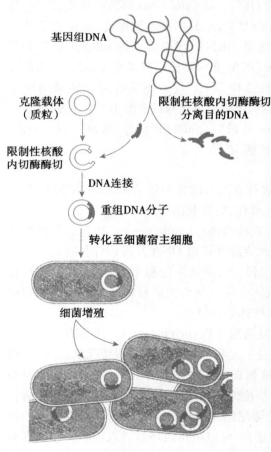

基因组DNA

克隆载体
（质粒）

限制性核酸
内切酶酶切

限制性核酸内切酶切
分离目的DNA

DNA连接

重组DNA分子

转化至细菌宿主细胞

细菌增殖

图 19‑3　以质粒为载体的 DNA 重组过程

（一）目的基因的分离

目的基因又称目的 DNA，即我们所要研究的感兴趣的基因。目的基因可以是基因组 DNA，也可以是 cDNA。从来源看，目的基因包括已知基因和未知基因。获取目的基因大致有如下几种途径：

1. PCR 或 RT‑PCR 方法制备目的基因　采用聚合酶链反应（polymerase chain reaction，PCR）获取目的 DNA 十分广泛。实际上，PCR 是一种在体外利用酶促反应获得特异序列基因组 DNA 或 cDNA 的专门技术。即根据已发表的基因序列（已知基因）设计并合成一对特异引物，提取组织或细胞基因组 DNA 或者 RNA，以基因组 DNA 为模板 PCR 或以 mRNA 为模板 RT‑PCR，从而制备目的基因（参见本章第三节）。

2. 从真核基因组 DNA 制备目的基因——染色体步移法（chromosome walking）　真核基因组 DNA 酶切成不同长度 DNA 片段，经电泳分离不同大小片段后用特异探针 Southern 杂交，从而初步鉴定是否含有目的基因，然后全部消化片段，插入适当载体制成基因组文库，用特异探针杂交筛选得到阳性克隆序列分析,用第一个克隆片段分离下一个克隆片段,DNA 间重叠顺序鉴定其他克隆,逐步得到全部基因顺序。

3. 构建基因组 DNA 文库,从文库筛选目的基因 分离组织或细胞染色体 DNA,利用限制性核酸内切酶将染色体 DNA 切割成基因水平的许多片段,将它们与适当的克隆载体拼接成重组 DNA 分子,继而转入宿主细胞扩增,使每个宿主细胞内都携带一种重组 DNA 分子的多个拷贝,这样全部细菌所携带的各种染色体片段就代表了整个基因组的信息。存在于转化细菌内、由克隆载体所携带的所有基因组 DNA 的集合称为基因组 DNA 文库(genomic DNA library)。基因组 DNA 文库就像贮存万卷书的图书馆一样,涵盖了基因组全部基因信息,也包括我们感兴趣的基因。利用特异性探针筛选建立的基因组文库,从而获得含有目的基因的阳性克隆。

4. 构建 cDNA 文库,从 cDNA 文库筛选目的基因 以 mRNA 为模板,利用逆转录酶合成 cDNA,与适当载体连接后转入宿主细胞,即获得 cDNA 文库(cDNA library)。与上述基因组 DNA 文库类似,由总 mRNA 构建的 cDNA 文库包含了细胞表达的所有 mRNA 信息,当然也含有我们感兴趣的编码 cDNA。利用特异性探针从 cDNA 文库中筛选含有目的 cDNA 的阳性克隆。

5. 化学合成法 如果已知某种基因的核苷酸序列,或根据某种基因产物的氨基酸序列推导出为该多肽链编码的核苷酸序列,再利用 DNA 合成仪通过化学合成原理合成目的基因。化学合成法主要用来合成一些片段比较小的目的基因,对于相对分子质量较大的目的基因,可通过分段合成,然后连接组装成完整的基因。

(二) 分子克隆载体的选择

载体是分子克隆技术的核心,没有合适的载体,外源基因很难进入受体细胞,即使能够进入,一般也不能进行复制或表达。合适的载体与目的基因体外重组后经宿主细胞扩增或表达,即可获得大量的基因片段或蛋白质产物。所以,分子克隆前在选择载体时需考虑四个问题:目的基因是为了克隆扩增还是表达;克隆片段的大小;受体细胞类型;载体本身及其元件的质量。

(三) 目的基因与载体的连接

限制酶剪切或机械剪切目的基因或载体可以产生黏端和平端的 DNA 分子,用 T_4 DNA 连接酶可以催化 DNA 片段连接形成重组体。目的基因与载体之间的连接大致有以下几种方法:两个两端均为黏端的 DNA 片段间的连接;两个两端均为平端的 DNA 片段间的连接可以通过平端直接连接、同源多聚加尾连接、加人工接头连接(linker)、加衔接头(adaptor)连接、A/T 克隆法、PCR 扩增并酶切后进行连接。应根据目的基因与载体本身的酶切位点特性而采用相应方式。

1. 黏性末端连接 当用相同一种或两种限制酶分别酶切目的基因和载体可产生相同的黏性末端时,可采用黏性末端连接(图 19-4)。

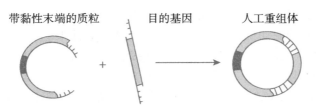

带黏性末端的质粒　　目的基因　　人工重组体

+

图 19-4　黏性末端连接示意图

用同一种酶分别切割目的基因和载体,产生单切点的黏性末端,然后进行连接。该方法中二者产生相同的黏性末端,彼此很易按碱基配对退火,在连接酶作用下生成 DNA 分子重组体。但是黏性末端会自发形成双链,连接产物含大量的目的基因和载体自身环化的假重组体,若转化则出现假阳性克隆。连接工程中可采用高浓度的 DNA,并用碱性磷酸酶处理载体,去除 $5'-P$ 使之不能自身环化,重组体双链 DNA 中的每条链仍残留一个缺口,但进入宿主细胞后可被修复成完整的环状 DNA 分子。

用两种酶切割目的基因和载体,产生双切点的黏性末端,然后进行连接。这种方式可以避免载体或目的基因的自身环化,提高连接效率,而且可控制外源基因插入方向。构建表达载体时最好使用双酶双切点,这种方式又称定向克隆。如目的基因和载体都有 $EcoR$ Ⅰ、Pst Ⅰ酶切位点,产生各自互补黏端,分别配对连接。

同裂酶,分别切割目的基因和载体,产生相同黏性末端,因而可以连在一起,如用 Sau 3A Ⅰ切割目的基因,用 Bam H Ⅰ切割载体,然后进行黏性末端连接。构建表达载体时,同裂酶也很有用。

2. 平末端的连接 少数限制酶如 Hae Ⅱ对称切割产生平端、机械剪切产生平端、逆转录生成 cDNA 平端,平头末端的连接效率较低,一般操作过程中尽量通过同源多聚加尾、加人工接头、加衔接头、A/T 克隆法等方法将其改造成黏性末端再连接。

(1)目的基因、载体平端直接连接:没有合适的产生黏端的限制酶切位点,可采用平端连接,但连接效率小于黏端,并且连接反应中更偏向于载体自身环化,可用以下措施可提高连接效率:大大增加连接酶的量、增加目的基因 DNA 相对分子含量、用碱性磷酸酶去除载体两端 $5'-P$ 基团。

(2)同聚物加尾连接:同源多聚尾是连接 DNA 片段克隆的有效方法。同聚物加尾是指用末端脱氧核糖核苷酸转移酶将某种脱氧核苷酸(如 dC)加到目的基因的 $3'-OH$ 上,又将与上述互补的脱氧核苷酸(如 dG)加到载体 DNA 的 $3'-OH$ 上,这样的目的基因与载体之间的连接类似于黏端连接。同聚物加尾连接法可用于多种类型的双链 DNA,如平端 DNA、黏端 DNA,但偏向于以带 $3'$ 突出端的 DNA 作为受体,因为末端转移酶在 DNA $3'$ 突出端的加尾效率高于在 DNA $3'$ 平端或 $3'$ 凹端的加尾效率。同聚物加尾法避免了载体 DNA 的自身环化。

(3)加人工接头连接:当完成了外源 DNA 片段与载体的重组后,往往需进行下一步研究,因此需从重组体上分离出克隆的 DNA 片段。如果构建过程中是按黏端法构建,只要用同种限制酶切割即可获得原来的 DNA 插入片段。如果平端连或同聚物加尾连的,就无法切割回收插入片段。此时我们可以采用加人工接头来提供必要的序列,进行 DNA 连接。人工接头是指人工合成的含一种或一种以上的特异限制性核酸酶切位点的平端双链寡核苷酸片段。人工接头连接法是指利用平端连接,将人工接头加在平端 DNA 片段(通常是目的基因)的两端。然后用人工接头中相应的限制酶切割(如用 $EcoR$ Ⅰ切割),由此得到的带黏性末端的目的基因可插入到带相应黏性末端的载体中去。如果目的基因中含有与人工接头相同的限制酶切点,为了保护目的基因不被限制酶切割破坏,可事先用甲基化酶修饰,加上接头后,再用该限制酶切割,这样切割只发生在人工接头上,而不会影响目的基因。人工接头连接法为平端 DNA 片段的体外连接提供了很大的方便。由于在 DNA 片段两端加同一种人工接头,所以仍不能解决目的基因与载体 DNA 的定向连接和载体 DNA 自身环化问题。解决的办法是在目的基因片段的两端加上两种含不同限制性酶切位点的人工接头,但其操作比较复杂。

(4)加 DNA 衔接头连接:加人工接头连接有一缺点,如果待克隆的 DNA 片段或基因内部,也含有与所加的人工接头相同的酶切位点,这样酶切衔接物产生黏性末端的同时,也会将克隆基因切成片段,为下游实验造成麻烦。此时可用 DNA 衔接头连接法,衔接头是一种人工合成的短双链寡脱氧核苷酸,一端是可与目的基因双链(如 cDNA)连接的平头末端,一端是可与载体连接的黏性末端。与加人工接头连接不同,在加到 cDNA 分子之后衔接头不需要用限制酶处理,直接与去磷酸化具有同样黏性末端的载体相连。

(5)PCR 产物与 T 载体连接:即 A/T 克隆法。Taq DNA 聚合酶,以不依赖模板的方式会在已完成延伸的 PCR 产物的 $3'$ 端添加腺苷酸,从而可以直接与末端为胸苷酸的线性化的 T 载体连接。末端为胸苷酸的线性化的 T 载体可用下述 4 种方法得到:一是用 Mbc Ⅱ、Xcm Ⅰ或 Hph Ⅰ酶切产生单个 T 突出末端;二是用 TdT 将 T 加到酶切产生的平端载体上;三是利用 Taq pol 的延伸活性,为了得到胸苷酸,在模板上先加上腺苷酸;四是已商品化的 T 载体。

另外,通过聚合酶链反应也可将平末端 DNA 改造成黏性末端,再进行连接。在目的基因的 5′端和 3′端分别设计两个引物,设计时分别在引物中导入限制性酶切位点(相同或不同),以目的基因为模板,经 PCR 扩增获得带有引物序列的目的基因,用相应的限制性酶切割后,可将其连接到经相应限制性酶切割的载体中。若在两引物中导入不同的限制性酶切位点,则可解决目的基因与载体之间的定向连接和避免载体 DNA 自身环化。

(四) 重组 DNA 分子导入宿主细胞

为了使重组 DNA 分子进行扩增以及获得目的基因的表达产物,需将重组 DNA 分子导入宿主细胞。宿主细胞分为原核细胞和真核细胞两类。原核细胞(如细菌),包括大肠埃希菌、枯草杆菌等,以大肠埃希菌为主;真核细胞包括酵母、哺乳动物细胞及昆虫细胞等。由于重组 DNA 分子导入原核细胞尤其是大肠埃希菌操作简便、效率高,因此重组 DNA 分子在导入真核细胞前通常先导入到大肠埃希菌中,再从大肠埃希菌中提取重组 DNA 分子,然后将其导入到真核细胞中,这一过程需由穿梭载体来完成。分子克隆中,原核宿主菌需要有三个基本条件——宿主菌必须是安全的、限制酶和重组酶缺陷、处于感受态(competent)。由于重组 DNA 是在体外制备的,将其导入宿主细胞可能会受到宿主限制酶的切割而破坏外源 DNA,因此宿主菌(如大肠埃希菌)必须是限制酶缺陷型,即 R^-(restriction negative)菌株。为确保不改变导入宿主菌的外源 DNA 的特性,宿主菌还应为 DNA 重组缺陷型,即 Rec^-(recombination negative)菌株。

下面就重组 DNA 分子导入大肠埃希菌及导入哺乳动物细胞作简单介绍。

1. 重组 DNA 导入大肠埃希菌

(1) 氯化钙转化法:细菌处于容易吸收外源 DNA 的状态称为感受态(competent),这种细菌细胞称为感受态细胞,氯化钙($CaCl_2$)转化法的基本过程是:将对数生长期的细菌悬浮于冰冷 $CaCl_2$ 溶液中,经冰浴处理一定时间,使细胞膜通透性增加,细胞就具备了感受态特性,此时加入外源 DNA,经 42℃短暂处理后,外源 DNA 进入感受态细胞。此方法操作简单、省时,转化效率可以满足一般的分子克隆实验。

(2) 电击法:又称电穿孔法(electroporation),最初用于将 DNA 导入真核细胞,后来也被用于转化大肠埃希菌和其他细菌。制备电击的细胞与制备感受态细胞一样简便。细菌生长到对数中期后,离心收获细胞,用低盐缓冲液或超纯水充分洗涤后,将其悬浮于甘油中即成。电击时,将适量 DNA 加入到上述细胞中,混匀后转移到预冷的电击杯中,选择合适的参数进行电击,这些参数包括电压、电容和电阻,一般使用的电击条件导致细胞死亡 50%～75%时,转化效率最高。电击法转化效率很高,可达 10^9～10^{10} 转化子/μgDNA,但成本也较高。因此,它一般在要求有较高转化效率的情况下使用,如构建基因文库。

(3) 体外包装感染法:以 λDNA 或柯斯质粒为载体构建的重组 DNA 导入大肠埃希菌可采用此法。在试管中将重组 DNA 与 λ 噬菌体头部及尾部蛋白混合,使其包装入头部蛋白外壳中,成为完整的噬菌体,然后感染大肠埃希菌。该法效率一般高于 $CaCl_2$ 法,线性 DNA 分子有利于体外包装成病毒颗粒及感染细菌。

2. 重组 DNA 导入哺乳动物细胞 哺乳动物细胞基因转移的效率远远低于大肠埃希菌,因而发展了多种基因转移技术,包括物理的、化学的或生物的方法。物理法有显微注射法;化学法有 DNA-磷酸钙共沉淀转染法;生物法包括病毒感染法。

(1) 显微注射法:用微吸管吸取 DNA 溶液,在显微镜下准确地插入哺乳动物细胞中,并将 DNA 注射进去。该法用以建立整合有外源基因拷贝的细胞系,常用于转基因动物的研究。

(2) DNA-磷酸钙共沉淀转染法:通过形成 DNA-磷酸钙沉淀物,使其黏附到培养的哺乳动物单层细胞表面,这种共沉淀物可被细胞吞噬,从而使 DNA 进入细胞质,然后进入细胞核。该法既可使外源 DNA 在细胞中瞬时表达,也可以建立带有整合外源 DNA 的稳定表达的细胞系。

（3）病毒感染法：包括 RNA 病毒（逆转录病毒）感染与 DNA 病毒（如腺病毒）感染。首先必须具备重组逆转录病毒或 DNA 病毒及其相应的包装细胞。重组逆转录病毒或重组 DNA 病毒含有外源基因，当它们进入包装细胞后，可以形成完整的病毒颗粒，并释放到培养基上清中。在聚凝胺作用下，培养基上清中的病毒颗粒可有效地感染受体细胞（哺乳动物细胞），从而实现基因转移。

综上所述，应根据受体细胞的种类选择相应的 DNA 导入受体细胞的方法。

（五）重组体的筛选

连接产物转化到宿主细胞后，外源 DNA 片段是否插入载体构成重组 DNA 分子、插入片段大小、插入位置及方向是否正确、表达载体插入片段是否突变及读码框是否正确，这些均可关系到构建载体是否扩增或者是否能正确表达相应的蛋白质产物，所以需要进一步筛选与鉴定 DNA 重组体。不同的载体及宿主系统，重组体的筛选方法不尽相同。尽管如此，其基本思路大同小异，概括起来有两大类：一类为直接筛选法，是借助遗传学表型来进行筛选的方法。DNA 体外重组所用的载体常常携带有一个或几个可供选择的遗传标记或标记基因，外源基因插入载体并导入受体细胞后，受体细胞可获得或缺失这些标记的表型，从而筛选出我们所需要的阳性克隆。另一类为间接筛选法，是检测重组体克隆中是否含有目的基因的核苷酸序列或是否产生目的基因所编码的产物，阳性重组体中必然含有目的基因的核苷酸序列。另外，外源基因在受体细胞中克隆成功后，可使该基因在启动子控制下获得表达，即产生目的基因所编码的蛋白质。

1. 直接筛选法

（1）插入表达法：有些载体，在筛选标记基因前含有一段负调控序列，当外源基因插入使该负调控序列失活时，其下游的筛选标记基因才表达。如 pTR262 质粒的四环素抗性（Tet^r）基因上游存在 cI 基因的负调控序列，可以抑制 Tet^r 基因的表达。当外源基因插入 cI 基因时，将导致 cI 基因失活，Tet^r 基因可获得表达，阳性重组体能在含四环素的琼脂平板上生长，而阴性重组体则不能生长。

（2）插入失活法：DNA 体外重组使用的载体，常带有可供筛选的遗传标记，比如抗生素抗性标记基因，将外源 DNA 插入到其一抗生素基因序列内，该基因就失活，不再表达相应的蛋白质产物，因此可供鉴定。例如：pBR322 质粒载体含有氨苄西林（Amp）和四环素（Tet）抗性基因，当外源基因未插入前，能在含 Amp 和 Tet 的琼脂平板上生长（表型为 $Amp^r Tet^r$），当插入外源基因使 Tet 失活后（插入外源基因使 Tet 基因的原阅读框架发生改变而失活），阳性重组体只能在含 Amp 而不含 Tet 的琼脂平板上生长（表型为 $Amp^r Tet^s$）。所以将插入外源基因的 pBR322 分别涂布于含 Amp 和 Tet 的琼脂板上，存活者必定是转化子（表型为 Amp^r）。将存活菌复印在 Tet 的琼脂板上，对照 2 个平板，凡在 Amp 平板上生长而在 Tet 上不生长的菌落，必定是带有外源基因的重组子（表型为 $Amp^r Tet^s$）。

α-互补即蓝白菌落筛选，$lac Z$ 基因编码的是大肠埃希菌 β-半乳糖苷酶，此酶可分解 X-gal（5-溴-4-氯-3-吲哚-β-D-半乳糖苷），产生蓝色化合物。pUC 质粒、pGEM 质粒及 M13 噬菌体系列等携带有一部分 $lac Z'$ 基因，编码 β-半乳糖苷酶的一段 146 个氨基酸的 α-片段，这些载体导入合适的宿主细胞后，可表达 α-片段。受体菌 $lac Z$ 基因缺陷，只能产生 β-半乳糖苷酶的 C-端片段，称为 ω 片段。当 α-片段与 ω-片段共同存在时，具有 β-半乳糖苷酶活性，而任何一个单独存在时无活性。当 pUC 质粒、pGEM 质粒及 M13 噬菌体载体进入宿主细胞后与宿主细胞之间形成 α-互补，即 α-片段与 ω-片段共同存在，具有 β-半乳糖苷酶活性，即在含显色底物 X-gal 的平板上形成蓝色菌落或噬菌斑。当外源基因插入后 $lac Z$ 基因失活，则不能表达 α-片段，阳性重组体形成无色菌落或噬菌斑。

（3）遗传互补法：某些重组体在宿主细胞中表达后，其表达产物可以互补宿主细胞中的营养代谢缺陷。根据这一特点可筛选重组体。外源基因导入哺乳动物细胞后的阳性克隆筛选常用这种方法。真核载体上带有标记基因，如二氢叶酸还原酶基因（$dhfr$）、胸腺核苷激酶基因等，二氢叶酸还原酶在真核细胞的核苷酸合成中起重要作用，它催化二氢叶酸还原成四氢叶酸，然后利用四氢叶酸合成胸腺嘧啶。$dhfr^-$表型的真核细胞(如 CHO 细胞突变株)由于不能合成四氢叶酸,培养基中如不含胸腺嘧啶,细胞就会死亡。但将含目的基因及 $dhfr$ 基因的载体转入 $dhfr^-$ 细胞后,细胞则能合成四氢叶酸,核苷酸合成也能顺利进行。因而转入 $dhfr$ 基因的细胞就能在无胸腺嘧啶的培养基中存活,而未转入 $dhfr$ 基因的细胞则死亡,从而筛选得到阳性克隆。

(4)噬菌斑形成筛选法:噬菌体载体系列包装外源 DNA 后的重组分子的长度是其野生型长度的 75%~105%时,即能形成有活性的噬菌体颗粒,在培养平板上出现清晰的噬菌斑,而不含外源 DNA 的单一载体 DNA 因其长度太小不能被包装成活的噬菌体颗粒,感染细菌后不形成噬菌斑,从而达到初步筛选的目的。

上面这些方法常是筛选阳性重组体的第一步,是根据遗传表型对重组体进行初步筛选,为了进一步鉴定我们所获得的重组体是否含有目的基因的克隆,还需要用以下一种或几种方法进行检测。

2. 间接筛选法

(1)根据质粒大小与酶切图谱鉴定:用常规方法提取重组体 DNA 后,如果插入载体的外源 DNA 片段较大,可直接进行琼脂糖凝胶电泳,比较待鉴定重组体与载体 DNA 的迁移率,若重组体迁移率小于载体,则为阳性克隆,反之则为阴性克隆。如果通过上述途径不能明确区分迁移率大小,则可对重组体 DNA 进行酶切鉴定,选择适当的限制性酶切位点,能被切出含有外源 DNA 片段的则为阳性,不能被切出含有外源 DNA 片段的为阴性。对于可能存在外源基因双向插入载体的重组子,还要用限制性内切酶鉴定插入方向,或直接进行 DNA 序列分析。

(2)杂交筛选:核酸杂交法是目前广泛使用的筛选目的基因片段重组的方法。应用放射性或非放射性标记的特定的 DNA 或 RNA 作探针进行核酸杂交法,筛选含有目的基因片段的重组子。

(3)聚合酶链反应:外源基因插入载体后,可根据外源基因两侧的序列即载体的序列设计上、下游引物,或直接利用目的基因上的 5′端和 3′端序列设计引物。提取重组子 DNA 后,以其为模板进行 PCR 扩增,能扩增出外源基因片段的为阳性重组子;反之,扩增所得产物可用凝胶电泳进行分析。该法只适用于鉴定有限长度的外源 DNA(通常在 3kb 以下),因为超出此范围后很难用常规 PCR 进行扩增。

(4)蛋白质水平上的检测:外源基因克隆成功的最终目的是要使外源基因获得表达,即产生该基因所编码的蛋白质。由于大多数蛋白质本身就是一种优良的抗原或半抗原,因此目前常用免疫学技术测定可溶性蛋白质,从而达到筛选的目的。

总之,重组体检测的方法很多,应根据外源基因、载体、受体等具体特点及基因表达水平的高低合理选择上述方法。一般先用直接筛选法进行初步筛选,再用间接检测法进行鉴定,直至获得所需要的阳性重组体。

(六)克隆基因的表达

重组 DNA 分子导入受体细胞的主要目的之一是获得目的基因的表达。克隆基因的表达是指被克隆入某一载体中的目的基因经转录和翻译后产生蛋白质的过程。因而重组 DNA 分子中除含有目的基因外,应设计引入与目的基因相匹配并为受体细胞识别的转录元件、翻译元件与调控序列。表达产物可以融合、非融合状态存在,可以分泌到胞外、定域到细胞间质或细胞质。

在原核表达体系中,$E.coli$ 是当前采用最多的原核表达体系,其优点是培养方法简单、迅速、经济而又适合大规模生产工艺,人们运用 $E.coli$ 表达外源基因已经有多年的经验。运用 $E.coli$ 表达有用的蛋白质原核表达载体需符合下述标准:①含大肠埃希菌适宜的选择标志;②具有能调控转录、产生大量 mRNA 的强启动子,如 lac、tac 启动子或其他启动子序列;③含适当的翻译控制序列,如核蛋白体结合位点和翻译起始点等;④含有合理设计的多克隆位点,以确保目的基因按一定方向与载体正确衔接。与原核表达体系比较,真核表达体系(如酵母、昆虫及哺乳类动物细胞)显示了较大优越性。尤其是哺乳类动物细胞,不仅可表达克隆 cDNA,而且还可表达真核基因组 DNA。当然,操作技术难、费时、不经济是哺乳类动物细胞表达体系的缺点。

在基因表达方面,真核细胞与原核细胞相比,在翻译加工方面具有明显的优点。例如,蛋白质中二硫键的精确形成、糖基化、磷酸化、寡聚体的形成等在真核细胞中可进行,原核细胞中无加工系统。但在分子克隆生产蛋白质方面也有明显不足的一面,除了基因转移较困难外,外源基因整合到细胞染色体上的位置与拷贝数等因素不易控制,真核细胞中的表达水平也要比原核细胞低得多,而且成本高,操作条件严格而复杂。因此,真核基因在原核细胞中表达产物的生物学活性与在真核细胞中无差别时,通常选择原核细胞进行表达。但当外源基因在大肠埃希菌中较高水平表达时,表达产物多以无活性的不可溶包涵体形式存在,虽然比较稳定,但需经一系列处理后才能获得有活性的产物,这也是应该注意的问题。

当真核基因在原核细胞中表达时,由于真核基因与原核基因结构及调控方式的不同,真核基因在原核细胞中表达存在以下困难:①原核细胞 RNA 聚合酶不能识别真核启动子,因此必须使用原核启动子。②从真核 DNA 转录的 mRNA 缺乏结合原核核糖体的 SD 序列。③真核基因常含有内含子,而原核细胞缺乏真核细胞的转录后加工系统,不能将内含子切除,因此真核基因在原核细胞中表达时应使用 cDNA。④原核细胞缺乏真核细胞特有的蛋白质修饰系统,如糖基化。因此,当影响产物活性时,应选用真核细胞表达真核基因。⑤真核蛋白质有时会被原核蛋白酶降解,小分子蛋白更是如此。为此可试将目的基因与细菌的结构基因相连构建成融合基因或选用相应蛋白酶缺陷的菌株作受体细胞。⑥很多真核蛋白前体具有信号肽序列,它可被真核细胞的信号肽酶所识别切除,从而成为成熟的真核蛋白。但真核蛋白前体的信号肽序列不能被原核细胞所识别、加工,因此用于在原核细胞中表达的真核基因,必须删除自身的信号肽编码序列。

第二节 分子杂交

分子杂交是利用分子间特异性结合的原理对核酸或蛋白质进行定性、定量分析的一项技术,主要包括核酸分子杂交和蛋白质杂交。在 DNA 复性过程中,如果把不同 DNA 单链分子、DNA 与 RNA、RNA 与 RNA 放在同一溶液中,只要在 DNA 或 RNA 单链分子之间有一定的碱基配对关系,不同分子的碱基互补区段将会退火形成杂化双链。核酸分子杂交就是根据两条核酸单链之间碱基互补、变性和复性的原理,用已知序列的单链核苷酸探针,检测待测样品中是否存在其互补核苷酸序列的方法。根据测定对象不同可将分子杂交分为 3 个基本类型(表 19-3)。

表 19-3 分子杂交的基本类型

测定对象	名称	受体片段	探针	派生出来的核酸杂交法
鉴别 DNA 的杂交	Southern 印迹	DNA	DNA 或 RNA	斑点杂交、原位杂交
鉴别 RNA 的杂交	Northern 印迹	RNA	RNA 或 DNA	菌落杂交、空斑杂交
鉴别蛋白质的杂交	Western 印迹	蛋白质	标记的抗体	狭缝杂交等

Southern 印迹(Southern blotting)是指将经酶切和电泳分离的待测 DNA 片段转印到固相支持物上,然后与标记的 DNA 探针杂交,可用于分子克隆、遗传病诊断、法医鉴定、肿瘤研究和器官移植等方面。Northern 印迹(Northern blotting)是指将经电泳分离后的待测 RNA 片段转印到固相支持物上,然后与标记的核酸探针进行杂交,主要用于检测各种基因转录产物,主要是 mRNA。Western 印迹(Western blotting)即蛋白质印迹技术,又称免疫印迹,主要用于检测样品中特异性蛋白质的存在、细胞中特异蛋白质的半定量分析以及蛋白质分子的相互作用研究等。

一、核酸探针

探针（probe）是一段与被测的核苷酸序列（靶基因序列）互补的带有标记的核苷酸片段。理想探针的特点：带有标记的示踪物，便于检测、鉴定；应是单链；具有高度特异性；探针长度一般为数十至数千个碱基；具有高灵敏度和稳定性，标记方法简便安全。标记探针的序列如果和膜上的核酸序列互补，就可以结合到膜上的相应 DNA 或 RNA 区带，经放射自显影或其他手段检测就可以判定膜上是否有同源的核酸分子存在。

探针标记物可分为放射性核素标记物与非放射性标记物。放射性核素标记物中^{125}I、^{3}H、^{14}C 用于蛋白质标记；^{32}P、^{3}H、^{35}S 用于核酸标记，其中^{32}P 和^{35}S 使用频率高。放射性核素标记物优点是放射性核素与相应元素具有完全相同的性质，灵敏度高，检测具有极高的特异性，假阳性极少。放射性核素标记物缺点是易造成放射性污染。非放射性标记物有生物素、地高辛配体等。生物素可以经过化学法与不同的化合物结合形成标记化合物。地高辛配体是一种脂质半抗原，可将其连在 dUTP 上，用酶将其掺入新合成链中，然后利用二抗—酶耦联物反应和显色反应来检测。

二、分子杂交的方法

通常是在尼龙滤膜或硝酸纤维素滤膜上进行的核酸分子杂交实验，包括以下两个不同的步骤：第一，将核酸样品转移到固体支持物滤膜上，这个过程称为核酸印迹转移，主要的有电泳凝胶核酸印迹法、斑点和狭线印迹法（dot and slot blotting）、菌落和噬菌斑印迹法（colony and plaque blotting）；第二，将具有核酸印迹的滤膜同带有放射性标记或其他标记的 DNA 或 RNA 探针进行杂交。所以有时又称这类核酸杂交为印迹杂交。而将蛋白质从电泳凝胶中转移并结合到硝酸纤维素滤膜上，然后同放射性核素^{125}I 标记的特定蛋白质之抗体进行反应，这种技术称为蛋白质印迹技术（Western blotting）。

关于印迹杂交技术的应用，最初只局限于 DNA 的转移杂交，后来逐步扩展到包括 RNA 和蛋白质转移杂交在内的更加广泛的领域。斑点及狭缝印迹杂交是指将 RNA 或 DNA 变性后直接点样于硝酸纤维素膜或尼龙膜上，再与探针杂交，称为斑点印迹。若采用狭缝点样器加样后杂交，其印迹为线状，称为狭缝印迹杂交。主要用于基因组中特定基因及其表达的定性及定量研究。原位杂交是指将标记的核酸探针与经适当方法处理的细胞或组织中的核酸进行杂交。该方法不需从组织或细胞中提取核酸，有很高的灵敏度，并可保持组织与细胞的形态，更能准确地反映出组织细胞的相互关系及功能状态。

下面以 Southern 杂交为例介绍核酸分子杂交技术的具体步骤（图 19-5）：用限制性核酸内切酶切割 DNA，琼脂糖凝胶电泳分离 DNA 片段，琼脂糖凝胶经过碱变性等预处理之后平铺在已用电泳缓冲液饱和的两张滤纸上，在凝胶上部覆盖一张硝酸纤维素滤膜，接着加一叠干滤纸，最后再压上一重物。这样由于干滤纸的吸引作用，凝胶中的单链 DNA 便随着电泳缓冲液一起转移。这些 DNA 分子一旦同硝酸纤维素滤膜接触，就会牢牢地缚结在它的上面，而且是严格地按照它们在凝胶中的谱带模式，原样地被吸印到滤膜上。应用紫外线交联法或用 80℃烘烤 1～2 小时，DNA 片段就会稳定地固定在硝酸纤维素滤膜上。然后将此滤膜移至加有放射性核素标记探针的溶液，膜上的单链 DNA 杂交之后，就很难再解链。因此，可以用漂洗法去掉游离的没有杂交上的探针分子。用 X 线底片曝光后所得的放射自显影图片，同溴化乙啶染色的凝胶谱带作对照比较，便可鉴定出究竟哪一条限制片段是同探针的核苷酸序列同源的。Southern 印迹杂交方法十分灵敏，在理想的条件下，应用放射性核素标记的特异性探针和放射自显影技术，即使每条电泳条带仅含有 2ng 的 DNA 也能被清晰地检测出来。它几乎可以同时用于构建 DNA 分子的酶切图谱和遗传图，在分子生物学及基因克隆实验中的应用极为普遍。

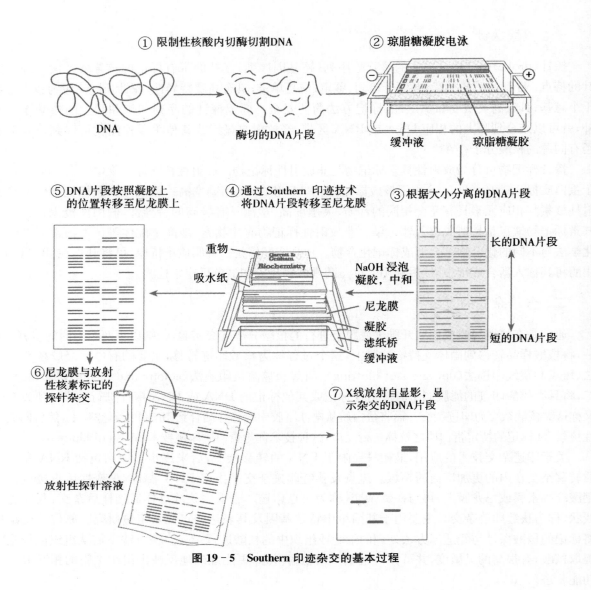

图 19-5　Southern 印迹杂交的基本过程

第三节　聚合酶链反应

　　聚合酶链反应(polymerase chain reaction，PCR)是美国 Cetus 公司人类遗传研究室的科学家 K. B. Mullis 于 1983 年发明的一项技术，它是一种在体外快速扩增特定基因或 DNA 序列的方法，故又称为基因的体外扩增法。它可以在试管中建立反应，经数小时后，就能将极微量的目的基因或某一特定的 DNA 片段扩增数十万倍，乃至千百万倍。

一、PCR 的基本原理

　　双链 DNA 分子在临近沸点的温度时便会分离出两条单链的 DNA 分子，以一对分别与模板 5′端和 3′端相互补的寡核苷酸片段为引物，DNA 聚合酶以单链 DNA 为模板并利用反应混合物中的 4 种脱氧核苷三磷酸(dNTPs)合成新生的 DNA 互补链。因此，新合成的 DNA 链的起点，事实上是由加入在反应混合物中的一对寡核苷酸引物在模板 DNA 链两端的退火位点决定的，即它能够指导特定 DNA 序列的合成。重复这一过程，使目的 DNA 片段得到大量扩增(图 19-6)。

(一) PCR 反应体系

有模板 DNA、底物 dNTP、过量寡核苷酸引物、耐高温 DNA 聚合酶、缓冲液及其他成分。PCR 特异性反应的关键取决于引物与模板 DNA 互补的程度,最常用的耐高温的 Taq DNA 聚合酶是从水生栖热菌 yT1 株分离提取的,PCR 反应中 Taq DNA 聚合酶量约需 2.5 U;dNTP 的质量与浓度和 PCR 扩增效率有密切关系;模板核酸的量与纯化程度是 PCR 成败与否的关键环节之一。

(二) PCR 的基本反应步骤

PCR 反应涉及多次重复进行的温度循环周期,而每一个温度循环周期均是由高温变性、低温退火及适温延伸 3 个步骤组成。例如,一般的 PCR 程序是:第 1 步,94℃ 5 分钟;第 2 步,94℃ 30 秒;55℃ 1 分钟;72℃ 1 分钟,30 个循环;第 3 步,72℃ 10 分钟。PCR 反应的最后结果是,经几次循环之后,反应混合物中所含有的双链 DNA 分子数,即两条引物结合位点之间的 DNA 区段的拷贝数,理论上的最高值应是 2^n,最后采用琼脂糖凝胶电泳检测 PCR 产物(图 19 - 7)。

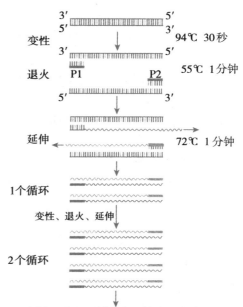

30 个循环后,DNA 模板含量扩大 100 万倍以上

图 19 - 6 PCR 技术原理示意图

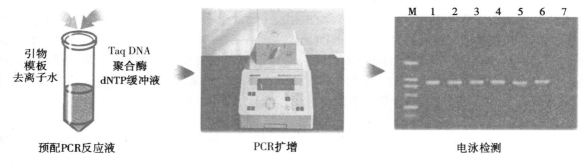

预配 PCR 反应液　　　　PCR 扩增　　　　电泳检测

图 19 - 7 PCR 技术分析的流程图

(三) 重要的 PCR 衍生技术

逆转录 PCR 技术、原位 PCR 技术和实时 PCR 技术是重要的 PCR 衍生技术。

1. 逆转录 PCR 技术(reverse transcription PCR,RT - PCR)　是将 RNA 的逆转录反应和 PCR 反应联合应用的一种技术。常规 PCR 的一个局限性是,它需要设计一对界定在靶 DNA 区段两端的扩增引物,因此它只能扩增两引物之间的 DNA 区段。然而有时我们也希望扩增位于靶 DNA 区段之外的两侧未知的 DNA 序列。这就需要应用反向 PCR(reverse PCR)技术,它能够有效地满足此种需要,而且对于染色体步移(chromosome walking)也有实际的用途。RT - PCR 是目前从组织或细胞中获得目的基因以及对已知序列的 RNA 进行定性及半定量分析的最有效方法。

2. 原位 PCR(in situ PCR)技术　是在组织切片或细胞涂片上的单个细胞内进行的 PCR 反应,然后用特异性探针进行原位杂交,即可检出待测 DNA 或 RNA 是否在该组织或细胞中存在。原位 PCR 方法弥补了 PCR 技术和原位杂交技术的不足,是将目的基因的扩增与定位相结合的一种最佳方法。

3. 实时 PCR(real - time PCR)技术　就是通过对 PCR 扩增反应中每一个循环产物荧光信号的

实时检测从而实现对起始模板定量及定性的分析。通过动态监测反应过程中的产物量,消除了产物堆积对定量分析的干扰,亦被称为定量 PCR。在实时荧光定量 PCR 反应中,引入了一种荧光化学物质,随着 PCR 反应的进行,PCR 反应产物不断累积,荧光信号强度也等比例增加。每经过一个循环,收集一个荧光强度信号,这样我们就可以通过荧光强度变化监测产物量的变化,从而得到一条荧光扩增曲线图。实时荧光定量 PCR 的化学原理包括探针类和非探针类两种,探针类是利用与靶序列特异杂交的探针来指示扩增产物的增加,非探针类则是利用荧光染料或特殊设计的引物来指示扩增的增加。SYBR Green Ⅰ是一种结合于小沟中的双链 DNA 染料,与双链 DNA 结合后,其荧光大大增强。在 PCR 反应体系中,加入过量 SYBR 荧光染料,SYBR 荧光染料特异性地掺入 DNA 双链后,发射荧光信号,而不掺入链中的 SYBR 染料分子不会发射任何荧光信号,从而保证荧光信号的增加与 PCR 产物的增加完全同步。

二、PCR 的应用

(一) 目的基因的克隆

利用特异性引物以 cDNA 或基因组 DNA 为模板 PCR 获得已知目的基因片段,或与逆转录反应相结合,直接以组织和细胞的 mRNA 为模板 PCR 获得目的片段;利用简并引物从 cDNA 文库或基因组文库中 PCR 获得序列相似的基因片段;利用随机引物从 cDNA 文库或基因组文库中克隆基因。

(二) 基因的体外突变及突变分析

利用 PCR 技术可以随意设计引物在体外对目的基因片段进行嵌和、缺失、点突变等改造。基因的体外诱变是 PCR 技术的又一个重要的研究应用领域。它主要是利用寡核苷酸引物在碱基不完全互补配对的情况下亦能同模板 DNA 退火结合的能力,在设计引物时人为地造成碱基取代、缺失或插入,从而通过 PCR 反应将所需的突变引入靶 DNA 区段。然后将突变基因与野生型基因之间作功能比较分析,就可以确定所引入突变的功能效应。这种 PCR 体外诱变技术在检测蛋白质与核酸的相互作用方面具有特别的价值。PCR 技术不仅可以有效地在体外引入基因突变,而且也是检测基因突变的灵敏手段。弄清突变的性质对于疾病诊断及治疗有着十分重要的意义。

(三) DNA 和 RNA 的微量分析

PCR 技术高度敏感,对模板 DNA 的量要求很低,是 DNA 和 RNA 微量分析的最好方法。PCR 定量法所依据的原理是,假定其反应产物的数量是同反应混合物中起始的模板 mRNA 或 DNA 成正比的。因此,根据琼脂糖凝胶电泳中样品条带的强度比较,便能够确定两种 PCR 反应产物之间的数量关系。而通过同一系列已知数量的 DNA 之 PCR 扩增条带强度的比较分析,亦可估算出在起始样品中 mRNA 的实际数量。如果是在同样试管中应用同样的引物进行 RT - PCR 扩增,那么这种估算的结果则是十分精确的。

(四) DNA 序列测定

将 PCR 技术引入 DNA 序列测定,使测序工作大为简化,也提高了测序的速度;待测 DNA 片段既可克隆到特定的载体后进行序列测定,也可直接测定。按照 Sanger 双脱氧末端链终止法测定 DNA 的核苷酸序列,最好是使用单链模板 DNA。现已发展出一种专门用于制备单链 DNA 的不对称 PCR 技术(asymmetric PCR)。这种方法除了使用的两种引物浓度相差 100 倍以外,其他方面与标准的 PCR 并没有什么本质的区别。这两种引物当中,低浓度的称为限制引物,一般为 0.5～1.0pmol。在限制引物被用完之前,PCR 扩增的产物当中主要是双链的 DNA,而且以指数方式上升。大约经过 25 个循环之后,反应混合物中剩下的高浓度引物,继续退火引导合成新链 DNA。此时的 PCR 扩增产物则只有双链 DNA 中的某一条链,以线性而非指数方式增加。尽管如此,经过 10 次左右的循环扩增,仍可生产出足以满足测序需求的单链模板 DNA。

第四节　DNA 序列分析

核酸序列分析也称核酸测序技术(简称"测序")。最初的 DNA 序列分析,采用双脱氧链终止法和化学修饰裂解法之一来进行手工测序。最近发展起来的新一代测序技术(next generation sequencing,NGS)则使得 DNA 测序进入了高通量、大规模并行、低成本时代。目前,基于单分子读取技术的第三代测序技术(single-molecule real-time sequencing,SMRT)已经出现,SMRT 测序速度更快且成本更低,也更适合于临床应用。

一、双脱氧合成末端终止法

利用 DNA 聚合酶和双脱氧链终止物测定 DNA 核苷酸顺序的方法,是由英国剑桥分子生物学实验室的生物化学家 F. Sanger 等人于 1977 年发明的。这是一种简单快速的 DNA 序列分析法(图 19-8)。它的基本原理是:第一,DNA 聚合酶能够利用单链的 DNA 作模板,合成出准确的 DNA 互补链;第二,DNA 聚合酶能够利用 $2',3'$-双脱氧核苷三磷酸(ddNTP)作底物,使之渗入到寡核苷酸链的 $3'$端,从而终止 DNA 链的生长。核酸模板在核酸聚合酶、引物、带 ^{32}P 或 ^{35}S 标记的 4 种单脱氧核苷三磷酸(dNTP)存在条件下复制或转录时,分别在四管反应系统中按比例引入 4 种 $2',3'$-双脱氧核苷三磷酸(ddNTP),由于双脱氧核苷三磷酸缺乏 $3'$羟基,因此不能与下一个核苷酸形成磷酸二酯键,DNA 合成反应终止。所以每管中的合成核酸片段是以共同引物为 $5'$端,以双脱氧碱基为 $3'$端的一系列长度不等的片段。将产物电泳可以分离长度相差一个碱基的核酸片段,根据片段 $3'$端的双脱氧碱基,便可以依次阅读合成片段的碱基顺序。

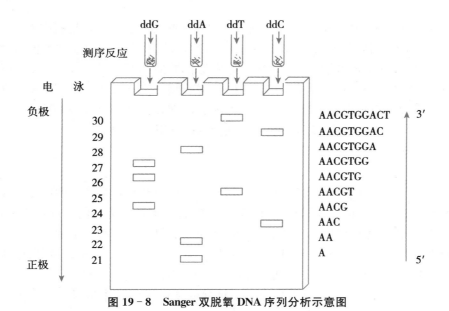

图 19-8　Sanger 双脱氧 DNA 序列分析示意图

二、化学修饰裂解法

化学修饰裂解法又称 Maxam-Gillbert DNA 序列测定法,其基本原理是,用化学试剂处理具有末端放射性标记的 DNA 片段,造成碱基的特异性切割。因此,产生一组具有各种不同长度的 DNA 链的反应混合物,经凝胶电泳按大小分离和放射自显影之后,便可根据 X 线片底板上所显现的相应谱带,直接读出待测 DNA 片段的核苷酸顺序。

化学修饰裂解所应用的初始材料,通常是从经一种限制性核酸内切酶局部消化的 DNA 分子群体中纯化出来的特定 DNA 片段。这些待测序的 DNA 片段,可以是双链的也可以是单链的,但其末端(或是 $3'$ 端或是 $5'$ 端)必须带有放射性标记的 ^{32}P-磷酸基团。所以,在进行碱基特异的化学切割反应之前,需先对待测定的 DNA 片段作末端标记。当然,Maxam-Gillbert 法的关键在于,使 DNA 的 4 种核苷酸碱基中,有 1~2 种发生特异性的化学切割反应,这种化学切割反应包括碱基的修饰作用、修饰的碱基从其糖环上转移出去、在失去碱基的糖环部位发生 DNA 链的断裂三个主要内容。这一方法在分子生物学发展的早期发挥了重要作用,但因其费用高且难以实现自动化而逐渐被其他方法取代。

第五节　其他常用分子生物学技术

一、基因剔除技术

基因剔除(gene knock-out)技术又称基因靶向(gene targeting)灭活,是一种有目的地去除动物体内某种基因的技术。这种基因靶向灭活技术可以在细胞水平进行,从而建立新的细胞系;也可以在整体水平进行用以建立基因剔除动物。其操作方式是将灭活的基因放入胚胎干细胞(embryonic stem cell, ES)中,使这一灭活基因通过同源重组取代原有的目的基因,筛选到基因已定点灭活的细胞后,通过显微注射将细胞注入小鼠囊胚中。细胞在小鼠囊胚中参与胚胎的发育,最终形成嵌合体小鼠。由于嵌合体小鼠的一部分生殖细胞是来源于 ES 细胞,所以通过小鼠培育即可获得纯合子基因剔除小鼠。

二、基因编辑技术

基因编辑(gene editing)技术是对基因组进行定点修饰的技术。一般是指利用人工核酸酶在特定位点产生 DNA 双链断裂,诱导非同源末端连接或同源重组,从而完成特定序列的插入、删除、修改或替换。常用的核酸酶有锌指核酸酶、转录激活样效应型核酸酶和 Cas 核酸酶等。其中 CRISPR/Cas 是细菌防御病毒和质粒攻击的获得性免疫机制,通过切割外源 DNA 并整合到 CRISPR 近端的宿主染色体上,以保护其自身免受病毒和质粒的入侵,从而能够识别并切割外源致病 DNA。目前,CRISPR/Cas 系统已经被开发成一种应用最多的高效率、低脱靶率的基因编辑技术。

三、生物芯片技术

1. 基因芯片(gene chip)　是指将许多特定的 DNA 片段有规律地紧密排列固定于单位面积的支持物上,然后与待测的荧光标记样品进行杂交,杂交后用荧光检测系统对荧光进行扫描,通过计算机系统对每一位点的荧光信号作出检测、比较和分析,从而迅速得出定性和定量的结果。该技术亦被称做 DNA 微阵列(DNA microarray)。基因芯片可在同一时间内分析大量的基因,高密度基因芯片可以在 $1cm^2$ 面积内排列数万个基因用于分析,实现了基因信息的大规模检测。

2. 蛋白质芯片(protein chip)　是将高度密集排列的蛋白质分子作为探针点阵固定在固相支持物上,当与待测蛋白质样品反应时,可捕获样品中的靶蛋白,在经检测系统对靶蛋白进行定性和定量分析的一种技术。蛋白质芯片的基本原理是蛋白质分子间的亲和反应,例如抗原-抗体或受体-配体之间的特异性结合。最常用的蛋白质探针是抗体。在用蛋白质芯片检测时,首先将样品中的蛋白质标记上荧光分子,经过标记的蛋白质一旦结合到芯片上就会产生特定的信号,通过激光扫描系统来检测信号。

小　结

- **分子克隆**

不同来源的 DNA 分子可以通过磷酸二酯键连接形成重新组合的 DNA 分子，称为分子克隆。分子克隆的操作过程包括：目的基因的分离、载体的选择、目的基因与载体的连接、重组 DNA 分子导入宿主细胞、重组体的筛选、克隆基因的表达。

- **分子杂交**

分子杂交是利用分子间特异性结合的原理对核酸或蛋白质进行定性、定量分析的一项技术，主要包括核酸分子杂交和蛋白质杂交。核酸分子杂交是根据两条核酸单链之间碱基互补、变性和复性的原理，用已知序列的单链核苷酸探针，检测待测样品中是否存在其互补的同源核苷酸序列的方法。根据测定对象不同可将分子杂交分为：Southern 印迹、Northern 印迹、Western 印迹。

- **聚合酶链反应**

聚合酶链反应（PCR）是在体外快速扩增特定基因或 DNA 序列的方法，逆转录 PCR 技术、原位 PCR 技术和实时 PCR 技术是重要的 PCR 衍生技术。PCR 技术可以用于目的基因的克隆、基因的体外突变及突变分析、DNA 和 RNA 的微量分析及 DNA 序列分析等。

- **DNA 序列分析**

核酸序列分析也称核酸测序技术（简称"测序"）。最初的 DNA 序列分析，采用双脱氧链终止法和化学修饰裂解法来进行手工测序。最近发展起来的新一代测序技术则使得 DNA 测序进入了高通量、大规模并行、低成本时代。基于单分子读取技术的第三代测序技术也已经出现，也更适合于临床应用。

- **其他常用分子生物学技术**

基因剔除技术、基因编辑技术及生物芯片技术在基因功能分析、基因突变检测及探讨疾病的发生机制、临床疾病的诊断和新药开发领域具有重要价值。

（李香灵）

第二十章
基因诊断与基因治疗

本章课件

随着分子生物学理论和技术的迅速发展，人们认识到绝大多数疾病都与基因密切相关。由于基因异常导致的疾病称为基因病（genopathy），一般分为 3 类：①单基因病：由于单个基因异常引起的疾病，如血友病、β 地中海贫血等；②多基因病：多个基因改变的综合作用引起的疾病，如恶性肿瘤、高血压、糖尿病等；③获得性基因病：外源性病原体基因（DNA/RNA）侵入人体引起的疾病，如病毒、细菌感染性疾病。基因诊断（gene diagnosis）和基因治疗（gene therapy）成为近年来基础和临床医学研究的重要内容。

第一节 基因诊断

基因诊断是采用分子生物学的技术方法来分析受检者的特定基因的结构（DNA 水平）或功能（RNA 水平）是否异常，以此对相应的疾病进行诊断，属于第四代实验室诊断技术。

一、基因诊断的特点

同以疾病表型改变为基础的前三代实验室诊断技术相比，基因诊断具备以下特点：

1. 特异性强　基因诊断检测的目标是基因，基因的碱基序列是特异的，检测基因的分子生物技术也是高度特异的。

2. 灵敏度高　基因检测过程中用到的许多技术如 PCR 具有信号放大效应，大大提高了诊断的灵敏度，几个细胞、一根发丝、一滴血迹便可检测靶基因。

3. 早期诊断　基因诊断不仅可对有表型出现的疾病做出明确诊断，还可在产前早期诊断遗传性疾病，可检出感染性疾病潜伏期的病原微生物、还可预测和早期发现某些恶性肿瘤。

4. 诊断范围广，适用性强　基因诊断不仅能对疾病作出确切的诊断，而且能检测某些疾病的易感性、发病类型和阶段、抗药性等。

5. 临床应用前景好　随着分子生物学技术和分子遗传学技术的普及,将有越来越多的基因诊断项目应用于临床实验室。

二、基因诊断的常用方法

基因诊断的内容包括:①检测 DNA 的缺失、插入、倒位、点突变或基因重排等;②检测基因转录产物 mRNA 或非编码 RNA。常用的基因诊断方法是以核酸分子杂交、聚合酶链反应为基础,结合 DNA 测序、生物芯片等技术,或上述几种方法联合使用。

(一) 核酸分子杂交

核酸分子杂交(nucleic acid hybridization)是基因诊断最基本的方法之一,原理是利用探针与靶序列碱基互补配对结合,再根据探针上的标记基团采用相应的方法进行检测。主要有以下方法。

1. 凝胶电泳核酸印迹杂交　将 DNA 或 RNA 凝胶电泳后转至膜上形成印迹,再加入放射性标记探针进行杂交检测。Southern 印迹杂交检测 DNA,Northern 印迹杂交检测 RNA。

2. 斑点杂交(dot blot)　将样品 DNA 或 RNA 变性后直接点于硝酸纤维素膜或尼龙膜上形成斑点,再加入标记探针进行杂交检测。根据待测样本与标记的探针杂交的图谱,可以判断目标基因是否存在,根据杂交点的强度可以了解待测基因的含量。斑点杂交不需电泳和转膜过程,操作过程简便、快速,但不能确定 DNA 或 RNA 的分子量,无法分离目标分子。

3. 反向点杂交(reverse dot blot,RDB)　将多种寡核苷酸探针固定于膜上,再加入待测 DNA 或 RNA 样品进行杂交。反向点杂交能一次杂交检测多种靶序列,大大提高了诊断的效率,广泛用于检测基因突变、基因分型和遗传多态性等。

(二) 聚合酶链反应及相关技术

聚合酶链反应(polymerase chain reaction,PCR)技术是分子生物学应用非常广泛的核酸扩增技术,短时间内能将靶核酸扩增上百万倍,大大提高基因检测的敏感性。基因诊断中常使用以下 PCR 及相关技术。

1. 常规 PCR　主要用于检测目的基因是否存在,常与核酸杂交技术联合使用,分析鉴定基因突变。

2. RT-PCR　用于检测目的基因的表达水平(mRNA)或 RNA 病毒。

3. 实时定量 PCR(real-time quantitative PCR)　该技术操作简便省时,定量准确,在 PCR 扩增过程中完成检测,无需开盖分析,有效防止 PCR 产物污染。TaqMan 技术是常用的实时定量 PCR 技术,在感染性疾病的基因诊断中应用尤其广泛。其基本原理是:针对 PCR 特异扩增的靶 DNA 序列,设计 TaqMan 探针,5′端标记报告荧光基团,3′端标记淬灭荧光基团,前者的发射光谱可被后者淬灭。在 PCR 循环周期中引物延伸时,与靶 DNA 杂交的 TaqMan 探针,就会被 DNA 聚合酶的 5′-3′的外切酶活性裂解,使报告荧光基团释放出来,此时仪器检测到荧光。在整个扩增过程对产生的荧光实时监测,样本中模板的原始数量的对数与当荧光强度超出选定阈值的循环数(Ct 值)成线性关系,根据这种关系对样品中 DNA 的含量进行定量测定。

4. PCR-SSCP　PCR 扩增后变性为单链,如果序列不同,即使单个碱基不同,所形成的构象就不同,在非变性聚丙烯酰胺凝胶电泳时速度就不同,在凝胶上呈现不同的条带,称为单链构象多态性(single-strand conformation polymorphism,SSCP)。PCR-SSCP 能快速、灵敏、有效地筛查目的 DNA 是否有突变位点,但不能检测具体突变序列。PCR-SSCP 可用于检测与肿瘤发生相关的基因突变、病毒分型、遗传疾病的点突变等。

5. PCR-RFLP　PCR 扩增的 DNA 序列如果发生了突变,就会改变某种限制酶的识别位点,使原来某一识别位点消失,或形成了新的识别位点,那么相应限制酶切割片段的长度和数目会发生改变,PCR 产物进行琼脂糖凝胶电泳后就会呈现不同的条带,这种现象称为限制性片段长度多态性(restriction fragment length polymorphism,RFLP)。此法可用于检测有些限制酶识别位点改变的遗传疾病,如镰状细胞贫血、β 地中海贫血等。

　　6. PCR - ASO 探针杂交法　用于检测基因点突变,先用 PCR 扩增突变位点上下游的序列,扩增产物再与等位基因特异的寡核苷酸探针(allele-specific oligonucleotide probe,ASO probe)杂交。ASO 探针包括正常序列(野生型)探针和突变型探针,突变的碱基位于序列中央。PCR - ASO 可明确诊断突变的纯合子和杂合子。此法对一些已知突变类型的遗传病,如地中海贫血、苯丙酮尿症等纯合子和杂合子的诊断很方便,也可分析癌基因如 H - ras 和抑癌基因如 $p53$ 的点突变。

　　(三) 核酸测序技术

　　核酸测序技术是诊断基因异常最直接和准确的方法。虽然核酸杂交、PCR 技术得到了长足的发展,但对于核酸序列的鉴定都仅仅停留在间接推断的假设上,因此对于特定基因序列的检测,核酸测序仍是技术上的金标准。

　　(四) 生物芯片

　　生物芯片(biochip)是根据生物分子间特异相互作用的原理,将分析过程集成于芯片表面,从而实现对 DNA、RNA、多肽、蛋白质以及其他生物成分的高通量快速检测。根据芯片上探针的不同,分为基因芯片和蛋白质芯片。

　　基因芯片技术由于同时将大量探针固定于支持物上,所以可以一次性对样品大量序列进行检测和分析,从而解决了传统核酸印迹杂交技术操作繁杂、自动化程度低、操作序列数量少、检测效率低等不足。基因芯片可用于突变检测、多态性分析、基因表达谱测定等。

　　蛋白质芯片是一种高通量的蛋白质分析技术,将识别特异抗原的抗体制成微阵列,检测样品中抗原蛋白质表达谱分析,以区分生理或病理过程相关蛋白质表达水平,一般用于复杂疾病如肿瘤的辅助诊断。

知识链接

核酸测序技术的发展

　　核酸测序技术可分为三代:第一代测序以双脱氧链终止法为基础发展起来的荧光自动测序技术,目前仍广泛使用,主要用于范围较小的 DNA 片段测序,如基因工程中靶基因序列分析、单基因病的基因突变检测等;第二代测序又称为新一代测序(next generation sequencing,NGS),属于高通量测序,就是对几百万至数十亿的 DNA 分子一次性实现并行测序,从而对一个物种的全部基因组或转录组进行深入、细致地分析。Illumina 公司的 Solexa 测序平台开发的"边合成边测序"是目前应用最广泛的二代测序技术,其核心技术有二:①通过桥式 PCR 对固定于流动槽的文库 DNA 序列进行平行 PCR 扩增,变性后形成 DNA 簇;②平行测序时加入带有 4 种荧光标记的 dNTP,因其 3′羟基末端带有可化学切割的封闭基团,称为"可逆性末端终结子",每一轮测序只测定单个碱基,能够很好地解决同聚物长度的准确测量问题;第三代测序技术省去了 NGS 流程中平行 PCR 扩增过程,直接对固定的文库 DNA 进行平行测序,又称为单分子测序。目前主要有太平洋生物科学公司开发的单分子实时 DNA 测序技术(single molecule real-time sequencing,SMRT)和牛津纳米孔技术公司开发的纳米孔单分子测序技术。第三代测序同样具有高通量测序的特点,有读序长、成本低等优点,但目前技术还不够成熟,检测错误率高于第二代测序。高通量测序提供了更快速、更便捷和更经济的测序手段,使得人类基因组测序进入千(美)元基因组时代,在精准医疗、遗传疾病和临床诊断等方面,高通量测序开创了革命性的领域。

三、基因诊断的临床应用

（一）遗传病的基因诊断

遗传病有数千种，中国较常见的遗传病有地中海贫血、血友病 A、血友病 B、苯丙酮尿症、杜氏肌营养不良症（DMD）、葡萄糖‑6 磷酸脱氢酶（G‑6‑PD）缺乏症、唐氏综合征（Down's syndrome）等。根据不同遗传疾病的分子基础，可采用不同的技术方法进行诊断，不但可对有症状患者进行检测，而且对遗传疾病家族中未发病的成员乃至胎儿甚至胚胎着床前进行诊断是否携带异常基因，这对指导科学婚育和提高人口质量都具有重大意义。下面以镰状细胞贫血的基因诊断为例进行介绍。

镰状细胞贫血为遗传性血红蛋白病，其致病机制是 β 珠蛋白发生了点突变，正常 β 珠蛋白（β^A）第 6 位密码子为 GAG，编码谷氨酸，突变后变为 GTG，编码缬氨酸，形成了异常 β 珠蛋白 S（β^S），使红细胞扭曲成镰状细胞（即镰变现象）。镰变的红细胞可发生溶血、堵塞毛细血管等，引起相关症状。临床上一般通过血红蛋白电泳、红细胞镰变实验等进行确诊。基因诊断则可以对该病进行早期诊断和产前诊断。

1. PCR‑RFLP 检测　先 PCR 扩增含有 β 珠蛋白第 5、6、7 位密码子的片段，引物为 5′‑TGTGGAGCCACACCCTAGGGTTG‑3′ 和 5′‑CATCAGGAGTGGACAGATCC‑3′，扩增产物 440bp。扩增产物经限制酶 *Dde* I（C/TNAG）酶切，然后电泳检测。正常 β 珠蛋白序列含有两个酶切位点（检测位点和对照位点），切为三段，分别为 72bp、167bp、201bp，镰状突变后检测酶切位点消失，仅含有对照酶切位点，切为两段：72bp、368bp，如果是杂合子（既有正常序列，也有突变序列），则酶切后有 72bp、167bp、201bp 和 368bp 四个片段。引入对照酶切位点的目的是判断限制酶是否有活性及酶切消化是否彻底（图 20‑1）。

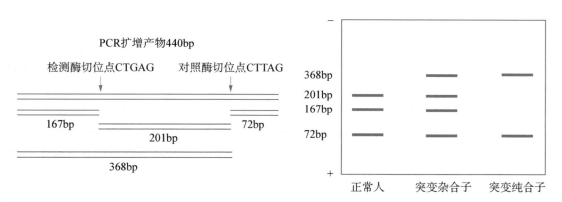

图 20‑1　PCR‑RFLP 检测镰状细胞贫血

2. PCR‑ASO 检测　先将含有突变点的 β 珠蛋白基因进行 PCR 扩增，扩增产物变性后点于膜上，加入 ASO 探针进行斑点杂交。野生型探针（β^A‑ASO）：5′‑CTCCTGAGGAGAAGTCTGC‑3′，突变型探针（β^S‑ASO）：5′‑CTCCTGTGGAGAAGTCTGC‑3′。结果判断如图 20‑2 所示：

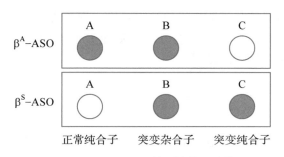

图 20‑2　PCR‑ASO 检测镰状细胞贫血

（二）肿瘤的基因诊断

肿瘤属于多基因病，癌基因的激活及抑癌基因的失活与肿瘤发生发展关系密切，多数肿瘤组织或肿瘤细胞中都检测到癌基因与抑癌基因的突变或表达的异常，因此对癌基因和抑癌基因的检测成为诊断肿瘤的重要手段。如 *ras* 癌基因，其激活的分子机制主要是点突变，最常见的突变位点是 12、13、61 位密码子突变。*p53* 基因是抑癌基因，在肿瘤组织中其常发生突变而失活。通过 PCR - SSCP、PCR - RFLP、DNA 测序等方法检测 *ras*、*p53* 基因的突变，有助于对恶性肿瘤的诊断，对肿瘤治疗及预后也有指导意义。

肿瘤的基因诊断不同于单基因疾病和感染性疾病，主要表现在检测对象（肿瘤标志物）众多，但大多数标志物是肿瘤的相关性指标，而非特异性指标。因此，不同肿瘤类型要采用不同的诊断策略：①选择与特定肿瘤相关性高的靶基因，靶基因在拟诊癌症中具有较高的突变频率，且存在突变热点；②检测肿瘤相关病毒的基因，如致瘤性 DNA 病毒：HPV、HBV、EBV、HHV - 8，致瘤性 RNA 病毒：HTLV 和 HCV；③检测肿瘤标志物基因与 mRNA，这些物质存在于肿瘤细胞和组织中，或进入血液和其他体液，其在细胞中表达水平的高低或在体液中的含量能反映恶性肿瘤的发生发展以及对治疗的反应。

（三）感染性疾病的基因诊断

感染性疾病是各种病原体侵入人体引起的疾病。病原体种类有：病毒、细菌、衣原体、支原体、真菌、寄生虫等。对感染性疾病的传统诊断，一是直接分离培养病原体，二是对患者血清学或生物化学的分析，具有周期长、灵敏度低、特异差等缺点。对感染性疾病的基因诊断则具有快速、灵敏、特异等优点。一般根据各病原体特异和保守的序列设计引物和探针，对病原体的 DNA 可用实时荧光定量 PCR 技术检测，而对 RNA 病毒，则采用实时荧光 RT - PCR。例如新冠病毒（COVID - 19），基因组中有 29 个开放读框，相对保守的序列有开放读码框 1a/b（open reading frame 1ab，ORF1ab）、包膜蛋白（Envelope protein，E）和核衣壳蛋白（nucleocapsid protein，N），根据这些保守序列设计特异性引物及探针，如根据 ORF1ab 基因可设计正向引物（F）：$5'$ - CCCTGTGGGTTTTACACTTAA - $3'$，反向引物（R）：$5'$ - ACGATTGTGCATCAGCTGA - $3'$，TaqMan 探针（P）：$5'$ - FAM - CCGTCTGCGGTATGTGGAAAGGTTATGG - BHQ1 - $3'$，通过实时荧光 RT - PCR 检测新冠病毒的 RNA。

（四）法医学中的应用

对生物个体识别和亲子鉴定的传统方法有血型、白细胞抗原（HLA）等，但这些方法都存在着一些不确定的因素。近年来对人基因结构的深入研究发现，人基因组中存在着数量众多的短串联重复序列（short tandem repeat，STR），重复单元较短，核心序列含 2～6bp，不同个体间重复单元数目不同，DNA 片段长度为 100～500bp，又称为微卫星 DNA。微卫星 DNA 是一种应用价值很高的遗传标记，因为微卫星 DNA 较短，易进行 PCR 操作，再结合聚丙烯酰胺凝胶电泳分析，可用于个体识别和亲子鉴定。STR - PCR 技术在法医学中已广泛使用。

第二节 基因治疗

基因治疗狭义概念是指用具有正常功能的基因置换或增补患者体内有缺陷的基因，达到治疗疾病的目的。目前基因治疗的概念有了很大的拓展，广义概念是指把某些遗传物质转移到患者体内，使其在体内表达，最终达到治疗某种疾病的方法。

一、基因治疗的基本策略

（一）基因矫正或置换

基因矫正对缺陷基因的异常序列进行矫正，正常部分予以保留，从而对缺陷基因精确地原位修复。基因置换则以正常基因通过同源重组方式原位置换异常基因。基因矫正或置换均使细胞内的DNA完全恢复正常,是最理想的基因治疗方法,但目前在操作技术方面还存在一定困难,有待进一步突破。

(二)基因增补

将目的基因导入病变细胞或其他细胞,不去除异常基因,而是通过目的基因的非定点整合。基因增补有两种类型:①在有缺陷基因的细胞中导入正常基因,使其表达正常蛋白质以补偿缺陷基因的功能;②向靶细胞导入其本身不表达但有某种治疗作用的基因(如细胞因子),从而达到治疗目的(如杀伤肿瘤细胞)。基因增补是目前临床上应用最广泛的基因治疗策略,但增补基因随机整合到人基因组,导致基因组结构改变,可能导致新的疾病的发生。

(三)基因沉默

基因沉默(gene silencing)利用反义技术、siRNA、核酶等分子生物技术,特异抑制过表达基因的表达,或者破坏基因结构使之不表达,从而达到治疗的目的。如某些恶性肿瘤的治疗,可以通过抑制癌基因的过度表达,从而抑制肿瘤细胞的生长和增殖。

二、基因治疗的基本流程

(一)选择治疗基因

选择对疾病有治疗作用的特定目的基因是基因治疗的首要问题。治疗基因一般可分为 3 类:①正常基因,从健康人体分离得到,用来取代缺陷基因,或者依靠其表达产物来弥补病变基因的生理功能。常用于治疗各种基因缺陷型遗传病如血友病、地中海贫血等。②正常基因以外的治疗基因,如细胞因子、生长因子、转录因子、多肽类激素、可溶性受体、抑癌基因、自杀基因等。③反义基因,即通过反义 RNA 分子,与病变基因产生的 mRNA 进行互补,阻断非正常蛋白质的合成。

(二)选择载体

用于基因治疗的载体主要有两类:病毒载体和非病毒载体,通常采用病毒载体,其优点是:①病毒具有极高的感染能力,易于把基因导入特定的组织细胞中;②携带的基因数量大,并且基因在患者体内很容易持续表达。非病毒载体基因传输效率低,表达短暂,应用相对受限。

1. 病毒载体

(1)逆转录病毒载体 逆转录病毒(retrovirus)是一种正链 RNA 病毒,在受染细胞中逆转录产生dsDNA,可随机整合到宿主细胞基因组中。用于基因治疗的逆转录病毒载体系统包括两部分:①缺陷型逆转录病毒,删除病毒结构蛋白基因(gag、pol、env),保留两侧的长末端重复序列(LTR)及包装信号序列(ψ),插入治疗基因、启动子和抗性基因,构建成重组病毒载体。②包装细胞,含有缺失包装信号的逆转录病毒,只能产生病毒包装所需的结构蛋白质,但本身的病毒 RNA 因缺失包装信号,所以不会被包装成病毒颗粒。将构建的缺陷型逆转录病毒重组载体转染包装细胞,即可产生含有治疗基因的假病毒颗粒(因不含病毒结构蛋白基因),这种假病毒颗粒能高效感染靶细胞,使治疗基因能够整合至靶细胞的染色体中,从而能长期表达基因产物,达到治疗的目的。

逆转录病毒载体的优点:①可以有效地整合入靶细胞基因组中,并稳定持久地表达治疗基因;②逆转录病毒的包膜糖蛋白可被大多数哺乳动物细胞膜受体识别,感染范围广;③病毒结构蛋白基因被去除,免疫原性较低。逆转录病毒载体也存在一些缺点:①安全性问题,病毒随机整合到人基因组DNA,如果插入到原癌基因或抑癌基因附近,可能引起癌基因激活或抑癌基因失活,从而导致肿瘤发生;②治疗基因容量小,一般小于 8kb;③只感染增殖细胞,在应用上有一定局限性;④逆转录病毒稳定性较差,难以耐受体外的操作,纯化或浓缩过程常使其感染性降低。

(2)腺病毒载体 腺病毒(adenovirus)是一种无包膜的线性双链 DNA 病毒,基因组长约 36kb。目前多数采用无致病性的 5 型及 2 型腺病毒作为载体。构建载体时保留 ITR 及包装信号,其余部分有些可删除,供外源基因的插入,插入片段的大小可达8kb。

腺病毒载体的优点:①感染宿主细胞范围广,几乎适用于所有细胞系和原代细胞;②既能感染分裂期细胞,也能感染非分裂期细胞,且感染效率高于逆转录病毒;③较稳定,能耐受纯化浓缩等操作,可获得高滴度的病毒颗粒($10^9 \sim 10^{11}$CFU/mL);④可适用于直接体内法(*in vivo*)。腺病毒载体的缺点:①引起机体较强的免疫反应和毒副作用;②构建载体复杂,缺乏靶向性,可与其他血清型腺病毒重组产生完整的腺病毒,可能有致病性;③腺病毒不整合于宿主细胞染色体,只能短暂表达外源基因,须重复应用。但该载体用于肿瘤的基因治疗是很有前途的,因肿瘤基因治疗的目的基因往往是产生激活杀伤细胞的酶或免疫调节蛋白,不需长期表达,且其本身引起的免疫反应也有利于杀伤肿瘤细胞。

（3）其他病毒载体　腺相关病毒、慢病毒、疱疹病毒、牛痘病毒、杆状病毒和杂交病毒等都被研究发展作为转移基因的载体。

2. 非病毒载体

（1）脂质体载体　脂质体(liposome)将外源基因包裹后形成脂质体-DNA复合物,由于脂质体与细胞膜的相似性而发生融合,通过胞吞作用使得外源基因进入细胞。脂质体载体是应用最多的非病毒介导的基因转移系统,携带外源基因不受大小限制,转染方法简单、无免疫原性、细胞毒性低,但转染效率不高,多为瞬时表达,基因转移缺乏靶向特异性等。

（2）裸DNA(naked DNA)　将外源基因构建于真核表达质粒,直接将其导入宿主组织细胞内。直接注射裸DNA转染效率低,常借助一些物理方法如基因枪或方波电穿孔仪,大大提高转染效率。

（3）纳米颗粒载体　其外源基因转染效率高于脂质体,并且它自身体积很小,从而可以随血液到达各个组织中,在体内基因治疗上有很大潜力,是以后基因治疗载体研究的新方向之一。

（三）选择靶细胞

基因治疗可分为体细胞基因治疗和生殖细胞基因治疗,生殖细胞基因治疗从理论上讲,不但当代可以得到根治,而且可以将正常的基因传给子代,但生殖的生物学极其复杂,涉及一系列伦理学的问题,一旦发生差错将给人类带来不可想象的后果。目前基因治疗仅限于体细胞,常用的细胞有造血干细胞、淋巴细胞、皮肤成纤维细胞、肝细胞、内皮细胞、肌细胞和肿瘤细胞等。

1. 造血干细胞　具有长期自我更新的能力和分化成各类成熟血细胞的潜能,其体外纯化、培养和扩增技术也日益完善,外源DNA在造血干细胞内保持稳定并持续表达,造血干细胞是基因治疗理想的靶细胞。

2. 淋巴细胞　易采集、分离,大量繁殖,可连续多次输入,在基因治疗中也广泛使用。

3. 皮肤成纤维细胞　易获得,易培养、扩增,易转染,是基因治疗有发展前景的靶细胞。

4. 肝细胞　许多遗传代谢缺陷病基因治疗中常用的靶细胞。

5. 肿瘤细胞　是肿瘤基因治疗的常用靶细胞。

（四）治疗基因的导入

治疗基因导入人体有以下两种方法。

1. 直接体内法(*in vivo*)　将外源基因装配于特定的真核细胞表达载体,导入体内有关的组织器官,使其进入相应的细胞并进行表达。直接体内法基因转移途径操作简便,容易推广,但尚未成熟,存在疗效持续时间短,免疫排斥及安全性等一系列问题。

2. 间接体内法(*ex vivo*)　将含外源基因的载体在体外导入人体自身或异体细胞(或异种细胞),经体外细胞扩增后,再将这种基因修饰过的细胞回输病人体内,使这种带有外源基因的细胞在体内表达,从而达到治疗的目的。间接体内法基因转移途径比较经典、安全,而且效果较易控制,但是步骤多,技术复杂,不易形成规模,必须有固定的临床基地。

治疗基因导入靶细胞的方法有生物学和非生物学两种,生物学方法是以病毒为载体将治疗基因导入靶细胞,感染效率高,细胞范围广,但存在一定的安全性问题。非生物学方法是借助物理或化学的方法,如脂质体、纳米颗粒、基因枪、电穿孔、受体介导的内吞作用等。

（五）治疗基因表达的筛检

进入细胞的外源基因必须完整无损,在细胞内表达出正常功能的蛋白质。检测方法可用 PCR、RT - PCR、ELISA、免疫细胞化学染色等,只有有效表达治疗基因的细胞才能在患者体内发挥治疗作用。

（六）回输体内

将治疗基因修饰的靶细胞以不同的方式回输体内以发挥治疗效果,如造血干细胞可采用自体骨髓移植的方法,淋巴细胞可以静脉回输入血,皮肤成纤维细胞可经胶原包裹后埋入皮下组织。

知识链接

mRNA 介导的基因治疗

mRNA 是 DNA 转录产物,经翻译产生蛋白质。mRNA 介导的基因治疗是一种"添加式基因疗法",与使用 DNA 作为介质相比,mRNA 不需要进入细胞核就可以发挥作用,且运载mRNA 的载体设计更为简单。mRNA 无法自我复制,在体内产生的治疗效果相对短暂,这意味着 mRNA 介导的基因治疗更加安全可控,且不存在整合到人类基因组的风险。此外,mRNA 疗法还具有研发时间短、易于合成的优点。mRNA 疗法的最大障碍来自 mRNA 的不稳定性,易被血液中的核酸酶降解,导致转染效率低下。另外,mRNA 在体内的有效靶向输送也存在一定的难度,而且其免疫原性也亟待解决。近年来,在 mRNA 的化学修饰和非病毒mRNA 载体上取得了一系列进展,大大缩短了 mRNA 介导的基因治疗与临床应用之间的距离。随着新冠疫情中新冠 mRNA 疫苗的广泛使用,有理由相信 mRNA 在预防及治疗领域的前景将愈加广泛,如针对感染性疾病的预防性疫苗、针对肿瘤的治疗性疫苗以及主要针对罕见病的全身分泌性蛋白疗法等。

三、基因治疗的临床应用

基因治疗作为一种新兴的疾病治疗技术,进展迅速,正逐步从实验室研究过渡到临床应用。目前,已有 200 多种基因治疗方案获得批准,在单基因遗传病、心血管疾病、癌症、感染性疾病和神经系统疾病等取得了一定的临床试验进展。

（一）单基因遗传病的基因治疗

单基因遗传病是基因治疗的理想候选对象。世界上第一个临床基因治疗的病例是先天性腺苷脱氨酶（ADA）缺乏引起的严重联合免疫缺陷（SCID）,美国科学家 W. F. Anderson 将正常 ADA 基因重组至逆转录病毒,然后从 SCID 患者的体内分离出 T 淋巴细胞,让携带 ADA 基因的逆转录病毒去感染 T 淋巴细胞,再培养出新的携带正常 ADA 基因的 T 淋巴细胞,将其注入患者体内。经过 3 年的基因治疗,患者体内 50% 的 T 淋巴细胞出现了正常的 ADA 基因,并合成了腺苷脱氨酶,患者的免疫功能也得到了很好的修复,过上了正常人的生活。此外,单基因遗传病如血友病 A（凝血因子Ⅷ缺乏）、血友病 B（凝血因子Ⅸ缺乏）、囊性纤维化（*CFTR* 基因突变）等疾病的基因治疗也取得一定的效果。

（二）恶性肿瘤的基因治疗

恶性肿瘤属复杂基因疾病,涉及多种基因的异常,因此治疗时选择何种靶基因不明确,多数是根据不同的肿瘤患者,设计不同的治疗策略。①嵌合抗原受体 T 细胞(chimeric antigen receptor T-cell, CAR-T)免疫疗法,是一种治疗肿瘤的新型精准靶向疗法。CAR-T 治疗是从患者血液中收集分离 T 细胞,然后进行基因修饰,将带有肿瘤特异性抗原识别结构域(scFv)及 T 细胞激活信号的遗传物质转入 T 细胞,以增强其对抗癌细胞的靶向和杀伤能力,改造后的 T 细胞在体外大量培养扩增后,再输入患者体内,并继续繁殖,最终识别体内癌细胞,将其摧毁。CAR-T 免疫疗法主要用于恶性血液病和恶性肿瘤患者的临床治疗。②基因修饰的肿瘤细胞疫苗:将一些能刺激免疫反应的细胞因子、辅助刺激因子、MHC Ⅰ类抗原分子的基因转导肿瘤细胞作为基因工程疫苗,给肿瘤患者注射,增强抗肿瘤的特异免疫和非特异免疫反应,有利于肿瘤被机体免疫系统识别及排斥。③自杀基因系统,比如 HSV-TK/GCV 系统:将单纯性疱疹病毒的胸苷激酶(*HSV-TK*)基因转导肿瘤细胞,然后再给患者服用核苷类似物更昔洛韦(ganciclovir, GCV)药物,胸苷激酶将 GCV 转变成有毒的三磷酸形式,达到杀伤肿瘤细胞的目的。④抑癌基因。将野生型的 *p53* 转导 *p53* 缺陷的恶性肿瘤,使其能表达正常的 P53 产物,后者具有强大的抑制肿瘤细胞生长和诱导肿瘤细胞凋亡的作用。⑤溶瘤病毒(oncolytic virus, OV)是一种新型肿瘤免疫疗法。将基因工程改造的溶瘤病毒注射入肿瘤内,由于其优先感染肿瘤细胞,病毒复制导致肿瘤细胞溶解,并激发机体抗肿瘤免疫反应破坏肿瘤细胞。2005 年我国批准了世界首个溶瘤病毒药物(商品名:安柯瑞,重组人 5 型腺病毒注射液),用于联合化疗治疗鼻咽癌。

(三)病毒性感染的基因治疗

目前病毒性感染基因治疗的主要对象为人免疫缺陷病毒(HIV)感染导致的艾滋病,主要有两种治疗策略:①增强机体的抗 HIV 免疫反应;②抑制 HIV 的复制。有人研究利用反义核酸来封闭 HIV 的基因,使 mRNA 不能翻译蛋白质,并发生降解,或制备有关的核酶来破坏 HIV 的 mRNA,使 HIV 不能复制繁殖,确切的疗效尚不能肯定。

(四)心血管疾病的基因治疗

目前心血管疾病中基因治疗最多的临床方案为外周血管疾病造成的下肢缺血及心脏冠状动脉阻塞造成的心肌缺血。通过转移血管内皮细胞生长因子(VEGF)或成纤维细胞生长因子(FGF)或血小板衍生生长因子(PDGF)等基因于血管病变部位,通过这些因子的表达,以促进新生血管的生成,从而建立侧支循环,改善血供。

基因治疗自诞生 30 多年来取得了令人瞩目的成绩,治疗所针对的疾病从单基因遗传病扩展到肿瘤、病毒性疾病、心血管疾病等,许多方案已成为临床上重要的辅助治疗手段。但目前基因治疗在理论和技术上仍面临治疗基因少、基因转移效率较低、基因表达的可调控性差等困难,在有效性和安全性方面也存在一些问题。基因治疗要取得突破,必须在靶向性基因导入系统、基因表达的可控性及获得更多更好的治疗基因这三个方面取得进展,从而在疾病预防和治疗中发挥更大的作用。

小　结

● **基因诊断**

基因诊断是采用分子生物学的技术方法,分析受检者某一特定基因的结构(DNA 水平)或功能(RNA 水平)是否异常,以此对相应的疾病进行诊断。基因诊断具备特异性强、灵敏度高、稳定性高、早期诊断、诊断范围广、适用性强等特点。基因诊断常用方法是以核酸分子杂交、聚合酶链反应为基础,结合 DNA 测序、生物芯片等技术,或多种方法联合使用。基因诊断是疾病诊断和风险预测的重要工具,适用于遗传病、肿瘤、感染性疾病的诊断,在法医学领域也有重大的应用价值。

● **基因治疗**

基因治疗是将正常基因或某种有治疗作用的基因导入靶细胞,达到治疗某种疾病的目的。基因治疗的基本策略包括：基因矫正或置换、基因增补、基因沉默。基因治疗的基本流程包括：选择治疗基因、选择基因载体、选择靶细胞、治疗基因的导入、治疗基因表达的筛检、回输体内。目前基因治疗主要是针对那些严重威胁人类健康的疾病，如单基因遗传病、恶性肿瘤、病毒感染性疾病、心血管疾病等。

（邹立林）

附录一

名词释义

第一章

1. 蛋白质等电点(protein isoelectric point，pI) 当蛋白质溶液处于某一 pH 时，其分子解离成正负离子的趋势相等成为兼性离子，净电荷为零，此时溶液的 pH 称为该蛋白质的等电点。

2. 蛋白质变性作用(denaturation of protein) 在某些理化因素的作用下，使蛋白质的空间结构受到破坏但不包括肽键的断裂，从而引起蛋白质理化性质的改变和生物学活性的丧失，这种作用称为蛋白质的变性。

3. 蛋白质的一级结构(primary structure) 在蛋白质分子中，从 N -端至 C -端的氨基酸排列顺序称为蛋白质的一级结构。

4. 蛋白质的二级结构(secondary structure) 是指蛋白质分子中主链的空间结构，不包括氨基酸侧链的构象。蛋白质二级结构包括 α-螺旋、β-折叠、β-转角和无规卷曲。

5. 蛋白质的三级结构(tertiary structure) 指整条多肽链中全部氨基酸残基的相对空间位置，即整条多肽链所有原子在三维空间的排布位置。

6. 蛋白质的四级结构(quaternary structure) 由两条以上具有独立三级结构的多肽链，彼此通过非共价键连接的结构形式称为蛋白质的四级结构。

7. 模体(motif) 由两个或三个具有二级结构的肽段，在空间上相互接近，形成一个特殊的空间构象。

8. 结构域(domain) 许多蛋白质的三级结构常可分割成 1 个和数个球状或纤维状的区域，折叠得较为紧密各行其功能，这种结构称为结构域。

9. α-螺旋(α-helix) 多肽链的主链围绕中心轴有规律的螺旋式上升，每 3.6 个氨基酸残基盘绕一周形成的右手螺旋。

10. 肽键(peptide bond) 一个氨基酸的 α-氨基与另一个氨基酸 α-羧基脱水形成的酰胺键。

11. 变构效应(allosteric effect) 蛋白质空间构象的改变伴随其功能的变化，称为变构效应，也称别构效应。

第二章

1. 核酸的一级结构(primary structure) 是构成核酸的核苷酸或脱氧核苷酸从 5′端到 3′端的排列顺序，称为核苷酸序列。

2. 核小体(nucleosome) 由 DNA 和 5 种组蛋白(H_1、H_{2A}、H_{2B}、H_3 和 H_4)共同构成的。各两分子的 H_{2A}、H_{2B}、H_3 和 H_4 共同构成八聚体核心组蛋白，DNA 双螺旋分子缠绕在这一核心组蛋白上构成核心颗粒，核心颗粒之间再由 DNA、组蛋白 H_1 构成的连接区相连接形成的串珠样结构。

3. 转录(transcription) 遗传信息从 DNA 分子抄录到 RNA 分子中的过程称为转录。

4. 密码子(codon)或三联体密码(triplet code) 从 mRNA 分子上 5′端起的第一个 AUG 开始，每 3 个核苷酸为一组，决定肽链上某一个氨基酸或其他信息，称为密码子或三联体密码。

5. DNA 的变性（DNA denaturation） 在某些理化因素作用下，DNA 分子互补碱基对之间的氢键断裂，使 DNA 双链解离为单链，从而导致 DNA 的理化性质及生物学性质发生改变，这种现象称为 DNA 的变性。

6. 解链温度或称融解温度（melting temperature，Tm） 将 DNA 加热变性过程中，紫外光吸光度达到最大变化值 50% 时的温度称为 DNA 的解链温度或称融解温度。

7. DNA 复性（renaturation） 去掉外界的变性因素，变性的 DNA 双链又可重新互补结合成双螺旋结构，这一过程称为 DNA 复性。

8. 核酸分子杂交（hybridization） 在复性过程中，将不同来源的单链核酸分子放在同一溶液中，在适宜的条件下，只要它们之间存在碱基互补关系，就可以形成杂化双链。这种双链可以在两条 DNA 单链间形成，也可以在两条 RNA 单链间形成，甚至还可以在一条 DNA 单链与一条 RNA 单链间形成，这种现象称为核酸分子杂交。

第三章

1. 酶（enzyme） 是一类由活细胞产生的，具有催化作用的蛋白质。

2. 单体酶（monomeric enzyme） 是指仅有一条多肽链构成的酶。

3. 寡聚酶（oligomeric enzyme） 是指由多个相同或不同亚基以非共价键连接组成的酶。

4. 多酶体系（multienzyme system） 是指由几种不同功能的酶彼此聚合形成的多酶复合物。

5. 多功能酶（multifunctional enzyme） 一些多酶体系在进化过程中由于基因的融合，形成由一条多肽链组成却具有不同催化功能的酶称为多功能酶或串联酶（tandem enzyme）。

6. 单纯酶（simple enzyme） 是指酶蛋白为单纯蛋白质，其分子完全由 α-氨基酸依一定的排列顺序组成。

7. 结合酶（conjugated enzyme） 是由蛋白质部分和非蛋白质部分组成的酶。

8. 全酶（holoenzyme） 酶蛋白和辅助因子结合形成的具有催化活性的复合物称为全酶。

9. 必需基团（essential group） 在酶分子中与酶活性密切相关的化学基团称为必需基团。

10. 酶的活性中心（active center） 必需基团在酶分子的一级结构上可能相距甚远，但通过形成空间结构却彼此靠近，集中在一起形成具有一定空间构象的区域，这个区域能与底物特异结合并催化底物转化为产物。这一区域称为酶的活性中心或活性部位（active site）。

11. 结合基团（binding group） 即能结合底物和辅酶，使之与酶形成复合物。

12. 催化基团（catalytic group） 即能影响底物中某些化学键的稳定性，催化底物起化学反应并将底物转变为产物。

13. 同工酶（isoenzyme） 是指催化相同的化学反应，而酶蛋白的分子结构、理化性质和免疫学性质不同的一组酶。

14. 核酶（ribozyme） 是指具有催化作用的核糖核酸。

15. 酶的转换数（turnover number） 是指在酶被底物饱和的条件下，每个酶分子每秒将底物转化为产物的分子数。

16. 酶的特异性（specificity） 即一种酶只能作用于一种或一类化合物，或一定的化学键，催化其一定的化学反应并生成一定的产物，这种现象称为酶的特异性或专一性。

17. 绝对特异性（absolute specificity） 有的酶只能作用于某一特定结构的底物，进行一种专一的反应，生成一种特定结构的产物，这种特异性称为绝对特异性。

18. 相对特异性（relative specificity） 有些酶对底物的要求不十分严格，可作用于一类化合物或一种化学键，这种不太严格的选择性称为相对特异性。

19. 立体异构特异性（stereospecificity） 是指酶对底物的光学异构体或几何异构体有特异的选

择性,即一种酶只能作用于底物的一种立体异构体,对其他的异构体没有催化能力,这种选择性称为立体异构特异性。

20. 活化能(activation energy)　是指底物分子从初态达到活化态所需的能量。

21. 诱导契合假说(induced‐fit hypothesis)　是指酶与底物相互接近时,其结构相互诱导、相互变形、相互适应,进而相互结合的过程。

22. 酶的最适温度(optimum temperature)　是指酶促反应速度达到最大时的环境温度。

23. 酶的最适 pH(optimum pH)　酶催化活性最大时的环境 pH 称为酶的最适 pH。

24. 酶的抑制剂(inhibitor)　凡能使酶的催化活性下降而不引起酶蛋白变性的物质统称为酶的抑制剂。

25. 不可逆性抑制作用(irreversible inhibition)　抑制剂与酶活性中心的必需基团以共价键相结合而引起酶失活,这种抑制作用称为不可逆性抑制作用。

26. 可逆性抑制作用(reversible inhibition)　抑制剂与酶以非共价键方式结合,使酶活性降低或丧失,此种抑制作用能用透析或超滤等方法除去抑制剂而使酶活性恢复,故称为可逆性抑制作用。

27. 竞争性抑制作用(competitive inhibition)　有些抑制剂与某种酶的底物结构相似,可与底物竞争酶的活性中心,从而阻碍酶与底物结合形成中间产物,这种抑制作用称为竞争性抑制作用。

28. 非竞争性抑制作用(non‐competitive inhibition)　有些抑制剂只与酶活性中心外的必需基团结合,底物与抑制剂之间不存在竞争关系。抑制剂与酶结合不影响酶和底物的结合,底物与酶的结合也不影响抑制剂与酶结合。生成的酶‐底物‐抑制剂复合物(ESI)中酶失去了催化作用,不能释放出产物,这种抑制作用称为非竞争性抑制作用。

29. 反竞争性抑制作用(uncompetitive inhibition)　抑制剂不与酶直接结合,仅与酶和底物形成的中间产物(ES)结合,使中间产物 ES 的量下降。这样,既减少从中间产物转化为产物的量,也同时减少从中间产物解离出底物和酶的量。这种抑制作用称为反竞争性抑制作用。

30. 酶的激活剂(activator)　凡使酶由无活性变为有活性或使酶活性增加的物质,称为酶的激活剂。

31. 必需激活剂(essential activator)　有些激活剂对酶促反应是不可缺少的,不存在时酶则没有活性,此种激活剂称为必需激活剂。

32. 非必需激活剂(non‐essential activator)　有些激活剂不存在时,酶仍有催化活性,但加了这些激活剂,酶活性增加,此种激活剂称为非必需激活剂。

33. 酶原(zymogen 或 proenzyme)　有些酶在细胞内合成或初分泌时以酶的无活性前体形式存在,这些酶的无活性前体被激活后才表现出酶的活性,这种无催化活性的酶的前体称为酶原。

34. 酶原激活(zymogen activation)　由无催化活性的酶原转变为有活性的酶的过程称为酶原激活。

35. 变构调节(allosteric regulation)　有些酶其分子活性中心以外的调节部位可以与细胞内一些代谢物可逆地结合,使酶构象发生改变,从而影响酶的催化活性,这种对酶活性的调节方式称为变构调节,也称别构调节。

36. 共价修饰(covalent modification)　某些酶的酶蛋白肽链上的一些侧链基团在另一种酶的催化下可与某些化学基团发生可逆的共价结合,从而改变酶的活性,这种对酶活性的调节方式称为共价修饰。

37. 抗体酶(abzyme)　又称为催化性抗体(catalytic antibody),是一类像酶一样具有催化活性的抗体,它是抗体的高度特异性与酶的高效催化性的结合产物,其实质是一类在可变区赋予了酶活性的免疫球蛋白。

38. 酶工程(enzyme engineering)　所谓酶工程就是酶的生产和应用的技术过程。具体地说是研究酶的生产、纯化、固定化技术、酶分子结构的修饰和改造以及在工农业、医药卫生和理论研究等方面的应用。

第四章

1. 维生素(vitamin)　是机体维持正常功能所必需,但在体内不能合成,或合成量很少,必须由食物供给的一组低分子有机物质。

2. 微量元素(microelement)　是指人体中每人每日的需要量在100mg以下的元素,主要包括铁、碘、铜、锌、锰、硒、氟、钼、钴、铬10种。虽然所需甚微,但生理作用却十分重要。

第五章

1. 糖(carbohydrate)　主要是由碳、氢、氧所组成的多羟基酮或醛类化合物,基本结构式通常以$C_n(H_2O)_n$表示,故亦称为碳水化合物。

2. 单糖(monosaccharide)　是不能再被水解的糖。

3. 寡糖(oligosaccharide)　能水解生成几个分子单糖的糖,各单糖之间通过糖苷键相连。

4. 多糖(polysaccharide)　能水解生成多个单糖分子的糖。常见的多糖有淀粉(starch)、糖原(glycogen)、纤维素(cellulose)。

5. 糖酵解(glycolysis)　是指葡萄糖在无氧条件下生成丙酮酸(pyruvate)的过程。

6. 有氧氧化(aerobic oxidation)　葡萄糖在有氧条件下,氧化分解生成二氧化碳和水的过程称为糖的有氧氧化。

7. 三羧酸循环(tricarboxylic acid cycle,TCA cycle)　又称柠檬酸循环(citric acid cycle)。此循环是由乙酰CoA与草酰乙酸缩合生成含有三个羧基的柠檬酸开始的,然后经过一系列酶促反应进行反复的脱氢和脱羧反应,最后再生成草酰乙酸的过程。由于Krebs正式提出了三羧酸循环的学说,故此循环又称为Krebs循环。

8. 巴斯德效应(Pasteur's effect)　在供氧充足的条件下,细胞内糖的无氧氧化作用受到抑制,葡萄糖消耗和乳酸生成减少,这种有氧氧化对糖无氧氧化的抑制作用称为巴斯德效应。

9. 磷酸戊糖途径(pentose phosphate pathway,PPP)　是由6-磷酸葡萄糖开始经过脱氢、脱羧生成了磷酸戊糖,然后再回到酵解途径,此过程生成了具有重要生理功能的5-磷酸核糖和NADPH,又称为磷酸戊糖旁路。

10. 糖原合成(glycogenesis)　由葡萄糖合成糖原的过程称为糖原合成。

11. 糖原分解(glycogenolysis)　是指肝糖原分解为葡萄糖的过程,它不是糖原合成的逆反应。

12. 糖异生(gluconeogenesis)　非糖物质转变为葡萄糖或糖原的过程。

13. 血糖(blood sugar)　血液中的葡萄糖称为血糖。

14. 高血糖(hyperglycemia)　是指空腹血糖浓度高于正常上限(>6.9mmol/L)。

15. 低血糖(hypoglycemia)　是指空腹血糖浓度低于3.0mmol/L。

16. 底物水平磷酸化(substrate level phosphorylation)　由于底物脱氢或脱水过程中能量重新分布而生成高能键使ADP(其他核苷二磷酸)磷酸化生成ATP(其他核苷三磷酸)的过程。

第六章

1. 磷脂(phospholipid)　含有一个或多个磷酸基的脂类化合物,是甘油磷脂和鞘磷脂的总称。

2. 磷脂酶(phospholipase)　水解磷酸甘油脂分子中不同酯键的一类酶。

3. 乳糜微粒(chylomicron,CM)　是脂蛋白的一种形式,由小肠黏膜细胞合成的三酰甘油与磷脂、胆固醇、$ApoB_{48}$等构成。主要功能是转运外源性三酰甘油和胆固醇。

4. 糖脂（glycolipid） 含糖基的脂类分子，泛指甘油糖脂、鞘糖脂和脂多糖等。

5. 酮体（ketone body） 指脂肪酸在肝线粒体内分解时产生的特有的中间产物——乙酰乙酸、β-羟丁酸和丙酮的总称。

6. 载脂蛋白（apolipoprotein，Apo） 脂蛋白的蛋白质部分。在结合和转运脂质及稳定脂蛋白的结构上发挥着重要作用，而且还调节脂蛋白代谢关键酶活性，参与脂蛋白受体的识别。

7. 脂蛋白（lipoprotein） 脂-蛋白质的非共价复合物，是血浆中不溶性脂类的主要存在形式、运输形式和代谢形式。

8. 脂蛋白脂肪酶（lipoprotein lipase，LPL） 存在于血管内皮细胞表面的一种水解脂蛋白中三酰甘油的酶。

9. 脂肪动员（fat mobilization） 是指储存在脂肪细胞中的三酰甘油，被脂肪酶逐步水解为游离脂肪酸和甘油并释放入血，通过血液运输至其他组织细胞氧化利用的过程。

10. 脂肪酶（lipase） 催化三酰甘油水解的酶。

第七章

1. 生物氧化（biological oxidation） 有机物质在生物细胞内氧化分解，最终彻底氧化成二氧化碳和水，并释放能量的过程，称为生物氧化。

2. 呼吸链（respiratory chain） 在线粒体内膜上存在着由多种酶和辅酶（辅基）组成的递氢和递电子反应链，它们按一定顺序排列，将代谢物脱下的氢（2H）传递给氧生成水并释放出能量。这一过程与细胞摄取氧的呼吸有关，所以将此传递链称为呼吸链。

3. 氧化磷酸化（oxidative phosphorylation） 代谢物氧化脱氢经呼吸链一系列氢转移和电子传递给氧生成水的同时，释放能量耦联驱动 ADP 磷酸化生成 ATP 过程，因此又称为耦联磷酸化。

4. P/O 比值（P/O ratio） 是指每消耗 1 摩尔氧原子所消耗无机磷的摩尔数（或 ADP 摩尔数），即生成 ATP 的摩尔数。

5. 高能磷酸化合物（high energy phosphate compound） 一般将水解时释放出 25kJ/mol 以上自由能的磷酸化合物称为高能磷酸化合物。

6. 高能磷酸键（high-energy phosphate bond） 高能磷酸化合物中，水解时释放出 25kJ/mol 以上自由能的磷酸键称为高能磷酸键。

第八章

1. 氨基酸代谢库（metabolic pool） 是指食物蛋白质经消化而被肠道吸收的外源性氨基酸与体内组织蛋白质降解产生的氨基酸以及体内合成的营养非必需氨基酸等内源性氨基酸混合在一起，不分彼此，分布于体内各组织细胞中，共同参与代谢。

2. 氮平衡（nitrogen balance） 是指测定人体每日摄入食物的含氮量（摄入氮）和排泄物尿、粪中的含氮量（排出氮），间接反映体内蛋白质代谢概况的实验。

3. 蛋白质的营养价值（nutrition value） 是指食物蛋白质在人体内的利用率，其主要取决于食物蛋白质中营养必需氨基酸的种类、数量和比例是否与人体接近。

4. 蛋白质的腐败作用（putrefaction of protein） 是指肠道细菌对食物中未被消化的蛋白质及未被吸收的氨基酸所起的分解作用。

5. 鸟氨酸循环（ornithine cycle） 是指鸟氨酸与氨及二氧化碳结合形成瓜氨酸，后者再获得一分子氨转化为精氨酸，精氨酸在精氨酸酶的作用下进一步水解释放尿素，并重新生成鸟氨酸的循环，又称为尿素循环（urea cycle），或 Krebs-Henseleit 循环。

6. 食物蛋白质的互补作用 是指若将营养价值较低的蛋白质混合食用，则营养必需氨基酸可以互相补充从而提高蛋白质的营养价值。

7. 生糖氨基酸(glucogenic amino acid)　是指在体内其 α-酮酸可以转变成葡萄糖的氨基酸。

8. 生酮氨基酸(ketogenic amino acid)　是指在体内其 α-酮酸能转变为酮体的氨基酸。

9. 生糖兼生酮氨基酸(glucogenic and ketogenic amino acid)　是指在体内其 α-酮酸既能转变为葡萄糖又能转变为酮体的氨基酸。

10. 一碳单位(one carbon unit)　是指体内某些氨基酸在分解代谢过程中产生的含有一个碳原子的基团,包括甲基(—CH_3)、甲烯基或亚甲基(—CH_2—)、甲炔基或次甲基(=CH—)、甲酰基(—CHO)及亚氨甲基(—CH=NH)等。

11. 营养必需氨基酸(nutritionally essential amino acid)　是指体内需要而又不能自身合成,必须由食物供给的氨基酸,包括缬氨酸、异亮氨酸、苯丙氨酸、亮氨酸、色氨酸、苏氨酸、赖氨酸、甲硫氨酸和组氨酸。

12. 转氨基作用(transamination)　是指在氨基转移酶(aminotransferase)的催化下,某一 α-氨基酸的氨基(如 α-氨基)转移到另一种 α-酮酸的酮基上,生成相应的 α-氨基酸,而原来的 α-氨基酸则转变成相应的 α-酮酸。

第九章

1. 核苷酸的从头合成途径(*de novo* synthesis)　即利用磷酸核糖、氨基酸、一碳单位及 CO_2 等简单物质为原料,经过一系列酶促反应,合成核苷酸的途径。

2. 核苷酸的补救合成途径(salvage pathway)　某些组织器官利用游离的碱基或核苷为原料,经过简单的反应过程合成核苷酸,称为补救合成途径。

3. 核苷酸的抗代谢物(antimetabolite of nucleotide)　是指一些人工合成的在结构上分别与嘌呤、嘧啶及其核苷或核苷酸、氨基酸和叶酸等类似的化合物。它们主要以竞争性抑制核苷酸的合成代谢的某些酶,或以"以假乱真"等方式干扰或阻断核苷酸的合成代谢,从而进一步阻止核酸以及蛋白质的生物合成。

第十章

1. 关键酶(key enzyme)　代谢途径包含一系列酶催化的化学反应,其速率和方向是由其中一个或多个活性较低的酶所决定,这些酶称为代谢途径的关键酶,又称为限速酶(rate-limiting enzyme)。

2. 代谢组学(metabolomics)　是指对某一生物或细胞中所有小分子代谢产物进行定性和定量分析的一门学科。

第十一章

1. 半保留复制(semiconservative replication)　复制时,亲代 DNA 的双链解开为两条单链,各自作为模板指导合成互补链。在合成的子代 DNA 双链中,一条链来自亲代,另一条链则完全重新合成。

2. 复制叉(replication fork)　亲代 DNA 在复制起始点处打开双链时呈现的 Y 字形或叉形结构。

3. Klenow 片段(Klenow fragment)　大肠埃希菌 DNA 聚合酶Ⅰ经特异蛋白酶水解生成的 C-端 605 个氨基酸残基片段。该片段保留了 DNA 聚合酶Ⅰ的 $5'\rightarrow3'$ 聚合酶和 $3'\rightarrow5'$ 外切酶活性,是分子克隆中常用的工具酶。

4. 领头链(leading strand)　顺着解链方向连续合成的 DNA 链,又称前导链。

5. 后随链(lagging strand)　复制的方向与解链方向相反,通过不连续的 $5'\rightarrow3'$ 聚合合成新的 DNA 链,又称随从链。

6. 冈崎片段(Okazaki fragment)　复制中,后随链上不连续复制的 DNA 片段。

7. 引发体(primosome) 是指由 DnaB(解螺旋酶)、DnaC 蛋白、引物酶(DnaG)与复制起始点区域 DNA 结合形成的复合结构,包括起始点 DNA 序列。

8. 单链结合蛋白(single stranded binding protein,SSB) 一种与单链 DNA 结合紧密的蛋白,防止复制叉处单链 DNA 形成双链,稳定模板的单链状态。

9. 滚环复制(rolling-circle replication) 低等生物(如噬菌体)进行 DNA 复制时采用的形式,环状 DNA 外环打开,伸出环外作为模板复制内环,内环不打开边滚动边复制,形成两个子双环。

10. 逆转录(reverse transcription) 以 RNA 为模板在逆转录酶的作用下合成互补 DNA 的过程。

11. 切除修复(excision repair) 通过切除-修复内切酶使 DNA 损伤消除的修复方法。一般是切除损伤区,然后在 DNA 聚合酶的作用下,以未损伤的单链为模板合成新的互补链,最后用连接酶将缺口连接起来。

12. 端粒(telomere) 位于真核生物线性 DNA 分子末端,由末端 DNA 和与之结合的蛋白质形成的一种膨大结构,主要功能是维持染色体末端的稳定性和复制的完整性。

13. 端粒酶(telomerase) 是由 RNA 和蛋白质组成,通过逆转录方式合成端粒 DNA。

14. 复制子(replicon) 复制起始点和两侧的复制叉共同构成了一个独立的复制单位,即复制起始点到终止点的序列。

第十二章

1. RNA 剪接(RNA splicing) 初级 RNA 转录物切除内含子、连接外显子,为转录后加工的形式之一。

2. RNA 剪切(RNA cleavage) 剪去 RNA 中的某些内含子,并在上游的外显子 3'端直接进行多聚腺苷酸化,不进行相邻外显子之间的连接反应。

3. RNA 聚合酶(RNA polymerase) 以 DNA 或 RNA 为模板,以 5'-三磷酸核苷为原料催化合成 RNA 的酶。

4. 不对称转录(asymmetric transcription) 基因组中,按细胞不同的发育时序、生存条件和生理需要,只有少部分的基因发生转录。在 DNA 分子双链上,一股链用作模板指引转录,另一股链不转录。

5. 管家基因(housekeeping gene) 对于生命全过程都是必需的或必不可少的一类基因。这类基因在一个生物个体的几乎所有细胞中持续表达。

6. 剪接体(spliceosome) 在真核 mRNA 前体剪接中,由 snRNA(如 U1、U2、U4、U5 和 U6等)和蛋白质组成的复合体。

7. 内含子(intron) 在真核生物断裂基因中位于外显子之间,而在剪接过程中被除去的核酸序列。

8. 启动序列或启动子(promoter) 是 RNA 聚合酶结合的、在转录起始上游的 DNA 序列。RNA 聚合酶与之结合后(如不受到阻遏)即可启动转录。

9. 启动子上游元件(upstream promoter element) 位于启动子上游的 DNA 序列,多在转录起始点$-40\sim-100$nt 的位置,比较常见的是 GC 盒和 CAAT 盒。从近端调控转录起始复合物的效率和专一性。

10. 外显子(exon) 在真核生物中断裂基因及其初级转录产物上出现,并表达为成熟 RNA 的核酸序列。

11. 微小 RNA(microRNA,miRNA) 是一类长度$20\sim25$个碱基的小分子非编码单链 RNA,可以通过与靶 mRNA 分子的 3'端非编码区域结合,抑制该 mRNA 分子的翻译,对基因表达发挥调节作用。

12. 增强子(enhancer)　是指能够结合特异基因调节蛋白,促进邻近或远处特定基因表达的DNA 序列。增强子距转录起始点的距离变化很大,但总是作用于最近的启动子。

13. 转录(transcription)　遗传信息从 DNA 传递到 RNA 的酶促反应过程,即以 DNA 序列为遗传信息模板,催化合成序列互补 RNA 的过程。

14. 转录后加工(post‐transcriptional processing)　初级 RNA 转录产物的酶促反应过程,使RNA 前体转变为有功能的 RNA 的过程。

15. 转录因子(transcription factor)　又称转录调节因子或转录调节蛋白,为基因转录激活或增强转录频率所需要的所有 DNA 结合蛋白,分为基本转录因子和特异转录因子。

16. 翻译(translation)　即蛋白质的生物合成过程,在生物细胞内,以信使 RNA 为模板,按照其携带的遗传信息指导蛋白质在核蛋白体的合成过程。

第十三章

1. 开放阅读框架(opening reading frame,ORF)　mRNA 分子中具有模板作用,可以编码蛋白质合成的碱基/核苷酸排列顺序称为开放阅读框架。

2. 密码子(codon)　mRNA 中每 3 个相邻碱基/核苷酸为一组,编码一个氨基酸或代表其他信息,这 3 个连续的核苷酸构成密码子,或三联体密码(triplet code)。

3. 核糖体循环(ribosomal cycle)　翻译过程中在核糖体上的多肽链连续、循环地延长称为核糖体循环,包括进位、成肽和转位循环进行,直至蛋白质合成终止。

4. 多聚核糖体(polysome)　无论原核生物还是真核生物,在蛋白质合成过程中,可以有 10～100个核糖体连接在同一个 mRNA,依次从起始密码子开始进行蛋白质翻译,产生多条多肽链,这种mRNA 与多个核糖体形成的聚合物称为多聚核糖体。

5. 分子伴侣(molecular chaperone)　是指细胞内一类可识别待折叠蛋白,辅助蛋白质折叠成为有功能的天然构象的保守蛋白质。

6. 信号肽(signal peptide)　信号肽长度 13～26 个氨基酸残基,多数位于蛋白质的 N‐端,可以被信号识别颗粒(signal recognition particle,SRP)识别,引导蛋白质被输送至内质网。

7. 抗生素(antibiotics)　抗生素是由微生物或者高等动植物产生的,具有抑制细菌等致病微生物在宿主体内的蛋白质合成过程等作用的一类物质,可以由人工合成,用于治疗敏感细菌和致病微生物的感染。

8. 干扰素(interferon)　干扰素为病毒感染真核细胞后,细胞分泌产生具有抗病毒、免疫调节、抑制增殖和诱导分化作用等生物活性的糖蛋白。

第十四章

1. 基因表达(gene expression)　就是基因转录及翻译的过程。在一定调节机制控制下,大多数基因经历基因激活、转录及翻译等过程,产生具有特异生物学功能的蛋白质分子。但并非所有基因表达过程都产生蛋白质。rRNA、tRNA 编码基因转录合成 RNA 的过程也属于基因表达。

2. 时间特异性(temporal specificity)/阶段特异性(stage specificity)　按功能需要,某一特定基因的表达严格按特定的时间顺序发生,这就是基因表达的时间特异性。在多细胞生物从受精卵到组织、器官形成的各个不同发育阶段,相应基因严格按一定时间顺序开启或关闭,表现为与分化、发育阶段一致的时间性。因此,多细胞生物基因表达的时间特异性又称为阶段特异性。

3. 空间特异性(spatial specificity)/细胞特异性或组织特异性(cell/tissue specificity)　在个体生长全过程,某种基因产物在个体按不同组织空间顺序出现,这就是基因表达的空间特异性。基因表达伴随时间或阶段顺序所表现出的这种空间分布差异,实际上是由细胞在器官的分布决定的,因此基因表达的空间特异性又称细胞特异性或组织特异性。

4. 组成性基因表达(constitutive gene expression) 管家基因较少受环境因素影响,而是在个体各个生长阶段的大多数或几乎全部组织中持续表达,或变化很小。这类基因表达被视为基本或组成性基因表达。这类基因表达只受启动序列或启动子与 RNA 聚合酶相互作用的影响,而不受其他机制调节。

5. 诱导(induction) 在特定环境信号刺激下,相应的基因被激活,基因表达产物增加,这种基因是可诱导的。可诱导基因在特定环境中表达增强的过程称为诱导。

6. 阻遏(repression) 如果基因对环境信号应答时被抑制,这种基因是可阻遏的。可阻遏基因表达产物水平降低的过程称为阻遏。

7. 操纵子(operon) 除个别基因外,原核生物绝大多数基因按功能相关性成簇地串联、密集于染色体上,共同组成的一个转录单位。包括编码序列、启动序列、操纵序列和其他调节序列。

8. 操纵序列(operator) 与启动序列毗邻,其 DNA 序列常与启动序列交错、重叠,它是原核阻遏蛋白的结合位点——介导负性凋节。

9. 顺式作用元件(cis‑acting element) 是指可影响自身基因表达活性的 DNA 序列。

10. 反式作用因子(trans‑acting factor) 转录调节因子由某一基因表达后,通过与特异的顺式作用元件相互作用(DNA‑蛋白质相互作用)反式激活另一基因的转录。

11. 共有序列(consensus sequence) 当许多实际序列比较时,每个位点上的碱基能够代表最常出现的碱基理想序列。

12. DNA 酶 I 超敏位点(DNAase I hypersensitive) 由于对 DNA 酶 I 和其他核酸酶切割高度敏感而被发现的染色单体上一小段区域。可能由不包括核小体的区域构成。

13. 热休克反应(heat shock response) 当细菌发生热应激时,全酶中的 σ^{70} 被 σ^{32} 所取代,这时 RNA 聚合酶就会改变其对常规启动序列的识别而结合另一套启动序列,启动另一套基因表达。这就是所谓的热休克反应。

14. 反应元件(response element) 当真核细胞处于某一特定环境时,有反应的基因具有相同的顺式作用元件,这类顺式作用元件称为反应元件。

第十五章

1. 2,3-二磷酸甘油酸(2,3‑BPG)旁路 是指糖酵解的中间产物 1,3-二磷酸甘油酸(1,3‑BPG)转变为 2,3‑BPG,后者经 3-磷酸甘油酸沿酵解途径生成乳酸的途径。

2. 非蛋白氮(non protein nitrogen,NPN) 是指血液中除蛋白质外的含氮化合物如尿素、尿酸、肌酸、肌酐、胆红素和氨等所含的氮。

3. 急性时相蛋白(acute phase protein,APP) 是指在炎症、组织损伤或肿瘤等情况下,血浆中浓度增加的蛋白质。

4. 糖化血红蛋白(glycosylated haemoglobin) 是指红细胞内的血红蛋白与葡萄糖经非酶促催化生成的复合物。

5. 外分泌酶 是指进入血浆中的外分泌腺分泌的酶。

6. 血液(blood) 是指在封闭的血管内循环流动的液体。血液由液态的血浆和悬浮在其中的红细胞、白细胞、血小板等有形成分组成。

7. 血清(serum) 是指血液在体外凝固之后,析出淡黄色透明的液体。

8. 血浆(plasma) 是指血液加入适量的抗凝剂后离心,可使血细胞沉淀,浅黄色的上清液。血清与血浆的主要区别是血清中不含纤维蛋白原。

9. 血浆蛋白质　是血浆中各种蛋白质的总称,是血浆中含量最多的固体成分。

10. 血浆功能酶　是指在血浆中发挥催化作用的酶。

11. 细胞酶　是指存在于组织细胞中参与物质代谢的酶称为细胞酶。

第十六章

1. 生物转化(biotransformation)　是指机体对内、外源性的非营养物质进行代谢转变,使其水溶性提高,极性增强,易于通过胆汁或尿液排出体外的过程。

2. 初级胆汁酸(primary bile acid)　由肝细胞合成的胆汁酸称为初级胆汁酸,包括胆酸、鹅脱氧胆酸及其与甘氨酸和牛磺酸的结合产物。

3. 次级胆汁酸(secondary bile acid)　初级胆汁酸在肠道中受细菌作用生成的胆汁酸及其结合产物,包括脱氧胆酸、石胆酸、甘氨脱氧胆酸、牛磺脱氧胆酸、熊去氧胆酸等。

4. 胆汁酸的肠肝循环(enterohepatic circulation of bile acid)　由肠道重吸收的胆汁酸(初级的和次级的、结合型的和游离型的)经门静脉重新回到肝,在肝细胞内,将游离型胆汁酸再重新合成为结合胆汁酸,并与新合成的结合胆汁酸一同再随胆汁排入肠道的过程称为胆汁酸的肠肝循环。

5. 未结合胆红素(unconjugated bilirubin)　是指血液中胆红素尚未进入肝进行生物转化的结合反应,在血液中与清蛋白结合而运输的胆红素。

6. 结合胆红素(conjugated bilirubin)　是指胆红素在肝细胞内与葡糖醛酸结合生成的胆红素,为水溶性,可从尿中排出。

7. 高胆红素血症(hyperbilirubinemia)　凡能引起体内胆红素生成过多,或肝细胞对胆红素摄取、转化、排泄过程发生障碍均可引起血浆胆红素浓度的升高,称为高胆红素血症。

8. 黄疸(jaundice)　胆红素为橙黄色物质,当血清中胆红素含量过高而引起皮肤、黏膜、大部分组织和内脏器官及某些体液的黄染,这一体征称为黄疸。

第十七章

1. 信号转导(signal transduction)　信号分子通过与靶细胞膜上或胞内的特异性受体结合,激活特定的信号放大系统,引起蛋白质(酶)分子的构象、功能的改变,从而产生一系列的生理效应。

2. 第一信使(first messenger)　凡是在细胞外或细胞间传递信息,由细胞分泌的调节靶细胞生命活动的化学物质称为细胞间信息物质,又称为第一信使。

3. 第二信使(secondary messenger)　在细胞内传递调控信号的化学物质称为细胞内信息物质,又称为第二信使,如 Ca^{2+}、二酰甘油(DAG)、神经酰胺(Cer)、三磷酸肌醇(IP_3)、cAMP 和 cGMP 等。

4. 受体(receptor)　细胞膜上或细胞内能够被配体(如神经递质、激素、细胞因子)所识别,并与之结合而产生生物学效应的特殊蛋白质,个别是糖脂。

5. 配体(ligand)　能与受体呈特异性结合的生物活性分子,细胞间信息物质就是一类最常见的配体,此外某些药物、维生素和毒物也可作为配体而发挥生物学作用。

6. G 蛋白耦联型受体(G - protein coupled receptor,GPCR)　又称 7 次跨膜型受体、蛇形受体,该受体是只含一条多肽链的糖蛋白,具有 7 个跨膜 α-螺旋结构,可与 G 蛋白结合而产生相应生物学效应。

7. G 蛋白(G - protein)　一类能与 GTP 或 GDP 相结合、位于细胞膜胞质面的外周蛋白,由 α、β 和 γ 三个亚基组成,G 蛋白存在许多种类。

8. 催化型受体(catalytic receptor)和酶耦联型受体(enzyme linked receptor)　这类受体多为单次跨膜的糖蛋白,细胞膜外区是结合配体的部位,跨膜区由为数不多的疏水性氨基酸残基构成,膜内区肽段常具有内在的酶活性或与酶蛋白耦联。

9. 离子通道型受体(ion channel linked receptor) 这类受体与离子通道连接在一起,或其本身就是一种离子通道,配体主要是神经递质、神经肽等,当神经递质与这类受体结合后能短暂而快速地打开或关闭离子通道,从而改变某些离子的通透性。

10. 钙调蛋白(calmodulin, CaM) 一种特异的 Ca^{2+} 结合蛋白,几乎存在于所有的真核细胞中,CaM 由 148 个氨基酸残基组成,有 4 个 Ca^{2+} 结合位点,Ca^{2+} 与 CaM 结合后,可引起 CaM 构象改变而激活 Ca^{2+}-钙调蛋白依赖性蛋白激酶(Ca^{2+} - CaM - PK),进而发挥一系列生理效应。

11. SH2 结构域(Src homology 2 domain) 某些蛋白质分子中的一个可以识别和结合其他一些蛋白质中的磷酸化酪氨酸模体的结构域,最早于 *src* 癌基因家族产物同源的受体酪氨酸激酶中发现,但与其 SH1 催化结构域不同而被命名为 SH2 结构域。SH2 可与某些蛋白质的磷酸化酪氨酸残基紧密结合而启动信号转导通路中的多蛋白质复合物的形成。

12. Ras 蛋白(Ras protein) 是由一条多肽链组成的单聚体 G 蛋白,由原癌基因 *ras* 编码而得名。Ras 蛋白的相对分子质量为 21000,故又称 p21 蛋白;因 Ras 蛋白的性质类似于 G 蛋白中的 Gα亚基,它的活性与其结合 GTP 或 GDP 有关,但相对分子质量比 G 蛋白小,故 Ras 蛋白又称为小 G 蛋白。

13. 有丝分裂原激活蛋白激酶(mitogen - activated protein kinase, MAPK) 是一种 Ser/Thr 蛋白激酶,可在多种不同的信号转导途径中充当一种共同的信号转导成分,且在细胞周期调控中发挥重要作用。

14. 信号转导和转录激活因子(signal transduction and activator of transcription, STAT) 含有 SH2 和 SH3 结构域,可与特定的含磷酸化酪氨酸的肽段结合。当 STAT 被磷酸化后,聚合成为同源或异源二聚体形式的活化的转录激活因子,进入胞核内与靶基因启动子序列的特定位点结合,促进其转录。

第十八章

1. 癌基因(oncogene) 是正常细胞中存在的,表达产物可促进细胞生长增殖,当其突变或过度表达时可引起细胞癌变的基因。存在于病毒中的称为病毒癌基因(virus oncogene);存在于细胞中的称为细胞癌基因(cellular oncogene)或原癌基因(proto - oncogene)。

2. 抑癌基因(tumor suppression gene) 是一类存在于正常细胞内可抑制细胞生长并有潜在抑癌作用的基因,若这类基因突变失活可引起细胞恶性转化而导致肿瘤的发生;反之,若导入或激活它则可抑制细胞的恶性转化。

3. 生长因子(growth factor) 是指由细胞合成与分泌,能够通过作用于靶细胞受体,将生物信息传递到细胞内部,促进细胞生长、增殖的多肽类物质。

第十九章

1. Northern 印迹(Northern blot) 是指将经电泳分离后的待测 RNA 片段转印到固相支持物上,然后与标记的核酸探针进行杂交。主要用于检测各种基因转录产物,主要是 mRNA。

2. Southern 印迹(Southern blot) 是指将经酶切和电泳分离的待测 DNA 片段转印到固相支持物上,然后与标记的 DNA 探针杂交。

3. Western 印迹(Western blot) 即蛋白质印迹技术,又称免疫印迹,主要用于检测样品中特异性蛋白质的存在、细胞中特异蛋白质的半定量分析以及蛋白质分子的相互作用研究等。

4. 聚合酶链反应(polymerase chain reaction, PCR) 是一种在体外快速扩增特定基因或 DNA 序列的方法,故又称为基因的体外扩增法。

5. 逆转录 PCR 技术(reverse transcription PCR, RT - PCR) 是将 RNA 的逆转录反应和 PCR

反应联合应用的一种技术。

6. 实时 PCR(real - time PCR) 就是通过对 PCR 扩增反应中每一个循环产物荧光信号的实时检测从而实现对起始模板定量及定性的分析。

7. 基因剔除(gene knock - out)技术 又称基因靶向(gene targeting)灭活,有目的地去除动物体内某种基因的技术。

8. 探针(probe) 是一段与被测的核苷酸序列(靶基因序列)互补的带有标记的核苷酸片段。

9. 限制性核酸内切酶(restriction endonuclease,RE) 是识别 DNA 的特异序列,并在识别位点或其周围切割双链 DNA 的一类内切酶。

10. 原位 PCR(in situ PCR) 是在组织切片或细胞涂片上的单个细胞内进行的 PCR 反应,然后用特异性探针进行原位杂交,即可检出待测 DNA 或 RNA 是否在该组织或细胞中存在及定量分析。

11. 载体(vector) 是指携带目的基因,实现其无性繁殖或表达有意义的蛋白质所采用的一些 DNA 分子。

第二十章

1. 基因诊断(gene diagnosis) 利用分子生物学技术,对基因结构及基因表达产物的存在状态进行检测,以此对人体疾病作出诊断的一种方法。

2. 基因治疗(gene therapy) 是指将正常基因或有某种具有治疗作用的 DNA 片段导入靶细胞,从而对缺陷的基因进行修复或发挥治疗作用,以达到治疗疾病的目的。目前基因治疗的概念有了很大的扩展,凡是采用分子生物学技术和原理,在核酸水平上开展的对疾病的治疗均属于基因治疗的范畴。

附录二
常用缩写

代号	英文名称	中文名称
5 - HT	5 - hydroxytryptamine	5 -羟色胺
A	albumin	清蛋白
AC	adenylate cyclase	腺苷酸环化酶
AD	Alzheimer's disease	阿尔茨海默病
AGA	N - acetyl glutamic acid	N -乙酰谷氨酸
ALA	δ - amino levulinic acid	δ -氨基- γ -酮戊酸
ALT	alanine transaminase	丙氨酸氨基转移酶
ALV	avian leukosis virus	禽类白细胞增生病毒
AMP	adenosine monophosphate	腺嘌呤核苷一磷酸
APP	acute phase protein	急性时相蛋白
AST	aspartate transaminase	天冬氨酸氨基转移酶
ATP	adenosine triphosphate	腺苷三磷酸
BAL	British anti - Lewisite	二巯基丙醇
BMI	body mass index	体重指数
BUN	blood urea nitrogen	血尿素氮
CaM	calmodulin	钙调蛋白
cAMP	cyclic adenosine monophosphate	环腺苷酸
CAP	catabolite gene activator protein	分解物基因激活蛋白
CE	cholesteryl ester	胆固醇酯
Cer	ceramide	神经酰胺
cGMP	cyclic guanosine monophosphate	环鸟苷酸
CK	creatine kinase	肌酸激酶
CoA	coenzyme A	辅酶 A
CP	creatine phosphate	磷酸肌酸
CPS - I	carbamoyl phosphate synthetase - I	氨基甲酰磷酸合成酶- I
CPS - II	carbamoyl phosphate synthetase - II	氨基甲酰磷酸合成酶- II
CREB	cAMP response element binding protein	cAMP 应答元件结合蛋白
CRE	cAMP response element	cAMP 应答元件
Cyt	cytochrome	细胞色素类
DAG	diacylglycerol	二酰甘油
DDRP	DNA - dependent RNA polymerase	RNA 聚合酶
DNA	deoxyribonucleic acid	脱氧核糖核酸
DNP	dinitrophenol	二硝基苯酚

代号	英文名称	中文名称
DOPA	3,4 – dihydroxy – phenyl – alanine	3,4 –二羟苯丙氨酸；多巴
EF	elongation factor	延长因子
EGF	epidermal growth factor	表皮生长因子
EPO	erythropoietin	促红细胞生成素
F – 1,6 – 2P	fructose – 1,6 – bisphosphate	1,6 –二磷酸果糖
F – 6 – P	fructose – 6 – phosphate	6 –磷酸果糖
Fe – S	iron – sulfur protein	铁硫蛋白
FGF	fibroblast growth factor	成纤维细胞生长因子
FH_4	tetrahydrofolic acid	四氢叶酸
G – 1 – P	glucose 1 – phosphate	1 –磷酸葡萄糖
G – 6 – P	glucose 6 – phosphate	6 –磷酸葡萄糖
GABA	γ – aminobutyric acid	γ –氨基丁酸
GADD45	growth – arrest and DNA damaged – inducible gene 45	DNA 损伤修复诱导基因 45
^{1}GC	gas chromatography	气相色谱
^{2}GC	guanylate cyclase	鸟苷酸环化酶
GC – MS	Gas Chromatography – Mass Spectrometer	气相色谱-质谱联用仪
G	globulin	球蛋白
G_i	inhibitory G protein	抑制型 G 蛋白
GK	glucokinase	葡萄糖激酶
GMP	guanosine monophosphate	鸟嘌呤核苷一磷酸
GOT	glutamic oxaloacetic transaminase	谷草转氨酶
GPCR	G – protein coupled receptor	G –蛋白耦联型受体
GPT	glutamic pyruvic transaminase	丙氨酸氨基转移酶
GSH	glutathione	谷胱甘肽
G_s	stimulatory G protein	激动型 G 蛋白
Hb	haemoglobin	血红蛋白
HK	hexokinase	己糖激酶
hnRNA	heterogeneous nuclear RNA	非均一核 RNA
HPLC	high performance liquid chromatography	高效液相色谱
IF	initiator factor	起始因子
IFN	interferon	干扰素
IGF	insulin – like growth factor	类胰岛素生长因子
Ig	immune globulin	免疫球蛋白
IL – 6	interleukin – 6	白细胞介素- 6
IMP	inosine monophosphate	次黄嘌呤核苷酸
IP_3	inositol triphosphate	三磷酸肌醇
I – κB	inhibiting protein – κB	抑制蛋白- κB
K_m	Michaelis constant	米氏常数
LC – MS	liquid chromatography – mass spectrometry	液相色谱-质谱联用
LDH	lactate dehydrogenase	乳酸脱氢酶

代号	英文名称	中文名称
LTR	long terminal repeat	长末端重复序列
MAPK	mitogen – activated protein kinase	有丝分裂原激活蛋白激酶
mRNA	messenger RNA	信使 RNA
MS	mass spectrographic analysis	质谱分析
NF - κB	nuclear factor - κB	核因子- κB
NGF	nerve growth factor	神经生长因子
NMR	nuclear magnetic resonance	核磁共振
NOS	nitric oxide synthase	一氧化氮合酶
NPN	non protein nitrogen	非蛋白氮
OCT	ornithine carbamoyl transferase	鸟氨酸氨基甲酰转移酶
OGTT	oral glucose tolerance test	口服葡萄糖耐量试验
ORF	opening reading frame	开放阅读框架
PAM	pyridine aldoxime methyliodide	解磷定
PAPS	$3'$- phospho – adenosine – $5'$- phosphosulfate	$3'$-磷酸腺苷- $5'$-磷酸硫酸
PDE	phosphodiesterase	磷酸二酯酶
PDGF	platelet derived growth factor	血小板源生长因子
PD	Parkinson disease	帕金森病
PEP	phosphoenolpyruvate	磷酸烯醇式丙酮酸
PFK - 1	phosphofructokinase – 1	磷酸果糖激酶- 1
PKA	protein kinase A	蛋白激酶 A
PKC	protein kinase C	蛋白激酶 C
PKG	cGMP – dependent kinase	蛋白激酶 G
PK	pyruvate kinase	丙酮酸激酶
PKU	phenyl ketonuria	苯丙酮酸尿症
PLC	phospholipase C	磷脂酶 C
PRPP	phosphoribosyl pyrophosphate	磷酸核糖焦磷酸
RB	retinoblastoma	视网膜母细胞瘤
RF	releasing factor	释放因子
RNA	ribonucleic acid	核糖核酸
ROS	reactive oxygen species	反应活性氧簇
rRNA	ribosomal RNA	核糖体 RNA
RSV	Rous sarcoma virus	罗氏肉瘤病毒
SAM	S – adenosyl methionine	S -腺苷甲硫氨酸
SH2	Src homology domain 2	Src 同源结构域 2
SOD	superoxide dismutase	超氧化物歧化酶
SRP	signal recognition particle	信号识别颗粒
STAT	signal transduction and activator of transcription	信号转导及转录激活因子
TCA	tricarboxylic acid cycle	三羧酸循环
TGF - α	transforming growth factor – α	转化生长因子- α
TGF - β	transforming growth factor – β	转化生长因子- β
TG	triglyceride	三酰甘油

代号	英文名称	中文名称
TPK	tyrosine‑protein kinase	酪氨酸蛋白激酶
TPP	thiamine pyrophosphate	焦磷酸硫胺素
tRNA	transfer RNA	转运 RNA
UDPG	uridine diphosphate glucose	尿苷二磷酸葡萄糖
UMP	uridine monophosphate	尿嘧啶核苷一磷酸
UQ	ubiquinone	泛醌
V_{max}	maximum reaction velocity	最大反应速度

附录三
中英文名词对照

1,6-二磷酸果糖　fructose 1,6-bisphosphate, FDP

2-单酰甘油　2-monoglyceride

3,4-二羟苯丙氨酸,多巴　3,4-dihydroxy-phenyl-alanine, DOPA

3'-磷酸腺苷-5'-磷酸硫酸　3'-phospho-adenosine-5'-phosphosulfate, PAPS

3-磷酸甘油醛　glyceraldehyde 3-phosphate

3-磷酸甘油醛脱氢酶 glyceraldehyde 3-phosphate dehydrogenase, GAPDH

3-羟-3-甲基戊二酸单酰 CoA 合酶　3-hydroxy-3-methyl glutaryl CoA synthase, HMG CoA 合酶

3-酮基二氢鞘氨醇　3-ketodihydrosphingosine

5-羟色胺　5-hydroxytryptamine, 5-HT

6-磷酸果糖　fructose-6-phosphate, F-6-P

6-磷酸葡萄糖　glucose-6-phosphate, G-6-P

6-磷酸葡萄糖酸内酯酶　6-phosphate gluconolac-tonase

6-磷酸葡萄糖酸脱氢酶　glucose-6-phosphoglu-conate dehydrogenase

6-磷酸葡萄糖脱氢酶　glucose-6-phosphate dehydro-genase

ADP　adenosine diphosphate

AMP　adenosine monophosphate

ATP　adenosine triphosphate

ATP 合酶　ATP synthase

Burkitt 淋巴瘤　Burkitt lymphoma

cAMP 应答元件结合蛋白　cAMP response element binding protein, CREB

cAMP 依赖蛋白激酶(蛋白激酶 A)　cAMP dependent protein kinase, PKA

cAMP 应答元件　cAMP response element, CRE

cDNA 文库　cDNA library

DNA 复性　DNA renaturation

DNA 聚合酶　DNA-dependent DNA polymerase

DNA 连接酶　DNA ligase

DNA 酶　deoxyribonuclease, Dnase

DNA 酶Ⅰ超敏位点　DNAase Ⅰ hypersensitive site

DNA 双螺旋　DNA double helix

DNA 损伤　DNA damage

DNA 损伤修复诱导基因 45　growth arrest-and DNA damage-inducible gene, GADD45

DNA 拓扑异构酶　DNA topoisomerase

DNA 修复　DNA repairing

D 环复制　D-loop replication

d-尿胆素　d-urobilin

d-尿胆素原　d-urobilinogen

G 蛋白　G-protein

G 蛋白耦联型受体　G-protein coupled receptor, GPCR

i-尿胆素　i-urobilin

Klenow 片段　Klenow fragment

LDL 受体相关蛋白　LDL receptor related protein

L-谷氨酸脱氢酶　L-glutamate dehydrogenase

Northern 印迹杂交　Northern blot

N-乙酰谷氨酸　N-acetyl glutamic acid, AGA

Pribnow 盒　Pribnow box

RNA 酶　ribonuclease, Rnase

SH2 结构域　Src homology 2 domain

SOS 修复　SOS repairing

Southern 印迹杂交　Southern blot

S-腺苷甲硫氨酸　S-adenosyl methionine, SAM

TATA 盒　TATA box

UDPG 焦磷酸化酶　UDPG pyrophosphorylase

Y 蛋白　protein Y

Z 蛋白　protein Z

α-1,4 糖苷键　α-1,4 glycosidic bond

α 互补　alpha complementation

α-磷酸甘油穿梭　α-glycerophosphate shuttle

α-螺旋　α-helix

α-酮酸　α-keto acid

α-酮戊二酸　α-ketoglutarate

α-酮戊二酸脱氢酶复合体　α-ketoglutarate dehydro-genase complex

β-羟丁酸　β-hydroxybutyrate

β-折叠　β-pleated sheet

β-转角　β-turn

γ-氨基丁酸　γ-aminobutyric acid, GABA

γ-谷氨酰基循环　γ-glutamyl cycle

γ-谷氨酰基转移酶　γ-glutamyl transferase

δ-氨基 γ-酮戊酸　δ-amino levulinic acid, ALA

A

癌基因 oncogene

氨 ammonia

氨基甲酰磷酸合成酶-Ⅰ carbamoyl phosphate synthetase-Ⅰ，CPS-Ⅰ

氨基末端 amino terminal

氨基酸 amino acid

氨基酸残基 amino acid residue

氨基酸代谢库 amino acid metabolic pool

氨基酸脱羧酶 decarboxylase

氨基肽酶 aminopeptidase

氨基转移酶 aminotransferase

B

白喉毒素 diphtheria toxin

白三烯 leukotriene

斑点印迹 dot blot

半保留复制 semi-conservative replication

半不连续复制 semi-discontinuous replication

胞嘧啶 cytosine，C

胞质小 RNA small cytoplasmic RNA，scRNA

饱和脂肪酸 saturated fatty acid

苯丙氨酸羟化酶 phenylalanine hydroxylase

苯丙酮尿症 phenyl ketonuria，PKU

必需基团 essential group

必需激活剂 essential activator

必需脂肪酸 essential fatty acid

闭合转录复合体 closed transcription complex

编码链 coding strand

变构 allosterism

变构部位 allosteric site

变构调节 allosteric regulation

变构激活剂 allosteric activator

变构酶 allosteric enzyme

变构效应 allosteric effect

变构效应剂 allosteric effector

变构抑制剂 allosteric inhibitor

变性 denaturation

表达载体 expression vector

表面效应 surface effect

别嘌呤醇 allopurinol

丙氨酸-葡萄糖循环 alanine-glucose cycle

丙氨酸氨基转移酶 alanine aminotransferase，ALT

丙酮酸 pyruvate

丙酮酸激酶 pyruvate kinase，PK

丙酮酸羧化酶 pyruvate carboxylase

丙酮酸脱氢酶系 pyruvate dehydrogenase complex

病毒癌基因 virus oncogene，v-onc

补救合成途径 salvage pathway

不饱和脂肪酸 unsaturated fatty acid

不对称转录 asymmetric transcription

不均一核 RNA heterogeneous nuclear RNA，hnRNA

不可逆抑制作用 irreversible inhibition

不需氧脱氢酶类 anaerobic dehydrogenase

C

操纵序列 operator

操纵子 operon

草酰琥珀酸 oxalosuccinate

草酰乙酸 oxaloacetate

层析 chromatography

插入 insertion

肠激酶 enterokinase

超螺旋结构 superhelix 或 supercoil

超速离心 ultracentrifugation

超氧物歧化酶 superoxide dismutase，SOD

沉降系数 sedimentation coefficient，S

初级 mRNA 转录产物 primary mRNA transcript

初级胆汁酸 primary bile acid

穿梭载体 shuttle vector

醇脱氢酶 alcohol dehydrogenase，ADH

次级胆汁酸 secondary bile acid

从头合成途径 de novo synthesis

催化基团 catalytic group

催化型受体 catalytic receptor

催化性小 RNA small catalytic RNA

错配 mismatch

D

大沟 major groove

大亚基 large subunit

代谢调节 metabolic regulation

单胺氧化酶 monoamine oxidase，MAO

单不饱和脂肪酸 monounsaturated fatty acid

单纯酶 simple enzyme

单链 DNA 结合蛋白 single stranded binding protein，SSB

单糖 monosaccharide

单体酶 monomeric enzyme

胆固醇 cholesterol，Ch

胆固醇的逆向转运 reverse cholesterol transport，RCT

胆固醇流出调节蛋白 cholesterol-efflux regulatory protein，CERP

胆固醇酯 cholesteryl ester，CE

胆固醇酯酶 cholesteryl esterase

胆红素 bilirubin

胆碱 choline

胆碱酯酶 choline esterase

胆绿素 biliverdin

胆囊胆汁 gall-bladder bile

胆色素 bile pigment

胆素 bilin

胆素原 bilinogen

胆素原的肠肝循环 bilinogen enterohepatic circulation

胆酸 cholic acid

胆盐 bile salt

胆汁 bile

胆汁酸 bile acid

胆汁酸的肠肝循环 enterohepatic circulation of bile acid

胆汁酸盐 bile acid salt

蛋白激酶 protein kinase, PK

蛋白激酶 A protein kinase A, PKA

蛋白激酶 C protein kinase C, PKC

蛋白激酶 G cGMP‐dependent kinase, PKG

蛋白酶体 proteasome

蛋白质 protein

蛋白质的营养价值 nutrition value of protein

蛋白质凝固 protein coagulation

氮平衡 nitrogen balance

等电点 isoelectric point, pI

低密度脂蛋白 low density lipoprotein, LDL

底物水平磷酸化 substrate level phosphorylation

第二信使 secondary messenger

第一信使 first messenger

电泳 electrophoresis

电子传递链 electron transfer chain

定向排列 orientation arrange

动脉粥样硬化 atherosclerosis

端粒 telomere

端粒酶 telomerase

断裂和聚腺苷酸化特异性因子 cleavage and polyadenylation specificity factor

断裂基因 split gene

断裂激动因子 cleavage stimulatory factor

多胺 polyamine

多巴胺 dopamine

多不饱和脂肪酸 polyunsaturated fatty acid

多功能酶 multifunctional enzyme

多聚腺苷酸化 polyadenylation, Poly A

多聚腺苷酸结合蛋白 poly A binding protein

多酶体系 multienzyme system

多耐药相关蛋白 2 multidrug resistance‐like protein, MRP2

多肽 polypeptide

多糖 polysaccharide

多元催化 multielement catalysis

E

鹅膏蕈碱 amanitine

鹅脱氧胆酸 chenodeoxycholic acid

二次转酯反应 twice transesterification

二级结构 secondary structure

二磷脂酰甘油 diphosphatidyl glycerol

二氢叶酸合成酶 dihydrofolic acid synthetase

二氢叶酸还原酶 dihydrofolate reductase

二巯基丙醇 British anti‐Lewisite, BAL 或 dimercaprol

二肽酶 dipeptidase

二酰甘油 diacylglycerol, DAG

二硝基苯酚 dinitrophenol, DNP

F

发夹结构 hairpin structure

翻译 translation

反竞争性抑制作用 uncompetitive inhibition

反式作用因子 trans‐acting factor

反应活性氧簇 reactive oxygen species, ROS

泛醌 ubiquinone, UQ

泛素 ubiquitin, UB

泛素化 ubiquitination

放射自显影术 autoradiography

非 mRNA 小 RNA small non‐messenger RNA, snm-RNA

非必需激活剂 non‐essential activator

非蛋白氮 non protein nitrogen, NPN

非竞争性抑制作用 non‐competitive inhibition

非均一核 RNA heterogeneous nuclear RNA, hnRNA

分化加工 differential RNA processing

分子伴侣 molecular chaperone

分子克隆 molecular cloning

分子杂交 molecular hybridization

粉蝶霉素 A piericidin A

粪胆素 stercobilin, 1‐urobilin

粪胆素原 stercobilinogen, 1‐urobilinogen

丰富基因 redundant gene

佛波酯 phorbol ester

辅基 prosthetic group

辅激活因子 coactivator

辅酶 coenzyme

辅酶 A coenzyme A, HSCoA, CoA

辅脂酶 colipase

辅助因子 cofactor

腐败作用 putrefaction

负超螺旋 negative supercoil

复性 renaturation

复制叉 replicative fork

复制子 replicon

G

钙调蛋白 calmodulin, CaM

干扰素 interferon

甘氨胆酸 glycocholic acid

甘氨鹅脱氧胆酸　glycochenodeoxycholic acid
甘油二酯　diacylglycerol
甘油激酶　glycerokinase
甘油磷脂　glycerophosphatide
甘油三酯　triglyceride
肝胆汁　hepatic bile
肝后性黄疸　posthepatic jaundice
肝前性黄疸　prehepatic jaundice
肝细胞性黄疸　hepatocellular jaundice
肝源性黄疸　hepatogenic jaundice
肝脂酶　hepatic lipase, HL
感受态　competent
冈崎片段　Okazaki fragment
高胆红素血症　hyperbilirubinemia
高密度脂蛋白　high density lipoprotein, HDL
高效液相色谱　high performance liquid chromatogra-phy, HPLC
高血氨症　hyperammonemia
高脂蛋白血症　hyperlipoproteinemia
高脂血症　hyperlipidemia
共价修饰　covalent modification
共有序列　consensus sequence
谷氨酰胺合成酶　glutamine synthetase
谷氨酰胺酶　glutaminase
谷胱甘肽　glutathione, GSH
固定化酶　immobilized enzyme
寡聚酶　oligomeric enzyme
寡霉素　oligomycin
寡肽　oligopeptide
寡肽酶　oligopeptidase
寡糖　oligosaccharide
关键酶　key enzyme
管家基因　housekeeping gene
光修复　light repairing
光修复酶　photolyase
滚环式复制　rolling circle replication
果糖　fructose
果糖二磷酸酶　fructose bisphosphatase, FBP
果糖激酶　fructokinase
过渡态　transition state
过氧化氢酶　catalase
过氧化物酶　peroxidase

H

后随链　lagging strand
耗氧量　oxygen consumption
合成酶类　synthetase
核磁共振　nuclear magnetic resonance, NMR
核苷　nucleoside
核苷酸　nucleotide, nt

核苷酸的抗代谢物　antimetabolite of nucleotide
核酶　ribozyme
核内小 RNA　small nuclear RNA, snRNA
核仁小 RNA　small nucleolar RNA, snoRNA
核酸　nucleic acid
核酸分子杂交　hybridization
核酸酶　nuclease
核酸内切酶　endonuclease
核酸外切酶　exonuclease
核糖核苷酸　ribonucleotide
核糖核酸　ribonucleic acid, RNA
核糖体　ribosome
核糖体蛋白　ribosomal protein
核糖体 RNA　ribosomal RNA, rRNA
核糖体循环　ribosomal cycle
核小体　nucleosome
核心颗粒　core particle
核心酶　core enzyme
核因子 κB　nuclear factor - κB, NF - κB
呼吸链　respiratory chain
琥珀酸脱氢酶　succinate dehydrogenase
琥珀酰 CoA　succinyl CoA
琥珀酰辅酶 A 合成酶　succinyl - CoA synthetase
互补 DNA　complementary DNA, cDNA
化学渗透假说　chemiosmotic hypothesis
化学修饰　chemical modification
坏血病　scurvy
环鸟苷酸　cyclic guanosine monophosphate, cGMP
环戊烷多氢菲　cyclopentanoperhydrophenanthrene
环腺苷酸　cyclic adenosme monophosphate, cAMP
缓激肽　bradykinin
黄疸　jaundice
黄素单核苷酸　flavin mononucleotide, FMN
黄素蛋白　flavoprotein, FP
黄素腺嘌呤二核苷酸　flavin adenine dinLlcleotide, FAD
回文结构　palindrome
混合功能氧化酶　mixed function oxidase
混合微团　mixed micelles
活化能　activation energy

J

肌醇三磷酸　inositol - 1, 4, 5 - triphosphate, IP$_3$
肌红蛋白　myoglobin, Mb
肌酸激酶　creatine kinase, CK
基本转录因子　basal transcription factor
基因　gene
基因表达　gene expression
基因工程　genetic engineering
基因扩增　gene amplification
基因枪　gene gun

基因敲除　gene knockout

基因缺失　gene deletion

基因融合　gene fusion

基因失活　gene inactivation

基因突变　gene mutation

基因诊断　gene diagnosis

基因治疗　gene therapy

基因重组　genetic recombination

基因转移　gene transfer

基因组　genome

基因组 DNA 文库　genomic DNA library

激动型 G 蛋白　stimulatory G protein，Gs

激活剂　activator

激素敏感性三酰甘油脂酶　hormone sensitive triglyce - ride lipase，HSL

极低密度脂蛋白　very low density lipoprotein，VLDL

急性时相蛋白　acute phase protein，APP

己糖激酶　hexokinase，HK

加单氧酶　monooxygenase

加帽酶　capping enzyme

甲基转移酶　methyltransferase

甲硫氨酸腺苷转移酶　methionine - adenosyl transferase

甲硫氨酸循环　methionine cycle

甲羟戊酸　mevalonic acid

假尿嘧啶核苷　pseudouridine，Ψ

剪接　splicing

剪接体　spliceosome

剪切　cleavage

碱基　base

碱基对数目　base pair，bp

碱基数目　base，kilobase

焦磷酸硫胺素　thiamine pyrophosphate，TPP

校读　proofread

阶段特异性　stage specificity

结构基因　structural gene

结构域　domain

结合胆红素　conjugated bilirubin

结合胆汁酸　conjugated bile acid

结合基团　binding group

结合酶　conjugated enzyme

解缠酶　untwisting enzyme

解链曲线　melting curve

解磷定　pyridine aldoxime methyliodide，PAM

解螺旋酶　helicase

解耦联蛋白　uncoupling protein

解耦联剂　uncoupler

金属激活酶　metal-activated enzyme

金属酶　metalloenzyme

茎环　stem-loop

精氨酸代琥珀酸合成酶　argininosuccinate synthetase

精氨酸酶　arginase

精胺　spermine

精脒　spermidine

竞争性抑制作用　competitive inhibition

矩形双曲线　rectangular hyperbola

聚合酶链反应　polymerase chain reaction，PCR

绝对特异性　absolute specificity

K

开放阅读框架　opening reading frame，ORF

开放转录复合体　open transcription complex

抗霉素 A　antimycin A

抗生素　antibiotics

抗体酶　abzyme

柯斯质粒　cosmid

柯斯质粒载体　cosmid vector

可逆性抑制作用　reversible inhibition

克隆载体　cloning vector

空间特异性　spatial specificity

口服葡萄糖耐量试验　oral glucose tolerance test，OGTT

跨膜信号转导　transmembrane signal transduction

框移突变　frame-shift mutation

L

酪氨酸蛋白激酶　tyrosine - protein kinase，TPK

类核　nucleoid

类脂　lipoid

离子通道型受体　ion channel linked receptor

立体异构特异性　stereospecificity

立早基因　immediate - early gene

利福平　rifampicin

连接蛋白　adaptor protein

连接酶类　ligase

邻近效应　proximity effect

临界糊精　α - dextrin

磷酸二酯酶　phosphodiesterase，PDE

磷酸核糖焦磷酸　phosphoribosyl pyrophosphate，PRPP

磷酸化　phosphorylation

磷酸肌酸　creatine phosphate，CP

磷酸己糖异构酶　phosphohexose isomerase

磷酸酶　phosphatase

磷酸葡萄糖旁路　phosphogluconate shunt

磷酸戊糖途径　pentose phosphate pathway，PPP

磷酸戊糖异构酶　pentose phosphate isomerase

磷酸烯醇式丙酮酸　phosphoenolpyruvate，PEP

磷脂　phospholipid，PL

磷脂酶 A_2　phospholipase A_2，PLA_2

磷脂酶 C　phospholipase C，PLC

磷脂酶类　phospholipase
磷脂酸　phosphatidic acid
磷脂酰胆碱　phosphatidylcholine，PC
磷脂酰肌醇　phosphatidylinositol，PI
磷脂酰丝氨酸　phosphatidylserine，PS
磷脂酰乙醇胺　phosphatidylethnolamine，PE
领头链　leading strand
硫解酶　thiolase
卵磷脂　lecithin
卵磷脂胆固醇脂酰转移酶　lecithin cholesterol acyl transferase，LCAT
罗氏肉瘤病毒　Rous sarcoma virus，RSV

M
酶　enzyme
酶蛋白　apoenzyme
酶的比活力　specific activity
酶的活性中心　active center
酶的特异性　specificity
酶的转换数　turnover number
酶工程　enzyme engineering
酶耦联型受体　enzyme linked receptor
酶原　zymogen
酶原激活　zymogen activation
糜蛋白酶　chymotrypsin
米氏常数　Michaelis constant，K_m
米氏方程式　Michaelis equation
密码子　codon
嘧啶碱　pyrimidine
灭活　inactivation
模板　template
模板链　template strand
模体　motif
膜受体　membrane repressor

N
逆转录　reverse transcription
逆转录病毒　retrovirus
内分泌　endocrine
内含子　intron
内肽酶　endopeptidase
鸟氨酸氨基甲酰转移酶　ornithine carbamoyl transferase，OCT
鸟氨酸脱羧酶　ornithine decarboxylase
鸟氨酸循环　ornithine cycle
鸟苷酸环化酶　guanylate cyclase，GC
鸟嘌呤　guanine，G
鸟嘌呤核苷一磷酸　guanosine monophosphate，GMP
尿苷二磷酸葡萄糖　uridine diphosphate glucose，UDPG
尿嘧啶　uracil，U

尿嘧啶核苷一磷酸　uridine monophosphate，UMP
尿素循环　urea cycle
柠檬酸合酶　citrate synthase
柠檬酸循环　citric acid cycle
凝胶过滤　gel filtration
黏性末端　sticky end
牛磺胆酸　taurocholic acid
牛磺鹅脱氧胆酸　taurochenodeoxycholic acid

P
帕金森病　Parkinson's disease
旁分泌　paracrine
配体　ligand
嘌呤核苷酸循环　purine nucleotide cycle
嘌呤碱　purine
平末端（钝性末端）　blunt end
苹果酸　malate
苹果酸-天冬氨酸穿梭　malate-aspartate shuttle
苹果酸脱氢酶　malic dehydrogenase
葡萄糖　glucose，Glu
葡萄糖-6-磷酸酶　glucose-6-phosphatase
葡萄糖-6-磷酸脱氢酶　glucose-6-phosphate dehydrogenase
葡萄糖激酶　glucokinase，GK

Q
启动子　promoter
启动子近端调控元件　promoter-proximal elements
启动子上游元件　upstream promoter elements，UPE
起始点　origin，ori
起始前复合物　pre-initiation complex，PIC
起始子　initiator，Inr
气相色谱　gas chromatography，GC
气相色谱-质谱联用仪　gas chromatography-mass spectrometer，GC-MS
前列腺素　prostaglandin
前列腺酸　prostanoic acid
羟化酶　hydroxylase
羟化酶或混合功能氧化酶　mixed function oxidase，MFO
鞘氨醇　sphingosine
鞘磷脂　sphingophospholipid
鞘糖脂　glycosphingolipid
鞘脂　sphingolipid
切除修复　excision repairing
切口-封闭酶　nicking-closing enzyme
清蛋白　albumin，Alb 或 A
清道夫受体　scavenger receptor
球蛋白　globulin，G
去饱和酶　desaturase
全酶　holoenzyme
醛缩酶　aldolase

醛脱氢酶 aldehyde dehydrogenase，ALDH

缺失 deletion

R

染色体 chromosome

染色质 chromatin

热休克蛋白 heat shock protein，HSP

热休克反应 heat shock response

人工合成酶 synthetic enzyme

溶血性黄疸 hemolytic jaundice

融解温度 melting temperature，Tm

肉碱 carnitine

肉碱-脂酰肉碱转位酶 carnitine - acylcarnitine translocase

肉碱脂酰转移酶Ⅰ carnitine acyl transferase Ⅰ

乳糜微粒 chylomicron，CM

乳酸 lactate

乳酸脱氢酶 lactate dehydrogenase，LDH

乳糖 lactose

朊病毒蛋白 Prion protein，PrP

S

三级结构 tertiary structure

三联体密码 triplet code

三羧酸循环 tricarboxylic acid cycle，TCA

三酰甘油 triacylglycerol，TG

鲨烯 squalene

上游因子 upstream factor

神经母细胞瘤 neuroblastoma

神经鞘磷脂酶 sphingomyelinase

神经酰胺 ceramide

肾上腺素 epinephrine 或 adrenaline

生长因子 growth factor

生糖氨基酸 glucogenic amino acid

生糖兼生酮氨基酸 glucogenic and ketogenic amino acid

生酮氨基酸 ketogenic amino acid

生物素 biotin

生物氧化 biological oxidation

石胆酸 lithocholic acid

时间特异性 temporal specificity

视网膜母细胞瘤 retinoblastoma，RB

受体 receptor

双倒数作图法 double reciprocal plot

双氢尿嘧啶 dihydrouracil，DHU

双缩脲反应 biuret reaction

双向复制 bidirectional replication

水溶性维生素 water - soluble vitamin

顺式作用元件 cis - acting element

四级结构 quaternary structure

四氢叶酸 tetrahydrofolic acid，FH$_4$

松弛酶 relaxing enzyme

羧基末端 carboxyl terminal

羧基末端结构域 carboxyl - terminal domain，CTD

羧基肽酶 A carboxy peptidase A

T

肽 peptide

肽键 peptide bond

探针 probe

碳水化合物 carbohydrate

弹性蛋白酶 elastase

糖苷键 glycosidic bond

糖化血红蛋白 glycosylated haemoglobin

糖酵解 glycolysis

糖酵解途径 glycolytic pathway

糖尿 glucosuria

糖异生 gluconeogenesis

糖原 glycogen

糖原分解 glycogenolysis

糖原合成 glycogenesis

糖原合酶 glycogen synthase

糖原积累症 glycogen storage disease

糖原磷酸化酶 glycogen phosphorylase

糖脂 glycolipid，GL

体重指数 body mass index，BMI

调节子 regulator

铁硫蛋白 iron - sulfur protein，Fe - S

通用转录因子 general transcription factor

同工酶 isoenzyme

同型半胱氨酸 homocysteine

酮体 ketone body

痛风症 gout

透析 dialysis

退火 annealing

脱羧基作用 decarboxylation

脱氧胆酸 deoxycholic acid

脱氧核糖核酸 deoxyribonucleic acid，DNA

脱支酶 debranching enzyme

W

外肽酶 exopeptidase

外显子 exon

微量元素 microelement

维生素 vitamin

未结合胆红素 unconjugated bilirubin

无规卷曲 random coil

戊糖 pentose

X

稀有碱基 rare base

细胞癌基因 cellular oncogene，$c - onc$

细胞呼吸 cellular respiration

细胞色素 P$_{450}$ cytochrome P$_{450}$，Cyt P$_{450}$

细胞色素类　cytochrome，Cyt

细胞特异性或组织特异性　cell/tissue specificity

细胞信号转导　cellular signal transduction

酰基载体蛋白　acyl carrier protein，ACP

线粒体　mitochondria，Mt

线粒体 DNA　mitochondrial DNA，mtDNA

限速酶　rate‑limiting enzyme

限制性核酸内切酶　restriction endonuclease，RE

腺苷酸环化酶　adenylate cyclase，AC

腺苷酸激酶　adenylate kinase

腺苷酸载体　adenine nucleotide transporter

腺嘌呤　adenine，A

腺嘌呤核苷一磷酸　adenosine monophosphate，AMP

相对特异性　relative specificity

小分子核糖核蛋白　small nuclear ribonucleoprotein

小沟　minor groove

小片段干扰 RNA　small fragment interference RNA，siRNA

小亚基　small subunit

心磷脂　cardiolipin

新陈代谢　metabolism

信号肽　signal peptide

信号转导及转录激活因子　signal transduction and activator of transcription，STAT

信使 RNA　messenger RNA，mRNA

胸腺嘧啶　thymine，T

需氧脱氢酶类　aerobic dehydrogenase

选择性剪接　alternative splicing

血管紧张素Ⅱ　angiotensinⅡ

血红蛋白　hemoglobin，Hb

血红素　heme

血红素加氧酶　heme oxygenase，HO

血浆　plasma

血尿素氮　blood urea nitrogen，BUN

血清　serum

血栓烷　thromboxane，TX

血糖　blood sugar

血液　blood

Y

亚基　subunit

烟酰胺腺嘌呤二核苷酸　nicotinamide adenine dinucleotide，NAD^+

烟酰胺腺嘌呤二核苷酸磷酸　nicotinamide adenine dinucleotide phosphate，$NADP^+$

盐析　salt precipitation

氧化磷酸化　oxidative phosphorylation

液相色谱‑质谱联用　liquid chromatography‑mass spectrometry，LC‑MS

一级结构　primary structure

一碳单位　one carbon unit

一氧化氮合酶　nitric oxide synthase，NOS

依赖 RNA 的 DNA 聚合酶　RNA‑dependent DNA polymerase

胰蛋白酶　trypsin

胰岛素　insulin

胰高血糖素　glucagon

胰脂酶　pancreatic lipase

乙酰胆碱　Ach

乙酰基转移酶　acetyltransferase

乙酰乙酸　acetoacetate

异构酶类　isomerase

异麦芽糖　isomaltose

异柠檬酸　isocitrate

异柠檬酸脱氢酶　isocitrate dehydrogenase

异戊巴比妥　amobarbital

异戊烯焦磷酸　isopentenyl pyrophosphate

抑癌基因　tumor suppression gene，TSG

抑制剂　inhibitor

抑制型 G 蛋白　inhibitory G protein，G_i

引发体　primosome

引物酶　primase

茚三酮反应　ninhydrin reaction

营养非必需氨基酸　nutritionally non‑essential amino acid

应答元件　response element

游离胆汁酸　free bile acid

有丝分裂原激活蛋白激酶　mitogen‑activated protein kinase，MAPK

有氧氧化　aerobic oxidation

诱导　induction

诱导剂　inducer

诱导契合假说　induced‑fit hypothesis

鱼藤酮　rotenone

原癌基因　protooncogene，pro‑onc

原位杂交　*in situ* hybridization

运铁蛋白　transferrin，Tf

Z

杂化双链　duplex

杂交　hybridization

载体　vector

载体蛋白　transporter

载脂蛋白　apolipoprotein

增强子　enhancer

增色效应　hyperchromic effect

增殖细胞核抗原　proliferation cell nuclear antigen，PCNA

蔗糖　sucrose

蔗糖酶　sucrase

正超螺旋 positive supercoil
正协同效应 positive cooperativity
脂蛋白 lipoprotein
脂蛋白脂酶 lipoprotein lipase
脂肪 fat
脂肪动员 fat mobilization
脂肪肝 fatty liver
脂肪酸 fatty acid
脂肪细胞 adipocyte
脂类 lipid
脂溶性维生素 lipid-soluble vitamin
脂-水界面 lipid-water interface
脂酰 CoA 胆固醇脂酰转移酶 acyl CoA-cholesterol acyl-transferase
脂酰 CoA 合成酶 acyl CoA synthetase
脂酰鞘氨醇 ceramide
脂氧合酶 lipoxygenase
直接修复 direct repairing
酯 ester
质粒 plasmid
质谱分析 mass spectrographic analysis
中胆素原 mesobilirubinogen, i-urobilinogen
中介子 mediator
中密度脂蛋白 intermediate density lipoprotein, IDL
终止点 termination, ter
重排 rearrangement
重组修复 recombination repairing
转氨基作用 transamination

转氨酶 transaminase
转化作用 transformation
转基因 transgene
转基因动物 transgenic animal
转甲基酶 methyl transferase
转录 transcription
转录空泡 transcription bubble
转录因子 transcriptional factors, TF
转醛酶 transaldolase
转酮酶 transketolase
转运 RNA transfer RNA, tRNA
转运蛋白 transporter
转轴酶 swivelase
着色性干皮病 xeroderma pigmentosum, XP
紫外线 ultra violet, UV
自分泌 autocrine
自剪接 self-splicing
自我复制 self replication
自主复制序列 autonomously replicating sequence, ARS
阻遏物 repressor
阻遏作用 repression
阻塞性黄疸 obstructive jaundice
组胺 histamine
组成性基因表达 constitutive gene expression
组蛋白 histone, H
最大反应速度 maximum reaction velocity, v_{max}
最适 pH optimum pH
最适温度 optimum temperature

参考文献

［1］朱圣庚,徐长法.生物化学[M].4版.北京：高等教育出版社,2016.

［2］黄奕森.生物化学与分子生物学[M].3版.北京：科学出版社,2015.

［3］周春燕,药立波.生物化学与分子生物学[M].9版.北京：人民卫生出版社,2018.

［4］高国全.生物化学[M].4版.北京：人民卫生出版社,2017.

［5］李刚,贺俊崎.生物化学[M].4版.北京：北京大学医学出版社,2018.

［6］贾弘禔,冯作化.生物化学与分子生物学[M].2版.北京：人民卫生出版社,2010.

［7］翟静,周晓慧.生物化学[M].北京：中国医药科技出版社,2016.

［8］钱晖,侯筱宇.生物化学与分子生物学[M].4版.北京：科学出版社,2017.

［9］冯作化,药立波.生物化学与分子生物学[M].3版.北京：人民卫生出版社,2015.

［10］吴梧桐.生物化学[M].3版.北京：中国医药科技出版社,2015.

［11］马文丽.生物化学[M].北京：科学出版社,2012.

［12］郑里翔,杨云.生物化学[M].2版.北京：中国医药科技出版社,2018.

［13］尚红,王毓三,申子瑜.全国临床检验操作规程[M].4版.北京：人民卫生出版社,2015.

［14］David L Nelson,Michael M Cox. Lehninger Principles of Biochemistry［M］,8th ed. London：W. H. Freeman &company, 2021.

［15］Denise R. Ferrier Biochemistry［M］. 6 th ed. 北京：北京大学医学出版社(原版影印),2013.

［16］Victor W. Rodwell, David A. Bender, Kathleen M. Botham, Peter J. Kennelly, P. Anthony Weil. Harper's Illustrated Biochemistry［M］. 31st ed. New York：Lange Medical books/McGraw-Hill Education, 2018.